材料基因工程丛书

# 材料信息学导论：机器学习基础

张统一 著

科学出版社

北京

## 内 容 简 介

材料信息学是一门新兴的交叉学科，为在材料基因组和人工智能＋材料理念下加速材料科学研究和工程技术发展提供了一个全新的方法. 作为材料和力学学者，作者在推动材料信息学发展方面做了大量工作，在人工智能（AI）、机器学习（ML）和材料科学技术融合交叉方面，有诸多的尝试和心得体会. 作者旨在写一套易懂的材料信息学简介书，以进一步推动材料信息学的发展. 为便于读者尽快理解和掌握材料信息学的核心内容，兼顾内容的完整性，作者撰写完成了两部：本书为第一部，侧重于机器学习基础；第二部讲解高等机器学习.

本书共十二章，内容包括线性回归与线性分类、支持向量机、决策树和 $K$ 近邻（KNN）、集成学习、贝叶斯定理和期望最大化算法、符号回归、神经网络、隐马尔可夫链、数据预处理与特征选择、可解释性的 SHAP 值和部分依赖图. 本书叙述力求从简单明了的数学定义和物理图像出发，密切结合材料科学研究案例，给出了各种算法的详细步骤，便于读者学习和运用.

本书为机器学习基础的入门工具性读物，适合理工科科研人员和工程技术工作者快速且轻松地学习、理解和掌握材料信息学的 AI 和 ML 方法，也特别适合作为研究生和高年级本科生的教材.

**图书在版编目（CIP）数据**

材料信息学导论 ：机器学习基础 / 张统一著. 北京 ：科学出版社，2025. 8. --（材料基因工程丛书）. -- ISBN 978-7-03-081762-4

Ⅰ. TB3

中国国家版本馆 CIP 数据核字第 2025SL3192 号

责任编辑：张淑晓　李香叶 / 责任校对：杨聪敏
责任印制：徐晓晨 / 封面设计：东方人华

科学出版社出版
北京东黄城根北街 16 号
邮政编码：100717
http://www.sciencep.com

北京九州迅驰传媒文化有限公司印刷
科学出版社发行　各地新华书店经销

*

2025 年 8 月第　一　版　开本：720 × 1000　1/16
2025 年 12 月第二次印刷　印张：26 3/4
字数：539 000

**定价：168.00 元**

（如有印装质量问题，我社负责调换）

# “材料基因工程丛书”编委会

# 丛书序

从 2011 年香山科学会议算起，“材料基因组”在中国已经发展了十余个春秋. 十多年来，材料基因组理念在促进材料、物理、化学、数学、信息、力学和计算科学等学科的深度交叉，在深度融合材料理论-高通量实验-高通量计算-数据/数据库，系统寻找材料组分-工艺-组织结构-性能的定量关系，在材料从研发到工业应用的全链条创新，在变革材料研究范式等诸多方面取得了有目共睹的成就. 材料基因组工程、人工智能/机器学习和材料/力学的深度交叉和融合催生了材料/力学信息学等新兴学科的出现，为材料、物理、化学、力学等学科的发展与教育改革注入了新动力. 我国教育部也设立了“材料设计科学与工程”等材料基因组本科新专业.

高通量实验、高通量计算和材料数据库是材料基因工程的三大核心技术. 包含从微观、介观到宏观等多尺度的集成计算材料工程，经由高通量计算模拟进行目标材料的高效筛选，逐步发展为人工智能与计算技术相结合的智能计算材料方法. 在实验手段上强调高通量的全新模式，以“扩散多元节”“组合材料芯片”等技术为代表的高通量制备与快速表征系统，在材料开发和数据库建立上发挥着重要作用. 通过对海量实验和计算数据的收集整理，运用材料信息学方法建立化学组分、晶体和微观组织结构以及各种物理性质、材料性能的多源异构数据库. 在此基础上，发挥人工智能数据科学和材料领域知识的双驱动优势，运用机器学习和数据挖掘技术探寻材料组织结构和性能之间的关系. 材料基因工程三大核心技术相辅相成，将大大提高材料的研发效率，加速材料的应用和产业化. 同时，作为第四范式的数据驱动贯穿其中，在材料科学和技术中的引领作用越来越得到科学家们的普遍认可.

材料基因工程实施以来，经过诸多科技工作者的潜心研究和不懈努力，已经形成了初步的系统理论和方法体系，也涌现出诸多需要系统总结和推广的成果. 为此，中国材料研究学会材料基因组分会组织本领域的一线专家学者，精心编写了本丛书. 丛书将涵盖材料信息学、高通量实验制备与表征、高通量集成计算、功能和结构材料基因工程应用等多个方面. 丛书旨在总结材料基因工程研究中业已形成的初步系统理论和方法体系，并将这一宝贵财富流传于世，为有志于将材料基因组理念和方法运用于材料科学研究与工程应用的学者提供一套有价值的参考资料，同时为材料科学与工程及相关专业的大学生和研究生准备一套教材.

材料基因工程还在快速发展中，本丛书只是抛砖引玉，如有不当之处，恳请同行指正，不胜感激！

"材料基因工程丛书"编委会

2022 年 8 月

# 前　　言

本书英文版自 2022 年 9 月出版以来，受到了普遍的欢迎，中国读者纷纷呼吁出版中文版. 为此，笔者委托孙升研究员和吕涛老师组织上海大学同仁及学生对本书进行翻译. 他们成立了专门翻译组，进行了第一轮翻译、第二轮校核，最后再进行校核统稿，尽量减少翻译错误，保证行文的流畅性和可读性. 具体分工如下:

| 内容 | 初稿翻译 | 校核 |
| --- | --- | --- |
| 前言，符号表 | 吕涛 | 董自强 |
| 第 1 章　绪论 | 钱权 | 高贤娴、董自强 |
| 第 2 章　线性回归 | 孙升、徐晟、张守阳 | 高贤娴、董自强 |
| 第 3 章　线性分类 | 曹斌 | 董自强 |
| 第 4 章　支持向量机 | 陆文聪 | 孙升 |
| 第 5 章　决策树和 $K$ 近邻 | 欧阳润海 | 孙升 |
| 第 6 章　集成学习 | 冯振杰 | 陈帅 |
| 第 7 章　贝叶斯定理和期望最大化算法 | 田原 | 陈帅 |
| 第 8 章　符号回归 | 欧阳润海 | 魏亮 |
| 第 9 章　神经网络 | 韩越兴 | 魏亮、孙升 |
| 第 10 章　隐马尔可夫链 | 陈帅 | 熊杰 |
| 第 11 章　数据预处理与特征选择 | 熊杰 | 熊杰 |
| 第 12 章　可解释性的 SHAP 值和部分依赖图 | 魏清华 | 董自强 |
| 附录 1、附录 2、索引 | 吕涛 | 董自强 |

在此，笔者要感谢上述人员在工作中的辛勤付出，以及孙升研究员和吕涛老师在人员组织和联系方面投入的大量时间.

在孙升研究员初步校对全书的基础上，笔者又对全书进行了认真审阅和校对. 此时，恰恰也要对 Springer 出版本书英文版的校样进行校对. 这样就又对原英文版进行了认真审阅，对英文版中描述不准确和错误的地方进行了修改，删掉了原英文版中的“Example 6.4”标题，将其主要内容并入了正文. 由于水平有限，英文版和中文版都还会存在不当或疏漏之处，敬请读者批评指正！

张统一

2024 年 10 月 3 日

# 英文版前言

材料信息学是一个快速发展的跨学科科学与技术领域，于 2021 年 10 月 4 日在 Web of Science 搜索主题为“材料信息学”的结果如图 0.1 所示. 20 世纪的论文发表量和引用量均可忽略不计，但在 21 世纪的前二十年呈指数级增长，并在 2020 年达到了 450 多篇的论文发表量和一万次左右的引用量. 市面上有许多关于统计学习、机器学习和数据挖掘的书籍和专著，但很少有关于材料信息学的.

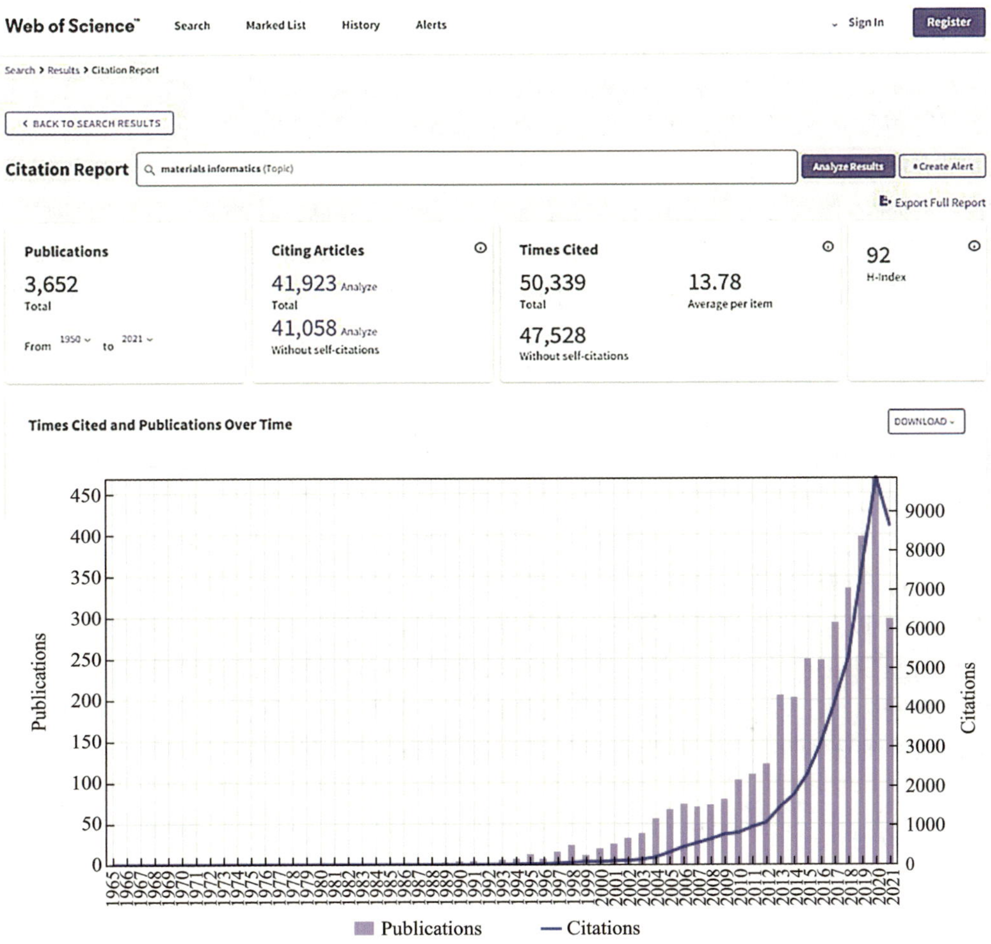


图 0.1　Web of Science 网站上关于“材料信息学”的搜索结果（2021 年 10 月 4 日）

在 2011 年美国宣布材料基因组计划（https://www.mgi.gov）之后，笔者参加了在北京召开的第 S14 次香山科学会议“材料科学系统工程（功能、结构材料基因组工程）”. 此后，笔者一直积极投身于推动材料基因组工程和材料信息学的发展. 上海大学材料基因组工程研究院在上海大学的大力支持和研究院全体同仁的共同努力下，于 2014 年顺利成立. 为了促进材料基因工程在中国的发展，中国政府于2016年启动了相关的研发计划，同时许多地方政府资助了大量材料基因相关的科研项目. 为了充分运用材料基因工程和材料信息学知识去培养当代和下一代材料科学家和工程师，上海大学开设了全国第一个与之相关的本科专业——材料设计科学与工程，并将统计学习、机器学习和数据挖掘作为该专业的必修课程. 显然，这一跨学科教育创新亟需优质的材料信息学教材及专著以适应材料基因工程和材料信息学领域的快速发展，这也是笔者撰写材料信息学导论的初衷. 材料和固体力学科技工作者和工程师在材料科学与工程以及固体力学方面拥有深厚的科研及工程背景，虽在统计、概率、人工智能和机器学习方面知识储备有限，但这些读者一定仍然可以相对轻松地从该书中学习材料信息学知识. 为此，笔者努力使该书写得通俗易懂，并提供尽可能多的详细示例. 材料信息学导论的中心思想分两册介绍——《材料信息学导论：机器学习基础》和《材料信息学导论：高等机器学习》，前者侧重于介绍经典的人工智能和机器学习算法，后者将涵盖材料信息学的最新进展，计划介绍前沿人工智能和深度机器学习算法，并概述材料信息学的现状、面临的挑战和未来的展望. 本书面向的是材料科学与工程、力学科学与工程、物理和化学等领域的科研技术人员、工程师及学生，而非数学、计算机科学与工程、自动化与控制等领域的专业人员.

本书共十二章. 笔者过去与现在的学生们为撰写本书提供了很大的帮助，如熊杰、魏清华、曹斌、王元浩、徐晟、张守阳和马家轩等，他们在编写示例、习题和附录等方面给予了极大的支持，并检查了文本、图表和参考文献的所有格式. 笔者的同事孙升、钱权、欧阳润海、谢玮、黄加强和王炜阅读了本书的初稿，并提出了许多建设性意见和建议.

在本书的撰写过程中，许多社会各界人士给予了笔者极大关心和鼓励，尤其是材料基因组工程和材料信息学相关领域内的同行们. 特别感谢谢建新院士为推动材料基因组工程在中国的发展所发挥的领导作用. 在出版过程中，特别鸣谢科学出版社的张淑晓编辑，她为本书的顺利面世提供了大量的帮助.

张统一

2022 年 2 月 15 日

# 符 号 表

| 符号 | 描述 |
|---|---|
| $x$ | 输入变量（特征） |
| $\boldsymbol{x}$ | 特征向量 |
| $\boldsymbol{X}$ | 观测变量序列（第 10 章）<br>输入数据的特征矩阵（其他章节） |
| $\boldsymbol{X}_i$ | 特征矩阵中的第 $i$ 个样本向量 |
| $x_{ij}$ | 第 $j$ 个特征分量上的第 $i$ 个样本 |
| $x_j$ | 特征向量的第 $j$ 个分量 |
| $\sigma_{x_j}$ | 特征向量的第 $j$ 个分量的标准差 |
| $\tilde{x}$ | 标准化特征数据 |
| $\mathring{x}$ | 归一化后中心化的特征数据 |
| $\check{\hat{x}}$ | 中心化后归一化的特征数据 |
| $y$ | 目标或响应变量（分类中的数据标签） |
| $\boldsymbol{y}$ | 目标向量 |
| $\boldsymbol{Y}$ | 目标矩阵 |
| $\hat{y}$ | 目标预测值 |
| $\boldsymbol{Y}_i$ | 第 $i$ 个样本中的目标值 |
| $\overline{y}$ | $y$ 的平均值 |
| $\hat{y}_i$ | 第 $i$ 个样本的目标预测值 |
| $y_i^{(k)}$ | 第 $(k)$ 个目标的第 $i$ 个样本 |
| $w_0$ | 截距 |
| $w$ | 系数 |
| $W$ | 系数向量（系数矩阵） |
| $\bar{\boldsymbol{W}}$ | $\boldsymbol{W}$ 的平均值 |
| $\lVert\bar{\boldsymbol{W}}\rVert$ | $\boldsymbol{W}$ 的平均值的范数 |
| $b$ | 偏置（截距） |

续表

| 符号 | 描述 |
|---|---|
| $\hat{b}$ | 偏差估计值 |
| $\boldsymbol{b}$ | 偏差向量 |
| $\mu$ | 期望值（均值） |
| $\boldsymbol{\mu}$ | 期望值向量（均值向量） |
| $M$ | 整数，变量<br>分割间隔（第 4 章） |
| $\lambda$ | 拉格朗日乘子（第 4 章）<br>预设常数（第 6 章）<br>HMC 的内在参数集（第 10 章）<br>其他章节：惩罚参数 |
| $L_D$ | 对偶目标函数 |
| RSS | 残差平方和 |
| $\boldsymbol{I}$ | 单位矩阵 |
| $\boldsymbol{\Sigma}$ | 协方差矩阵 |
| $v_j$ | 正交归一化特征向量的第 $j$ 个基矢 |
| $\boldsymbol{V}$ | 正交归一化特征向量矩阵 |
| $\boldsymbol{D}^2$ | 对角特征值矩阵 |
| $\boldsymbol{D}$ | 对角矩阵 |
| $\boldsymbol{U}$ | 半正交矩阵 |
| $p_j$ | 第 $j$ 个主成分 |
| $\boldsymbol{P}$ | 主成分矩阵 |
| $\mathcal{L}$ | 损失函数 |
| $\phi$ | 高维空间映射 |
| $K(\boldsymbol{X}_i, \boldsymbol{X}_j)$ | 核函数 |
| $\xi$ | 松弛变量 |
| $\varepsilon$ | 误差 |
| $\Omega$ | 惩罚项 |
| $\mathfrak{R}$ | 广义瑞利熵 |
| $\boldsymbol{S}$ | 对称类间散布矩阵 |
| $\boldsymbol{H}$ | 中心对称矩阵 |
| $R_k$ | 数据区域 |
| $n_{R_k}$ | 区域 $R_k$ 中数据的数目 |

续表

| 符号 | 描述 |
| --- | --- |
| $T$ | 决策树 |
| $\|T\|$ | 决策树的终端节点数 |
| $G$ | 集成学习 |
| $g$ | 基学习器 |
| $\varepsilon_j$ | 基学习器 $g_j$ 的错误率 |
| $\alpha_j$ | 基学习器 $g_j$ 的权重 |
| $\beta_j$ | 基学习器 $g_j$ 中涉及的参数 |
| $Z$ | 归一化常数（第 6 章）<br>训练变量总称（第 7 章） |
| $\gamma$ | 预设常数（第 6 章）<br>强度半高宽（第 7 章） |
| $\mu_i$ | 第 $i$ 个高斯分布的期望 |
| $\sigma_i$ | 第 $i$ 个高斯分布的方差 |
| $w_i$ | 第 $i$ 个高斯分布的权重 |
| $z_i$ | 第 $i$ 个高斯分布 |
| $p_M(\cdot)$ | 混合物的分布概率密度 |
| $L(\cdot)$ | 似然函数 |
| $\mathrm{LL}(\cdot)$ | 似然函数的对数（对数似然函数） |
| $\mathrm{LLL}(\cdot)$ | 对数似然函数的拉格朗日函数 |
| $I_j$ | $x_j$ 处的频率或强度 |
| $R_{\mathrm{wp}}$ | 加权轮廓因子 |
| $R_p$ | 轮廓因子 |
| $\alpha_{ji}$ | 分布 $i$ 对 $p_M\left(x_j \middle\| Z\right)$ 的贡献权重 |
| $g_l(g_l=1,2,\cdots,G_l)$ | 第 $l$ 层的第 $g_l$ 个神经元 |
| $r_{g_l}^{(l)}$ | 第 $l$ 层神经元 $g_l$ 接收的潜在变量 |
| $z_{g_l}^{(l)}$ | 第 $l$ 层神经元 $g_l$ 输出的潜在变量 |
| $\boldsymbol{Z}_{g_l}^{(l)}$ | 从第 $l$ 层输出潜在变量向量<br>$\boldsymbol{Z}_{g_l}^{(l)}=\left(z_1^{(l)},z_2^{(l)},\cdots,z_{G_l}^{(l)}\right)$ |
| $w_{g_{l-1}\to g_l}^{(l)}$ | 第 $l$ 层连接神经元 $g_{l-1}$ 和神经元 $g_l$ 的权重 |

续表

| 符号 | 描述 |
| --- | --- |
| $W_{g_{l-1}\to g_l}^{(l)}$ | 权向量<br>$W_{g_{l-1}\to g_l}^{(l)}=\left(w_{1\to g_l}^{(l)},w_{2\to g_l}^{(l)},\cdots,w_{G_{l-1}\to g_l}^{(l)}\right)^{\mathrm{T}}$ |
| $b_{g_l}^{(l)}$ | 第 $l$ 层神经元 $g_l$ 产生的偏置 |
| $\varphi_{g_l}^{(l)}$ | 作用于第 $l$ 层神经元 $g_l$ 的激活函数 |
| $s_k$ | 第 $k$ 个状态 |
| $S=\{s_k\}(k=1,2,\cdots,q)$ | 状态集 |
| $\pi_i^{(k)}=P(s_k\in S)$ | 序列中第 $(i)$ 步时占用状态 $s_k$ 的概率 |
| $\pi_0$ | 初始状态的占用状态概率 |
| $T_{kl}$ | 从状态 $k$ 到状态 $l$ 的转移概率 |
| $\boldsymbol{T}=\{T_{kl}\}$ | 转移概率矩阵 |
| $E_{P(\theta)}\left(f(\theta)\right)$ | $f(\theta)$ 在概率分布 $P(\theta)$ 上的期望 |
| $\alpha_{i\to i+1}$ | 候选者的接受概率 |
| $o_j$ | 第 $j$ 个观测基 |
| $\boldsymbol{O}=\{o_j\}(j=1,2,\cdots,m)$ | 观测（发射）基集 |
| $\boldsymbol{B}=\{B_{kj}\}=\left\{b_k\left(x_i^{(j)}=o_j\right)\right\}$ | 观测（发射）矩阵 |
| $\lambda=(\boldsymbol{T},\boldsymbol{B},\pi_0)$ | 三个固有参数组成的集合 |
| $\alpha_i(k)=P\left(x_{i-1},x_i,\pi_i^{(k)}\mid\lambda\right)$ | 第（$i$）层中的神经元 $(k)$ 的正向概率（第 10 章） |
| $\beta_i(k)=P\left(x_n,x_{n+1},\cdots,x_{i+1}\mid\lambda,\pi_i^{(k)}\right)$ | 第（$i$）层中的神经元 $(k)$ 的反向概率（第 10 章） |
| $\gamma_i(k)$ | 状态序列的概率 |
| $\xi_i(k,l)=P\left(\pi_i^{(k)},\pi_{i+1}^{(l)}\mid\boldsymbol{X},\lambda\right)$ | 状态序列联合概率 |
| $\mathrm{cov}(\cdot,\cdot)$ | 协方差 |
| $R(\cdot,\cdot)$ | 皮尔逊相关系数 |
| $E[\cdot]$ | 期望 |
| $I(\cdot,\cdot)$ | 交互信息量 |
| $I^*(\cdot,\cdot)$ | 归一化最大交互信息量 |
| $P(\cdot)$ | 概率 |
| $p(\cdot)$ | 概率密度 |

续表

| 符号 | 描述 |
| --- | --- |
| $H(\cdot)$ | 信息熵 |
| $\text{MIC}(\cdot)$ | 最大信息系数 |
| $B^i \ (i=1,2,\cdots)$ | 两个相邻值之间的中间值 |
| $\boldsymbol{S}_M$ | 原始特征集 |
| $\boldsymbol{S}_m$ | 特征子集（$m \leqslant M$） |
| $\hat{\boldsymbol{S}}_m$ | 具有最大依赖的特征子集 |
| $H_q(q=1,2,\cdots,Q)$ | 样本 $q$ 的最近邻样本 |
| $c_k$，$c_{\hat{k}}(\hat{k}\neq k)$ | $k$ 类，$\hat{k}$ 类 $(\hat{k}\neq k)$ |
| $M_q^{c_{\hat{k}}}(q=1,2,\cdots,Q)$ | $c_{\hat{k}}$ 类中的 $Q$ 个最近邻中的第 $q$ 个 |
| $W_{x_j}^i$ | 特征 $x_j$ 在样本 $i$ 中的权重 |
| $\text{Imp}_\varphi(\cdot)$ | 决策树 $\varphi$ 的平均不纯度降低量 |
| $\phi_i$ | 单特征 $x_i$ 的 SHAP 值 |
| $\phi_{i,j}$ | 特征 $x_i$ 和特征 $x_j$ 的交互 SHAP 值 |
| $\phi_{i,i}$ | 单特征 $x_i$ 的纯 SHAP 值 |

# 目　　录

# 第 1 章

# 绪　论

材料信息学是一个新兴飞速发展的领域，特别是在 2011 年美国启动了材料基因组计划（Materials Genome Initiative, MGI）（https://www.mgi.gov）之后发展更加迅猛. Ramakrishna 等（2019）将材料信息学定义为“将数据科学、互联网、计算机科学与工程以及数字技术等新兴领域中的技术、工具和理论，应用于材料科学和工程学，以加速材料、产品和制造业的创新”. Agrawal 和 Choudhary（2016）提出，材料信息学已成为材料研发的“第四范式”. 在 MGI 的指导下，国际上已经建立了许多免费开放和收费的材料数据库. 随着高通量实验和高通量计算技术的发展，并在生成式人工智能（AI）的推动下，材料数据呈指数级增长趋势. Ramakrishna 等（2019）的综述论文汇总了当时国际上的材料数据库. 材料信息学将材料科学和工程与人工智能（AI）、数据库及机器学习（ML）等科学技术相融合，来加速从材料发现、开发、性能优化、系统设计和集成、制备到部署的每一阶段及整个材料开发全链条过程的创新. 材料信息学也将加快从数据到知识获取的过程，基于材料组分数据、制备工艺数据和服役表现数据来理解、掌握和建立材料化学组分、微观结构与宏观性能之间的构效关系. 人工智能和机器学习不能取代材料科学与工程已有的专业知识和技能，而材料信息学只是将人工智能和机器学习这些新工具添加到材料科学与工程的工具箱中，从而变革材料研究与开发的方法和范式. 材料信息学利用人工智能和机器学习，以高效且经济的方式分析来自实验、计算、制造、工业和日常生活等大量的材料数据，向材料和产品的设计师、科学家、工程师及制造商提供终端用户最喜欢和环境最友好的材料知识和技术. 机器学习赋予计算机从数据中学习和基于数据进行预测的能力（Samuel, 1967）. Mitchell（1997）将机器学习定义为：“一个计算机程序被称为通过经验 E 和性能度量 P 进行了学习，如果它在执行某类任务 T 时的性能度量 P 随着经验 E 的积累而提高.” 在材料信息学中，机器学习从具有有关材料属性和/或性能的现有材料数据中学习，用于改进现有材料的目标属性和性能，或者设计和发现具有所需目标属性和性能的新材料. 由于材料数据通常较少，因此提出了自适应设计，也称为主动学习，它通过来自实验或计算的反馈来增强机器学习的能力. 图 1.1 显示了材料信息学中的自适应主动学习和设计过程. 首先，要建立一个初始数据集，它涵盖了相关实验、计算、制造过程和/或服役中产生的成功和失败数据. 材料属性、性能、测试结果及服役行为等参数，称为目标函数，而材料组分、加工、测试条件或/及服役环境等参数，称为特征量. 初始数据集通常是通过自己产生的数据和/或从各种来源收集的数据构建而成的. 相关材料属性和性能等目标函数通常称为输出变量，而材料成分、制备、测试条件等特征参数通常称为输入变量. 此外，一些分子、原子和电子参数、热力学参数、动力学参数、晶体和非晶态信息等也经常被用作输入或输出变量. 自适应主动学习使用一种（多种）机器学习算法从初始数据集开始，训练机器学习模型，也称为代理模型，该模型可以由机器学习算法利用测试数据自主测试或由领域专业知识进行评估和解释. 显然，在材料信息学领域，领域专业知识就是材料科学与工程中的专业知识. 自适应学习是一个迭代和交互式循环的过程. 学习结果被用于设计和指导下一轮实验、计算或制备，并且新结果将用于验证机器学习模型的预测并同时反馈到数据集中，以进行下一轮自适应学习的循环和迭代，这意味着数据集在每次迭代后不断增加. 下一轮自适应主动学习基于增多数据来迭代机器学习模型和设计并为实验、计算或制备提供改进后的指导. 这意味着自适应主动学习循环中的每一迭代周期中都将或多或少地完善输入和输出，迭代持续进行，直到达到材料性能的设计目标. Lookman 等（2019）强调了自适应设计主动学习中如何考虑机器学习模型预测的不确定性. 在材料信息学中，材料科学与工程的知识是核心，因为如果缺

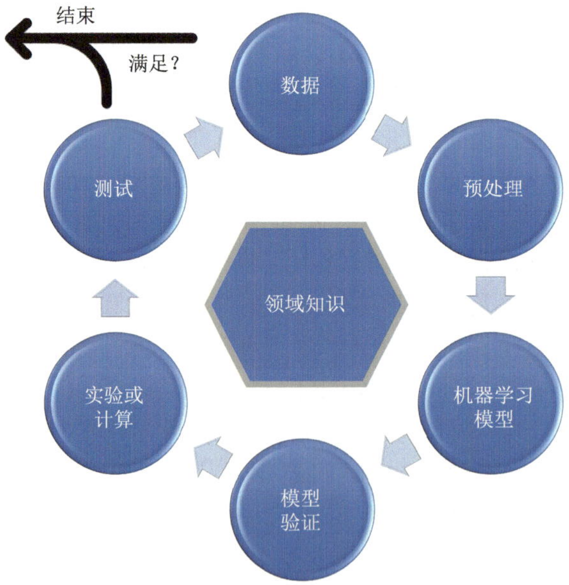


图 1.1　材料信息学中的自适应主动学习和设计，其领域知识为材料科学与工程

少领域知识将很难理解和分析材料数据. 高层次的领域知识可以指导流程中的每一步并减少信息和知识之间的差距. 自适应主动学习中知识的检索、获取、表示、管理和知识层次建模等环节, 是发现新材料、识别异常现象、促进科学进步的关键. 如果实现了材料性能预定的设计目标, 自适应主动学习迭代过程将暂时结束, 但当规划了新的更高的设计目标时, 主动学习迭代将会继续. 原则上, 自适应主动学习永远不会停止, 积累的数据将始终具有价值.

机器学习帮助我们将数据转换为理论/模型（即知识）, 使人类能够理解事情发生的原因（即解释）、预测将会发生的事情（即预测）, 并管理正在发生的事情（即控制）. 当材料科学与工程中的理论/模型用数学公式表示时, 这些理论/模型就能以最直接、清晰、简洁和准确的方式表达出材料的行为和性能, 并在先进材料及技术的开发中发挥着重要作用. 在机器学习出现之前, 理论/模型是由人类直接和通过各种仪器观察自然和材料行为, 加上好奇心、直觉、推导以及经验, 从积累的经验和观察中总结得出的, 或者基于已有的理论/模型通过严格的推断演绎出来、并实验验证的. 自然科学的发展实际上是一个不断探索自然界、永无止境的过程, 即人类通过观察和探索自然界和物质行为来产生数据, 通过学习和分析所产生的数据来建立理论/模型, 并通过新的观察和实验验证所建立的理论/模型的连续无止境的过程. 当现有的理论模型与新的观测/实验结果出现差异、矛盾时, 现有的理论/模型将被修正或完全被新的理论/模型所取代, 这意味着理论/模型仅在特定条件下有效. 通常来说, 知识的发展处于一个螺旋式上升的模式, 理论/模型修正/取代螺旋式循环往复, 每次循环都会增加知识的积累. 一个全新理论/模型的诞生标志着知识的重大突破和飞跃.

下面列举几个典型例子来说明数据驱动的理论/模型发现. 第一个例子是 Hume-Rothery 规则, 这是置换固溶体的经典数据驱动公式（Hume-Rothery et al., 1934; Pauling, 1939, 1960; Darken et al., 1953; Cottrell, 1975）. Hume-Rothery 规则指出, 一个合金是否为置换固溶体由三个因素（AI 和 ML 中称为特征）来决定: ①原子尺寸因素: 如果溶质和溶剂之间的原子直径相对差小于 14%, 则有利于形成置换固溶体. ②电化学因素: 当两种元素之间的电负性差异小于 0.4 时, 形成置换固溶体的可能性大. ③相对价效应: 较低化合价的金属元素更可能溶解到较高化合价的金属元素中, 反之则不然. 第二个例子是疲劳裂纹扩展的 Paris 定律, 它完全是从实验数据中发现的（Paris et al., 1961）. Paris 定律指出, 疲劳裂纹扩展速率是载荷应力强度因子区间的幂函数, 指数的值完全由数据来确定. 由于疲劳是材料和结构失效的主要模式, 因此 Paris 定律广泛应用于工业和学术界. 第三个例子是关于多晶金属晶粒尺寸对强度影响的 Hall-Petch 方程, 最初完全是基于实验数据发展而来的（Hall, 1951; Petch, 1953）. Hall-Petch 方程表明, 多晶金属的屈服强度与晶粒尺寸的平方根成反比. Hall-Petch 方程对整个金属工业极其重要, 因为除了少数特殊情况（如抗蠕变性能之外）, 金属和合金的大部分力学性能都随着晶粒尺寸的变小而增强，一直持续到亚微米尺度（在纳米尺度下已观察到了反向的 Hall-Petch 关系）. 有趣的是，后来至少两个不同的理论模型可以推导出 Hall-Petch 方程（Cottrell, 1958；Li, 1963）.

然而，人类发展理论和模型的学习范式通常耗时费力，并且尤其依赖于天才. 如今，人工智能技术的快速发展提供了自动构建公式模型的机遇. 近年来，数据驱动的科学和技术新范式在材料科学与工程领域中迅速发展，利用人工智能和机器学习技术发现知识和科学、设计先进材料、揭示状态方程、自动管理制造等，而所用的数据都来自实验、计算模拟和工业实践. 数据驱动结合领域知识的范式为理论/模型的发展提供了最先进的方法. 材料信息学领域的一个最新里程碑是 Burger 等（2020）开发了一个移动机器人化学家，为用水制氢寻找高效光催化剂. 该移动机器人化学家使用了一种人工智能/机器学习算法（即贝叶斯优化算法），能自主地进行自适应学习和设计. 它在 8 天内毫不停歇地自主工作，在一个 10 变量实验空间内执行了 688 次实验，设计出的新型光催化剂混合物比初始配方活性高出 6 倍.

在自然科学中，存在着许多公认的定律、原则和方程，如牛顿定律、麦克斯韦方程、热力学定律、薛定谔方程等，它们在各自的适用范围内是经严格验证的. 理论上，人工智能和机器学习是基于统计学和概率论的，并假设决定性的真解不可得到，只能得到近似解. 而机器学习的任务就是根据给定的数据集找到最优近似解. 因此，一个基于 AI 和 ML 的隐性模型通常是一个“黑盒”. 例如，深度神经网络就是一个黑盒，其包含大量训练参数，需要大量数据来优化这些训练参数，训练后的深度神经网络就成为一个深度网络代理模型，当前这种“黑盒”模型擅长“预测和控制”，而缺少“解释”. 图 1.2 是 ML 工作原理的示意图，其中数据包含输入变量（$x_1, x_2, \cdots, x_N$）和输出目标变量（$y_1, y_2, \cdots, y_M$）（后者也称为响应）. ML 的任务是在输入变量和响应之间建立一个模型，该 ML 模型给出的响应（$\hat{y}_1, \hat{y}_2, \cdots, \hat{y}_M$）与真实的目标变量相比，应该是尽可能地准确，而且它的应用窗口，即泛化能力，要尽可能大.

图 1.2 “黑盒”ML 模型的示意图

然而，数据通常不包含有关输入变量和响应之间相关性的足够信息，并且存在一些隐变量. 信息的缺乏或隐变量的存在会引入本征误差. 一个典型的例子是，上市公司在股票市场公布的信息非常不完整（内部信息保密），导致了股票很高的本征误差，因此，大部分股票投资者很难从股票市场上赚钱. 然而，在科学研究和技术开发中，研究人员和工程师会尽力减少实验和计算误差，并通过精心设计和认真实施的实验与计算，以及提高设备、仪器、硬件和软件的质量，获得关于输入变量和输出响应之间相关性的足够信息，从而降低本征误差. 从统计学和概率论角度看，每次实验都是一次抽样，其误差传统上称为噪声，它在实验测试中也会随机出现，对噪声可以进行统计分析，这部分内容将在后面讨论. AI 和 ML 中的输入变量叫作特征，与在纯数学分析中不同，不同特征之间可能存在一些相关性. 例如，如果 $x$ 是独立变量，则在纯数学分析中 $x$ 和 $x^2$ 不是独立变量，但在 ML 中，$x$ 和 $x^2$ 都是特征. 一组特征类似于线性代数中的一组基. 特征的选择和特征空间的确定是 ML 中两个最为基本和关键的问题.

如上所述，自然科学中有很多成熟的定律、原理、方程和公式. 基于这些被广泛认可的定律、原理、方程和公式，研究人员和工程师正在开发新的理论和公式，这种决定论的知识开发范式被称为知识的专家演绎. 专家演绎往往基于一定的假设，而这些假设往往又基于非全面的实验观测，因而不同的专家可以作不同的假设，称为专家偏好. 专家演绎所得的方程和公式将受到专家偏好的影响，尽管演绎专家认为这些方程和公式是描述输出和输入之间关系的真解. 另一方面，数据驱动的开发范式被称为知识的数据归纳，在这种模式下，永远无法获得输入和输出之间的真解. 相反，只能获得输入与输出之间的最优近似解. 除了本征误差外，在机器学习中还存在另外两种类型的误差：偏差和方差. 偏差被定义为优化的机器学习模型相对于真解的平方误差，方差被定义为所有可能的机器学习模型相对于优化的机器学习模型的平方误差. 在机器学习和统计学习中，存在偏差-方差窘境，这意味着高偏差对应低方差，反之亦然. 因此，机器学习模型的总误差是本征误差、偏差和方差的总和. 对于一个机器学习任务，通过选择适当的特征和特征空间（通常也称为搜索空间），可以将偏差和方差的总和最小化. 这就是为什么特征和特征空间是机器学习中两个基本和关键的问题. 特征选择会选择对响应最有影响的特征，而这些特征可能是初始特征、组合特征，或者两者都有. 特征选择是机器学习中最关键和最具挑战性的步骤之一，因为所选择的特征会产生一个特征空间或搜索空间，然后在其中寻找最优近似解.

目前，材料计算数据规模相对较大，而实验数据规模相对较小. 材料的性能取决于其化学成分、微观结构、材料制备工艺条件、服役环境等，这意味着有大量的因素决定着材料的性能. 此外，一些实验数据存在极大的分散性，而实验通常既昂贵又耗时，这使得获取大数据变得困难. 一般来说，小数据分为不可靠和可靠两种类型. 不可靠小数据意味着数据在其特征空间非常稀疏，并且数据的均值和方差在其特征点上不可靠，这是由重复测试结果太分散，重复测试的次数严重不足所造成的. 可靠小数据意味着数据在其特征空间非常稀疏，但数据的均值和方差在其特征点上可靠. 可靠小数据已经在人工智能和机器学习领域被广泛研究，已有很多有效的算法和方法来处理它们，例如迁移学习和数据增强等. 如果重复实验数据规模很大，则数据将呈现出对相同材料在相同测试条件下的实验结果的概率分布．如果重复实验数据很小且数据非常分散，这些实验数据将是不可靠小数据．不可靠小数据最好通过增加重复实验次数来解决，也可以用专业知识和计算机模拟来弥补．举例来说，对压电陶瓷在电和力耦合作用下进行三点弯曲试验，每个测试条件下重复测试 50 次以上（Fu and Zhang, 1998），所测得的弯曲强度呈现出极高的分散性和双峰分布．这是因为脆性和准脆性断裂在电和力耦合作用下不仅对力场缺陷非常敏感而且对电场缺陷也非常敏感．在许多情况下，很难从耗时和/或高成本的测试中获得大量的实验数据．显然，不可靠脆性和准脆性断裂的小数据不能提供任何有关失效概率的信息，而可靠的安全设计又要求材料和结构有极高的生存概率．在这种情况下，断裂领域的知识可以在从小数据中提取有用的强度和断裂韧性信息方面发挥关键作用．Wang 等（2022）在对混凝土强度的统计研究中，结合领域知识对小规模重复测试数据进行了分析，研究了样本大小和预缺口长度对强度的影响．基于强度和断裂领域的两个常识，他们提出了四个假设：①混凝土样品尺寸越大，强度越低．这是因为大缺陷存在大尺寸样本中的概率高于存在小尺寸样本中的概率．②混凝土样品尺寸越大，方差越小．物理论据与第一个假设中的相同．③预缺口长度越大，强度越低．这是因为深预缺口是比测试样品内部任何缺陷都要大的人工缺陷，而且预缺口长度越大在预缺口尖端引起应力集中越高．④数据分散度随着预缺口长度的增加而减小，原因与第三个假设中的相同．随后，他们提出了一个与样本大小依赖的正态分布模型，以及一个与样本大小和预缺口长度依赖的正态分布模型，来统计分析与样品大小、预缺口长度依赖的混凝土强度的小数据．统计学习表明，这两个正态分布模型在很大程度上减少了涉及的参数数量，并使结果比仅基于简单平均值的结果更可靠．最后，他们利用断裂领域的知识可靠地确定混凝土的断裂韧性和断裂过程区的尺寸．研究者将领域知识与 AI 和 ML 紧密结合，以处理含大噪声的小数据仍需更多的努力，尽管当前 AI 和 ML 都强调要对数据进行前处理．

为了获得最优近似解，数据集通常被分成三个子集，即训练子集、验证子集和测试子集．而对于小数据集，常将数据集分成训练子集和验证子集．在训练机器学习模型时，随着模型复杂度的增加，训练误差将单调减少至一有限值，在极端情况下可为零．在知识发展的决定性范式中，如果一个人完全偏向一个公式，他/她将会用这个喜好的公式来准确地拟合数据．然而，在基于数据的知识发展范式中，目标是通过平衡模型的准确性和泛化能力来找到最优近似解．验证子集和测试子集用于评估模型的泛化能力．随着机器学习模型的复杂度增加，验证误差（以及测试误差）将首先减少到最小值，然后增加，如图 1.3 所示．验证误差决定了机器学习模型的综合性能．当测试误差最小时，称为最佳拟合，而在最佳拟合之前和之后的区域分别称为欠拟合和过拟合．

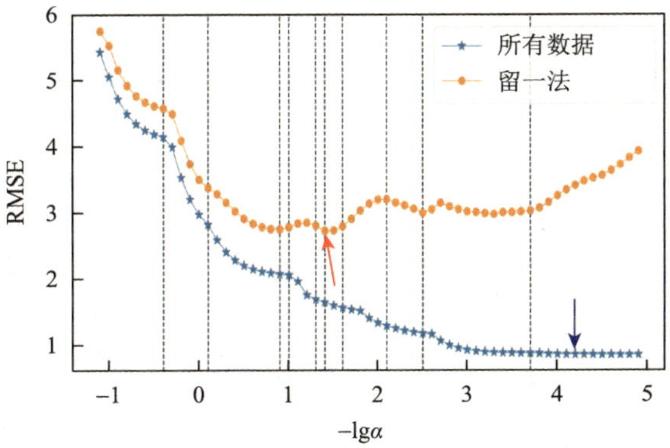


图 1.3 在 LASSO（最小绝对值收敛和选择算子）中，用均方根误差（root mean square error, RMSE）表示的 ML 模型精度与用$-\lg\alpha$表示的模型复杂度之间的关系. 红色箭头表示最小 RMSE, 蓝色箭头表示临界值 $\alpha_0$ 及相应的 RMSE. 将在第 2 章介绍留一法交叉验证和带有惩罚参数 $\alpha$ 的 LASSO 算法

基于数据获得的机器学习模型并不是唯一的，不同的机器学习模型可以拟合同一组数据，如图 1.4（a）所示. 值得一提的是，同一个有噪声的数据集也可以拟合两个不同的数学公式，而这些公式是基于不同的物理论据和基础推导出来的. 举例说明，图 1.4（b）显示了同时采用公式 $\frac{p}{c^{3/2}} = Ac^{1/2} + B$（Marshall and Lawn, 1977）和 $\frac{p}{c^{3/2}} = \frac{\gamma - \delta\sigma_{\mathrm{r}} t}{c^{1/2}} + \frac{K_{\mathrm{IC}}}{\chi}$（Zhang et al., 1999）来拟合同一组实验测量得到的压痕裂纹长度 $c$ 和压痕载荷 $p$ 的数据，式中：$A$ 和 $B$ 为拟合常数，$t$ 为薄膜厚度，$\sigma_{\mathrm{r}}$ 为残余膜应力，$K_{\mathrm{IC}}$ 为薄膜断裂韧性，$\gamma$，$\delta$ 和 $\chi$ 为拟合常数. 显然，两个公式的拟合精度差不多. 图 1.4（c）是另一个例子（Xu and Zhang, 2004），表明同一组纳米压痕硬度数据可被两个公式拟合，且两者的拟合精度也差不多. 这两个例子表明，由于实验误差的存在，解析解也无法唯一地被拟合确定，这点与机器学习模型有些相似.

虽然“黑盒”机器学习模型具有广泛的适用性，但如果目标是追求理解输入和输出之间的基本机制，它们并不是最佳选择. 从数据到知识需要具有简单明确的数学表达式的理论/模型. 符号回归是一种非常流行的人工智能和机器学习方法，它的目标是从数据中获得精确或近似的解析显式描述和公式来探索所研究现象的内在机制，因此可以被材料科学家和工程师广泛用于从数据中获取知识（Sun et al., 2019）. 此外，在人工智能和机器学习领域，人们不断付出巨大的努力，使“黑盒”模型更加透明、更具可解释性. 然而需要强调的是，领域知识、AI 和 ML 的整合绝对是必需的.

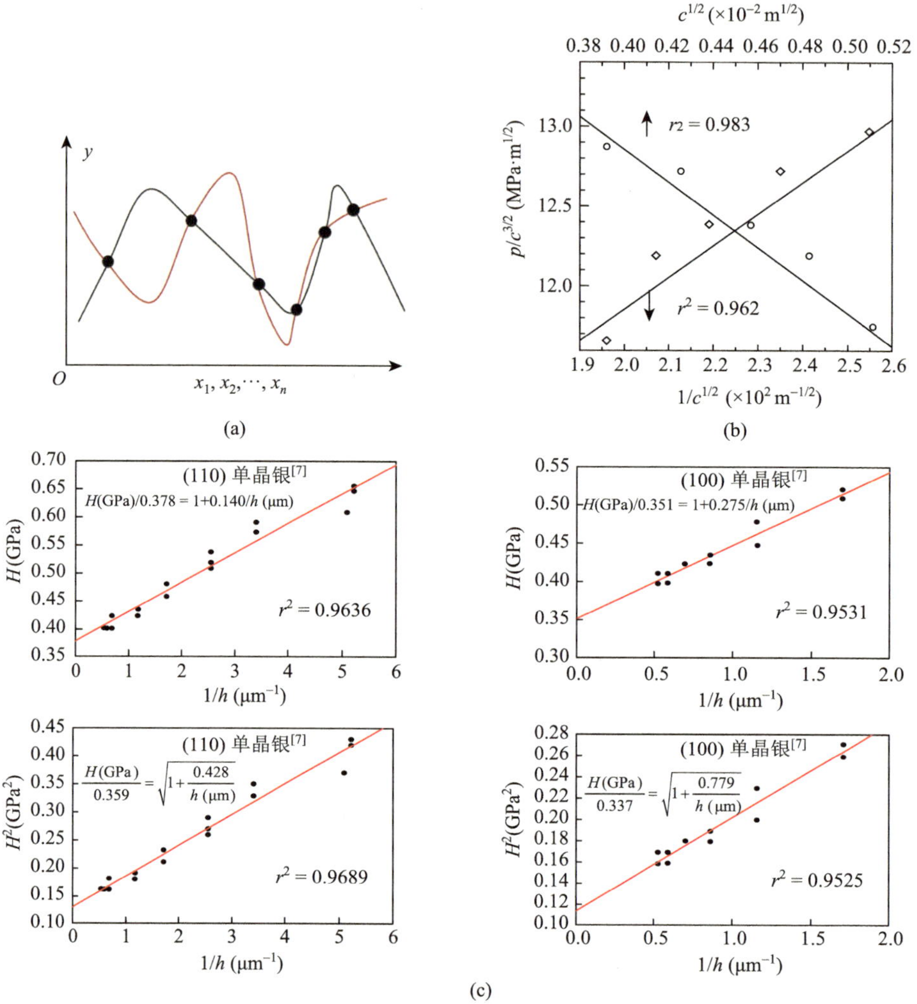


图 1.4 （a）展示了两种不同机器学习模型对数据进行拟合并达到了可接受的精确度.（b）实验测量得到的压痕裂纹长度 $c$ 和压痕载荷 $p$，采用不同的公式进行拟合. 一个公式为 $\dfrac{p}{c^{3/2}}=Ac^{1/2}+B$（Marshall and Lawn, 1977），其中 $A$ 和 $B$ 是拟合常数；另一个公式为 $\dfrac{p}{c^{3/2}}=\dfrac{\gamma-\delta\sigma_{\mathrm{r}}t}{c^{1/2}}+\dfrac{K_{\mathrm{IC}}}{\chi}$（Zhang et al., 1999），$t$ 为薄膜厚度，$\sigma_{\mathrm{r}}$ 为残余膜应力，$K_{\mathrm{IC}}$ 为薄膜断裂韧性，$\gamma$，$\delta$ 和 $\chi$ 为拟合常数.（c）压痕深度相关的硬度可以通过不同的公式进行拟合. 一个公式为 $H=H_0\sqrt{1+\dfrac{h^*}{h}}$，其中 $H_0$ 为纳米压痕足够深时的硬度，$h$ 为压痕深度，$h^*$为常数（Nix and Gao, 1998）；另一个公式为 $H=H_0+g\dfrac{f}{h}$，其中 $g$ 为与压头几何形状有关的常数，$f$ 为表观表面应力（Zhang and Xu, 2002）

为提高可读性，并帮助材料科学与工程学领域的学生与研究人员轻松掌握人工智能和机器学习的基本知识，第 2 章将介绍线性回归，因为最小二乘线性回归在材料学界已被广泛且频繁地应用. 为了提高线性机器学习模型的泛化能力，一个惩罚项被添加进去，从而导致了最小绝对值收敛和选择算子（LASSO, $L_1$）、岭回归（$L_2$）和弹性网络回归算法的出现. 第 3 章介绍线性分类，重点放在“逻辑分类”上，历史上也称逻辑斯谛回归. 一旦读者熟悉了线性回归和线性分类，就容易理解支持向量机，包括支持向量分类器和回归器，这将在第 4 章中进行介绍，更重要的是，第 4 章将介绍核函数. 第 5 章介绍决策树和 $K$ 近邻算法，它们也可用于分类和回归. 在学习分类决策树的过程中，我们将定义信息熵的基本概念. 树形是 AI 和 ML 的基本表达模式，而决策树被用作集成学习的基学习器，这部分将在第 6 章介绍. 许多基学习器可以以并联或串联方式组装，从而实现流行的基于树的集成学习算法，如随机森林（random forest, RF）和极限梯度提升器（eXtreme Gradient Boosting, XGBoost）. 概率是统计学习的基础，贝叶斯定理在材料信息学中扮演了重要角色，第 7 章简要介绍贝叶斯定理和似然函数. 结合贝叶斯定理和似然最大化产生了期望最大化算法. 全局优化是材料信息学以及 AI 和 ML 中的核心问题. 对于凸问题，全局优化有确定解；但对于非凸问题，则很难甚至不可能找到全局最优解. 相反，遵循达尔文的自然选择进化论，我们能在众多（但并非全部）的局部最大值（或最小值）中找到一个最大值（或最小值）. 第 8 章介绍了最常用的启发式算法符号回归. 第 9 章介绍人工神经网络（artificial neural network, ANN），它们模仿生物神经网络并成为深度学习的基础. 材料的性能高度依赖于微观结构，且可能随着服役时间的变化而变化. 材料的微观结构可被看作是马尔可夫链中的状态，而微观结构的变化可以通过状态的变化来描述. 第 10 章简要介绍了隐马尔可夫链，这是强化学习中强大的马尔可夫决策过程算法的基础. 总而言之，第 2—10 章包括了材料信息学中广泛使用的最基本和最简单的机器学习算法. 如上所述，材料数据规模小、维度高、噪声大，尤其是不同文献中报道的一些实验数据可能不一致. 因此，在材料信息学中必须进行数据预处理，本书在 11.1 节介绍了一些用于数据预处理的算法. 材料信息学中的两个关键问题是特征和特征空间，而数据中原始的特征数量通常非常大，因此，必须进行特征排序和选择，以选择输出中最重要的特征进行研究. 这些内容在第 11 章的其余部分进行了介绍. 第 12 章也是本书的最后一章，介绍两种特征解释方法: Shapley 加性解释（SHapley Additive exPlanation, SHAP）和部分依赖图（partial dependency plot, PDP）. 最后，在附录 1 和附录 2 简要介绍了基本的矩阵运算以及概率、分布，以方便读者查阅.

## 参 考 文 献

Agrawal A, Choudhary A. 2016. Perspective: Materials informatics and big data: Realization of the “fourth paradigm” of science in materials science. APL Materials, 4(5): 053208.

Burger B, Maffettone P M, Gusev V V, et al. 2020. A mobile robotic chemist. Nature, 583(7815): 237-241.

Cottrell A H. 1958. Theory of brittle fracture in steel and similar metals. Metallurgical Society of AIME, 1: 212.

Cottrell A H. 1975. An Introduction to Metallurgy. London: Edward Arnold.

Darken L S, Gurry R W, Bever M B. 1953. Physical Chemistry of Metals. New York: McGraw-Hill Book Company.

Fu R, Zhang T Y. 1998. Effects of an applied electric field on the modulus of rupture of poled lead zirconate titanate ceramics. Journal of the American Ceramic Society, 81(4): 1058-1060.

Hall E O. 1951. The deformation and ageing of mild steel: III discussion of results. Proceedings of the Physical Society, 64(9): 747.

Hume-Rothery W, Mabbott G W, Channel-Evans K M. 1934. The freezing points, melting points, and solid solubility limits of the alloys of sliver and copper with the elements of the sub-groups. Philosophical Transactions of the Royal Society of London, 233(721-730): 1-97.

Li J C. 1963. Petch relation and grain boundary sources. Transactions of the Metallurgical Society of AIME, 227(1): 239-247.

Lookman T, Balachandran P V, Xue D, et al. 2019. Active learning in materials science with emphasis on adaptive sampling using uncertainties for targeted design. NPJ Computational Materials, 5(1): 1-17.

Marshall D B, Lawn B R. 1977. An indentation technique for measuring stresses in tempered glass surfaces. Journal of the American Ceramic Society, 60(1-2): 86-87.

Mitchell T. 1997. Progress in Artificial Intelligence. Berlin: Springer.

Nix W D, Gao H. 1998. Indentation size effects in crystalline materials: A law for strain gradient plasticity. Journal of the Mechanics & Physics of Solids, 46(3): 411-425.

Paris P C, Gomez M P, Anderson W E. 1961. A Rational Analytical Theory of Fatigue. Washington: University of Washington Press.

Pauling L. 1939. Fortschritte der Chemie Organischer Naturstoffe. vol 3. Vienna: Springer: 203-235.

Pauling L. 1960. The Nature of the Chemical Bond. 3rd ed. Ithaca: Cornell University Press.

Petch N J. 1953. The cleavage strength of polycrystals. Journal of the Iron and Steel Institute, 174: 25-28.

Ramakrishna S, Zhang T Y, Lu W C, et al. 2019. Materials informatics. Journal of Intelligent Manufacturing, 30(6): 2307-2326.

Samuel A L. 1967. Some studies in machine learning using the game of checkers. II—Recent progress. IBM Journal of Research and Development, 11(6): 601-617.

Sun S, Ouyang R, Zhang B, et al. 2019. Data-driven discovery of formulas by symbolic regression. MRS Bulletin, 7: 559-564.

Wang J H, Jia J N, Sun S, et al. 2022. Statistical learning of small data with domain knowledge—Sample size-and pre-notch length-dependent strength of concrete. Engineering Fracture Mechanics, 259: 108160.

Wang J H, Sun S, He Y L, et al. 2019. Machine learning prediction of the hardness of tool and mold steels. Scientia Sinica Technologica, 49(10): 1148-1158.

Xu W H, Zhang T Y. 2004. Surface effect for different types of materials in nanoindentation. Key Engineering Materials, (261-263): 1587-1592.

Zhang T Y, Chen L Q, Fu R. 1999. Measurements of residual stresses in thin films deposited on silicon wafers by indentation fracture. Acta Materialia, 47(14): 3869-3878.

Zhang T Y, Xu W H. 2002. Surface effects on nanoindentation. Journal of Materials Research, 17(7): 1715-1720.

Zhang T Y, Xu W H, Zhao M H. 2004. The role of plastic deformation of rough surfaces in the size-dependent hardness. Acta Materialia, 52(1): 57-68.

# 第 2 章

# 线性回归

## 2.1 最小二乘法

线性回归是使用线性函数来表征输入变量和输出变量之间的关系. 线性函数中可能有 $m$ 个输入变量 $(x_1, x_2, \cdots, x_m)$ 和 $p$ 个输出变量 $(y_1, y_2, \cdots, y_p)$. 最简单的情况是输入和输出变量都仅有一个, 线性函数就可以表示为 $y = w_0 + wx$, 其中 $w_0$ 和 $w$ 分别是截距和系数（斜率）, 两个值都可通过最小二乘线性回归（LSLR）确定.

在许多情况下, 初始测量或计算得到的输入和输出之间并不呈线性关系, 但对这些量进行简单的数学运算后, 可以转化为线性关系. 例如, 扩散系数 $D(T)$ 和温度的相关性通常由阿伦尼乌斯（Arrhenius）公式描述, $D(T) = D_0 \mathrm{e}^{-\frac{Q}{RT}}$, 其中 $R$ 是摩尔气体常数, $T$ 是绝对温度, $D_0$ 是指前因子, $Q$ 是扩散的激活能或激活焓. 通过实验测量不同温度下的扩散系数, 得到原始数据集 $(T_i, D_i)$, $i = 1, 2, \cdots, n$. 把阿伦尼乌斯公式改写为 $\ln D = \ln D_0 - \dfrac{Q}{RT}$, 就得到形式为 $y = w_0 + wx$ 的线性方程, 其中 $y = \ln D, w_0 = \ln D_0, w = -\dfrac{Q}{R}, x = \dfrac{1}{T}$. 这样原始数据集就被转换为 $(x_i, y_i)$, $i = 1, 2, 3, \cdots, n$. 利用实验测试的数据集 $(x_i, y_i)$, 通过最小化残差平方和（RSS）来确定 $w_0$ 和 $w$ 的值, RSS 的定义如下

$$\mathrm{RSS}(w_0, w) = \sum_{i=1}^{n} (y_i - w_0 - wx_i)^2 . \tag{2.1}$$

最小化 RSS 要求

$$\frac{\partial \mathrm{RSS}}{\partial w_0} = -2\sum_{i=1}^{n} (y_i - w_0 - wx_i) = 0 , \tag{2.2a}$$

$$\frac{\partial \mathrm{RSS}}{\partial w} = -2\sum_{i=1}^{n} x_i (y_i - w_0 - wx_i) = 0 . \tag{2.2b}$$

方程（2.2a）和方程（2.2b）可以合起来写为矩阵的形式

$$\begin{bmatrix} n & \sum_{i=1}^{n} x_i \\ \sum_{i=1}^{n} x_i & \sum_{i=1}^{n} x_i^2 \end{bmatrix} \begin{bmatrix} w_0 \\ w \end{bmatrix} = \begin{bmatrix} \sum_{i=1}^{n} y_i \\ \sum_{i=1}^{n} x_i y_i \end{bmatrix}. \tag{2.2c}$$

如果矩阵$\begin{bmatrix} n & \sum_{i=1}^{n} x_i \\ \sum_{i=1}^{n} x_i & \sum_{i=1}^{n} x_i^2 \end{bmatrix}$可逆，则$w_0$和$w$的值可以由以下等式确定

$$\begin{bmatrix} w_0 \\ w \end{bmatrix} = \begin{bmatrix} n & \sum_{i=1}^{n} x_i \\ \sum_{i=1}^{n} x_i & \sum_{i=1}^{n} x_i^2 \end{bmatrix}^{-1} \begin{bmatrix} \sum_{i=1}^{n} y_i \\ \sum_{i=1}^{n} x_i y_i \end{bmatrix}. \tag{2.3}$$

所确定的$w_0$和$w$的值依赖于输入和输出的数据. 通常，由于实验误差，或者理论模型偏差，数据不一定严格满足线性关系，因此，拟合出的$w_0$和$w$是在给定数据集下的最佳估计，而非真正的目标（输出）值. 为了区分真值和估计值，人们常把估计出的截距和系数（斜率）表示为$\hat{w}_0$和$\hat{w}$，因此对新输入的输出量预测为$\hat{y} = \hat{w}_0 + \hat{w}x$. 由于回归精度是通过 RSS 来衡量的，因此这种线性回归被称为最小二乘线性回归（least squares linear regression, LSLR）. 最小二乘线性回归在数据和方程的拟合中被广泛使用，以确定线性方程中的待定系数.

上述例子中，仅有一个输入变量（温度$T$）和一个输出变量（扩散系数$D$），两个变量通过阿伦尼乌斯公式建立关系，基于这个公认的物理方程，我们可以通过数据尽可能精确地确定方程中的参数值，这表明使用预设的方程来拟合数据会使方程具有百分之百的偏向性，偏向预设的方程.

### 例 2.1

表 E2.1 列出了 25℃、50℃、70℃和 80℃下在工业纯铁中氢扩散系数的实验结果. 图 E2.1 显示了数据的最小二乘线性回归的结果，其中对于 I 组和 II 组样品，扩散激活能分别为 7560J/mol 和 7110J/mol（Zhang and Zheng, 1998）.

**表 E2.1　纯铁中氢的扩散系数**

| 分组 | 不同温度下的扩散系数（$\times10^{-5}cm^2\cdot s^{-1}$） | | | |
|---|---|---|---|---|
| | 25℃ | 50℃ | 70℃ | 80℃ |
| I 组 | 4.11 | 4.92 | 6.10 | 6.66 |
| II 组 | 4.27 | 4.92 | 6.14 | 6.62 |

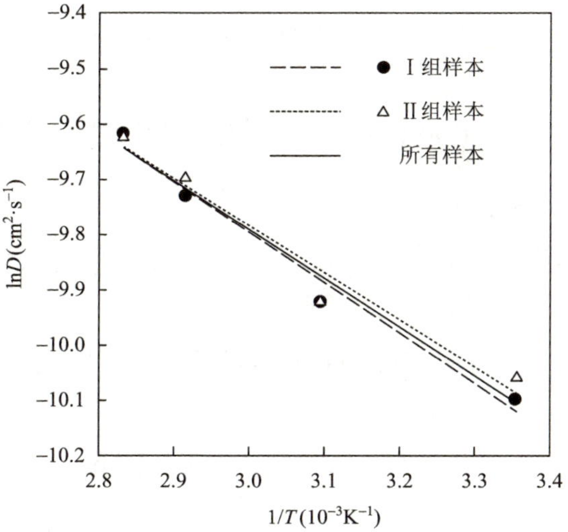


图 E2.1 ln$D$ 和 1/$T$ 的最小二乘线性回归

方程（2.1）—（2.3）可以用矩阵的形式更加简洁地表示. 考虑 $m$ 个输入变量 $(x_1, x_2, \cdots, x_m)$ 和一个输出变量 $y$，它们之间有如下的线性关系:

$$y = w_0 + \sum_{j=1}^{m} w_j x_j, \tag{2.4a}$$

其中 $w_j\ (j = 1, 2, 3, \cdots, m)$ 是系数，$w_0$ 是截距. 如果我们引入 $x_0$，它的值恒为 1，则方程（2.4a）可以写为

$$y = \sum_{j=0}^{m} w_j x_j, \tag{2.4b}$$

或

$$y = \boldsymbol{x}\boldsymbol{W}, \tag{2.4c}$$

$\boldsymbol{x} = (1, x_1, x_2, \cdots, x_m)$ 是 $1 \times (m+1)$ 的行向量，$\boldsymbol{W} = (w_0, w_1, \cdots, w_m)^{\mathrm{T}}$ 是 $(m+1) \times 1$ 的列向量. 如果共有 $n$ 条数据，则 RSS 可表示为

$$\mathrm{RSS}(\boldsymbol{W}) = \sum_{i=1}^{n} \left( y_i - \sum_{j=0}^{m} w_j x_{ij} \right)^2, \tag{2.5a}$$

其中，$y_i$ 表示第 $i$ 个数据的响应值，$x_{ij} = (x_{i0} \equiv 1, x_{i1}, \cdots, x_{im})$ 表示第 $j$ 个输入特征的第 $i$ 个数据，$i = 1, 2, \cdots, n$. 方程（2.5a）可以用矩阵形式重写为

$$\mathrm{RSS}(\boldsymbol{W}) = (\boldsymbol{y} - \boldsymbol{X}\boldsymbol{W})^{\mathrm{T}} (\boldsymbol{y} - \boldsymbol{X}\boldsymbol{W}), \tag{2.5b}$$

式中，$\boldsymbol{y} = (y_1, y_2, \cdots, y_n)^{\mathrm{T}}$ 是 $n \times 1$ 的列向量，$\boldsymbol{X}$ 是 $n \times (m+1)$ 的矩阵 $\begin{bmatrix} x_{10} & \cdots & x_{1m} \\ \vdots & & \vdots \\ x_{n0} & \cdots & x_{nm} \end{bmatrix}$.

RSS 是一种在机器学习中被广泛使用的损失函数（loss function）. 参数 $\boldsymbol{W}$ 的值通过最小化 RSS 来求得

$$\hat{\boldsymbol{W}} = \underset{\boldsymbol{W}}{\operatorname{argmin}}\, \mathrm{RSS}(\boldsymbol{W}) = \underset{\boldsymbol{W}}{\operatorname{argmin}}\left[(\boldsymbol{y}-\boldsymbol{X}\boldsymbol{W})^{\mathrm{T}}(\boldsymbol{y}-\boldsymbol{X}\boldsymbol{W})\right]. \tag{2.5c}$$

使 RSS 最小化要求

$$\frac{\partial \mathrm{RSS}(\boldsymbol{W})}{\partial w_j} = \sum_{i=1}^{n}\left[-2\left(y_i - \sum_{j=0}^{m} w_j x_{ij}\right)x_{ij}\right] = 0, \quad j = 0, 1, \cdots, m. \tag{2.6a}$$

方程（2.6a）是一个由 $m+1$ 个方程形成的线性方程组. 方程（2.6a）可以写成如下精简的形式

$$\frac{\partial \mathrm{RSS}(\boldsymbol{W})}{\partial \boldsymbol{W}} = -2\boldsymbol{X}^{\mathrm{T}}(\boldsymbol{y}-\boldsymbol{X}\boldsymbol{W}) = 0. \tag{2.6b}$$

由线性代数可知，当样本数目（数据条数）小于未知系数个数 $m+1$ 时，上述方程没有唯一解. 当 $n > m+1$ 时，$\boldsymbol{X}^{\mathrm{T}}\boldsymbol{X}$ 的秩为 $m+1$，由方程（2.6b），有 $\boldsymbol{X}^{\mathrm{T}}\boldsymbol{X}\boldsymbol{W} = \boldsymbol{X}^{\mathrm{T}}\boldsymbol{y}$，当 $(\boldsymbol{X}^{\mathrm{T}}\boldsymbol{X})^{-1}$ 存在时，可求得参数 $\hat{\boldsymbol{W}}$ 的解为

$$\hat{\boldsymbol{W}} = (\boldsymbol{X}^{\mathrm{T}}\boldsymbol{X})^{-1}\boldsymbol{X}^{\mathrm{T}}\boldsymbol{y}, \tag{2.6c}$$

求出 $\hat{\boldsymbol{W}}$ 后，可以预测在给定 $\boldsymbol{X}$ 下 $y$ 的值

$$\hat{\boldsymbol{y}} = \boldsymbol{X}\hat{\boldsymbol{W}}. \tag{2.6d}$$

当 $\boldsymbol{X}^{\mathrm{T}}\boldsymbol{X}$ 不是满秩矩阵时，$(\boldsymbol{X}^{\mathrm{T}}\boldsymbol{X})^{-1}$ 不存在. 其中最常见的 $\boldsymbol{X}^{\mathrm{T}}\boldsymbol{X}$ 非满秩的情况是数据样本数少于待定参数个数 $n < m+1$. 处理这种情况最简单的一种方法是进一步补充数据条数. 另一种方法是减少特征 $\boldsymbol{X}$ 的个数，删除冗余特征来减少输入变量（特征）的数量，以满足 $m+1 \leqslant n$. 当特征 $\boldsymbol{X}$ 存在相关性时，也有可能使得 $\boldsymbol{X}^{\mathrm{T}}\boldsymbol{X}$ 非满秩，这时可以使用穆尔-彭罗斯伪逆矩阵（Moore-Penrose pseudo-inverse）的方法求解，也可以使用岭回归（ridge regression）的方法来求解. 岭回归的方法将在后续章节详细叙述，其基本思想是把 $\boldsymbol{X}^{\mathrm{T}}\boldsymbol{X}$ 变为 $\boldsymbol{X}^{\mathrm{T}}\boldsymbol{X}+\lambda\boldsymbol{I}$，这里 $\boldsymbol{I}$ 是 $(m+1)\times(m+1)$ 的单位矩阵，$\lambda$ 是一个正的常数，被称为正则化系数（regulation coefficient），$\boldsymbol{X}^{\mathrm{T}}\boldsymbol{X}$ 变为 $\boldsymbol{X}^{\mathrm{T}}\boldsymbol{X}+\lambda\boldsymbol{I}$ 的逆是一定存在的，方程（2.6d）可以写为

$$\hat{\boldsymbol{W}} = (\boldsymbol{X}^{\mathrm{T}}\boldsymbol{X}+\lambda\boldsymbol{I})^{-1}\boldsymbol{X}^{\mathrm{T}}\boldsymbol{y}. \tag{2.6e}$$

量化回归结果对数据拟合好坏的方法有多种，常用的参数包括均方误差（mean square error, MSE）

$$\mathrm{MSE} = \frac{1}{n}\sum_{i=1}^{n}(\hat{y}_i - y_i)^2; \tag{2.7a}$$

均方根误差（root mean square error, RMSE）

$$\mathrm{RMSE}=\sqrt{\frac{\sum_{i=1}^{n}(\hat{y}_i-y_i)^2}{n}}\;; \tag{2.7b}$$

相对均方根误差（relative RMSE, RRMSE）

$$\mathrm{RRMSE}=\sqrt{\frac{1}{n}\sum_{i=1}^{n}\left(\frac{y_i-\hat{y}_i}{y_i}\right)^2}\;; \tag{2.7c}$$

平均绝对误差（mean absolute error, MAE）

$$\mathrm{MAE}=\frac{1}{n}\sum_{i=1}^{n}\left|y_i-\hat{y}_i\right|; \tag{2.7d}$$

平均百分误差（mean percent error, MPE）

$$\mathrm{MPE}=\frac{1}{n}\sum_{i=1}^{n}\left|\frac{y_i-\hat{y}_i}{y_i}\right|; \tag{2.7e}$$

决定系数（coefficient of determination, $R^2$）

$$R^2=1-\frac{\sum_{i=1}^{n}(y_i-\hat{y}_i)^2}{\sum_{i=1}^{n}(y_i-\overline{y})^2} \tag{2.7f}$$

和皮尔逊相关系数（Pearson correlation coefficient, $R$）

$$R=\frac{\sum_{i=1}^{n}(y_i-\overline{y})(\hat{y}_i-\overline{\hat{y}})}{\sqrt{\sum_{i=1}^{n}(y_i-\overline{y})^2\sum_{i=1}^{n}(\hat{y}_i-\overline{\hat{y}})^2}}, \tag{2.7g}$$

其中 $n$ 是数据条数，$y_i$ 是数据值，$\hat{y}_i$ 是预测值，$\overline{y}$ 是数据 $y_i$ 的均值，$\overline{y}$ 是预测值 $\hat{y}_i$ 的均值.

决定系数 $R^2$ 在机器学习中广泛使用，$R^2=1$ 意味着预测值和观测数据完全一致，是最理想的情况. $R^2=0$ 意味着预测值总是观测值的平均值，即 $\hat{y}_i=\overline{y}$，对应的模型称为基准模型. 当 $R^2<0$ 时，意味着预测的结果比基准模型取平均值还要差. 皮尔逊相关系数 $R=1$ 代表两个变量完全正相关，$R=-1$ 代表完全负相关. 皮尔逊相关系数的平方 $R^2$ 也常用来评估拟合的好坏，它的值域是从 0 到 1, 1 代表预测值和观测值是完全线性相关的.

### 例 2.2

表 E2.2 列出了粗晶铜在 22℃、30℃、40℃、50℃和 75℃下应力松弛试验的塑性应变率实验结果（Yang et al., 2016）. 塑性应变率 $\dot{\varepsilon}_{\mathrm{p}}(\sigma,T)$ 取决于温度 $T$ 和外加应力 $\sigma$. 基于领域知识,

Yang 等提出塑性应变率遵循以下方程 $\dot{\varepsilon}_{\mathrm{p}}(\sigma,T)=\dot{\varepsilon}_{00}\left(\dfrac{\sigma}{\sigma_0}\right)^n\exp\left(-\dfrac{\Delta G_0}{kT}+\dfrac{\sigma V}{kT\sqrt{3}}\right)$，其中 $\dot{\varepsilon}_{00}$ 为常量，$\sigma_0=1\,\mathrm{MPa}$ 是参考应力，$n$ 是应力指数，$k$ 是玻尔兹曼常数，$\Delta G_0$ 是与应力无关的激活能，$V$ 是与剪切应力共轭的名义激活体积. Yang 等先后三次使用 LSLR 来估计 $n$，$\Delta G_0$ 和 $V$ 的值(图 E2.2)．他们首先利用 $\ln\dot{\varepsilon}_{\mathrm{p}}$ 和 $1/(kT)$ 的 LSLR 估计 $\dot{\varepsilon}_0(\sigma)=\dot{\varepsilon}_{00}\left(\dfrac{\sigma}{\sigma_0}\right)^n$ 和 $\Delta G=\Delta G_0-\sigma V/\sqrt{3}$，然后利用 $\ln\dot{\varepsilon}_0$ 和 $\ln\sigma$ 的 LSLR 估计 $n$ 的值，最后用 $\Delta G$ 和 $\sigma$ 的 LSLR 估计 $\Delta G_0$ 与 $V$. 结果为 $\Delta G_0=3.97\mathrm{eV}$，$V=607.3b^3$，$n=-99.9$，其中 $b=0.256\mathrm{nm}$ 为面心立方铜中的一个全位错 $\dfrac{1}{2}\langle\bar{1}\ \ 1\ \ 0\rangle\{1\ \ 1\ \ 1\}$ 的伯氏矢量长度．三次 LSLR 可以同时进行．令 $y=\ln\dot{\varepsilon}_{\mathrm{p}}$，$x_0\equiv1$，$x_1=\ln\left(\dfrac{\sigma}{\sigma_0}\right)$，$x_2=\dfrac{1}{kT}$ 与 $x_3=\dfrac{\sigma}{\sqrt{3}kT}$，可以得到 $y=\sum_{j=0}^{3}w_jx_j$．利用表 E2.2 列出的数据，各系数分别估计为 $n=-98.75$，$\Delta G_0=4.19\ \mathrm{eV}$，以及 $V=598.5b^3$.

**表 E2.2　粗晶铜在各种应力和温度下的应力松弛试验的塑性应变率**

| $1/kT$ (atom·J$^{-1}$) | 粗晶铜在不同应力水平下第一轮的应变率（s$^{-1}$） | | | | | | | |
|---|---|---|---|---|---|---|---|---|
| | 113MPa | 112MPa | 111MPa | 110MPa | 109MPa | 108MPa | 107MPa | 106MPa |
| $2.46\times10^{20}$ | $3.95\times10^{-5}$ | $2.51\times10^{-5}$ | $1.42\times10^{-5}$ | $7.79\times10^{-6}$ | $4.59\times10^{-6}$ | $2.65\times10^{-6}$ | $1.67\times10^{-6}$ | $1.06\times10^{-6}$ |
| $2.39\times10^{20}$ | $4.35\times10^{-5}$ | $2.83\times10^{-5}$ | $1.74\times10^{-5}$ | $9.66\times10^{-6}$ | $5.06\times10^{-6}$ | $3.11\times10^{-6}$ | $2.07\times10^{-6}$ | $1.50\times10^{-6}$ |
| $2.31\times10^{20}$ | $4.95\times10^{-5}$ | $3.65\times10^{-5}$ | $2.51\times10^{-5}$ | $1.54\times10^{-5}$ | $9.99\times10^{-6}$ | $5.97\times10^{-6}$ | $4.35\times10^{-6}$ | $3.11\times10^{-6}$ |
| $2.24\times10^{20}$ | $5.65\times10^{-5}$ | $4.05\times10^{-5}$ | $2.89\times10^{-5}$ | $1.76\times10^{-5}$ | $1.19\times10^{-5}$ | $8.23\times10^{-6}$ | $5.47\times10^{-6}$ | $4.12\times10^{-6}$ |
| $2.08\times10^{20}$ | $6.67\times10^{-5}$ | $5.17\times10^{-5}$ | $3.90\times10^{-5}$ | $2.79\times10^{-5}$ | $1.91\times10^{-5}$ | $1.35\times10^{-5}$ | $9.65\times10^{-6}$ | $8.09\times10^{-6}$ |

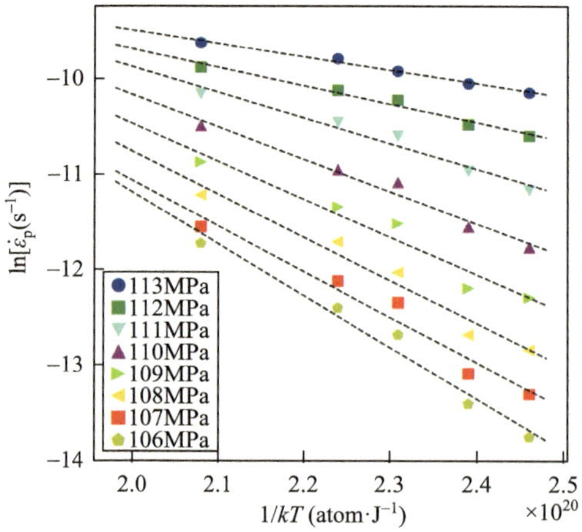

(a)

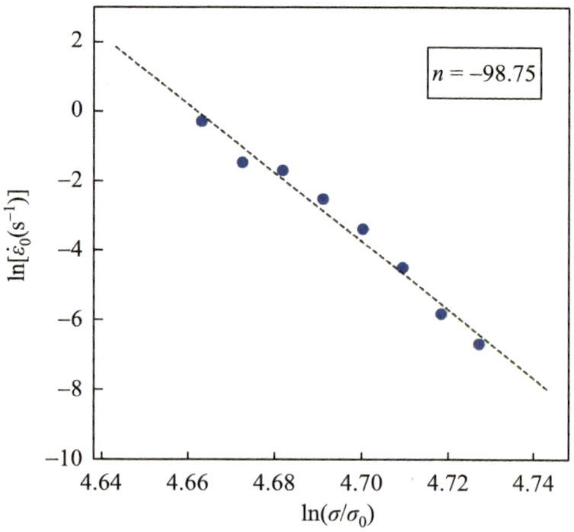

(b)

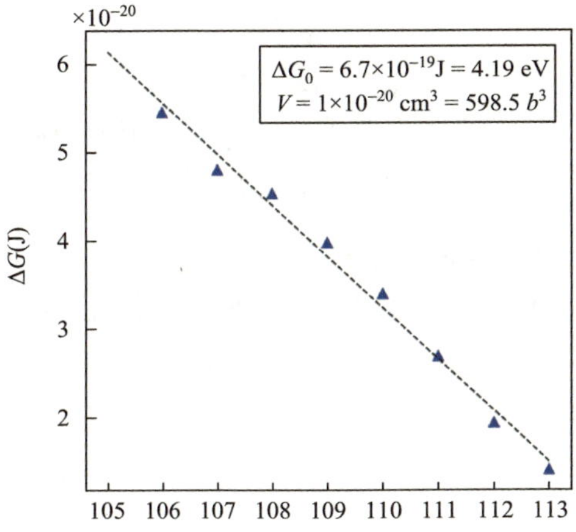


(c)

图 E2.2　三次使用 LSLR

上述的最小二乘线性回归可以自然地延伸到输出是多变量的情况 $\left(y^{(1)},y^{(2)},\cdots,y^{(p)}\right)$. 对多输出变量的最小二乘线性回归，方程（2.4b）和（2.4c）推广为

$$y^{(k)}=\sum_{j=0}^{m}w_j^{(k)}x_j,\quad k=1,2,\cdots,p. \tag{2.8a}$$

更紧凑的形式表示为

$$\boldsymbol{y}=\boldsymbol{x}\boldsymbol{W}, \tag{2.8b}$$

这里 $\boldsymbol{y}=\left(y^{(1)},y^{(2)},\cdots,y^{(p)}\right)$ 是 $1\times p$ 的行矩阵，$\boldsymbol{x}=(1,x_1,x_2,\cdots,x_m)$ 是 $1\times(m+1)$ 的行向量，$\boldsymbol{W}$ 是 $(m+1)\times p$ 的矩阵. 当数据条数为 $n$ 时，方程（2.8b）可以表示为

$$\boldsymbol{Y}=\boldsymbol{X}\boldsymbol{W}, \tag{2.8c}$$

这里 $\boldsymbol{Y}$ 是 $n\times p$ 的矩阵，$\boldsymbol{X}$ 是 $n\times(m+1)$ 的矩阵. 多输出变量的 RSS 的损失函数具有如下的形式

$$\mathrm{RSS}(\boldsymbol{W})=\sum_{k=1}^{p}\sum_{i=1}^{n}\left(y_i^{(k)}-\sum_{j=0}^{m}w_j^{(k)}x_{ij}\right)^2=\mathrm{tr}\left[(\boldsymbol{Y}-\boldsymbol{X}\boldsymbol{W})^{\mathrm{T}}(\boldsymbol{Y}-\boldsymbol{X}\boldsymbol{W})\right], \tag{2.9a}$$

式中 $\mathrm{tr}[\cdot]$ 代表矩阵的迹，即对矩阵对角线上的元素求和. 由最小化损失函数可确定系数矩阵的值，即

$$\hat{\boldsymbol{W}}=\underset{\boldsymbol{W}}{\mathrm{argmin}}\left\{\mathrm{tr}\left[(\boldsymbol{Y}-\boldsymbol{X}\boldsymbol{W})^{\mathrm{T}}(\boldsymbol{Y}-\boldsymbol{X}\boldsymbol{W})\right]\right\}. \tag{2.9b}$$

当 $(\boldsymbol{X}^{\mathrm{T}}\boldsymbol{X})^{-1}$ 存在时，求解方程（2.9b）得出系数矩阵的解

$$\hat{\boldsymbol{W}}=(\boldsymbol{X}^{\mathrm{T}}\boldsymbol{X})^{-1}\boldsymbol{X}^{\mathrm{T}}\boldsymbol{Y}, \tag{2.9c}$$

$$\hat{\boldsymbol{Y}} = \boldsymbol{X}\hat{\boldsymbol{W}}\ . \tag{2.9d}$$

由于 $\boldsymbol{Y} = (\boldsymbol{Y}^{(1)}, \boldsymbol{Y}^{(2)}, \cdots, \boldsymbol{Y}^{(p)})$ 及 $\hat{\boldsymbol{W}} = \begin{bmatrix} \hat{w}_0^{(1)} & \cdots & \hat{w}_0^{(p)} \\ \vdots & & \vdots \\ \hat{w}_m^{(1)} & \cdots & \hat{w}_m^{(p)} \end{bmatrix} = (\hat{\boldsymbol{W}}^{(1)}, \hat{\boldsymbol{W}}^{(2)}, \cdots, \hat{\boldsymbol{W}}^{(p)})$，我们有 $\hat{\boldsymbol{W}}^{(k)} = (\boldsymbol{X}^{\mathrm{T}}\boldsymbol{X})^{-1}\boldsymbol{X}^{\mathrm{T}}\boldsymbol{Y}^{(k)}$ 与 $\hat{\boldsymbol{Y}}^{(k)} = \boldsymbol{X}\hat{\boldsymbol{W}}^{(k)}$ $(k = 1, 2, \cdots, p)$. 第 $k$ 个目标输出对应的系数恰恰是 $y^{(k)}$ 对 $x_1, x_2, \cdots, x_m$ 求得到的结果. 这意味着，使用相同的输入数据集/特征集合时，多目标输出最小二乘线性回归估计是每一单个目标输出最小二乘线性回归估计的集合.

**例 2.3**

基于 360 个来自日本国立研究所材料科学数据库（NIMS）的数据样本，Wei 等（2021）对钢材的四种力学性能进行多目标机器学习. 这四种力学性能分别是疲劳强度、抗拉强度、断裂强度和硬度. 这里讲多目标线性回归，所选用的 16 个特征与 20 组钢材数据[①]列在表 E2.3 与表 E2.4 中.

**表 E2.3　20 组 NIMS 数据的特征**

| 特征 | 描述 |
|---|---|
| NT | 正火温度（℃） |
| QT | 淬火温度（℃） |
| TT | 回火温度（℃） |
| C | 碳的质量分数（%） |
| Si | 硅的质量分数（%） |
| Mn | 锰的质量分数（%） |
| P | 磷的质量分数（%） |
| S | 硫的质量分数（%） |
| Ni | 镍的质量分数（%） |
| Cr | 铬的质量分数（%） |
| Cu | 铜的质量分数（%） |
| Mo | 钼的质量分数（%） |
| RR | 收缩率（%） |
| dA | 塑性非金属夹杂物含量（%） |
| dB | 非连续非金属夹杂物含量（%） |
| dC | 孤立的非金属夹杂物含量（%） |

① 本书中在述及某元素的质量分数时，为简洁明了，以该元素符号进行表示.

**表 E2.4 20 组 NIMS 数据**

| 样本编号 | NT | QT | TT | C | Si | Mn | P | S | Ni | Cr | Cu | Mo | RR | dA | dB | dC | *F* | *T* | Fr | *H* |
|---|---|---|---|---|---|---|---|---|---|---|---|---|---|---|---|---|---|---|---|---|
| 1 | 900 | 845 | 600 | 0.32 | 0.24 | 0.58 | 0.009 | 0.01 | 2.65 | 0.71 | 0.06 | 0 | 700 | 0.01 | 0.01 | 0.03 | 510 | 886 | 1714 | 279 |
| 2 | 870 | 855 | 550 | 0.41 | 0.25 | 0.74 | 0.013 | 0.019 | 0.05 | 0.99 | 0.08 | 0.16 | 700 | 0.03 | 0 | 0 | 566 | 1150 | 1898 | 361 |
| 3 | 870 | 855 | 600 | 0.33 | 0.27 | 0.69 | 0.015 | 0.008 | 0.04 | 0.99 | 0.05 | 0.18 | 640 | 0.03 | 0 | 0 | 535 | 973 | 1786 | 315 |
| 4 | 870 | 845 | 630 | 0.4 | 0.23 | 0.7 | 0.011 | 0.01 | 1.82 | 0.78 | 0.09 | 0.18 | 740 | 0.05 | 0 | 0.01 | 543 | 984 | 1733 | 307 |
| 5 | 865 | 865 | 650 | 0.35 | 0.25 | 0.82 | 0.016 | 0.023 | 0.03 | 0.01 | 0.01 | 0 | 825 | 0.07 | 0.04 | 0 | 341 | 631 | 1395 | 201 |
| 6 | 870 | 845 | 550 | 0.38 | 0.21 | 1.59 | 0.017 | 0.015 | 0.03 | 0.2 | 0.05 | 0 | 480 | 0.02 | 0 | 0 | 432 | 804 | 1569 | 258 |
| 7 | 870 | 855 | 650 | 0.4 | 0.22 | 0.7 | 0.01 | 0.004 | 0.04 | 0.94 | 0.12 | 0.17 | 820 | 0.02 | 0 | 0.02 | 517 | 933 | 1709 | 300 |
| 8 | 845 | 845 | 550 | 0.45 | 0.24 | 0.71 | 0.01 | 0.009 | 0.12 | 0.06 | 0.13 | 0 | 610 | 0.06 | 0 | 0.01 | 465 | 874 | 1510 | 289 |
| 9 | 870 | 855 | 550 | 0.4 | 0.26 | 0.77 | 0.018 | 0.005 | 0.05 | 0.98 | 0.13 | 0.17 | 610 | 0.05 | 0 | 0.01 | 562 | 1160 | 1821 | 371 |
| 10 | 870 | 845 | 550 | 0.4 | 0.22 | 1.56 | 0.011 | 0.019 | 0.06 | 0.09 | 0.05 | 0 | 530 | 0.02 | 0 | 0.01 | 451 | 854 | 1584 | 281 |
| 11 | 825 | 825 | 650 | 0.52 | 0.21 | 0.8 | 0.021 | 0.021 | 0.02 | 0.1 | 0.02 | 0 | 1740 | 0.09 | 0 | 0 | 410 | 742 | 1464 | 249 |
| 12 | 825 | 825 | 650 | 0.52 | 0.29 | 0.83 | 0.016 | 0.025 | 0.04 | 0.04 | 0.02 | 0 | 825 | 0.12 | 0.02 | 0 | 402 | 746 | 1446 | 235 |
| 13 | 870 | 855 | 600 | 0.37 | 0.29 | 0.76 | 0.017 | 0.009 | 0.12 | 1.01 | 0.12 | 0.16 | 500 | 0.05 | 0 | 0.02 | 542 | 996 | 1759 | 322 |
| 14 | 900 | 845 | 550 | 0.32 | 0.3 | 0.52 | 0.013 | 0.009 | 2.67 | 0.77 | 0.06 | 0 | 1740 | 0.03 | 0 | 0 | 570 | 1010 | 1715 | 316 |
| 15 | 870 | 855 | 600 | 0.41 | 0.25 | 0.74 | 0.013 | 0.019 | 0.05 | 0.99 | 0.08 | 0.16 | 700 | 0.03 | 0 | 0 | 527 | 1002 | 1758 | 326 |
| 16 | 870 | 855 | 550 | 0.4 | 0.25 | 0.87 | 0.011 | 0.015 | 0.07 | 1.06 | 0.11 | 0.18 | 700 | 0.07 | 0.01 | 0 | 603 | 1146 | 1873 | 367 |
| 17 | 870 | 845 | 680 | 0.4 | 0.23 | 0.7 | 0.011 | 0.01 | 1.82 | 0.78 | 0.09 | 0.18 | 740 | 0.05 | 0 | 0.01 | 482 | 868 | 1687 | 276 |
| 18 | 870 | 845 | 550 | 0.41 | 0.24 | 1.51 | 0.02 | 0.008 | 0.04 | 0.22 | 0.08 | 0 | 610 | 0.02 | 0.01 | 0.02 | 425 | 890 | 1552 | 289 |
| 19 | 870 | 855 | 600 | 0.38 | 0.27 | 0.8 | 0.015 | 0.012 | 0.07 | 1.07 | 0.12 | 0.16 | 1120 | 0.03 | 0 | 0.02 | 592 | 1067 | 1725 | 339 |
| 20 | 845 | 845 | 550 | 0.45 | 0.25 | 0.79 | 0.018 | 0.016 | 0.02 | 0.13 | 0.02 | 0 | 1740 | 0.07 | 0 | 0 | 513 | 923 | 1617 | 297 |

注: $F$, $T$, Fr, $H$ 分别表示疲劳强度（MPa）、抗拉强度（MPa）、断裂强度（MPa）、硬度（HV）.

通过这 20 组 NIMS 数据，可以得到

$$\boldsymbol{X}=\begin{bmatrix}1 & x_{1,1} & \cdots & x_{1,16}\\ \vdots & \vdots & & \vdots\\ 1 & x_{20,1} & \cdots & x_{20,16}\end{bmatrix}_{20\times 17}=\begin{bmatrix}1 & 900 & \cdots & 0.03\\ \vdots & \vdots & & \vdots\\ 1 & 845 & \cdots & 0\end{bmatrix}_{20\times 17}$$

以及

$$\boldsymbol{Y}=\begin{bmatrix}y_1^{(1)} & \cdots & y_1^{(4)}\\ \vdots & & \vdots\\ y_{20}^{(1)} & \cdots & y_{20}^{(4)}\end{bmatrix}_{20\times 4}=\begin{bmatrix}510 & \cdots & 279\\ \vdots & & \vdots\\ 513 & \cdots & 297\end{bmatrix}_{20\times 4}.$$

然后，我们得到 $\boldsymbol{X}$ 的转置矩阵 $\boldsymbol{X}^{\mathrm{T}}=\begin{bmatrix}1 & \cdots & 1\\ 900 & \cdots & 845\\ \vdots & & \vdots\\ 0.03 & \cdots & 0\end{bmatrix}_{17\times 20}$ 与矩阵 $\boldsymbol{X}^{\mathrm{T}}\boldsymbol{X}$ 的行列式，

$\left|\boldsymbol{X}^{\mathrm{T}}\boldsymbol{X}\right|=5.24\times10^{-8}$. $\boldsymbol{X}^{\mathrm{T}}\boldsymbol{X}$ 的行列式值不为 0, 表明矩阵 $\boldsymbol{X}^{\mathrm{T}}\boldsymbol{X}$ 的逆存在, 为 $(\boldsymbol{X}^{\mathrm{T}}\boldsymbol{X})^{-1}=\begin{bmatrix}0.04 & \cdots & 0.27\\ \vdots & & \vdots\\ 0.27 & \cdots & 16791.47\end{bmatrix}_{17\times17}$. 最终, 根据式 (2.9c) 可得系数矩阵

$$\hat{\boldsymbol{W}}=(\boldsymbol{X}^{\mathrm{T}}\boldsymbol{X})^{-1}\boldsymbol{X}^{\mathrm{T}}\boldsymbol{Y}=\begin{bmatrix}w_0^{(1)} & \cdots & w_0^{(4)}\\ w_1^{(1)} & \cdots & w_1^{(4)}\\ \vdots & & \vdots\\ w_{16}^{(1)} & \cdots & w_{16}^{(4)}\end{bmatrix}_{17\times4}=\begin{bmatrix}1847.43 & \cdots & 919.71\\ -2.31 & \cdots & 2.49\\ \vdots & & \vdots\\ -1130.20 & \cdots & 243.40\end{bmatrix}_{17\times4}. \tag{E2.1}$$

对系数矩阵 $\hat{\boldsymbol{W}}$ 的值进行多重 LSLR 得出以下关于疲劳强度 ($F$, MPa)、抗拉强度 ($T$, MPa)、断裂强度 (Fr, MPa) 和硬度 ($H$, HV) 的数学表达式:

$$\begin{aligned}F=&1847.43-2.31\mathrm{NT}+1.17\mathrm{QT}-0.82\mathrm{TT}-190.16\mathrm{C}+285.64\mathrm{Si}+62.82\mathrm{Mn}\\&-5385.72\mathrm{P}-127.37\mathrm{S}+24.02\mathrm{Ni}+138.55\mathrm{Cr}-101.31\mathrm{Cu}+218.67\mathrm{Mo}+0.06\mathrm{RR}\\&+322.88\mathrm{dA}-618.62\mathrm{dB}-1130.20\mathrm{dC},\end{aligned}\tag{E2.2a}$$

$$\begin{aligned}T=&3092.58+5.43\mathrm{NT}-6.99\mathrm{QT}-2.42\mathrm{TT}+576.76\mathrm{C}+488.93\mathrm{Si}-135.67\mathrm{Mn}\\&+1658.90\mathrm{P}+3014.20\mathrm{S}-42.94\mathrm{Ni}-157.19\mathrm{Cr}+623.68\mathrm{Cu}+2154.18\mathrm{Mo}\\&+0.10\mathrm{RR}-507.93\mathrm{dA}+2497.92\mathrm{dB}+1234.61\mathrm{dC},\end{aligned}\tag{E2.2b}$$

$$\begin{aligned}\mathrm{Fr}=&-591.34+1.83\mathrm{NT}+2.06\mathrm{QT}-1.79\mathrm{TT}+803.97\mathrm{C}-1143.07\mathrm{Si}-77.82\mathrm{Mn}\\&-3523.24\mathrm{P}-1602.52\mathrm{S}+15.94\mathrm{Ni}+360.97\mathrm{Cr}-2331.49\mathrm{Cu}+124.03\mathrm{Mo}\\&-0.08\mathrm{RR}+1734.00\mathrm{dA}-2178.35\mathrm{dB}+4328.09\mathrm{dC},\end{aligned}\tag{E2.2c}$$

$$\begin{aligned}H=&919.71+2.49\mathrm{NT}-2.91\mathrm{QT}-0.71\mathrm{TT}+121.59\mathrm{C}+130.42\mathrm{Si}-56.96\mathrm{Mn}\\&+809.06\mathrm{P}+1181.72\mathrm{S}-27.75\mathrm{Ni}+-83.99\mathrm{Cr}+321.24\mathrm{Cu}+755.14\mathrm{Mo}\\&+0.03\mathrm{RR}-47.17\mathrm{dA}+374.24\mathrm{dB}+243.40\mathrm{dC}.\end{aligned}\tag{E2.2d}$$

这些线性方程对 20 个样本的预测效果很好, 式 (E2.2a) 一式 (E2.2d) 的相关系数 $R$ 值分别为 0.995, 0.995, 0.979 和 0.988. 图 E2.3 显示了四种特性的测量值与预测值.

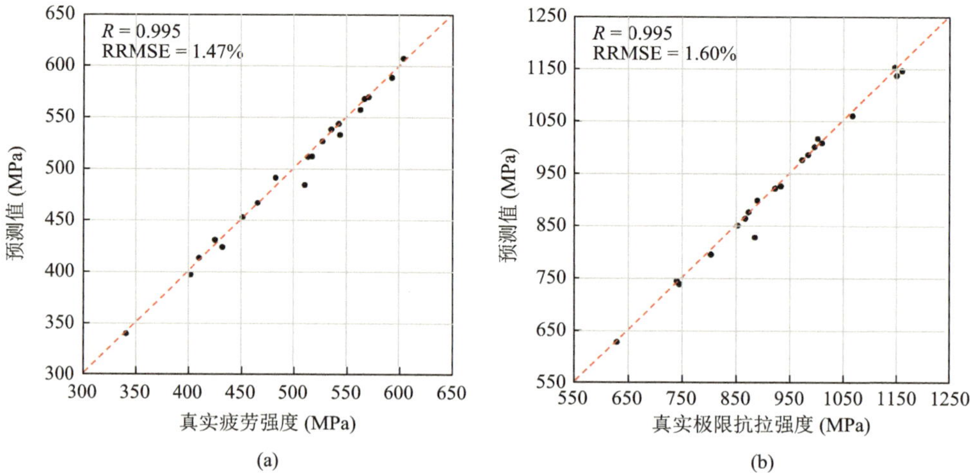


(a) (b)

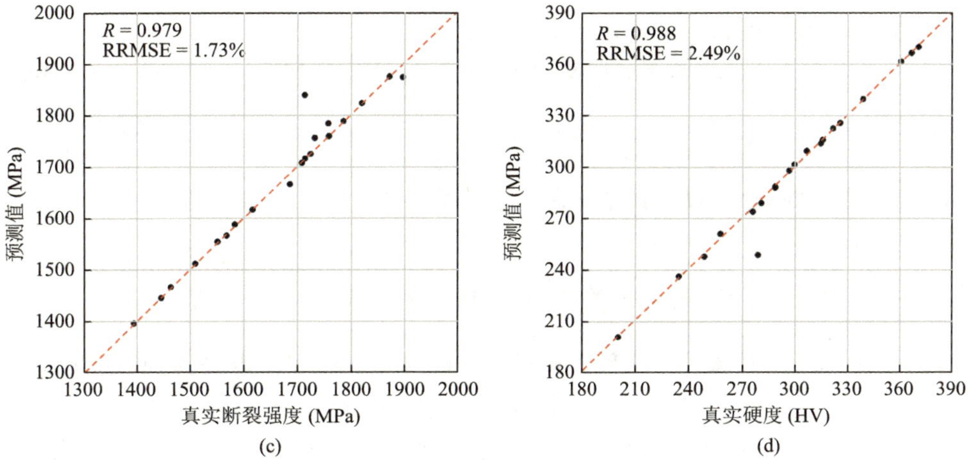


图 E2.3 多个 LSLR 模型的预测值与测量值的对比. (a) 疲劳强度; (b) 抗拉强度; (c) 断裂强度; (d) 硬度

## 2.2 主成分分析与主成分回归

主成分回归 (principal component regression, PCR) 是对主成分分析 (principal component analysis, PCA) 得出的主成分进行线性回归 (Whitlark and Dunteman, 1990). 本节先介绍 PCA.

在对数据的公式回归中, 我们经常会碰到的一种情况是: 目标函数不一定可以表示为原有特征变量的线性函数, 但可以表示为基于原有特征线性组合新特征变量的线性函数. PCA 的基本思想是通过对初始特征进行线性重组, 得到新的特征, 新特征之间线性无关, 但尽量多地包含了特征空间中的信息. 顾名思义, 主成分是特征空间中的最主要成分特征, 通常不同于原有特征.

继续采用 2.1 节中的例子, 我们有数据矩阵 $\boldsymbol{X}$, 矩阵 $\boldsymbol{X}$ 中的元素为 $x_{ij}=(x_{i1},x_{i2},\cdots,x_{im})$, 这里 $i$ 是指第 $i$ 条数据, $m$ 是特征个数. 假设有 $n$ 条数据, 则 $\boldsymbol{X}$ 是 $n\times m$ ($n$ 行 $m$ 列) 的矩阵, 我们一般假设 $n>m$. 则 $1\times m$ 的均值向量 $\bar{\boldsymbol{X}}$ 可表示为

$$\bar{\boldsymbol{X}}=(\bar{x}_1,\bar{x}_2,\cdots,\bar{x}_m)=\frac{1}{n}(1\ 1\ \cdots\ 1)_{1\times n}\begin{pmatrix} x_{11} & \cdots & x_{1m} \\ \vdots & & \vdots \\ x_{n1} & \cdots & x_{nm} \end{pmatrix}=\frac{1}{n}\boldsymbol{1}_n^{\mathrm{T}}\boldsymbol{X}, \qquad (2.10a)$$

其中 $\bar{x}_j=\frac{1}{n}\sum_{i=1}^{n}x_{ij}$, $j=1,2,\cdots,m$, 而 $\boldsymbol{1}_n$ 是一个 $n\times 1$ 的列向量 $\boldsymbol{1}_n=\begin{pmatrix}1\\ \vdots \\ 1\end{pmatrix}_{n\times 1}$. 由此可以

计算得到输入数据的 $m \times m$ 的协方差矩阵 $\boldsymbol{\Sigma}$：

$$\boldsymbol{\Sigma} = (\boldsymbol{X} - \mathbf{1}_n \bar{\boldsymbol{X}})^{\mathrm{T}} (\boldsymbol{X} - \mathbf{1}_n \bar{\boldsymbol{X}}) = \boldsymbol{X}^{\mathrm{T}} \boldsymbol{H}^{\mathrm{T}} \boldsymbol{H} \boldsymbol{X}, \tag{2.10b}$$

其中 $\boldsymbol{H} = \left( \boldsymbol{I} - \frac{1}{n} \mathbf{1}_n \mathbf{1}_n^{\mathrm{T}} \right)$ 是一个维数为 $n \times n$ 的矩阵，$\boldsymbol{I}$ 为维数为 $n \times n$ 的单位矩阵，且 $\boldsymbol{H}$ 满足幂等性 $\boldsymbol{H}^a = \boldsymbol{H}$，其中 $a$ 为任意整数. 式（2.10b）表明协方差矩阵 $\boldsymbol{\Sigma}$ 为实对称矩阵，其中

$$\hat{\boldsymbol{X}} = \boldsymbol{X} - \mathbf{1}_n \bar{\boldsymbol{X}} = \boldsymbol{X} - \frac{1}{n} \mathbf{1}_n \mathbf{1}_n^{\mathrm{T}} \boldsymbol{X} = \left( \boldsymbol{I} - \frac{1}{n} \mathbf{1}_n \mathbf{1}_n^{\mathrm{T}} \right) \boldsymbol{X} = \boldsymbol{H} \boldsymbol{X}$$

称为特征坐标系平移操作，简称平移操作，将特征坐标系原点平移到特征数据 $\boldsymbol{X}$ 的均值 $\bar{\boldsymbol{X}}$ 的位置. 一个特征数据是高维特征空间中的一个点，在这个高维特征空间，可以组建无穷正交坐标系，而且每个特征正交坐标系都由一组归一化基矢 $[\boldsymbol{v}_j (j = 1, 2, \cdots, m)，\boldsymbol{v}_j^{\mathrm{T}} \boldsymbol{v}_j = 1]$ 组成. 有这样一个特征正交坐标系，对该特征正交坐标系的一个基矢上的 $n$ 个特征数据方差取最大值，则该基矢被定义为最大主成分特征. 在该特征正交坐标系的另一个基矢上的方差取第二最大值时，则那个基矢被定义为第二最大主成分特征，以此类推. 计算特征数据 $\hat{\boldsymbol{X}}$ 在基矢 $\boldsymbol{v}_j$ 轴上的方差

$$\operatorname{var}\left( \boldsymbol{X}_{\boldsymbol{v}_j} \right) = \boldsymbol{v}_j^{\mathrm{T}} \boldsymbol{\Sigma} \boldsymbol{v}_j . \tag{2.11a}$$

并满足归一化正交基 $\boldsymbol{v}_j^{\mathrm{T}} \boldsymbol{v}_j = 1$ 的约束. 用拉格朗日算法求最大值：

$$\boldsymbol{v}_j = \underset{\boldsymbol{v}_j}{\operatorname{argmax}} \left( \boldsymbol{v}_j^{\mathrm{T}} \boldsymbol{\Sigma} \boldsymbol{v}_j - d_j^2 \left( \boldsymbol{v}_j^{\mathrm{T}} \boldsymbol{v}_j - 1 \right) \right), \tag{2.11b}$$

其中 $d_j^2$ 为拉格朗日乘子. 由以上方程可以得到

$$\boldsymbol{\Sigma} \boldsymbol{v}_j = d_j^2 \boldsymbol{v}_j , \tag{2.11c}$$

以及

$$d_j^2 = \boldsymbol{v}_j^{\mathrm{T}} \boldsymbol{\Sigma} \boldsymbol{v}_j . \tag{2.11d}$$

式（2.11c）与式（2.11d）表明 $\boldsymbol{v}_j$ 为归一化本征向量，$d_j^2$ 为特征值. 式（2.11d）可以表示为矩阵形式：

$$\boldsymbol{D}^2 = \begin{bmatrix} d_1^2 & \cdots & 0 \\ \vdots & & \vdots \\ 0 & \cdots & d_m^2 \end{bmatrix} = \boldsymbol{V}^{-1} \boldsymbol{V} , \tag{2.12a}$$

这里 $\boldsymbol{D}^2$ 是对角化的特征值矩阵，且对特征值进行了从大到小的排列 $d_1^2 \geqslant d_2^2 \geqslant \cdots \geqslant d_m^2 \geqslant 0$. $\boldsymbol{V} = \begin{bmatrix} v_{11} & \cdots & v_{1m} \\ \vdots & & \vdots \\ v_{m1} & \cdots & v_{mm} \end{bmatrix}$ 是一个 $m \times m$ 的归一化正交特征矢矩阵. 特征矢矩阵是正交矩阵，即有 $\boldsymbol{V}^{-1} = \boldsymbol{V}^{\mathrm{T}}$. 正交矩阵 $\boldsymbol{V}$ 也称为特征空间的旋转矩

阵. PCA 就是通过坐标系平移操作和旋转操作将原坐标系变换到主成分坐标系. $\hat{\boldsymbol{X}}$ 的奇异值分解（singular value decomposition, SVD）表示为

$$\hat{\boldsymbol{X}} = \boldsymbol{U}\boldsymbol{D}\boldsymbol{V}^{\mathrm{T}}, \tag{2.12b}$$

此处 $\boldsymbol{U}$ 是 $n \times m$ 的半正交矩阵，满足 $\boldsymbol{U}^{\mathrm{T}}\boldsymbol{U} = \boldsymbol{I}_{m\times m}$，$\boldsymbol{I}$ 是仅对角线元素为 1，其余元素为0的单位矩阵. $\boldsymbol{D}$ 是对角阵，对角元素为 $d_1 \geqslant d_2 \geqslant \cdots \geqslant d_m \geqslant 0$. 在协方差矩阵的秩不满即小于 $m$ 的情况下，特征值中有零和特征矢中有对应的零矢量，我们把这些零矢量舍弃，得到紧凑形式的 SVD 分解. 本征值 $d_j^2$ 对应于第 $j$ 个主成分，而它的信息比由 $I_j = \dfrac{d_j^2}{\sum_{j=1}^{m} d_j^2}$ 给出. 特征向量 $(\boldsymbol{v}_1, \boldsymbol{v}_2, \cdots, \boldsymbol{v}_m)^{\mathrm{T}}$ 构成了主成分的基向量组. 将输入矩阵 $\hat{\boldsymbol{X}}$ 用主成分坐标系表示，特征矩阵 $\boldsymbol{P} \triangleq \hat{\boldsymbol{X}}\boldsymbol{V}$，由方程（2.12b）可以得到

$$\boldsymbol{P} \triangleq \hat{\boldsymbol{X}}\boldsymbol{V} = \boldsymbol{U}\boldsymbol{D}. \tag{2.12c}$$

维度为 $n \times 1$ 的向量 $\boldsymbol{p}_j \equiv \hat{\boldsymbol{X}}\boldsymbol{v}_j (j = 1,2,\cdots,m)$ 叫作 $\hat{\boldsymbol{X}}$ 的第 $j$ 个主成分. 这里 $\boldsymbol{v}_j$ $(j = 1,2,\cdots,m)$ 是第 $j$ 个特征矢量，是 $\hat{\boldsymbol{X}}$ 的主成分方向. 因为 $\boldsymbol{p}_j \equiv \hat{\boldsymbol{X}}\boldsymbol{v}_j = \boldsymbol{u}_j d_j$，且 $\boldsymbol{U}^{\mathrm{T}}\boldsymbol{U} = \boldsymbol{I}_{m\times m}$，$\boldsymbol{u}_j$ 被称为第 $j$ 个归一化主成分. 于是，第 $j$ 个主成分具有样本方差

$$\operatorname{var}(\boldsymbol{p}_j) \equiv \operatorname{var}\left(\hat{\boldsymbol{X}}\boldsymbol{v}_j\right) = \operatorname{var}(\boldsymbol{u}_j d_j) = \frac{d_j^2}{n} \quad (j = 1,2,\cdots,m). \tag{2.12d}$$

显然，由于 $d_1^2 \geqslant d_2^2 \geqslant \cdots \geqslant d_m^2 \geqslant 0$，第一主成分具有最大的样本方差.

上面的分析理所当然地认为所有特征都具有相同的物理单位. 然而，在材料科学与工程中，特征具有不同的物理量纲或/和尺度. 如何分析具有不同物理量纲或/和尺度的数据是材料信息学的一个重要和基本方面. 一些研究（Li, 2019）更喜欢使用由 PCA 得到的标准化数据，其定义为

$$\tilde{x}_{ij} = \frac{x_{ij} - \overline{x}_j}{\sqrt{\operatorname{var}(x_j)}}, \quad i = 1,2,\cdots,n;\ j = 1,2,\cdots,m, \tag{2.13a}$$

这里 $\overline{x}_j$ 是特征 $j$ 的输入平均，其方差为

$$\operatorname{var}(x_j) = \frac{1}{n}\sum_{i=1}^{n}(x_{ij} - \overline{x}_j)^2, \tag{2.13b}$$

这种方式被 Python 的机器学习包 Scikit-Learn 采用（Kramer, 2016）. 通常，无偏方差（Li, 2019）形式为

$$\operatorname{var}(x_j) = \frac{1}{n-1}\sum_{i=1}^{n}(x_{ij} - \overline{x}_j)^2. \tag{2.13c}$$

显然，标准化输入数据是无量纲的，所有特征输入的均值都为零，方差为单位方差.

或者，可以首先将每个特征输入的原始数据利用 $\check{x}_{ij}=\dfrac{x_{ij}-x_{\min,j}}{x_{\max,j}-x_{\min,j}}, i=1,2,\cdots,n;$ $j=1,2,\cdots,m$ 归一化到（0, 1）范围内，这里 $x_{\max,j}$ 和 $x_{\min,j}$ 分别为输入特征 $j$ 的最大值与最小值．显然，这样的归一化数据是无量纲的．然后将其归一化到数据集中，利用公式 $\hat{\check{x}}_{ij}=\check{x}_{ij}-\bar{\check{x}}_j$，$i=1,2,\cdots,n$; $j=1,2,\cdots,m$，其中 $\bar{\check{x}}_j=\dfrac{1}{n}\sum_{i=1}^{n}\check{x}_{ij}$ 为归一化数据的均值．之后，以与上述相同的方式进行PCA．类似地，也可以先平移原始特征坐标系原点到特征均值点，然后归一化，即 $\check{\hat{x}}_{ij}=\dfrac{\hat{x}_{ij}}{\left|\hat{x}_{ij}\right|_{\max}}$，$i=1,2,\cdots,n$; $j=1,2,\cdots,m$，其中 $\left|\hat{x}_{ij}\right|_{\max}$ 为每个特征集中输入的最大绝对值．这三种数据预处理都实现了坐标系原点平移，使得协方差矩阵的计算更加容易．例 2.4 将显示这些无量纲数据处理对 PCA 的影响．

主成分回归（principle component regression, PCR）将特征主成分（PC）作为输入变量，目标响应仍是 $y_i$，改写式（2.4b）为

$$y_i=\sum_{j=1}^{m^{\rm pc}}w_j^{\rm pc}p_{ij}\quad(i=1,2,\cdots,n),\tag{2.14a}$$

其中 $m^{\rm pc}\leqslant m$，$\boldsymbol{P}=(\boldsymbol{p}_{i1},\boldsymbol{p}_{i2},\cdots,\boldsymbol{p}_{im})\,(i=1,2,\cdots,n)$ 是 $n\times m$ 的输入矩阵，$\boldsymbol{W}^{\rm pc}=\left(w_1^{\rm pc},w_2^{\rm pc},\cdots,w_m^{\rm pc}\right)^{\rm T}$ 为列系数向量．因此，$\boldsymbol{y}=\boldsymbol{P}\boldsymbol{W}^{\rm pc}$ 且

$$\hat{\boldsymbol{W}}^{\rm pc}=\underset{\boldsymbol{W}^{\rm pc}}{\operatorname{argmin}}\,{\rm RSS}(\boldsymbol{W}^{\rm pc})=\underset{\boldsymbol{W}^{\rm pc}}{\operatorname{argmin}}[(\boldsymbol{y}-\boldsymbol{P}\boldsymbol{W}^{\rm pc})^{\rm T}(\boldsymbol{y}-\boldsymbol{P}\boldsymbol{W}^{\rm pc})],\tag{2.14b}$$

由此得到

$$\hat{\boldsymbol{W}}^{\rm pc}=(\boldsymbol{P}^{\rm T}\boldsymbol{P})^{-1}\boldsymbol{P}^{\rm T}\boldsymbol{y},\tag{2.14c}$$

且有 $(\boldsymbol{P}^{\rm T}\boldsymbol{P})^{-1}=(\boldsymbol{D}^2)^{-1}=\begin{bmatrix}1/d_1^2 & \cdots & 0\\ \vdots & & \vdots\\ 0 & \cdots & 1/d_m^2\end{bmatrix}$，式（2.14c）可简化为

$$\hat{\boldsymbol{W}}^{\rm pc}=(\boldsymbol{D}^2)^{-1}\boldsymbol{P}^{\rm T}\boldsymbol{y},\tag{2.14d}$$

则预测为

$$\hat{\boldsymbol{y}}=\boldsymbol{P}\hat{\boldsymbol{W}}^{\rm pc}=\boldsymbol{P}(\boldsymbol{D}^2)^{-1}\boldsymbol{P}^{\rm T}\boldsymbol{y}.\tag{2.14e}$$

上述分析表明，原始数据是用原始的特征基集来表达的．主成分分析（PCA）将特征向量作为另一个基集来表达特征数据．由于PCA特征向量基集是由特征空间中的线性旋转变换得到的，因此 PCA 中的每个基单元都是原始基单元的线性组合．例如，图 E2.4（a）展示了坐标系平移后二维特征空间中的五个数据，其中原始基组为 $(\hat{x}_1,\hat{x}_2)$，PCA 基组为 $(\boldsymbol{v}_1,\boldsymbol{v}_2)$．

## 例 2.4

表 E2.5 列出了暴露于超临界水环境的铁马钢（铁素体-马氏体钢）的 5 组实验数据. 数据包含两种特征——铬元素含量（wt.%）和暴露时间（h），以及一种响应——增重（$mg/cm^2$）. 对数据集进行 PCA 和主成分回归.

**表 E2.5 不同铁马钢在超临界水中的增重**

| 铬元素含量（wt.%） | 暴露时间（h） | 增重（$mg/cm^2$） |
|---|---|---|
| 8.895 | 40 | 0.340 |
| 8.960 | 40 | 0.500 |
| 8.630 | 110 | 1.202 |
| 9.500 | 100 | 1.184 |
| 8.370 | 505 | 1.870 |

原始特征输入矩阵为

$$\boldsymbol{X}_{5\times 2} \triangleq [\boldsymbol{x}_1, \boldsymbol{x}_2] = \begin{bmatrix} 8.895 & 40 \\ 8.960 & 40 \\ 8.630 & 110 \\ 9.500 & 100 \\ 8.370 & 505 \end{bmatrix}.$$

第一，在特征空间将坐标系原点平移到特征数据向量均值点，见图 E2.4（a）. 这时输入特征数据矩阵为

$$\hat{\boldsymbol{X}}_{5\times 2} = \boldsymbol{X}_{5\times 2} - \frac{1}{n}\mathbf{1}_n\mathbf{1}_n^{\mathrm{T}}\boldsymbol{X} = \begin{bmatrix} 0.024 & -119 \\ 0.089 & -119 \\ -0.241 & -49 \\ 0.629 & -59 \\ -0.501 & 346 \end{bmatrix}.$$

SVD 给出了 $\hat{\boldsymbol{X}}_{5\times 2} = \boldsymbol{U}_{5\times 2}\boldsymbol{D}_{2\times 2}\boldsymbol{V}_{2\times 2}^{\mathrm{T}}$ 的分解，即

$$\boldsymbol{U}_{5\times 2} = \begin{bmatrix} 0.3033 & -0.2157 \\ 0.3033 & -0.1156 \\ 0.1249 & -0.4755 \\ 0.1504 & 0.8442 \\ -0.8819 & -0.0373 \end{bmatrix}, \quad \boldsymbol{D}_{2\times 2} = \begin{bmatrix} 392.3268 & 0 \\ 0 & 0.6488 \end{bmatrix},$$

$$\boldsymbol{V}_{2\times 2}^{\mathrm{T}} = \begin{bmatrix} 0.0014 & -0.9999 \\ 0.9999 & 0.0014 \end{bmatrix}.$$

第 $j$ 个主成分的信息比由 $I_j = \frac{d_j^2}{\sum_{j=1}^{m} d_j^2}$ 给出，其中 $I_1 \approx 1$，$I_2 \approx 0$. 可以由图 E2.4（a）看出第一主成分几乎平行于 $\hat{x}_2$ 轴. 归一化特征向量为 $\boldsymbol{v}_1 = \begin{bmatrix} 0.0014 \\ -0.9999 \end{bmatrix}$ 和 $\boldsymbol{v}_2 = \begin{bmatrix} 0.9999 \\ 0.0014 \end{bmatrix}$，它们组成了主成分基矢. 这 5 个数据在这两个主成分坐标系基矢上的表示为

$$\boldsymbol{P}_{5\times2} \triangleq [\boldsymbol{p}_1, \boldsymbol{p}_2] = \hat{\boldsymbol{X}}_{5\times2} \times \boldsymbol{V}_{2\times2} = \begin{bmatrix} 118.9881 & -0.1426 \\ 118.9882 & -0.0776 \\ 48.9948 & -0.3096 \\ 58.9950 & 0.5463 \\ -345.9661 & -0.0165 \end{bmatrix}.$$

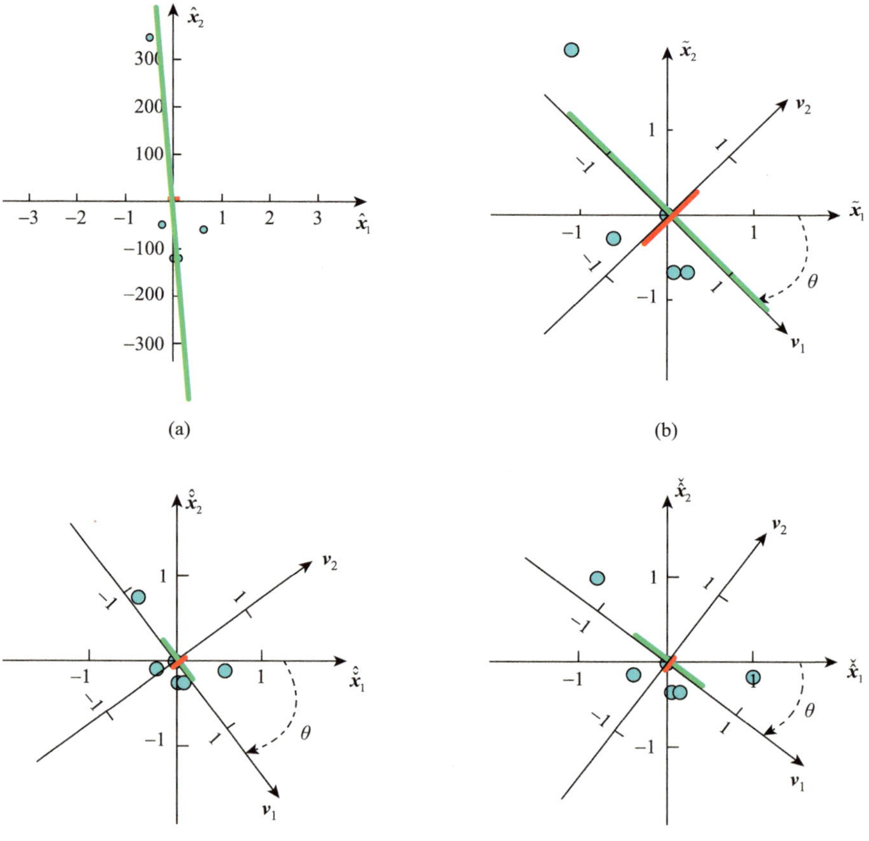


图 E2.4　四种输入特征数据坐标系和对应的主成分坐标系，坐标系原点都已平移到了输入特征数据向量均值点，绿线和红线的半长分别表示主成分轴上的数据方差. 输入特征数据为：（a）原始数据，其中 $\hat{x}_1$ 和 $\hat{x}_2$ 轴上的标度具有不同的物理量纲和大小；（b）标准化数据；（c）归一化后平移数据；（d）平移后归一化数据

利用输入特征数据 $\hat{\boldsymbol{X}}_{5\times2}$ 进行线性回归，得到 $\hat{\boldsymbol{y}}=0.3497\times\hat{\boldsymbol{x}}_1+0.0032\times\hat{\boldsymbol{x}}_2-1.02$（$R^2=0.784$），而用主成分输入数据的线性回归为 $\hat{\boldsymbol{y}}=-0.00271\times\boldsymbol{v}_1+0.3498\times\boldsymbol{v}_2+1.0192$（$R^2=0.784$）. 相同的 $R^2$ 值表明预测输出与基矢无关，而系数值随基矢的变化而变化.

第二，我们对标准化的输入数据计算 PCA，其结果展示在 E2.4（b）中. 标准化后的输入数据为

$$\tilde{\boldsymbol{X}}_{5\times2}\triangleq[\tilde{\boldsymbol{x}}_1,\tilde{\boldsymbol{x}}_2]=\begin{bmatrix}0.063545 & -0.67824\\0.235648 & -0.67824\\-0.6381 & -0.27928\\1.66542 & -0.33627\\-1.32651 & 1.97203\end{bmatrix}.$$

由 SVD 得到 $\tilde{\boldsymbol{X}}_{5\times2}=\boldsymbol{U}_{5\times2}\boldsymbol{D}_{2\times2}\boldsymbol{V}_{2\times2}^{\mathrm{T}}$，

$$\boldsymbol{U}_{5\times2}=\begin{bmatrix}0.1832 & -0.3240\\0.2257 & -0.2333\\-0.0886 & -0.4836\\0.4943 & 0.7007\\-0.8145 & 0.3403\end{bmatrix},\quad \boldsymbol{D}_{2\times2}=\begin{bmatrix}2.8637 & 0\\0 & 1.3414\end{bmatrix},\quad \boldsymbol{V}_{2\times2}^{\mathrm{T}}=\begin{bmatrix}0.7071 & -0.7071\\0.7071 & 0.7071\end{bmatrix}.$$

旋转矩阵 $\boldsymbol{M}(\theta)=\begin{bmatrix}\cos\theta & -\sin\theta\\\sin\theta & \cos\theta\end{bmatrix}$ 是将坐标系绕原点逆时针旋转 $q$ 度的算子. 显然 $\boldsymbol{M}(\theta)$ 是 PCA 的 $\boldsymbol{V}$ 中定义的正交矩阵. 组成 PC 基矢的归一化特征向量为 $\boldsymbol{v}_1=\begin{bmatrix}0.7071\\-0.7071\end{bmatrix}$，$\boldsymbol{v}_2=\begin{bmatrix}0.7071\\0.7071\end{bmatrix}$. 有趣的是，PC 坐标系相对于仅平移后的坐标系旋转了 $\theta=-\frac{\pi}{4}\left(\frac{7\pi}{4}\right)$. 这个结果是可预料的，因沿标准化 $\tilde{\boldsymbol{x}}_1$ 轴和 $\tilde{\boldsymbol{x}}_2$ 轴的方差具有相同的值 1，而且协方差矩阵 $\boldsymbol{\Sigma}$ 非对角元素是非零对称的，故最大方差可能沿相对于标准化 $\tilde{\boldsymbol{x}}_1$ 轴的 $-\frac{\pi}{4}$ 方向. 主成分坐标系中的数据输入矩阵为

$$\boldsymbol{P}_{5\times2}\triangleq\left[\boldsymbol{p}_1,\boldsymbol{p}_2\right]=\tilde{\boldsymbol{X}}_{5\times2}\times\boldsymbol{V}_{2\times2}=\begin{bmatrix}0.52452267 & -0.43465583\\0.64621735 & -0.31296114\\-0.25372851 & -0.64868437\\1.41540963 & 0.93985054\\-2.33242114 & 0.45645079\end{bmatrix},$$

计算得到第 $j$ 个主成分（$j=1,2$）的信息比 $I_1=0.820$，$I_2=0.180$. 与前面非标准化的数据的信息比相比，标准化使得第一（第二）主成分的信息比更低（更高）. 使用标准化的特征输入，线性回归函数为 $\hat{\boldsymbol{y}}=0.132\times\tilde{\boldsymbol{x}}_1+0.561\times\tilde{\boldsymbol{x}}_2+1.02$（$R^2=0.784$），在坐标系中线性回归函数为 $\hat{\boldsymbol{y}}=-0.304\times\boldsymbol{v}_1+0.490\times\boldsymbol{v}_2+1.02$（$R^2=0.784$）.

第三，在坐标系平移数据归一化后执行 PCA，结果如图 E2.4（c）所示，其特征输入数据为

$$\hat{\hat{\boldsymbol{X}}}_{5\times2} \triangleq [\hat{\hat{\boldsymbol{x}}}_1, \hat{\hat{\boldsymbol{x}}}_2] = \begin{bmatrix} 0.021239 & -0.255914 \\ 0.078761 & -0.255914 \\ -0.213274 & -0.105376 \\ 0.556637 & -0.126882 \\ -0.443363 & 0.744086 \end{bmatrix}.$$

由 SVD 得到 $\hat{\hat{\boldsymbol{X}}}_{5\times2} = \boldsymbol{U}_{5\times2}\boldsymbol{D}_{2\times2}\boldsymbol{V}_{2\times2}^{\mathrm{T}}$，

$$\boldsymbol{U}_{5\times2} = \begin{bmatrix} 0.2060 & -0.3100 \\ 0.2418 & -0.2165 \\ -0.0536 & -0.4887 \\ 0.4426 & 0.7344 \\ -0.8368 & 0.2809 \end{bmatrix}, \quad \boldsymbol{D}_{2\times2} = \begin{bmatrix} 1.0228 & 0 \\ 0 & 0.4737 \end{bmatrix}, \quad 以及 \quad \boldsymbol{V}_{2\times2}^{\mathrm{T}} = \begin{bmatrix} 0.6377 & -0.7702 \\ 0.7702 & 0.6377 \end{bmatrix}.$$

主成分基矢为 $\boldsymbol{v}_1 = \begin{bmatrix} 0.6377 \\ -0.7702 \end{bmatrix}$ 与 $\boldsymbol{v}_2 = \begin{bmatrix} 0.7702 \\ 0.6377 \end{bmatrix}$. 主成分输入数据矩阵为

$$\boldsymbol{P}_{5\times2} \triangleq [\boldsymbol{p}_1, \boldsymbol{p}_2] = \check{\hat{\boldsymbol{X}}}_{5\times2} \times \boldsymbol{V}_{2\times2} = \begin{bmatrix} 0.2106 & -0.1468 \\ 0.2473 & -0.1025 \\ -0.0548 & -0.2315 \\ 0.4527 & 0.3478 \\ -0.8558 & 0.1330 \end{bmatrix}.$$

计算得到第 $j$ 个主成分（$j=1,2$）的信息比 $I_1 = 0.823$，$I_2 = 0.177$. 线性回归函数为 $\hat{\boldsymbol{y}} = 0.395\times\hat{\hat{\boldsymbol{x}}}_1 + 1.488\times\hat{\hat{\boldsymbol{x}}}_2 + 1.019$（$R^2 = 0.784$）.

第四也是最后，在归一化后平移的数据上进行 PCA，结果如图 E2.4（d）所示. 归一化后平移的数据输入为

$$\check{\hat{\boldsymbol{X}}}_{5\times2} \triangleq [\check{\hat{\boldsymbol{x}}}_1, \check{\hat{\boldsymbol{x}}}_2] = \begin{bmatrix} 0.038156 & -0.343931 \\ 0.141494 & -0.343931 \\ -0.383148 & -0.141618 \\ 1.00000 & -0.170520 \\ -0.796502 & 1.00000 \end{bmatrix}.$$

由 SVD 得到 $\check{\hat{\boldsymbol{X}}}_{5\times2} = \boldsymbol{U}_{5\times2}\boldsymbol{D}_{2\times2}\boldsymbol{V}_{2\times2}^{\mathrm{T}}$，

$$\boldsymbol{U}_{5\times2} = \begin{bmatrix} 0.1502 & -0.3406 \\ 0.2015 & -0.2545 \\ -0.1360 & -0.4724 \\ 0.5612 & 0.6483 \\ -0.7768 & 0.4192 \end{bmatrix}, \quad \boldsymbol{D}_{2\times2} = \begin{bmatrix} 1.5976 & 0 \\ 0 & 0.7321 \end{bmatrix}, \quad \boldsymbol{V}_{2\times2}^{\mathrm{T}} = \begin{bmatrix} 0.7926 & -0.6098 \\ 0.6098 & 0.7926 \end{bmatrix}.$$

组成主成分基矢为 $\boldsymbol{v}_1 = \begin{bmatrix} 0.7926 \\ -0.6098 \end{bmatrix}$ 与 $\boldsymbol{v}_2 = \begin{bmatrix} 0.6098 \\ 0.7926 \end{bmatrix}$. 主成分输入数据矩阵为

$$P_{5\times2} \triangleq [p_1, p_2] = \check{\hat{X}}_{5\times2} \times V_{2\times2} = \begin{bmatrix} 0.2400 & -0.2493 \\ 0.3219 & -0.1863 \\ -0.2173 & -0.3459 \\ 0.6886 & 0.4746 \\ -1.2411 & 0.3069 \end{bmatrix}.$$

计算得到第 $j$ 个主成分（$j=1,2$）的信息比 $I_1 = 0.826$, $I_2 = 0.174$. 通过归一化后平移的数据的输入，得到线性回归函数为 $\hat{y} = 0.220 \times \check{\hat{x}}_1 + 1.107 \times \check{\hat{x}}_2 + 1.019$（$R^2 = 0.784$）.

上述计算表明，这四种 PCR 的拟合精度（$R^2$ 值）都相同，即与基矢无关，但系数值随基矢的变化而变化. 图 E2.4 展示了四种输入特征数据坐标系和对应的主成分坐标系，坐标系原点都已平移到了输入特征数据向量均值点. 表 E2.6 列出了这四个坐标系中的主成分特征向量. 如没有归一化操作，坐标轴的基矢在物理量纲和尺寸上都不相同. 因此建议在数据预处理时进行归一化操作. 标准化使用每个特征输入的方差来归一化，使得在标准化坐标系中，坐标轴的基本单位具有特征方差的大小. 因此，二维特征空间中的主成分沿着基底单位正方形的对角线方向旋转. 由于常用的归一化是利用输入的最大值和最小值将原始输入归一化到（0, 1）范围内，然后对归一化后的数据进行平移操作，因此数据在一个轴的正负方向上的绝对值将相同，并且在归一化中心特征坐标系中沿任何方向（包括主成分方向）的方差都将小于 1. 先平移后归一化数据预处理和先归一化后平移预处理的特征坐标系中的结果相似，只是数据沿轴正负方向的绝对值会有所不同.

**表 E2.6　四种数据预处理后的主成分基矢**

| 预处理操作 | $v_1^T$ | $v_2^T$ |
|---|---|---|
| 平移 | （0.0014, −0.9999） | （0.9999, 0.0014） |
| 标准化 | （0.7071, −0.7071） | （0.7071, 0.7071） |
| 先归一化后平移 | （0.6377, −0.7702） | （0.7702, 0.6377） |
| 先平移后归一化 | （0.7926, −0.6098） | （0.6098, 0.7926） |

LSLR 是机器学习中最基本和必不可少的方法. 后面的章节中介绍的许多高级 ML 算法都是在 LSLR 的基础上发展起来的. LSLR 通过线性关系对输入变量和输出变量进行回归，无论输入和输出是单变量还是多变量. LSLR 面临两个挑战：第一，当输入变量（特征）过多时，有巨大的计算负担，需要大量数据才能得到满意的具有统计可靠性的 LSLR 解. 因此，特征筛选成为从大量（例如 $>10^9$）候选特征中选择合适特征的关键步骤，特征选择方法有很多种，其中一些是基于 LSLR 的. 第二，如果线性模型没有建立在坚实的科学基础上，线性回归将只是一场纯线性数据拟合的游戏.

如引言中所述，偏差-方差窘境表明仅在训练集具有最低 RSS（等效于最高拟合精度）的 LSLR 模型可能过拟合并且泛化能力非常低. 为了避免过拟合，我们通常会在 LSLR 的目标函数中加入惩罚项. 惩罚项也称为正则化项, 带有正则化项的 LSLR 称为正则化 LSLR. 此外, $K$ 折交叉验证被广泛用于避免过拟合, 其中所有数据被随机且均等地分成 $K$ 折, $K$–1 折构成训练集, 1 折构成验证集. ML 模型在训练集上训练并在验证集上测试, 该过程重复 $K$ 次, ML 模型表现由 $K$ 次验证结果描述, 最终 ML 模型可由 $K$ 个 ML 模型的平均值获得（Pedregosa et al., 2011）. $K$ 折交叉验证的极端情况是留一法交叉验证（LOOCV）方法, 这里 ML 模型在具有 $n$ 个数据的数据集的 $n$–1 个数据上进行训练, 剩余的一个数据进行验证, 循环 $n$ 次, 每一个数据都是验证数据. 如果算力足够高, LOOCV 方法可能是最好的交叉验证方法, 该方法适用于小数据. 验证性能可以看作是对泛化能力的估计（Arlot and Celisse, 2010）.

## 2.3 最小绝对值收敛和选择算子（$L_1$）

最小绝对值收敛和选择算子（least absolute shrinkage and selection operator, LASSO）(Tibshirani, 2011）是基于 LSLR 在回归系数上添加惩罚约束实现的, 即 $w_j$ 的绝对值之和应该小于预设的正值 $t$, 记为 $\sum_{j=1}^{m}|w_j| \leqslant t$. LASSO 根据以下标准来估计 $w_j$ 的值

$$\hat{w}^{\text{LASSO}} = \underset{w}{\operatorname{argmin}} \sum_{i=1}^{n}\left(y_i - w_0 - \sum_{j=1}^{m} w_j x_{ij}\right)^2, \tag{2.15a}$$

$$\text{s.t.} \sum_{j=1}^{m}\left|w_j\right| \leqslant t.$$

LASSO 问题也可以写成等效拉格朗日形式

$$\hat{w}^{\text{LASSO}} = \underset{w}{\operatorname{argmin}}\left[\sum_{i=1}^{n}\left(y_i - w_0 - \sum_{j=1}^{m} w_j x_{ij}\right)^2 + \lambda\sum_{j=1}^{m}\left|w_j\right|\right] \quad (\lambda \geqslant 0). \tag{2.15b}$$

因此, LASSO 预测响应由下式给出

$$\hat{y}_i = \hat{w}_0 + \sum_{j=1}^{m}\hat{w}_j x_{ij}. \tag{2.15c}$$

对于一个给定的超参数 $t$, 有一个唯一的 $\lambda$. 当无约束惩罚时, LSLR 也将给出一个 $t_0 = \sum_{j=1}^{m}|\hat{w}_j|$. 这时, 如超参数 $t \geqslant t_0$, $\lambda = 0$, LASSO 被简化为 LSLR. 式（2.15b）表明, 当 $\lambda > 0$ 并很大时, 一回归系数 $\hat{w}_j$ 将为零, 即使用 LASSO 可以对特征进行了筛选. 当使用 LASSO 进行特征筛选时, 让 $\lambda$ 从一个足够大的值单调地减少, 在下降的过程中, 系数 $\hat{w}_j$ 一个接一个出现, 并且系数值会随 $\lambda$ 的减少而变化, 趋向稳定值. 根据出现的顺序, 第一、二、三及之后出现的系数被分别称作 LASSO 第

一、二和三维度系数等, 特征数量由模型在验证集上的最小误差决定. 本节以 LASSO 对工具钢和模具钢硬度的特征筛选为例进行说明, 其中 LOOCV 方法和 RMSE 用于评估回归的准确性, LOOCV RMSE 指示验证集的拟合度.

### 例 2.5

LASSO经常用于研究合金元素的贡献, 选择最重要的合金元素(Wang et al., 2019). 表E2.7列出了18种工具钢和模具钢的硬度数据, 这些数据是通过对原始数据的（层次）分层聚类获得的(GB/T1299——2014, 工具钢和模具钢). 这些钢含有12种元素, 加上碳含量平方根($\sqrt{C}$), 共13个初始特征.

**表 E2.7　18 种工具钢和模具钢的化学成分（wt.%）和洛氏硬度（HRC）**

| | Cr | C | Mo | Si | V | $\sqrt{C}$ | Ni | Mn | W | Co | Cu | P | S | 硬度 |
|---|---|---|---|---|---|---|---|---|---|---|---|---|---|---|
| 1 | 16 | 0.17 | 0 | 0.5 | 0 | 0.41 | 2 | 0.75 | 0 | 0 | 0 | 0 | 0 | 49 |
| 2 | 18 | 0.95 | 0 | 0.4 | 0 | 0.97 | 0.3 | 0.4 | 0 | 0 | 0 | 0 | 0 | 55 |
| 3 | 17 | 0.36 | 1.15 | 0.45 | 0.25 | 0.60 | 0.8 | 0.7 | 0 | 0 | 0 | 0.013 | 0.003 | 50 |
| 4 | 16.5 | 0.39 | 1.05 | 0.5 | 0 | 0.62 | 0.5 | 0.75 | 0 | 0 | 0 | 0 | 0 | 46 |
| 5 | 13 | 0.2 | 0 | 0.5 | 0 | 0.44 | 0.3 | 0.5 | 0 | 0 | 0 | 0 | 0 | 45 |
| 6 | 13.5 | 0.4 | 0 | 1.05 | 0.3 | 0.63 | 0.225 | 0.55 | 0 | 0 | 0 | 0.005 | 0.002 | 50 |
| 7 | 18 | 0.9 | 1.15 | 0.4 | 0.095 | 0.94 | 0.3 | 0.4 | 0 | 0 | 0 | 0 | 0 | 55 |
| 8 | 13 | 0.4 | 0.3 | 0.3 | 0 | 0.63 | 0 | 0.4 | 0 | 0 | 0 | 0 | 0 | 50 |
| 9 | 12 | 1.5 | 0.95 | 0.3 | 0.8 | 1.22 | 0 | 0.3 | 0 | 0.5 | 0 | 0 | 0 | 59 |
| 10 | 12 | 1.5 | 0.95 | 0.3 | 0.8 | 1.22 | 0.1 | 0.3 | 0 | 0.5 | 0.15 | 0.015 | 0.015 | 59 |
| 11 | 11.75 | 1.575 | 0.5 | 0.2 | 0.225 | 1.25 | 0 | 0.2 | 0 | 0 | 0 | 0 | 0 | 58 |
| 12 | 11.75 | 1.575 | 0.5 | 0.2 | 0.225 | 1.25 | 0.1 | 0.2 | 0 | 0.5 | 0.15 | 0.015 | 0.015 | 58 |
| 13 | 8.5 | 0.505 | 1.475 | 0.9 | 0.425 | 0.71 | 0 | 0.425 | 0 | 0 | 0 | 0.015 | 0.008 | 59 |
| 14 | 12.25 | 2.15 | 0 | 0.2 | 0 | 1.46 | 0 | 0.2 | 0 | 0 | 0 | 0 | 0 | 60 |
| 15 | 7 | 0.73 | 2.1 | 0.95 | 2 | 0.85 | 0 | 0.2 | 0 | 0 | 0 | 0 | 0 | 60 |
| 16 | 12 | 2.15 | 0 | 0.25 | 0 | 1.46 | 0 | 0.45 | 0.7 | 0 | 0 | 0 | 0 | 60 |
| 17 | 8 | 1.75 | 0 | 0.4 | 0 | 1.32 | 0 | 0.4 | 0 | 0 | 0 | 0 | 0 | 63 |
| 18 | 8.05 | 0.99 | 2.4 | 1 | 0.325 | 0.99 | 0 | 0.35 | 0 | 0 | 0 | 0 | 0 | 62 |

为了清楚地显示, 图 E2.5（a）中系数值被放大了 4 倍（Cr）、2 倍（Mo）、3 倍（Si）、1/5 倍（$\sqrt{C}$）、2 倍（Ni）、4 倍（W）、4 倍（Co）、1/3 倍（Cu）、1/13 倍（P）和 1/22 倍（S）或缩小. 插图显示了实际值. 在图 E2.5（b）表示了均方根误差与 $-\lg\lambda$ 的关系. 红色箭头表示最小 RMSE 所在位置, 蓝色箭头指出临界值 $\lambda_0$ 以及相关的 RMSE.

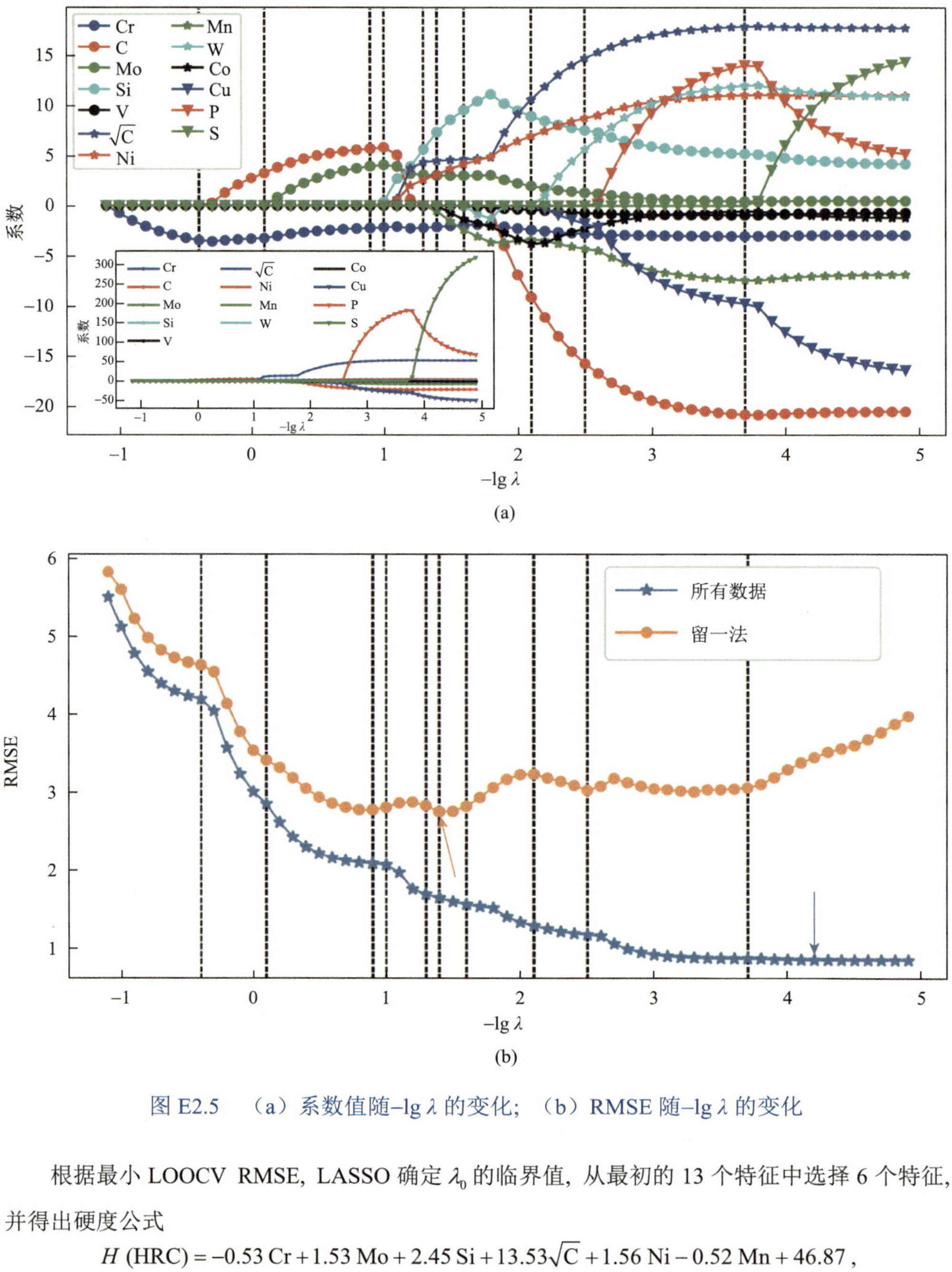


(a)

(b)

图 E2.5 （a）系数值随$-\lg\lambda$的变化；（b）RMSE 随$-\lg\lambda$的变化

根据最小 LOOCV RMSE，LASSO 确定$\lambda_0$的临界值，从最初的 13 个特征中选择 6 个特征，并得出硬度公式

$$H\,(\mathrm{HRC}) = -0.53\,\mathrm{Cr} + 1.53\,\mathrm{Mo} + 2.45\,\mathrm{Si} + 13.53\sqrt{\mathrm{C}} + 1.56\,\mathrm{Ni} - 0.52\,\mathrm{Mn} + 46.87\,,$$

$$\mathrm{RMSE} = 1.6615\,\mathrm{HRC}, \tag{E2.3a}$$

其中 Fe 将平衡其余化学成分. LASSO 决定特征的数量，而不是最佳的回归结果. 利用 LASSO 确定的 6 个特征，LSLR 给出了以下公式

$$H\,(\text{HRC}) = -0.40\,\text{Cr} + 1.36\,\text{Mo} + 4.96\,\text{Si} + 14.69\sqrt{\text{C}} + 2.88\,\text{Ni} - 5.09\,\text{Mn} + 44.60\,,$$
$$\text{RMSE} = 1.5466\,\text{HRC}\,. \tag{E2.3b}$$

显然, LSLR 提高了拟合度.

LASSO 在特征筛选中得到了广泛应用, 特征筛选的目的是找到对目标性能建模最有影响的特征, 减少冗余. Ghiringhelli 等（2015）提出了材料特征的四个重要原则, 称为描述符: ① 描述符唯一地表征了材料以及与属性相关的基本过程; ② 不同（相似）的材料应该用不同（类似）的描述符值来表征; ③ 描述符的确定不能像评估待预测性质所需的计算那样复杂; ④ 描述符的数量应该尽可能少（对于特定的准确性要求）. 他们要寻找最佳的特征来描述 82 种八隅体二元（闪锌矿、纤锌矿）晶体和岩盐晶体. 为此, 他们用简单的数学运算符（+、−、×、/ 、绝对值等）对 23 个初始特征进行操作, 形成了大约 4500 个候选特征. 然后, 采用 LASSO 从这些候选特征中选择特征, 得到最佳的一维、二维和三维特征（描述符）.

## 2.4 岭回归（$L_2$）

岭回归（ridge regression）（Frank and Friedman, 1993）与 LASSO 一样也基于 LSLR, 通过在回归系数上添加惩罚约束实现, 它规定 $w_j$ 的平方之和应该小于预设的超参数正值 $t$, 记为 $\sum_{j=1}^{m} w_j^2 \leqslant t$ . 从数学上讲, 岭回归需要

$$\hat{w}^{\text{ridge}} = \underset{w}{\operatorname{argmin}} \sum_{i=1}^{n}\left(y_i - \sum_{j=1}^{m} w_j x_{ij}\right)^2, \tag{2.16a}$$

$$\text{s.t.}\quad \sum_{j=1}^{m} w_j^2 \leqslant t\,,$$

或等效为以下拉格朗日形式

$$\hat{w}^{\text{ridge}} = \underset{w}{\operatorname{argmin}}\left[\sum_{i=1}^{n}\left(y_i - \sum_{j=1}^{m} w_j x_{ij}\right)^2 + \lambda\sum_{j=1}^{m} w_j^2\right]. \tag{2.16b}$$

方程（2.16b）中的残差平方和（RSS）可以表示为矩阵形式

$$\text{RSS}(\boldsymbol{W},\lambda) = (\boldsymbol{y} - \boldsymbol{XW})^{\text{T}}(\boldsymbol{y} - \boldsymbol{XW}) + \lambda\boldsymbol{W}^{\text{T}}\boldsymbol{W}\,. \tag{2.17a}$$

岭回归的解由下式给出

$$\hat{\boldsymbol{W}}^{\text{ridge}} = (\boldsymbol{X}^{\text{T}}\boldsymbol{X} + \lambda\boldsymbol{I})^{-1}\boldsymbol{X}^{\text{T}}\boldsymbol{y}\,, \tag{2.17b}$$

岭回归的预测形式为

$$\hat{\boldsymbol{y}}^{\text{ridge}} = \boldsymbol{X}(\boldsymbol{X}^{\mathrm{T}}\boldsymbol{X} + \lambda\boldsymbol{I})^{-1}\boldsymbol{X}^{\mathrm{T}}\boldsymbol{y}\,. \tag{2.17c}$$

由于 $\lambda \neq 0$，逆矩阵 $(\boldsymbol{X}^{\mathrm{T}}\boldsymbol{X} + \lambda\boldsymbol{I})^{-1}$ 有解. 在主成分坐标系中, LSLR 的预测值为

$$\hat{\boldsymbol{y}} = \boldsymbol{P}\hat{\boldsymbol{W}}^{\text{pc}}\,. \tag{2.18a}$$

（2.14d）中的系数向量 $\hat{\boldsymbol{W}}^{\text{pc}}$ 可以重写为

$$\hat{\boldsymbol{W}}^{\text{pc}} = (\boldsymbol{D}^2)^{-1}\boldsymbol{P}^{\mathrm{T}}\boldsymbol{y} = \begin{bmatrix} \frac{1}{d_1^2} & \cdots & 0 \\ \vdots & & \vdots \\ 0 & \cdots & \frac{1}{d_m^2} \end{bmatrix} \begin{bmatrix} q_1 \\ \vdots \\ q_m \end{bmatrix}, \tag{2.18b}$$

这里 $\begin{bmatrix} q_1 \\ \vdots \\ q_m \end{bmatrix} = \boldsymbol{P}^{\mathrm{T}}\boldsymbol{y}$. 这样在主成分坐标系中，岭回归 $L_2$ 的预测值为

$$\hat{\boldsymbol{y}}^{\text{pc,ridge}} = \boldsymbol{P}\hat{\boldsymbol{W}}^{\text{pc,ridge}} = \boldsymbol{P}(\boldsymbol{P}^{\mathrm{T}}\boldsymbol{P} + \lambda\boldsymbol{I})^{-1}\boldsymbol{P}^{\mathrm{T}}\boldsymbol{y} = \boldsymbol{P}(\boldsymbol{D}^2 + \lambda\boldsymbol{I})^{-1}\boldsymbol{P}^{\mathrm{T}}\boldsymbol{y}, \tag{2.18c}$$

$$\hat{\boldsymbol{W}}^{\text{pc,ridge}} = \begin{bmatrix} \frac{1}{d_1^2 + \lambda} & \cdots & 0 \\ \vdots & & \vdots \\ 0 & \cdots & \frac{1}{d_m^2 + \lambda} \end{bmatrix} \begin{bmatrix} q_1 \\ \vdots \\ q_m \end{bmatrix}. \tag{2.18d}$$

将等式（2.18d）与等式（2.18b）进行比较我们发现，$L_2$ 正则后的 $\hat{\boldsymbol{W}}^{\text{pc, ridge}}$ 中每一个系数都缩小为原来的 $\frac{d_j^2}{d_j^2 + \lambda}(j = 1,2,\cdots,m)$，其中由于 $\lambda$ 是一个正数，所以 $0 < \frac{d_j^2}{d_j^2 + \lambda} \leqslant 1$.

**例 2.6**

以例 2.5 所用 20 组 NIMS 疲劳数据(表 E2.4)为例，我们说明惩罚因子 $\lambda$ 对岭回归系数 $\hat{w}^{\text{ridge}}$ 和岭回归预测值 $\hat{y}^{\text{ridge}}$ 的影响，并且在这里仅以疲劳强度作为回归目标. 当 $\lambda$ 接近无穷大时，岭回归中所有系数趋近于 0. 图 E2.6 显示了岭回归系数随 $\lg\lambda$ 的变化情况.

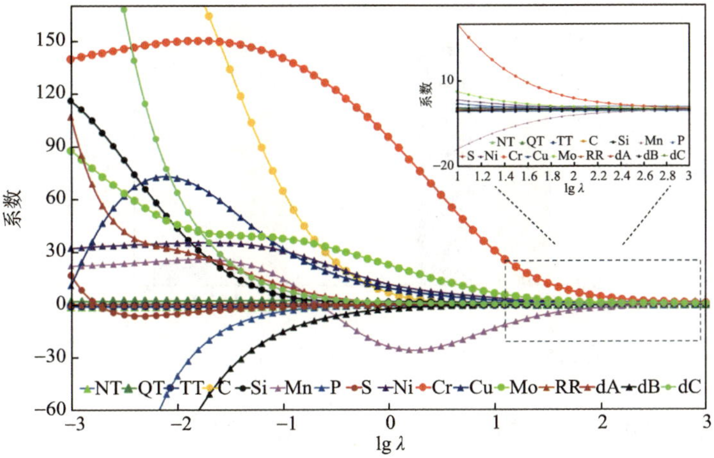


图 E2.6 疲劳强度的岭回归系数随 lg λ 的变化情况

与 LASSO 不同，岭回归系数几乎同时出现，如图 E2.6 所示. Hoerl 和 Kennerd（1970）提出了岭回归系数变化图，以消除多重共线性问题. 对于多重共线性问题，系数的绝对值往往会变得太大，有些系数甚至可能在LSLR中都是错误的. 在岭回归系数变化图中，当系数的变化趋于平缓时，被认为此时的 $\lambda$ 值是最优的. 但是，对于这种方法，没有统一的标准来确定曲线何时“趋于平坦”. $\lambda$ 的值还是应该通过交叉验证来确定. 图 E2.7 显示了岭回归决定系数 $R^2$ 在训练集和 5 折交叉验证集上随 lg $\lambda$ 的变化，在训练集上，决定系数 $R^2$ 在 lg $\lambda$ 很大一个范围内都非常平坦，无法确定 $\lambda$ 的值. 但在交叉验证上，$R^2$ 最大值 0.80 比较明显.

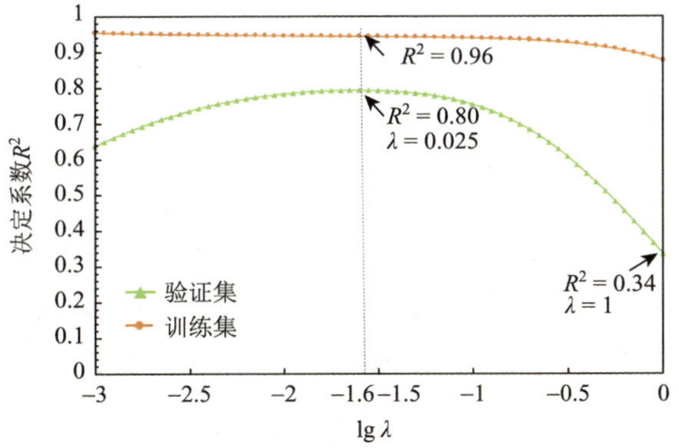


图 E2.7 决定系数 $R^2$ 随 lg $\lambda$ 的变化（5 折交叉验证）

图 E2.8 比较了岭回归和 LSLR 的 $R^2$ 与 MAE. 结果表明，岭回归的回归精度不会显著下降，同时模型的稳健性会得到提高，尤其是当矩阵 $\boldsymbol{X}^{\mathrm{T}}\boldsymbol{X}$ 不可逆时. 如等式（2.18）所示，岭回归中的泛化能力通过减少拟合系数的绝对值来增加，而 LASSO 通过减少特征数量来增加.

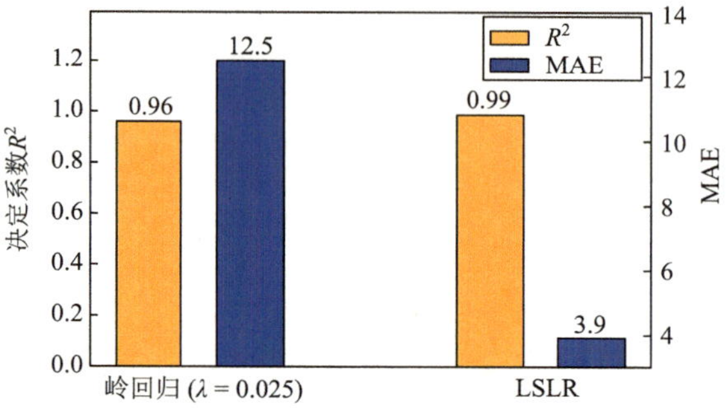


图 E2.8　在训练集上，岭回归（$\lambda = 0.025$）与 LSLR 的 $R^2$ 和 MAE 对比

Hastie 等（2009）提出的具有惩罚项的 LSLR 的回归准则的一般形式：

$$\hat{w}^q = \underset{w}{\operatorname{argmin}} \left[ \sum_{i=1}^{n} \left( y_i - \sum_{j=0}^{m} w_j x_{ij} \right)^2 + \lambda \sum_{j=1}^{m} \left| w_j \right|^q \right], \quad q \geqslant 0 . \tag{2.19}$$

显然，对于 LASSO，$q = 1$；对于岭回归，$q = 2$，它们分别被称为 $L_1$ 正则化和 $L_2$ 正则化，或 $L_1$ 范数和 $L_2$ 范数. 此外，如果 $\boldsymbol{w}$ 向量的系数非常稀疏，则使用 $L_0$ 正则化来对非零系数的数量进行惩罚. 通常，$k$ 稀疏表示 $m$ 个系数中有 $k$ 个非零变量. 通常，式（2.19）中以任意值 $q$ 的惩罚形式称为 $L_q$ 范数. 当 $q \geqslant 1$ 时，约束区域是凸的；而当 $q < 1$ 时，它是非凸的，此时优化变得更加困难.

如上所述，在回归预测时，RSS 是一种广泛使用的损失函数. 用于回归和分类的损失函数有很多种. 一般来说，考虑任意损失函数 $\mathcal{L}(f(X_i), y_i)$，其中 $f$ 或 $f(X_i)$ 表示 ML 模型. 在没有任何惩罚项的情况下，ML 模型中涉及的参数由损失函数的最小化确定

$$\min_f \left[ \frac{1}{n} \sum_{i=1}^{n} \mathcal{L}(f(X_i), y_i) \right]. \tag{2.20a}$$

方程（2.20a）被称为经验风险最小化，它有利于模型的训练，也会导致经常性的过拟合，使模型泛化能力会变得很差. 当惩罚项 $\lambda\Omega(f)$ 被添加到等式（2.20a）中，ML 模型中涉及的参数将由正则化损失函数的最小化确定

$$\min_f \left[ \lambda\Omega(f) + \frac{1}{n} \sum_{i=1}^{n} \mathcal{L}(f(X_i), y_i) \right], \tag{2.20b}$$

其中 $\lambda$ 是一个预设的正值，称为“成本”参数、惩罚参数、超参数或正则化参数. 方程（2.20b）表示一个常见的正则化问题，称为结构风险最小化，其中正则化参数 $\lambda$ 的值控制模型预测精度和模型复杂度（或泛化能力）之间的平衡. 例 2.5 和例 2.6 说明了这一点.

## 2.5 弹性网络回归

弹性网络回归是 LASSO 和岭回归的组合（Zou and Hastie, 2005），可以表示为

$$\hat{w}^{\text{elastic net}} = \underset{w}{\operatorname{argmin}} \sum_{i=1}^{n}\left(y_i - w_0 - \sum_{j=1}^{m} w_j x_{ij}\right)^2, \tag{2.21a}$$

$$\text{s.t.}\quad \alpha\sum_{j=1}^{m}|w_j| + (1-\alpha)\sum_{j=1}^{m} w_j^2 \leqslant t,$$

或者用拉格朗日形式表示为

$$\hat{w}^{\text{elastic net}} = \underset{w}{\operatorname{argmin}}\left\{\sum_{i=1}^{n}\left\{y_i - w_0 - \sum_{j=1}^{m} w_j x_{ij}\right\}^2 \lambda\left[\alpha\sum_{j=1}^{m}|w_j| + (1-\alpha)\sum_{j=1}^{m} w_j^2\right]\right\}, \tag{2.21b}$$

其中 $\alpha$ 是 LASSO 的权重. 显然, 当 $\alpha=1$ 时, 弹性网络回归被简化为 LASSO; 而当 $\alpha=0$ 时, 弹性网络回归将简化为岭回归. 显然, 上式中涉及两个正则化参数 $\lambda$ 和 $\alpha$, 它们在 ML 中被称为超参数, 它们的值应该通过交叉验证来确定, 就像上面对 LASSO 或岭回归中的超参数所作的那样. 令 $\lambda_1=\lambda\alpha$ 和 $\lambda_2=\lambda(1-\alpha)$, 方程（2.21b）可以重写为

$$\hat{w}^{\text{elastic net}} = \underset{w}{\operatorname{argmin}}\left\{\sum_{i=1}^{n}\left\{y_i - w_0 - \sum_{j=1}^{m} w_j x_{ij}\right\}^2 + \lambda_1\sum_{j=1}^{m}\left|w_j\right| + \lambda_2\sum_{j=1}^{m} w_j^2\right\}. \tag{2.21c}$$

**例 2.7**

我们从 NIMS 数据库中收集了 360 组钢疲劳强度数据, 这些数据可以在 https://github.com/George-JieXIONG/Materials-Dataset/blob/main/Chapter4/NIMS-Fatigue.csv 中找到. 表 E2.8 列出了其中涉及的 17 个特征. 采用具有 10 折交叉验证的弹性网络回归来确定初始特征的值.

**表 E2.8 本例中使用的特征**

| 特征 | 描述 |
|---|---|
| NT | 正火温度（℃） |
| QT | 淬火温度（℃） |
| TT | 回火温度（℃） |
| C | 碳含量的质量分数（%） |
| $\sqrt{C}$ | 碳含量平方根 |
| Si | 硅的质量分数（%） |

续表

| 特征 | 描述 |
| --- | --- |
| Mn | 锰的质量分数（%） |
| P | 磷的质量分数（%） |
| S | 硫的质量分数（%） |
| Ni | 镍的质量分数（%） |
| Cr | 铬的质量分数（%） |
| Cu | 铜的质量分数（%） |
| Mo | 钼的质量分数（%） |
| RR | 收缩率（%） |
| dA | 塑性非金属夹杂物含量（%） |
| dB | 非连续非金属夹杂物含量（%） |
| dC | 孤立的非金属夹杂物含量（%） |

超参数 $\alpha$ 和 $\lambda$ 的二维特征空间被设置为 $\alpha \in (0,1)$ 和 $\lambda \in (0.00001, 0.1)$，对于 $\alpha$ 采用1%的搜索步长，$\lambda$ 采用 $10^{-5}$ 的搜索步长，所以在二维空间中给出 $10^6$ 个离散点，每个离散点是 $\alpha$ 和 $\lambda$ 值的组合. 在特征空间中不放回地随机采样 0.01%（即 $10^2$ 个点）、0.1%（即 $10^3$ 个点）、1%（即 $10^4$ 个点）、10%（即 $10^5$ 个点），这个过程重复三次，我们在这些采样点中搜索超参数 $\alpha$ 和 $\lambda$ 的最优值. 贪婪搜索也在整个 $10^6$ 个点的特征空间上进行. 搜索结果见表 E2.9.

**表 E2.9　10 折交叉验证的弹性网络搜索结果**

| 搜索方法 | $\alpha$ | $\lambda$ | 10 折交叉验证-$R^2$ | 所选特征 |
| --- | --- | --- | --- | --- |
| 贪婪搜索（100%） | 1 | 0.07452 | 0.926734 | NT, QT, TT, C, $\sqrt{C}$, Mn, Ni, Cr, Cu, Mo, RR |
| 随机采样（10%） | 1 | 0.07463 | 0.926730 | |
| | 1 | 0.07466 | 0.926729 | |
| | 1 | 0.07461 | 0.926731 | |
| 随机采样（1%） | 1 | 0.07566 | 0.926693 | |
| | 1 | 0.07464 | 0.926730 | |
| | 1 | 0.07521 | 0.926709 | |
| 随机采样（0.1%） | 1 | 0.08096 | 0.924370 | |
| | 1 | 0.06984 | 0.923352 | |
| | 0.2323 | 0.00026 | 0.921060 | |
| 随机采样（0.01%） | 0.4848 | 0.00028 | 0.920959 | NT, QT, TT, C, $\sqrt{C}$, Si, Mn, P, S, Ni, Cr, Cu, Mo, RR, dA, dB, dC |
| | 0.8081 | 0.00117 | 0.921039 | |
| | 0.9091 | 0.00288 | 0.920947 | |

搜索结果非常有趣，因为当随机采样比例大于等于1%时，优化的 $\alpha$ 值总是 1，这意味着优化的弹性网络实际上是 LASSO，10 折 CV-$R^2$（决定系数）约为 0.9267，并且

选择了 11 个特征. 两种随机采样 0.1% 的情况也给出了 $\alpha=1$ 的结果, 也选出了相同的 11 个特征, 只是 10 折 CV-$R^2$ 的值稍低. 随机采样 0.01% 的全部情况和随机采样 0.1% 的一个情况给出的 $\alpha$ 值比 1 小, 但没有对特征进行任何筛选. 贪婪搜索给出 $\lambda=0.037$ 和 $\alpha=1$, 弹性网络退化为 LASSO, 并产生与例 2.5 中所述相同的回归结果.

## 例 2.8

对表 E2.10 中列出的数据进行弹性网络回归, 包括 $x_1$, $x_2$ 和 $x_3$ 三个特征, 以及一个目标 $y$. LOOCV 的均方根误差用于评估预测性能. 贪婪搜索给出 $\lambda=1\times10^{-5}$ 和 $\alpha=0$, 弹性网络被简化为岭回归, 并且给出以下回归方程

$$y=-5.93x_1+121.88x_2-0.00856x_3-0.08.$$

此时 RMSE $=1.5794$.

**表 E2.10　数据集**

| $x_1$ | $x_2$ | $x_3$ | $y$ | $x_1$ | $x_2$ | $x_3$ | $y$ |
|---|---|---|---|---|---|---|---|
| 0.4 | 0.6324555 | 1.5 | 51 | 0.85 | 0.9219544 | 0.5 | 62 |
| 0.27 | 0.5196152 | 1.5 | 48 | 0.8 | 0.8944272 | 1.5 | 62 |
| 0.36 | 0.6 | 1.3 | 48 | 1.025 | 1.0124228 | 0.2 | 62 |
| 0.86 | 0.9273619 | 0.35 | 64 | 0.575 | 0.7582875 | 0.8 | 58 |
| 0.34 | 0.5830952 | 0.8 | 52 | 0.795 | 0.8916277 | 0.2 | 62 |
| 1 | 1 | 0.5 | 60 | 0.9 | 0.9486833 | 1.05 | 62 |
| 1 | 1 | 0.5 | 60 | 0.975 | 0.9874209 | 1.2 | 62 |
| 0.9 | 0.9486833 | 1.85 | 62 | 0.895 | 0.9460444 | 0.2 | 62 |
| 0.7 | 0.83666 | 2.15 | 61 | 0.9 | 0.9486833 | 1.05 | 62 |
| 0.9 | 0.9486833 | 1.85 | 62 | 0.995 | 0.9974969 | 0.2 | 62 |
| 0.7 | 0.83666 | 0.85 | 60 | 1.095 | 1.0464225 | 0.2 | 62 |
| 0.86 | 0.9273619 | 0.325 | 64 | 1.195 | 1.0931606 | 0.2 | 62 |
| 0.6 | 0.7745967 | 0.3 | 58 | 1.375 | 1.1726039 | 0.2 | 64 |
| 0.52 | 0.7211103 | 0.95 | 60 | 1.3 | 1.1401754 | 0.2 | 62 |
| 0.5 | 0.7071068 | 0.55 | 58 | 1.375 | 1.1726039 | 0.2 | 64 |
| 0.55 | 0.7416198 | 1 | 62 | 0.975 | 0.9874209 | 0.95 | 62 |
| 0.7 | 0.83666 | 0.85 | 60 | 1.15 | 1.0723805 | 0.2 | 62 |
| 0.85 | 0.9219544 | 0.4 | 64 | 0.4 | 0.6324555 | 0.2 | 53 |
| 0.9 | 0.9486833 | 0.325 | 64 | 1.15 | 1.0723805 | 0.2 | 62 |
| 0.875 | 0.9354143 | 0.2 | 62 | 0.5 | 0.7071068 | 0.2 | 55 |
| 0.8 | 0.8944272 | 0.95 | 60 | 0.4 | 0.6324555 | 0.2 | 53 |
| 0.52 | 0.7211103 | 0.95 | 60 | 0.5 | 0.7071068 | 0.2 | 55 |
| 0.9 | 0.9486833 | 0.275 | 64 | 1.185 | 1.0885771 | 0.2 | 60 |

续表

| $x_1$ | $x_2$ | $x_3$ | $y$ | $x_1$ | $x_2$ | $x_3$ | $y$ |
|---|---|---|---|---|---|---|---|
| 0.8 | 0.8944272 | 0.95 | 60 | 0.6 | 0.7745967 | 0.2 | 57 |
| 0.9 | 0.9486833 | 0.45 | 62 | 1.185 | 1.0885771 | 0.2 | 60 |
| 1.025 | 1.0124228 | 0.2 | 62 | 0.6 | 0.7745967 | 0.2 | 57 |
| 0.695 | 0.8336666 | 0.2 | 62 | 0.65 | 0.8062258 | 0.2 | 60 |
| 0.575 | 0.7582875 | 0.8 | 58 | 0.65 | 0.8062258 | 0.2 | 60 |

例 2.7 和例 2.8 表明，即当特征数量较大时，弹性网络回归退化为 LASSO，而当特征数量较小时，弹性网络回归退化为岭回归. 目前还缺少对这种退化的严格数学证明，不清楚这种退化是瞬间发生的还是缓慢进行的，以及这种退化是否存在特征数量的临界值.

## 2.6 多任务 LASSO

公式（2.8c）中的 $\boldsymbol{Y}=\boldsymbol{XW}$ 给出了多任务线性回归的一般表达式（Argyriou et al., 2006）. 假设数据的个数为 $n$，则 $\boldsymbol{Y}$ 是 $n\times p$ 的矩阵，$\boldsymbol{X}$ 是 $n\times(m+1)$ 的矩阵，$\boldsymbol{W}$ 是 $(m+1)\times p$ 的矩阵. 多任务LASSO引入 $L_1L_2$ 正则化，它定义 $\|\boldsymbol{W}\|_{21}=\sum_{j=1}^{m}\sqrt{\sum_{k=1}^{p}\left(w_j^{(k)}\right)^2}$ 后可表示为

$$\hat{\boldsymbol{W}}=\underset{\boldsymbol{W}}{\operatorname{argmin}}\left\{\frac{1}{2}\operatorname{tr}(\boldsymbol{Y}-\boldsymbol{XW})^{\mathrm{T}}(\boldsymbol{Y}-\boldsymbol{XW})+\lambda\|\boldsymbol{W}\|_{21}\right\}, \tag{2.22}$$

其中 $\lambda$ 是一个惩罚参数. 显然，如果 $\lambda=0$，多任务 LASSO 退化为普通的多任务回归. 当 $\lambda>0$ 时，足够大的 $\lambda$ 值会让所有的回归系数 $\hat{w}_j^{(k)}$ 为 0，从而使多任务 LASSO 具有特征选择的能力. 当使用多任务 LASSO 进行特征选择时，$\lambda$ 的值由一个足够大的数单调减小，随着 $\lambda$ 的减小，系数 $\hat{w}_j^{(k)}$ 一个接一个地出现，并且系数的值取决于 $\lambda$ 的大小，根据出现的顺序，第一、二、三个及之后出现的系数被依次称为多任务 LASSO 一、二和三维系数等，特征数量由验证中的最小误差决定.

**例 2.9**

取表 E2.4 中的 20 组 NIMS 疲劳数据来进行多任务 LASSO. 在多任务 LASSO 示例中，四个性能的所占权重相等. 图 E2.9 给出了随着 $\lambda$ 减小特征系数的变化情况，我们可以看到系数 $\hat{w}_j^{(k)}$ 一个接一个地出现. 如图 E2.10 所示，所选特征和相关 $\lambda$ 值时由最小 LOOCV 误差确定. 在单任务 LASSO 方法中，每个任务选择一个特征集和一个 $\lambda$ 值，如图 E2.11（a）所示，四个任务分别给出了四个 $\lambda$ 值. 图 E2.11（b）给出了由多任务 LASSO 选择出来的特征集，而图 E2.11（c）给出了单任务 LASSO 选择出来的特征集.

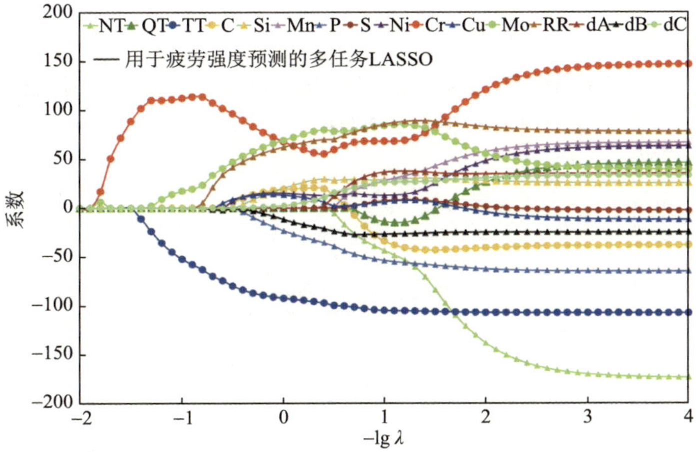
NT QT TT C Si Mn P S Ni Cr Cu Mo RR dA dB dC
用于疲劳强度预测的多任务LASSO
系数
−lg λ

(a)

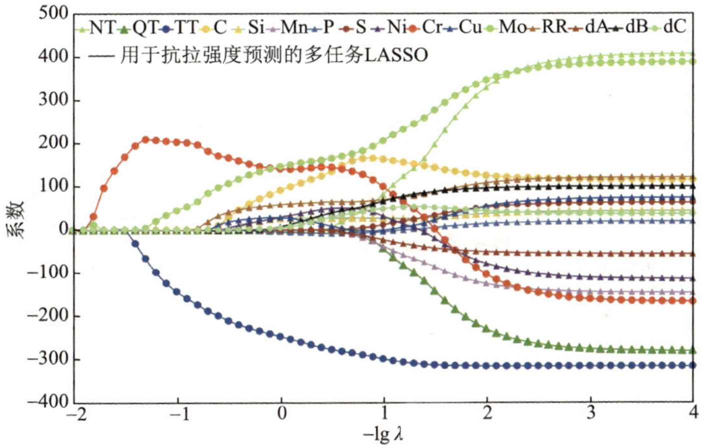
NT QT TT C Si Mn P S Ni Cr Cu Mo RR dA dB dC
用于抗拉强度预测的多任务LASSO
系数
−lg λ

(b)

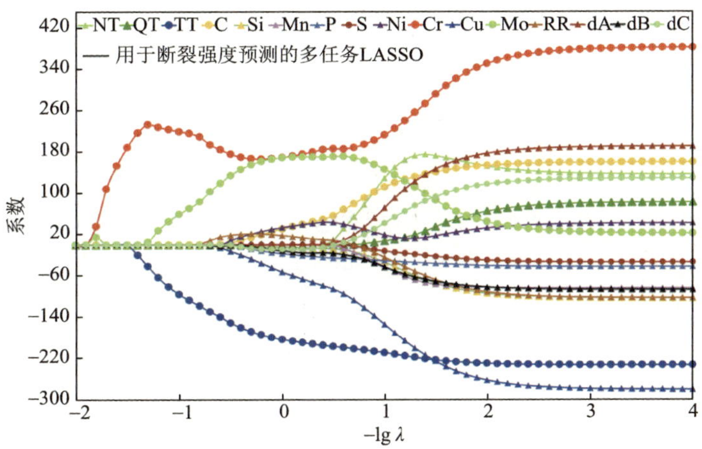
NT QT TT C Si Mn P S Ni Cr Cu Mo RR dA dB dC
用于断裂强度预测的多任务LASSO
系数
−lg λ

(c)

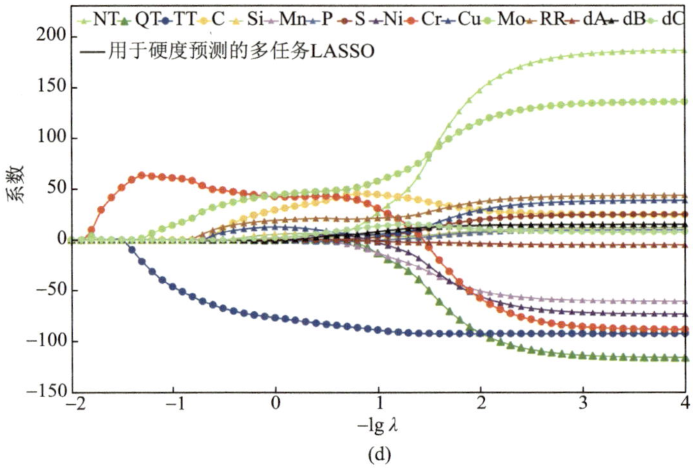


图 E2.9　多任务 LASSO 中四种性能的特征系数随 $-\lg\lambda$ 值变化的情况.（a）疲劳强度预测;（b）抗拉强度预测;（c）断裂强度预测;（d）硬度预测

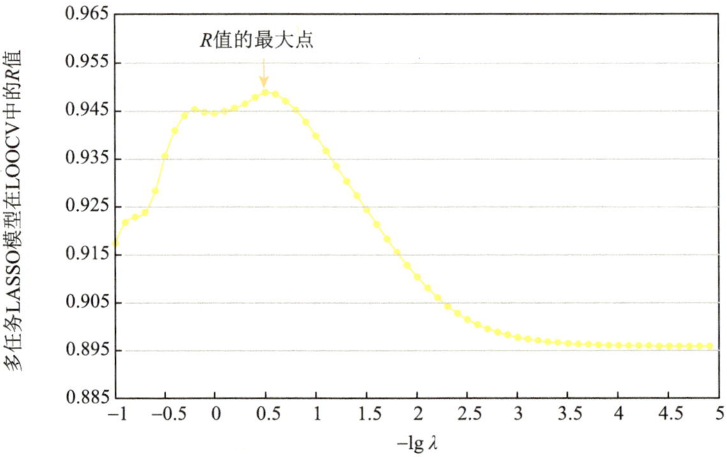


图 E2.10　使用 LOOCV 时，多任务 LASSO 四个性能的相关系数 $R$ 的平均值随 $-\lg\lambda$ 变化的情况

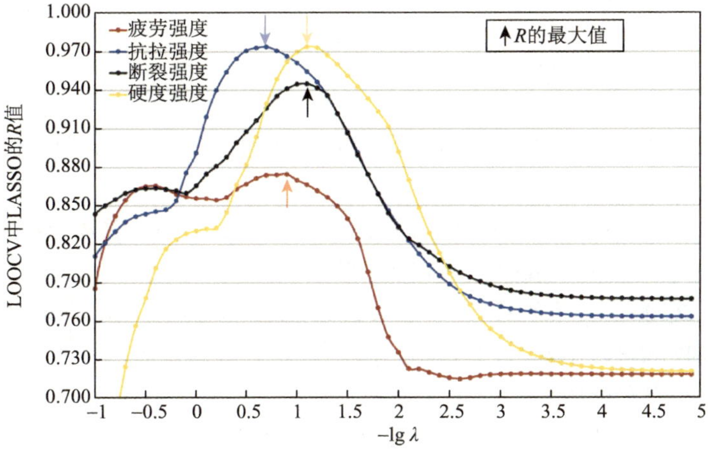


(a)

在最佳λ值下的非零系数位置

| | 疲劳强度 | 抗拉强度 | 断裂强度 | 硬度 |
|---|---|---|---|---|
| −lg λ | 0.5 | | | |
| NT | −1.49 | −2.88 | −1.17 | −0.79 |
| QT | 0.63 | 0.78 | 0.13 | 0.04 |
| TT | −0.81 | −2.00 | −1.36 | −0.63 |
| C | −1.32 | 29.20 | 12.90 | 8.48 |
| Si | 0 | 0 | 0 | 0 |
| Mn | 8.13 | 12.07 | 14.07 | 2.55 |
| P | 0 | 0 | 0 | 0 |
| S | 0 | 0 | 0 | 0 |
| Ni | 25.54 | 35.30 | 25.55 | 5.99 |
| Cr | 137.55 | 257.97 | 238.98 | 76.03 |
| Cu | 64.75 | 106.39 | −217.90 | 54.24 |
| Mo | 155.06 | 341.96 | 559.51 | 119.46 |
| RR | 0.03 | 0.02 | 0.00 | 0.01 |
| dA | 0 | 0 | 0 | 0 |
| dB | 0 | 0 | 0 | 0 |
| dC | 0 | 0 | 0 | 0 |

(b)

在最佳λ值下的非零系数位置

| | 疲劳强度 | 抗拉强度 | 断裂强度 | 硬度 |
|---|---|---|---|---|
| −lg λ | 0.9 | 0.7 | 1.1 | 1.1 |
| NT | 0.76 | 1.63 | 2.30 | 0.52 |
| QT | 0.03 | 0.04 | 0.01 | 0.01 |
| TT | −0.67 | −1.78 | −1.35 | −0.55 |
| C | 284.52 | 927.72 | 768.73 | 300.85 |
| Si | 0 | 58.32 | 16.59 | 0 |
| Mn | −20.23 | −26.85 | −6.86 | −10.48 |
| P | 0 | 0 | 0 | 0 |
| S | 0 | 0 | 0 | 0 |
| Ni | 4.99 | 3.58 | 7.30 | −2.28 |
| Cr | 94.61 | 185.93 | 139.92 | 63.63 |
| Cu | 27.33 | 0 | −558.10 | 8.55 |
| Mo | 239.94 | 530.37 | 1036.58 | 122.03 |
| RR | 0.04 | 0.03 | 0.02 | 0.01 |
| dA | 0 | 0 | 0 | 0 |
| dB | 0 | 0 | 0 | 0 |
| dC | 0 | 0 | 0 | 0 |

(c)

图 E2.11　（a）LOOCV 中 LASSO 四个性能的相关系数 $R$ 值随$-\lg\lambda$变化情况；（b）LASSO 的多目标检测和（c）LASSO 中单目标检测的最佳 $\lambda$ 值下的非零系数位置比较

## 作　业

1. 推导 LSLR 和岭回归中的方程（2.9c）和方程（2.17c），并理解在线性回归中正则化系数 $\lambda$ 对线性回归的影响.（参见附录 1. 矩阵计算）

2. 对矩阵 $\boldsymbol{A}=\begin{bmatrix}0 & 1\\ 1 & 1\\ 1 & 0\end{bmatrix}$ 作 SVD 分解.

3. 使用表 E2.4 中的所有数据（来自 NIMS 数据库）进行 PCA 线性回归，并通过 LOOCV 评估其拟合效果.

4. 参考例 2.5，使用 LASSO 和交叉验证（CV = 5, 10 和 LOOCV）筛选出表 E2.4 中最重要的数据特征子集. 并给出更简明的线性方程来预测钢的四种力学性能.

5. 给出 LSLR、LASSO 和岭回归对表 E2.7 的训练集的拟合效果（$R$, $R^2$ 和 MSE），其中 $\lambda$ 在 LASSO 和岭回归中可以分别通过交叉验证来确定. 然后，使用 LOOCV 重新评估这三个模型.

6. 模仿例 2.8，比较弹性网络和 LASSO 之间的差异.

7. 只关注表 E2.4 中钢材的疲劳强度和极限抗拉强度，使用多任务 LASSO，找出它们的最佳共同特征子集.

## 参考文献


李航. 2019. 统计学习方法. 2 版. 北京：清华大学出版社.

Argyriou A, Evgeniou T, Pontil M. 2006. Multi-Task feature learning. Advances in Neural Information Processing Systems 19. (Paper presented at the Advances in Neural Information Processing Systems 19 (NIPS 2006)). Vancouver: British Columbia.

Arlot S, Celisse A. 2010. A survey of cross-validation procedures for model selection. Statistics Surveys, (4): 40-79.

Frank I E, Friedman J H. 1993. A statistical view of some chemometrics regression tools (with discussion). Technometrics, 35(2): 109-135.

Ghiringhelli L M, Vybiral J, Levchenko S V, et al. 2015. Big data of materials science-critical role of the descriptor. Physical Review Letters, 114(10): 105503.

Hastie T, Tibshirani R, Friedman J H, et al. 2009. The Elements of Statistical Learning: Data Mining, Inference, and Prediction. New York: Springer.

Hoerl A E, Kennard R W. 1970. Ridge regression: Biased estimation for nonorthogonal problems. Technometrics, 12(1): 55-67.

Kramer O. 2016. Machine Learning for Evolution Strategies. Cham: Springer: 45-53.

Pedregosa F, Varoquaux G, Gramfort A, et al. 2011. Scikit-Learn: Machine learning in Python. The Journal of Machine Learning Research, (12): 2825-2830.

Tibshirani R. 2011. Regression shrinkage and selection via the: A retrospective. Journal of the Royal Statistical Society, 73(3): 273-282.

Wang J H, Sun S, He Y L, et al. 2019. Machine learning prediction of the hardness of tool and mold steels. Scientia Sinica Technologica, 49(10): 1148-1158.

Wei Q H, Xiong J, Sun S, et al. 2021. Multi-objective machine learning of four mechanical properties of steels. Scientia Sinica Technologica, 51: 722-736.

Whitlark D, Dunteman G H. 1990. Principal components analysis. Journal of Marketing Research, 27(2): 243.

Yang X S, Dai L H, Zhai H R. 2016. Time, stress, and temperature-dependent deformation in nanostructured copper:

Stress relaxation tests and simulations. Acta Materialia, 108: 252-263.

Zhang T Y, Zheng Y P. 1998. Effects of absorption and desorption on hydrogen permeation—I. Theoretical modeling and room temperature verification. Acta Materialia, 46(14): 5023-5033.

Zou H, Hastie T. 2005. Regularization and variable selection via the elastic net. Journal of the Royal Statistical Society, 67(2): 301-320.

# 第3章

# 线性分类

回归算法预测定量的结果，而分类算法预测定性的类别. 分类旨在将具有不同属性的数据分为不同的类别. 例如，根据电导率的不同将材料分为电导体和电绝缘体；通过材料中的组成原子/分子排列特征，将其分为无定形（非晶）材料和晶体材料. 分类任务通过寻找不同类别之间的边界，将研究对象区分为不同的类.

混淆矩阵用来评估机器学习分类算法的分类结果好坏，表 3.1 给出二分类混淆矩阵.

**表 3.1　二分类混淆矩阵**

| 真实标签 | 预测标签 | |
|---|---|---|
| | 正（P, positive） | 负（N, negative） |
| 正（P） | 真正类（TP） | 假负类（FN） |
| 负（N） | 假正类（FP） | 真负类（TN） |

混淆矩阵根据真实标签和预测标签的不同组合将所有数据的预测结果分为四种不同类别：真正（true positive, TP）类和假负（false negative, FN）类分别表示真实标签为正类（P）的数据，被分类器预测为正类（P）和负类（N）的样本个数；假正(false positive, NP)类和真负(true negative)类分别表示真实标签为负类（N）的数据，被分类器预测为正类（P）和负类（N）的样本个数. 由混淆矩阵的结果可以定义为以下二分类结果的评价指标.

准确率（ACC）是一个全局评价指数，衡量分类正确的样本占总样本数的比例：

$$\mathrm{ACC} = \frac{\mathrm{TP}+\mathrm{TN}}{\mathrm{TP}+\mathrm{TN}+\mathrm{FN}+\mathrm{FP}}. \tag{3.1a}$$

真负类率（TNR）表示分类正确的负类样本占总负类样本数的比例：

$$\mathrm{TNR} = \frac{\mathrm{TN}}{\mathrm{FP}+\mathrm{TN}}. \tag{3.1b}$$

假正类率（FPR）表示分类错误的负类样本占总负类样本数的比例：

$$\mathrm{FPR}=\frac{\mathrm{FP}}{\mathrm{FP}+\mathrm{TN}}. \tag{3.1c}$$

显然，$\mathrm{FPR}=1-\mathrm{TNR}$．真正类率，又称召回率，表示分类正确的正类样本占总正类样本数的比例：

$$\mathrm{TPR}=\frac{\mathrm{TP}}{\mathrm{TP}+\mathrm{FN}}. \tag{3.1d}$$

“接收者操作特征”（receiver operating characteristic, ROC）曲线（Spackman, 1989），又叫感受性曲线（sensitivity curve），是关于真正类率（$y$）和假正类率（$x$）的曲线．如果我们已知所研究的数据集合共包括 $N_\mathrm{p}$ 个正类样本和 $N_\mathrm{n}$ 个负类样本，那么随机猜测数据集合中所有数据的类别，猜对的正类样本占总正类样本数的比例约为 $\mathrm{TPR}=\frac{N_\mathrm{p}}{N_\mathrm{p}+N_\mathrm{n}}$，猜对的负类样本占总负类样本数的比例约为 $\mathrm{TNR}=\frac{N_\mathrm{n}}{N_\mathrm{p}+N_\mathrm{n}}$．因为 $\mathrm{FPR}=1-\mathrm{TNR}=\frac{N_\mathrm{p}}{N_\mathrm{p}+N_\mathrm{n}}=\mathrm{TPR}$，这样在已知正负类样本数下的随机猜测结果会在 ROC 曲线上绘制出一条通过（0, 0）点和（1, 1）点的对角线．一个好的分类结果应该具有较高的真正类率和较低的假正类率，这样的分类结果的 ROC 曲线位于图中对角线的上方．在极限的情况下，ROC 曲线将通过（0, 0）点直线上升到（0, 1）点，然后水平移到（1, 1）点，表明分类器完美地正确分类了所有的样本．ROC 曲线下包围的面积（area under the curve, AUC）常用来评估分类器的性能．AUC 面积越大，说明分类的结果越好．图 3.1（a）是在大数据集上分类结果，可以得到平滑的 ROC 曲线，图 3.1（b）是数据量较少时，出现的锯齿状的 ROC 曲线．

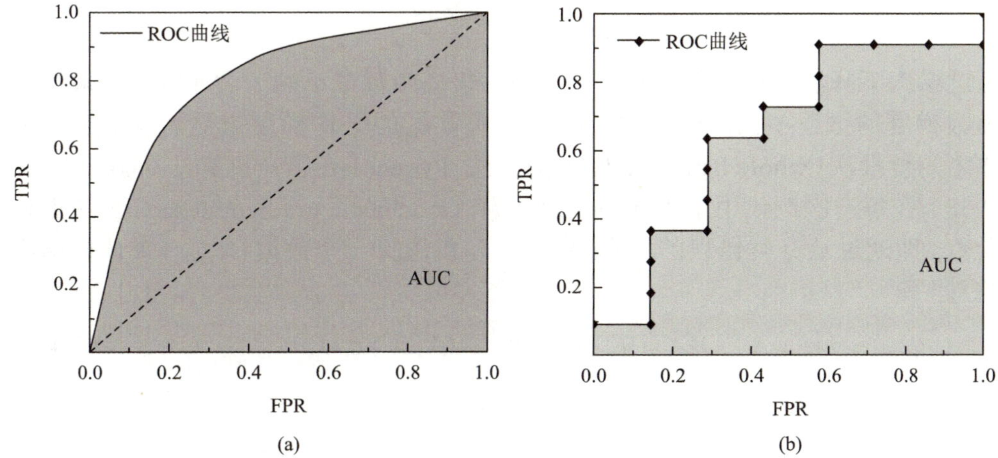


图 3.1 （a）大数据集和（b）小数据集分类结果的 ROC 曲线和 AUC 面积

## 3.1 感知机

数据集合 $D=\{(\boldsymbol{X}_1,y_1),(\boldsymbol{X}_2,y_2),\cdots,(\boldsymbol{X}_n,y_n)\}$ 中包含 $n$ 个样本，其中样本 $\boldsymbol{X}_i=(x_{i1},x_{i2},\cdots,x_{im})(i=1,2,\cdots,n)\in\mathbf{R}^m$ 是一个 $1\times m$ 维的向量，标签 $y\in\{-1,+1\}$ 包含正例、负例两个类别. 感知机算法（Rosenblatt and Papert, 1957）旨在通过在高维特征空间寻找一个超平面将不同类别的数据分开，使得正例样本和负例样本各位于超平面的一侧，即对于 $y_i=+1$ 的样本 $\boldsymbol{X}_i$ 满足 $\boldsymbol{X}_i\boldsymbol{W}+b>0$；对于 $y_i=-1$ 的样本 $\boldsymbol{X}_i$ 满足 $\boldsymbol{X}_i\boldsymbol{W}+b<0$，其中 $\boldsymbol{W}=(w_1,w_2,\cdots,w_m)^{\mathrm{T}}$ 为超平面的法线方向的单位向量，简称法向量，$b$ 为超平面的截距. 分类错误的样本会导致 $-y_i(\boldsymbol{X}_i\boldsymbol{W}+b)>0$，故感知机算法的损失函数定义为

$$\mathcal{L}(\boldsymbol{W},b)=-\sum_{\boldsymbol{X}_i\in M}y_i(\boldsymbol{X}_i\boldsymbol{W}+b), \tag{3.2a}$$

其中 $M$ 表示分类错误的样本集合. 法向量 $\boldsymbol{W}$ 和截距 $b$ 可通过最小化损失函数求得，即

$$(\boldsymbol{W},b)=\underset{\boldsymbol{W},b}{\operatorname{argmin}}\left[-\sum_{\boldsymbol{X}_i\in M}y_i(\boldsymbol{X}_i\boldsymbol{W}+b)\right]. \tag{3.2b}$$

对变量求梯度可得

$$\frac{\partial\mathcal{L}(\boldsymbol{W},b)}{\partial\boldsymbol{W}}=-\sum_{\boldsymbol{X}_i\in M}y_i\boldsymbol{X}_i, \tag{3.3a}$$

$$\frac{\partial\mathcal{L}(\boldsymbol{W},b)}{\partial b}=-\sum_{\boldsymbol{X}_i\in M}y_i. \tag{3.3b}$$

通过梯度下降法可以求得令公式（3.2a）损失函数最小的分类平面. 在求损失函数梯度的过程中，如果通过所有误分类数据的平均梯度来更新参数 $\boldsymbol{W}$，则称之为全批次（whole batch）梯度下降方法. Rosenblatt 感知机算法（Rosenblatt, 1958）在每一次迭代中采用随机梯度下降（stochastic gradient descent）法更新参数，即通过从分类错误的样本集合 $M$ 随机选择一个数据 $(\boldsymbol{X}_i,y_i)$ 来计算梯度信息，即

$$\boldsymbol{W}^{\mathrm{T}}=\boldsymbol{W}^{\mathrm{T}}+\eta y_i\boldsymbol{X}_i,\quad(\boldsymbol{X}_i,y_i)\in M, \tag{3.4a}$$

$$b=b+\eta y_i,\quad(\boldsymbol{X}_i,y_i)\in M, \tag{3.4b}$$

其中 $\eta$ 称为学习率，通常设置为 $0<\eta\leqslant1$，在公式（3.4a）和公式（3.4b）右侧的参数 $(\boldsymbol{W},b)$ 为第 $t-1$ 迭代的参数值，左侧的参数 $(\boldsymbol{W},b)$ 为第 $t$ 次迭代的参数值，是

更新后的结果. 在经典的梯度下降算法中, 学习率 $\eta$ 也被视作一个与迭代次数有关的参数, 通过精确的线性搜索策略或者 Amijo 规则不断优化（Boyd, 2004）. 感知机也是支持向量机和人工神经网络的基础算法, 这将在第4章和第6章中分别叙述.

## 例 3.1

表 E3.1 列出了从文献（Xiong et al., 2020）中收集的 4 个不同的合金, 其中两种属于晶体（CRystalline Alloys, CRA）, 两种属于大块金属玻璃（Bulk Metallic Glasses, BMG）. 本例中仅考虑 4 个不同的合金在混合焓（$H_{\text{mix}}$）和混合熵（$S_{\text{mix}}$）(Takeuchi and Inoue, 2005) 上的差别. 混合焓（$H_{\text{mix}}$）和混合熵（$S_{\text{mix}}$）的计算公式分别为 $S_{\text{mix}} = -R\sum_{i=1}^{N} a_i \ln a_i$, $H_{\text{mix}} = 4\sum_{j=i}^{N}\sum_{i=1}^{N}\Delta H_{ij} a_i a_j$, 其中 $R$ 是摩尔气体常数, $a_i$ 为第 $i$ 组分的原子分数, $\Delta H_{ij}$ 为二元液态合金的摩尔混合焓. 本例使用 $H_{\text{mix}}$ 和 $S_{\text{mix}}$ 作为合金的描述特征, 展示如何用感知机算法将合金进行晶体相的二分类, 并将分类结果显示在混淆矩阵中.

**表 E3.1　4 个合金的形成相**

| 样本 | 合金 | $H_{\text{mix}}(\text{kJ}\cdot\text{mol}^{-1})$ | $S_{\text{mix}}(\text{J}\cdot\text{K}^{-1}\cdot\text{mol}^{-1})$ | 相 |
|---|---|---|---|---|
| $\boldsymbol{X}_1$ | $Ag_{10.5}Cu_{80.5}P_9$ | −5.09 | 5.22 | CRA |
| $\boldsymbol{X}_2$ | $Ag_{10}Ce_5Cu_{85}$ | −3.49 | 4.31 | CRA |
| $\boldsymbol{X}_3$ | $Cu_{34}Zr_{50}Ag_8Al_8$ | −25.87 | 9.29 | BMG |
| $\boldsymbol{X}_4$ | $(Zr_{0.55}Al_{0.20}Co_{0.20}Cu_{0.05})_{95}Ag_5$ | −40.10 | 10.52 | BMG |

标记合金晶体相（CRA）为正例样本（标签 $y=+1$）, 大块金属玻璃（BMG）相为负例样本（标签 $y=-1$）. 合理的分类边界满足以下条件: 对于正例样本 $y=+1$ 且 $\boldsymbol{X}_i\hat{\boldsymbol{W}}+\hat{b}>0$, 对于负例样本 $y_i=-1$ 且 $\boldsymbol{X}_i\hat{\boldsymbol{W}}+\hat{b}<0$. 通过梯度下降法求解参数 $\hat{\boldsymbol{W}}$ 和 $\hat{b}$.

首先随机初始化一组参数 $\boldsymbol{W}^0=(0,0)^{\mathrm{T}}$, $b^0=0$, 并设置学习率 $\eta=1$. 初始参数 $Z^0=\{\boldsymbol{W}^0,b^0\}$ 表示的分类平面为 $\boldsymbol{X}\boldsymbol{W}^0+b^0=0$, 是一个通过原点的超平面, 如图 E3.1（a）所示. 代入第一个样本点 $Ag_{10.5}Cu_{80.5}P_9$ [CRA, $\boldsymbol{X}_1=(-5.09, 5.22)$, $y_1=+1$], 可得 $\boldsymbol{X}_1\boldsymbol{W}^0+b^0=(-5.09)\times 0+5.22\times 0+0=0$. 因样本 $Ag_{10.5}Cu_{80.5}P_9$ 是正类样本, 故它应该位于 $\boldsymbol{X}_1\boldsymbol{W}^0+b^0>0$ 一侧而不是在平面上. 此分类平面并不能正确分类样本 $Ag_{10.5}Cu_{80.5}P_9$. 故通过公式 (3.4a), 公式（3.4b）来更新参数:

$$\boldsymbol{W}^1=\boldsymbol{W}^0+\eta\times y_1\times\boldsymbol{X}_1^{\mathrm{T}}=(0,0)^{\mathrm{T}}+1\times1\times(-5.09,5.22)^{\mathrm{T}}=(-5.09,5.22)^{\mathrm{T}},$$
$$b^1=b^0+\eta\times y_1=0+1\times1=1.$$

更新参数后，新的分类平面变为 $\boldsymbol{XW}^1+b^1=0$，通过 $Z^1=\{\boldsymbol{W}^1,b^1\}$ 来表示该分类面，如图 E3.1（b）所示. 更新后的分类平面 $Z^1$ 将样本点 $Ag_{10.5}Cu_{80.5}P_9$ 正确地分为正类，即 $\boldsymbol{X}_1\boldsymbol{W}^1+b^1=-5.09\times(-5.09)+5.22\times5.22+1=54.16>0$. 同时，合金 $Ag_{10}Ce_5Cu_{85}$ [CRA, $\boldsymbol{X}_2=(-3.49,4.31)$，$y_2=+1$]也被平面 $Z^1$ 正确地分为正类，即 $\boldsymbol{X}_2\boldsymbol{W}^1+b^1=-5.09\times(-3.49)+5.22\times4.31+1=41.26>0$. 然而分类平面 $Z^1$ 将合金 $Cu_{34}Zr_{50}Ag_8Al_8$ [BMG, $\boldsymbol{X}_3=(-25.87,9.29)$，$y_3=-1$] 错误地分为了相反的类：$\boldsymbol{X}_3\boldsymbol{W}^1+b^1=-5.09\times(-25.87)+5.22\times9.29+1=181.17>0$. 故平面参数通过公式（3.4a），（3.4b）继续更新为

$$\boldsymbol{W}^2=\boldsymbol{W}^1+\eta\times y_3\times\boldsymbol{X}_3^{\mathrm{T}}=(-5.09,5.22)^{\mathrm{T}}+1\times(-1)\times(-25.87,9.29)^{\mathrm{T}}=(20.78,-4.07)^{\mathrm{T}},$$
$$b^2=b^1+\eta\times y_3=1-1\times1=0.$$

得到分类平面 $Z^2=\{\boldsymbol{W}^2,b^2\}$. 图 E3.1（c）展示了更新后的分类面 $Z^2=\{\boldsymbol{W}^2,b^2\}$. 分类面 $Z^2$ 并不能将第一个样本 $Ag_{10.5}Cu_{80.5}P_9$[CRA, $\boldsymbol{X}_1=(-5.09,5.22)$，$y_1=+1$]正确地分类：$\boldsymbol{X}_1\boldsymbol{W}^2+b^2=20.78\times(-5.09)-4.07\times5.22+0=-127.00<0$. 故分类面的参数根据样本 $\boldsymbol{X}_1$ 的梯度信息继续更新为

$$\boldsymbol{W}^3=\boldsymbol{W}^2+\eta\times y_1\times\boldsymbol{X}_1^{\mathrm{T}}=(20.78,-4.07)^{\mathrm{T}}+1\times1\times(-5.09,5.22)^{\mathrm{T}}=(15.69,1.15)^{\mathrm{T}},$$
$$b^3=b^2+\eta\times y_1=0+1\times1=1.$$

新的分类面 $Z^3=\{\boldsymbol{W}^3,b^3\}$ 如图 E3.1（d）所示. 分类面 $Z^3$ 并不能正确地分类样本 $\boldsymbol{X}_1$：$\boldsymbol{X}_1\boldsymbol{W}^3+b^3=15.69\times(-5.09)+1.15\times5.22+1=-72.86<0$，所以分类面的参数继续根据样本 $\boldsymbol{X}_1$ 的梯度信息更新为分类面 $Z^4$，如图 E3.1（e）所示

$$\boldsymbol{W}^4=\boldsymbol{W}^3+\eta\times y_1\times\boldsymbol{X}_1^{\mathrm{T}}=(15.69,1.15)^{\mathrm{T}}+1\times1\times(-5.09,5.22)^{\mathrm{T}}=(10.6,6.37)^{\mathrm{T}},$$
$$b^4=b^3+\eta\times y_1=1+1\times1=2.$$

新的分类面 $Z^4$ 依旧不能正确地分类样本 $\boldsymbol{X}_1$：$\boldsymbol{X}_1\boldsymbol{W}^4+b^4=10.6\times(-5.09)+6.37\times5.22+2=-18.70<0$. 分类面 $Z^4$ 根据公式（3.4a），（3.4b）再更新为

$$\boldsymbol{W}^5=\boldsymbol{W}^4+\eta\times y_1\times\boldsymbol{X}_1^{\mathrm{T}}=(10.6,6.37)^{\mathrm{T}}+1\times1\times(-5.09,5.22)^{\mathrm{T}}=(5.51,11.59)^{\mathrm{T}},$$
$$b^5=b^4+\eta\times y_1=2+1\times1=3.$$

图 E3.1（f）展示了分类平面 $Z^5=\{\boldsymbol{W}^5,b^5\}$. 分类平面 $Z^5$ 成功地将样本 $\boldsymbol{X}_1$ 识别为正类样本：$\boldsymbol{X}_1\boldsymbol{W}^5+b^5=5.51\times(-5.09)+11.59\times5.22+3=35.45>0$. 将 $\boldsymbol{X}_2$ 正确地识别为正类样本：$\boldsymbol{X}_2\boldsymbol{W}^5+b^5=5.51\times(-3.49)+11.59\times4.31+3=33.72>0$. 将 $\boldsymbol{X}_3$ 和 $\boldsymbol{X}_4$ 样本分别正确地识别为负类样本：$\boldsymbol{X}_3\boldsymbol{W}^5+b^5=5.51\times(-25.87)+11.59\times9.29+3=-31.87<0$，$\boldsymbol{X}_4\boldsymbol{W}^5+b^5=5.51\times(-40.10)+11.59\times10.52+3=-96.02<0$. 这时，样本集合中的四个数据点已经全部被分类平面 $Z^5=\{\boldsymbol{W}^5,b^5\}$ 正确地分类，故 $Z^5=\{\boldsymbol{W}^5,b^5\}$ 被确定为感知机最终的分类平面.

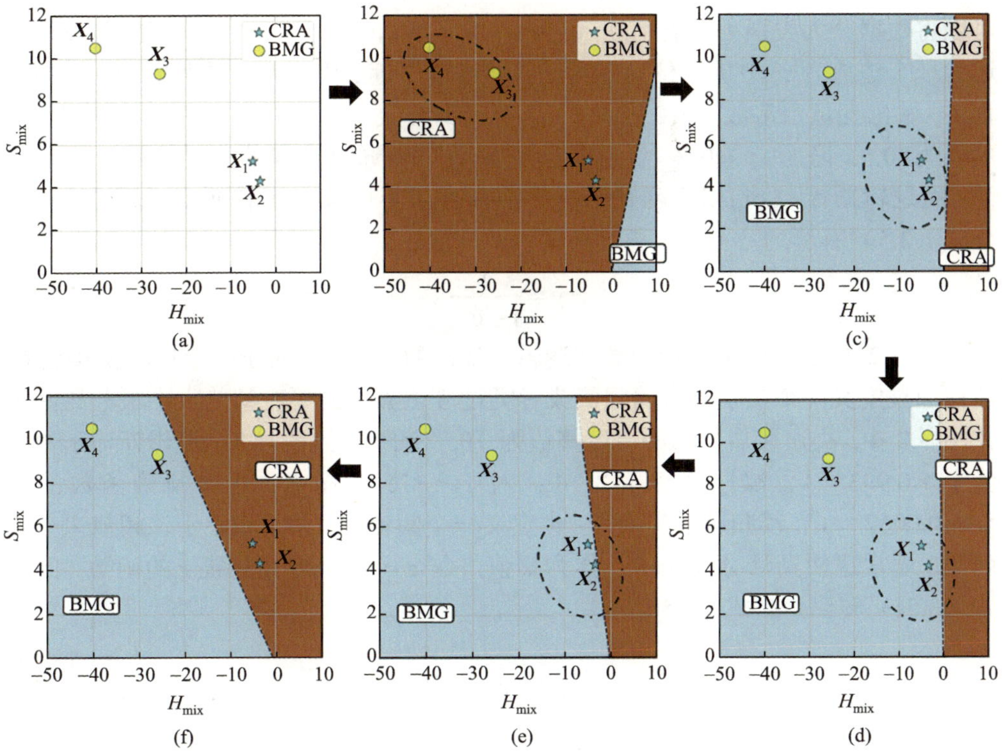


图 E3.1 （$H_{mix}$, $S_{mix}$）特征空间中的感知机分类超平面示意图.（a）初始参数感知机分类结果;（b）参数第一次更新后感知机分类结果;（c）参数第二次更新后感知机分类结果;（d）参数第三次更新后感知机分类结果;（e）参数第四次更新后感知机分类结果和（f）参数第五次更新后感知机分类结果.

其中青色点和黄色点分别代表 CRA 和 BMG 合金，虚线是感知机得到的分类超平面. 虚线椭圆内的数据为被当前分类平面错误分类的样本

分类平面 $Z^5=\{\boldsymbol{W}^5,b^5\}$ 分类结果的混淆矩阵如表 E3.2 所示.

**表 E3.2 分类结果的混淆矩阵**

| 真实标签 | 预测标签 | |
|---|---|---|
| | CRA | BMG |
| CRA | 2 | 0 |
| BMG | 0 | 2 |

## 3.2 逻辑斯谛回归

在二分类问题中，通过设定一个阈值将数据分为两类. 通过与阈值 $z$ 的比较，

可以将数据分为类别 1 和类别 0，记为 $y=1|_{z>0}$ 和 $y=0|_{z<0}$. 二分类问题可以被描述为一个边界为 $z=0$ 的单位阶跃函数. 当连续变量 $z$ 从负无穷增大到正无穷的过程中，输出变量由常数 $y=0$ 在 $z=0$ 处阶跃到常数 $y=1$. 当 $z=0$ 时，阶跃函数 $y$ 赋值为 0.5，记为 $y=0.5|_{z=0}$. 单位阶跃函数可以通过清晰的边界将两个类别分开. 而逻辑斯谛（Logistic）函数这类扩散型类边界同样也可将两个类别分离，如公式（3.5）所示：

$$y=\frac{1}{1+\mathrm{e}^{-z}}. \tag{3.5a}$$

图 3.2 展示了单位阶跃函数和逻辑斯谛函数的曲线. 对于一个扩散型类边界，往往通过定义两个类别各自的阈值或者类过渡边界层的厚度阈值大小来分离两类. 在图 3.2 中，类过渡边界层的厚度阈值为 10，对于 $z>5$ 的样本，逻辑斯谛函数的值 $y>0.993\approx1$，都归属于类别 1；对于 $z<5$ 的样本，逻辑斯谛函数的值 $y<0.0067\approx0$，都归属于类别 0. 也定义一个阈值，按大于或小于该阈值来分离两类，通常逻辑斯谛分类用 0.5 作为阈值. 令 $z=w_0+wx$ 是特征 $x$ 的函数，则公式（3.5a）转化为公式（3.5b）：

$$y=\frac{1}{1+\mathrm{e}^{-(w_0+wx)}}. \tag{3.5b}$$

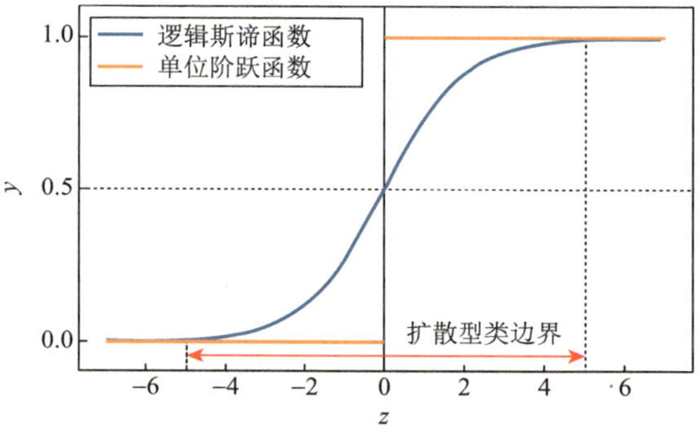


图 3.2　单位阶跃函数和逻辑斯谛函数

公式（3.5b）表明线性函数 $z=w_0+wx$ 将两类边界平移至 $\hat{x}=-\frac{w_0}{w}$，并且将类过渡边界层的厚度缩小为原来的 $1/w$. 这意味着随着 $w$ 绝对值的增加，扩散型类边界将演变为一个尖锐型类边界. 当有多个输入和一个输出时，线性函数通过矩阵的形式定义为 $z=\boldsymbol{XW}$，其中 $\boldsymbol{X}=(1,x_1,\cdots,x_m)$ 是一个 $m+1$ 维的行向量，$\boldsymbol{W}=(w_0,w_1,\cdots,w_m)^{\mathrm{T}}$ 是一个 $m+1$ 维的列向量. 在这种情况下，逻辑斯谛函数（Trevor et al., 2005）的形式为

$$y = \frac{1}{1+\mathrm{e}^{-\boldsymbol{XW}}}. \tag{3.5c}$$

公式(3.5c)表明，当 $\boldsymbol{XW}$ 从负无穷到正无穷变化时，除了扩散型类边界区域，$y$ 的大多数值都是接近 0 或者 1 的. 从统计上来说，样本 $\boldsymbol{X}$ 属于类别 1 的概率为

$$P_1\left(y=1\,\middle|\,\boldsymbol{X}\right) = \frac{1}{1+\mathrm{e}^{-\boldsymbol{XW}}}. \tag{3.6a}$$

属于类别 0 的概率为

$$P_0\left(y=0\,\middle|\,\boldsymbol{X}\right) = 1 - P_1\left(y=1\,\middle|\,\boldsymbol{X}\right) = \frac{1}{1+\mathrm{e}^{\boldsymbol{XW}}}. \tag{3.6b}$$

$P_1\left(y=1\,\middle|\,\boldsymbol{X}\right) / P_0\left(y=0\,\middle|\,\boldsymbol{X}\right)$ 表示样本 $\boldsymbol{X}$ 属于类别 1 对于属于类别 0 的相对概率，称为几率比（odds ratio）. 几率比取自然对数称为分对数（logit）：

$$\ln\left(\frac{P_1\left(y=1\,\middle|\,\boldsymbol{X}\right)}{P_0\left(y=0\,\middle|\,\boldsymbol{X}\right)}\right) = \ln\left(\frac{y}{1-y}\right) = \boldsymbol{XW}. \tag{3.6c}$$

显然，$\boldsymbol{XW}=0$ 代表了一个 $m$ 维空间中的超平面，决定了分类边界的所属位置. 在此边界上，样本 $\boldsymbol{X}$ 归属于类别 1 的概率和归属于类别 0 的概率相等. 通过最大似然法在 $n$ 个样本上 $(1, x_{i1}, x_{i2}, \cdots, x_{im})$，$y_i \in \{0,1\}$，$i=1, 2, \cdots, n$ 求解参数 $\boldsymbol{W}$. 假设所有 $n$ 个样本（观测值）相互独立，则似然函数有如下形式:

$$L = \prod_{i=1}^{n} P\left(y_i \middle| X_i; \boldsymbol{W}\right). \tag{3.7a}$$

对数似然为

$$\mathrm{LL} = \ln(L) = \sum_{i=1}^{n} \ln\left(P\left(y_i \middle| \boldsymbol{X}_i; \boldsymbol{W}\right)\right). \tag{3.7b}$$

对于二分类标签 $y_i \in \{0,1\}$，公式（3.7b）可以展开为

$$\begin{aligned}\ln\left(P\left(y_i \middle| \boldsymbol{X}_i; \boldsymbol{W}\right)\right) &= y_i \ln\left(P_1\left(\boldsymbol{X}_i; \boldsymbol{W}\right)\right) + (1-y_i)\ln\left(P_0\left(\boldsymbol{X}_i; \boldsymbol{W}\right)\right) \\ &= y_i \boldsymbol{X}_i \boldsymbol{W} - \ln(1+\mathrm{e}^{\boldsymbol{X}_i \boldsymbol{W}}).\end{aligned} \tag{3.7c}$$

在公式(3.7c)中，$y_i \ln\left(P_1\left(\boldsymbol{X}_i; \boldsymbol{W}\right)\right) + (1-y_i)\ln\left(P_0\left(\boldsymbol{X}_i; \boldsymbol{W}\right)\right)$ 称为交叉熵(李航, 2012)，在深度学习中常常被用来衡量两个概率分布之间的“距离”.

将公式（3.7c）代入公式（3.7b）可得

$$\mathrm{LL}(\boldsymbol{W}) = \sum_{i=1}^{n} \ln\left(P\left(y_i \middle| \boldsymbol{X}_i; \boldsymbol{W}\right)\right) = \sum_{i=1}^{n} [y_i \boldsymbol{X}_i \boldsymbol{W} - \ln(1+\mathrm{e}^{\boldsymbol{X}_i \boldsymbol{W}})]. \tag{3.7d}$$

通过最大化对数似然值可以求解参数 $\boldsymbol{W}$ 如下:

$$\hat{\boldsymbol{W}} = \underset{\boldsymbol{W}}{\operatorname{argmax}}\, \mathrm{LL}(\boldsymbol{W}). \tag{3.8a}$$

等效地，通过引入负对数似然作为损失函数:

$$\hat{\boldsymbol{W}} = \underset{\boldsymbol{W}}{\operatorname{argmin}}\, \mathcal{L}(\boldsymbol{W}) . \tag{3.8b}$$

令公式（3.8a），（3.8b）中变量的一阶导数等于 0，可得

$$\frac{\partial \mathcal{L}(\boldsymbol{W})}{\partial \boldsymbol{W}} = -\frac{\partial \mathrm{LL}(\boldsymbol{W})}{\partial \boldsymbol{W}} = \sum_{i=1}^{n} \boldsymbol{X}_i \left[ y_i - \frac{\mathrm{e}^{\boldsymbol{X}_i \boldsymbol{W}}}{1+\mathrm{e}^{\boldsymbol{X}_i \boldsymbol{W}}} \right] = 0 . \tag{3.8c}$$

因 $\boldsymbol{W} = (w_0, w_1, \cdots, w_m)^{\mathrm{T}}$ 是一个 $m+1$ 维的向量，故方程（3.8c）代表一个包含 $m+1$ 个方程的线性方程组. 方程(3.8c)可以通过坐标下降法(Nocedal and Wright, 2006）进行数值求解. 坐标下降法首先对 $\boldsymbol{W}$ 的初始值进行随机赋值，然后通过梯度下降法迭代 $\boldsymbol{W}$ 不同维度的值，以求解 $\boldsymbol{W}$. 在每个迭代步骤中，仅允许 $\boldsymbol{W}$ 的第 $j$ 个维度 $w_j$ 作更新，而其他维度的值保持不变，如

$$w_j^{t+1} = w_j^t + r \times X_{ij} \left[ y_i - \frac{\mathrm{e}^{\boldsymbol{X}_i \boldsymbol{W}^t}}{1+\mathrm{e}^{\boldsymbol{X}_i \boldsymbol{W}^t}} \right], \tag{3.8d}$$

其中 $r$ 是一个预设的学习率，$t$ 表示网络训练的迭代次数. 递归地更新 $\boldsymbol{W}$ 的所有维度，直到迭代收敛.

为了使分类模型的结果更具泛化性，我们可以在损失函数中加入 $L_1$ 或 $L_2$ 正则化项. 使用 $L_1$ 正则化的逻辑斯谛算法，其损失函数的形式为

$$\mathcal{L}(\boldsymbol{W}) = C\sum_{i=1}^{n} \ln\Big(P\big(y_i \big| \boldsymbol{X}_i;\boldsymbol{W}\big)\Big) + L_1 = C\sum_{i=1}^{n}\Big[y_i \boldsymbol{X}_i \boldsymbol{W} - \ln(1+\mathrm{e}^{\boldsymbol{X}_i \boldsymbol{W}})\Big] + \sum_{j=1}^{m}\big|w_j\big|, \tag{3.9a}$$

公式（3.9a）的等价形式为

$$\mathcal{L}(\boldsymbol{W}) = \sum_{i=1}^{n} \ln\Big(P\big(y_i \big| \boldsymbol{X}_i;\boldsymbol{W}\big)\Big) + L_1 = \sum_{i=1}^{n}\Big[y_i \boldsymbol{X}_i \boldsymbol{W} - \ln(1+\mathrm{e}^{\boldsymbol{X}_i \boldsymbol{W}})\Big] + \lambda\sum_{j=1}^{m}\big|w_j\big|. \tag{3.9b}$$

类似地，使用 $L_2$ 正则化的损失函数为

$$\mathcal{L}(\boldsymbol{W}) = C\sum_{i=1}^{n} \ln\Big(P\big(y_i \big| \boldsymbol{X}_i;\boldsymbol{W}\big)\Big) + L_2 = C\sum_{i=1}^{n}\Big[y_i \boldsymbol{X}_i \boldsymbol{W} - \ln(1+\mathrm{e}^{\boldsymbol{X}_i \boldsymbol{W}})\Big] + \frac{1}{2}\sum_{j=1}^{m} w_j^2, \tag{3.9c}$$

公式（3.9c）的等价形式为

$$\mathcal{L}(\boldsymbol{W}) = \sum_{i=1}^{n} \ln\Big(P\big(y_i \big| \boldsymbol{X}_i;\boldsymbol{W}\big)\Big) + L_2 = \sum_{i=1}^{n}\Big[y_i \boldsymbol{X}_i \boldsymbol{W} - \ln(1+\mathrm{e}^{\boldsymbol{X}_i \boldsymbol{W}})\Big] + \frac{\lambda}{2}\sum_{j=1}^{m} w_j^2, \tag{3.9d}$$

其中 $C$ 和 $\lambda$ 称为惩罚参数，随着 $C$ 的减小或 $\lambda$ 的增大，正则化项的权重增加，模型在训练集上的拟合结果会变差，但鲁棒性会增加，过拟合风险降低. 如第 2 章所述，交叉验证可以有助于选择合理的超参数 $C$ 和 $\lambda$ 的值.

## 例 3.2

本例利用表 E3.1 中的数据，通过逻辑斯谛回归计算合理的分类超平面. 考虑本例的简单易懂性，我们将分类超平面平移令其经过原点，即设置截距 $b=0$. 表 E3.1 中的数据矩阵

$\boldsymbol{X}=\begin{bmatrix} X_{11} & X_{12} \\ X_{21} & X_{22} \\ X_{31} & X_{32} \\ X_{41} & X_{42} \end{bmatrix}=\begin{bmatrix} -5.09 & 5.22 \\ -3.49 & 4.31 \\ -25.87 & 9.29 \\ -40.10 & 10.52 \end{bmatrix}$. CRA 和 BMG 两类合金分别用标签 1 和标签 0 表示，得到类别向量为 $\boldsymbol{Y}=\begin{bmatrix} y_1 \\ y_2 \\ y_3 \\ y_4 \end{bmatrix}=\begin{bmatrix} 1 \\ 1 \\ 0 \\ 0 \end{bmatrix}$.

如图 E3.2（a）所示，首先初始化一个非零向量 $\boldsymbol{W}^0=\left(w_1^0,w_2^0\right)^{\mathrm{T}}=(5.55,0.5)^{\mathrm{T}}$，并设置学习率为 $\eta=1$. 对于样本 $\boldsymbol{X}_1=(X_{11},X_{12})=(-5.09,5.22)$，$y_1=1$ 而言，$\boldsymbol{X}_1$ 属于类别 CRA（$y_1=1$）的概率由公式（3.2a）计算为

$$P_1\left(y=1\,\middle|\,\boldsymbol{X}_1\right)=\frac{1}{1+\mathrm{e}^{-\boldsymbol{X}_1\boldsymbol{W}^0}}=\frac{1}{1+\mathrm{e}^{-(5.55\times(-5.09)+0.5\times5.22)}}\approx0<\frac{1}{2}.$$

可以看出，样本 $\boldsymbol{X}_1$ 在当前参数下被错误地分类. 故分类平面参数通过公式（3.8c），（3.8d）迭代更新为

$$w_1^1=w_1^0+r\times X_{11}\left[y_1-\frac{\mathrm{e}^{\boldsymbol{X}_1\boldsymbol{W}^0}}{1+\mathrm{e}^{\boldsymbol{X}_1\boldsymbol{W}^0}}\right]=5.55+1\times(-5.09)\times\left[1-\frac{\mathrm{e}^{(-5.09)\times5.55+5.22\times0.5}}{1+\mathrm{e}^{(-5.09)\times5.55+5.22\times0.5}}\right]=0.46,$$

$$w_2^1=w_2^0+r\times X_{12}\left[y_1-\frac{\mathrm{e}^{\boldsymbol{X}_1\boldsymbol{W}^0}}{1+\mathrm{e}^{\boldsymbol{X}_1\boldsymbol{W}^0}}\right]=0.5+1\times5.22\times\left[1-\frac{\mathrm{e}^{(-5.09)\times0.46+5.22\times0.5}}{1+\mathrm{e}^{(-5.09)\times0.46+5.22\times0.5}}\right]=2.8.$$

更新参数后 $\boldsymbol{W}^1=\left(w_1^1,w_2^1\right)^{\mathrm{T}}=(0.46,2.8)^{\mathrm{T}}$，新的决策边界为 $\boldsymbol{X}\boldsymbol{W}^1=0$，如图 E3.2（b）所示.

对于样本 $\boldsymbol{X}_2=(X_{21},X_{22})=(-3.49,4.31)$，$y_2=1$，计算 $\boldsymbol{X}_2$ 属于类 CRA（$y_2=1$）的概率为 $P_2\left(y=1\,\middle|\,\boldsymbol{X}_2\right)=\frac{1}{1+\mathrm{e}^{-\boldsymbol{X}_2\boldsymbol{W}^1}}=\frac{1}{1+\mathrm{e}^{-((-3.49)\times0.46+4.31\times2.8)}}\approx1>\frac{1}{2}$，是正确分类. 继续验证样 $\boldsymbol{X}_3=(X_{31},X_{32})=(-25.87,9.29)$，$y_3=0$. 样本 $\boldsymbol{X}_3$ 属于类 BMG（$y_3=0$）的概率为 $P_3\left(y=0\,\middle|\,\boldsymbol{X}_3\right)=\frac{1}{1+\mathrm{e}^{\boldsymbol{X}_3\boldsymbol{W}^1}}=\frac{1}{1+\mathrm{e}^{(-25.87)\times0.46+9.29\times2.8}}=7.4\times10^{-7}<\frac{1}{2}$，样本 $\boldsymbol{X}_3$ 被当前分类平面错误地分类. 故对参数 $\boldsymbol{W}^1$ 进行坐标梯度更新:

$$\begin{aligned} w_1^2&=w_1^1+r\times X_{31}\left[y_3-\frac{\mathrm{e}^{\boldsymbol{X}_3\boldsymbol{W}^1}}{1+\mathrm{e}^{\boldsymbol{X}_3\boldsymbol{W}^1}}\right]\\ &=0.46+1\times(-25.87)\times\left[0-\frac{\mathrm{e}^{(-25.87)\times0.46+9.29\times2.8}}{1+\mathrm{e}^{(-25.87)\times0.46+9.29\times2.8}}\right]=26.3, \end{aligned}$$

$$w_2^2=w_2^1+r\times X_{32}\left[y_3-\frac{\mathrm{e}^{\boldsymbol{X}_3\boldsymbol{W}^1}}{1+\mathrm{e}^{\boldsymbol{X}_3\boldsymbol{W}^1}}\right]=2.8+1\times(9.29)\times\left[0-\frac{\mathrm{e}^{(-25.87)\times26.3+9.29\times2.8}}{1+\mathrm{e}^{(-25.87)\times26.3+9.29\times2.8}}\right]=2.8.$$

更新后的分类平面为 $\boldsymbol{W}^2=\left(w_1^2,w_2^2\right)^{\mathrm{T}}=(26.3,2.8)^{\mathrm{T}}$，如图 E3.2（c）所示. 在 $\boldsymbol{W}^2$ 分类边界下，样本 $\boldsymbol{X}_4=(-40.10,10.52)$，$y_4=0$ 同样被正确分类: $P_4\left(y=0\,\middle|\,\boldsymbol{X}_4\right)=\frac{1}{1+\mathrm{e}^{\boldsymbol{X}_4\boldsymbol{W}^2}}=\frac{1}{1+\mathrm{e}^{(-40.10)\times26.3+10.52\times2.8}}\approx$

$1>\frac{1}{2}$. 至此，所有的数据的梯度信息都被用来更新了一次，称之为一个轮次.

在第二个轮次中，样本 $\boldsymbol{X}_1$ 再次被用来判断当前分类平面的准确性. 经过相同的方法一一验证并更新分类平面后，分类平面从 $\boldsymbol{W}^2$ 依次修正为 $\boldsymbol{W}^3=\left(w_1^3,w_2^3\right)^{\mathrm{T}}=(21.2,8.2)^{\mathrm{T}}$ 和 $\boldsymbol{W}^4=\left(w_1^4,w_2^4\right)^{\mathrm{T}}=(17.7,12.5)^{\mathrm{T}}$. 图 E3.2（e）展示了在第二个轮次后，得到的最新的决策平面 $\boldsymbol{XW}^4=0$. 在第三个轮次中，依然有被错误分类的样本，第三个轮次将决策边界修正为 $\boldsymbol{W}^5=\left(w_1^5,w_2^5\right)^{\mathrm{T}}=(12.6,13.8)^{\mathrm{T}}$，如图 E3.2（f）所示.

至此，最新的决策边界 $\boldsymbol{W}^5$ 将所有的训练数据 $\boldsymbol{X}_1$，$\boldsymbol{X}_2$，$\boldsymbol{X}_3$ 和 $\boldsymbol{X}_4$ 正确地分类. 故决策平面 $\boldsymbol{XW}^5=0$ 作为逻辑斯谛回归的最终分类平面.

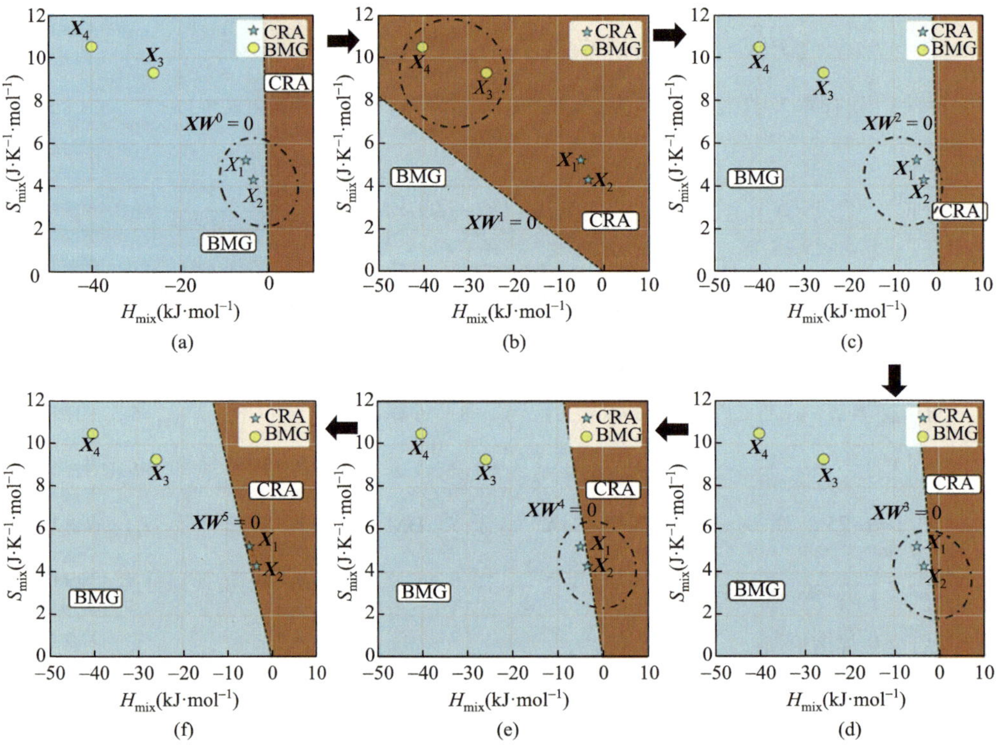


图 E3.2 在（$H_{\mathrm{mix}}$, $S_{\mathrm{mix}}$）特征空间中，逻辑斯谛回归分类超平面示意图

青色和黄色分别表示 CRA 和 BMG 数据，虚线代表逻辑斯谛的决策边界. 椭圆形虚线圈出当前边界下被错误分类的样本数据

## 例 3.3

表 E3.3 列出了晶体合金（crystalline alloys, CRA）和块状金属玻璃（bulk metallic glasses, BMG）合金的 34 个数据. 本例对比了在没有任何正则化和 $L_2$ 正则化的情况下进行逻辑斯谛回归的分类结果.

表 E3.3　34 个合金的形成相

| 合金 | $H_{mix}$ $(kJ \cdot mol^{-1})$ | $S_{mix}$ $(J \cdot K^{-1} \cdot mol^{-1})$ | 相 | 合金 | $H_{mix}$ $(kJ \cdot mol^{-1})$ | $S_{mix}$ $(J \cdot K^{-1} \cdot mol^{-1})$ | 相 |
|---|---|---|---|---|---|---|---|
| $Ag_{10.5}Cu_{80.5}P_9$ | −5.09 | 5.22 | CRA | $(Zr_{0.55}Al_{0.20}Co_{0.20}Cu_{0.05})_{95}Ag_5$ | −40.10 | 10.52 | BMG |
| $Ag_{10}Ce_3Cu_{87}$ | −1.86 | 3.80 | CRA | $(Zr_{0.55}Al_{0.20}Co_{0.20}Cu_{0.05})_{97}Ag_3$ | −41.16 | 10.17 | BMG |
| $Ag_{10}Ce_5Cu_{85}$ | −3.49 | 4.31 | CRA | $Fe_{41}Co_7Cr_{15}Mo_{14}C_{15}B_6Y_2$ | −33.35 | 13.66 | BMG |
| $Ag_{10}Mg_{50}Y_{40}$ | −11.44 | 7.84 | CRA | $La_{62}Al_{14}(Cu_5Ag_1)_{12}(NiCo)_{12}$ | −27.50 | 10.12 | BMG |
| $Ag_{10}Mg_{85}Y_5$ | −5.00 | 4.31 | CRA | $La_{62}Al_{14}(Cu_5Ag_1)_{16}(NiCo)_8$ | −27.15 | 9.93 | BMG |
| $Ag_{12.2}Cu_{81.5}P_{6.3}$ | −3.37 | 4.97 | CRA | $La_{62}Al_{14}(Cu_5Ag_1)_{20}(NiCo)_4$ | −26.89 | 9.48 | BMG |
| $Ag_{14}Cu_{78.5}P_{7.5}$ | −4.02 | 5.48 | CRA | $Zr_{65}Al_{7.5}Cu_{17.5}Ni_{10}$ | −32.22 | 8.39 | BMG |
| $Ag_{15}Ce_4Cu_{81}$ | −2.47 | 4.86 | CRA | $Au_2Zr_{48}Cu_{34}Al_8Ag_8$ | −28.10 | 9.99 | BMG |
| $Ag_{15}Cu_{83}Fe_2$ | 2.20 | 4.30 | CRA | $Au_4Zr_{48}Cu_{32}Al_8Ag_8$ | −30.46 | 10.39 | BMG |
| $Ag_{20.9}Pd_{62.6}Si_{16.5}$ | −29.15 | 7.63 | CRA | $Cu_{38}Zr_{46}Ag_8Al_8$ | −25.48 | 9.39 | BMG |
| $Ag_{20}Ce_3Cu_{77}$ | −1.43 | 5.22 | CRA | $Hf_4Zr_{44}Cu_{36}Al_8Ag_8$ | −25.22 | 10.49 | BMG |
| $Ag_{20}Ce_4Cu_{76}$ | −2.30 | 5.48 | CRA | $La_{62}Al_{14}(Cu_5Ag_1)_{14}(NiCo)_{10}$ | −27.31 | 10.06 | BMG |
| $Ag_{20}Ce_5Cu_{75}$ | −3.15 | 5.72 | CRA | $Pd_6Zr_{48}Cu_{30}Al_8Ag_8$ | −35.59 | 10.70 | BMG |
| $Ag_{20}Mg_{20}Y_{60}$ | −18.40 | 7.90 | CRA | $Zr_{46}Cu_{37.64}Ag_{8.36}Al_8$ | −25.46 | 9.43 | BMG |
| $Cu_{34}Zr_{50}Ag_8Al_8$ | −25.87 | 9.29 | BMG | $Hf_2Zr_{46}Cu_{36}Al_8Ag_8$ | −25.47 | 10.04 | BMG |
| $Cu_{40}Zr_{44}Ag_8Al_8$ | −25.18 | 9.41 | BMG | $Ni_2Zr_{48}Cu_{34}Al_8Ag_8$ | −26.66 | 9.99 | BMG |
| $Hf_6Zr_{42}Cu_{36}Al_8Ag_8$ | −24.97 | 10.85 | BMG | $Ni_6Zr_{48}Cu_{30}Al_8Ag_8$ | −28.58 | 10.70 | BMG |

使用例 3.2 中演示的方法，在没有任何正则化的条件下进行逻辑斯谛回归，图 E3.3 和表 E3.4 分别展示了分类结果和相应混淆矩阵.

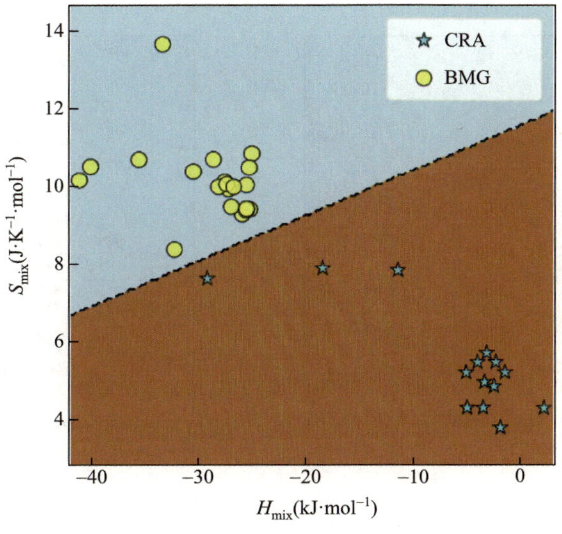


图 E3.3　（$H_{mix}$, $S_{mix}$）特征空间中的数据分布

青色和黄色的点分别代表 CRA 和 BMG 数据，虚线是逻辑斯谛回归计算的分离超平面

表 E3.4　分类结果的混淆矩阵

| 真实标签 | 预测标签 | |
|---|---|---|
| | CRA | BMG |
| CRA | 14 | 0 |
| BMG | 0 | 20 |

对于 $L_2$ 正则化下的逻辑斯谛回归，改变 $C$ 值会改变 $L_2$ 正则化项的权重。得到相应的决策边界，如图 E3.4 所示。

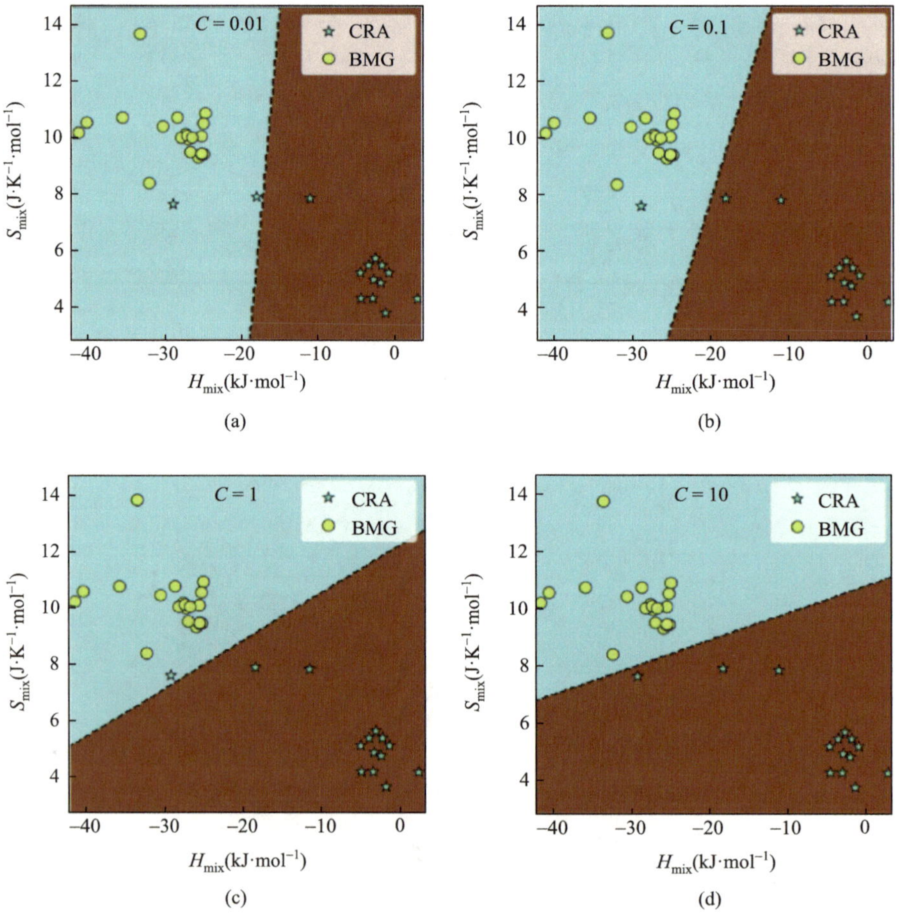


图 E3.4　惩罚系数为 $C$ = 0.01, 0.1, 1.0, 10 的逻辑斯谛回归的结果

图 E3.5 表明，随着超系数 $C$ 从 $10^{-2}$ 增加到 10，逻辑斯谛回归的分类结果越来越接近没有正则化时候的情况. 超参数 $C$ 的取值通常通过交叉验证来确定. 图 E3.5 通过 10 折交叉验证展示了逻辑斯谛回归的分类准确率与超参数 $C$ 的关系. 从图中可知，在超参数 $C$ 从 $10^{-4}$ 增加到 $10^{-3.1}$ 的过程中，分类的准确率几乎没有发生变化. 当超参数 $C$ 从 $10^{-3.1}$ 增加到 $10^{-1.4}$，分类的准确率快速上升. 在超参数 $C=10^{-1.4}$ 时分类准确率达到最高. 随着 $C$ 值的进一步增大，分类的准确率非常缓慢地下降. 因此，10 折交叉验证的结果显示 $C=10^{-1.4}$ 是一个合适的超参数取值，此时逻辑斯谛回归模型可以得到高的分类准确率和泛化能力.

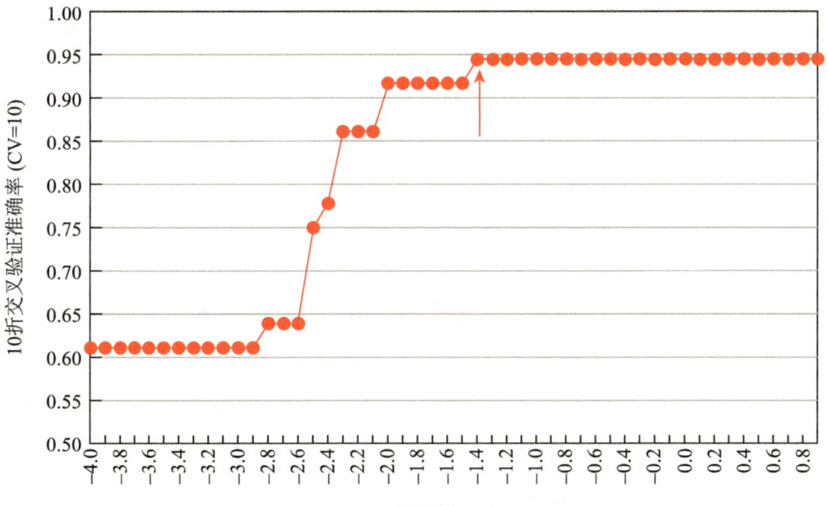


图 E3.5　逻辑斯谛回归分类的准确率随超参数 $C$ 的变化，其中箭头指示了超参数的最佳位置

## 例 3.4

表 E3.5 展示了从文献（Xiong et al., 2021）中收集的 18 种高熵合金. 只考虑高熵合金的两个特征，即平均价电子浓度（valence electron concentration, VEC 或者 $\overline{\text{VEC}}$）和电负性差（$\delta_\chi$），将表中数据分为单相(FCC)或多相(FCC+BCC)合金. 平均价电子浓度由公式 $\text{VEC}=\sum_{i=1}^{n} a_i \text{VEC}_i$ 计算得到，电负性差由公式 $\delta_\chi=\sqrt{\sum_{i=1}^{18} a_i\left(1-\frac{18\chi_i}{\sum_{i=1} a_i\chi_i}\right)^2}$ 计算得到，其中 $a_i$，$\text{VEC}_i$ 和 $\chi_i$ 分别是元素 $i$ 的原子百分比、价电子浓度和鲍林电负性.

**表 E3.5　18 种高熵合金**

| 样本编号 | 合金 | VEC | $\delta_\chi$ | 相 |
|---|---|---|---|---|
| 1 | $Co_1Cr_1Fe_1Mn_1Ni_1$ | 8.00 | 0.0783 | FCC（1） |
| 2 | $Co_1Cr_1Fe_1Ni_1$ | 8.25 | 0.0531 | FCC（1） |
| 3 | $Co_1Cr_1Mn_1Ni_1$ | 8.00 | 0.0860 | FCC（1） |
| 4 | $Co_1Fe_1Mn_1Ni_1$ | 8.50 | 0.0797 | FCC（1） |
| 5 | $Co_1Cr_1Ni_1$ | 8.33 | 0.0614 | FCC（1） |
| 6 | $Co_1Fe_1Ni_1$ | 9.00 | 0.0176 | FCC（1） |
| 7 | $Co_1Mn_1Ni_1$ | 8.67 | 0.0916 | FCC（1） |
| 8 | $Fe_1Mn_1Ni_1$ | 8.33 | 0.0875 | FCC（1） |
| 9 | $Co_1Cu_1Fe_1Ni_1$ | 9.50 | 0.0164 | FCC（1） |
| 10 | $Co_1Fe_1Ni_1$ | 9.00 | 0.0176 | FCC（1） |
| 11 | $Al_{0.6}Co_1Fe_1Ni_1Ti_{0.4}$ | 7.60 | 0.0725 | FCC（1） |
| 12 | $Co_1Cr_2Fe_1Ni_1$ | 7.80 | 0.0602 | FCC + BCC（2） |
| 13 | $Cr_1Fe_1Ni_1$ | 8.00 | 0.0579 | FCC + BCC（2） |
| 14 | $Al_1Co_1Cr_1Cu_1Fe_1$ | 7.40 | 0.0667 | FCC + BCC（2） |
| 15 | $Co_1Cr_1Cu_1Fe_1Ni_1$ | 8.80 | 0.0502 | FCC + BCC（2） |
| 16 | $Co_1Cr_1Fe_1Ni_1$ | 8.25 | 0.0531 | FCC + BCC（2） |
| 17 | $Al_{0.6}Co_1Cr_1Fe_1Ni_1Ti_{0.4}$ | 7.28 | 0.0731 | FCC + BCC（2） |
| 18 | $Co_{0.5}Cr_1Fe_1Ni_1Ti_{0.5}$ | 7.63 | 0.0731 | FCC + BCC（2） |

将 FCC 相和 FCC + BCC 相分别标记为类别 1 和类别 2，并通过留一法交叉验证（LOOCV）来进行逻辑斯谛回归. 在 LOOCV 中，每次留出一个数据作为验证集用于模型检验，其余数据作为训练集用于模型训练，LOOCV 在 18 个验证数据上的平均分类结果将作为逻辑斯谛回归的最终分类结果. 表 E3.6 列出了在每次验证中，18 个样本的预报归属于不同类别的概率值. 通常来说，逻辑斯谛回归将 0.5 作为区分两类的阈值. 在 ROC 曲线的绘制过程中，阈值的大小会按照概率值从高到低发生变化. 以类别 1 为例，将阈值 $h_0$ 设置为 $P(y=1)=1$，即当模型预测的样本属于类别 1 的概率值为 1 时，将该样本的类别归属于第 1 类，否则归属于第 2 类. 故设定阈值 $h_0$ 后，所有的样本均被预报为第 2 类. 表 E3.7 列出了所有的阈值大小 $(h_0, h_1, \cdots, h_{18})$，以及不同阈值下样本的分类结果. 将不同给定阈值下的分类结果通过混淆矩阵表述，分别计算出真正类率（TPR）和假正类率（FPR）的值，并根据 LOOCV 预测结果绘制 TPR 与 FPR 的对应坐标，得到 ROC 曲线，如图 E3.6 所示. 所得到的 ROC 曲线下的面积（AUC）为 AUC = 0.779.

**表 E3.6 逻辑斯谛回归的留一法交叉验证结果**

| 样本号 | 合金 | $P(y=1)$ | $P(y=2)$ | 真实类别 | 预测类别 |
|---|---|---|---|---|---|
| 1 | $Co_1Cr_1Fe_1Mn_1Ni_1$ | 0.5279 | 0.4721 | FCC（1） | FCC（1） |
| 2 | $Co_1Cr_1Fe_1Ni_1$ | 0.5689 | 0.4311 | FCC（1） | FCC（1） |
| 3 | $Co_1Cr_1Mn_1Ni_1$ | 0.5279 | 0.4721 | FCC（1） | FCC（1） |
| 4 | $Co_1Fe_1Mn_1Ni_1$ | 0.6634 | 0.3366 | FCC（1） | FCC（1） |
| 5 | $Co_1Cr_1Ni_1$ | 0.6213 | 0.3787 | FCC（1） | FCC（1） |
| 6 | $Co_1Fe_1Ni_1$ | 0.7664 | 0.2336 | FCC（1） | FCC（1） |
| 7 | $Co_1Mn_1Ni_1$ | 0.7016 | 0.2984 | FCC（1） | FCC（1） |
| 8 | $Fe_1Mn_1Ni_1$ | 0.6214 | 0.3786 | FCC（1） | FCC（1） |
| 9 | $Co_1Cu_1Fe_1Ni_1$ | 0.8455 | 0.1545 | FCC（1） | FCC（1） |
| 10 | $Co_1Fe_1Ni_1$ | 0.7664 | 0.2336 | FCC（1） | FCC（1） |
| 11 | $Al_{0.6}Co_1Fe_1Ni_1Ti_{0.4}$ | 0.3908 | 0.6092 | FCC（1） | FCC + BCC（2） |
| 12 | $Co_1Cr_2Fe_1Ni_1$ | 0.5475 | 0.4525 | FCC + BCC（2） | FCC（1） |
| 13 | $Cr_1Fe_1Ni_1$ | 0.5978 | 0.4022 | FCC + BCC（2） | FCC（1） |
| 14 | $Al_1Co_1Cr_1Cu_1Fe_1$ | 0.4552 | 0.5448 | FCC + BCC（2） | FCC + BCC（2） |
| 15 | $Co_1Cr_1Cu_1Fe_1Ni_1$ | 0.8180 | 0.1820 | FCC + BCC（2） | FCC（1） |
| 16 | $Co_1Cr_1Fe_1Ni_1$ | 0.6647 | 0.3353 | FCC + BCC（2） | FCC + BCC（2） |
| 17 | $Al_{0.6}Co_1Cr_1Fe_1Ni_1Ti_{0.4}$ | 0.4294 | 0.5706 | FCC + BCC（2） | FCC（1） |
| 18 | $Co_{0.5}Cr_1Fe_1Ni_1Ti_{0.5}$ | 0.5071 | 0.4929 | FCC + BCC（2） | FCC + BCC（2） |

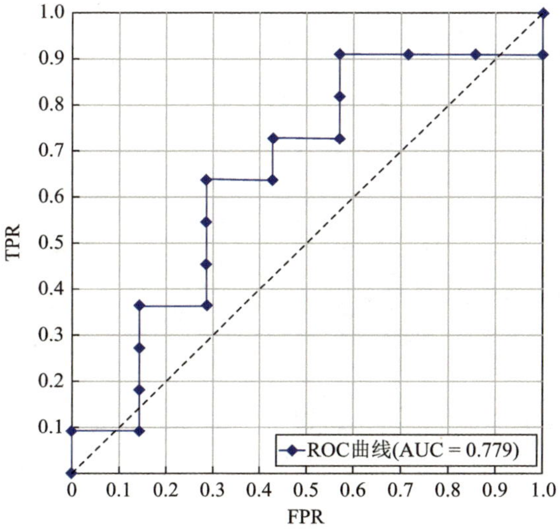


图 E3.6 留一法交叉验证（LOOCV）分类结果的 ROC 曲线

**表 E3.7　ROC 计算的相关数值细节**

| 样本号 | 真实类别 | $P(y=1)$ | 不同阈值下的预报类别 | | | | | | | | | | | | | | | | | | |
|---|---|---|---|---|---|---|---|---|---|---|---|---|---|---|---|---|---|---|---|---|---|
| | | | $h_0$ | $h_1$ | $h_2$ | $h_3$ | $h_4$ | $h_5$ | $h_6$ | $h_7$ | $h_8$ | $h_9$ | $h_{10}$ | $h_{11}$ | $h_{12}$ | $h_{13}$ | $h_{14}$ | $h_{15}$ | $h_{16}$ | $h_{17}$ | $h_{18}$ |
| 9 | 1 | 0.84549（$h_1$） | 2 | 1 | 1 | 1 | 1 | 1 | 1 | 1 | 1 | 1 | 1 | 1 | 1 | 1 | 1 | 1 | 1 | 1 | 1 |
| 15 | 2 | 0.81796（$h_2$） | 2 | 2 | 1 | 1 | 1 | 1 | 1 | 1 | 1 | 1 | 1 | 1 | 1 | 1 | 1 | 1 | 1 | 1 | 1 |
| 10 | 1 | 0.76644（$h_3$） | 2 | 2 | 2 | 1 | 1 | 1 | 1 | 1 | 1 | 1 | 1 | 1 | 1 | 1 | 1 | 1 | 1 | 1 | 1 |
| 6 | 1 | 0.76644（$h_4$） | 2 | 2 | 2 | 2 | 1 | 1 | 1 | 1 | 1 | 1 | 1 | 1 | 1 | 1 | 1 | 1 | 1 | 1 | 1 |
| 7 | 1 | 0.70165（$h_5$） | 2 | 2 | 2 | 2 | 2 | 1 | 1 | 1 | 1 | 1 | 1 | 1 | 1 | 1 | 1 | 1 | 1 | 1 | 1 |
| 16 | 2 | 0.66468（$h_6$） | 2 | 2 | 2 | 2 | 2 | 2 | 1 | 1 | 1 | 1 | 1 | 1 | 1 | 1 | 1 | 1 | 1 | 1 | 1 |
| 4 | 1 | 0.66336（$h_7$） | 2 | 2 | 2 | 2 | 2 | 2 | 2 | 1 | 1 | 1 | 1 | 1 | 1 | 1 | 1 | 1 | 1 | 1 | 1 |
| 8 | 1 | 0.62143（$h_8$） | 2 | 2 | 2 | 2 | 2 | 2 | 2 | 2 | 1 | 1 | 1 | 1 | 1 | 1 | 1 | 1 | 1 | 1 | 1 |
| 5 | 1 | 0.62134（$h_9$） | 2 | 2 | 2 | 2 | 2 | 2 | 2 | 2 | 2 | 1 | 1 | 1 | 1 | 1 | 1 | 1 | 1 | 1 | 1 |
| 13 | 2 | 0.59783（$h_{10}$） | 2 | 2 | 2 | 2 | 2 | 2 | 2 | 2 | 2 | 2 | 1 | 1 | 1 | 1 | 1 | 1 | 1 | 1 | 1 |
| 2 | 1 | 0.56887（$h_{11}$） | 2 | 2 | 2 | 2 | 2 | 2 | 2 | 2 | 2 | 2 | 2 | 1 | 1 | 1 | 1 | 1 | 1 | 1 | 1 |
| 12 | 2 | 0.54753（$h_{12}$） | 2 | 2 | 2 | 2 | 2 | 2 | 2 | 2 | 2 | 2 | 2 | 2 | 1 | 1 | 1 | 1 | 1 | 1 | 1 |
| 3 | 1 | 0.52793（$h_{13}$） | 2 | 2 | 2 | 2 | 2 | 2 | 2 | 2 | 2 | 2 | 2 | 2 | 2 | 1 | 1 | 1 | 1 | 1 | 1 |
| 1 | 1 | 0.52792（$h_{14}$） | 2 | 2 | 2 | 2 | 2 | 2 | 2 | 2 | 2 | 2 | 2 | 2 | 2 | 2 | 1 | 1 | 1 | 1 | 1 |
| 18 | 2 | 0.50712（$h_{15}$） | 2 | 2 | 2 | 2 | 2 | 2 | 2 | 2 | 2 | 2 | 2 | 2 | 2 | 2 | 2 | 1 | 1 | 1 | 1 |
| 14 | 2 | 0.45524（$h_{16}$） | 2 | 2 | 2 | 2 | 2 | 2 | 2 | 2 | 2 | 2 | 2 | 2 | 2 | 2 | 2 | 2 | 1 | 1 | 1 |
| 17 | 2 | 0.42939（$h_{17}$） | 2 | 2 | 2 | 2 | 2 | 2 | 2 | 2 | 2 | 2 | 2 | 2 | 2 | 2 | 2 | 2 | 2 | 1 | 1 |
| 11 | 1 | 0.39075（$h_{18}$） | 2 | 2 | 2 | 2 | 2 | 2 | 2 | 2 | 2 | 2 | 2 | 2 | 2 | 2 | 2 | 2 | 2 | 2 | 1 |
| | FPR | | 0.00 | 0.00 | 0.14 | 0.14 | 0.14 | 0.14 | 0.29 | 0.29 | 0.29 | 0.29 | 0.43 | 0.43 | 0.57 | 0.57 | 0.57 | 0.71 | 0.86 | 1.00 | 1.00 |
| | TPR | | 0.00 | 0.09 | 0.09 | 0.18 | 0.27 | 0.36 | 0.36 | 0.45 | 0.55 | 0.64 | 0.64 | 0.73 | 0.73 | 0.82 | 0.91 | 0.91 | 0.91 | 0.91 | 1.00 |

## 3.3 线性判别分析

费希尔（Fisher）于1936年提出了多类别线性判别分析（LDA），因此LDA也常被称作费希尔判别分析. LDA 通过将不同类别的数据投影到同一条直线上，以区分数据所属的不同类别. 在所被投影的直线上，属于同一类别的数据应尽可能地靠近，属于不同类别的数据应尽可能地远离.

以一个二分类的数据集合为例：$D=\{(\boldsymbol{X}_1,y_1),(\boldsymbol{X}_2,y_2),\cdots,(\boldsymbol{X}_n,y_n)\}$ 中包含 $n$ 个可分数据. 其中 $\boldsymbol{X}_i=(x_{i1},x_{i2},\cdots,x_{im})(i=1,2,\cdots,n)\in\mathbf{R}^m$ 是一个 $1\times m$ 的输入向量，$y\in\{0,1\}$ 是数据的标签. 在类别 0 或者类别 1 中，特征的均值向量分别由 $\boldsymbol{\mu}_0$ 和 $\boldsymbol{\mu}_1$ 表示，方差矩阵分别由 $\boldsymbol{\Sigma}_0$ 和 $\boldsymbol{\Sigma}_1$ 表示. 当 $n$ 个两类数据点投影到直线 $\boldsymbol{w}$ 后，其在直线 $\boldsymbol{w}$ 上的均值和方差大小分别为 $\boldsymbol{\mu}_0\boldsymbol{w}$（类别 0）、$\boldsymbol{\mu}_1\boldsymbol{w}$（类别 1）和 $\boldsymbol{w}^{\mathrm{T}}\boldsymbol{\Sigma}_0\boldsymbol{w}$（类别 0）、$\boldsymbol{w}^{\mathrm{T}}\boldsymbol{\Sigma}_1\boldsymbol{w}$（类别 1），其中 $\boldsymbol{w}$ 是投影直线的方向 $m\times1$ 维向量，$\boldsymbol{\mu}_0\boldsymbol{w}$ 和 $\boldsymbol{\mu}_1\boldsymbol{w}$ 是线上的两个点，$\boldsymbol{w}^{\mathrm{T}}\boldsymbol{\Sigma}_0\boldsymbol{w}$ 和 $\boldsymbol{w}^{\mathrm{T}}\boldsymbol{\Sigma}_1\boldsymbol{w}$ 是直线上的两段长度. 在投影后，LDA 希望归属于同一类的数据之间尽可能地相互靠拢，在数学上的表述形式为 $\boldsymbol{w}^{\mathrm{T}}\boldsymbol{\Sigma}_0\boldsymbol{w}$ 和 $\boldsymbol{w}^{\mathrm{T}}\boldsymbol{\Sigma}_1\boldsymbol{w}$ 尽可能小，不同类的数据的类间距离尽可能地远离，在数学上表述为 $\boldsymbol{w}^{\mathrm{T}}(\boldsymbol{\mu}_0-\boldsymbol{\mu}_1)^{\mathrm{T}}(\boldsymbol{\mu}_0-\boldsymbol{\mu}_1)\boldsymbol{w}$ 尽可能大. 因此，LDA 通过最大化广义瑞利熵（Rayleigh entropy）来求解投影直线方向，

$$\mathfrak{R}=\frac{\boldsymbol{w}^{\mathrm{T}}(\boldsymbol{\mu}_0-\boldsymbol{\mu}_1)^{\mathrm{T}}(\boldsymbol{\mu}_0-\boldsymbol{\mu}_1)\boldsymbol{w}}{\boldsymbol{w}^{\mathrm{T}}\boldsymbol{\Sigma}_0\boldsymbol{w}+\boldsymbol{w}^{\mathrm{T}}\boldsymbol{\Sigma}_1\boldsymbol{w}}=\frac{\boldsymbol{w}^{\mathrm{T}}(\boldsymbol{\mu}_0-\boldsymbol{\mu}_1)^{\mathrm{T}}(\boldsymbol{\mu}_0-\boldsymbol{\mu}_1)\boldsymbol{w}}{\boldsymbol{w}^{\mathrm{T}}(\boldsymbol{\Sigma}_0+\boldsymbol{\Sigma}_1)\boldsymbol{w}}. \tag{3.10a}$$

定义对称类间散度矩阵（symmetric between-class scatter matrix）$\boldsymbol{S}_{\mu}=\frac{1}{4}(\boldsymbol{\mu}_0-\boldsymbol{\mu}_1)^{\mathrm{T}}\cdot(\boldsymbol{\mu}_0-\boldsymbol{\mu}_1)$ 和对称类内散度矩阵（symmetric within-class scatter matrix）$\boldsymbol{S}_{\Sigma}=\boldsymbol{\Sigma}_0+\boldsymbol{\Sigma}_1$，因为类间散度矩阵中的常数 $\frac{1}{4}$ 并不会影响最大化求解的结果，所以将 $\boldsymbol{S}_{\mu}=(\boldsymbol{\mu}_0-\boldsymbol{\mu}_1)^{\mathrm{T}}(\boldsymbol{\mu}_0-\boldsymbol{\mu}_1)$ 代入公式. 方程（3.10a）可简化为

$$\mathfrak{R}=\frac{\boldsymbol{w}^{\mathrm{T}}\boldsymbol{S}_{\mu}\boldsymbol{w}}{\boldsymbol{w}^{\mathrm{T}}\boldsymbol{S}_{\Sigma}\boldsymbol{w}}. \tag{3.10b}$$

投影直线的方向向量通过最大化广义瑞利熵求解，如

$$\hat{\boldsymbol{w}}=\underset{\boldsymbol{w}}{\operatorname{argmax}}\frac{\boldsymbol{w}^{\mathrm{T}}\boldsymbol{S}_{\mu}\boldsymbol{w}}{\boldsymbol{w}^{\mathrm{T}}\boldsymbol{S}_{\Sigma}\boldsymbol{w}}. \tag{3.11a}$$

最大化广义瑞利熵需要满足以下条件：

$$\frac{\partial\mathfrak{R}}{\partial\boldsymbol{w}}=2\frac{\boldsymbol{S}_{\mu}\boldsymbol{w}}{\boldsymbol{w}^{\mathrm{T}}\boldsymbol{S}_{\Sigma}\boldsymbol{w}}-2\left[\frac{(\boldsymbol{\mu}_0-\boldsymbol{\mu}_1)\boldsymbol{w}}{\boldsymbol{w}^{\mathrm{T}}\boldsymbol{S}_{\Sigma}\boldsymbol{w}}\right]^2\boldsymbol{S}_{\Sigma}\boldsymbol{w}=0. \tag{3.11b}$$

由公式（3.11b）可得

$$\boldsymbol{w}=\frac{\boldsymbol{w}^{\mathrm{T}}\boldsymbol{S}_{\Sigma}\boldsymbol{w}}{(\boldsymbol{\mu}_0-\boldsymbol{\mu}_1)\boldsymbol{w}}(\boldsymbol{\Sigma}_0+\boldsymbol{\Sigma}_1)^{-1}(\boldsymbol{\mu}_0-\boldsymbol{\mu}_1)^{\mathrm{T}}. \tag{3.11c}$$

对于一个给定的数据集合，$(\boldsymbol{\mu}_0-\boldsymbol{\mu}_1)\boldsymbol{w}$，$\boldsymbol{w}^{\mathrm{T}}\boldsymbol{S}_{\Sigma}\boldsymbol{w}$ 和 $\frac{\boldsymbol{w}^{\mathrm{T}}\boldsymbol{S}_{\Sigma}\boldsymbol{w}}{(\boldsymbol{\mu}_0-\boldsymbol{\mu}_1)\boldsymbol{w}}$ 都是标量，其大小不会影响投影线的方向. 所以，投影线的方向向量由公式（3.11d）决定

$$\boldsymbol{w}=(\boldsymbol{\Sigma}_0+\boldsymbol{\Sigma}_1)^{-1}(\boldsymbol{\mu}_0-\boldsymbol{\mu}_1)^{\mathrm{T}}. \tag{3.11d}$$

因在 LDA 上只需要得到投影的方向，故通常计算归一化后的单位方向向量为

$$\boldsymbol{w}=\frac{\boldsymbol{w}}{|\boldsymbol{w}|}, \tag{3.11e}$$

为了简单起见，在不引起歧义的情况下，本节依然使用符号 $\boldsymbol{w}$ 表示归一化后的方向向量.

**例 3.5**

表 E3.8 列出了 4 个 CRA 和 BMG 合金的数据. 回想一下，一个 $n\times n$ 中心对称矩阵 $\boldsymbol{H}=\left(\mathbf{I}-\frac{1}{n}\mathbf{1}_n\mathbf{1}_n^{\mathrm{T}}\right)$ 具有等幂性质，即 $\boldsymbol{H}^n=\boldsymbol{H}$，其中 $\boldsymbol{I}$ 是一个 $n\times n$ 单位矩阵，$\mathbf{1}_n=\begin{bmatrix}1\\ \vdots\\ 1\end{bmatrix}_{n\times 1}$. 因此 $m\times m$ 的方差矩阵 $\boldsymbol{S}$ 为

$$\boldsymbol{S}=\frac{1}{n-1}(\boldsymbol{HX})^{\mathrm{T}}\boldsymbol{HX}=\frac{1}{n-1}\boldsymbol{X}^{\mathrm{T}}\boldsymbol{HX}.$$

**表 E3.8　4 个合金的形成相**

| 数据 | 合金 | $H_{mix}$(kJ·mol$^{-1}$) | $S_{mix}$(J·K$^{-1}$·mol$^{-1}$) | 相 |
|---|---|---|---|---|
| $X_1$ | $Ag_{10.5}Cu_{80.5}P_9$ | −5.09 | 5.22 | CRA（类别 0） |
| $X_2$ | $Ag_{10}Ce_5Cu_{85}$ | −3.49 | 4.31 | CRA（类别 0） |
| $X_3$ | $Cu_{34}Zr_{50}Ag_8Al_8$ | −25.87 | 9.29 | BMG（类别 1） |
| $X_4$ | $(Zr_{0.55}Al_{0.20}Co_{0.20}Cu_{0.05})_{95}Ag_5$ | −40.10 | 10.52 | BMG（类别 1） |

原始数据的输入特征被归一化到 $(0,1)$，如表 E3.9 所示.

**表 E3.9 归一化特征后的数据**

| 数据 | 合金 | $H_{mix}$(kJ·mol$^{-1}$) | $S_{mix}$(J·K$^{-1}$·mol$^{-1}$) | 相 |
|---|---|---|---|---|
| $\boldsymbol{X}_1$ | $Ag_{10.5}Cu_{80.5}P_9$ | **0.96** | **0.15** | CRA（类别 0） |
| $\boldsymbol{X}_2$ | $Ag_{10}Ce_5Cu_{85}$ | **1** | **0** | CRA（类别 0） |
| $\boldsymbol{X}_3$ | $Cu_{34}Zr_{50}Ag_8Al_8$ | **0.39** | **0.80** | BMG（类别 1） |
| $\boldsymbol{X}_4$ | $(Zr_{0.55}Al_{0.20}Co_{0.20}Cu_{0.05})_{95}Ag_5$ | **0** | **1** | BMG（类别 1） |

通过表 E3.9 中的数据计算 LDA 的决策边界.

数据矩阵为 $\boldsymbol{X}=\begin{bmatrix} X_{11} & X_{12} \\ X_{21} & X_{22} \\ X_{31} & X_{32} \\ X_{41} & X_{42} \end{bmatrix}=\begin{bmatrix} 0.96 & 0.15 \\ 1 & 0 \\ 0.39 & 0.80 \\ 0 & 1 \end{bmatrix}$，标签向量为 $\boldsymbol{Y}=\begin{bmatrix} y_1 \\ y_2 \\ y_3 \\ y_4 \end{bmatrix}=\begin{bmatrix} 0 \\ 0 \\ 1 \\ 1 \end{bmatrix}$. 每一类只包含两个数据，因此对于 $n=2$ 的分类任务，中心矩阵为 $\boldsymbol{H}=\boldsymbol{I}-\frac{1}{n}\boldsymbol{1}_n\boldsymbol{1}_n^{\mathrm{T}}=\begin{bmatrix} 1 & 0 \\ 0 & 1 \end{bmatrix}-\frac{1}{2}\begin{bmatrix} 1 \\ 1 \end{bmatrix}(1,\ 1)=\begin{bmatrix} 0.5 & -0.5 \\ -0.5 & 0.5 \end{bmatrix}$.

类别为 0 的 CRA 合金，其协方差矩阵是 $\boldsymbol{\Sigma}_0=\frac{1}{n_{\mathrm{CRA}}-1}\boldsymbol{X}_{\mathrm{CRA}}^{\mathrm{T}}\boldsymbol{H}\boldsymbol{X}_{\mathrm{CRA}}=\frac{1}{2-1}\begin{bmatrix} 0.96 & 0.15 \\ 1 & 0 \end{bmatrix}^{\mathrm{T}}\cdot\begin{bmatrix} 0.5 & -0.5 \\ -0.5 & 0.5 \end{bmatrix}\begin{bmatrix} 0.96 & 0.15 \\ 1 & 0 \end{bmatrix}=\begin{bmatrix} 0.0008 & -0.003 \\ -0.003 & 0.01125 \end{bmatrix}$，其均值向量是 $\boldsymbol{\mu}_0=\frac{1}{2}(X_{11}+X_{21},\ X_{12}+X_{22})=(0.98,\ 0.075)$.

类别为 1 的 BMG 合金，其协方差矩阵是 $\boldsymbol{\Sigma}_1=\frac{1}{n_{\mathrm{BMG}}-1}\boldsymbol{X}_{\mathrm{BMG}}^{\mathrm{T}}\boldsymbol{H}\boldsymbol{X}_{\mathrm{BMG}}=\frac{1}{2-1}\begin{bmatrix} 0.39 & 0.80 \\ 0 & 1 \end{bmatrix}^{\mathrm{T}}\cdot\begin{bmatrix} 0.5 & -0.5 \\ -0.5 & 0.5 \end{bmatrix}\begin{bmatrix} 0.39 & 0.80 \\ 0 & 1 \end{bmatrix}=\begin{bmatrix} 0.076 & -0.039 \\ -0.039 & 0.02 \end{bmatrix}$，其均值向量是 $\boldsymbol{\mu}_1=\frac{1}{2}(X_{31}+X_{41},\ X_{32}+X_{42})=(0.195,\ 0.9)$.

由公式（3.7d）可得 $\boldsymbol{w}=(\boldsymbol{\Sigma}_0+\boldsymbol{\Sigma}_1)^{-1}(\boldsymbol{\mu}_0-\boldsymbol{\mu}_1)^{\mathrm{T}}=\left(\begin{bmatrix} 0.0008 & -0.003 \\ -0.003 & 0.01125 \end{bmatrix}+\begin{bmatrix} 0.076 & -0.039 \\ -0.039 & 0.02 \end{bmatrix}\right)^{-1}\cdot\left((0.98,\ 0.075)-(0.195,\ 0.9)\right)^{\mathrm{T}}=\begin{bmatrix} -15.9 \\ -47.7 \end{bmatrix}$. 将 $\boldsymbol{w}$ 的模归一化后得 $\boldsymbol{w}=\begin{bmatrix} -0.32 \\ -0.95 \end{bmatrix}$. 在投影线上，类别 CRA 和 BMG 的数据的均值点为

$$\dot{\mu}_0=\boldsymbol{\mu}_0\boldsymbol{w}=(0.98,\ 0.075)\begin{pmatrix} -0.32 \\ -0.95 \end{pmatrix}\approx -0.38,$$

$$\dot{\mu}_1=\boldsymbol{\mu}_1\boldsymbol{w}=(0.195,\ 0.9)\begin{pmatrix} -0.32 \\ -0.95 \end{pmatrix}\approx -0.92.$$

基于 LDA 计算的决策边界的法线方向为 $\boldsymbol{w}$，并通过两个均值点的中点 $B$（James et al., 2013）：

$$B = \frac{1}{2}(\dot{\mu}_0 + \dot{\mu}_1) = -\frac{1}{2}(0.38 + 0.92) = -0.65 .$$

图 E3.7 展示了 LDA 分类结果.

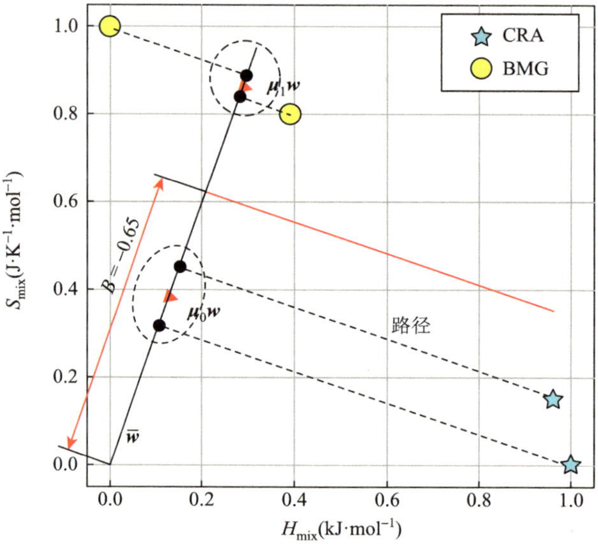


图 E3.7　归一化（$H_{mix}, S_{mix}$）特征空间的 LDA 的分类结果，其中青色和黄色的点分别代表 CRA 和 BMG 数据，黑线和红线分别是投影线和决策边界

如果数据集合一共包括 $K$ 个类别，那么这 $K$ 类的均值向量为

$$\boldsymbol{\mu} = \frac{1}{K}\sum_{k=1}^{K}\boldsymbol{\mu}_k . \tag{3.12a}$$

全局类间散度矩阵定义为

$$\boldsymbol{S}_{\mu} = \sum_{k=1}^{K}\omega_k(\boldsymbol{\mu}_k - \boldsymbol{\mu})^{\mathrm{T}}(\mu_k - \mu) , \tag{3.12b}$$

其中 $\omega_k$ 是类别 $k$ 的权重，这是 $k$ 类中的数据数 $N_k$ 与总数据量 $N$ 的比率，即 $\omega_k = \frac{N_k}{N}$. 全局类内散度矩阵定义为

$$\boldsymbol{S}_{\Sigma} = \sum_{k=1}^{K}\boldsymbol{\Sigma}_k = \sum_{k=1}^{K}\sum_{i=1}^{N_k}(x_{ki} - \mu_k)^{\mathrm{T}}(x_{ki} - \mu_k) , \tag{3.12c}$$

其中 $x_{ki}\ (i = 1,2,\cdots,N_k)$ 是第 $k$ 类中的数据，$\boldsymbol{\Sigma}_k$ 是第 $k$ 类中的数据的方差矩阵，$k = 1,2,\cdots,K$ .

与二分类 LDA 类似，多分类 LDA 的广义瑞利熵仍然满足方程（3.10b），其中类间散点矩阵和类内散点矩阵分别替换为相应的全局类间散度矩阵和全局类内散度矩阵. 最大化广义瑞利熵意味着在投影线上每个类中的数据尽可能地聚集在一起, 同时类间的距离尽可能增大.

不同于将数据都投影到一条直线上, 在多分类 LDA 中, 将原始定义在 $m$ 维特征空间的数据 $\boldsymbol{X}_i=(x_{i1},x_{i2},\cdots,x_{im})(i=1,2,\cdots,n)\in\mathbf{R}^m$ 的投影至一个 $M(M\leqslant m)$ 维的特征空间. 在这种情况下, 之前定义的直线的方向向量 $\boldsymbol{w}(m\times1)$ 被推广为一个 $m\times M$ 的矩阵, 称为投影矩阵. 随即, 多分类问题中广义瑞利熵的形式由下式给出

$$\mathfrak{R}=\frac{\operatorname{tr}\left(\boldsymbol{W}^{\mathrm{T}}\boldsymbol{S}_{\mu}\boldsymbol{W}\right)}{\operatorname{tr}\left(\boldsymbol{W}^{\mathrm{T}}\boldsymbol{S}_{\Sigma}\boldsymbol{W}\right)}. \tag{3.13a}$$

最大化广义瑞利熵得到投影矩阵

$$\hat{\boldsymbol{W}}=\underset{\boldsymbol{W}}{\operatorname{argmax}}\frac{\operatorname{tr}\left(\boldsymbol{W}^{\mathrm{T}}\boldsymbol{S}_{\mu}\boldsymbol{W}\right)}{\operatorname{tr}\left(\boldsymbol{W}^{\mathrm{T}}\boldsymbol{S}_{\Sigma}\boldsymbol{W}\right)}, \tag{3.13b}$$

其中投影矩阵需要满足以下条件

$$\frac{\partial\mathfrak{R}}{\partial\boldsymbol{W}}=\frac{\partial\operatorname{tr}\left(\left(\boldsymbol{W}^{\mathrm{T}}\boldsymbol{S}_{\Sigma}\boldsymbol{W}\right)^{-1}\boldsymbol{W}^{\mathrm{T}}\boldsymbol{S}_{\mu}\boldsymbol{W}\right)}{\partial\boldsymbol{W}}=0, \tag{3.13c}$$

解之得

$$-2\boldsymbol{S}_{\Sigma}\hat{\boldsymbol{W}}\left(\hat{\boldsymbol{W}}^{\mathrm{T}}\boldsymbol{S}_{\Sigma}\hat{\boldsymbol{W}}\right)^{-1}\hat{\boldsymbol{W}}^{\mathrm{T}}\boldsymbol{S}_{\mu}\hat{\boldsymbol{W}}\left(\hat{\boldsymbol{W}}^{\mathrm{T}}\boldsymbol{S}_{\Sigma}\hat{\boldsymbol{W}}\right)^{-1}+2\boldsymbol{S}_{\mu}\hat{\boldsymbol{W}}\left(\hat{\boldsymbol{W}}^{\mathrm{T}}\boldsymbol{S}_{\Sigma}\hat{\boldsymbol{W}}\right)^{-1}=0. \tag{3.13d}$$

公式（3.13d）还可以写为

$$\boldsymbol{S}_{\Sigma}\hat{\boldsymbol{W}}\left(\hat{\boldsymbol{W}}^{\mathrm{T}}\boldsymbol{S}_{\Sigma}\hat{\boldsymbol{W}}\right)^{-1}\hat{\boldsymbol{W}}^{\mathrm{T}}\boldsymbol{S}_{\mu}\hat{\boldsymbol{W}}=\boldsymbol{S}_{\mu}\hat{\boldsymbol{W}}. \tag{3.13e}$$

公式（3.13e）的解为

$$\lambda\boldsymbol{S}_{\Sigma}\hat{\boldsymbol{W}}=\boldsymbol{S}_{\mu}\hat{\boldsymbol{W}}. \tag{3.14}$$

公式（3.14）是矩阵 $\boldsymbol{S}_{\Sigma}^{-1}\boldsymbol{S}_{\mu}$ 的广义特征值方程（Horn and Johnson, 2012），其中 $\hat{\boldsymbol{W}}$ 是特征向量，$\lambda$ 是相应的特征值.

**例 3.6**

表 E3.10 列出了一个二分类且特征归一化的数据集合, 包括六个样本, 每个样本有三个不同的特征. 本例通过 LDA 求解数据在二维空间的分类边界.

**表 E3.10　数据集合**

| 数据 | 特征 1 | 特征 2 | 特征 3 | 类别 |
|---|---|---|---|---|
| $\boldsymbol{X}_1$ | 0 | 0.17 | 0 | 0 |
| $\boldsymbol{X}_2$ | 0.49 | 0 | 0.23 | 0 |
| $\boldsymbol{X}_3$ | 0.86 | 0.69 | 0.23 | 0 |
| $\boldsymbol{X}_4$ | 0.88 | 0.52 | 0.91 | 1 |
| $\boldsymbol{X}_5$ | 1 | 1 | 0.58 | 1 |
| $\boldsymbol{X}_6$ | 0.99 | 0.92 | 1 | 1 |

数据有三个特征意味着原始数据是分布在三维空间的．原始数据矩阵为

$$\boldsymbol{X}=\begin{bmatrix} X_{11} & X_{12} & X_{13} \\ X_{21} & X_{22} & X_{23} \\ X_{31} & X_{32} & X_{33} \\ X_{41} & X_{42} & X_{43} \\ X_{51} & X_{52} & X_{53} \\ X_{61} & X_{62} & X_{63} \end{bmatrix}=\begin{bmatrix} 0 & 0.17 & 0 \\ 0.49 & 0 & 0.23 \\ 0.86 & 0.69 & 0.23 \\ 0.88 & 0.52 & 0.91 \\ 1 & 1 & 0.58 \\ 0.99 & 0.92 & 1 \end{bmatrix}，\text{标签向量为}\boldsymbol{Y}=\begin{bmatrix} y_1 \\ y_2 \\ y_3 \\ y_4 \\ y_5 \\ y_6 \end{bmatrix}=\begin{bmatrix} 0 \\ 0 \\ 0 \\ 1 \\ 1 \\ 1 \end{bmatrix}.$$

对于类别 $Y=0$，其均值向量为

$$\begin{aligned}\boldsymbol{\mu}_0&=\frac{1}{3}(X_{11}+X_{21}+X_{31},\ X_{12}+X_{22}+X_{32},\ X_{13}+X_{23}+X_{33})\\&=(0.45,\ 0.29,\ 0.15).\end{aligned}$$

同理可得 $\boldsymbol{\mu}_1=(0.96,\ 0.81,\ 0.83)$．由公式（3.12a）可得两个均值向量的均值为 $\boldsymbol{\mu}=\frac{1}{2}\sum_{k=0}^{1}\boldsymbol{\mu}_k=\frac{1}{2}(\boldsymbol{\mu}_0+\boldsymbol{\mu}_1)=(0.71,\ 0.55,\ 0.49)$．全局类间散度矩阵由公式（3.12b）计算 $\boldsymbol{S}_{\mu}=\sum_{k=0}^{1}\omega_i(\boldsymbol{\mu}_k-\boldsymbol{\mu})^{\mathrm{T}}(\boldsymbol{\mu}_k-\boldsymbol{\mu})=\frac{3}{6}(\boldsymbol{\mu}_0-\boldsymbol{\mu})^{\mathrm{T}}(\boldsymbol{\mu}_0-\boldsymbol{\mu})+\frac{3}{6}(\boldsymbol{\mu}_1-\boldsymbol{\mu})^{\mathrm{T}}(\boldsymbol{\mu}_1-\boldsymbol{\mu})=\begin{bmatrix} 0.065 & 0.066 & 0.087 \\ 0.066 & 0.068 & 0.088 \\ 0.087 & 0.088 & 0.116 \end{bmatrix}$．全局类内散度矩阵为

$$\begin{aligned}\boldsymbol{S}_{\Sigma}&=\sum_{k=1}^{2}\sum_{i=1}^{N_k}(\boldsymbol{x}_{ki}-\boldsymbol{\mu}_k)^{\mathrm{T}}(\boldsymbol{x}_{ki}-\boldsymbol{\mu}_k)\\&=[(\boldsymbol{X}_1-\boldsymbol{\mu}_0)^{\mathrm{T}}(\boldsymbol{X}_1-\boldsymbol{\mu}_0)+(\boldsymbol{X}_2-\boldsymbol{\mu}_0)^{\mathrm{T}}(\boldsymbol{X}_2-\boldsymbol{\mu}_0)+(\boldsymbol{X}_3-\boldsymbol{\mu}_0)^{\mathrm{T}}(\boldsymbol{X}_3-\boldsymbol{\mu}_0)]\\&\quad+[(\boldsymbol{X}_4-\boldsymbol{\mu}_1)^{\mathrm{T}}(\boldsymbol{X}_4-\boldsymbol{\mu}_1)+(\boldsymbol{X}_5-\boldsymbol{\mu}_1)^{\mathrm{T}}(\boldsymbol{X}_5-\boldsymbol{\mu}_1)+(\boldsymbol{X}_6-\boldsymbol{\mu}_1)^{\mathrm{T}}(\boldsymbol{X}_6-\boldsymbol{\mu}_1)]\\&=\begin{bmatrix} 0.381 & 0.241 & 0.092 \\ 0.241 & 0.391 & -0.025 \\ 0.092 & -0.025 & 0.133 \end{bmatrix}.\end{aligned}$$

因为投影矩阵是矩阵 $\boldsymbol{S}_{\Sigma}^{-1}\boldsymbol{S}_{\mu}$ 的特征向量矩阵，解之得第一、第二单位特征向量为 $\hat{\boldsymbol{w}}_1=(-0.31,\ 0.40,\ 0.87)$，$\hat{\boldsymbol{w}}_2=(0.85,\ -0.44,\ -0.30)$，其对应的特征值分别为 1.41 和 0.00014.

向量 $\hat{\boldsymbol{w}}_1$ 和 $\hat{\boldsymbol{w}}_2$ 组成了一个二维空间的基，表 E3.10 中的六个数据投影在这个二维空间的数据矩阵为 $\boldsymbol{X}$ .

$$\boldsymbol{X}=\boldsymbol{X}\times\hat{\boldsymbol{W}}=\begin{bmatrix}0&0.17&0\\0.49&0&0.23\\0.86&0.69&0.23\\0.88&0.52&0.91\\1&1&0.58\\0.99&0.92&1\end{bmatrix}\times\begin{bmatrix}-0.31&0.85\\0.40&-0.44\\0.87&-0.30\end{bmatrix}=\begin{bmatrix}0.068&-0.0748\\0.0482&0.3475\\0.2095&0.3584\\0.7269&0.2462\\0.5946&0.236\\0.9311&0.1367\end{bmatrix}.$$

图 E3.8 展示了 LDA 分类结果.

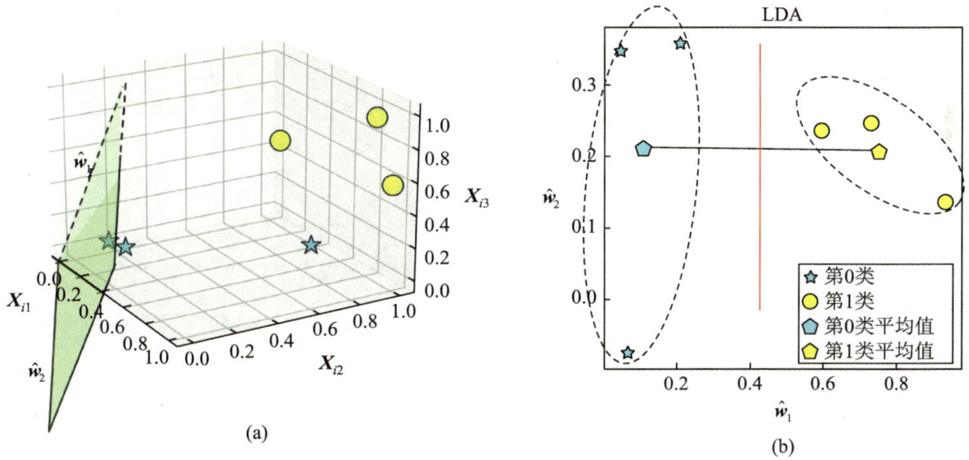


图 E3.8 （a）原三维空间中的六个数据；（b）六个数据在 LDA 二维空间内的投影

青色点和黄色点分别代表第 0 类和第 1 类数据，浅绿色平面是 LDA 的投影平面，红线为分类边界

## 作 业

表 H3.1 列出了 36 种高熵合金（HEA），包括 18 种体心立方（BCC）的 HEA 和 18 种面心立方（FCC）的 HEA. 价电子浓度（VEC）和混合焓（$H_{\text{mix}}$）是例子中考虑的两个特征，VEC 的计算公式为 $\text{VEC}=\sum_{i=1}^{N}a_i\text{VEC}_i$ ，其中 $a_i$ 和 $\text{VEC}_i$ 分别是第 $i$ 个成分的原子分数和价电子浓度.

**表 H3.1 36 种高熵合金的固溶体结构**

| 合金 | VEC | $H_{\text{mix}}$ (kJ·mol$^{-1}$) | 结构 | 合金 | VEC | $H_{\text{mix}}$ (kJ·mol$^{-1}$) | 结构 |
|---|---|---|---|---|---|---|---|
| $Al_{13.64}Co_{18.18}Cr_{18.18}Cu_{4.55}Fe_{18.18}Ni_{18.18}Ti_{9.09}$ | 7.27 | −14.39 | BCC | $Al_{7.69}Co_{30.77}Fe_{30.77}Ni_{30.77}$ | 8.54 | −6.06 | FCC |
| $Al_{12.70}Cr_{15.87}Cu_{15.87}Fe_{15.87}Mn_{23.81}Ni_{15.87}$ | 7.60 | −4.23 | BCC | $Al_{3.85}Cr_{19.23}Cu_{19.23}Fe_{19.23}Ni_{38.46}$ | 8.77 | 0.12 | FCC |

续表

| 合金 | VEC | $H_{mix}$ (kJ·mol$^{-1}$) | 结构 | 合金 | VEC | $H_{mix}$ (kJ·mol$^{-1}$) | 结构 |
|---|---|---|---|---|---|---|---|
| $Al_{17.39}Co_{17.39}Cr_{17.39}Cu_{4.35}Fe_{17.39}Ni_{17.39}Ti_{8.70}$ | 7.09 | −15.50 | BCC | $Co_5Cr_2Fe_{40}Mn_{27}Ni_{26}$ | 8.26 | −3.58 | FCC |
| $Al_{16.67}Co_{16.67}Cr_{16.67}Cu_{8.33}Fe_{16.67}Ni_{16.67}Ti_{8.33}$ | 7.25 | −13.42 | BCC | $Co_{25}Cr_{25}Cu_{25}Fe_{25}$ | 8.50 | 6.25 | FCC |
| $Al_{18.52}Co_{18.52}Cr_{18.52}Fe_{18.52}Ni_{18.52}Si_{7.41}$ | 6.96 | −19.84 | BCC | $Co_{25}Cr_{25}Fe_{25}Ni_{25}$ | 8.25 | −3.75 | FCC |
| $Al_{18.18}Co_{18.18}Cr_{18.18}Fe_{18.18}Ni_{18.18}Ti_{9.09}$ | 6.91 | −17.92 | BCC | $Co_{25}Cr_{25}Mn_{25}Ni_{25}$ | 8.00 | −5.50 | FCC |
| $Al_{16.67}Cr_{16.67}Cu_{16.67}Fe_{16.67}Mn_{16.67}Ni_{16.67}$ | 7.50 | −5.11 | BCC | $Co_{33.33}Cr_{33.33}Ni_{33.33}$ | 8.33 | −4.89 | FCC |
| $Al_{16.67}Hf_{16.67}Nb_{16.67}Ta_{16.67}Ti_{16.67}Zr_{16.67}$ | 4.17 | −14.78 | BCC | $Co_{25}Cu_{25}Fe_{25}Ni_{25}$ | 9.50 | 5.00 | FCC |
| $Cr_{28.57}Mo_{14.29}Nb_{14.29}Ta_{14.29}V_{14.29}W_{14.29}$ | 5.57 | −4.82 | BCC | $Co_{24.88}Cu_{24.88}Fe_{24.88}Ni_{24.88}Sn_{0.50}$ | 9.47 | 5.02 | FCC |
| $Al_{5.66}Hf_{18.87}Nb_{18.87}Ta_{18.87}Ti_{18.87}Zr_{18.87}$ | 4.32 | −3.99 | BCC | $Co_{25}Fe_{25}Mn_{25}Ni_{25}$ | 8.50 | −4.00 | FCC |
| $Al_{9.09}Hf_{18.18}Nb_{18.18}Ta_{18.18}Ti_{18.18}Zr_{18.18}$ | 4.27 | −7.67 | BCC | $Co_{33.33}Fe_{33.33}Ni_{33.33}$ | 9.00 | −1.33 | FCC |
| $Al_{13.04}Hf_{17.39}Nb_{17.39}Ta_{17.39}Ti_{17.39}Zr_{17.39}$ | 4.22 | −11.55 | BCC | $Co_{30.77}Fe_{30.77}Ni_{30.77}Si_{7.69}$ | 8.62 | −11.83 | FCC |
| $Al_{20}Co_{10}Cr_{10}Cu_{10}Fe_{10}Mn_{10}Ni_{10}Ti_{10}V_{10}$ | 6.60 | −15.44 | BCC | $Co_{25}Fe_{25}Ni_{25}V_{25}$ | 8.00 | −10.50 | FCC |
| $Cr_{9.09}Mo_{18.18}Nb_{18.18}Ta_{18.18}V_{18.18}W_{18.18}$ | 5.45 | −4.83 | BCC | $Co_{33.33}Mn_{33.33}Ni_{33.33}$ | 8.67 | −5.78 | FCC |
| $Cr_{16.67}Mo_{16.67}Nb_{16.67}Ta_{16.67}V_{16.67}W_{16.67}$ | 5.50 | −4.89 | BCC | $Cr_{18.03}Fe_{27.32}Mn_{27.32}Ni_{27.32}$ | 7.91 | −4.17 | FCC |
| $Hf_{18.18}Mo_{9.09}Nb_{18.18}Ta_{18.18}Ti_{18.18}Zr_{18.18}$ | 4.55 | 0.60 | BCC | $Cr_{25}Cu_{25}Fe_{25}Ni_{25}$ | 8.57 | 3.01 | FCC |
| $Hf_{17.39}Mo_{13.04}Nb_{17.39}Ta_{17.39}Ti_{17.39}Zr_{17.39}$ | 4.61 | −0.21 | BCC | $Fe_{33.33}Mn_{33.33}Ni_{33.33}$ | 8.33 | −4.44 | FCC |
| $Hf_{16.67}Nb_{16.67}Ta_{16.67}Ti_{16.67}V_{16.67}Zr_{16.67}$ | 4.50 | 0.78 | BCC | $Co_9Cr_7Cu_{36}Mn_{25}Ni_{23}$ | 9.24 | 2.05 | FCC |

1. 通过 VEC 和 $H_{mix}$ 两个特征，请分别使用感知机、逻辑斯谛回归、线性判别分析三种分类算法对 FCC 和 BCC 的结构进行分类，并给出相应的混淆矩阵.

2. 按照 1 的计算结果，改变逻辑斯谛回归中的正则化因子 $C$ 的大小，比较正则化因子对分类结果准确率的影响，比较混淆矩阵的结果.

3. 根据（1, 2）的计算结果，讨论三种不同分类算法在同一批数据上得到的决策边界的异同.

4. 定义一个简单的逻辑推理：异或（exclusive OR）事件中，当两个特征存在一个为真一个为假，则该异或事件为真，即数据(1, 0)和(0, 1)都属于异或事件的真事件，属于类别 $y=1$. 当两个特征都是真和两个特征都是假时，则该异或事件为假，即（0, 0）和（1, 1）属于异或事件的假事件，即属于类别 $y=0$．尝试通过一个简单的感知机结构来实现这个逻辑运算的功能．

5. 编写一个小程序，按照例 E3.2 中推导的思路，计算输出坐标梯度下降法的完整迭代路径．

6. 假设通过线性回归将原始的变量 $\boldsymbol{X}$ 投影到 $\hat{\boldsymbol{Y}}$．例如，一个最简单的映射 $\hat{\boldsymbol{Y}}=\boldsymbol{X}(\boldsymbol{X}^{\mathrm{T}}\boldsymbol{X})^{-1}\boldsymbol{X}^{\mathrm{T}}\boldsymbol{Y}=\boldsymbol{X}\hat{\boldsymbol{B}}$，其中 $\boldsymbol{Y}$ 是响应矩阵．试证明使用 $\hat{\boldsymbol{Y}}$ 作 LDA 和在原始空间中使用 $\boldsymbol{X}$ 作 LDA 的结果相同，并给出推导过程（本题参考（Trevor et al., 2005））．

## 参考文献


李航. 2012. 统计学习方法. 北京: 清华大学出版社.

Axler S J. 1997. Linear Algebra Done Right. New York: Springer.

Boyd S, Boyd S P, Vandenberghe L. 2004. Convex Optimization. Cambridge: Cambridge University Press.

Fisher R A. 1936. The use of multiple measurements in taxonomic problems. Annals of Eugenics, 7(2): 179-188.

Hastie T, Tibshirani R, Friedman J H, et al. 2009. The Elements of Statistical Learning: Data Mining, Inference, and Prediction. 2nd ed. New York: Springer.

Horn R A, Johnson C R. 2012. Matrix Analysis. Cambridge: Cambridge University Press.

James G, Witten D, Hastie T, et al. 2013. An Introduction to Statistical Learning. New York: Springer.

Nocedal J, Wright S. 2006. Numerical Optimization. New York: Springer Science & Business Media.

Rosenblatt F. 1958. The perceptron: A probabilistic model for information storage and organization in the brain. Psychological Review, 65(6): 386-408.

Rosenblatt F. 1960. Perceptron simulation experiments. Proceedings of the IRE, 48(3): 301-309.

Rosenblatt F, Papert S. 1957. The perceptron. A perceiving and recognizing automation. Cornell Aeronautical Laboratory Report, (85): 460.

Spackman K A. 1989. Signal detection theory: Valuable tools for evaluating inductive learning. Proceedings of the Sixth International Workshop on Machine Learning. San Francisco: Morgan Kaufmann: 160-163.

Takeuchi A, Inoue A. 2005. Classification of bulk metallic glasses by atomic size difference, heat of mixing and period of constituent elements and its application to characterization of the main alloying element. Materials Transactions, 46(12): 2817-2829.

Trevor H, Robert T, Jerome F. 2005. The elements of statistical learning. Mathematical Intelligencer, 27(2): 83-85.

Xiong J, Shi S Q, Zhang T Y. 2020. A machine-learning approach to predicting and understanding the properties of amorphous metallic alloys. Materials & Design, (187): 108378.

Xiong J, Shi S Q, Zhang T Y. 2021. Machine learning of phases and mechanical properties in complex concentrated alloys. Journal of Materials Science & Technology, (87): 133-142.

# 第 4 章 支持向量机

支持向量机（support vector machine, SVM）可广泛应用于分类和回归问题，对应的算法分别称为支持向量分类（support vector classification/classifier, SVC）和支持向量回归（support vector regression/regressor, SVR）（Suykens and Vandewalle, 1999；Cortes and Vapnik, 1995）．在 SVC 中，两个不同类别之间的边界仅由支持向量决定（详见 4.1 节），这一特性使得 SVC 对小数据集有效．SVR 的优点是可以容忍数据误差，其程度受预设正参数 $\varepsilon$ 控制．

## 4.1 支持向量分类

考虑数据集 $D=\{(\boldsymbol{X}_1,y_1),(\boldsymbol{X}_2,y_2),\cdots,(\boldsymbol{X}_n,y_n)\}$，其中输入向量 $\boldsymbol{X}_i\in\mathbf{R}^m$，为 1 行 $m$ 列的向量，可表示为 $\boldsymbol{X}_i=(x_{i1},x_{i2},\cdots,x_{im})^{\mathrm{T}}$，其中 T 表示转置操作，$i=1,2,\cdots,n$．输出 $y_i$ 为 +1 或 −1，代表正负标签．SVC 算法原理如图 4.1 所示，图中样本点被分为两类，分别对应正类样本（红色三角形）与负类样本（蓝色五角星）．在 $m$ 维特征空间中，存在多个高维超平面（绿色直线）可以区分这两类样本，而 SVC 的目的是找出具有最大分离间隔的超平面，称为最佳分离超平面（黑色直线）．

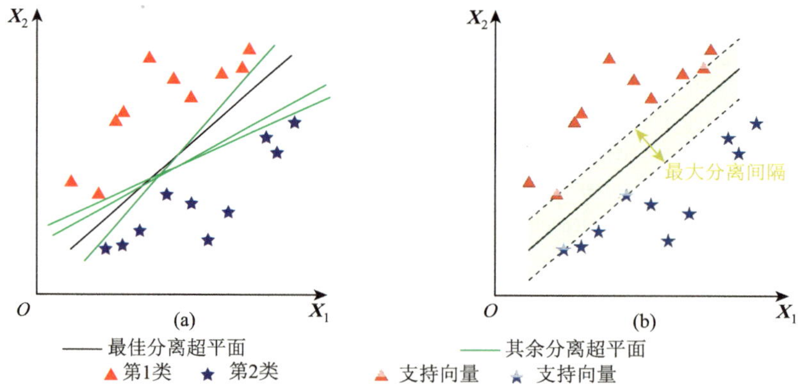


图 4.1　SVC 分类示意图．图中红色三角形代表正类样本，蓝色五角星代表负类样本．（a）多个分离超平面；（b）最佳分离超平面及其最大分离间隔

$m$ 维特征空间中的一个超平面由法向量 $\boldsymbol{W}=(w_1,w_2,\cdots,w_m)^{\mathrm{T}}$ 和截距 $b$ 表征，该平面上任意一点 $\hat{\boldsymbol{X}}$ 必然满足方程

$$\hat{\boldsymbol{X}}\boldsymbol{W}+b=0, \tag{4.1}$$

在 $m$ 维特征空间中，可将数据正负样本分类的超平面称为分离超平面. 分离超平面必然满足式（4.1），且数量不唯一. 式（4.1）表明，如果已知 $(\boldsymbol{W},b)$ 的值，可唯一确定 $m$ 维特征空间中的一个超平面. 若一个点 $\boldsymbol{X}$ 不在 $(\boldsymbol{W},b)$ 超平面上，则该点与超平面之间的距离为

$$r=\frac{|\boldsymbol{X}\boldsymbol{W}+b|}{\|\boldsymbol{W}\|}. \tag{4.2}$$

分离超平面基于如下规则对样本进行分类:

$$\boldsymbol{f}_{\boldsymbol{W},b}(\boldsymbol{X}_i)=\operatorname{sign}(\boldsymbol{X}_i\boldsymbol{W}+b). \tag{4.3}$$

式中 sign 表示正负号，即对于一个样本 $(\boldsymbol{X}_i,y_i)$，样本标签 $y_i=+1$ 对应为 $\boldsymbol{X}_i\boldsymbol{W}+b>0$，样本标签 $y_i=-1$ 对应 $\boldsymbol{X}_i\boldsymbol{W}+b<0$. 最佳分离超平面通过最大化训练样本间隔（margin, $M$）来确定超平面方程的 $\boldsymbol{W}$ 和 $b$ 值（Rosset et al., 2003），其数学表达式为

$$\max_{\boldsymbol{W},b} M, \tag{4.4a}$$

$$\text{约束条件：} y_i\frac{\boldsymbol{X}_i\boldsymbol{W}+b}{\|\boldsymbol{W}\|}\geqslant M,\quad i=1,2,\cdots,n,$$

约束条件等同于

$$y_i(\boldsymbol{X}_i\boldsymbol{W}+b)\geqslant M\|\boldsymbol{W}\|,\quad i=1,2,\cdots,n.$$

通过对数据进行等比例缩放，约束条件可进一步写为

$$\text{当} y_i=+1 \text{时，有} \boldsymbol{X}_i W+b\geqslant 1, \tag{4.4b}$$

$$\text{当} y_i=-1 \text{时，有} \boldsymbol{X}_i W+b\leqslant -1. \tag{4.4c}$$

此时，最近样本点到超平面的距离为 $r=1/\|\boldsymbol{W}\|$，间隔为 $2/\|\boldsymbol{W}\|$（如图 4.1 所示）. 间隔距离最大化的问题就转化为求 $\|\boldsymbol{W}\|^2$ 极小值的问题，即

$$\min_{\boldsymbol{W},b}\frac{1}{2}\|\boldsymbol{W}\|^2, \tag{4.5a}$$

$$\text{约束条件：} y_i(\boldsymbol{X}_i\boldsymbol{W}+b)\geqslant 1,\quad i=1,2,\cdots,n.$$

式（4.5a）为凸二次规划问题（Boyd and Vandenberghe, 2004），可以用拉格朗日方法求解

$$\min L_{\mathrm{P}}=\min\left\{\frac{1}{2}\|\boldsymbol{W}\|^{2}-\sum_{i=1}^{n}\lambda_{i}\left[y_{i}(\boldsymbol{X}_{i}\boldsymbol{W}+b)-1\right]\right\}, \tag{4.5b}$$

其中，$\{\lambda_1,\lambda_2,\cdots,\lambda_n\}$ 是拉格朗日乘子，每条数据对应一个 $\lambda_i$，且有 $\lambda_i\geqslant 0$. 最小化问题（4.5b）的求解，要求必须满足下述 Karush-Kuhn-Tucker（KKT）（Nocedal and Wright, 1999）条件

$$\begin{cases}\lambda_i\geqslant 0,\\ y_i(\boldsymbol{X}_i\boldsymbol{W}+b)\geqslant 1,\\ \lambda_i\left[y_i(\boldsymbol{X}_i\boldsymbol{W}+b)-1\right]=0.\end{cases}$$

最小化 $L_{\mathrm{P}}$ 意味着 $\frac{\partial L_{\mathrm{P}}}{\partial \boldsymbol{W}}=0$ 与 $\frac{\partial L_{\mathrm{P}}}{\partial b}=0$，经推导可得如下表达

$$\boldsymbol{W}^{\mathrm{T}}=\sum_{i=1}^{n}\lambda_i\boldsymbol{X}_i y_i, \tag{4.6a}$$

$$\sum_{i=1}^{n}\lambda_i y_i=0. \tag{4.6b}$$

显然，当 $\lambda_i\neq 0$ 时，必有 $y_i(\boldsymbol{X}_i\boldsymbol{W}+b)=1$. 满足 $y_i(\boldsymbol{X}_i\boldsymbol{W}+b)=1$ 的样本距离最佳分离超平面最近，被称为支持向量. 将式（4.6a）与式（4.6b）代入至式（4.5b），可以得到对偶目标函数

$$L_{\mathrm{D}}=\sum_{i=1}^{n}\lambda_i-\frac{1}{2}\sum_{i=1}^{n}\sum_{j=1}^{n}\lambda_i\lambda_j y_i y_j\boldsymbol{X}_j\boldsymbol{X}_i^{\mathrm{T}}\quad(\lambda_i\geqslant 0), \tag{4.7a}$$

其中，$\lambda_i(i=1,2,\cdots,n)$ 的值通过最大化对偶目标函数得到，即

$$\hat{\lambda}_i=\underset{\lambda}{\operatorname{argmax}}\,L_{\mathrm{D}},$$

$$\text{约束条件:}\sum_{i=1}^{n}\lambda_i y_i=0,\ \lambda_i\geqslant 0,\quad i=1,2,\cdots,n. \tag{4.7b}$$

当求解强对偶问题时，KKT 条件也必须满足（Nocedal and Wright, 1999）. 由解出的 $\lambda_i$ 值和式（4.6a）可求得 $\boldsymbol{W}$ 值. 然后截距 $b$ 的值由支持向量求得. 对每一个支持向量，必然有 $y_s(\boldsymbol{X}_s\boldsymbol{W}+b)=1$，其中 $\boldsymbol{s}$ 表示支持向量. 将 $y_s(\boldsymbol{X}_s\boldsymbol{W}+b)=1$ 改写为

$$y_s\left(\sum_i\lambda_i y_i\boldsymbol{X}_s\boldsymbol{X}_i^{\mathrm{T}}+b\right)=1. \tag{4.8a}$$

用 $S$ 表示包含支持向量的样本集，令 $|S|$ 表示支持向量的个数，$|S|b$ 可由式（4.8a）求得，通过对 $|S|b$ 求平均，可得 $b$ 的值为

$$b=\frac{1}{|S|}\sum_{s\in S}\left(\frac{1}{y_s}-\sum_i \lambda_i y_i \boldsymbol{X}_s \boldsymbol{X}_i^{\mathrm{T}}\right). \tag{4.8b}$$

## 例 4.1

表 E4.1 列举了 Xiong 等（2020）文献中的 4 个高熵合金（high-entropy alloy, HEA）数据样本，其中两个为面心立方（face-centered cubic, FCC）结构，两个非 FCC 的结构.

**表 E4.1　包含 4 个 HEA 样本的形成相数据集**

| 样本 | VEC($x_1$) | $H_{\text{mix}}(x_2,\mathbf{kJ}\cdot\mathbf{mol}^{-1})$ | 形成相 | 类别 |
|---|---|---|---|---|
| $Co_{0.25}Cr_{0.25}FeMn$ | 7.5 | −1.0 | FCC | FCC（1） |
| CoCuFeMnNi | 9 | 1.8 | FCC | FCC（1） |
| DyGdLuTbTm | 3 | 0 | HCP | N-FCC（−1） |
| NbTaTiVW | 5 | −3.7 | BCC | N-FCC（−1） |

表 E4.1 中的 VEC 是平均价电子浓度，$H_{\text{mix}}$ 是混合焓，均作为特征用于后续建模. 两个特征的定义如下（Takeuchi and Inoue, 2005）

$$\mathrm{VEC}=\sum_{i=1}^{N}a_i\mathrm{VEC}_i, \tag{E4.1}$$

$$H_{\text{mix}}=4\sum_{j=i}^{N}\sum_{i=1}^{N}\Delta H_{ij}a_i a_j, \tag{E4.2}$$

其中，$a_i$ 与 $\mathrm{VEC}_i$ 分别是元素 $i$ 的摩尔分数与价电子浓度，$\Delta H_{ij}$ 是元素 $i$ 与 $j$ 二元液体合金的摩尔混合焓. 下面基于这两个特征构建 SVM 模型进行分类.

在本例中，特征数据和类别标签 $(\boldsymbol{X}_j, y_i)$ 为 $\begin{bmatrix}\boldsymbol{X}_1 & y_1\\ \boldsymbol{X}_2 & y_2\\ \boldsymbol{X}_3 & y_3\\ \boldsymbol{X}_4 & y_4\end{bmatrix}=\begin{bmatrix}7.5 & -1.0 & 1\\ 9 & 1.8 & 1\\ 3 & 0 & -1\\ 5 & -3.7 & -1\end{bmatrix}$，$\begin{bmatrix}\boldsymbol{X}_i^{\mathrm{T}}\\ \boldsymbol{y}_i^{\mathrm{T}}\end{bmatrix}=\begin{bmatrix}7.5 & 9 & 3 & 5\\ -1.0 & 1.8 & 0 & -3.7\\ 1 & 1 & -1 & -1\end{bmatrix}$. 然后根据式（4.7a），$L_{\mathrm{D}}$ 的值为 $L_{\mathrm{D}}=\lambda_1+\lambda_2+\lambda_3+\lambda_4-\frac{1}{2}\big(57.3\lambda_1^2+84.2\lambda_2^2+9\lambda_3^2+38.7\lambda_4^2+131.4\lambda_1\lambda_2-45\lambda_1\lambda_3-82.4\lambda_1\lambda_4-54\lambda_2\lambda_3-76.7\lambda_2\lambda_4+30\lambda_3\lambda_4\big)$. 另外根据式（4.6b），所有拉格朗日乘子 $\lambda_i$ 需满足 $\sum_{i=1}^{n}\lambda_i y_i=0$，从而得出 $\lambda_3=\lambda_1+\lambda_2-\lambda_4$. 代入 $L_{\mathrm{D}}$ 中，可以得到 $L_{\mathrm{D}}=2\lambda_1+2\lambda_2-10.65\lambda_1^2-19.6\lambda_2^2-8.85\lambda_4^2-25.2\lambda_1\lambda_2+12.7\lambda_1\lambda_4+5.35\lambda_2\lambda_4$. 最大值 $L_{\mathrm{D}}$ 需满足如下偏导数为零

$$\begin{cases}\dfrac{\partial L_{\mathrm{D}}}{\partial \lambda_1}=2-21.3\lambda_1-25.2\lambda_2+12.7\lambda_4=0,\\ \dfrac{\partial L_{\mathrm{D}}}{\partial \lambda_2}=2-25.2\lambda_1-39.2\lambda_2+5.35\lambda_4=0,\\ \dfrac{\partial L_{\mathrm{D}}}{\partial \lambda_4}=12.7\lambda_1+5.35\lambda_2-17.7\lambda_4=0,\end{cases}$$

求解得

$$\begin{cases}\lambda_1=18.65,\\ \lambda_2=-10.55,\\ \lambda_4=10.20.\end{cases}$$

这一组解中 $\lambda_2$ 不满足 $\lambda_i \geqslant 0$．因此，其中 1 个拉格朗日乘子必须为 0．如果取 $\lambda_1=0$，则有

$$\begin{cases}\lambda_3=\lambda_2-\lambda_4,\\ \dfrac{\partial L_{\mathrm{D}}}{\partial \lambda_2}=-39.2\lambda_2+5.35\lambda_4+2=0,\\ \dfrac{\partial L_{\mathrm{D}}}{\partial \lambda_4}=5.35\lambda_2-17.7\lambda_4=0,\end{cases}$$

对应的拉格朗日乘子和对偶目标函数的值为

$$\begin{cases}\lambda_1=0,\\ \lambda_2=0.05322,\\ \lambda_3=0.03714,\\ \lambda_4=0.01608,\\ (L_{\mathrm{D}})_{\max\,(\lambda_1=0)}=0.05322.\end{cases}$$

类似地，如果取 $\lambda_2=0$，对应的解为

$$\begin{cases}\lambda_1=0.1641,\\ \lambda_2=0,\\ \lambda_3=0.0464,\\ \lambda_4=0.1177,\\ (L_{\mathrm{D}})_{\max\,(\lambda_2=0)}=0.1641.\end{cases}$$

当取 $\lambda_3=0$ 或 $\lambda_4=0$ 时，均会导致 $\lambda_2<0$，与 $\lambda_i \geqslant 0$ 条件冲突．因此最优解只能是 $\lambda_1=0$ 或 $\lambda_2=0$ 中的一种．由于 $(L_{\mathrm{D}})_{\max\,(\lambda_2=0)}=0.1641>(L_{\mathrm{D}})_{\max\,(\lambda_1=0)}=0.05322$，因此采用 $\lambda_2=0$ 时的解，即 $\lambda_1=0.1641,\ \lambda_2=0,\ \lambda_3=0.0464$ 和 $\lambda_4=0.1177$．三个非零的拉格朗日乘子对应的样本为 $\boldsymbol{X}_1$，$\boldsymbol{X}_3$，$\boldsymbol{X}_4$，成为三个支持向量．由此可得最佳分离超平面为

$$\begin{aligned}\boldsymbol{W}^{\mathrm{T}}&=\sum_{i=1}^{4}\lambda_i y_i \boldsymbol{X}_i\\ &=0.1641\times 1\times(7.5,-1.0)+0.0464\times(-1)\times(3,0)+0.1177\times(-1)\times(5,-3.7)\\ &=(0.503,0.271),\end{aligned}$$

$$b=\frac{(y_1-\boldsymbol{X}_1\boldsymbol{W})+(y_3-\boldsymbol{X}_3\boldsymbol{W})+(y_4-\boldsymbol{X}_4\boldsymbol{W})}{3}\approx -2.5,$$

即 $0.50x_1+0.27x_2-2.5=0$. 图 E4.1 给出了上述最佳分离超平面对这 4 个样本的分类结果.

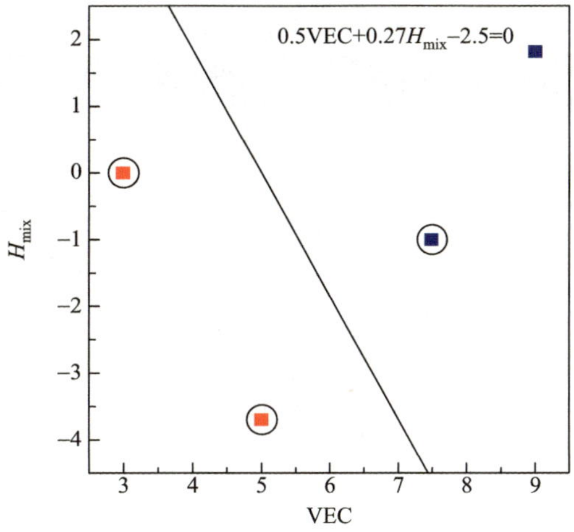


图 E4.1　处于 VEC 与 $H_{mix}$ 特征空间下的数据点分布. 其中蓝色与红色点分别代表 N-FCC 与 FCC 样本. 实线是最佳分离超平面. 用圆圈标记的样本点为支持向量

## 4.2　核　函　数

若样本在原始特征空间 $\boldsymbol{X}$ 中线性不可分，但在高维空间 $\boldsymbol{F}=\phi(\boldsymbol{X})$ 中可分，则 SVC 模型可以表达为

$$\boldsymbol{f}_{\boldsymbol{W},b}(\boldsymbol{X}_i)=\operatorname{sign}\left(\phi(\boldsymbol{X}_i)\boldsymbol{W}+b\right). \tag{4.9}$$

此时，式（4.5）与式（4.7b）可分别写为

$$\begin{aligned}&\min_{\boldsymbol{W},b}\frac{1}{2}\|\boldsymbol{W}\|^2,\\&\text{s.t. } y_i\left(\phi(\boldsymbol{X}_i)\boldsymbol{W}+b\right)\geqslant 1,\ i=1,2,\cdots,n,\end{aligned} \tag{4.10a}$$

$$\begin{aligned}&\max\left[\sum_{i=1}^{n}\lambda_i-\frac{1}{2}\sum_{i=1}^{n}\sum_{j=1}^{n}\lambda_i\lambda_j y_i y_j\phi(\boldsymbol{X}_j)\left(\phi(\boldsymbol{X}_i)\right)^{\mathrm{T}}\right],\\&\text{s.t. } \sum_{i=1}^{n}\lambda_i y_i=0,\ \lambda_i\geqslant 0,\ i=1,2,\cdots,n.\end{aligned} \tag{4.10b}$$

引入核函数

$$K(\boldsymbol{X}_i,\boldsymbol{X}_j)=\phi(\boldsymbol{X}_i)(\phi(\boldsymbol{X}_j))^{\mathrm{T}}. \tag{4.11a}$$

最后有

$$f(\boldsymbol{X})=\operatorname{sign}\left(\sum_{i=1}^{n}\lambda_i y_i\boldsymbol{K}(\boldsymbol{X}_i,\boldsymbol{X})+b\right). \tag{4.11b}$$

列举了常用核函数（Hofmann et al., 2008），见表 4.1.

**表 4.1 常用核函数**

| 核函数名称 | 函数形式 | 参数 |
|---|---|---|
| 线性核函数 | $K(\boldsymbol{X}_i,\boldsymbol{X}_j)=\boldsymbol{X}_i\boldsymbol{X}_j^{\mathrm{T}}$ | |
| 多项式核函数 | $K(\boldsymbol{X}_i,\boldsymbol{X}_j)=\left(\boldsymbol{X}_i\boldsymbol{X}_j^{\mathrm{T}}\right)^d$ | $d\geqslant 1$ 表示多项式个数 |
| 高斯径向基核函数（RBF 核） | $K(\boldsymbol{X}_i,\boldsymbol{X}_j)=\exp\left(-\dfrac{\lVert\boldsymbol{X}_i-\boldsymbol{X}_j\rVert^2}{2\sigma^2}\right)$ | $\sigma>0$ 表示 RBF 核宽度 |
| 拉普拉斯核函数 | $K(\boldsymbol{X}_i,\boldsymbol{X}_j)=\exp\left(-\dfrac{\lVert\boldsymbol{X}_i-\boldsymbol{X}_j\rVert}{\sigma}\right)$ | $\sigma>0$ |
| sigmoid 核函数 | $K(\boldsymbol{X}_i,\boldsymbol{X}_j)=\tanh\left(\beta\boldsymbol{X}_i\boldsymbol{X}_j^{\mathrm{T}}+\theta\right)$ | $\beta>0$，$\theta<0$，tanh 是双曲正切函数 |

注：$\lVert\cdot\rVert$ 是参数向量的欧氏距离.

样本数若为 $n$，核函数 $K(\boldsymbol{X}_i,\boldsymbol{X}_j)$ $(i,j=1,2,\cdots,n)$ 可以表示为 $n\times n$ 核函数矩阵

$$K(\boldsymbol{X}_i,\boldsymbol{X}_j)=\begin{bmatrix} k(\boldsymbol{X}_1,\boldsymbol{X}_1) & k(\boldsymbol{X}_1,\boldsymbol{X}_2) & \cdots & k(\boldsymbol{X}_1,\boldsymbol{X}_n) \\ k(\boldsymbol{X}_2,\boldsymbol{X}_1) & k(\boldsymbol{X}_2,\boldsymbol{X}_2) & \cdots & k(\boldsymbol{X}_2,\boldsymbol{X}_n) \\ \vdots & \vdots & & \vdots \\ k(\boldsymbol{X}_n,\boldsymbol{X}_1) & k(\boldsymbol{X}_n,\boldsymbol{X}_2) & \cdots & k(\boldsymbol{X}_n,\boldsymbol{X}_n) \end{bmatrix}.$$

从已有的核函数可以生成新的核函数. 例如，将已有的 2 个核函数 $K_1(\boldsymbol{X}_i,\boldsymbol{X}_j)$ 与 $K_2(\boldsymbol{X}_i,\boldsymbol{X}_j)$ 通过线性组合即可得到新的核函数 $K_\eta(\boldsymbol{X}_i,\boldsymbol{X}_j)=\gamma_1K_1(\boldsymbol{X}_i,\boldsymbol{X}_j)+\gamma_2K_2(\boldsymbol{X}_i,\boldsymbol{X}_j)$，其中系数 $\gamma_1$ 与 $\gamma_2$ 均为正数. $K_\eta(\boldsymbol{X}_i,\boldsymbol{X}_j)$ 的核函数矩阵形式可写为

$$\begin{aligned} &K_\eta(\boldsymbol{X}_i,\boldsymbol{X}_j)\\ &=\begin{bmatrix} \gamma_1k_1(\boldsymbol{X}_1,\boldsymbol{X}_1)+\gamma_2k_2(\boldsymbol{X}_1,\boldsymbol{X}_1) & \gamma_1k_1(\boldsymbol{X}_1,\boldsymbol{X}_2)+\gamma_2k_2(\boldsymbol{X}_1,\boldsymbol{X}_2) & \cdots & \gamma_1k_1(\boldsymbol{X}_1,\boldsymbol{X}_n)+\gamma_2k_2(\boldsymbol{X}_1,\boldsymbol{X}_n) \\ \gamma_1k_1(\boldsymbol{X}_2,\boldsymbol{X}_1)+\gamma_2k_2(\boldsymbol{X}_2,\boldsymbol{X}_1) & \gamma_1k_1(\boldsymbol{X}_2,\boldsymbol{X}_2)+\gamma_2k_2(\boldsymbol{X}_2,\boldsymbol{X}_2) & \cdots & \gamma_1k_1(\boldsymbol{X}_2,\boldsymbol{X}_n)+\gamma_2k_2(\boldsymbol{X}_2,\boldsymbol{X}_n) \\ \vdots & \vdots & & \vdots \\ \gamma_1k_1(\boldsymbol{X}_n,\boldsymbol{X}_1)+\gamma_2k_2(\boldsymbol{X}_n,\boldsymbol{X}_1) & \gamma_1k_1(\boldsymbol{X}_n,\boldsymbol{X}_2)+\gamma_2k_2(\boldsymbol{X}_n,\boldsymbol{X}_2) & \cdots & \gamma_1k_1(\boldsymbol{X}_n,\boldsymbol{X}_n)+\gamma_2k_2(\boldsymbol{X}_n,\boldsymbol{X}_n) \end{bmatrix}. \end{aligned}$$

通过阿达马积（Hadamard product，也称矩阵逐元素乘法）也可以得到新的核函数 $K_\theta(\boldsymbol{X}_i,\boldsymbol{X}_j)=K_1(\boldsymbol{X}_i,\boldsymbol{X}_j)\odot K_2(\boldsymbol{X}_i,\boldsymbol{X}_j)$，矩阵形式为

$$K_\theta(\boldsymbol{X}_i,\boldsymbol{X}_j)$$
$$=\begin{bmatrix} k_1(\boldsymbol{X}_1,\boldsymbol{X}_1)\times k_2(\boldsymbol{X}_1,\boldsymbol{X}_1) & k_1(\boldsymbol{X}_1,\boldsymbol{X}_2)\times k_2(\boldsymbol{X}_1,\boldsymbol{X}_2) & \cdots & k_1(\boldsymbol{X}_1,\boldsymbol{X}_n)\times k_2(\boldsymbol{X}_1,\boldsymbol{X}_n) \\ k_1(\boldsymbol{X}_2,\boldsymbol{X}_1)\times k_2(\boldsymbol{X}_2,\boldsymbol{X}_1) & k_1(\boldsymbol{X}_2,\boldsymbol{X}_2)\times k_2(\boldsymbol{X}_2,\boldsymbol{X}_2) & \cdots & k_1(\boldsymbol{X}_2,\boldsymbol{X}_n)\times k_2(\boldsymbol{X}_2,\boldsymbol{X}_n) \\ \vdots & \vdots & & \vdots \\ k_1(\boldsymbol{X}_n,\boldsymbol{X}_1)\times k_2(\boldsymbol{X}_n,\boldsymbol{X}_1) & k_1(\boldsymbol{X}_n,\boldsymbol{X}_2)\times k_2(\boldsymbol{X}_n,\boldsymbol{X}_2) & \cdots & k_1(\boldsymbol{X}_n,\boldsymbol{X}_n)\times k_2(\boldsymbol{X}_n,\boldsymbol{X}_n) \end{bmatrix}.$$

将核函数代入对偶目标函数后可得

$$L_{\mathrm{D}}=\sum_{i=1}^{n}\lambda_i-\frac{1}{2}\sum_{i=1}^{n}\sum_{j=1}^{n}\lambda_i\lambda_j y_i y_j K(\boldsymbol{X}_i,\boldsymbol{X}_j)\quad(\lambda_i\geqslant 0), \tag{4.12a}$$

其中，$\lambda_i(i=1,2,\cdots,n)$ 的值通过最大化上述对偶目标函数得到，即

$$\hat{\lambda}_i=\underset{\lambda}{\operatorname{argmax}}\,L_{\mathrm{D}},$$
$$\text{s.t.}\ \sum_{i=1}^{n}\lambda_i y_i=0,\ \lambda_i\geqslant 0,\quad i=1,2,\cdots,n. \tag{4.12b}$$

求解强对偶问题时，前面给出的 KKT 条件也必须满足（Nocedal and Wright, 1999）. 用已知数据可求解式（4.12a）与式（4.12b），所有的支持向量满足如下方程:

$$y_s\left(\sum_i\lambda_i y_i K(\boldsymbol{X}_s,\boldsymbol{X}_i)+b\right)=1, \tag{4.13a}$$

$S$ 代表支持向量集合，令 $|S|$ 为支持向量个数，$|S|b$ 可由（4.13a）求得，通过对 $|S|b$ 求平均，可得 $b$ 的值为

$$b=\frac{1}{|S|}\sum_{s\in S}\left(\frac{1}{y_s}-\sum_i\lambda_i y_i K(\boldsymbol{X}_s,\boldsymbol{X}_i)\right). \tag{4.13b}$$

为方便理解，我们采用单变量数据集 $\boldsymbol{X}=(x_{i1})(i=1,2,\cdots,n)$ 来介绍常见的核函数. 多项式核函数 $K(\boldsymbol{X}_i,\boldsymbol{X}_j)=\left(\boldsymbol{X}_i\boldsymbol{X}_j^{\mathrm{T}}\right)^d=(x_{i1}x_{j1})^d=x_{i1}^d\left(x_{j1}^d\right)^{\mathrm{T}}$ 可以将数据集从原始特征空间投射至新的特征空间 $\phi(\boldsymbol{X})=\left(x_{i1}^d\right)(i=1,2,\cdots,n)$. 若原始数据有 2 个特征，即 $\boldsymbol{X}_i=(x_{i1},x_{i2})(i=1,2,\cdots,n)$，并取简单幂次 $d=2$，则有多项式核函数

$$\begin{aligned} K(\boldsymbol{X}_i,\boldsymbol{X}_j)&=\left(\boldsymbol{X}_i\boldsymbol{X}_j^{\mathrm{T}}\right)^2=\left((x_{i1}\ x_{i2})\begin{pmatrix}x_{j1}\\x_{j2}\end{pmatrix}\right)^2=(x_{i1}x_{j1}+x_{i2}x_{j2})^2 \\ &=x_{i1}^2x_{j1}^2+x_{i2}^2x_{j2}^2+2x_{i1}x_{j1}x_{i2}x_{j2} \\ &=\left(x_{i1}^2,\ x_{i2}^2,\ \sqrt{2}\,x_{i1}x_{i2}\right)\left(x_{j1}^2,\ x_{j2}^2,\ \sqrt{2}\,x_{j1}x_{j2}\right)^{\mathrm{T}}\quad(i,j=1,2,\cdots,n). \end{aligned}$$

此时新的空间 $\phi(\boldsymbol{X})$ 为三维空间，且 $\phi(\boldsymbol{X}_i)=\left(x_{i1}^2,\ x_{i2},\ \sqrt{2}x_{i1}x_{i2}\right)(i=1,2,\cdots,n)$. 若多项式最高幂次数为 3，则多项式核函数

$K(\boldsymbol{X}_i,\boldsymbol{X}_j)=\left(\boldsymbol{X}_i\boldsymbol{X}_j^{\mathrm{T}}\right)^3=\left(x_{i1}^3,\ \sqrt{3}x_{i1}^2x_{i2},\ \sqrt{3}x_{i1}x_{i2}^2,\ x_{i2}^3\right)\left(x_{j1}^3,\ \sqrt{3}x_{j1}^2x_{j2},\ \sqrt{3}x_{j1}x_{j2}^2,\ x_{j2}^3\right)^{\mathrm{T}}$，新的特征空间 $\phi(\boldsymbol{X})$ 是四维的，且 $\phi(\boldsymbol{X}_i)=\left(x_{i1}^3,\ \sqrt{3}x_{i1}^2x_{i2},\ \sqrt{3}x_{i1}x_{i2}^2,\ x_{i2}^3\right)(i=1,2,\cdots,n)$. 类似地，当多项式最高幂次数超过 3 时，我们可以得到更高维度的特征空间.

类比于拉普拉斯变换或傅里叶变换，高斯径向基核函数、拉普拉斯核函数、sigmoid 核函数构成的特征空间为无限维连续空间. 在 SVM 算法中，我们一般只关心核函数 $K(\boldsymbol{X}_i,\boldsymbol{X}_j)$ 的形式，对映射函数 $\phi(\boldsymbol{X})$ 的具体形式不作过多讨论. 核函数中的常量参数，一般被称为 SVM 的超参数，这些超参数值通常需要交叉验证等方法进行优化.

**例 4.2**

多项式核函数 $\left(K(\boldsymbol{X}_i,\boldsymbol{X}_j)=\left(\boldsymbol{X}_i\boldsymbol{X}_j^{\mathrm{T}}\right)^d, d=2\right)$ 将表 E4.2 中的 28 个原始二维特征数据投影至三维特征空间 $\phi(\boldsymbol{X}_i)=\left(x_{i1}^2,\ x_{i2}^2,\ \sqrt{2}x_{i1}x_{i2}\right)(i=1,2,\cdots,28)$. 图 E4.2 分别展示了原始二维特征空间不可分与三维特征空间可分的情况.

**表 E4.2　含有 2 个特征的原始数据**

| 样本编号 | $x_1$ | $x_2$ | 类别 | 样本编号 | $x_1$ | $x_2$ | 类别 |
|---|---|---|---|---|---|---|---|
| 1 | 0 | 0.1 | −1 | 15 | −1.2 | 0.1 | 1 |
| 2 | 0.4 | 0.2 | −1 | 16 | −1.4 | 0.15 | 1 |
| 3 | 0.3 | 0.3 | −1 | 17 | −0.2 | 1.2 | 1 |
| 4 | −0.1 | 0.2 | −1 | 18 | −0.5 | 0.9 | 1 |
| 5 | −0.4 | 0.1 | −1 | 19 | −1.2 | −0.1 | 1 |
| 6 | −0.4 | −0.4 | −1 | 20 | −1 | −1 | 1 |
| 7 | −0.2 | −0.1 | −1 | 21 | −0.2 | −1.5 | 1 |
| 8 | 0.1 | −0.3 | −1 | 22 | −0.3 | −1.2 | 1 |
| 9 | 0.3 | −0.4 | −1 | 23 | −0.5 | −0.9 | 1 |
| 10 | 0.8 | 1.2 | 1 | 24 | 0.5 | −0.9 | 1 |
| 11 | 1.2 | 1.2 | 1 | 25 | 1 | −1 | 1 |
| 12 | 1.4 | 0.2 | 1 | 26 | 0.2 | −1.2 | 1 |
| 13 | 0.2 | 1.8 | 1 | 27 | 0.3 | −1.5 | 1 |
| 14 | 0.1 | 1.7 | 1 | 28 | 1.2 | −0.1 | 1 |

根据表 E4.2 中 28 个样本，我们可得到对偶目标函数为

$$L_D=\sum_{i=1}^{28}\lambda_i-\frac{1}{2}\sum_{i=1}^{28}\sum_{j=1}^{28}\lambda_i\lambda_j y_i y_j \boldsymbol{X}_j\boldsymbol{X}_i^{\mathrm{T}}\quad(\lambda_i\geqslant 0).$$

类似于例 4.1, 我们可计算得到 $\lambda$ 的值:

$$\lambda_6=5.751,\quad \lambda_{19}=1.091,\quad \lambda_{23}=3.184,\quad \lambda_{24}=1.412,\quad \lambda_{26}=0.064,$$
$$\lambda_i=0\quad(i=1,2,\cdots,28,i\neq 6,19,23,24,26),$$

其中 5 个不为 0 的拉格朗日乘子对应的 5 个样本 $\boldsymbol{X}_6$, $\boldsymbol{X}_{19}$, $\boldsymbol{X}_{23}$, $\boldsymbol{X}_{24}$, $\boldsymbol{X}_{26}$ 是支持向量, 在图 E4.2（b）中以圆圈表示. 最佳分离超平面的 $\boldsymbol{W}^{\mathrm{T}}$ 与 $b$ 分别为

$$\begin{aligned}\boldsymbol{W}^{\mathrm{T}}=\sum_{i=1}^{28}\lambda_i y_i\boldsymbol{X}_i&=5.751\times(-1)\times(0.16,\ 0.16,\ 0.226)+1.091\times1\times(1.44,\ 0.01,\ 0.170)\\&\quad+3.184\times1\times(0.25,\ 0.81,\ 0.636)+1.412\times1\times(0.25,\ 0.81,\ -0.636)\\&\quad+0.064\times1\times(0.04,\ 1.44,\ -0.340)\\&=(1.892,\ 2.814,\ -9.024\times10^{-3}),\end{aligned}$$

$$\begin{aligned}b&=\frac{(y_6-\boldsymbol{X}_6\boldsymbol{W})+(y_{19}-\boldsymbol{X}_{19}\boldsymbol{W})+(y_{23}-\boldsymbol{X}_{23}\boldsymbol{W})+(y_{24}-\boldsymbol{X}_{24}\boldsymbol{W})+(y_{26}-\boldsymbol{X}_{26}\boldsymbol{W})}{5}\\&=-1.753.\end{aligned}$$

最后得到分离超平面为 $1.892x_1^2+2.814x_2^2-9.024\times10^{-13}x_1x_2-1.753=0$, 在图 E4.2（b）中以彩色平面显示.

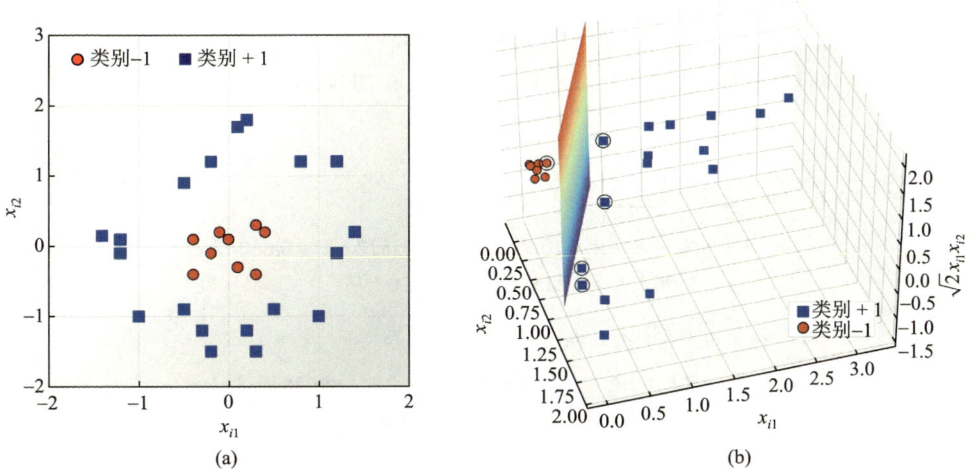


图 E4.2　（a）原始数据的二维特征空间;（b）多项式核函数转换后的三维特征空间, 彩色平面是分离超平面, 圆圈代表支持向量

## 例 4.3

用 RBF 核函数 SVC 对表 E4.1 的数据分类. 先得到归一化数据

$$(\boldsymbol{X},\boldsymbol{y})=\begin{bmatrix}\boldsymbol{X}_1 & y_1\\ \boldsymbol{X}_2 & y_2\\ \boldsymbol{X}_3 & y_3\\ \boldsymbol{X}_4 & y_4\end{bmatrix}=\begin{bmatrix}x_{11} & x_{12} & y_1\\ x_{21} & x_{22} & y_2\\ x_{31} & x_{32} & y_3\\ x_{41} & x_{42} & y_4\end{bmatrix}=\begin{bmatrix}0.75 & 0.491 & 1\\ 1 & 1 & 1\\ 0 & 0.673 & -1\\ 0.333 & 0 & -1\end{bmatrix}. \tag{E4.3a}$$

使用 RBF 核函数为

$$K(\boldsymbol{X}_i,\boldsymbol{X}_j)=\exp\left(-\gamma\left\|\boldsymbol{X}_i-\boldsymbol{X}_j\right\|^2\right),\quad \gamma=\frac{1}{2\sigma^2}\quad (i,j=1,2,\cdots,n). \tag{E4.3b}$$

原始数据有 2 个特征 $\boldsymbol{X}_i=(x_{i1},x_{i2})$，因此有

$$\boldsymbol{X}_i-\boldsymbol{X}_j=\begin{bmatrix}x_{i1}\\ x_{i2}\end{bmatrix}^{\mathrm{T}}-\begin{bmatrix}x_{j1}\\ x_{j2}\end{bmatrix}^{\mathrm{T}}=\begin{bmatrix}x_{i1}-x_{j1}\\ x_{i2}-x_{j2}\end{bmatrix}^{\mathrm{T}}\quad (i,j=1,2,\cdots,n). \tag{E4.3c}$$

代入 RBF 核函数中，可得

$$\exp\left(-\gamma\left\|\boldsymbol{X}_i-\boldsymbol{X}_j\right\|^2\right)=\exp\left(-\gamma(\boldsymbol{X}_i-\boldsymbol{X}_j)(\boldsymbol{X}_i-\boldsymbol{X}_j)^{\mathrm{T}}\right)\quad (i,j=1,2,\cdots,n).$$

令 $\gamma=1$，可求出 $K(\boldsymbol{X}_i,\boldsymbol{X}_j)$ 的每个元素，比如 $k(\boldsymbol{X}_1,\boldsymbol{X}_1)$ 与 $k(\boldsymbol{X}_1,\boldsymbol{X}_2)$ 计算结果为

$$\begin{aligned}k(\boldsymbol{X}_1,\boldsymbol{X}_1)&=\exp(-\gamma(\boldsymbol{X}_1-\boldsymbol{X}_1)(\boldsymbol{X}_1-\boldsymbol{X}_1)^{\mathrm{T}})=1,\\ k(\boldsymbol{X}_1,\boldsymbol{X}_2)&=\exp(-\gamma(\boldsymbol{X}_1-\boldsymbol{X}_2)(\boldsymbol{X}_1-\boldsymbol{X}_2)^{\mathrm{T}})\\ &=\exp\left(-\left((0.75-1),\ (0.491-1)\right)\begin{bmatrix}0.75-1\\ 0.491-1\end{bmatrix}\right)\\ &=\exp(-0.321581)=0.725.\end{aligned}$$

同理，我们可以得到核函数矩阵 $K(\boldsymbol{X}_i,\boldsymbol{X}_j)(i,j=1,2,\cdots,n)$ 的其他所有元素值. 因此，对偶目标函数结果为

$$\begin{aligned}L_{\mathrm{D}}&=\sum_{i=1}^{n}\lambda_i-\frac{1}{2}\sum_{i=1}^{n}\sum_{j=1}^{n}\lambda_i\lambda_j y_i y_j K(\boldsymbol{X}_i,\boldsymbol{X}_j)\\ &=\lambda_1+\lambda_2+\lambda_3+\lambda_4-(0.7250\lambda_1\lambda_2+0.5512\lambda_1\lambda_3+0.6604\lambda_1\lambda_4\\ &\quad+0.3306\lambda_2\lambda_3+0.2358\lambda_2\lambda_4+0.5690\lambda_3\lambda_4).\end{aligned}$$

根据式（4.6b）得出 $\lambda_3=\lambda_1+\lambda_2-\lambda_4$，$L_{\mathrm{D}}$ 可进一步化简为

$$\begin{aligned}L_{\mathrm{D}}&=2\lambda_1+2\lambda_2-1.6068\lambda_1\lambda_2-0.5512\lambda_1^2-0.6782\lambda_1\lambda_4\\ &\quad-0.3306\lambda_2^2-0.4742\lambda_2\lambda_4+0.5690\lambda_4^2.\end{aligned}$$

求解 $L_{\mathrm{D}}$ 的最大值，需要满足以下偏导数为零：

$$\begin{cases}\dfrac{\partial L_{\mathrm{D}}}{\partial\lambda_1}=2-1.1024\lambda_1-1.6068\lambda_2-0.6782\lambda_4=0,\\ \dfrac{\partial L_{\mathrm{D}}}{\partial\lambda_2}=2-1.6068\lambda_1-0.6612\lambda_2-0.4742\lambda_4=0,\\ \dfrac{\partial L_{\mathrm{D}}}{\partial\lambda_4}=-0.6782\lambda_1-0.4742\lambda_2+1.1380\lambda_4=0.\end{cases}$$

最后得到 $\begin{cases}\lambda_1 = 0.9056, \\ \lambda_2 = 0.3364, \\ \lambda_4 = 0.6799,\end{cases}$ 以及 $\lambda_3 = \lambda_1 + \lambda_2 - \lambda_4 = 0.5621$ .

由于 4 个拉格朗日乘子均不为 0, 4 个样本均为支持向量. 根据式（4.13b）, 可求得 $b$ 值为

$$
\begin{aligned}
b &= \frac{1}{4}\sum_{s\in S}\left(\frac{1}{y_s} - \sum_{i\in S}\lambda_i y_i K(\boldsymbol{X}_s, \boldsymbol{X}_i)\right) \\
&= -0.7250(\lambda_1 + \lambda_2) - 0.5512(\lambda_1 - \lambda_3) - 0.6604(\lambda_1 - \lambda_4) \\
&\quad - 0.3306(\lambda_2 - \lambda_3) - 0.2358(\lambda_2 - \lambda_4) + 0.5690(\lambda_3 + \lambda_4) = -0.337.
\end{aligned}
$$

最后可确定分类规则为

$$
f(\boldsymbol{X}) = \operatorname{sign}\left(\sum_{i=1}^{4}\lambda_i y_i \exp\left(-\left\|\boldsymbol{X} - \boldsymbol{X}_i\right\|^2\right) - 0.337\right).
$$

## 例 4.4

表 E4.3 列举了 Xiong 等（2020）文章中的 34 个合金数据, 包括 14 个晶体合金（crystalline alloys, CRA）与 20 个块状金属玻璃（bulk metallic glasses, BMG）. 混合焓 $H_{\text{mix}}$ （enthalpy of mixing）（单位为 $\text{kJ}\cdot\text{mol}^{-1}$）以及混合熵（entropy of mixing） $S_{\text{mix}}$ （单位为 $\text{J}\cdot\text{K}^{-1}\cdot\text{mol}^{-1}$）是数据集中的 2 个特征（Takeuchi and Inoue, 2005）. $S_{\text{mix}}$ 定义为

$$
S_{\text{mix}} = -R\sum_{i=1}^{N} a_i \ln a_i , \tag{E4.4}
$$

其中, $R$ 是摩尔气体常数, $a_i$ 是 $i$ 组分的摩尔分数. 以 $H_{\text{mix}}$ 与 $S_{\text{mix}}$ 为特征, 可分别使用线性核函数、多项式核函数和 RBF 核函数构建 SVC 模型, 用于判别 2 个不同的形成相 CRA 与 BMG.

**表 E4.3　34 个合金的形成相数据集**

| 合金 | $H_{\text{mix}}$ ($\text{kJ}\cdot\text{mol}^{-1}$) | $S_{\text{mix}}$ ($\text{J}\cdot\text{K}^{-1}\cdot\text{mol}^{-1}$) | 相 | 合金 | $H_{\text{mix}}$ ($\text{kJ}\cdot\text{mol}^{-1}$) | $S_{\text{mix}}$ ($\text{J}\cdot\text{K}^{-1}\cdot\text{mol}^{-1}$) | 相 |
|---|---|---|---|---|---|---|---|
| $Ag_{10.5}Cu_{80.5}P_9$ | −5.09 | 5.22 | CRA | $(Zr_{0.55}Al_{0.20}Co_{0.20}Cu_{0.05})_{95}Ag_5$ | −40.10 | 10.52 | BMG |
| $Ag_{10}Ce_3Cu_{87}$ | −1.86 | 3.80 | CRA | $(Zr_{0.55}Al_{0.20}Co_{0.20}Cu_{0.05})_{97}Ag_3$ | −41.16 | 10.17 | BMG |
| $Ag_{10}Ce_5Cu_{85}$ | −3.49 | 4.31 | CRA | $Fe_{41}Co_7Cr_{15}Mo_{14}C_{15}B_6Y_2$ | −33.35 | 13.66 | BMG |
| $Ag_{10}Mg_{50}Y_{40}$ | −11.44 | 7.84 | CRA | $La_{62}Al_{14}(Cu_5Ag_1)_{12}(NiCo)_{12}$ | −27.50 | 10.12 | BMG |
| $Ag_{10}Mg_{85}Y_5$ | −5.00 | 4.31 | CRA | $La_{62}Al_{14}(Cu_5Ag_1)_{16}(NiCo)_8$ | −27.15 | 9.93 | BMG |
| $Ag_{12.2}Cu_{81.5}P_{6.3}$ | −3.37 | 4.97 | CRA | $La_{62}Al_{14}(Cu_5Ag_1)_{20}(NiCo)_4$ | −26.89 | 9.48 | BMG |
| $Ag_{14}Cu_{78.5}P_{7.5}$ | −4.02 | 5.48 | CRA | $Zr_{65}Al_{7.5}Cu_{17.5}Ni_{10}$ | −32.22 | 8.39 | BMG |
| $Ag_{15}Ce_4Cu_{81}$ | −2.47 | 4.86 | CRA | $Au_2Zr_{48}Cu_{34}Al_8Ag_8$ | −28.10 | 9.99 | BMG |
| $Ag_{15}Cu_{83}Fe_2$ | 2.20 | 4.30 | CRA | $Au_4Zr_{48}Cu_{32}Al_8Ag_8$ | −30.46 | 10.39 | BMG |
| $Ag_{20.9}Pd_{62.6}Si_{16.5}$ | −29.15 | 7.63 | CRA | $Cu_{38}Zr_{46}Ag_8Al_8$ | −25.48 | 9.39 | BMG |
| $Ag_{20}Ce_3Cu_{77}$ | −1.43 | 5.22 | CRA | $Hf_4Zr_{44}Cu_{36}Al_8Ag_8$ | −25.22 | 10.49 | BMG |

续表

| 合金 | $H_{mix}$ (kJ·mol$^{-1}$) | $S_{mix}$ (J·K$^{-1}$·mol$^{-1}$) | 相 | 合金 | $H_{mix}$ (kJ·mol$^{-1}$) | $S_{mix}$ (J·K$^{-1}$·mol$^{-1}$) | 相 |
|---|---|---|---|---|---|---|---|
| $Ag_{20}Ce_4Cu_{76}$ | −2.30 | 5.48 | CRA | $La_{62}Al_{14}(Cu_5Ag_1)_{14}(NiCo)_{10}$ | −27.31 | 10.06 | BMG |
| $Ag_{20}Ce_5Cu_{75}$ | −3.15 | 5.72 | CRA | $Pd_6Zr_{48}Cu_{30}Al_8Ag_8$ | −35.59 | 10.70 | BMG |
| $Ag_{20}Mg_{20}Y_{60}$ | −18.40 | 7.90 | CRA | $Zr_{46}Cu_{37.64}Ag_{8.36}Al_8$ | −25.46 | 9.43 | BMG |
| $Cu_{34}Zr_{50}Ag_8Al_8$ | −25.87 | 9.29 | BMG | $Hf_2Zr_{46}Cu_{36}Al_8Ag_8$ | −25.47 | 10.04 | BMG |
| $Cu_{40}Zr_{44}Ag_8Al_8$ | −25.18 | 9.41 | BMG | $Ni_2Zr_{48}Cu_{34}Al_8Ag_8$ | −26.66 | 9.99 | BMG |
| $Hf_6Zr_{42}Cu_{36}Al_8Ag_8$ | −24.97 | 10.85 | BMG | $Ni_6Zr_{48}Cu_{30}Al_8Ag_8$ | −28.58 | 10.70 | BMG |

如预期的那样，在特征空间中，使用线性核函数时最佳分离超平面和间隔是直线，因为线性核仅在尺度和原点上变化. 多项式核和 RBF 核则将特征空间非线性映射到高维空间，并形成最佳分离超平面，在特征空间呈现为曲面（线）. 此外，如图 E4.3（c）所示，支持向量的数目为 6 个，其中包括四个 BMG 和两个 CRA.

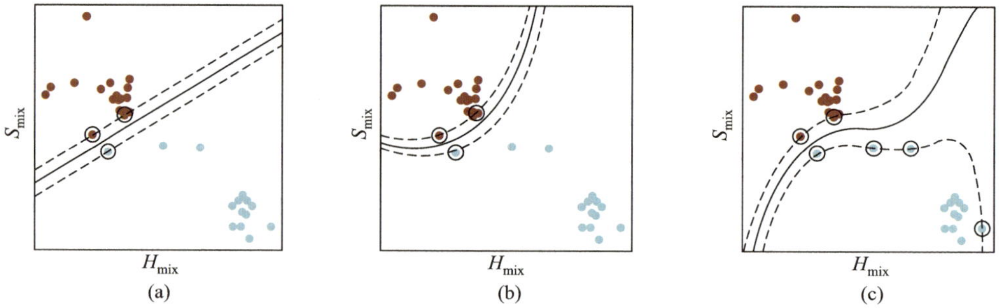


图 E4.3 （$H_{mix}$, $S_{mix}$）为特征的数据样本. 蓝色代表 CRA 样本，红色代表 BMG 样本. 实线以及虚线分别代表最佳超平面及其间隔. 圆圈代表支持向量. 图（a），（b）和（c）分别是采用线性核函数、多项式核函数（最高次幂数为 $d=3$）、径向基核函数（$\sigma=12$）构建的支持向量机分类器 SVC

## 4.3 软间隔

线性可分数据是指在特征空间或映射至高维空间中存在一个分离超平面，该分离超平面能够清晰、完全地分离数据，不存在任意数据位于间隔区域内部. 对于这种类型的分离，其间隔称为硬间隔（Tsochantaridis et al., 2005）. 若不同类别的数据在特征空间或映射到高维空间中有些重叠，分类稍有重叠的数据如果允许一部分样本在间隔区域内部，这种类型的间隔被称为软间隔，如图 4.2 所示.

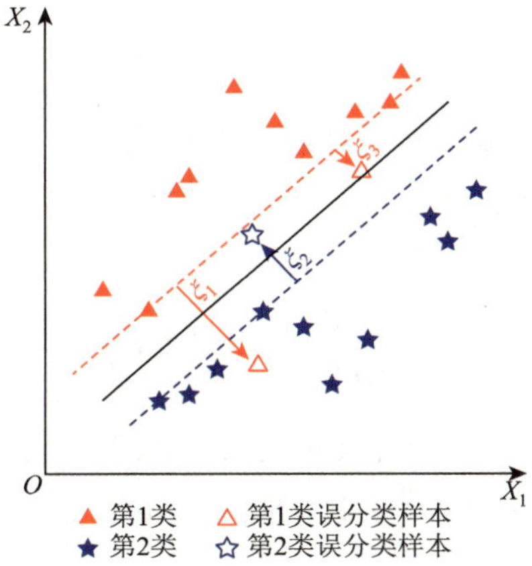


图 4.2　软间隔 SVC 分类示意图. 红色与蓝色三角形分别代表两类样本. 引入松弛变量 $\xi_i \geqslant 0$ $(i=1,2,\cdots,n)$ 用于表示分错的样本至本类间隔边界的距离. 对分类正确的样本，$\xi_i=0$

软间隔边界意味着允许少量分错样本的存在，即不满足约束条件 $y_i(\boldsymbol{X}_i\boldsymbol{W}+b)\geqslant 1$. 在构建 SVC 模型过程中，要求分错样本的个数越少越好，因此需要引入一个分段损失函数 $L_{0/1}(z)$ 来保证分错样本的个数最少化. 在实际计算中，常用以下代理损失函数（surrogate loss function）来使得间隔最大化.

$$0/1\ \text{损失:}\ \mathcal{L}_{0/1}(z)=\begin{cases}1, & z<0,\\ 0, & z\geqslant 0,\end{cases}$$

$$\text{Hinge 损失:}\ \mathcal{L}_{\text{hinge}}(z)=\max(0,1-z),$$

$$\text{指数损失:}\ \mathcal{L}_{\exp}(z)=\exp(-z),$$

$$\text{对数损失:}\ \mathcal{L}_{\log}(z)=\log(1+\exp(-z)).$$

需要注意的是，上述仅常用于 SVC 算法. SVR 算法的损失函数有所不同，比如残差平方和函数（residual sum-of-squares, RSS）（Steel et al., 1997）是 SVR 中广泛应用的损失函数. 基于上述列举的损失函数，式（4.5a）可改写为

$$\min_{\boldsymbol{W},b}\left[\frac{1}{2}\|\boldsymbol{W}\|^2+C\sum_{i=1}^{n}\mathcal{L}\big(f(X_i),y_i\big)\right], \tag{4.14a}$$

或改写为

$$\min_{f}\left[\Omega(f)+C\frac{1}{n}\sum_{i=1}^{n}\mathcal{L}\big(f(X_i),y_i\big)\right], \tag{4.14b}$$

也等同于

$$\min_{f}\left[\lambda\Omega(f)+\frac{1}{n}\sum_{i=1}^{n}\mathcal{L}\big(f(X_i),y_i\big)\right], \tag{4.14c}$$

其中，$\Omega(f)$ 是待最小化的机器学习模型，比如 SVM 中的 $\frac{1}{2}\|\boldsymbol{W}\|^2$. $C$ 是预设的正常量，被称为"成本"参数. $\lambda=1/C$ 通常被称为惩罚参数或正则化参数（Hastie et al., 2009）. 式（4.14c）或者式（4.14b）实际上是常见的正则化问题. 若不考虑惩罚项，则式（4.14c）可以简化为

$$\min_f\left[\frac{1}{n}\sum_{i=1}^{n}\mathcal{L}\left(f(X_i),y_i\right)\right]. \tag{4.14d}$$

式（4.14d）被称为经验风险最小化（Vapnik and Chervonenkis, 1991），式（4.14b）与式（4.14c）被称为结构风险最小化，而正则化参数 $\lambda$ 的值用于平衡模型预测准确度与模型复杂度.

引入软间隔以及松弛变量 $\xi_i\geqslant 0\ (i=1,2,\cdots,n)$ 后，式（4.5a）可改写为

$$\min_{\boldsymbol{W},b}\left[\frac{1}{2}\|\boldsymbol{W}\|^2+C\sum_{i=1}^{n}\xi_i\right],$$
$$\text{s.t. } \xi_i\geqslant 0,\ y_i(\boldsymbol{X}_i\boldsymbol{W}+b)\geqslant 1-\xi_i,\quad i=1,2,\cdots,n. \tag{4.15a}$$

如果 $C$ 足够大，松弛变量 $\xi_i\geqslant 0\ (i=1,2,\cdots,n)$ 会变小甚至可以趋近于 0. 当 $\xi_i=0$ 时，式（4.15a）就是式（4.5a）. 引入松弛变量后，式（4.5b）的拉格朗日函数就可以改写为

$$L_{\mathrm{P}}=\frac{1}{2}\|\boldsymbol{W}\|^2+C\sum_{i=1}^{n}\xi_i-\sum_{i=1}^{n}\lambda_i\left[y_i(\boldsymbol{X}_i\boldsymbol{W}+b)-(1-\xi_i)\right]-\sum_{i=1}^{n}\mu_i\xi_i, \tag{4.15b}$$

其中 $\mu_i(i=1,2,\cdots,n)$ 也是拉格朗日乘子，且满足 $\mu_i\geqslant 0$. 最小化 $L_{\mathrm{P}}$ 需要满足偏导为零，即 $\frac{\partial L_{\mathrm{P}}}{\partial \boldsymbol{W}}=0$，$\frac{\partial L_{\mathrm{P}}}{\partial b}=0$ 和 $\frac{\partial L_{\mathrm{P}}}{\partial \xi_i}=0$，进一步得到

$$\boldsymbol{W}^{\mathrm{T}}=\sum_{i=1}^{n}\boldsymbol{X}_i y_i, \tag{4.16a}$$

$$\sum_{i=1}^{n}\lambda_i y_i=0, \tag{4.16b}$$

$$\lambda_i=C-\mu_i. \tag{4.16c}$$

将式（4.16a）—（4.16c）代入式（4.15b），可得到对偶函数:

$$L_{\mathrm{D}}=\left[\sum_{i=1}^{n}\lambda_i-\frac{1}{2}\sum_{i=1}^{n}\sum_{j=1}^{n}\lambda_i\lambda_j y_i y_j\boldsymbol{X}_j\boldsymbol{X}_i^{\mathrm{T}}\right]. \tag{4.17a}$$

式（4.17a）与式（4.7a）形式相同. 通过最大化 $L_{\mathrm{D}}$ 函数可得到 $\lambda_i(i=1,2,\cdots,n)$ 的值，即求解如下问题:

$$\max_{\lambda_i} L_D,$$

$$\text{s.t.} \sum_{i=1}^{n} \lambda_i y_i = 0, \quad C \geqslant \lambda_i \geqslant 0, i = 1,2,\cdots,n. \tag{4.17b}$$

最大化 $L_D$ 函数也必须满足 KKT 条件，即

$$\begin{cases} \lambda_i \geqslant 0, \quad \mu_i \geqslant 0, \\ y_i(\boldsymbol{X}_i\boldsymbol{W} + b) \geqslant 1 - \xi_i, \\ \lambda_i \left[ y_i(\boldsymbol{X}_i\boldsymbol{W} + b) - 1 + \xi_i \right] = 0, \\ \xi_i \geqslant 0, \quad \mu_i \xi_i = 0. \end{cases}$$

类似地，$\lambda_i \neq 0$ $(i = 1,2,\cdots,n)$ 对应的样本为支持向量，这些样本满足 $y_i(\boldsymbol{X}_i\boldsymbol{W} + b) - 1 + \xi_i = 0$. 任一支持向量可用于计算 $b$ 的值. 在上述求解过程中，我们需要调整成本参数 $C$ 的值进行测试，选择最优的参数值来给出最优解.

## 例 4.5

使用表 E4.4 列举的数据，我们使用线性核函数和 RBF 核函数构建 SVC 模型，来说明软间隔以及成本参数 $C$ 的影响. 表 E4.4 中有 36 个 HEA 样本，包括 18 个体心立方（body-centered cubic, BCC）样本与 18 个 FCC 样本，特征选用 VEC 以及混合焓 $H_{\text{mix}}(\text{kJ}\cdot\text{mol}^{-1})$.

**表 E4.4 包含 36 个 HEA 样本的固溶体结构数据集**

| 合金 | VEC | $H_{\text{mix}}(\text{kJ}\cdot\text{mol}^{-1})$ | 结构 | 合金 | VEC | $H_{\text{mix}}(\text{kJ}\cdot\text{mol}^{-1})$ | 结构 |
|---|---|---|---|---|---|---|---|
| $Al_{0.75}CoCrCu_{0.25}FeNiTi_{0.5}$ | 7.27 | −14.39 | BCC | $Al_{0.25}CoFeNi$ | 8.54 | −6.06 | FCC |
| $Al_{0.8}CrCuFeMn_{1.5}Ni$ | 7.60 | −4.23 | BCC | $Al_{0.2}CrCuFeNi_2$ | 8.77 | 0.12 | FCC |
| $AlCoCrCu_{0.25}FeNiTi_{0.5}$ | 7.09 | −15.50 | BCC | $CoCr_{0.4}Fe_8Mn_{5.4}Ni_{5.2}$ | 8.26 | −3.58 | FCC |
| $AlCoCrCu_{0.5}FeNiTi_{0.5}$ | 7.25 | −13.42 | BCC | CoCrCuFe | 8.50 | 6.25 | FCC |
| $AlCoCrFeNiSi_{0.4}$ | 6.96 | −19.84 | BCC | CoCrFeNi | 8.25 | −3.75 | FCC |
| $AlCoCrFeNiTi_{0.5}$ | 6.91 | −17.92 | BCC | CoCrMnNi | 8.00 | −5.50 | FCC |
| AlCrCuFeMnNi | 7.50 | −5.11 | BCC | CoCrNi | 8.33 | −4.89 | FCC |
| AlHfNbTaTiZr | 4.17 | −14.78 | BCC | CoCuFeNi | 9.50 | 5.00 | FCC |
| $Cr_2MoNbTaVW$ | 5.57 | −4.82 | BCC | $CoCuFeNiSn_{0.02}$ | 9.47 | 5.02 | FCC |
| $Al_{0.3}HfNbTaTiZr$ | 4.32 | −3.99 | BCC | CoFeMnNi | 8.50 | −4.00 | FCC |
| $Al_{0.5}HfNbTaTiZr$ | 4.27 | −7.67 | BCC | CoFeNi | 9.00 | −1.33 | FCC |
| Al0.75HfNbTaTiZr | 4.22 | −11.55 | BCC | $CoFeNiSi_{0.25}$ | 8.62 | −11.83 | FCC |
| $Al_{20}(CoCrCuFeMnNiTiV)$ | 6.60 | −15.44 | BCC | CoFeNiV | 8.00 | −10.50 | FCC |
| $Cr_{0.5}MoNbTaVW$ | 5.45 | −4.83 | BCC | CoMnNi | 8.67 | −5.78 | FCC |
| CrMoNbTaVW | 5.50 | −4.89 | BCC | $Cr_{0.66}FeMnNi$ | 7.91 | −4.17 | FCC |

续表

| 合金 | VEC | $H_{mix}$(kJ·mol$^{-1}$) | 结构 | 合金 | VEC | $H_{mix}$(kJ·mol$^{-1}$) | 结构 |
|---|---|---|---|---|---|---|---|
| $HfMo_{0.50}NbTaTiZr$ | 4.55 | 0.60 | BCC | CrCuFeNi | 8.57 | 3.01 | FCC |
| $HfMo_{0.75}NbTaTiZr$ | 4.61 | −0.21 | BCC | FeMnNi | 8.33 | −4.44 | FCC |
| HfNbTaTiVZr | 4.50 | 0.78 | BCC | $Co_9Cr_7Cu_{36}Mn_{25}Ni_{23}$ | 9.24 | 2.05 | FCC |

基于表 E4.4 的数据集，分别采用线性核函数与径向基核函数构建 SVC 模型，用于判别 BCC 与 FCC 两种晶体结构. 线性核函数的惩罚参数 $C$ 取值为 1, 10, 100, 径向基核函数的惩罚参数 $C$ 取值为 100, 1000, 10000. 建模结果如图 E4.4 和图 E4.5 所示，其中实线与虚线分别代表最佳分离超平面及间隔，圆圈代表支持向量.

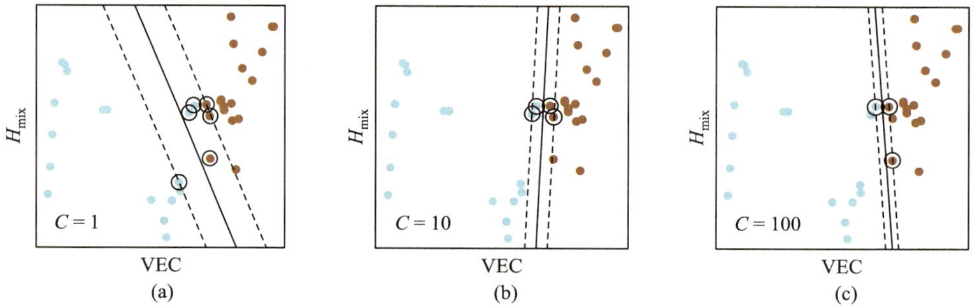


图 E4.4　（$H_{mix}$, $S_{mix}$）为特征的数据样本. 蓝色代表 BCC 样本，红色代表 FCC 样本. SVC 采用线性核函数，惩罚参数的值分别为（a）$C=1$，（b）$C=10$ 和（c）$C=100$

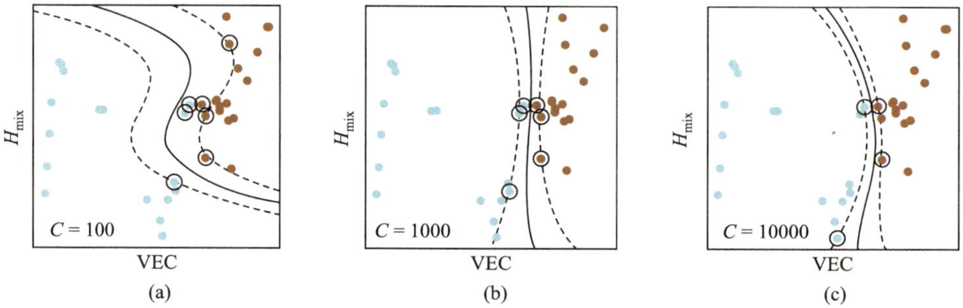


图 E4.5　（$H_{mix}$, $S_{mix}$）为特征的数据样本. 蓝色代表 BCC 样本，红色代表 FCC 样本. SVC 采用径向基函数（RBF）核函数（$\sigma=12$），惩罚参数的值分别为（a）$C=100$，（b）$C=1000$ 和（c）$C=10000$

图 E4.4 与图 E4.5 的结果表明，惩罚参数 $C$ 值越小，软间隔距离越大，会导致更多的分错样本，因此模型准确度降低. 另一方面，惩罚参数 $C$ 值越大，软间隔距离越小，会有更多的样本被分类正确，因此模型准确度提升. 然而，过于准确的模型可能会造成过拟合，这意味着模型对新数据的预测能力较低. 因此，在实际应用中，采用交叉验证的方法来确定适当的$C$值，以避免过拟合. 在此，使用了留一法交叉验证（LOOCV）来确定线性核和 RBF 核（$\sigma=10$）SVC 的适当$C$值. 如预期所料，当$C$值增加时，训练精度也会增加，而验证精度在达到峰值后开始下降. 根据验证精度的最高值和训练精度，最终确定了线性核函数的 $C$ 值为 10, RBF 核函数的 $C$ 值为 1000，结果如表 E4.5 所示.

**表 E4.5　不同核函数和惩罚参数 $C$ 不同取值时，SVC 模型的训练准确率和交叉验证准确率**

| 核函数 | 惩罚参数 $C$ | 训练准确率 | 验证准确率 |
|---|---|---|---|
| 线性核函数 | 1 | 94.4% | 94.4% |
| | 10 | 100% | 100% |
| | 100 | 100% | 97.2% |
| RBF 核函数（$\sigma=10$） | 100 | 94.4% | 94.4% |
| | 1000 | 100% | 100% |
| | 10000 | 100% | 97.2% |

## 4.4　支持向量回归

支持向量回归（SVR）是线性回归方法. 在回归分析中，输入特征向量为$m$ 维的 $\boldsymbol{X}=(x_1,x_2,\cdots,x_m)\in\mathbf{R}^m$，响应值为 $y\in\mathbf{R}$，数据集 $D=\{(\boldsymbol{X}_1,y_1),(\boldsymbol{X}_2,y_2),\cdots,(\boldsymbol{X}_n,y_n)\}$ 由 $n$ 个样本组成. 线性的机器学习模型用 $f(\boldsymbol{X}_i)$ 表示，它是一个在 $m$ 维特征空间 $\boldsymbol{X}$ 或映射后的高维空间 $\phi(\boldsymbol{X})$ 中的超平面. 在经典的最小二乘线性回归中，RSS 为损失函数，仅当 $f(\boldsymbol{X}_i)=y_i$ 时，损失函数值为 0，即不允许存在误差. 不同于经典的最小二乘线性回归，SVR 允许一定的误差存在. 如图 4.3 所示，可以预先定义一个小的正整数 $\varepsilon$ 为 $f(\boldsymbol{X})$ 超平面两侧的误差容忍范围（Drucker et al., 1996）. SVR 构建的线性模型为

$$f(\boldsymbol{X})=\sum_{i=1}^{n}\boldsymbol{W}\phi(\boldsymbol{X}_i)+b. \tag{4.18}$$

$\boldsymbol{W}$ 与 $b$ 的值由正则化风险函数（见式（4.14a）与式（4.14b））的最小化确定:

$$\min_{\boldsymbol{W},b}\left(C\sum_{i=1}^{n}\mathcal{L}_{\varepsilon}\left(f(\boldsymbol{X}_i)-y_i\right)+\frac{1}{2}\|\boldsymbol{W}\|^2\right), \tag{4.19a}$$

$\mathcal{L}_{\varepsilon}\left(f(\boldsymbol{X}_i)-y_i\right)$ 是 $\varepsilon$-不敏感损失，超参数 $\varepsilon$ 值与常数 $C$ 一样是预设的:

$$\mathcal{L}_\varepsilon(z)=\begin{cases}|z|-\varepsilon, & \text{当}z=y_i-f(\boldsymbol{X}_i)>\varepsilon,\ \text{即样本}(\boldsymbol{X}_i,y_i)\text{大于误差容忍范围上边界,}\\ 0, & \text{当}|z|\leqslant\varepsilon,\\ |z|-\varepsilon, & \text{当}z=f(\boldsymbol{X}_i)-y_i>\varepsilon,\ \text{即样本}(\boldsymbol{X}_i,y_i)\text{小于误差容忍范围下边界,}\end{cases}\quad z\equiv f(\boldsymbol{X}_i)-y_i. \tag{4.19b}$$

$\varepsilon$-不敏感损失意味着它不惩罚小于 $\varepsilon$ 的误差，图 4.3 展示了 SVR 的概念.

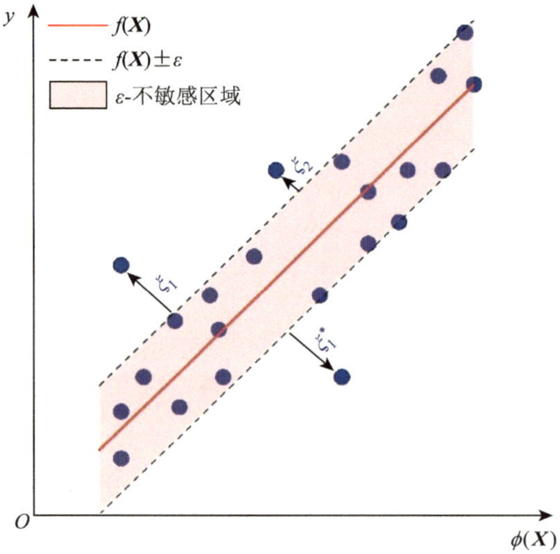


图 4.3　SVR 的 ε-不敏感区域示意图，区域外的样本决定了回归超平面

引入松弛变量 $\xi_i$ 与 $\xi_i^*(i=1,2,\cdots,n)$，式（4.19a）可写为

$$\min_{\boldsymbol{W},b,\xi_i,\xi_i^*}\left(C\sum_{i=1}^{n}\left(\xi_i+\xi_i^*\right)+\frac{1}{2}\|\boldsymbol{W}\|^2\right),$$

$$\text{约束条件:}\begin{cases}y_i-f(\boldsymbol{X}_i)\leqslant\varepsilon+\xi_i,\\ f(\boldsymbol{X}_i)-y_i\leqslant\varepsilon+\xi_i^*,\\ \xi\geqslant 0,\ \xi_i^*\geqslant 0.\end{cases} \tag{4.20a}$$

使用与软间隔问题类似的处理方法，基于拉格朗日乘子大于等于 0 的条件，即 $\lambda_i\geqslant 0$，$\lambda_i^*\geqslant 0$，$\mu_i\geqslant 0$ 和 $\mu_i^*\geqslant 0$，可得拉格朗日函数

$$L_{\mathrm{P}}=\frac{1}{2}\|\boldsymbol{W}\|^2+C\sum_{i=1}^{n}\left(\xi_i+\xi_i^*\right)-\sum_{i=1}^{n}\mu_i\xi_i-\sum_{i=1}^{n}\mu_i^*\xi_i^*$$
$$+\sum_{i=1}^{n}\lambda_i\left[y_i-f(\boldsymbol{X}_i)-\varepsilon-\xi_i\right]+\sum_{i=1}^{n}\lambda_i^*\left[f(\boldsymbol{X}_i)-y_i-\varepsilon-\xi_i^*\right]. \tag{4.20b}$$

最小化 $L_{\mathrm{P}}$ 需要满足 $\frac{\partial L_{\mathrm{P}}}{\partial \boldsymbol{W}}=0$，$\frac{\partial L_{\mathrm{P}}}{\partial b}=0$，$\frac{\partial L_{\mathrm{P}}}{\partial \xi_i}=0$，$\frac{\partial L_{\mathrm{P}}}{\partial \xi_i^*}=0$，最后可得

$$\boldsymbol{W}=\sum_{i=1}^{n}\left(\lambda_i^*-\lambda_i\right)\phi(\boldsymbol{X}_i), \tag{4.21a}$$

$$\sum_{i=1}^{n}\left(\lambda_i^*-\lambda_i\right)=0, \tag{4.21b}$$

$$C=\lambda_i+\mu_i, \tag{4.21c}$$

$$C=\lambda_i^*+\mu_i^*. \tag{4.21d}$$

将式（4.21a-d）代入式（4.20b）可得对偶函数

$$\max_{\lambda_i,\lambda_i^*}\left[\sum_{i=1}^{n}\left[\left(\lambda_i-\lambda_i^*\right)y_i-\varepsilon\left(\lambda_i^*+\lambda_i\right)\right]-\frac{1}{2}\sum_{i=1}^{n}\sum_{j=1}^{n}\left(\lambda_i^*-\lambda_i\right)\left(\lambda_j^*-\lambda_j\right)K(\boldsymbol{X}_i,\boldsymbol{X}_j)\right], \tag{4.22}$$

$$\text{s.t.}\ \begin{cases}\sum_{i=1}^{n}\left(\lambda_i^*-\lambda_i\right)=0,\\ 0\leqslant \lambda_i,\lambda_i^*\leqslant C.\end{cases}$$

求解上述最大化问题也需要满足以下 KKT 条件

$$\begin{cases}\lambda_i[y_i-f(\boldsymbol{X}_i)-\varepsilon-\xi_i]=0,\\ \lambda_i^*[f(\boldsymbol{X}_i)-y_i-\varepsilon-\xi_i^*]=0,\\ \lambda_i\lambda_i^*=0,\quad \xi_i\xi_i^*=0,\\ (C-\lambda_i)\xi_i=0,\quad \left(C-\lambda_i^*\right)\xi_i^*=0.\end{cases}$$

KKT 条件表明，当且仅当 $-f(\boldsymbol{X}_i)+y_i-\varepsilon-\xi_i=0$ 时，$\lambda_i\neq 0$；当且仅当 $f(\boldsymbol{X}_i)-y_i-\varepsilon-\xi_i^*=0$ 时，$\lambda_i^*\neq 0$. 若 $\lambda_i\neq 0$，则 $\lambda_i^*$ 必定为 0，反之亦然. 若 $\xi_i\neq 0$，则 $\xi_i^*$ 必定为 0，反之也亦然. 若 $\xi_i=0$，则 $C=\lambda_i$. 若 $\xi_i^*=0$，则 $C=\lambda_i^*$. 最终，SVR 模型可以写成

$$f(\boldsymbol{X})=\sum_{i=1}^{n}\left(\lambda_i^*-\lambda_i\right)K(\boldsymbol{X}_i,\boldsymbol{X})+b. \tag{4.23a}$$

若样本 $\boldsymbol{X}_i(i=1,2,\cdots,n)$ 在 $\varepsilon$-不敏感区域内，此时 $\lambda_i^*-\lambda_i=0$，对式（4.23a）表示的 SVR 模型没有贡献度. 当样本在 $\varepsilon$-不敏感区域外时，它们满足 $\lambda_i^*-\lambda_i\neq 0$，只有这些样本对 SVR 模型有贡献，由它们确定回归超平面，此时这些样本被称为 SVR 的支持向量. 这里读者需要注意 SVC 与 SVR 的支持向量的定义方式是完全不同的. 用 $S$ 表示包含支持向量的样本集，令 $|S|$ 表示支持向量的个数，截距 $b$ 的均值由下式算出:

$$b=\frac{1}{|S|}\sum_{s\in S}\left(y_s\pm\varepsilon-\sum_i\left(\lambda_i^*-\lambda_i\right)K(\boldsymbol{X}_i,\boldsymbol{X}_S)\right),\tag{4.23b}$$

其中，对于大于上边界的支持向量（$\lambda_i>0$），使用$-\varepsilon$；对于小于下边界的支持向量（$\lambda_i^*>0$），使用$+\varepsilon$．

在构建SVM模型时，应注意选择适当的正则化参数$C$．因为$C$值控制着最大化间隔和最小化训练误差之间的权衡，会影响训练和预测结果．通常，为了避免出现欠拟合与过拟合的情况，需要对$C$进行优化．此外，人们还发现预测结果受到核函数及其相关参数的显著影响．SVM 的优点在于能够处理小规模样本集．在许多情况下，获得足够大的实验样本耗时且昂贵．因此，从有限数量的样本中进行高效学习在数据驱动材料科学与工程研究中变得越来越重要．

**例 4.6**

本例采用 Xiong 等（2019）研究的 219 个样本，构建径向基核函数（RBF）的 SVR 模型，并对比三套不同参数下模型的表现情况．输入特征分别有平均电负性（AEN）、平均原子体积（$V_A$）、混合熵（$S_{mix}$），目标值为剪切模量（$G$）．三个特征的定义如下

$$\mathrm{AEN}=\sum a_i\mathrm{EN}_i,\tag{E4.5a}$$

$$V_\mathrm{A}=\sum a_i\cdot\frac{4}{3}\pi r_i^3,\tag{E4.5b}$$

$$S_\mathrm{mix}=-R\sum_{i=1}^{n}a_i\ln\phi_i,\tag{E4.5c}$$

其中，$a_i$ 是 $i$ 组分的摩尔分数，$\mathrm{EN}_i$ 与 $r_i$ 分别是鲍林电负性与金属原子半径，$R$ 是摩尔气体常数，$\phi_i$ 是 $i$ 组分的体积分数．式（E4.5c）与例 4.4 中的式（E4.4）相比，在 $S_m$ 的对数项中使用 $\phi_i$ 代替 $a_i$ 是为了考虑原子尺寸的差别．

在本例中，先从 219 个样本随机抽取 $N$ 个样本形成数据子集．$N$ 个样本再被随机划分成 10 份，其中 9 份用于建模，1 份用于验证，即采用 10 折交叉验证．用交叉验证的决定系数 $R^2$ 来评价 SVR 模型性能．

图 E4.6 显示不同超参数 SVR 模型的决定系数 $R^2$ 随样本数的变化．图 E4.6（a）是超参数 $C=0.001,\varepsilon=0.1,\sigma=0.5$ 的建模结果．虽然训练集与交叉验证的 $R^2$ 随着样本数增多而有所提升，但总体表现都很差，说明 SVR 模型欠拟合．图 E4.6（b）是超参数 $C=10000,\varepsilon=0.1,\sigma=0.16$ 的建模结果．此时 SVR 模型的训练结果很好，但交叉验证结果很差，说明 SVR 模型过拟合．图 E4.6（c）是超参数 $C=10,\ \varepsilon=0.1,\ \sigma=0.71$ 的建模结果，此时 SVR 模型的训练结果很好，且交叉验证 $R^2$ 随着样本数增多而提升至接近 1，说明此时 SVR 模型拟合良好．超参数优化是指选择验证结果最佳的一组超参数．

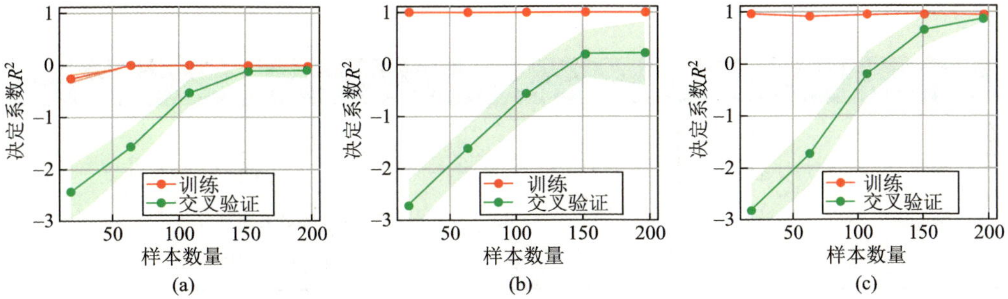


图 E4.6　基于径向基核函数（RBF）构建的 SVR 模型，其决定系数 $R^2$ 值随训练样本数增多而提升. 使用三套不同超参数展现了随着样本数量的增加分别达到欠拟合、过拟合和拟合良好的 SVR 模型的决定系数 $R^2$ 的变化.（a）$C = 0.001, \varepsilon = 0.1, \sigma = 0.5$（欠拟合）;（b）$C = 10000, \varepsilon = 0.1, \sigma = 0.16$（过拟合）和（c）$C = 10, \varepsilon = 0.1, \sigma = 0.71$（拟合良好）

## 例 4.7

本例采用 Python 库 Scikit-Learn（Pedregosa et al., 2011）所提供的 GridSearch-CV（即网格搜索）方法来完成超参数调优过程. 这里选用表 E4.7 中列举的 20 个 NMIS 疲劳数据作为例子来进行说明. 该数据集的目标值是疲劳强度（fatigue strength），表 E4.6 与表 E4.7 分别列出了 16 个特征与 20 个钢材的疲劳数据.

**表 E4.6　NIMS 疲劳数据集的 16 个特征**

| 特征 | 描述 |
|---|---|
| NT | 正火温度（normalizing temperature, ℃） |
| QT | 淬火温度（quenching temperature, ℃） |
| TT | 回火温度（tempering temperature, ℃） |
| C | 碳元素含量（wt.%） |
| Si | 硅元素含量（wt.%） |
| Mn | 锰元素含量（wt.%） |
| P | 磷元素含量（wt.%） |
| S | 硫元素含量（wt.%） |
| Ni | 镍元素含量（wt.%） |
| Cr | 铬元素含量（wt.%） |
| Cu | 铜元素含量（wt.%） |
| Mo | 钼元素含量（wt.%） |

续表

| 特征 | 描述 |
|---|---|
| RR | 收缩率（%） |
| dA | 塑性非金属夹杂物含量（%） |
| dB | 非连续非金属夹杂物含量（%） |
| dC | 孤立的非金属夹杂物含量（%） |

**表 E4.7　包含 20 个 NIMS 疲劳样本的数据集**

| 样本号 | NT | QT | TT | C | Si | Mn | P | S | Ni | Cr | Cu | Mo | RR | dA | dB | dC | 疲劳强度 |
|---|---|---|---|---|---|---|---|---|---|---|---|---|---|---|---|---|---|
| 1 | 900 | 845 | 600 | 0.32 | 0.24 | 0.58 | 0.009 | 0.01 | 2.65 | 0.71 | 0.06 | 0 | 700 | 0.01 | 0.01 | 0.03 | 510 |
| 2 | 870 | 855 | 550 | 0.41 | 0.25 | 0.74 | 0.013 | 0.019 | 0.05 | 0.99 | 0.08 | 0.16 | 700 | 0.03 | 0.00 | 0.00 | 566 |
| 3 | 870 | 855 | 600 | 0.33 | 0.27 | 0.69 | 0.015 | 0.008 | 0.04 | 0.99 | 0.05 | 0.18 | 640 | 0.03 | 0.00 | 0.00 | 535 |
| 4 | 870 | 845 | 630 | 0.40 | 0.23 | 0.70 | 0.011 | 0.010 | 1.82 | 0.78 | 0.09 | 0.18 | 740 | 0.05 | 0.00 | 0.01 | 543 |
| 5 | 865 | 865 | 650 | 0.35 | 0.25 | 0.82 | 0.016 | 0.023 | 0.03 | 0.01 | 0.01 | 0.00 | 825 | 0.07 | 0.04 | 0.00 | 341 |
| 6 | 870 | 845 | 550 | 0.38 | 0.21 | 1.59 | 0.017 | 0.015 | 0.03 | 0.20 | 0.05 | 0.00 | 480 | 0.02 | 0.00 | 0.00 | 432 |
| 7 | 870 | 855 | 650 | 0.40 | 0.22 | 0.70 | 0.010 | 0.004 | 0.04 | 0.94 | 0.12 | 0.17 | 820 | 0.02 | 0.00 | 0.02 | 517 |
| 8 | 845 | 845 | 550 | 0.45 | 0.24 | 0.71 | 0.010 | 0.009 | 0.12 | 0.06 | 0.13 | 0.00 | 610 | 0.06 | 0.00 | 0.01 | 465 |
| 9 | 870 | 855 | 550 | 0.40 | 0.26 | 0.77 | 0.018 | 0.005 | 0.05 | 0.98 | 0.13 | 0.17 | 610 | 0.05 | 0.00 | 0.01 | 562 |
| 10 | 870 | 845 | 550 | 0.40 | 0.22 | 1.56 | 0.011 | 0.019 | 0.06 | 0.09 | 0.05 | 0.00 | 530 | 0.02 | 0.00 | 0.01 | 451 |
| 11 | 825 | 825 | 650 | 0.52 | 0.21 | 0.80 | 0.021 | 0.021 | 0.02 | 0.10 | 0.02 | 0.00 | 1740 | 0.09 | 0.00 | 0.00 | 410 |
| 12 | 825 | 825 | 650 | 0.52 | 0.29 | 0.83 | 0.016 | 0.025 | 0.04 | 0.04 | 0.02 | 0.00 | 825 | 0.12 | 0.02 | 0.00 | 402 |
| 13 | 870 | 855 | 600 | 0.37 | 0.29 | 0.76 | 0.017 | 0.009 | 0.12 | 1.01 | 0.12 | 0.16 | 500 | 0.05 | 0.00 | 0.02 | 542 |
| 14 | 900 | 845 | 550 | 0.32 | 0.30 | 0.52 | 0.013 | 0.009 | 2.67 | 0.77 | 0.06 | 0.00 | 1740 | 0.03 | 0.00 | 0.00 | 570 |
| 15 | 870 | 855 | 600 | 0.41 | 0.25 | 0.74 | 0.013 | 0.019 | 0.05 | 0.99 | 0.08 | 0.16 | 700 | 0.03 | 0.00 | 0.00 | 527 |
| 16 | 870 | 855 | 550 | 0.40 | 0.25 | 0.87 | 0.011 | 0.015 | 0.07 | 1.06 | 0.11 | 0.18 | 700 | 0.07 | 0.01 | 0.00 | 603 |
| 17 | 870 | 845 | 680 | 0.40 | 0.23 | 0.70 | 0.011 | 0.010 | 1.82 | 0.78 | 0.09 | 0.18 | 740 | 0.05 | 0.00 | 0.01 | 482 |
| 18 | 870 | 845 | 550 | 0.41 | 0.24 | 1.51 | 0.020 | 0.008 | 0.04 | 0.22 | 0.08 | 0.00 | 610 | 0.02 | 0.01 | 0.02 | 425 |
| 19 | 870 | 855 | 600 | 0.38 | 0.27 | 0.80 | 0.015 | 0.012 | 0.07 | 1.07 | 0.12 | 0.16 | 1120 | 0.03 | 0.00 | 0.02 | 592 |
| 20 | 845 | 845 | 550 | 0.45 | 0.25 | 0.79 | 0.018 | 0.016 | 0.02 | 0.13 | 0.02 | 0.00 | 1740 | 0.07 | 0.00 | 0.00 | 513 |

此处 SVM 回归采用径向基核函数 $K(\boldsymbol{X}_i,\boldsymbol{X}_j)=\exp\left(-\gamma\left\|\boldsymbol{X}_i-\boldsymbol{X}_j\right\|^2\right)$，输入 GridSearch-CV 函数的超参数取值范围如表 E4.8 所示.

**表 E4.8　超参数取值范围**

| 参数 | 最小值 | 最大值 | 步长 | 个数 |
| --- | --- | --- | --- | --- |
| $C$ | 1 | 241 | 12 | 21 |
| $\varepsilon$ | 1 | 55 | 5.4 | 11 |
| $\gamma$ | 0.01 | 0.58 | 0.03 | 20 |

通过使用 2 折交叉验证，贪婪网格搜索（greedy grid search）得出，当 $C=97$，$\varepsilon=0.1$，$\gamma=11.8$ 时，RMSE 为 65.2. 图 E4.7 展示了网格搜索结果，其中实心点是三个模型超参数的最优取值位置.

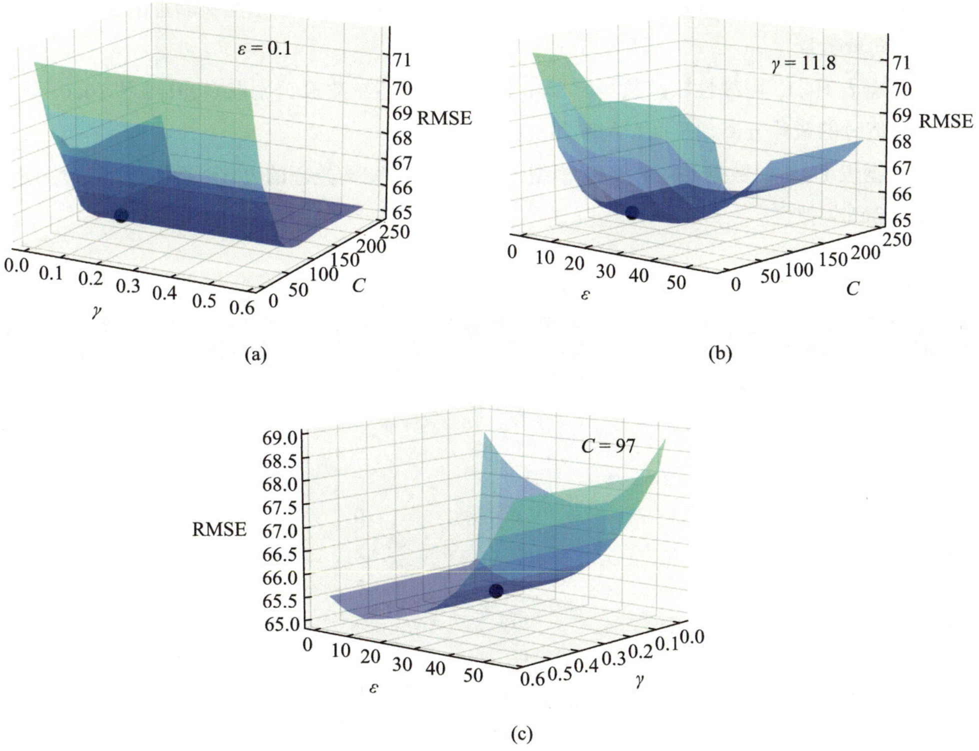


图 E4.7　2 折交叉验证网格搜索结果.（a）SVM 模型中最优超参数 $\varepsilon=0.1$ 的位置；（b）SVM 模型中最优超参数 $\gamma=11.8$ 的位置和（c）SVM 模型中最优超参数 $C=97$ 的位置

# 作　　业

表 H4.1（训练样本）和表 H4.2（测试样本）列举了从文献中收集到的无铅焊料合金数据，其金属元素包含锡（Sn）、银（Ag）、铜（Cu）和铋（Bi），单位为wt.%. 无铅焊料合金的目标性质为屈服强度（单位: MPa），并定义高于44MPa的样本为高强度合金（类别1），低于44MPa的样本为低强度合金（类别0）.

1. 考虑Sn与Ag两个特征，用SVC方法找出表H4.1中的1—4号样本的最佳分离超平面以及支持向量.

2. 用表H4.1构建SVC模型，使得模型在表H4.2测试样本上的准确率高于90%. 准确率定义为 $\mathrm{ACC}=\dfrac{T}{T+F}$. $T$ 与 $F$ 分别表示正确分类与错误分类的样本个数.

3. 建立SVR模型来拟合训练集中的合金屈服强度，并预测测试集中合金的屈服强度. 要求的测试集的 $R^2$ 大于90%.

4. 根据表E4.2，用sigmoid函数构建SVC模型，并给出当留一法交叉验证的 $R^2$ 达到最大时的支持向量数量.

5. 根据表H4.1，用线性核函数构建SVC模型，惩罚超参数 $C$ 分别取0.001, 1和1000. 画出不同 $C$ 取值时的最佳分离超平面、间隔和支持向量.

6. 根据表H4.1的数据，构建SVR模型. 根据留一法交叉验证的 $R^2$ 来优化模型参数，避免模型过拟合或欠拟合.

**表H4.1　包含19个样本的训练集**

| 编号 | Sn（wt.%） | Ag（wt.%） | Cu（wt.%） | Bi（wt.%） | 类别 | 屈服强度（MPa） |
|---|---|---|---|---|---|---|
| 1 | 96.205 | 3.03 | 0.76 | 0.005 | 1 | 46.54 |
| 2 | 96 | 3.5 | 0.5 | 0 | 1 | 46.3 |
| 3 | 95.5 | 2.5 | 0 | 2 | 1 | 45.46 |
| 4 | 95.5 | 3.8 | 0.7 | 0 | 0 | 43.37 |
| 5 | 97 | 3 | 0 | 0 | 0 | 39.65 |
| 6 | 95 | 3 | 0 | 2 | 0 | 37.68 |
| 7 | 95.5 | 2.5 | 0 | 2 | 1 | 48.76 |
| 8 | 93.75 | 2.5 | 0.75 | 3 | 1 | 82.8 |
| 9 | 95.6 | 3.7 | 0.7 | 0 | 0 | 42.39 |
| 10 | 95.48 | 3.8 | 0.72 | 0 | 0 | 42.38 |
| 11 | 95.56 | 3.8 | 0.64 | 0 | 0 | 37.59 |
| 12 | 95.4 | 3.9 | 0.7 | 0 | 0 | 37.58 |
| 13 | 95 | 3 | 0 | 2 | 1 | 47.71 |
| 14 | 95 | 3 | 2 | 0 | 1 | 46.10 |
| 15 | 93 | 3 | 4 | 0 | 0 | 43.28 |
| 16 | 92.8 | 3.4 | 0.5 | 3.3 | 0 | 36.3 |
| 17 | 92.4 | 3.8 | 0.8 | 3 | 1 | 63 |
| 18 | 91.8 | 3.4 | 0 | 4.8 | 1 | 46.29 |
| 19 | 92.5 | 3.8 | 0.7 | 3 | 0 | 34.9 |

表 H4.2　包含 5 个样本的测试集

| 编号 | Sn（wt.%） | Ag（wt.%） | Cu（wt.%） | Bi（wt.%） | 类别 | 屈服强度（MPa） |
|---|---|---|---|---|---|---|
| 1 | 95.55 | 3.8 | 0.65 | 95.55 | 0 | 42.39 |
| 2 | 95.1 | 2.9 | 0 | 95.1 | 1 | 47.71 |
| 3 | 95.5 | 2.5 | 2 | 95.5 | 1 | 46.10 |
| 4 | 93.1 | 2.9 | 4 | 93.1 | 0 | 43.28 |
| 5 | 89.8 | 3.4 | 2 | 89.8 | 1 | 46.29 |

## 参 考 文 献


李航. 2012. 统计学习方法. 北京: 清华大学出版社.

Boyd S, Vandenberghe L. 2004. Convex Optimization. Cambridge: Cambridge University Press.

Cortes C, Vapnik V. 1995. Support-vector networks. Machine Learning, 20(3): 273-297.

Drucker H, Burges C J, Kaufman L, et al. 1996. Support vector regression machines. In Proceedings of the 9th International Conference on Neural Information Processing Systems(NIPS1996). Cambridge: The MIT Press: 155-161.

Hastie T J, Tibshirani R J, Friedman J H. 2001. The Elements of Statistical Learning. New York: Springer.

Hastie T J, Tibshirani R J, Friedman J H. 2009. The Elements of Statistical Learning: Data Mining, Inference and Prediction. 2nd ed. New York: Springer.

Hofmann T, Schölkopf B, Smola A J. 2008. Kernel methods in machine learning. The Annals of Statistics, 36(3): 1171-1220.

Jiang Q, Chi B Q, Li J C. 2003. A valence electron concentration criterion for glass-formation ability of metallic liquids. Applied Physics Letters, 82(18): 2984-2986.

Nocedal J, Wright S. 1999. Numerical Optimization. New York: Springer Science.

Pedregosa F, Varoquaux G, Gramfort A, et al. 2011. Scikit-Learn: Machine learning in Python. The Journal of Machine Learning Research, (12): 2825-2830.

Rosset S, Zhu J, Hastie T. 2003. Margin maximizing loss functions [Paper presented at the Advances in Neural Information Processing Systems 16(NIPS 2003)]. Vancouver and Whistler, British Columbia, Canada.

Steel R G D, Torrie J H, Dickey D A. 1997. Principles and Procedures of Statistics: A Biometrical Approach. New York: McGraw-Hill.

Suykens J A, Vandewalle J. 1999. Least squares support vector machine classifiers. Neural Processing Letters, 9(3): 293-300.

Takeuchi A, Inoue A. 2005. Classification of bulk metallic glasses by atomic size difference, heat of mixing and period of constituent elements and its application to characterization of the main alloying element. Materials Transactions, 46(12): 2817-2829.

Tsochantaridis I, Joachims T, Hofmann T, et al. 2005. Large margin methods for structured and interdependent output variables. Journal of Machine Learning Research, 6(9): 1453-1484.

Vapnik V, Chervonenkis A. 1991. The necessary and sufficient conditions for consistency in the empirical risk minimization method. Pattern Recognition and Image Analysis, 1(3): 283-305.

Xiong J, Shi S Q, Zhang T Y. 2020. A machine-learning approach to predicting and understanding the properties of amorphous metallic alloys. Materials & Design, (187): 108378.

Xiong J, Zhang T Y, Shi S Q. 2019. Machine learning prediction of elastic properties and glass-forming ability of bulk metallic glasses. MRS Communications, 9(2): 576-585.

# 第 5 章

# 决策树和 K 近邻

决策树（decision tree）是一种典型的“分而治之”方法. 它使用树状图或模型来划分特征空间，也称为搜索空间. 决策树由节点和连接节点的线组成. 决策树从一个起始节点开始，起始节点称为树的根节点，它包含所有感兴趣的数据，陆续分为后续节点. 然后，每个后续节点再次被分成其后续节点. 决策树以递归的方式生长，直到达到终端节点，称为叶子节点. 数据划分通常基于具有关键输入值的单个特征或几个特征的组合，并生成新的分支. 从根到叶，有许多层的节点，每层都有许多节点（分支）. 树的深度是指层的数量. 如果树的深度较大且终端节点的数量很多，则决策树很大. 已经发展了许多基于决策树的算法，例如迭代二分法（ID3）（Quinlan, 1986）, C4.5（Quinlan, 1993）、分类和回归树（CART）（Breiman et al., 1984）等. 一般来说，信息增益被用作信息理论分割标准.

## 5.1 分 类 树

为简单起见，考虑一个包含 $n$ 个数据的节点 $\boldsymbol{D}$，这些数据被分为两类：1 类和 2 类. 1 类包含 $n_1$ 个数据, 2 类包含 $n_2$ 个数据，$n_1+n_2=n$. 节点 $\boldsymbol{D}$ 中类别 1 和类别 2 的比例分别为 $p_1=n_1/n$ 和 $p_2=n_2/n$. $\boldsymbol{D}$ 节点的数据量一般用 $|\boldsymbol{D}|$ 表示，类别 1 和类别 2 的数据量分别为 $|D_1|$ 和 $|D_2|$. 通常，对于一个有 $n$ 个数据的节点 $\boldsymbol{D}=\{(\boldsymbol{X}_1,y_1),(\boldsymbol{X}_2,y_2),\cdots,(\boldsymbol{X}_n,y_n)\}$，$\boldsymbol{D}$ 为 $n$ 行 $m$ 列的矩阵，数据 $i$ 有 $m$ 个输入特征 $X_i=(x_{i1},x_{i2},\cdots,x_{im})\ (i=1,2,\cdots,n)\in\mathbf{R}^m$（即 $\boldsymbol{X}_i$ 是一个 $1\times m$ 的向量），属于类别 $y_i=k\in\{1,2,\cdots,K\}$，节点 $\boldsymbol{D}$ 中类 $k$ 的比例由下式定义

$$p_k=\frac{n_k}{n},\quad k=1,2,\cdots,K, \tag{5.1}$$

其中 $n_k$ 是节点 $\boldsymbol{D}$ 中类 $k$ 中的数据数量. 显然有 $\sum_{k=1}^{K}p_k=1$. 当 $n_k\gg n_{j\neq k}$ 或者 $p_k\gg p_{j\neq k}$ 时，类 $k$ 被视为节点 $\boldsymbol{D}$ 中的多数类，多数类也经常被命名为溶剂，其他为溶质或杂质.

通常使用以下三个参数来衡量节点中的类混合度：① 误分类误差 $1-\max\limits_{k=1,2,\cdots,K}\{p_k\}$；② 基尼指数 $\mathrm{GI}\equiv\sum_{k=1}^{K}p_k(1-p_k)$；③ 信息熵 $S\equiv-\sum_{k=1}^{K}p_k\ln(p_k)$. 对于二分类问题，三个参数简化后分别为 $1-\max(p,1-p),2p(1-p)$ 和 $-p\ln(p)-(1-p)\ln(1-p)$. 显然，误分类误差越小，多数类的比例就越高，类混合度越低. 类似地，基尼指数和信息熵越小，类混合度越低. 类混合度的降低意味着信息增益. 基尼指数和信息熵在描述类别混合度时比误分类误差更敏感，因此更常用于决策树分类.

一个父节点根据一个或多个输入特征被分成 $V$ 个子节点，分割必然导致信息增益. 由分割引起的信息熵变化 $\Delta S$ 由以下公式计算

$$\Delta S(x_{ij})=S^{p}-\sum_{v=1}^{V}\frac{n_v^c}{n^p}S_v^c, \tag{5.2}$$

其中 $x_{ij}$ 表示特征 $x_j$ 的值 $i$ 用于分割；上标 $p$ 和 $c$ 分别表示父节点和子节点；$n^p$ 是父节点中的数据数量；$n_v^c$ 和 $S_v^c$ 分别是子节点 $v\,(v=1,2,\cdots,V)$ 中的数据量和信息熵. $\Delta S(x_{ij})$ 量化了在 $x_{ij}$ 处分割所引起的信息熵变化，并当 $\Delta S(x_{ij})>0$ 时表示有信息增益. 信息增益随分割中使用的特征及其值而变化. 用于分割的最佳 $x_{ij}\in\boldsymbol{X}$ 通过最大化信息增益来确定

$$x_{IJ}=\underset{x_{ij}\in X}{\operatorname{argmax}}\,\Delta S(x_{ij}), \tag{5.3}$$

其中 $x_{IJ}$ 表示当特征 $J$ 和其值 $I$ 用于分割时，信息增益被最大化. 最大化信息增益被作为二分类中的 ID3 决策树算法的分割标准.

与信息熵的定义类似，将一个父节点纯粹地分成 $V$ 个子节点所引起的熵称为固有值（intrinsic value, IV），定义为

$$\mathrm{IV}(x_{ij})=-\sum_{v=1}^{V}\frac{n_v^c}{n^p}\ln\left(\frac{n_v^c}{n^p}\right). \tag{5.4}$$

如果子节点的数量变大，则固有值将变大. 正如等式（5.4）所示，信息增益也随着子节点数量的增加而增加. 为了最小化或消除子节点数量的影响，引入了增益比（GR），定义为

$$\mathrm{GR}(x_{ij})=\frac{\Delta S(x_{ij})}{\mathrm{IV}(x_{ij})}. \tag{5.5}$$

最大化增益比可以确定在分割时使用哪个特征及其值

$$x_{IJ}=\underset{x_{ij}\in X}{\operatorname{argmax}}\,\mathrm{GR}(x_{ij}). \tag{5.6}$$

信息增益和增益比都被用于 C4.5 算法（Quinlan, 1993）.

与信息熵类似, 基尼指数（Gini index）的变化定义为

$$\Delta \mathrm{GI}(x_{ij}) = \mathrm{GI}^p(x_{ij}) - \mathrm{GI}^c(x_{ij}), \tag{5.7a}$$

其中 $\mathrm{GI}^c(x_{ij})$ 是子节点的基尼指数, 计算公式如下

$$\mathrm{GI}^c(x_{ij}) = \sum_{v=1}^{V} \frac{n_v^c}{n^p} \mathrm{GI}_v^c(x_{ij}). \tag{5.7b}$$

基尼指数越小, 节点（数据集）纯度越高. 可以通过最大化基尼指数的变化来确定在分割时使用哪个特征及其值

$$x_{IJ} = \underset{x_{ij} \in X}{\operatorname{argmax}}\, \Delta \mathrm{GI}(x_{ij}), \tag{5.7c}$$

或者等价地

$$x_{IJ} = \underset{x_j \in X}{\operatorname{argmin}}\, \mathrm{GI}^c(x_{ij}). \tag{5.7d}$$

基尼指数用于 CART 决策树算法（Breiman et al., 1984）.

在实践中, 通常一次只搜索一个特征来寻找最佳分割点, 这意味着每次在 $m$ 个特征空间中选择一个特征, 找出这个特征的最佳分割点, 然后在这 $m$ 个最佳分割点中根据信息增益的最大值确定最佳分割特征和最佳分割点. 一个全尺寸的分类树被定义为每个叶子节点的数据仅属于一个类.

**例 5.1**

应用 CART 决策树算法, 根据气体小时空间速度（GHSV，反应器每小时进入的气体体积与催化剂体积之比）和反应温度（$T$）这两个特征，将表 E5.1 中列出的 22 种氮氧化物（$NO_x$）催化剂分为高效（类 1）和低效（类 2）催化剂两种类别.

**表 E5.1　22 种催化剂活性**

| 催化剂 | GHSV（$h^{-1}$） | $T$（℃） | 催化效果 |
|---|---|---|---|
| Mn/玻璃纤维 | 50000 | 160 | 低 |
| $Mn_8Ce_1$/玻璃纤维 | 50000 | 140 | 低 |
| $Mn_5Ce_1$/玻璃纤维 | 50000 | 150 | 低 |
| $Mn_1Ce_2$/石墨烯 | 24000 | 80 | 低 |
| $Mn_{20}Gd_1/MnO_x$ | 36000 | 120 | 低 |
| $Mn_{10}Gd_1/MnO_x$ | 100000 | 175 | 低 |

续表

| 催化剂 | GHSV（$h^{-1}$） | $T$（℃） | 催化效果 |
|---|---|---|---|
| $V_1Mn_4Fe_1$/凹凸棒石 | 40000 | 100 | 低 |
| $Mn_5Ce_1/TiO_2$ | 120000 | 220 | 低 |
| $Mn_5Eu_1/TiO_2$ | 108000 | 150 | 低 |
| Mn/ZSM-5 | 36000 | 180 | 高 |
| $Mn_5Ce_2$/钛酸盐纳米管 | 100000 | 300 | 高 |
| $Fe_1Mn_8/MnO_x$ | 30000 | 135 | 高 |
| $Fe_1Mn_5/MnO_x$ | 30000 | 120 | 高 |
| $Mn/TiO_2$ | 108000 | 300 | 高 |
| $Mn_2Ce_1$/石墨烯 | 24000 | 140 | 高 |
| $Mn_4Ce_1$/石墨烯 | 24000 | 100 | 高 |
| $Mn_8Ti_2$ | 60000 | 250 | 高 |
| $Fe_1Mn_8Ti_1$ | 60000 | 200 | 高 |
| $Mn_{10}Gd_3/MnO_x$ | 36000 | 240 | 高 |
| $Mn_{10}Gd_1/MnO_x$ | 36000 | 200 | 高 |
| $MnO_x$ | 100000 | 200 | 高 |
| $Ce/MnO_x$ | 40000 | 200 | 高 |

在二分类中，方程（5.1）简化为

$$p = p_1 = \frac{|D_1|}{|D|},\quad p_2 = \frac{|D_2|}{|D|} = 1 - p, \tag{E5.1}$$

其中$|D_1|$和$|D_2|$分别表示类 1 和类 2 中的样本数，$|D|$是节点 $\boldsymbol{D}$ 中的总样本数. 节点 $\boldsymbol{D}$ 的基尼指数为$\mathrm{GI}(D) = 2p(1-p)$. 当父节点 $\boldsymbol{D}$ 被分成两个子节点 $D^1$ 和 $D^2$ 时，它们进一步分别分类为 $D_1^1$ 和 $D_2^1$，以及 $D_1^2$ 和 $D_2^2$（此处同样为上标索引表示子节点，下标索引表示类），等式（5.7a）简化为

$$\Delta \mathrm{GI} = 2\frac{|D_1|}{|D|}\left(1-\frac{|D_1|}{|D|}\right) - \left[2\frac{|D^1|}{|D|}\frac{|D_1^1|}{|D^1|}\left(1-\frac{|D_1^1|}{|D^1|}\right) + 2\frac{|D^2|}{|D|}\frac{|D_1^2|}{|D^2|}\left(1-\frac{|D_1^2|}{|D^2|}\right)\right], \tag{E5.2}$$

其中$|D^1|$和$|D^2|$分别是节点 $D^1$ 和 $D^2$ 中的样本数（注意：不要将它们与类 1 和类 2 中的样本编号混淆，即$|D_1|$和$|D_2|$）. 显然，$|D^1| + |D^2| = |D|$，$|D_1^1| + |D_1^2| = |D_1|$ 和 $|D_2^1| + |D_2^2| = |D_2|$，以及$|D_1^1| + |D_2^1| = |D^1|$和$|D_1^2| + |D_2^2| = |D^2|$. 分割中使用的特征及其值通过最大化方程（5.7c）的基尼指数变化来确定，或者通过最小化方程（5.7d）的子节点的基尼指数来确定. 例如，在这种情况下，最小化方程（5.7d）意味着

$$x_{IJ}=\underset{x_{ij}\in X}{\operatorname{argmin}}\left[\frac{|D^1|}{|D|}\frac{|D_1^1|}{|D^1|}\left(1-\frac{|D_1^1|}{|D^1|}\right)+\frac{|D^2|}{|D|}\frac{|D_1^2|}{|D^2|}\left(1-\frac{|D_1^2|}{|D^2|}\right)\right]. \tag{E5.3}$$

父节点的基尼指数为

$$\mathrm{GI}^p=2\frac{|D_1|}{|D|}\left(1-\frac{|D_1|}{|D|}\right)=2\times\frac{9}{22}\times\left(1-\frac{9}{22}\right)=0.4835. \tag{E5.4}$$

为了计算 $\mathrm{GI}^c(x_{IJ})$ 和 $\Delta\mathrm{GI}$，让我们首先将温度 $T$ 作为分割的特征，并按低到高顺序排列数据，如表 E5.2 所示. 如果我们进一步取相邻的两个 $T$ 值的平均值作为分割值，则可以计算出子节点的基尼指数：

$$\mathrm{GI}^c=\left[\frac{|D^1|}{|D|}\frac{|D_1^1|}{|D^1|}\left(1-\frac{|D_1^1|}{|D^1|}\right)+\frac{|D^2|}{|D|}\frac{|D_1^2|}{|D^2|}\left(1-\frac{|D_1^2|}{|D^2|}\right)\right], \tag{E5.5}$$

基尼指数的变化量为

$$\Delta\mathrm{GI}=\mathrm{GI}^p-\mathrm{GI}^c. \tag{E5.6}$$

表 E5.2 显示了所有可能分割点的 $\mathrm{GI}^c$ 和 $\Delta\mathrm{GI}$ 的计算结果，显然表明当 $T=177.5$℃时，$\mathrm{GI}^c=0.162$ 是最小的，而 $\Delta\mathrm{GI}=0.3215$ 是最大的. 因此，$T=177.5$℃ 是特征 $T$ 的最佳分割点. 以类似的方式对特征 GHSV 进行计算，以找到最佳分割点，得到 $\mathrm{GHSV}=38000\mathrm{h}^{-1}$，此时 $\mathrm{GI}^c=0.218$，$\Delta\mathrm{GI}=0.2655$．由于在 $T=177.5$℃时的 $\Delta\mathrm{GI}=0.3215$ 比在 $\mathrm{GHSV}=38000\mathrm{h}^{-1}$ 时的 $\Delta\mathrm{GI}=0.2655$ 高，因此选择 $T=177.5$℃作为第一个分割点，树生长一层. 随后，以相同的方式划分每个子节点，直到树增长到预设的大小.

**表 E5.2　特征 $T$ 和相应基尼指数的所有可能分割点 $x_{IJ}$**

| $T$(℃) | 催化效果 | $x_{IJ}$(℃) | $\mathrm{GI}^c$ | $\Delta\mathrm{GI}$ |
|---|---|---|---|---|
| 80 | 低 | 80 | 0.483 | 0 |
| 100 | 低 | 90 | 0.225 | 0.2585 |
| 100 | 高 | | | |
| 120 | 低 | 110 | 0.231 | 0.2525 |
| 120 | 高 | | | |
| 135 | 高 | 127.5 | 0.231 | 0.2525 |
| 140 | 低 | 137.5 | 0.239 | 0.2445 |
| 140 | 高 | | | |
| 150 | 低 | 145 | 0.237 | 0.2465 |
| 150 | 低 | | | |
| 160 | 低 | 155 | 0.211 | 0.2725 |

续表

| $T$(℃) | 催化效果 | $x_L$(℃) | $\mathrm{GI}^c$ | ΔGI |
|---|---|---|---|---|
| 175 | 低 | 167.5 | 0.190 | 0.2935 |
| 180 | 高 | 177.5 | 0.162 | 0.3215 |
| 200 | 高 | 190 | 0.180 | 0.3035 |
| 200 | 高 | | | |
| 200 | 高 | | | |
| 200 | 高 | | | |
| 220 | 低 | 210 | 0.229 | 0.2545 |
| 240 | 高 | 230 | 0.205 | 0.2785 |
| 250 | 高 | 245 | 0.215 | 0.2685 |
| 300 | 高 | 275 | 0.225 | 0.2585 |
| 300 | 高 | | | |

决策树中经常会遇到过拟合的问题. 为了解决过拟合问题，通常会通过减少树的深度和/或要求叶子节点包含最小数量的数据来进行修剪. 为了演示修剪的效果，我们在这里探索树的最大深度（max_depth）对 $NO_x$ 催化剂预测准确率的影响. 为了确定模型的超参数，进行了 5 折交叉验证. 表 E5.3 比较了不同最大深度下获得的模型的准确率. 图 E5.1 显示了两个分类树模型的详细信息以及不同类在特征空间中的对应区域. 这些数据表明，尽管在训练集上达到了 100% 的准确率，但 max_depth = 3 获得的模型是过拟合的. 通过将树修剪到 max_depth = 2，验证集的准确率从 77% 提高到了 82%.

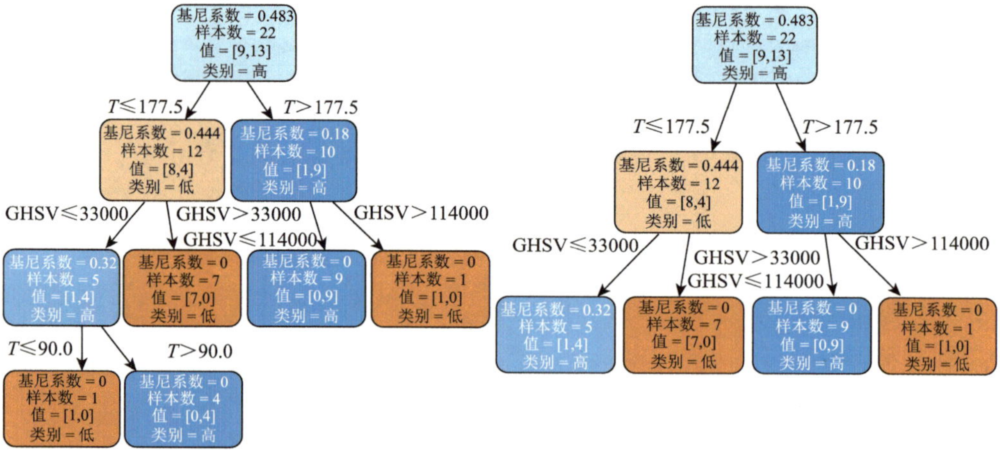


(a)　　　　(b)

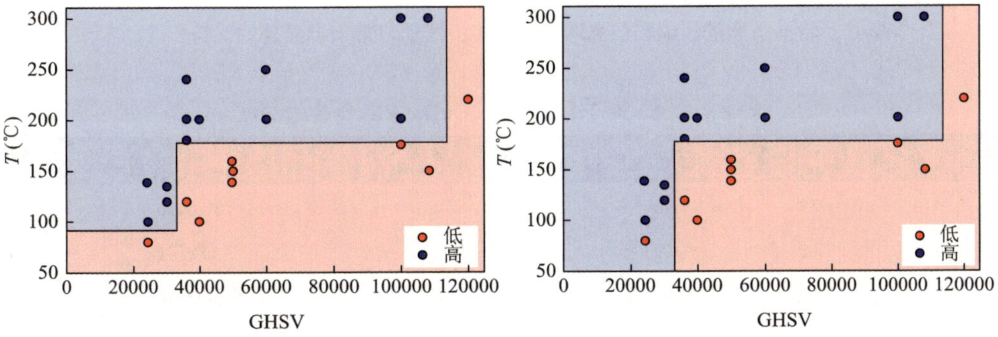


(c)　　(d)

图 E5.1　最大树深度对 $NO_x$ 催化剂决策树的影响. 具有（a）max_depth = 3 和（b）max_depth = 2 的分类树；当（c）max_depth = 3 和（d）max_depth = 2 时的特征空间的划分

**表 E5.3　训练集和验证集在不同 max_depth 值的性能**

| max_depth | 训练集精度 | 验证集精度 |
|---|---|---|
| 3 | 100% | 77% |
| 2 | 95.5% | 82% |

## 例 5.2

使用 CART 决策树算法对 797482 种 $Ti_{50}Ni_{50-x-y-z}Cu_xFe_yPd_z$ 合金的特征空间进行划分，其中 $x \leqslant 20\%, y \leqslant 5\%, z \leqslant 20\%, 50\%-x-y-z \geqslant 30\%$， $x, y$ 和 $z$ 的变化步长为 0.1%；输出是热滞后（Xue et al., 2016）. 研究目标是设计具有最小热滞后的形状记忆合金，其指标是在加热和冷却循环中通过差分扫描量热法测量的相变温度差 $\Delta T$ . 用于 CART 训练的 53 个数据列于表 E5.4. 在二分类中, 53 个数据被分为类 1（$\Delta T < 4\text{K}$）和类 2（$\Delta T \geqslant 4\text{K}$），其中 K 是绝对温度的单位. 图 E5.2（a）展示了一个决策树，其中分支特征和判别值（以 at.%为单位的 X（Cu）或 Z（Pd））显示在分支附近，节点顶部显示有关数据的信息. 图 E5.2（b）说明了图 E5.2（a）如何划分特征空间. 基尼指数从原始值 0.4913 下降到左终端节点的 0.2449，表明信息增益. 左终端节点有 35 个数据（合金），其中 30 个数据和 5 个数据分别属于类 1 和类 2. 这 35 个数据包含一种合金 $Ti_{50}Ni_{48.2}Cu_{0.6}Fe_{0.9}Pd_{0.3}$，其 $\Delta T = 11.05\text{K}$，远高于其他合金. 该数据的 $\Delta T = 11.05\text{K}$ 被视为异常值，并在后续处理中被删除. 应特别注意异常值. 应进行重复测试或/和计算以确保异常值数据的可靠性. 之后，应对可靠的异常值进行系统和全面的调查，以探索隐藏的科学和技术图景，从而获得新的知识. 在删除异常值后，左终端节点的数据数量为 34. 图 E5.2（a）所示的决策树将原始特征空间从 797482 种 $Ti_{50}Ni_{50-x-y-z}Cu_xFe_yPd_z$ 合金（其中 $x \leqslant 20\%$， $y \leqslant 5\%, z \leqslant 20\%$， $50\%-x-y-z \geqslant 30\%$）缩小到 17952 种合金（其中 $x \leqslant 4.3\%, y \leqslant 5\%, z \leqslant 0.7\%$， $50\%-x-$

$y-z \geqslant 30\%$）. 特征空间的收缩和信息增益给后续机器学习带来了显著的优势.

**表 E5.4　53 种 $Ti_{50}Ni_{50-x-y-z}Cu_xFe_yPd_z$ 合金的数据**

| Cu（at.%） | Pd（at.%） | $\Delta T$（K） | 类别 | Cu（at.%） | Pd（at.%） | $\Delta T$（K） | 类别 |
|---|---|---|---|---|---|---|---|
| 0.8 | 0.2 | 1.83898 | 1 | 0 | 0 | 3.88616 | 1 |
| 0.2 | 0.2 | 2.09427 | 1 | 2 | 0 | 3.88841 | 1 |
| 1.1 | 0.2 | 2.31896 | 1 | 0 | 0 | 3.92136 | 1 |
| 1.9 | 0.1 | 2.52766 | 1 | 3.6 | 0.8 | 4.12627 | 2 |
| 0.9 | 0.3 | 2.64172 | 1 | 1.5 | 0 | 4.13238 | 2 |
| 1.9 | 0 | 2.71949 | 1 | 0 | 0 | 4.20952 | 2 |
| 1.2 | 0.1 | 2.74548 | 1 | 1.5 | 1 | 4.25957 | 2 |
| 0 | 0.1 | 2.872 | 1 | 2.3 | 0 | 4.30849 | 2 |
| 1.6 | 0.2 | 3.05015 | 1 | 2.1 | 0 | 4.54446 | 2 |
| 0 | 0 | 3.06755 | 1 | 13 | 3 | 4.7 | 2 |
| 1.9 | 0.1 | 3.0689 | 1 | 10 | 6 | 5.32 | 2 |
| 0 | 0.6 | 3.11654 | 1 | 12 | 4 | 5.8 | 2 |
| 1.2 | 0 | 3.11754 | 1 | 5 | 0 | 5.83235 | 2 |
| 1.9 | 0.2 | 3.1468 | 1 | 12 | 3 | 5.92619 | 2 |
| 1 | 0 | 3.15427 | 1 | 0 | 10 | 6.04315 | 2 |
| 1.1 | 0.1 | 3.23977 | 1 | 14 | 2 | 6.65 | 2 |
| 2.6 | 0 | 3.2483 | 1 | 16 | 0 | 7.4 | 2 |
| 1.4 | 0 | 3.29346 | 1 | 1 | 4 | 8.36027 | 2 |
| 2.3 | 0.1 | 3.30293 | 1 | 0 | 16 | 8.53 | 2 |
| 2 | 0 | 3.4002 | 1 | 12 | 0 | 8.6171 | 2 |
| 2 | 0 | 3.45827 | 1 | 4.6 | 4 | 9.10042 | 2 |
| 2.1 | 0 | 3.49218 | 1 | 6 | 0 | 10.1638 | 2 |
| 4 | 0 | 3.71258 | 1 | 10 | 0 | 10.33648 | 2 |
| 1.7 | 0.1 | 3.72292 | 1 | 14 | 0 | 10.79427 | 2 |
| 2 | 0.1 | 3.73474 | 1 | 0.6 | 0.3 | 11.04894 | 2 |
| 3 | 0 | 3.77995 | 1 | 8 | 0 | 12.6594 | 2 |
| 2 | 0.1 | 3.82909 | 1 | | | | |

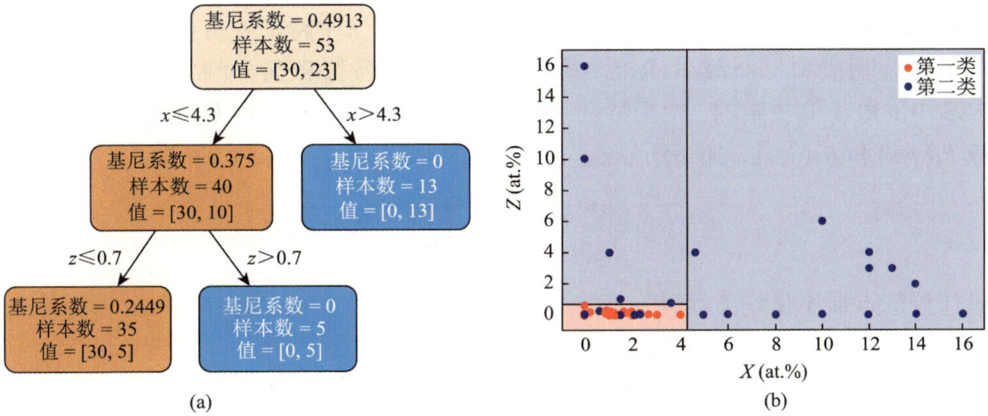


图 E5.2 (a) 决策树将 53 种形状记忆合金划分为两类：$\Delta T < 4\text{K}$ 和 $\Delta T \geqslant 4\text{K}$（"值 = $[n_1, n_2]$"中的 $n_1$ 和 $n_2$ 分别表示 $\Delta T < 4\text{K}$ 和 $\Delta T \geqslant 4\text{K}$ 的样本数）；(b) 决策树对二维特征空间的划分，极大地缩小了后续机器学习的剩余特征空间

## 5.2 回 归 树

除了分类之外，决策树还可以用于回归任务. 回归试图在响应和输入（特征）之间找到最佳相关函数，无论是隐式还是显式地. 对于 $n$ 个输入数据 $\{(\boldsymbol{X}_1, y_1), (\boldsymbol{X}_2, y_2), \cdots, (\boldsymbol{X}_n, y_n)\}$，其中每个数据的输入变量 $\boldsymbol{X}_i = (x_{i1}, x_{i2}, \cdots, x_{im})$ $(i = 1, 2, \cdots, n) \in \mathbf{R}^m$ 是一个 $1 \times m$ 的向量，一维响应变量是标量 $y_i \in \mathbf{R}$，回归树算法决定变量和分割点的值，获得函数 $\hat{y} = f(\boldsymbol{X})$，该函数尽可能准确地估计 $y$ 而不出现过拟合. 训练数据被划分为 $K$ 个区域 $R_1, R_2, \cdots, R_K$，即 $K$ 个终端节点. 当每个终端区域足够小时，输出可以由一个常数近似表示. 否则，可以使用一些函数，或者更一般地，可以在每个大型终端区域中进行其他机器算法的学习. 回归函数表示为

$$f(X) = \sum_{k=1}^{K} c_k I(\boldsymbol{X}, \boldsymbol{y} \in R_k), \tag{5.8}$$

其中 $I(\boldsymbol{X}, \boldsymbol{y} \in R_k)$ 是恒等函数，如果数据 $(\boldsymbol{X}_i, y_i)$ 在 $R_k$ 中，则返回 1；否则返回 0. 如果精度由最小残差平方和（RSS）衡量，则我们有

$$\hat{c}_k = \underset{\boldsymbol{X}, \boldsymbol{y} \in R_k}{\operatorname{argmin}} \sum_{i=1}^{n_{R_k}} (c_k - y_i)^2 = \overline{y}_{n_{R_k}}, \tag{5.9}$$

其中 $n_{R_k}$ 是区域 $R_k$ 中的数据数量，$\overline{y}_{n_{R_k}} = \dfrac{1}{n_{R_k}} \sum_{i=1}^{n_{R_k}} y_i$ 是它们的平均值.

在树的生长过程中，每个特征在分割点的最小 RSS 是在保持其他特征的值不变的基础上由计算该特征的不同值得出的. 这样，每个特征在分割点都会产生一个最佳分割值和一个最小 RSS. 最终使用的分割特征和其分割值是由所有最小 RSS 中的最小值决定的. 如果特征 $j$ 的值 $s$ 被选择作为分割点，则可分开成两个区域 $R_1(j,s)$ 和 $R_2(j,s)$，如下所示

$$R_1(j,s)=\left\{x \mid x_{ij}\leqslant s\right\},$$

$$R_2(j,s)=\left\{x \mid x_{ij}>s\right\}.$$

最佳分割点最小化均方误差

$$\min_{j,s}\left[\min_{c_1}\frac{1}{n_{R_1}}\sum_{x_{ij}\in R_1(j,s)}(y_i-c_1)^2+\min_{c_2}\frac{1}{n_{R_2}}\sum_{x_{ij}\in R_2(j,s)}(y_i-c_2)^2\right]. \tag{5.10a}$$

当 $c_1$ 和 $c_2$ 的最佳输出值是各个区域中 $y$ 的平均值时，方程（5.10a）被重写为

$$\min_{j,s}\left[\frac{1}{n_{R_1}}\sum_{x_{ij}\in R_1(j,s)}(y_i-\hat{c}_1)^2+\frac{1}{n_{R_2}}\sum_{x_{ij}\in R_2(j,s)}(y_i-\hat{c}_2)^2\right], \tag{5.10b}$$

其中，$\hat{c}_k=\overline{y}_{n_{R_k}}$，一个完整的回归树被定义为树中每个叶节点的 RSS 为零.

在预测中，如果输入为 $X^*$ 的新数据被分到训练好树的一个终端节点，即 $X^*\in R_k, k=1,2,\cdots,K$，则预测的 $y^*$ 将是 $\overline{y}_{n_{R_k}}$. 显然，如果一个终端节点包含的数据少，则 $\overline{y}_{n_{R_k}}$ 的平均值将能更好地拟合数据，函数 $f(X)$ 将具有更高的拟合优度值. 然而，如果每个终端节点包含的数据太少，模型将过于复杂并导致过拟合. 为了避免潜在的过拟合，开发了许多方法（Breiman et al., 1984）. 广泛使用的方法可分为两种. 第一种方法是通过预设置树的最大深度、最大终端节点（叶子）、每个终端节点（叶子）中的最小数据和/或最小不纯度下降等值来提前控制树的大小. 第二种方法是在没有限制的情况下形成一个完整的树后对其进行修剪，包括误差减少修剪和成本复杂度修剪. 用 $T_0$ 表示一个全尺寸树，用 $T\subset T_0$ 表示它的一个子树，该子树通过修剪全尺寸树获得. 误差减少修剪即简单比较修剪前后的误差，也即比较 $T$ 与 $T_0$ 的误差. 成本复杂性修剪的工作原理与 LASSO 类似，其标准由如下公式确定

$$T_\alpha=\underset{T\subset T_0}{\operatorname{argmin}}\, C_\alpha(T), \tag{5.11a}$$

$$C_\alpha(T)=\sum_{k=1}^{|T|}\sum_{i=1}^{n_{R_k}}(c_k-y_{ki})^2+\alpha|T|, \tag{5.11b}$$

其中 $|T|$ 是树 $T$ 的终端节点数，$\alpha\geqslant 0$ 是预设常数. 显然，树 $T$ 的终端节点数量小于树 $T_0$ 的初始数量 $K$，即 $|T|\leqslant K$. 对于给定的 $\alpha$ 值，通过最小化 $C_\alpha(T)$ 来确定唯一最小子树 $T_\alpha$. $\alpha|T|$ 是惩罚项. 当 $\alpha$ 值较大时，子树将较小；当 $\alpha=0$ 时，树将为全尺寸树.

## 例 5.3

决策树如果不受限制地生长，很容易出现过拟合. 过拟合是指模型在训练数据集上表现良好，但在测试数据集上表现不佳. 因此，必须对树进行修剪以提高其泛化性能. 可以通过设置树的深度来进行树修剪，即设置树深度的最大值 max_depth. 氮氧化物（$NO_x$）转换率的 29 种催化剂列在表 E5.5 中. 7 个输入特征包括催化剂中元素 Mn、Ce 和 Fe 的 at.%, GHSV、水含量（$H_2O$）、二氧化硫含量（$SO_2$）和反应温度（$T$），而目标属性是对 $NO_x$ 转换率（催化效率，以百分比计）.

**表 E5.5　29 种催化剂的氮氧化物催化效率**

| 催化剂 | Mn（at.%） | Ce（at.%） | Fe（at.%） | GHSV（$h^{-1}$） | $H_2O$（vol%） | $SO_2$（ppm） | $T$（℃） | 催化效率 |
|---|---|---|---|---|---|---|---|---|
| $Mn_8Ce_1/MnO_x$ | 0.1407 | 0.075 | 0 | 24000 | 0 | 0 | 80 | 0.99 |
| $Mn_{16}Ce_1/MnO_x$ | 0.1723 | 0.0693 | 0 | 24000 | 0 | 0 | 100 | 0.99 |
| $Mn_2Ce_1/MnO_x$ | 0.0789 | 0.1155 | 0 | 24000 | 10 | 0 | 140 | 0.93 |
| $Mn_2Ce_1/MnO_x$ | 0.0789 | 0.1155 | 0 | 24000 | 0 | 200 | 140 | 0.73 |
| $Mn_2Ce_1/MnO_x$ | 0.0789 | 0.1155 | 0 | 24000 | 10 | 200 | 140 | 0.65 |
| $Mn_8Ce_1/MnO_x$ | 0.1407 | 0.075 | 0 | 24000 | 10 | 0 | 140 | 0.98 |
| $Mn_8Ce_1/MnO_x$ | 0.1407 | 0.075 | 0 | 24000 | 0 | 200 | 140 | 0.77 |
| Mn/Ce-acetic acid | 0.0391 | 0 | 0 | 60000 | 5 | 100 | 200 | 0.67 |
| Mn/Ce-ethanol | 0.0383 | 0 | 0 | 60000 | 5 | 100 | 200 | 0.65 |
| $Ce_{0.2}/MnO_x$ | 0.116 | 0.023 | 0 | 40000 | 0 | 100 | 200 | 0.70 |
| Mn/Ce-acetic acid | 0.0391 | 0 | 0 | 60000 | 0 | 0 | 200 | 0.90 |
| $Fe_{0.2}Mn_{0.8}/TiO_2$ | 0.139 | 0 | 0.023 | 60000 | 0 | 0 | 200 | 0.96 |
| $Fe_{0.3}Mn_{0.8}/TiO_2$ | 0.132 | 0 | 0.033 | 60000 | 0 | 0 | 200 | 0.97 |
| $Fe_{0.1}Mn_{0.8}/TiO_2$ | 0.153 | 0 | 0 | 60000 | 0 | 0 | 250 | 0.90 |
| $Fe_{0.2}Mn_{0.8}/TiO_2$ | 0.148 | 0 | 0.012 | 60000 | 0 | 0 | 200 | 0.92 |
| Mn/Ce-oxalic acid | 0.0496 | 0 | 0 | 60000 | 0 | 0 | 175 | 0.93 |
| $Ce_{0.2}/TiO_2$ | 0 | 0.046 | 0 | 50000 | 0 | 0 | 300 | 0.96 |
| $Ce_{0.6}/TiO_2$ | 0 | 0.053 | 0 | 50000 | 0 | 0 | 300 | 0.99 |
| Pure $CeO_2$ | 0 | 0.328 | 0 | 50000 | 0 | 0 | 400 | 0.85 |
| $Ce_{0.6}/TiO_2$ | 0 | 0.053 | 0 | 100000 | 0 | 0 | 350 | 0.98 |
| $Ce_{0.6}/TiO_2$ | 0 | 0.053 | 0 | 30000 | 0 | 0 | 250 | 0.96 |
| $Ce_{0.6}/TiO_2$ | 0 | 0.053 | 0 | 12000 | 0 | 0 | 200 | 0.99 |
| $Ce_{0.01}/TiO_2$ | 0 | 0.0001 | 0 | 50000 | 0 | 0 | 400 | 0.81 |
| $Ce_{0.5}/TiO_2$ | 0 | 0.082 | 0 | 30000 | 0 | 0 | 275 | 1 |

续表

| 催化剂 | Mn (at.%) | Ce (at.%) | Fe (at.%) | GHSV ($h^{-1}$) | $H_2O$ (vol%) | $SO_2$ (ppm) | $T$ (℃) | 催化效率 |
|---|---|---|---|---|---|---|---|---|
| $Fe_{0.02}Ce/TiO_2$ | 0 | 0.079 | 0.006 | 30000 | 0 | 0 | 250 | 1 |
| $Fe_{0.1}Ce/TiO_2$ | 0 | 0.075 | 0.011 | 30000 | 0 | 0 | 250 | 1 |
| $Fe_{0.2}Ce/TiO_2$ | 0 | 0.074 | 0.015 | 30000 | 0 | 0 | 225 | 1 |
| $Fe_{0.7}Ce/TiO_2$ | 0 | 0.068 | 0.037 | 30000 | 0 | 0 | 225 | 1 |
| $Ce_{0.6}/TiO_2$ | 0 | 0.053 | 0 | 50000 | 0 | 0 | 350 | 0.98 |

不同特征的数据在范围上差异很大，所以它们首先被归一化到（0, 1）的范围内

$$\hat{x}_{ij} = \frac{x_{ij} - x_{\min,j}}{x_{\max,j} - x_{\min,j}}, \quad j = 1, 2, \cdots, m. \tag{E5.7}$$

以特征 $SO_2$ 为例，它的归一化数据只有三个值：0, 0.5 和 1. 因此，只有两个潜在的分割点：0.25 和 0.75. 需要注意的是，当一个特征及其值用作分割点时，其他特征的平均值应用于均方误差（MSE）的计算. 表 E5.6 显示了 $SO_2$ 特征的分割详细信息. 每个子节点中的 MSE 由以下公式计算：$\frac{1}{n_{R_r}}\sum_{x_{ij}\in R_r(j,s)}(y_i - \hat{c}_r)^2, r = 1, 2$. 将子节点中的两个 MSE 相加，得出方程(5.10b)的 MSE，如表 E5.7 所示.

**表 E5.6　分割点为标归一化后 $SO_2 = 0.25$ 时的预测误差**

| $SO_2$ (ppm) | 归一化 | 催化效率（%） | $\hat{c}_1$，$\hat{c}_2$ 值 | 预报值 | 子节点中的 MSE |
|---|---|---|---|---|---|
| 200 | 1 | 0.73 | $\hat{c}_1 = 0.695$ | 0.695 | 0.002 |
| 200 | 1 | 0.65 | | 0.695 | |
| 200 | 1 | 0.77 | | 0.695 | |
| 100 | 0.5 | 0.67 | | 0.695 | |
| 100 | 0.5 | 0.65 | | 0.695 | |
| 100 | 0.5 | 0.70 | | 0.695 | |
| 0 | 0 | 0.90 | $\hat{c}_2 = 0.956$ | 0.956 | 0.003 |
| 0 | 0 | 0.96 | | 0.956 | |
| 0 | 0 | 0.97 | | 0.956 | |
| 0 | 0 | 0.90 | | 0.956 | |
| 0 | 0 | 0.92 | | 0.956 | |
| 0 | 0 | 0.93 | | 0.956 | |
| 0 | 0 | 0.96 | | 0.956 | |
| 0 | 0 | 0.99 | | 0.956 | |

续表

| $SO_2$（ppm） | 归一化 | 催化效率（%） | $\hat{c}_1$，$\hat{c}_2$ 值 | 预报值 | 子节点中的 MSE |
|---|---|---|---|---|---|
| 0 | 0 | 0.85 | | 0.956 | |
| 0 | 0 | 0.98 | | 0.956 | |
| 0 | 0 | 0.96 | | 0.956 | |
| 0 | 0 | 0.99 | | 0.956 | |
| 0 | 0 | 0.81 | | 0.956 | |
| 0 | 0 | 1 | | 0.956 | |
| 0 | 0 | 1 | | 0.956 | |
| 0 | 0 | 1 | $\hat{c}_2 = 0.956$ | 0.956 | 0.003 |
| 0 | 0 | 1 | | 0.956 | |
| 0 | 0 | 1 | | 0.956 | |
| 0 | 0 | 0.98 | | 0.956 | |
| 0 | 0 | 0.99 | | 0.956 | |
| 0 | 0 | 0.99 | | 0.956 | |
| 0 | 0 | 0.93 | | 0.956 | |
| 0 | 0 | 0.98 | | 0.956 | |

**表 E5.7　特征 $SO_2$ 的两个分割点的 MSE**

| 分割点 | 0.25 | 0.75 |
|---|---|---|
| MSE | 0.005 | 0.013 |

表 E5.7 列出了特征 $SO_2$ 的两个分割点的 MSE，比较后，选 0.25 为特征 $SO_2$ 的分割点. 以同样的方法，找出所有特征的分割点. 图 E5.3 显示出所有特征分割点的 MSE，选取最小的 MSE，得到（$SO_2$, 0.25）为最佳分割点（$j, s$）. 如此通过重复不修剪的分割过程，可以生长出一个全尺寸的树，如图 E5.4（a）所示.

使用 10 折交叉验证并通过决定系数 $R^2$ 来检验树大小对回归树模型准确性的影响. 例如，图 E5.5 展示了 $R^2$ 在训练集和验证集上随 max_depth 的变化. 如预期，$R^2$ 值在训练集上随 max_depth 的增加单调趋近于 1. 然而，在验证集上，$R^2$ 先随着 max_depth 的增加而增加，直到 max_depth = 5，然后开始下降. 因此，当 max_depth＜5 时，模型欠拟合；当 max_depth＞5 时，模型过拟合；当 max_depth = 5 时，模型拟合良好. 同样，也可以通过控制每个叶节点中的样本数量（min_samples_leaf）或/和最大叶节点数量（max_leaf_nodes）来修剪决策树. 图 E5.4 展示了修剪前后的树形状（模型复杂度）.

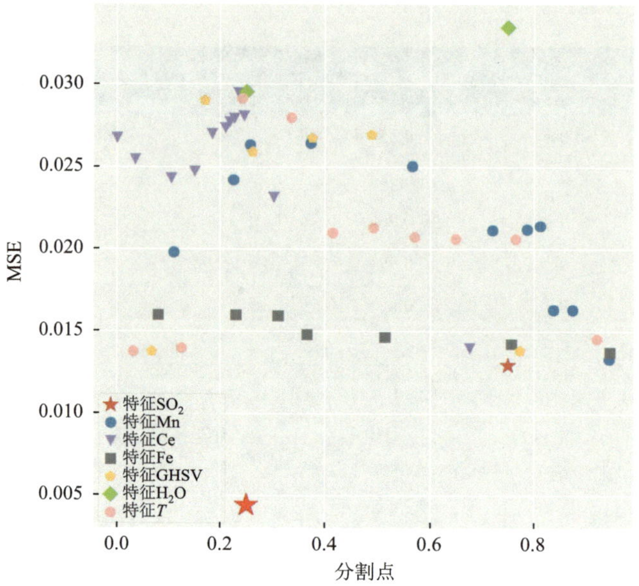


图 E5.3 所有潜在分割点的 MSE 值

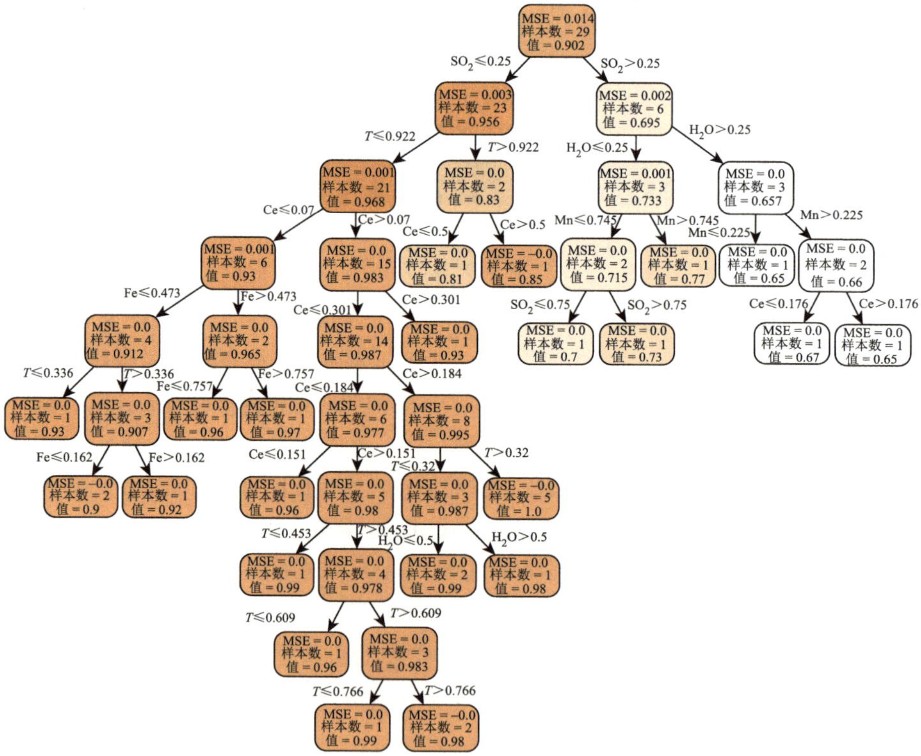


(a)

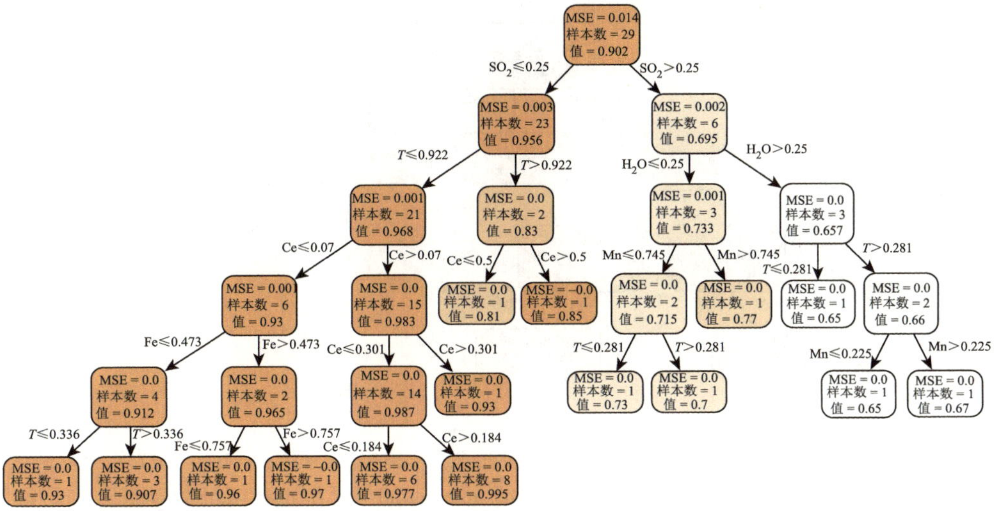
MSE = 0.014
样本数 = 29
值 = 0.902
SO2≤0.25
SO2>0.25
MSE = 0.003
样本数 = 23
值 = 0.956
MSE = 0.002
样本数 = 6
值 = 0.695
T≤0.922
T>0.922
H2O≤0.25
H2O>0.25
MSE = 0.001
样本数 = 21
值 = 0.968
MSE = 0.0
样本数 = 2
值 = 0.83
MSE = 0.001
样本数 = 3
值 = 0.733
MSE = 0.0
样本数 = 3
值 = 0.657
Ce≤0.07
Ce>0.07
Ce≤0.5
Ce>0.5
Mn≤0.745
Mn>0.745
T≤0.281
T>0.281
MSE = 0.001
样本数 = 6
值 = 0.93
MSE = 0.0
样本数 = 15
值 = 0.983
MSE = 0.0
样本数 = 1
值 = 0.81
MSE = -0.0
样本数 = 1
值 = 0.85
MSE = 0.0
样本数 = 2
值 = 0.715
MSE = 0.0
样本数 = 1
值 = 0.77
MSE = 0.0
样本数 = 1
值 = 0.65
MSE = 0.0
样本数 = 2
值 = 0.66
Fe≤0.473
Fe>0.473
Ce≤0.301
Ce>0.301
T≤0.281
T>0.281
Mn≤0.225
Mn>0.225
MSE = 0.0
样本数 = 4
值 = 0.912
MSE = 0.0
样本数 = 2
值 = 0.965
MSE = 0.0
样本数 = 14
值 = 0.987
MSE = 0.0
样本数 = 1
值 = 0.93
MSE = 0.0
样本数 = 1
值 = 0.73
MSE = 0.0
样本数 = 1
值 = 0.7
MSE = 0.0
样本数 = 1
值 = 0.65
MSE = 0.0
样本数 = 1
值 = 0.67
T≤0.336
T>0.336
Fe≤0.757
Fe>0.757
Ce≤0.184
Ce>0.184
MSE = 0.0
样本数 = 1
值 = 0.93
MSE = 0.0
样本数 = 3
值 = 0.907
MSE = 0.0
样本数 = 1
值 = 0.96
MSE = -0.0
样本数 = 1
值 = 0.97
MSE = 0.0
样本数 = 6
值 = 0.977
MSE = 0.0
样本数 = 8
值 = 0.995

(b)

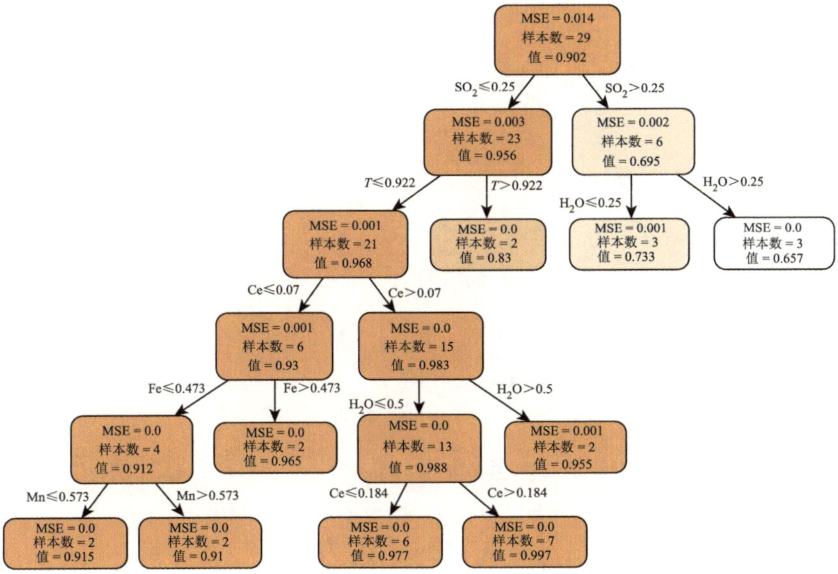
MSE = 0.014
样本数 = 29
值 = 0.902
SO2≤0.25
SO2>0.25
MSE = 0.003
样本数 = 23
值 = 0.956
MSE = 0.002
样本数 = 6
值 = 0.695
T≤0.922
T>0.922
H2O≤0.25
H2O>0.25
MSE = 0.001
样本数 = 21
值 = 0.968
MSE = 0.0
样本数 = 2
值 = 0.83
MSE = 0.001
样本数 = 3
值 = 0.733
MSE = 0.0
样本数 = 3
值 = 0.657
Ce≤0.07
Ce>0.07
MSE = 0.001
样本数 = 6
值 = 0.93
MSE = 0.0
样本数 = 15
值 = 0.983
Fe≤0.473
Fe>0.473
H2O≤0.5
H2O>0.5
MSE = 0.0
样本数 = 4
值 = 0.912
MSE = 0.0
样本数 = 2
值 = 0.965
MSE = 0.0
样本数 = 13
值 = 0.988
MSE = 0.001
样本数 = 2
值 = 0.955
Mn≤0.573
Mn>0.573
Ce≤0.184
Ce>0.184
MSE = 0.0
样本数 = 2
值 = 0.915
MSE = 0.0
样本数 = 2
值 = 0.91
MSE = 0.0
样本数 = 6
值 = 0.977
MSE = 0.0
样本数 = 7
值 = 0.997

(c)

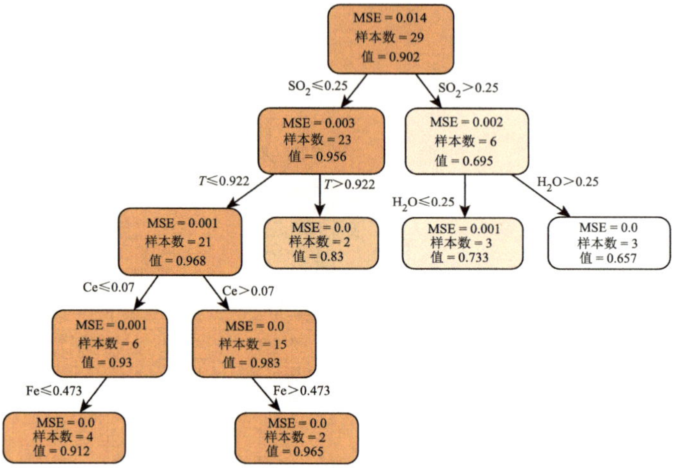


(d)

图 E5.4　全尺寸树和 10 折交叉验证优化修剪后的树. （a）全尺寸树和（b）-（d）修剪后的树. 修剪约束条件：（b）max_depth = 5，（c）max_depth = 5 和 min_samples_leaf = 2，（d）max_depth = 5 和 max_leaf_nodes = 6

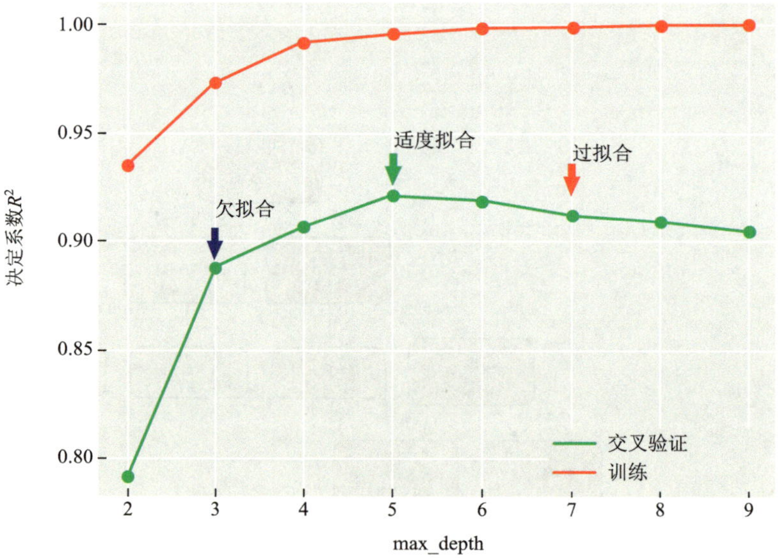


图 E5.5　不同超参数 max_depth 下训练集和交叉验证集决定系数 $R^2$

## 5.3　$K$ 最近邻方法

概括地讲，一个样本（数据）有 $K$ 个最近邻数据，$K$ 最近邻方法用的这 $K$ 个最近邻数据的主要或平均响应来预测该样本（数据）的响应．如果有 $n$ 个数据，$\{(\boldsymbol{X}_1,y_1),(\boldsymbol{X}_2,y_2),\cdots,(\boldsymbol{X}_n,y_n)\}$，其中每个数据的输入 $\boldsymbol{X}_i=(x_{i1},x_{i2},\cdots,x_{im})(i=1,2,\cdots,n)\in\mathbf{R}^m$ 是一个 $1\times m$ 的向量，一维响应是标量 $y_i\in\mathbf{R}$，则样本 $(\boldsymbol{X}_u,y_u)$ 的预测响应 $\hat{y}_u$ 由如下公式定义

$$\hat{y}_u=\frac{1}{k}\sum_{i=1}^{k}y_i\left(\boldsymbol{X}_i\in R_K(\boldsymbol{X})\right),\tag{5.12a}$$

其中 $R_K(\boldsymbol{X})$ 表示样本 $\boldsymbol{X}_u$ 的 KNN 数据．当以测试数据为中心时，训练数据集中最靠近测试数据的 $K$ 个数据是测试数据的最近邻居．在 KNN 回归中，准确性由最小残差平方和（RSS）来衡量．因此，测试数据的预测值由以下公式给出

$$\hat{y}(x)=\underset{x,y\in R_K}{\operatorname{argmin}}\sum_{i=1}^{k}(\hat{y}(x)-y_i)^2=\overline{y}_k,\tag{5.12b}$$

其中 $R_K$ 表示最近邻居的区域，$k$ 是最近邻居的数量．在分类中，预测可以通过投票或加权投票来获得主要响应．以二分类为例，我们有 $y\in\{-1,+1\}$ 和

$$\hat{y}(x)=\underset{x,y\in R_k}{\operatorname{sign}}\left\{\sum_{i=1}^{k}y_i\right\},\tag{5.12c}$$

其中，$\operatorname{sign}(\cdot)$ 是一个数学符号函数（sign function），具体定义为

$$\operatorname{sign}(M)=\begin{cases}1, & M>0,\\ 0 & M=0,\\ -1, & M<0.\end{cases}$$

最近邻的数量在 KNN 方法中起着重要作用．当 $K=1$ 时，KNN 方法被称为 1-最近邻方法．一个数据点的最近邻居由该点到数据集的距离来衡量，或者说，由高维空间中以该点为中心的球体的临界半径来确定，在该球体内的训练样本是该点的最近邻居．临界距离又由预设的最近邻居数量来决定．因此，由临界数量确定的临界距离可能会因点而异．一般距离度量是 Minkowski（闵可夫斯基）距离，定义为

$$\operatorname{dist}_{\mathrm{mk}}(\boldsymbol{x}_j,\boldsymbol{x}_u)=\sum_{i=1}^{m}\left(\left|x_{ji}-x_{ui}\right|^p\right)^{1/p},\quad p\geqslant 1.\tag{5.13a}$$

当 $p=2$ 时，距离是广泛使用的欧几里得距离

$$\operatorname{dist}_{\mathrm{ed}}(\boldsymbol{x}_j,\boldsymbol{x}_u)=\left\|\boldsymbol{x}_j-\boldsymbol{x}_u\right\|_2=\sqrt{\sum_{i=1}^{m}(x_{ji}-x_{ui})^2}.\tag{5.13b}$$

当 $p=1$ 时，距离称为曼哈顿距离

$$\operatorname{dist}_{\mathrm{man}}(\boldsymbol{x}_j,\boldsymbol{x}_u)=\left\|\boldsymbol{x}_j-\boldsymbol{x}_u\right\|_1=\sum_{i=1}^{m}\left|x_{ji}-x_{ui}\right|.\tag{5.13c}$$

## 例 5.4

表 E5.8 展示了从参考文献（Xiong et al., 2020）中收集的 4 种合金作为训练数据集，包括 2 种晶体合金（CRA）和 2 种大块金属玻璃（BMG）. 例子中只包含两个特征：混合熵 ($S_{\text{mix}}$) 和混合焓 ($H_{\text{mix}}$)，分别定义如下

$$S_{\text{mix}} = -R\sum_{i=1}^{N} a_i \ln a_i, \tag{E5.8}$$

$$H_{\text{mix}} = 4\sum_{j=i}^{N}\sum_{i=1}^{N} \Delta H_{ij} a_i a_j, \tag{E5.9}$$

其中 $R$ 是摩尔气体常数，$a_i$ 是第 $i$ 种成分的摩尔分数，$\Delta H_{ij}$ 是二元液态合金的摩尔混合焓.

**表 E5.8　4 种合金形成的训练数据集**

| 样本 | 合金 | $H_{\text{mix}}$（kJ·mol$^{-1}$） | $S_{\text{mix}}$（J·K$^{-1}$·mol$^{-1}$） | 相 | 类别 |
|---|---|---|---|---|---|
| $X_1$ | $Ag_{10.5}Cu_{80.5}P_9$ | −5.09 | 5.22 | CRA | +1 |
| $X_2$ | $Ag_{10}Ce_5Cu_{85}$ | −3.49 | 4.31 | CRA | +1 |
| $X_3$ | $Cu_{34}Zr_{50}Ag_8Al_8$ | −25.87 | 9.29 | BMG | −1 |
| $X_4$ | $(Zr_{0.55}Al_{0.20}Co_{0.20}Cu_{0.05})_{95}Ag_5$ | −40.10 | 10.52 | BMG | −1 |

表 E5.9 给出了被测试的一种合金，它和四个训练数据之间在特征空间的距离为

$$D_1(X^*, X_1) = \sqrt{((-5.09)-(-3.15))^2 + (5.22-5.72)^2} \approx 2,$$

$$D_2(X^*, X_2) = \sqrt{((-3.49)-(-3.15))^2 + (4.31-5.72)^2} \approx 1.45,$$

$$D_3(X^*, X_3) = \sqrt{((-25.87)-(-3.15))^2 + (9.29-5.72)^2} \approx 23.0,$$

$$D_4(X^*, X_4) = \sqrt{((-40.10)-(-3.15))^2 + (10.52-5.72)^2} \approx 37.3.$$

如果 $k=1$，测试数据与训练数据集中一个数据之间的最短距离决定了测试数据所属的中心. 显然，$X_2(Ag_{10}Ce_5Cu_{85})$ 是距离测试点 $X^*$ 最近的点，它们的距离 $D_2 = 1.45$. 根据方程（5.12c），我们得到

$$\hat{y}(x) = \underset{x,y\in R_1}{\text{sign}}\left\{\sum_{i=1}^{1} y_i\right\} = \text{sign}\{(+1)\} = +1,$$

其中 $R_1 = \{X_2\}$. 因此，$X^*$ 与 $X_2$ 属于同一类，即晶体合金（CRA）.

**表 E5.9　被测试的一种合金**

| 样本 | 合金 | $H_{\text{mix}}$（kJ·mol$^{-1}$） | $S_{\text{mix}}$（J·K$^{-1}$·mol$^{-1}$） | 相 |
|---|---|---|---|---|
| $X^*$ | $Ag_{20}Ce_5Cu_{75}$ | −3.15 | 5.72 | CRA |

如果 $k=2$，$X^*$ 的两个最近邻居是 $X_1(Ag_{10.5}Cu_{80.5}P_9$，距离 $D_1$) 和 $X_2(Ag_{10}Ce_5Cu_{85}$，距离 $D_2$). 应用等式（5.12c）得出

$$\hat{y}(x)=\underset{x,y\in R_2}{\operatorname{sign}}\left\{\sum_{i=1}^{2}y_i\right\}=\operatorname{sign}\{(+1)+(+1)\}=+1,$$

其中 $R_2=\{X_1,X_2\}$. 因此，$X^*$ 被标记为“+1”的 CRA 合金.

如果 $k=3$，$X^*$ 的三个最近邻居是 $X_1(Ag_{10.5}Cu_{80.5}P_9$，距离 $D_1$)，$X_2(Ag_{10}Ce_5Cu_{85}$，距离 $D_2$) 和 $X_3(Cu_{34}Zr_{50}Ag_8Al_8$，距离 $D_3$). 应用等式（5.12c）得出

$$\hat{y}(x)=\underset{x,y\in R_3}{\operatorname{sign}}\left\{\sum_{i=1}^{3}y_i\right\}=\operatorname{sign}\{(+1)+(+1)+(-1)\}=+1,$$

其中 $R_3=\{X_1,X_2,X_3\}$. 因此，$X^*$ 被标记为“+1”的 CRA 合金.

## 例 5.5

无铅焊料合金数据包括锡（Sn）、银（Ag）、铜（Cu）和铋（Bi）这四种化学元素（按含量表示），以及一个性能指标——屈服强度（MPa）（见表 E5.10 和表 E5.11）.

**表 E5.10 训练数据集中的无铅焊料合金**

| Sn（wt.%） | Ag（wt.%） | Cu（wt.%） | Bi（wt.%） | 屈服强度（MPa） | 样品 |
|---|---|---|---|---|---|
| 95 | 3 | 0 | 2 | 47.7 | $X_1$ |
| 95 | 3 | 2 | 0 | 46.1 | $X_2$ |
| 93 | 3 | 4 | 0 | 43.3 | $X_3$ |
| 91.8 | 3.4 | 0 | 4.8 | 46.3 | $X_4$ |

**表 E5.11 测试数据中的无铅焊料合金**

| Sn（wt.%） | Ag（wt.%） | Cu（wt.%） | Bi（wt.%） | 屈服强度（MPa） | 样品 |
|---|---|---|---|---|---|
| 95.5 | 3.8 | 0.7 | 0 | 46.4 | $X^*$ |

测试数据和四个训练数据之间的距离为

$$D_1(X^*,X_1)=\sqrt{(95-95.5)^2+(3-3.8)^2+(0-0.7)^2+(2-0)^2}=2.32,$$

$$D_2(X^*,X_2)=\sqrt{(95-95.5)^2+(3-3.8)^2+(2-0.7)^2+(0-0)^2}=1.61,$$

$$D_3(X^*,X_3)=\sqrt{(93-95.5)^2+(3-3.8)^2+(4-0.7)^2+(0-0)^2}=4.54,$$

$$D_4(X^*,X_4)=\sqrt{(91.8-95.5)^2+(3.4-3.8)^2+(0-0.7)^2+(4.8-0)^2}=6.11.$$

被测试数据点 $X_3$，$X_1$ 和 $X_2$ 分别是第二近邻、第一近邻和最近邻. 因此，如果 $k=1,2$ 和 3，则测试

数据 $X^*$ 的预测屈服强度分别为 $\hat{y}(X^*)=y(X_2)=46.1\text{MPa}, \hat{y}(X^*)=\frac{1}{2}\sum_{i=1}^{2}y(X_i)=\frac{1}{2}\times(46.1+47.7)=46.9\text{MPa}$ 和 $\hat{y}(X^*)=\frac{1}{3}\sum_{i=1}^{3}y(X_i)=\frac{1}{3}\times(46.1+47.7+43.3)=45.7\text{MPa}$.

# 作　业

1. 在表 H5.1 中，提供了 20 个 Mn-Ce-Fe 催化剂的数据，这些数据具有与例 5.3 相同的输入特征和目标属性.

**表 H5.1　Mn-Ce-Fe 催化剂的数据**

| 催化剂 | Mn（at.%） | Ce（at.%） | Fe（at.%） | GHSV（$h^{-1}$） | $H_2O$（vol%） | $SO_2$（ppm） | $T$（℃） | 催化效率 |
|---|---|---|---|---|---|---|---|---|
| $MnCe/TiO_2$ | 0.0969 | 0.052 | 0 | 100000 | 0 | 0 | 300 | 0.80 |
| $Ce_1Mn_4$/Glass-fiber | 0.0554 | 0.0163 | 0 | 50000 | 0 | 0 | 150 | 0.84 |
| $Ce_1Mn_5$/Glass-fiber | 0.0858 | 0.018 | 0 | 50000 | 0 | 0 | 150 | 0.86 |
| Mn/ZSM-5（200℃） | 0.165 | 0 | 0 | 36000 | 0 | 0 | 180 | 0.99 |
| Mn/ZSM-5（300℃） | 0.1676 | 0 | 0 | 36000 | 0 | 0 | 180 | 0.99 |
| Mn/ZSM-5（400℃） | 0.1621 | 0 | 0 | 36000 | 0 | 0 | 180 | 0.99 |
| Mn/ZSM-5（500℃） | 0.1579 | 0 | 0 | 36000 | 0 | 0 | 210 | 0.99 |
| Mn/ZSM-5（600℃） | 0.1545 | 0 | 0 | 36000 | 0 | 0 | 240 | 0.99 |
| $FeMnO_x$ | 0.2227 | 0 | 0.1083 | 30000 | 10 | 100 | 120 | 0.75 |
| $Ce_5/FeMnO_x$ | 0.1809 | 0.0038 | 0.0751 | 30000 | 0 | 0 | 135 | 0.98 |
| $Ce_5/FeMnO_x$ | 0.1809 | 0.0038 | 0.0751 | 30000 | 0 | 100 | 120 | 0.92 |
| $Ce_{10}/FeMnO_x$ | 0.1701 | 0.0056 | 0.0704 | 30000 | 0 | 0 | 135 | 0.98 |
| $Ce_{10}/FeMnO_x$ | 0.1701 | 0.0056 | 0.0704 | 30000 | 0 | 100 | 120 | 0.914 |
| $Ce_{12.5}/FeMnO_x$ | 0.1937 | 0.0068 | 0.0823 | 30000 | 0 | 0 | 135 | 0.99 |
| $Ce_{12.5}/FeMnO_x$ | 0.1937 | 0.0068 | 0.0823 | 30000 | 0 | 100 | 120 | 0.956 |
| $Ce_{12.5}/FeMnO_x$ | 0.1937 | 0.0068 | 0.0823 | 30000 | 5 | 0 | 120 | 0.925 |
| $Ce_{12.5}/FeMnO_x$ | 0.1937 | 0.0068 | 0.0823 | 30000 | 10 | 0 | 120 | 0.81 |
| $MnCe_2/MnO_x$ | 0.0345 | 0.147 | 0 | 24000 | 0 | 0 | 140 | 0.99 |
| $Mn_2Ce/MnO_x$ | 0.0789 | 0.1155 | 0 | 24000 | 0 | 0 | 140 | 0.99 |
| $Mn_4Ce/MnO_x$ | 0.1305 | 0.0782 | 0 | 24000 | 0 | 0 | 100 | 0.99 |

使用表 H5.1 中的数据完成下列作业：

（1）使用决策树回归拟合数据集中催化剂的 $NO_x$ 转换率，并使用 10 折交叉验证，使得验证集上的 $R^2$ 不小于 0.75.

（2）确定在第一个分割点使用的特征及其值.

2. 使用表 E5.4 中的数据计算完成下列作业：

（1）特征 Pd（at.%）有多少个分割点？

（2）当根据特征 Pd（at.%）每个分割点进行划分时，信息增益是多少？

（3）将特征 Pd（at.%）作为第一划分依据是否合理？如果不合理，应使用哪个特征？

3. 讨论决策树方法和 KNN 方法的相似性和不同性.

4. 使用表 E5.5 中的数据，通过 KNN 算法对催化剂的氮氧化物催化效率进行回归.

## 参考文献

李航. 2012. 统计学习方法. 北京：清华大学出版社.

Breiman L, Friedman J H, Stone C J, et al. 1984. Classification and Regression Trees. Boca Raton: Chapman and Hall/CRC.

Brodley C E, Utgoff P E. 1995. Multivariate decision trees. Machine Learning, 19(1): 45-77.

Brown D E, Pittard C L, Park H. 1996. Classification trees with optimal multivariate decision nodes. Pattern Recognition Letters, 17(7): 699-703.

Friedman J H. 2017. The Elements of Statistical Learning: Data Mining, Inference, and Prediction. New York: Springer.

Guo H, Gelfand S B. 1992. Classification trees with neural network feature extraction. IEEE Transactions on Neural Networks, 3(6): 923-933.

Liu B. 2011. Web Data Mining: Exploring Hyperlinks, Contents, and Usage Data. Berlin: Springer.

Murthy S K. 1998. Automatic construction of decision trees from data: A multi-disciplinary survey. Data Mining and Knowledge Discovery, 2(4): 345-389.

Murthy S K, Kasif S, Salzberg S. 1994. A system for induction of oblique decision trees. Journal of Artificial Intelligence Research, (2): 1-32.

Quinlan J R. 1986. Induction of decision trees. Machine Learning, 1(1): 81-106.

Quinlan J R. 1993. C4.5: Programs for Machine Learning. San Francisco: Morgan Kaufmann Publishers.

Raileanu L E, Stoffel K. 2004. Theoretical comparison between the Gini index and information gain criteria. Annals of Mathematics and Artificial Intelligence, 41(1): 77-93.

Wu X, Kumar V. 2009. The Top Ten Algorithms in Data Mining. Boca Raton: Chapman and Hall/CRC.

Xiong J, Zhang T Y, Shi S Q. 2020. Machine learning of steels. Science China Technological Sciences, 63(7): 1247-1255.

Xue D, Balachandran P V, Hogden J, et al. 2016. Accelerated search for materials with targeted properties by adaptive design. Nature Communications, 7(1): 1-9.

Yamanishi K. 1992. A learning criterion for stochastic rules. Machine Learning, 9(2-3): 165-203.

# 第 6 章

# 集成学习

集成学习（ensemble learning）是一种基于委员会学习（committee-based learning）的方法，每个委员会成员都是一个独立的学习器，称为基学习器（base learner），这些基学习器通过不同的基础算法构建. 集成学习的预测结果通常是由各基学习器的直接投票或加权投票结果决定的. 如果集成学习中的所有基学习算法相同，则该集成学习称为同质（homogeneous）集成学习；相反，则称为异质（heterogeneous）集成学习. 基学习器也可以被称为学习组件. 本章将以同质集成学习算法为例，介绍集成学习的基本工作原理.

设想一个集成学习器 $G_M(x)$，其中包含了 $M$ 个基学习器 $g_j(x)$， $j=1,2,\cdots,M$ . 等权集成学习的公式如下

$$G_M(x)=\sum_{j=1}^{M}g_j(x). \tag{6.1a}$$

加权集成学习的公式如下

$$G_M(x)=\sum_{j=1}^{M}\alpha_j g_j(x), \tag{6.1b}$$

其中 $\alpha_j$ 表示第 $j$ 个基学习器 $g_j(x)$， $j=1,2,\cdots,M$ 的权重. 基学习器 $g_j(x)$ 也常被表示为 $T_j(x)$ .

集成学习方法主要包括两种类型：提升（Boosting）法和装袋（Bagging）法. Boosting 法表现得像许多基学习器串联在一起，并且每个基学习器使用训练集上的所有数据进行训练. 因此，Boosting 集成学习以迭代的方式进行，每个迭代被命名为一个基学习器，如图 6.1（a）所示. 随着迭代的进行，各基学习器的权重被优化，其权重值相应获得更新. 集成学习器将所有基学习器的预测结果按照优化后的权重组合在一起作为最终的输出. Bagging 集成学习方法中，所有的基学习器都是并行的，如图 6.1（b）所示，其中基学习器的数据是通过从训练数据集中随机有放回采样（自助法采样）得到的. 训练数据被采样用于一个基学习器的训练后，被放回原始数据集并重新抽样，用于另一个基学习器的训练，故在训练不同基学习器时，每个数据被抽取的概率相同. 除数据外，特征也是采用自助法（Bootstrap）

随机采样. 基于 Bagging 方法的同质集成学习器的输出通常是基学习器输出的平均值.

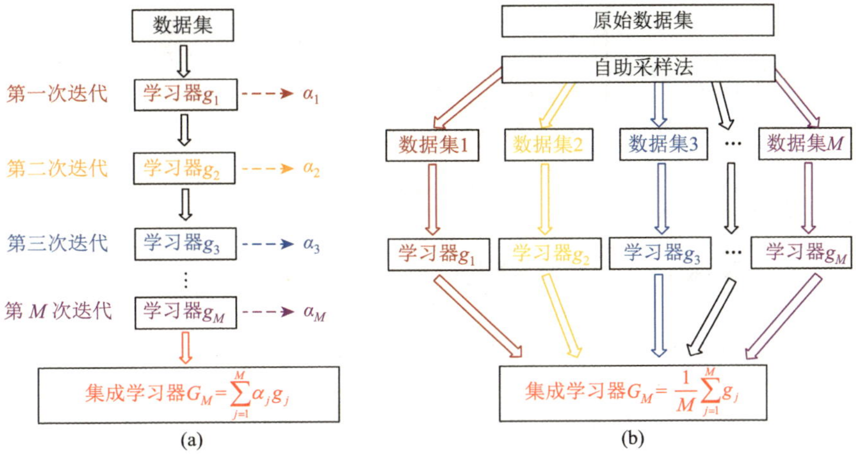


图 6.1 （a）Boosting 方法；（b）Bagging 方法

## 6.1 Boosting 方法

### 6.1.1 AdaBoost 分类

AdaBoost, 或者“AdaBoost M1”, 由 Freund 和 Schapire（1997）提出, 是最著名的 Boosting 集成算法之一. 对于包含 $n$ 个数据 $(x_i, y_i)$, $i=1,2,\cdots,n$ 且 $y_i \in \{-1,+1\}$ 的训练数据集, AdaBoost 的指数损失函数如下：

$$\mathcal{L}(y, G_j(x)) = \sum_{i=1}^{n} \exp(-y_i G_j(x_i)), \tag{6.2a}$$

式（6.2a）中, $G_j(x_i)$ 表示共包含 $j$ 个基学习器的集成学习器, 在迭代 $j$ 次后得到. 指数损失函数在分类中被广泛应用. 集成学习器用 $P(G_j(x_i)=1 | x_i)$ 和 $P(G_j(x_i)=-1 | x_i)$ 两个概率将给定数据 $x_i$ 分为 $+1$ 类或 $-1$ 类. 为了找到 $G_j(x_i)$ 的共性特征, 我们将指数损失函数对 $G_j(x_i)$ 求导, 并令其为零, 即损失函数最小值的要求

$$\begin{aligned}\frac{\partial \mathcal{L}(y_i, G_j(x_i))}{\partial G_j(x_i)} &= -y_i \exp(-y_i G_j(x_i)) \\ &= -\exp(-G_j(x_i))P(G_j(x_i)=1 | x_i) + \exp(G_j(x_i))P(G_j(x_i)=-1 | x_i) = 0,\end{aligned} \tag{6.2b}$$

式（6.2b）给出

$$G_j(x_i)=\frac{1}{2}\ln\frac{P(G_j(x_i)=1|\ x_i)}{P(G_j(x_i)=-1|\ x_i)}. \tag{6.2c}$$

因此，我们有

$$\begin{aligned}\operatorname{sign}(G_j(x_i))&=\begin{cases}1, & P(G_j(x_i)=1|\ x_i)>P(G_j(x_i)=-1\ |\ x_i),\\ -1, & P(G_j(x_i)=1|\ x_i)<P(G_j(x_i)=-1\ |\ x_i)\end{cases}\\ &=\underset{y_i\in\{-1,+1\}}{\operatorname{argmax}}\,P(G_j(x_i)=y_i|\ x_i).\end{aligned} \tag{6.2d}$$

根据定义，我们有

$$\sum_{i=1}^{n}\exp(-y_iG_j(x_i))=\sum_{i=1}^{n}\exp(-y_i(G_{j-1}(x_i)+\alpha_jg_j(x_i))), \tag{6.3a}$$

其中基学习器 $g_j(x_i)$ 的权重为 $\alpha_j$. 上式可重新改写为

$$\sum_{i=1}^{n}\exp(-y_iG_{j-1}(x_i))\exp(-y_i(\alpha_jg_j(x_i)))=\sum_{i=1}^{n}w_{i,j}\exp(-y_i(\alpha_jg_j(x_i))), \tag{6.3b}$$

其中基学习器 $g_j(x_i)$ 对数据 $x_i$ 的权重 $w_{i,j}$ 定义为

$$w_{i,j}\equiv\exp(-y_iG_{j-1}(x_i)). \tag{6.3c}$$

$w_{i,j}$ 的定义表明

$$w_{i,j}=\begin{cases}\mathrm{e}, & y_i\neq G_{j-1}(x_i),\\ \dfrac{1}{\mathrm{e}}, & y_i=G_{j-1}(x_i).\end{cases} \tag{6.3d}$$

因此，集成分类器 $G_{j-1}(x)$ 错误分类的数据将在下一次迭代中被赋予更高的权重，以使得 $G_{j-1}(x_i)$ 的错误分类能够被基分类器 $G_j(x_i)$ 纠正. 当迭代开始时，每个数据都被赋予相等的权重，即 $w_{i,1}=1/n$.

基学习器 $g_j$ 及其权重 $\alpha_j$ 的优化由最小化损失函数（6.3b）决定

$$(\alpha_j,g_j)=\operatorname{argmin}\sum_{i=1}^{n}w_{i,j}\exp(-y_i\alpha_jg_j(x_i)), \tag{6.4a}$$

式（6.4a）中的权重 $w_{i,j}$ 由式（6.3c）定义，其值根据式（6.3d）由前一次迭代中的 $G_{j-1}$ 集成学习器得到. 式（6.4a）中的基学习器 $g_j(x_i)$ 的权重 $\alpha_j$ 由最小化 $\exp(-y_i\alpha_jg_j(x_i))$ 决定，可以写成

$$\begin{aligned}\exp(-y_i(\alpha_jg_j(x_i)))&=\mathrm{e}^{-\alpha_j}P(g_j(x_i)=y_i)+\mathrm{e}^{\alpha_j}P(g_j(x_i)\neq y_i)\\ &=\mathrm{e}^{-\alpha_j}\cdot(1-\varepsilon_j)+\mathrm{e}^{\alpha_j}\cdot\varepsilon_j,\end{aligned} \tag{6.4b}$$

其中 $\varepsilon_j=P(g_j(x_i)\neq y_i)$ 为基学习器 $g_j(x)$ 的错误率，可以由下式计算

$$\varepsilon_j = \frac{\sum_{i=1}^{n} w_{i,j} I(y_i \neq g_j(x_i))}{\sum_{i=1}^{n} w_{i,j}}. \tag{6.4c}$$

式（6.4c）中，当预测失败时，$I$ 这一项取 1，反之取 0. 显然最小化式（6.4a）中各项 $\exp(-y_i\alpha_j g_j(x_i))$ 可以最小化损失函数，而 $\exp(-y_i\alpha_j g_j(x_i))$ 最小化需要其对 $\alpha_j$ 的偏导值为 0，

$$\frac{\partial \exp(-y_i\alpha_j g_j(x_i))}{\partial \alpha_j} = -\mathrm{e}^{-\alpha_j}\cdot(1-\varepsilon_j) + \mathrm{e}^{\alpha_j}\cdot\varepsilon_j = 0, \tag{6.4d}$$

于是得到

$$\alpha_j = \frac{1}{2}\ln\left(\frac{1-\varepsilon_j}{\varepsilon_j}\right). \tag{6.4e}$$

基学习器 $g_j(x_i)$ 的权重 $\alpha_j$ 由式（6.4c）算出，其中 $0 < \varepsilon_j < 0.5$，错误率 $\varepsilon_j$ 越低，权重 $\alpha_j$ 就越高. $\alpha_j$ 一旦被算出，式（6.4a）可以简化为

$$g_j = \operatorname{argmin}\sum_{i=1}^{n} w_{i,j} I(y_i \neq g_j(x_i)). \tag{6.5}$$

虽然错误分类数据的 $w_{i,j}$ 值较高，但 $g_j$ 的值是由最低的错误率决定的，换而言之，式（6.4c）中错误率最低是因为式（6.4c）中所示的 $g_j$ 是由最小化错误率决定的，如式（6.5）所示.

一旦 $g_j$ 和 $\alpha_j$ 被确定，基学习器 $g_{j+1}$ 对数据 $x_i$ 的权重 $w_{i,j+1}$ 就可以通过式（6.3c）计算

$$\begin{aligned} w_{i,j+1} &= \exp(-y_i G_j(x_i)) = \exp(-y_i(G_{j-1}(x_i) + \alpha_j g_j(x_i))) \\ &= \exp(-y_i G_{j-1}(x_i))\exp(-y_i\alpha_j g_j(x_i)) = w_{i,j}\exp(-y_i\alpha_j g_j(x_i)). \end{aligned} \tag{6.6a}$$

$w_{i,j+1}$ 通常是除以常数 $\sum_{i=1}^{n} w_{i,j}\exp(-y_i\alpha_j g_j(x_i))$ 进行归一化的:

$$w_{i,j+1} = \frac{w_{i,j}\exp(-y_i\alpha_j g_j(x_i))}{\sum_{i=1}^{n} w_{i,j}\exp(-y_i\alpha_j g_j(x_i))} = \frac{w_{i,j}\exp(-y_i\alpha_j g_j(x_i))}{Z_j}, \quad i = 1,2,\cdots,n, \tag{6.6b}$$

其中 $Z_j$ 是归一化常数. 由于 $-y_i g_j(x_i) = 2\cdot I(y_i \neq g_j(x_i)) - 1$，式（6.6a）可以改写成

$$w_{i,j+1} = w_{i,j}\exp(-\alpha_j)\exp(2\alpha_j\cdot I(y_i \neq g_j(x_i))), \quad i = 1,2,\cdots,n. \tag{6.6c}$$

忽略常数 $\exp(-\alpha_j)$ 后，上式简化为

$$w_{i,j+1} = w_{i,j}\exp(2\alpha_j\cdot I(y_i \neq g_j(x_i))), \quad i = 1,2,\cdots,n. \tag{6.6d}$$

公式（6.2）—公式（6.6）展示了 AdaBoost 算法的工作流程. 公式（6.1b）含义是 AdaBoost 集成分类器在 $j = M$ 时的预测结果.

**例 6.1**

表 E6.1 列出了 10 个高熵合金，特征 $x$ 是合金的平均价电子浓度（VEC），+1 和 −1 分别代表它们的结构是体心立方（BCC）和面心立方（FCC）. 在这里，我们采用 AdaBoost 算法来对数据进行分类.

**表 E6.1　10 个高熵合金**

| 数据 | 1 | 2 | 3 | 4 | 5 | 6 | 7 | 8 | 9 | 10 |
|---|---|---|---|---|---|---|---|---|---|---|
| $x$（VEC） | 6.5 | 6.6 | 6.8 | 7 | 7.2 | 7.25 | 7.3 | 7.5 | 7.6 | 7.8 |
| 晶体类别 | +1 | +1 | +1 | −1 | −1 | −1 | +1 | +1 | +1 | −1 |

基于公式（6.6b），我们有

$$w_{i,j+1}=\frac{w_{i,j}\exp(-y_i\alpha_j g_j(x_i))}{Z_j},$$

$$Z_j=\sum_{i=1}^{n}w_{i,j}\exp(-y_i\alpha_i g_i(x_i))$$

上式可写为

$$w_{i,j+1}=\begin{cases}\dfrac{w_{i,j}\exp(-\alpha_j)}{Z_j}, & g_j(x_i)=y_i,\\ \dfrac{w_{i,j}\exp(\alpha_j)}{Z_j}, & g_j(x_i)\neq y_i.\end{cases}$$

### 第 1 次迭代

表 E6.1 中 10 数据的初始权值由均值给出，即 $w_{i,1}=\dfrac{1}{10}=0.1, i=1,2,3,\cdots,10$ 和 $Z_1=1$. 然后，由式（6.5），根据 $g_1(x)=\operatorname{argmin}\left[\dfrac{1}{10}\sum_{i=1}^{10}I(y_i\neq g_1(x_i))\right]$ 和真实数据类别（表 E6.1）得到错误率最低的基学习器为

$$g_1(x)=\begin{cases}+1, & x\leqslant 6.9,\\ -1, & x>6.9.\end{cases}$$

基学习器 $g_1(x)$ 将数据 7、数据 8 和数据 9 划分错了，相应的错误率为

$$\varepsilon_1=\sum_{i=1}^{10}w_{i,1}I(y_i\neq g_j(x_i))=0.1+0.1+0.1=0.3\,.$$

学习器 $g_1(x)$ 的权重 $\alpha_1$ 为

$$\alpha_1=\frac{1}{2}\ln\left(\frac{1-0.3}{0.3}\right)=0.4236\,.$$

提升集成学习器为

$$G_1(x) = 0.4236 g_1(x) .$$

预测结果如下（错误分类的样本以粗体突出显示）.

| 数据 | 1 | 2 | 3 | 4 | 5 | 6 | 7 | 8 | 9 | 10 |
|---|---|---|---|---|---|---|---|---|---|---|
| $x$（VEC） | 6.5 | 6.6 | 6.8 | 7 | 7.2 | 7.25 | 7.3 | 7.5 | 7.6 | 7.8 |
| 晶体类别 | +1 | +1 | +1 | −1 | −1 | −1 | +1 | +1 | +1 | −1 |
| $G_1(x)$ | 0.4236 | 0.4236 | 0.4236 | −0.4236 | −0.4236 | −0.4236 | −0.4236 | −0.4236 | −0.4236 | −0.4236 |
| sign $(G_1(x))$ | +1 | +1 | +1 | −1 | −1 | −1 | **−1** | **−1** | **−1** | −1 |

第 2 次迭代

先应用公式（6.6b）计算每个数据的归一化权重

$$w_{i,2} = \begin{cases} \dfrac{w_{i,1}\exp(-\alpha_1)}{Z_1} = \dfrac{0.1 \cdot \exp(-0.4236)}{Z_1} = 0.0715, & g_1(x_i) = y_i, \\ \dfrac{w_{i,1}\exp(\alpha_1)}{Z_1} = \dfrac{0.1 \cdot \exp(0.4236)}{Z_1} = 0.1667, & g_1(x_i) \neq y_i. \end{cases}$$

错误分类数据的权重从 0.1 增加到 0.1667, 而正确分类数据的权重从 0.1 减少到 0.0714. 再由式(6.5), 由 $g_2(x) = \operatorname{argmin}\left[\sum_{i=1}^{10} w_{i,2} I(y_i \neq g_2(x_i))\right]$ 和真实数据类别, 得到错误率最低的基学习器为

$$g_2(x) = \begin{cases} +1, & x \leqslant 7.7, \\ -1, & x > 7.7. \end{cases}$$

第二个基学习器 $g_2(x)$ 将数据 4、数据 5 和数据 6 划分错了, 相应的错误率为

$$\varepsilon_1 = \sum_{i=1}^{10} w_{i,1} I(y_i \neq g_2(x_i)) = 3 \times 0.071429 = 0.2143 .$$

这样, $g_2(x)$ 的权重为

$$\alpha_2 = \frac{1}{2}\ln\left(\frac{1-0.2143}{0.2143}\right) = 0.6496 .$$

提升集成学习器为

$$G_2(x) = 0.4236 g_1(x) + 0.6496 g_2(x) .$$

预测结果如下（错误分类的样本以粗体突出显示）:

| 数据 | 1 | 2 | 3 | 4 | 5 | 6 | 7 | 8 | 9 | 10 |
|---|---|---|---|---|---|---|---|---|---|---|
| $x$（VEC） | 6.5 | 6.6 | 6.8 | 7 | 7.2 | 7.25 | 7.3 | 7.5 | 7.6 | 7.8 |
| 晶体类别 | +1 | +1 | +1 | −1 | −1 | −1 | +1 | +1 | +1 | −1 |
| $G_2(x)$ | 1.073 | 1.073 | 1.073 | 0.226 | 0.226 | 0.226 | 0.226 | 0.226 | 0.226 | −1.073 |
| sign$(G_2(x))$ | +1 | +1 | +1 | **+1** | **+1** | **+1** | +1 | +1 | +1 | −1 |

### 第 3 次迭代

以同样的步骤进行第 3 次迭代. 先应用公式（6.6b）计算每个数据的权重

$$w_{i,3}=\begin{cases}\dfrac{w_{i,2}\exp(-\alpha_2)}{Z_2}=\dfrac{0.0714\exp(-0.6496)}{Z_2}=0.04546, & g_2(x_i)=y_i,\\ \dfrac{w_{i,2}\exp(\alpha_2)}{Z_2}=\dfrac{0.1667\exp(0.6496)}{Z_2}=0.22725, & g_2(x_i)\neq y_i.\end{cases}$$

错误分类数据的归一化权重为 0.22725，而正确分类数据的归一化权重为 0.04546. 再由式(6.5)，$g_3(x)=\operatorname{argmin}\left[\sum_{i=1}^{10}w_{i,3}I(y_i\neq g_3(x_i))\right]$ 和真实数据类别，得到错误率最低的基学习器为

$$g_3(x)=\begin{cases}+1, & x>7.28,\\ -1, & x\leqslant 7.28.\end{cases}$$

第三个基学习器 $g_3(x)$ 将数据 10、数据 1、数据 2 和数据 3 划分错了，相应的错误率为

$$\varepsilon_3=0.04546\times 4=0.1818\,.$$

$g_3(x)$ 的权重为

$$\alpha_3=\frac{1}{2}\ln\left(\frac{1-0.1818}{0.1818}\right)=0.7520\,.$$

提升集成学习器为

$$G_3(x)=0.4236g_1(x)+0.6496g_2(x)+0.7520g_3(x)\,.$$

提升学习器为

$$G_3'(x)=0.4236g_1(x)+0.7045g_2(x)+0.9529g_3(x)\,.$$

这时，所有样本都被提升集成学习器 $G_3(x)$ 正确分类，如下表所示，迭代结束.

| 数据 | 1 | 2 | 3 | 4 | 5 | 6 | 7 | 8 | 9 | 10 |
|---|---|---|---|---|---|---|---|---|---|---|
| $x$（VEC） | 6.5 | 6.6 | 6.8 | 7 | 7.2 | 7.25 | 7.3 | 7.5 | 7.6 | 7.8 |
| 晶体类别 | +1 | +1 | +1 | −1 | −1 | −1 | +1 | +1 | +1 | −1 |
| $G_3(x)$ | 0.32 | 0.32 | 0.32 | −0.53 | −0.53 | −0.53 | 0.98 | 0.98 | 0.98 | −0.32 |
| $\mathrm{sign}(G_3(x))$ | +1 | +1 | +1 | −1 | −1 | −1 | +1 | +1 | +1 | −1 |

注意：类似地，如果我们忽略归一化常数，我们可以得到下面的迭代.

| 数据 | 1 | 2 | 3 | 4 | 5 | 6 | 7 | 8 | 9 | 10 |
|---|---|---|---|---|---|---|---|---|---|---|
| VEC | 6.5 | 6.6 | 6.8 | 7 | 7.2 | 7.25 | 7.3 | 7.5 | 7.6 | 7.8 |
| 晶体类别 | +1 | +1 | +1 | −1 | −1 | −1 | +1 | +1 | +1 | −1 |

续表

| 数据 | 1 | 2 | 3 | 4 | 5 | 6 | 7 | 8 | 9 | 10 |
|---|---|---|---|---|---|---|---|---|---|---|
| $w'_{i,1}$ | 0.1 | 0.1 | 0.1 | 0.1 | 0.1 | 0.1 | 0.1 | 0.1 | 0.1 | 0.1 |
| $G'_1(x)$ | 0.42 | 0.42 | 0.42 | −0.42 | −0.42 | −0.42 | −0.42 | −0.42 | −0.42 | −0.42 |
| $\mathrm{sign}(G'_1(x))$ | +1 | +1 | +1 | −1 | −1 | −1 | −1 | −1 | −1 | −1 |
| $w'_{i,2}$ | 0.065 | 0.065 | 0.065 | 0.065 | 0.065 | 0.065 | 0.153 | 0.153 | 0.153 | 0.065 |
| $G'_2(x)$ | 1.13 | 1.13 | 1.13 | 0.28 | 0.28 | 0.28 | 0.28 | 0.28 | 0.28 | −1.13 |
| $\mathrm{sign}(G'_2(x))$ | +1 | +1 | +1 | +1 | +1 | +1 | +1 | +1 | +1 | −1 |
| $w'_{i,3}$ | 0.032 | 0.032 | 0.032 | 0.132 | 0.132 | 0.132 | 0.076 | 0.076 | 0.076 | 0.032 |
| $G'_3(x)$ | 0.18 | 0.18 | 0.18 | −0.67 | −0.67 | −0.67 | 1.23 | 1.23 | 1.23 | −0.18 |
| $\mathrm{sign}(G'_3(x))$ | +1 | +1 | +1 | −1 | −1 | −1 | +1 | +1 | +1 | −1 |

无归一化时提升集成学习器为

$$G'_3(x) = 0.4236g_1(x) + 0.7045g_2(x) + 0.9529g_3(x).$$

## 例 6.2

本例采用决策树分类器作为Boosting 学习的基学习器，采用$H_{\mathrm{mix}}$和$S_{\mathrm{mix}}$两种特征值对Xiong等（2021）参考文献中列出高熵合金进行体心立方结构和面心立方结构分类. 使用Scikit-Learn 库构建决策树与AdaBoost 模型. 为避免潜在的过拟合，通常利用恒定的学习率（此处设置为0.2）乘以基学习器的所有权重，并用10折交叉验证来获得最佳Boosting分类器. 分类精度用来评估模型性能，其定义为$\mathrm{ACC} = \dfrac{\mathrm{TP}+\mathrm{TN}}{\mathrm{TP}+\mathrm{TN}+\mathrm{FP}+\mathrm{FN}}$，其中T（真）和F（假）表示正确和不正确的分类, P（正）和 N（负）表示正类和负类样本, TP, TN, FP和FN分别代表真正类、真负类、假正类、假负类. 图E6.1为该Boosting 分类器在训练集和验证集上的表现. 当迭代次数从1增加到2时，Boosting 学习的训练精度保持不变，然后，随着迭代次数从2增加到3，训练精度从0.640快速增加到0.677. 随后，将迭代次数从3次进一步增加到10次，训练精度未发生显著变化. 从第1代迭代到第4代，验证精度从最初的0.610快速增加到0.640，随后在ACC = 0.640时几乎保持不变，在迭代次数为4—7 时形成平稳期，最后在第8代中降至0.634. 基于交叉验证结果，具有4个基学习器的Boosting 学习模型为最佳模型.

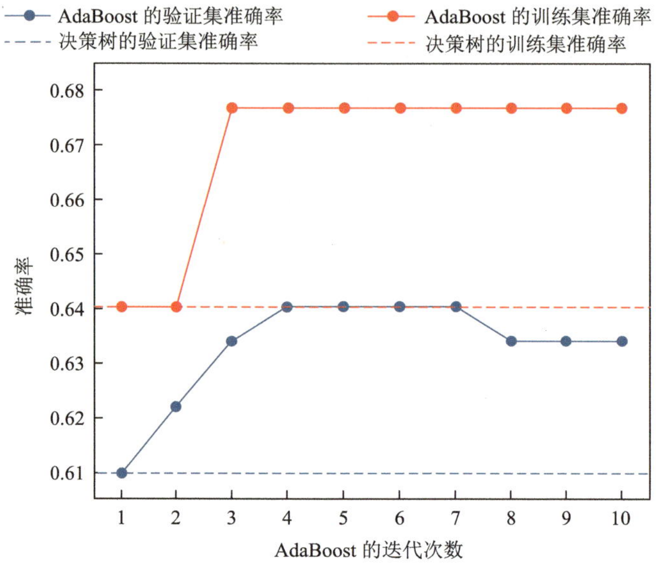


图 E6.1　AdaBoost 模型的训练集和验证集准确度随着迭代次数的变化

### 6.1.2　AdaBoost 回归和梯度提升器

AdaBoost 算法是二分类问题中的典型算法. 除了分类之外，当采用其他回归损失函数（如平方误差、似然函数等）时，可以将 Boosting 集成学习的策略应用于回归算法. 当集成学习器由 $M$ 个基学习器组成时，每个基学习器 $g_j(x_i,\beta_j)$ $(j=1,2,\cdots,M)$，中含有 $K$ 个参数 $\beta_j=(\beta_{j,1},\beta_{j,2},\cdots,\beta_{j,K})$. 一般来说，基学习器 $g_j(x_i,\beta_j)$ 的权重 $\alpha_{i,j}$ 可以是特征的函数 $\alpha_j(x_i)$，也可以和特征无关 $\alpha_j$，并且 $\alpha_j$ 的权重和参数 $\beta_j$ 可通过最小化损失函数获得，即

$$(\alpha_{i,j},\beta_j)=\operatorname{argmin}\sum_{i=1}^{n}\mathcal{L}\left(y_i,\sum_{j=1}^{M}\alpha_j(x_i)g_j(x_i,\beta_j)\right),\quad j=1,2,\cdots,M. \tag{6.7a}$$

前向分步法是一种有效且实用的求解式（6.7a）的方法，如 AdaBoost 算法所示，等式（6.7a）通过迭代逐步求解. 以平方误差损失函数为例，我们可以得到

$$\mathcal{L}(y,G_j(x))=\sum_{i=1}^{n}(R_{j-1}(x_i)-\alpha_j(x_i)g_j(x_i,\beta_j))^2, \tag{6.7b}$$

这里 $R_{j-1}(x_i)=y_i-G_{j-1}(x_i)$ 被称为 $j$−1 轮迭代后的残差. 给定一个基学习器 $g_j$，我们有

$$(\alpha_{i,j},\beta_j)=\operatorname{argmin}\sum_{i=1}^{n}(R_{j-1}(x_i)-\alpha_j(x_i)g_j(x_i,\beta_j))^2. \tag{6.7c}$$

式（6.7b）和式（6.7c）表明$(\alpha_{i,j},\beta_j)$的值是通过迭代逐步确定的，在每一步（迭代）

中，使用其先前集成学习器的残差来确定本次迭代中的$(\alpha_{i,j}, \beta_j)$值，这意味着随着迭代的进行，残差将逐渐减少到零. 从这个意义上说，Boosting 集成学习能够减少偏差，而不是方差.

最速下降法（steepest descent method）是一种广泛用于求解最小化（最大化）问题的方法. 对于最速下降法，损失函数可近似表示为

$$\mathcal{L}(y, G_j(x)) = \sum_{i=1}^{n} \mathcal{L}(y_i, (G_{j-1}(x_i) + \alpha_{i,j} g_j(x_i, \beta_j))), \tag{6.8a}$$

其中，$a_{i,j} = \dfrac{\partial \mathcal{L}(y_i, G_j(x_i))}{\partial G_{j-1}(x_i)}$ 是损失函数一阶导数，$g_j(x_j, \beta_j)$称为增量步长. 为了使损失函数达到最小值，需要多步的最速下降，并且每个步骤都被视为一个基学习器. 对于平方误差损失函数 $\mathcal{L}(y_i, G_{j-1}(x_i)) = \dfrac{1}{2}\sum_{i=1}^{n}(y_i - G_{j-1}(x_i))^2$，其负一阶导数就是残差：

$$\tilde{y}_i = -\frac{\partial \mathcal{L}(y_i, G_{j-1}(x_i))}{\partial G_{j-1}((x_i))} = y_i - G_{j-1}(x_i) = R_{j-1}(x_i). \tag{6.8b}$$

残差作为迭代过程中每一步的目标时，基学习器 $g_j(x_i, \beta_j)$ $(j = 1, 2, \cdots, M)$ 中的参数 $\beta_j = (\beta_{j1}, \beta_{j2}, \cdots, \beta_{jK})$ 由下式确定

$$\beta_j = \operatorname{argmin} \sum_{i=1}^{n} (R_{j-1}(x_i) - \alpha_{i,j} g_j(x_i, \beta_j))^2. \tag{6.8c}$$

de Jong 等（2016）提出了在梯度提升器（GBM）框架内使用多变量的局部多项式回归（Locfit），并称之为 GBM-Locfit. Locfit（Loader, 2006）是一类局部回归软件. GBM-Locfit 在 GBM 框架内对基学习器执行局部回归，并使用梯度下降法迭代地最小化一个适当的损失函数，例如常用的平方误差（Natekin and Knoll, 2013）. 如式（6.8c）所述，GBM 背后的主要思想是构造下一个基学习器，使损失函数最小. GBM 算法的完整形式最初是由 Friedman（2001）提出的.

在这里，我们使用最简单的单层决策树（decision stump）作为 GBM 的基学习器来描述其工作原理. 从第 5 章决策树回归的描述可知，当一个父节点 $I$ 分裂成 2 个子节点 $I_1$ 和 $I_2$ 时，最终使用的最佳分割特征 $j$ 和其分割值 $s$ 是由所有最小 RSS 中的最小值决定的，即式（5.10b）. 用残差 $R_{\hat{j}-1}$ 代替式（5.10b）中的目标值，就有了回归基学习器的最佳分割标准

$$\min_{j,s}\left[\frac{1}{n_{I_1}}\sum_{x_{ij}\in I_1(j,s)}\left(R_{\hat{j}-1}(x_{ij}) - \hat{c}_1\right)^2 + \frac{1}{n_{I_2}}\sum_{x_{ij}\in I_2(j,s)}\left(R_{\hat{j}-1}(x_{ij}) - \hat{c}_2\right)^2\right],$$

这里，$n_{I_1}$ 和 $n_{I_2}$ 分别表示在子节点 $I_1$ 和 $I_2$ 中的样本数，$\hat{c}_1$ 和 $\hat{c}_2$ 分别表示在子节点 $I_1$ 和 $I_2$ 中的数据均值. 通常使用暴力搜索来计算最佳分割特征 $j$ 和其分割值 $s$.

**例 6.3**

使用单层决策树（decision stump）作为 GBM 的基学习器，训练一个 GBM 模型利用过冷液体区域（$\Delta T$）来预测 10 个块状非晶合金的临界铸造直径（$D_{\max}$），见表 E6.2.

**表 E6.2　10 个块状非晶合金的训练数据**

| 合金 | $\Delta T$(K) | $D_{\max}$(cm) |
|---|---|---|
| $Ca_{65}Mg_{15}Cu_{20}$ | 26 | 4 |
| $Ti_{34}Zr_{11}Cu_{47}Ni_{8}$ | 28.8 | 4.5 |
| $Fe_{68}Mo_{4}Y_{6}B_{22}$ | 29 | 6.5 |
| $Mg_{65}Cu_{7.5}Ni_{7.5}Ag_{5}Zn_{5}Gd_{2.5}Y_{7.5}$ | 40 | 9.5 |
| $Mg_{65}Cu_{15}Ag_{10}Gd_{10}$ | 43 | 7.5 |
| $Ti_{41.5}Zr_{2.5}Hr_{5}Cu_{37.5}Ni_{7.5}Si_{1}Sn_{5}$ | 64.2 | 6 |
| $Zr_{61.5}Al_{10.7}Cu_{13.65}Ni_{14.15}$ | 67.6 | 5.5 |
| $La_{62.5}Al_{12.5}Ag_{5}Cu_{17.5}Fe_{2.5}$ | 73 | 7 |
| $Ce_{69.8}Al_{10}Cu_{20}Co_{0.2}$ | 75 | 8 |
| $Ce_{69.5}Al_{10}Cu_{20}Co_{0.5}$ | 82 | 10 |

一般来说，GBM 中回归问题的损失函数是平方误差损失函数：

$$\mathcal{L}(y,G(x))=\frac{1}{2}\sum_{i=1}^{n}(y_i-G(x_i))^2.$$

$-\dfrac{\partial\mathcal{L}(y,G(x))}{\partial(G(x))}=y-G(x)$，残差是平方误差损失函数的负梯度. 为了简单起见，这里对所有基学习器使用了恒定权重 $\alpha_j=1$（李航, 2012）.

第 1 次迭代

基于最小平方误差，基学习器应该是

$$G_1(x)=g_1(x)=\begin{cases}4.25\text{cm}, & x\leqslant 28.9,\\ 7.5\text{cm}, & x>28.9,\end{cases}$$

初始 GBM（即基学习器）的平方误差损失函数为

$$\mathcal{L}(y,G_1(x))=\frac{1}{2}\sum_{i=1}^{10}(y_i-G_1(x_i))^2=9.065(\text{cm}^2).$$

### 第 2 次迭代

$G_1(x)$ 给出的相应残差列于表 E6.3 中.

**表 E6.3 对应每个合金特征（$\Delta T$）临界铸造直径（$D_{\max}$）的第 1 次迭代后残差**

| $\Delta T$(K) | 26 | 28.8 | 29 | 40 | 43 | 64.2 | 67.6 | 73 | 75 | 82 |
|---|---|---|---|---|---|---|---|---|---|---|
| $R_1(x_i)$(cm) | −0.25 | 0.25 | −1 | 2 | 0 | −1.5 | −2 | −0.5 | 0.5 | 2.5 |

然后，我们确定基学习器 $g_2(x)$ 以最好地匹配表 E6.3 中的数据. 注意，这个基学习器的预测目标是残差 $R_1(x_i)$ 而不是 $D_{\max}$.

$$g_2(x)=\begin{cases}-0.278\text{cm}, & x\leqslant 78.5,\\ 2.5\text{cm}, & x>78.5.\end{cases}$$

因此，我们得到了一个如下所示的 GBM:

$$G_2(x)=G_1(x)+g_2(x)=\begin{cases}3.972\text{cm}, & x\leqslant 28.9,\\ 7.222\text{cm}, & 28.9<x\leqslant 78.5,\\ 10\text{cm}, & x>78.5.\end{cases}$$

GBM 的平方误差损失函数为

$$\mathcal{L}(y,G_2(x))=\frac{1}{2}\sum_{i=1}^{10}(y_i-G_2(x_i))^2=5.59(\text{cm}^2)\,.$$

### 第 3 次迭代

$G_2(x)$给出的相应残差列于表 E6.4 中.

**表 E6.4 对应每个合金特征（$\Delta T$）临界铸造直径（$D_{\max}$）的第 2 次迭代后残差**

| $\Delta T$(K) | 26 | 28.8 | 29 | 40 | 43 | 64.2 | 67.6 | 73 | 75 | 82 |
|---|---|---|---|---|---|---|---|---|---|---|
| $R_2(x_i)$(cm) | 0.03 | 0.53 | −0.72 | 2.28 | 0.28 | −1.22 | −1.72 | −0.22 | 0.78 | 0 |

随后，我们确定基学习器 $g_3(x)$，以最好地拟合表 E6.4 中的数据. 基学习器目标相应地变更为残差 $R_2(x_i)$.

$$g_3(x)=\begin{cases}0.478\text{cm}, & x\leqslant 53.6,\\ -0.478\text{cm}, & x>53.6.\end{cases}$$

因此，我们将 GBM 更新为

$$G_3(x)=G_2(x)+g_3(x)=\begin{cases}4.45\text{cm}, & x\leqslant 28.9,\\ 7.7\text{cm}, & 28.9<x\leqslant 53.6,\\ 6.74\text{cm}, & 53.6<x\leqslant 78.5,\\ 9.52\text{cm}, & x>78.5.\end{cases}$$

GBM 的平方误差损失函数为

$$\mathcal{L}(y, G_3(x)) = \frac{1}{2}\sum_{i=1}^{10}(y_i - G_3(x_i))^2 = 4.45(\text{cm}^2).$$

第 4 次迭代

类似地，我们可以通过第 4 次迭代得到一个 GBM:

$$g_4(x) = \begin{cases} -0.284\text{cm}, & x \leqslant 70, \\ 0.663\text{cm}, & x > 70, \end{cases}$$

$$G_4(x) = G_3(x) + g_4(x) = \begin{cases} 4.166\text{cm}, & x \leqslant 28.9, \\ 7.416\text{cm}, & 28.9 < x \leqslant 53.6, \\ 6.460\text{cm}, & 53.6 < x \leqslant 70, \\ 7.401\text{cm}, & 70 < x \leqslant 78.5, \\ 10.185\text{cm}, & x > 78.5. \end{cases}$$

损失函数为

$$\mathcal{L}(y, G_4(x)) = \frac{1}{2}\sum_{i=1}^{10}(y_i - G_4(x_i))^2 = 3.51(\text{cm}^2).$$

假设终止的标准是损失函数小于 4cm$^2$，我们可以获得最终的 GBM: $G_4(x)$.

### 6.1.3 损失函数的二阶展开提升学习（SOB）

通常，损失函数的二阶展开是快速优化损失函数的一种更有效的方法.

$$\begin{aligned}\mathcal{L}(y, G_j(x)) &= \sum_{i=1}^{n}\mathcal{L}\left(y_i, G_j(x_i)\right) \\ &= \sum_{i=1}^{n}\left\{\mathcal{L}(y_i, G_{j-1}(x_i)) + \alpha_{i,j} g_j(x_i, \beta_j) + \frac{1}{2} h_{i,j}\left[g_j(x_i, \beta_j)\right]^2\right\},\end{aligned} \qquad (6.9a)$$

其中，$\alpha_{i,j} = \dfrac{\partial \mathcal{L}(y_i, G_{j-1}(x))}{\partial\left[G_{j-1}(x)\right]}$ 和 $h_{i,j} = \dfrac{\partial^2 \mathcal{L}(y_i, G_{j-1}(x))}{\partial[G_{j-1}(x)]^2}$ 分别是损失函数的一阶和二阶导数，$g_j(x_i, \beta_j)$ 是步长. 由于损失函数的最小化是沿负方向的，所以参数 $\beta_j$ 由下式决定：

$$\beta_j = \operatorname{argmin}\sum_{i=1}^{n}\left\{\mathcal{L}(y_i, G_{j-1}(x_i)) + \alpha_{i,j} g_j(x_i, \beta_j) + \frac{1}{2} h_{i,j}\left[g_j(x_i, \beta_j)\right]^2\right\}. \qquad (6.9b)$$

去掉常数项 $\mathcal{L}(y_i, G_{j-1}(x_i))$ 后，式（6.9b）等效于

$$\beta_j = \operatorname{argmin}\sum_{i=1}^{n}\left\{\frac{1}{2} h_{i,j}\left[g_j(x_i, \beta_j) + \frac{\alpha_{i,j}}{h_{i,j}}\right]^2\right\}. \qquad (6.9c)$$

回归问题通常应用平方误差作为损失函数，该函数一阶导数的负数就是残差，即 $-\dfrac{\partial \mathcal{L}(y,G(x))}{\partial(G(x))}=y-G(x)=R$，它的二阶导数是 1. 这时，式（6.9c）将简化到基学习器权重为 1 的式（6.8c），SOB 与基学习器权重为 1 的 GBM 相同.

SOB 也可以用二阶导数非常数的函数作为损失函数，例如，$\mathcal{L}(y,G(x))=\dfrac{1}{4}\sum_{i=1}^{n}(y_i-G(x_i))^4$. 其泰勒展开式一阶项是 $\dfrac{\partial \mathcal{L}(y,G(x))}{\partial(G(x))}=-(y-G(x))^3$，二阶项为 $\dfrac{1}{2}\cdot\dfrac{\partial^2 \mathcal{L}(y,G(x))}{\partial(G(x))^2}=1.5(y-G(x))^2$. 还有 Log-Cosh 损失函数，$\mathcal{L}(y,G(x))=\sum_{i=1}^{n}\ln(\cosh(G(x_i)-y_i))$. 其泰勒展开式一阶项是 $\dfrac{\partial \mathcal{L}(y,G(x))}{\partial(G(x))}=\tanh(G(x_i)-y_i)$，二阶项为 $\dfrac{1}{2}\cdot\dfrac{\partial^2 \mathcal{L}(y,G(x))}{\partial(G(x))^2}=0.5\operatorname{sech}^2(G(x_i)-y_i)$.

### 6.1.4 极限梯度提升器（XGBoost）

如第 5 章所述，决策树将处于同一训练数据集中的数据以递归的方式分为 $K$ 个终端节点，这些终端节点被标记为 $R_k$，$k=1,2,\cdots,K$. 节点 $R_k$ 中所包含的参数被标记为 $c_k$，$k=1,2,\cdots,K$. 组合 $\Theta=\{R_k,c_k\}$ 被称为树参数，其中 $K$ 是一个元参数（meta-parameter）. 如果 $K=2$，则此树被称为树桩模型，通常来说，一棵 $K$ 节点的树有 $K$ 个终端节点. 在分类树和回归树中，分别会通常用到基于信息熵的损失函数和平方误差的损失函数. 一个提升树模型 $f_M(x)$ 是前向分步法（forward stagewise manner）中所有树的总和

$$f_M(x)=\sum_{j=1}^{M}T_j(x,\Theta_j), \tag{6.10a}$$

$$f_M(x)=\sum_{j=1}^{M}\alpha_j T_j(x,\Theta_j), \tag{6.10b}$$

其中的变量 $\Theta_j$ 由下式算出

$$\Theta_j=\operatorname{argmin}\sum_{i=1}^{n}\mathcal{L}(y_i,f_{j-1}(x_i)+T_j(x_i,\Theta_j)). \tag{6.10c}$$

AdaBoost 算法可以直接应用于具有二元基分类器的提升树. 在这种情况下，$y_i\in\{-1,1\}$，$c_{k,j}\in\{-1,1\}$. 式（6.1）—式（6.6）描述了 AdaBoost 二元基分类器算法工作流程

$$\Theta_j=\operatorname{argmin}\sum_{i=1}^{n}w_{i,j}\exp(-y_i\alpha_j T_j(x_i,\Theta_j)), \tag{6.10d}$$

且等式（6.10a）—等式（6.10c）也可以被应用于回归提升树中，这时，所有的权重 $\alpha_j$ 均相等，就被删除，而其中参数 $\beta_j$ 和基学习器 $g_j$ 应当分别被看作参数 $\Theta_j$ 和基树（base tree）$T_j(x_i,\Theta_j)$.

XGBoost（Chen and Guestrin, 2016）指的是 eXtreme Gradient Boosting 软件包，它是一种对稀疏空间和加权分位数图进行近似树学习的稀疏感知算法. XGBoost 利用带有正则项（惩罚项）$\Omega(T_j)$ 的 $M$ 个可加树，因此，XGBoost 将式（6.10a）目标函数（损失函数）用二次展开表示为

$$\begin{aligned}\mathcal{L}_j &= \sum_{i=1}^{n}\mathcal{L}(y_i, T_j(x_i)) + \Omega(T_j) \\ &= \sum_{i=1}^{n}\left\{\mathcal{L}(y_i, G_{j-1}(x_i)) + a_{i,j}g_j(x_i,\beta_j) + \frac{1}{2}h_{i,j}\left[g_j(x_i,\beta_j)\right]^2\right\} + \Omega(T_j),\end{aligned} \quad (6.11a)$$

其中

$$\Omega(T_j) = \gamma K_j + \frac{1}{2}\lambda\sum_{k=1}^{K_j}c_{k,j}^2, \quad (6.11b)$$

式中，$\gamma$ 和 $\lambda$ 是预设的超参数，$K_j$ 是叶子节点的数量，$c_{k,j}$ 是树 $T_j$ 中节点 $R_k$ 的值. 残差 $\mathcal{L}(y_i,G_{j-1}(x_i))$ 是恒定的，因此它在目标函数最小化的过程中可以忽略. 式(6.11a)表明在对所有训练数据集中的数据 $x_i$ 进行求和，这实际上也就是对树 $T_j$ 上的所有叶子节点进行求和. 假设我们定义 $I_k=\{i\mid R_k(x_i)\}$ 为叶子节点 $R_k$ 中的即时样本集，我们可以把等式（6.11a）中的样本总和，转化为下式的叶子节点总和：

$$\mathcal{L}_j = \sum_{k=1}^{K_j}\left\{G_j c_{k,j} + \frac{1}{2}(H_j+\lambda)c_{k,j}^2\right\} + \gamma K_j, \quad (6.11c)$$

其中 $G_j=\sum_{i\in I_k}\alpha_{i,j}$，$H_j=\sum_{i\in I_k}h_{i,j}$. 如果树 $T_j$ 的结构是固定的，当 $\mathcal{L}_j$ 满足 $\frac{\partial\mathcal{L}_j}{\partial c_{k,j}}=0$ 时有最小值，由此得出

$$c_{k,j} = -\frac{G_j}{H_j+\lambda}. \quad (6.11d)$$

将式（6.11d）代入式（6.11c）得到最小损失函数：

$$\min(\mathcal{L}_j) = -\frac{1}{2}\sum_{k=1}^{K_j}\frac{G_j^2}{H_j+\lambda} + \gamma K_j. \quad (6.11e)$$

**例 6.4**

在实际应用中，我们通常将提升学习中的学习率 $\varepsilon$ 设置在 [0, 1]内，以此来平滑学习曲线.

$$G_{i+1}(x) = G_i(x) + \varepsilon T_{i+1}(x).$$

此例使用例 4.6 中的数据集，并用平方和误差作为损失函数，以此通过总电负性（TEN）来预测

剪切模量. XGBoost 中学习率被设定为 0.1, 迭代次数设为 100.

我们将正则化项和无正则化项的 XGBoost 的表现作了对比. 正则项也被称为惩罚项, 其在 XGBoost 中可以控制基学习器的结构. 如图 E6.2 所示, 含有正则项的模型要比不含正则项的模型更加光滑.

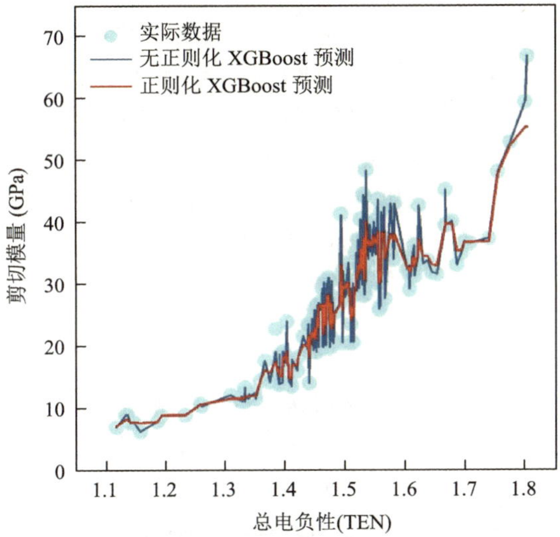


图 E6.2　在正则化项和无正则化项的情况下, XGBoost 学习器的性能

## 6.2　装　袋　法

自助法（Bootstrap）是一种评估预测均值和方差的抽样算法. Bootstrap 的基本方法是重复从一个原始数据集 $(x_{1,i},\cdots,x_{m,i},y_i)$ $(i=1,2,\cdots,N)$ 中随机有放回地抽取样品, 以此产生多个随机抽取的数据集, 且每个数据集大小都与原始数据集相同. 每一个样品出现在一个 Bootstrap 数据集中的概率为

$$\Pr(\text{数据}(x_i,y_i)\in \text{Bootstrap 数据集})=1-\left(1-\frac{1}{N}\right)^N \approx 1-\mathrm{e}^{-1}=0.632\,. \tag{6.12}$$

这意味着大约有 36.8% 的原始数据集中的数据不会出现在 Bootstrap 数据集中. 当一个 Bootstrap 数据集被用作训练集, 而原始数据集用作测试集时, 测试集将有大约 36.8% 的数据不会出现在训练集中. 如果仅使用这 36.8%的数据作为测试集, 则该测试结果称为袋外估计. 装袋法更适用于小数据集, 因为对于小数据集而言, 采用交叉验证在统计上是不可靠的.

装袋法(Bagging)(Breiman, 1996)通过自助法生成 $M$ 个 Bootstrap 数据集. 在每个 Bootstrap 数据集合上训练一个基学习器, 因此在 Bagging 集成学习中有 $M$ 个基学习器. 我们通常把集成学习器作出的预测，看作是其内部 $M$ 个用于分类的基学习器的投票结果，或 $M$ 个回归预测的均值. Bagging 减少了机器学习模型预测的方差，更适合高方差和低偏差的机器学习算法，如决策树算法.

● 随机森林法（random forest, RF）

随机森林法（Breiman, 1996；Ho, 1998）扩展了 Bagging 方法. 如上所述，在决策树中，对当前节点的 $d$ 个特征中，要分割的特征应该满足以下条件：该特征的分割，对于分类来说，信息增益要最大；或者对于回归来说，误差要最小. 这意味着必须要对 $d$ 个特征进行遍历计算. 然而在 RF 中，我们在 $d$ 个特征中随机选取 $k < d$ 个特征，在这 $k$ 个特征中，基于表现最好的特征执行分割. 如果 $k = d$，此过程与正常的决策树中执行的过程无异. 如果 $k = 1$，就随机地选择一个特征执行分割. 在 RF 分类中，我们通常取 $k = \log_2 d$，在 RF 回归中，我们通常取 $k = d/3$（Hastie et al., 2009）.

**例 6.5**

我们分别用 RF ($k = d/3$) 和装袋决策树 ($k = d$) 来预测高熵合金的硬度. 其特征包括混合熵 ($S_{\text{mix}}$)、平均价电子浓度 ($\overline{\text{VEC}}$)、平均原子数 ($\overline{\text{AN}}$)、平均热导率 ($\bar{K}$)、电负性失配 ($\delta_{\text{XP}}$)，以及摩尔热容 ($\delta_{C_m}$). 所有的特征被归一化在区间 $[0,1]$ 内，所有的数据集来自（Xiong et al., 2020），可以在该网址查到: https://github.com/George-JieXIONG/Materials-Dataset/blob/main/Example%206/EX6.csv.

RF 的收敛趋势与装袋决策树的相似. 如图 E6.3 所示，随着基学习器的数量增多，RF 总是收敛到更低的泛化误差. 除此之外，由于采用的是“随机选取特征”的方式，RF 的训练效率要比装袋决策树更高.

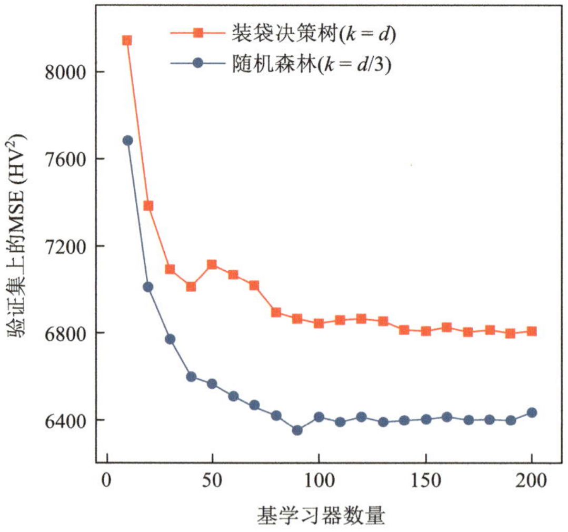


图 E6.3　随机森林和装袋决策树的表现随着基学习器数量的变化

## 例 6.6

为了说明随机森林是如何工作的，在表E6.5中列出了24种钴基高温合金的熔点. 输入特征是Co, Al, W和Ni在高温合金中的原子百分比.

**表 E6.5 24种钴基高温合金的组分比例和熔点**

| Co（at.%） | Al（at.%） | W（at.%） | Ni（at.%） | 熔点（℃） |
|---|---|---|---|---|
| 65.5 | 7.3 | 7 | 20.2 | 880 |
| 65.5 | 7.3 | 7 | 20.2 | 881 |
| 82 | 9 | 7 | 2 | 966 |
| 73 | 7.9 | 8.9 | 10.2 | 982 |
| 72.5 | 10 | 7.5 | 10 | 990 |
| 42.5 | 10 | 7.5 | 40 | 1070 |
| 36 | 9 | 10 | 45 | 1079 |
| 46.4 | 8.8 | 9.8 | 35 | 1091 |
| 50 | 10 | 10 | 30 | 1095 |
| 32.5 | 10 | 7.5 | 50 | 1105 |
| 56.4 | 8.8 | 9.8 | 25 | 1113 |
| 40 | 10 | 10 | 40 | 1120 |
| 22.5 | 10 | 7.5 | 60 | 1120 |
| 12.5 | 10 | 7.5 | 70 | 1140 |
| 30 | 10 | 10 | 50 | 1150 |
| 20 | 10 | 10 | 60 | 1170 |
| 10 | 10 | 10 | 70 | 1200 |
| 75 | 10 | 10 | 5 | 1052 |
| 70 | 10 | 10 | 10 | 1062 |
| 65 | 10 | 10 | 15 | 1074 |
| 60 | 10 | 10 | 20 | 1097 |
| 50 | 10 | 10 | 30 | 1125 |
| 40 | 10 | 10 | 40 | 1153 |
| 79.4 | 8.8 | 9.8 | 2 | 1005 |

由于特征数小，仅为 4，我们选择 k = d/2 = 2，并用留一交叉验证法（LOOCV）确定 RF 超参数. 如图 E6.4 所示，当 RF 中树的数量是 2($n$ _ estimators = 2)，每个树的最大深度是 3(max _ depth = 3) 时，验证集 RMSE 值为最小值（RMSE = 25.49）. 图 E6.5 显示了此 RF 中两个 Bootstrap 决策树全貌.

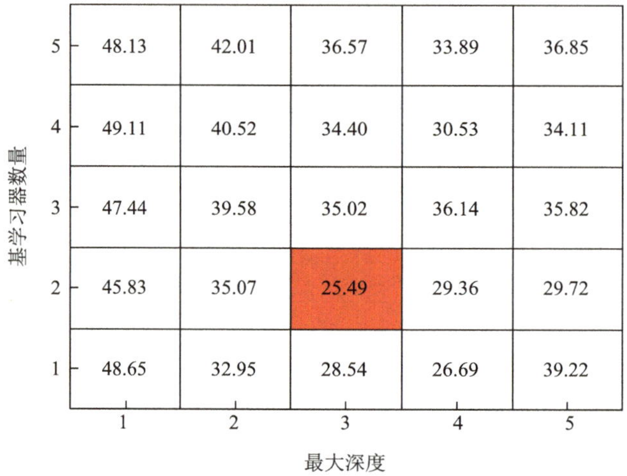


图 E6.4　不同超参数组合（基学习器数量和最大深度）的验证集 RMSE 值

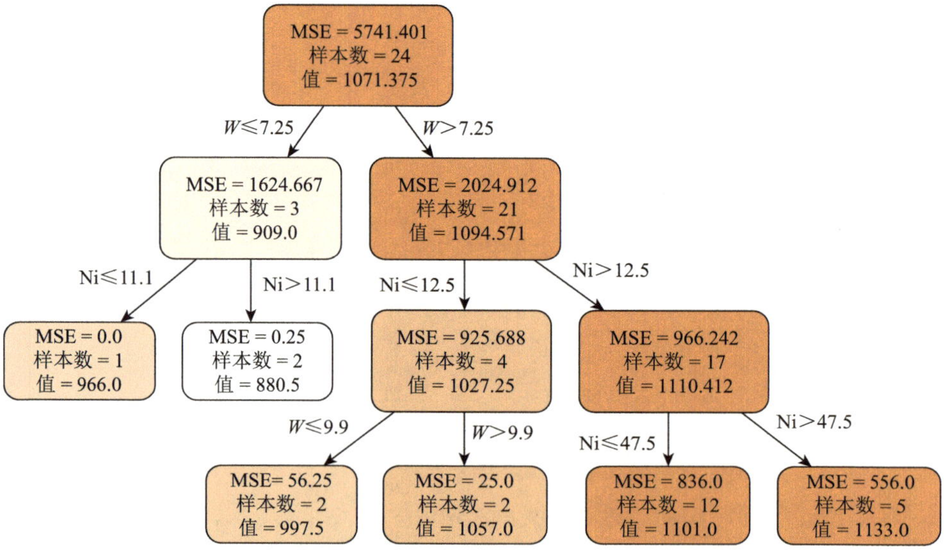


(a)

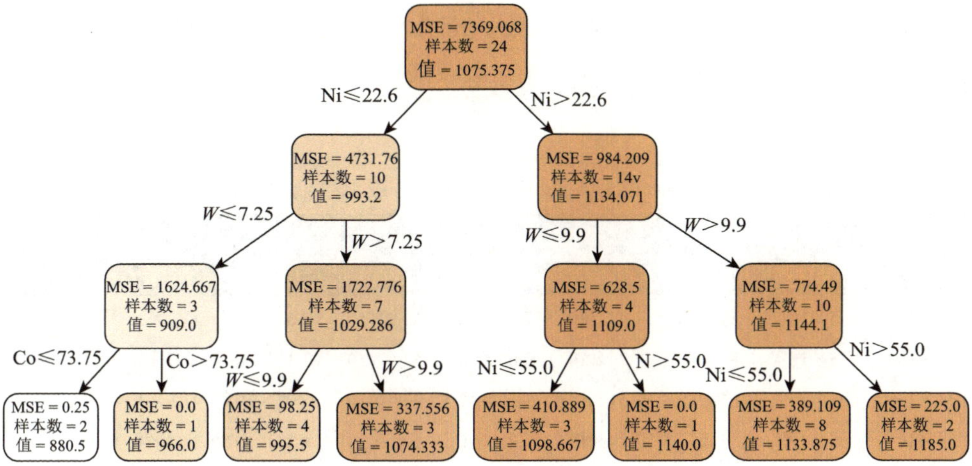


(b)

图 E6.5　二棵树随机森林中两个 Bootstrap 决策树全貌. （a）树一；（b）树二

对于表 E6.6 中的新样本点, RF 工作如下.

**表 E6.6　钴基高温合金的新取样点**

| 元素 | 钴 | 铝 | 钨 | 镍 |
|---|---|---|---|---|
| at.% | 62.5 | 10 | 7.5 | 20 |

第一个决策树给出的预测是

$$\text{value}(1) = 1101.0℃;$$

第二个决策树给出的预测是

$$\text{value}(2) = 995.5℃;$$

RF 的预测是这两个预测值的平均值:

$$\text{value} = \frac{\text{value}(1) + \text{value}(2)}{2} = 1048.25℃.$$

# 作　业

表格 H6.1 列出了在 22℃, 30℃, 40℃, 50℃和 75℃下, 粗晶铜的应力松弛实验的塑性应变率. 塑性应变率 $\dot{\varepsilon}_{\mathrm{p}}(\sigma,T)$ 取决于温度 $T$ 和应力 $\sigma$. 基于该领域理论, 塑性应变率取决于等式: $\dot{\varepsilon}_{\mathrm{p}}(\sigma,T) = \dot{\varepsilon}_{00}\left(\dfrac{\sigma}{\sigma_0}\right)^n \exp\left(-\dfrac{\Delta G_0}{kT} + \dfrac{\sigma V}{kT\sqrt{3}}\right)$. 此处的 $\dot{\varepsilon}_{00}$ 是一个常量, $\sigma_0$ 是参考应力, $n$ 是应力指

数，$k$ 是玻尔兹曼常数，$\Delta G_0$ 是一个与应力无关的活化能，$V$ 是与剪切应力共轭的标准活化体积. 我们设 $y=\ln\dot{\varepsilon}_{\mathrm{p}}$，$x_1=\ln\left(\frac{\sigma}{\sigma_0}\right)$，$x_2=\frac{1}{kT}$，$x_3=\frac{\sigma}{kT}$.

**表 H6.1 不同应力水平和温度下，粗晶铜在进行应力松弛实验中的塑性应变率**

| 1/kT（$J^{-1}$） | 粗晶铜应力松弛实验第一次循环中不同应力水平下的应变率（$s^{-1}$） | | | | | | | |
|---|---|---|---|---|---|---|---|---|
| | 113MPa | 112MPa | 111MPa | 110MPa | 109MPa | 108MPa | 107MPa | 106MPa |
| $2.46\times10^{20}$ | $3.95\times10^{-5}$ | $2.51\times10^{-5}$ | $1.42\times10^{-5}$ | $7.79\times10^{-5}$ | $4.59\times10^{-5}$ | $2.65\times10^{-5}$ | $1.67\times10^{-5}$ | $1.06\times10^{-5}$ |
| $2.39\times10^{20}$ | $4.35\times10^{-5}$ | $2.83\times10^{-5}$ | $1.74\times10^{-5}$ | $9.66\times10^{-5}$ | $5.06\times10^{-5}$ | $3.11\times10^{-5}$ | $2.07\times10^{-5}$ | $1.50\times10^{-5}$ |
| $2.31\times10^{20}$ | $4.95\times10^{-5}$ | $3.65\times10^{-5}$ | $2.51\times10^{-5}$ | $1.54\times10^{-5}$ | $9.99\times10^{-5}$ | $5.97\times10^{-5}$ | $4.35\times10^{-5}$ | $3.11\times10^{-5}$ |
| $2.24\times10^{20}$ | $5.65\times10^{-5}$ | $4.05\times10^{-5}$ | $2.89\times10^{-5}$ | $1.76\times10^{-5}$ | $1.19\times10^{-5}$ | $8.23\times10^{-5}$ | $5.47\times10^{-5}$ | $4.12\times10^{-5}$ |
| $2.08\times10^{20}$ | $6.67\times10^{-5}$ | $5.17\times10^{-5}$ | $3.90\times10^{-5}$ | $2.79\times10^{-5}$ | $1.91\times10^{-5}$ | $1.35\times10^{-5}$ | $9.65\times10^{-5}$ | $8.09\times10^{-5}$ |

1. 基于表 H6.1 中列出的数据，用三种集成算法:（树模型下的）AdaBoost, XGBoost, Random Forest 去拟合这一物理定律.

2. 用 3 层的 CART 树作为基学习器，并改变基学习器的数量，比较三种不同集成模型之间的差异.

3. 采用相同个数的基学习器, Bootstrap 和 Boosting 方法中哪一种具有较小的泛化误差？

4. 选择任意样本数据，按照例 6.3，总结 GBM 的工作原理.

5. 试用其他数据，套用例 6.1 的方法，熟悉 AdaBoost 的工作原理.

6. 根据所学描述你对这些集成原理的理解.

## 参 考 文 献

李航. 2012. 统计学习方法. 北京：清华大学出版社.

Breiman L. 1996. Bagging predictors. Machine Learning, 24(2): 123-140.

Chen T, Guestrin C. 2016. XGBoost: A Scalable Tree Boosting System. Proceedings of the 22nd ACM SIGKDD International Conference on Knowledge Discovery and Data Mining(KDD 2016). New York: Association for Computing Machinery, 785-794.

de Jong M, Chen W, Notestine R, et al. 2016. A statistical learning framework for materials science: Application to elastic moduli of *k*-nary inorganic polycrystalline compounds. Scientific Reports, 6(1): 34256.

Franklin J. 2005. The elements of statistical learning: data mining, inference and prediction. The Mathematical Intelligencer, 27(2): 83-85.

Freund Y, Schapire R E. 1997. A decision-theoretic generalization of on-line learning and an application to boosting. Journal of Computer and System Sciences, 55(1): 119-139.

Friedman J. 2001. Greedy function approximation: A gradient boosting machine. Annals of Statistics, 29(5): 1189-1232.

Friedman J, Hastie T, Tibshirani R. 2000. Additive logistic regression: A statistical view of boosting. Annals of Statistics, 28(2): 337-374.

Hastie T, Tibshirani R, Friedman J. 2009. The Elements of Statistical Learning: Data Mining, Inference, and Prediction. 2nd ed. New York: Springer.

Ho T K. 1998. The random subspace method for constructing decision forests. IEEE Transactions on Pattern Analysis and Machine Intelligence, 20(8): 832-844.

Loader C. 2006. Local Regression and Likelihood. Berlin: Springer Science & Business Media.

Natekin A, Knoll A. 2013. Gradient boosting machines, a tutorial. Frontiers in Neurorobotics, (7): 21.

Webb G I, Zheng Z J. 2004. Multistrategy ensemble learning: Reducing error by combining ensemble learning techniques. IEEE Transactions on Knowledge and Data Engineering, 16(8): 980-991.

Witten I H, Frank E, Hall M A. 2011. Data Mining: Practical Machine Learning Tools and Techniques. 3rd ed. San Mateo: Morgan Kaufmann Publisher.

Xiong J, Shi S Q, Zhang T Y. 2021. Machine learning of phases and mechanical properties in complex concentrated alloys. Journal of Materials Science & Technology, 87: 133-142.

Xiong J, Zhang T Y, Shi S Q. 2020. Machine learning of mechanical properties of steels. Science China Technological Sciences, 63(7): 1247-1255.

# 第 7 章

# 贝叶斯定理和期望最大化算法

## 7.1 贝叶斯定理

事件 $H$ 和事件 $E$ 同时发生的概率称为事件 $H$ 和事件 $E$ 的联合概率，用 $P(H \cap E)$ 表示，其中 $H \cap E$ 表示事件 $H$ 和 $E$ 同时发生（Berger, 2013），也可以用 $P(H,E)$ 表示. 如果事件 $H$ 和 $E$ 在物理上没有关联，则认为两个事件独立. 在这种情况下，联合概率等于独立概率的乘积，即

$$P(H \cap E) = P(H)P(E). \tag{7.1}$$

式（7.1）是对独立事件或独立分布的数学定义.

如果事件 $E$ 发生的概率不为零，事件 $H$ 在事件 $E$ 发生条件下发生的概率称为条件概率，用 $P(H|E)$ 表示

$$P(H \mid E) = \frac{P(H \cap E)}{P(E)}. \tag{7.2a}$$

同理，如果事件 $H$ 发生的概率不为零，则在事件 $H$ 发生的条件下，事件 $E$ 发生的条件概率为

$$P(E \mid H) = \frac{P(H \cap E)}{P(H)}. \tag{7.2b}$$

由式（7.2a）和式（7.2b），我们可以得出

$$P(H \cap E) = P(H \mid E)P(E) = P(E \mid H)P(H). \tag{7.2c}$$

由式（7.2c）可以得到贝叶斯定理:

$$P(H \mid E) = \frac{P(H)P(E|H)}{P(E)}. \tag{7.3a}$$

条件概率 $P(H|E)$ 也称为事件 $H$ 的后验概率. 概率 $P(H)$ 称为先验概率，即在不考虑任何条件下事件 $H$ 发生的概率. 条件概率 $P(E|H)$ 也称为条件似然. 概率 $P(E)$ 是边际概率，也称为总似然概率，即事件 $E$ 在没有任何条件下发生的概率. 在给定事件 $E=e$ 的条件下，事件 $H$ 发生的后验概率为

$$P(H \mid E=e) = \frac{P(H)P(E=e \mid H)}{P(E=e)}. \tag{7.3b}$$

如果有 $K$ 个事件，用 $H_k(k=1,2,\cdots,K)$ 表示，则贝叶斯定理为

$$P(H_k|E)=\frac{P(H_k)P(E|H_k)}{\sum_k P(H_k)P(E|H_k)}=\frac{P(H_k)P(E|H_k)}{P(E)}. \tag{7.3c}$$

当贝叶斯定理用于连续分布函数时，其中的概率被相应的概率密度所取代，即

$$p(H_k|E)=\frac{p(H_k)p(E|H_k)}{\int_{-\infty}^{+\infty}p(H_k)p(E|H_k)\mathrm{d}H}, \tag{7.3d}$$

式中，$\int_{-\infty}^{+\infty}p(H_k)p(E|H_k)\mathrm{d}H$ 为总似然，可以把它看作用来归一化后验概率（或密度）的常数. 如果不考虑归一化，则可以忽略此项.

## 7.2 朴素贝叶斯分类器

朴素贝叶斯分类器（naive Bayes classifier）是一种基于贝叶斯定理的分类算法（McCallum and Nigam, 1998），“朴素”假设特征之间是条件独立的. 若数据集 $D=\{x_{ij},y_i\}$ $(i=1,2,\cdots,n$；$j=1,2,\cdots,m)$ 包含 $n$ 个可分数据，其中 $\boldsymbol{x}=(x_1,x_2,\cdots,x_m)\in\mathbf{R}^m$ 表示一个 $1\times m$ 的特征向量，$C\in\{c_1,c_2,\cdots,c_K\}$ $(K\leqslant n\in\mathbf{R})$ 表示数据的 $1\times K$ 类标签向量，由贝叶斯定理给出了后验概率的表达式

$$P(y=c_k\mid\boldsymbol{x})=\frac{P(y=c_k)P(\boldsymbol{x}\mid y=c_k)}{P(\boldsymbol{x})}, \tag{7.4a}$$

式中，$P(y=c_k)$ 为先验概率，$P(\boldsymbol{x}\mid y=c_k)$ 为条件似然，$P(\boldsymbol{x})=\sum_{k=1}^{K}P(y=c_k)\cdot P(\boldsymbol{x}\mid y=c_k)$ 为总似然. 在特征条件独立的假设下，式（7.4a）可以被重写为

$$P(y=c_k\mid\boldsymbol{x})=\frac{P(y=c_k)}{P(\boldsymbol{x})}\prod_{j=1}^{m}P(x_j\mid y=c_k). \tag{7.4b}$$

如上所述，总似然 $P(\boldsymbol{x})$ 是一个常数，可以忽略. 因此，式（7.4b）可写成

$$P(y=c_k\mid\boldsymbol{x})\propto P(y=c_k)\prod_{j=1}^{m}P(x_j\mid y=c_k). \tag{7.4c}$$

最大后验概率（maximum posterior probability, MAP）预报被检测特征数据所属的类别，其数学表达式为

$$\hat{y}=\underset{y\in\{c_1,c_2,\cdots,c_K\}}{\operatorname{argmax}}P(y=c_k)\prod_{j=1}^{m}P(x_j\mid y=c_k). \tag{7.5}$$

先验概率 $P(y_k)$ 由下式计算

$$P(y=c_k)=\frac{n_k}{n}\quad(k=1,2,\cdots,K), \tag{7.6a}$$

式中，$n_k$ 为类 $c_k$ 中的样本数. 条件概率 $P(x_j \mid y=c_k)$ 由下式计算

$$P(x_j \mid y=c_k)=\frac{n_{kj}}{n_k}, \tag{7.6b}$$

式中，$n_{kj}$ 是类 $c_k$ 中具有特征 $x_j$ 的样本数.

高斯朴素贝叶斯（Gaussian naive Bayes）假设每个连续的特征变量都服从高斯分布. 因此，条件概率密度 $p(x_j \mid y=c_k)$ 为

$$p(x_j \mid y=c_k)=\frac{1}{\sqrt{2\pi}\sigma_j^{(k)}}\exp\left(-\frac{\left(x_j^{(k)}-\mu_j^{(k)}\right)^2}{2\left(\sigma_j^{(k)}\right)^2}\right), \tag{7.7}$$

式中，$x_j^{(k)}$ 或 $(x_j \mid y=c_k)$ 为类 $y=c_k$ 中特征 $x_j$ 的变量，$\mu_j^{(k)}$ 和 $\left(\sigma_j^{(k)}\right)^2$ 分别为 $x_j^{(k)}$ 的平均值和方差. 对于特征的连续概率分布，MAP 优化预测可以通过以下公式给出

$$\hat{y}=\underset{y\in\{c_1,c_2,\cdots,c_K\}}{\operatorname{argmax}} P(y=c_k)\prod_{j=1}^{m}p(x_j|y=c_k). \tag{7.8a}$$

如果一些特征是连续的（John, 1995），一些特征是离散的，可结合 MAP 和 MAP 密度进行计算，为了简单起见，仍然称为 MAP. 因此，MAP 优化预测的估计可以通过以下公式给出：

$$\hat{y}=\underset{y\in\{c_1,c_2,\cdots,c_K\}}{\operatorname{argmax}} P(y=c_k)\prod_{j=1}^{m_1}p(x_j|y=c_k)\prod_{j=m_1+1}^{m}P(x_j|y=c_k), \tag{7.8b}$$

式中，$m_1$ 和 $m-m_1$ 分别表示连续特征和离散特征的个数.

**例 7.1**

表 E7.1 展示了从文献（Xiong et al., 2021）中收集的 18 种高熵合金数据. 这 18 种合金属于单相（FCC）或多相（FCC+BCC）. 这里考虑了制备条件（PC），平均价电子浓度（VEC）和电负性差（$\delta_\chi$）三个特征. 制备条件（PC）为铸造（AC）或机械合金化（MA），VEC 和 $\delta_\chi$ 由 $\mathrm{VEC}=\sum_{i=1}^{18}a_i\mathrm{VEC}_i$ 和 $\delta_\chi=\sqrt{\sum_{i=1}^{18}a_i\sum\left(1-\frac{\chi_i}{\sum_{i=1}^{18}a_i\chi_i}\right)^2}$ 计算，其中 $a_i$，$\mathrm{VEC}_i$ 和 $\chi_i$ 分别为元素 $i$ 的原子百分比、价电子浓度和鲍林电负性.

**表 E7.1　18 种高熵合金**

| 样本 | 合金成分 | PC | VEC | $\delta_\chi$ | 相 |
|---|---|---|---|---|---|
| 1 | $Co_1Cr_1Fe_1Mn_1Ni_1$ | AC | 8.00 | 0.0783 | FCC（1） |
| 2 | $Co_1Cr_1Fe_1Ni_1$ | AC | 8.25 | 0.0531 | FCC（1） |

续表

| 样本 | 合金成分 | PC | VEC | $\delta_\chi$ | 相 |
|---|---|---|---|---|---|
| 3 | $Co_1Cr_1Mn_1Ni_1$ | AC | 8.00 | 0.0860 | FCC（1） |
| 4 | $Co_1Fe_1Mn_1Ni_1$ | AC | 8.50 | 0.0797 | FCC（1） |
| 5 | $Co_1Cr_1Ni_1$ | AC | 8.33 | 0.0614 | FCC（1） |
| 6 | $Co_1Fe_1Ni_1$ | AC | 9.00 | 0.0176 | FCC（1） |
| 7 | $Co_1Mn_1Ni_1$ | AC | 8.67 | 0.0916 | FCC（1） |
| 8 | $Fe_1Mn_1Ni_1$ | AC | 8.33 | 0.0875 | FCC（1） |
| 9 | $Co_1Cu_1Fe_1Ni_1$ | MA | 9.50 | 0.0164 | FCC（1） |
| 10 | $Co_1Fe_1Ni_1$ | MA | 9.00 | 0.0176 | FCC（1） |
| 11 | $Al_{0.6}Co_1Fe_1Ni_1Ti_{0.4}$ | MA | 7.60 | 0.0725 | FCC（1） |
| 12 | $Co_1Cr_2Fe_1Ni_1$ | AC | 7.80 | 0.0602 | FCC+BCC（2） |
| 13 | $Cr_1Fe_1Ni_1$ | AC | 8.00 | 0.0579 | FCC+BCC（2） |
| 14 | $Al_1Co_1Cr_1Cu_1Fe_1$ | MA | 7.40 | 0.0667 | FCC+BCC（2） |
| 15 | $Co_1Cr_1Cu_1Fe_1Ni_1$ | MA | 8.80 | 0.0502 | FCC+BCC（2） |
| 16 | $Co_1Cr_1Fe_1Ni_1$ | MA | 8.25 | 0.0531 | FCC+BCC（2） |
| 17 | $Al_{0.6}Co_1Cr_1Fe_1Ni_1Ti_{0.4}$ | MA | 7.28 | 0.0731 | FCC+BCC（2） |
| 18 | $Co_{0.5}Cr_1Fe_1Ni_1Ti_{0.5}$ | MA | 7.63 | 0.0731 | FCC+BCC（2） |

FCC 相和 FCC+BCC 相分别用类 1 和类 2 表示, PC, VEC 和 $\delta_\chi$ 三个特征分别用 $x_1$， $x_2$ 和 $x_3$ 表示. 采用 LOOCV 对朴素贝叶斯分类器进行分析. LOOCV 的第一次循环如下所述, 其中使用样品 1 作为验证数据, 数据 2—18 构成训练集, 给出了 $n_1 = 10$ 和 $n_2 = 7$. 先验概率 $P(y=1)$ 和 $P(y=2)$ 分别为

$$P(y=1)=\frac{10}{17},$$

$$P(y=2)=\frac{7}{17}.$$

由于只有两种加工条件, 且 $n_{11} = 7$ 和 $n_{21} = 2$, 因此对条件概率 $P(x_1 \mid y)$ 的估计如下:

$$P(x_1=\mathrm{AC} \mid y=1)=\frac{7}{10},$$

$$P(x_1=\mathrm{AC} \mid y=2)=\frac{2}{7}.$$

特征 $x_j^{(k)}(j=2,3;k=1,2)$ 是连续变量, 其均值和方差计算为

$$\overline{x}_2^{(1)}=\frac{1}{10}\sum_{w=1}^{10}x_{w2}^{(1)}=8.518, \quad \overline{x}_2^{(2)}=\frac{1}{7}\sum_{w=1}^{7}x_{w2}^{(2)}=7.880,$$

$$\overline{x}_3^{(1)} = \frac{1}{10}\sum_{w=1}^{10} x_{w3}^{(1)} = 0.058, \quad \overline{x}_3^{(2)} = \frac{1}{7}\sum_{w=1}^{7} x_{w3}^{(2)} = 0.062,$$

$$\sigma_2^{(1)} = \sqrt{\frac{1}{10}\sum_{w=1}^{10}\left(x_{w2}^{(1)} - \overline{x}_2^{(1)}\right)^2} = 0.548, \quad \sigma_2^{(2)} = \sqrt{\frac{1}{7}\sum_{w=1}^{7}\left(x_{w2}^{(1)} - \overline{x}_2^{(2)}\right)^2} = 0.526,$$

$$\sigma_3^{(1)} = \sqrt{\frac{1}{10}\sum_{w=1}^{10}\left(x_{w3}^{(1)} - \overline{x}_3^{(1)}\right)^2} = 0.031, \quad \sigma_3^{(2)} = \sqrt{\frac{1}{7}\sum_{w=1}^{7}\left(x_{w3}^{(2)} - \overline{x}_3^{(2)}\right)^2} = 0.009.$$

接下来，条件概率密度 $p(x_j \mid y = c_k)(j = 2,3; k = 1,2)$ 由式（7.7）计算

$$P(x_2 = 8.00 \mid y = 1) = \frac{1}{\sqrt{2\pi}\cdot 0.548}\exp\left(-\frac{(8.00 - 8.518)^2}{2\cdot 0.548^2}\right) = 0.466,$$

$$P(x_2 = 8.00 \mid y = 2) = \frac{1}{\sqrt{2\pi}\cdot 0.526}\exp\left(-\frac{(8.00 - 7.880)^2}{2\cdot 0.526^2}\right) = 0.740,$$

$$P(x_3 = 0.0783 \mid y = 1) = \frac{1}{\sqrt{2\pi}\cdot 0.031}\exp\left(-\frac{(0.0783 - 0.058)^2}{2\cdot 0.031^2}\right) = 10.505,$$

$$P(x_3 = 0.0783 \mid y = 2) = \frac{1}{\sqrt{2\pi}\cdot 0.009}\exp\left(-\frac{(0.0783 - 0.062)^2}{2\cdot 0.009^2}\right) = 9.009.$$

使用式（7.8b）计算将数据 1 分为类 1 的 MAP 和类 2 的 MAP.

$$\begin{aligned}\mathrm{MAP}(y=1) &= P(y=1)\times P(x_1 = \mathrm{AC} \mid y=1)\times P(x_2 = 8.00 \mid y=1)\times P(x_3 = 0.0783 \mid y=1)\\ &= \frac{10}{17}\times\frac{7}{10}\times 0.466\times 10.505 = 2.016,\end{aligned}$$

$$\begin{aligned}\mathrm{MAP}(y=2) &= P(y=2)\times P(x_1 = \mathrm{AC} \mid y=2)\times P(x_2 = 8.00 \mid y=2)\times P(x_3 = 0.0783 \mid y=2)\\ &= \frac{7}{17}\times\frac{2}{7}\times 0.740\times 9.009 = 0.784.\end{aligned}$$

因为将样品 1 分为类 1 的 MAP 大于分为类 2 的 MAP，所以该验证数据属于类 1. 循环 LOOCV 18 次，让每个数据都能作为验证数据，朴素贝叶斯分类器对 18 个数据进行分类，结果列在表 E7.2 中. 图 E7.1 中的混淆矩阵展示了朴素贝叶斯分类器的性能.

**表 E7.2　朴素贝叶斯分类器的 LOOCV 预测**

| 样本 | 合金成分 | MAP（$y=1$） | MAP（$y=2$） | PP（$y=1$） | PP（$y=2$） | 测量类别 | 预测类别 |
|---|---|---|---|---|---|---|---|
| 1 | $Co_1Cr_1Fe_1Mn_1Ni_1$ | 2.0160 | 0.7839 | 0.7199 | 0.2801 | FCC（1） | FCC（1） |
| 2 | $Co_1Cr_1Fe_1Ni_1$ | 3.2688 | 1.8897 | 0.6337 | 0.3663 | FCC（1） | FCC（1） |
| 3 | $Co_1Cr_1Mn_1Ni_1$ | 1.6277 | 0.1267 | 0.9278 | 0.0722 | FCC（1） | FCC（1） |
| 4 | $Co_1Fe_1Mn_1Ni_1$ | 2.9171 | 0.3046 | 0.9055 | 0.0945 | FCC（1） | FCC（1） |
| 5 | $Co_1Cr_1Ni_1$ | 3.5273 | 2.6787 | 0.5684 | 0.4316 | FCC（1） | FCC（1） |
| 6 | $Co_1Fe_1Ni_1$ | 0.58505 | 0.000003 | 0.99999 | 0.00001 | FCC（1） | FCC（1） |

续表

| 样本 | 合金成分 | MAP（$y=1$） | MAP（$y=2$） | PP（$y=1$） | PP（$y=2$） | 测量类别 | 预测类别 |
|---|---|---|---|---|---|---|---|
| 7 | $Co_1Mn_1Ni_1$ | 1.82088 | 0.00707 | 0.99613 | 0.00387 | FCC（1） | FCC（1） |
| 8 | $Fe_1Mn_1Ni_1$ | 2.23088 | 0.05759 | 0.97483 | 0.02517 | FCC（1） | FCC（1） |
| 9 | $Co_1Cu_1Fe_1Ni_1$ | 0.01294 | 0.0000004 | 0.99997 | 0.00003 | FCC（1） | FCC（1） |
| 10 | $Co_1Fe_1Ni_1$ | 0.16716 | 0.00001 | 0.99995 | 0.00005 | FCC（1） | FCC（1） |
| 11 | $Al_{0.6}Co_1Fe_1Ni_1Ti_{0.4}$ | 0.1605 | 4.4218 | 0.0350 | 0.9650 | FCC（1） | FCC+BCC（2） |
| 12 | $Co_1Cr_2Fe_1Ni_1$ | 2.1607 | 1.5661 | 0.5798 | 0.4202 | FCC+BCC（2） | FCC（1） |
| 13 | $Cr_1Fe_1Ni_1$ | 3.1730 | 1.4266 | 0.6898 | 0.3102 | FCC+BCC（2） | FCC（1） |
| 14 | $Al_1Co_1Cr_1Cu_1Fe_1$ | 0.2429 | 3.5373 | 0.0642 | 0.9358 | FCC+BCC（2） | FCC+BCC（2） |
| 15 | $Co_1Cr_1Cu_1Fe_1Ni_1$ | 1.3679 | 0.0419 | 0.9703 | 0.0297 | FCC+BCC（2） | FCC（1） |
| 16 | $Co_1Cr_1Fe_1Ni_1$ | 1.5557 | 2.8656 | 0.3519 | 0.6481 | FCC+BCC（2） | FCC+BCC（2） |
| 17 | $Al_{0.6}Co_1Cr_1Fe_1Ni_1Ti_{0.4}$ | 0.1429 | 1.0506 | 0.1197 | 0.8803 | FCC+BCC（2） | FCC+BCC（2） |
| 18 | $Co_{0.5}Cr_1Fe_1Ni_1Ti_{0.5}$ | 0.4767 | 2.1671 | 0.1803 | 0.8197 | FCC+BCC（2） | FCC+BCC（2） |

| 混淆矩阵 | | 预测类别 | |
|---|---|---|---|
| | | FCC | FCC + BCC |
| 测量类别 | FCC | 10 | 1 |
| | FCC + BCC | 3 | 4 |

图 E7.1　留一法交叉验证（LOOCV）预测结果的混淆矩阵

正如第 3 章所提到的，可以设置一个阈值来区分类别. 为此，我们引入了伪概率（pseudo probability, PP），它是归一化的 MAP. 对于二分类问题，有

$$\mathrm{PP}(y=i)=\frac{\mathrm{MAP}(y=i)}{\mathrm{MAP}(y=1)+\mathrm{MAP}(y=2)},\quad i=1,2 .$$

例如，样品 1 的伪概率为

$$\mathrm{PP}(y=1)=\frac{\mathrm{MAP}(y=1)}{\mathrm{MAP}(y=1)+\mathrm{MAP}(y=2)}=\frac{2.016}{2.016+0.784}=0.7199,$$

$$\mathrm{PP}(y=2)=\frac{\mathrm{MAP}(y=2)}{\mathrm{MAP}(y=1)+\mathrm{MAP}(y=2)}=\frac{0.784}{2.016+0.784}=0.2801.$$

表 E7.2 列出了 18 个样本的所有 PP 值. PP $(y=1)$ 值或 PP $(y=2)$ 值都可以作为阈值. 这里取 PP $(y=1)$ 的值作为阈值，将阈值从大到小排序，分别表示为 $\mathrm{TH}=(h_0,h_1,\cdots,h_{18})$，如表 E7.3 所示. 此外, PP $(y=1)=1$ 被取为 $h_0$. 分类标准为：如果 PP $(y=1)\geqslant\mathrm{TH}$，则数据被分为类 1，否则被分为类 2. 因此，给定的每个 TH 值都会有对应的分类结果，可以用混淆矩阵表示，这样就会如第 3 章所述那样，导致真阳性率 $\left(\mathrm{TPR}=\dfrac{\mathrm{TP}}{\mathrm{TP}+\mathrm{FN}}\right)$ 和假阳性率 $\left(\mathrm{FPR}=\dfrac{\mathrm{FP}}{\mathrm{FP}+\mathrm{TN}}\right)$. 然后，基于 LOOCV 的预测绘制 TPR 与 FPR 的对比图，得到接收者操作特征(ROC)曲线(Spackman, 1989)，如图 E7.2 所示. 评估分类器性能 AUC 的大小为 AUC = 0.818.

**表 E7.3　ROC 曲线的详细结果**

| 样本序号 | 测量类别 | PP $(y=1)$ | 具有不同阈值的样本预测类别 | | | | | | | | | | | | | | | | | | |
|---|---|---|---|---|---|---|---|---|---|---|---|---|---|---|---|---|---|---|---|---|---|
| | | | $h_0$ | $h_1$ | $h_2$ | $h_3$ | $h_4$ | $h_5$ | $h_6$ | $h_7$ | $h_8$ | $h_9$ | $h_{10}$ | $h_{11}$ | $h_{12}$ | $h_{13}$ | $h_{14}$ | $h_{15}$ | $h_{16}$ | $h_{17}$ | $h_{18}$ |
| 6 | 1 | 0.99999 $(h_1)$ | 2 | 1 | 1 | 1 | 1 | 1 | 1 | 1 | 1 | 1 | 1 | 1 | 1 | 1 | 1 | 1 | 1 | 1 | 1 |
| 9 | 1 | 0.99997 $(h_2)$ | 2 | 2 | 1 | 1 | 1 | 1 | 1 | 1 | 1 | 1 | 1 | 1 | 1 | 1 | 1 | 1 | 1 | 1 | 1 |
| 10 | 1 | 0.99995 $(h_3)$ | 2 | 2 | 2 | 1 | 1 | 1 | 1 | 1 | 1 | 1 | 1 | 1 | 1 | 1 | 1 | 1 | 1 | 1 | 1 |
| 7 | 1 | 0.99613 $(h_4)$ | 2 | 2 | 2 | 2 | 1 | 1 | 1 | 1 | 1 | 1 | 1 | 1 | 1 | 1 | 1 | 1 | 1 | 1 | 1 |
| 8 | 1 | 0.97483 $(h_5)$ | 2 | 2 | 2 | 2 | 2 | 1 | 1 | 1 | 1 | 1 | 1 | 1 | 1 | 1 | 1 | 1 | 1 | 1 | 1 |
| 15 | 2 | 0.97028 $(h_6)$ | 2 | 2 | 2 | 2 | 2 | 2 | 1 | 1 | 1 | 1 | 1 | 1 | 1 | 1 | 1 | 1 | 1 | 1 | 1 |
| 3 | 1 | 0.92779 $(h_7)$ | 2 | 2 | 2 | 2 | 2 | 2 | 2 | 1 | 1 | 1 | 1 | 1 | 1 | 1 | 1 | 1 | 1 | 1 | 1 |
| 4 | 1 | 0.90546 $(h_8)$ | 2 | 2 | 2 | 2 | 2 | 2 | 2 | 2 | 1 | 1 | 1 | 1 | 1 | 1 | 1 | 1 | 1 | 1 | 1 |
| 1 | 1 | 0.71988 $(h_9)$ | 2 | 2 | 2 | 2 | 2 | 2 | 2 | 2 | 2 | 1 | 1 | 1 | 1 | 1 | 1 | 1 | 1 | 1 | 1 |
| 13 | 2 | 0.68984 $(h_{10})$ | 2 | 2 | 2 | 2 | 2 | 2 | 2 | 2 | 2 | 2 | 1 | 1 | 1 | 1 | 1 | 1 | 1 | 1 | 1 |
| 2 | 1 | 0.63368 $(h_{11})$ | 2 | 2 | 2 | 2 | 2 | 2 | 2 | 2 | 2 | 2 | 2 | 1 | 1 | 1 | 1 | 1 | 1 | 1 | 1 |
| 12 | 2 | 0.57977 $(h_{12})$ | 2 | 2 | 2 | 2 | 2 | 2 | 2 | 2 | 2 | 2 | 2 | 2 | 1 | 1 | 1 | 1 | 1 | 1 | 1 |
| 5 | 1 | 0.56837 $(h_{13})$ | 2 | 2 | 2 | 2 | 2 | 2 | 2 | 2 | 2 | 2 | 2 | 2 | 2 | 1 | 1 | 1 | 1 | 1 | 1 |
| 16 | 2 | 0.35186 $(h_{14})$ | 2 | 2 | 2 | 2 | 2 | 2 | 2 | 2 | 2 | 2 | 2 | 2 | 2 | 2 | 1 | 1 | 1 | 1 | 1 |

续表

| 样本序号 | 测量类别 | PP（$y=1$） | 具有不同阈值的样本预测类别 | | | | | | | | | | | | | | | | | | |
|---|---|---|---|---|---|---|---|---|---|---|---|---|---|---|---|---|---|---|---|---|---|
| | | | $h_0$ | $h_1$ | $h_2$ | $h_3$ | $h_4$ | $h_5$ | $h_6$ | $h_7$ | $h_8$ | $h_9$ | $h_{10}$ | $h_{11}$ | $h_{12}$ | $h_{13}$ | $h_{14}$ | $h_{15}$ | $h_{16}$ | $h_{17}$ | $h_{18}$ |
| 18 | 2 | 0.18032（$h_{15}$） | 2 | 2 | 2 | 2 | 2 | 2 | 2 | 2 | 2 | 2 | 2 | 2 | 2 | 2 | 2 | 1 | 1 | 1 | 1 |
| 17 | 2 | 0.11973（$h_{16}$） | 2 | 2 | 2 | 2 | 2 | 2 | 2 | 2 | 2 | 2 | 2 | 2 | 2 | 2 | 2 | 2 | 1 | 1 | 1 |
| 14 | 2 | 0.06424（$h_{17}$） | 2 | 2 | 2 | 2 | 2 | 2 | 2 | 2 | 2 | 2 | 2 | 2 | 2 | 2 | 2 | 2 | 2 | 1 | 1 |
| 11 | 1 | 0.03502（$h_{18}$） | 2 | 2 | 2 | 2 | 2 | 2 | 2 | 2 | 2 | 2 | 2 | 2 | 2 | 2 | 2 | 2 | 2 | 2 | 1 |
| 不同阈值下的 FPR | | | 0.0 | 0.00 | 0.00 | 0.00 | 0.00 | 0.00 | 0.14 | 0.14 | 0.14 | 0.14 | 0.29 | 0.29 | 0.43 | 0.43 | 0.57 | 0.71 | 0.86 | 1.00 | 1.00 |
| 不同阈值下的 TPR | | | 0.0 | 0.09 | 0.18 | 0.27 | 0.36 | 0.45 | 0.45 | 0.55 | 0.64 | 0.73 | 0.73 | 0.82 | 0.82 | 0.91 | 0.91 | 0.91 | 0.91 | 0.91 | 1.00 |

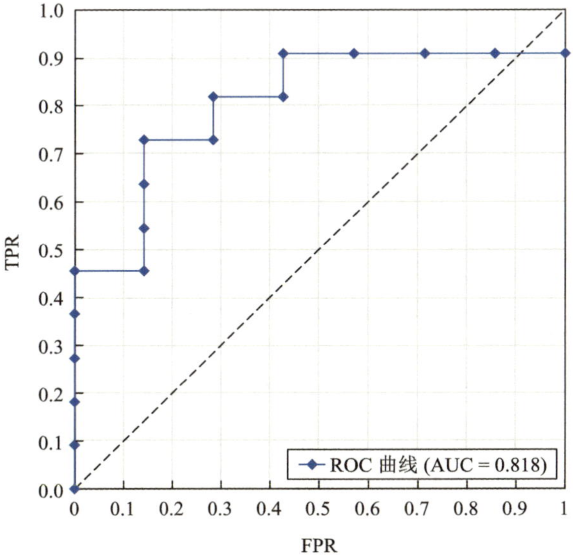


图 E7.2　留一法交叉验证（LOOCV）预测结果的 ROC 曲线

## 7.3　最大似然估计

### 7.3.1　高斯分布

在许多情况下，测试耗时或/和成本高，很难获得大量的实验数据．与大数据不同，小数据不能提供关于重复实验结果概率分布的足够信息．在这种情况下，如果已知一组数据的概率分布类型，则最大似然值能够从数据中估计出该分布中

所涉及的参数值．假设 $p(X|\theta)$ 表示变量 $X$ 的概率分布密度，涉及的参数为 $\theta$．例如，在大多数重复实验中，未知因素将导致重复实验值的分散和不确定性，该不确定性通常被称为噪声，而随机噪声通常遵循高斯分布（Patel and Read, 1996）．此时，$p(X|\theta)\sim N(\mu,\sigma^2)$，其中涉及的参数是期望 $\mu$ 和标准差 $\sigma$．在重复实验中，所有实验都是独立的．因此，$p(X|\theta)$ 的似然函数为

$$L(\theta)=\prod_{i=1}^{n}p(X_i|\theta). \tag{7.9a}$$

取似然的自然对数，得到对数似然为

$$\mathrm{LL}(\theta)=\ln\left[L(\theta)\right]=\sum_{i=1}^{n}\ln(p(X_i|\theta)). \tag{7.9b}$$

相关参数值由最大对数似然估计得出，即

$$\hat{\theta}=\underset{\theta}{\operatorname{argmax}}\,\mathrm{LL}(\theta)=\underset{\theta}{\operatorname{argmax}}\sum_{i=1}^{n}\ln(p(X_i|\theta)). \tag{7.10}$$

对于具有随机噪声的重复测试，采用高斯分布来估计期望 $\mu$ 和方差 $\sigma^2$．在这种情况下，似然为

$$L\{\mu,\sigma^2\}=\prod_{i=1}^{n}\frac{1}{\sqrt{2\pi}\sigma}\exp\left(-\frac{(x_i-\mu)^2}{2\sigma^2}\right)=\left(\frac{1}{\sqrt{2\pi}\sigma}\right)^n\exp\left(-\sum_{i=1}^{n}\frac{(x_i-\mu)^2}{2\sigma^2}\right). \tag{7.11a}$$

对数似然为

$$\mathrm{LL}\{\mu,\sigma^2\}=n\ln\frac{1}{\sqrt{2\pi}}-n\ln\sigma-\sum_{i=1}^{n}\frac{(x_i-\mu)^2}{2\sigma^2}, \tag{7.11b}$$

期望 $\mu$ 和标准差 $\sigma$ 的值由最大对数似然估计得出，即

$$\{\hat{\mu},\hat{\sigma}^2\}=\underset{\theta}{\operatorname{argmax}}\,\mathrm{LL}\{\mu,\sigma^2\}=\underset{\mu,\sigma^2}{\operatorname{argmax}}\left\{n\ln\frac{1}{\sqrt{2\pi}}-n\ln\sigma-\sum_{i=1}^{n}\frac{(x_i-\mu)^2}{2\sigma^2}\right\}. \tag{7.11c}$$

最大对数似然值要求

$$\frac{\partial\mathrm{LL}\{\mu,\sigma^2\}}{\partial\mu}=0, \tag{7.12a}$$

$$\frac{\partial\mathrm{LL}\{\mu,\sigma^2\}}{\partial\sigma^2}=0, \tag{7.12b}$$

这导致

$$\hat{\mu}=\overline{x}=\frac{1}{n}\sum_{i=1}^{n}x_i, \tag{7.13a}$$

$$\hat{\sigma}^2=\frac{1}{n}\sum_{i=1}^{n}(x_i-\overline{x})^2. \tag{7.13b}$$

最大似然估计的期望是观测数据的平均值，这就是重复实验测试结果的平均值被广泛用作期望的近似值的原因. 当重复测试的次数足够多时，平均值将逐渐接近期望值. 最大似然估计方差的分母为 $n$，而不是 $n-1$. 当 $n$ 足够大时，两者之间的差异可以忽略不计.

### 7.3.2　韦布尔分布

韦布尔分布（Weibull distribution）（Weibull, 1939）又称韦伯分布或威布尔分布，是基于最弱环节发展出的失效分析、可靠性分析和寿命检验的统计理论基础. 它广泛用于统计描述材料在均匀加载条件下的失效情况. 通过对体积相同的光滑样本进行单轴拉伸实验，测量出脆性材料的失效概率 $P_f$ 遵循韦布尔分布

$$P_f(\sigma_N) = 1 - \exp\left[-\left(\frac{\sigma_N}{\sigma_0}\right)^m\right], \tag{7.14a}$$

式中，$m$ 被称为韦布尔模量，$\sigma_N$ 和 $\sigma_0$ 分别为测得的强度和参考强度. 生存概率 $P_s(\sigma_N)$ 由 $1-P_f(\sigma_N)$ 计算为

$$P_s(\sigma_N) = \exp\left[-\left(\frac{\sigma_N}{\sigma_0}\right)^m\right]. \tag{7.14b}$$

韦布尔分布的失效概率密度 $p_f$ 为

$$p_f(\sigma_N) = \frac{m}{\sigma_0}\left(\frac{\sigma_N}{\sigma_0}\right)^{m-1}\exp\left[-\left(\frac{\sigma_N}{\sigma_0}\right)^m\right]. \tag{7.15}$$

韦布尔分布的似然函数为

$$L\{\sigma_0, m\} = \prod_{i=1}^{n}\frac{m}{\sigma_0}\left(\frac{\sigma_{N,i}}{\sigma_0}\right)^{m-1}\exp\left[-\left(\frac{\sigma_{N,i}}{\sigma_0}\right)^m\right] = \left(\frac{m}{\sigma_0}\right)^n\prod_{i=1}^{n}\left(\frac{\sigma_{N,i}}{\sigma_0}\right)^{m-1}\exp\left[-\left(\frac{\sigma_{N,i}}{\sigma_0}\right)^m\right]. \tag{7.16}$$

韦布尔分布的对数似然函数为

$$\mathrm{LL}\{\sigma_0, m\} = n\ln\frac{m}{\sigma_0} + \sum_{i=1}^{n}(m-1)\ln\frac{\sigma_{N,t}}{\sigma_0} - \sum_{i=1}^{n}\left(\frac{\sigma_{N,t}}{\sigma_0}\right)^m. \tag{7.17}$$

最大对数似然要求

$$\frac{\partial \mathrm{LL}\{\sigma_0, m\}}{\partial \sigma_0} = -\frac{nm}{\sigma_0} + \frac{m}{\sigma_0}\sum_{i=1}^{n}\left(\frac{\sigma_{N,i}}{\sigma_0}\right)^m = 0, \tag{7.18a}$$

$$\frac{\partial \mathrm{LL}\{\sigma_0,m\}}{\partial m}=\frac{n}{m}+\sum_{i=1}^{n}\ln\frac{\sigma_{\mathrm{N},i}}{\sigma_0}-\sum_{i=1}^{n}\left(\frac{\sigma_{\mathrm{N},i}}{\sigma_0}\right)^m\ln\frac{\sigma_{\mathrm{N},i}}{\sigma_0}=0. \tag{7.18b}$$

通过求解式（7.18a）和式（7.18b），得到$\sigma_0$和$m$的估计值.

**例 7.2**

对具有相同体积$V=153600$（$\mathrm{mm}^3$）（Hoover et al., 2013）的光滑混凝土样品进行重复的三点弯曲实验，弯曲强度分别为 7.62MPa, 7.56MPa, 7.32MPa, 7.37MPa, 8.68MPa, 8.57MPa 和 7.17MPa. 假设失效概率符合式（7.14a）的韦布尔分布，估计韦布尔模量$m$和参考强度值$\sigma_0$.

式（7.17）的对数似然具有明确的形式为

$$\begin{aligned}\ln L\{\sigma_0,m\}&=n\ln\frac{m}{\sigma_0}+\sum_{i=1}^{n}(m-1)\ln\frac{\sigma_{\mathrm{N},i}}{\sigma_0}-\sum_{i=1}^{n}\left(\frac{\sigma_{\mathrm{N},i}}{\sigma_0}\right)^m\\&=7\ln\frac{m}{\sigma_0}+(m-1)\ln\frac{7.62}{\sigma_0}-\left(\frac{7.62}{\sigma_0}\right)^m+(m-1)\ln\frac{7.56}{\sigma_0}-\left(\frac{7.56}{\sigma_0}\right)^m\\&\quad+(m-1)\ln\frac{7.32}{\sigma_0}-\left(\frac{7.32}{\sigma_0}\right)^m+(m-1)\ln\frac{7.37}{\sigma_0}-\left(\frac{7.37}{\sigma_0}\right)^m\\&\quad+(m-1)\ln\frac{8.68}{\sigma_0}-\left(\frac{8.68}{\sigma_0}\right)^m+(m-1)\ln\frac{8.57}{\sigma_0}\\&\quad-\left(\frac{8.57}{\sigma_0}\right)^m+(m-1)\ln\frac{7.17}{\sigma_0}-\left(\frac{7.17}{\sigma_0}\right)^m.\end{aligned}$$

使用带有 BFGS（Broyden-Fletcher-Goldfarb-Shanno）方法的 Scipy.optimize.minimize 函数的开放源代码（https://docs.scipy.org/doc/scipy/reference/generated/scipy.optimize. minimize.html）最大化对数似然，得到$m=13.64$和$\sigma_0=8.03\,\mathrm{MPa}$. 对生存概率取两次自然对数运算，得到

$$\ln\ln\left(\frac{1}{P_{\mathrm{s}}(\sigma_{\mathrm{N}})}\right)=m\cdot\ln\left(\frac{\sigma_{\mathrm{N}}}{\sigma_0}\right)=m\cdot\ln\sigma_{\mathrm{N}}-m\cdot\ln\sigma_0. \tag{E7.1}$$

一旦$m$和$\sigma_0$的值已知，就可绘制$\ln\ln\left(\frac{1}{P_{\mathrm{s}}(\sigma_{\mathrm{N}})}\right)$与$\ln\sigma_{\mathrm{N}}$的关系图，如图 E7.3 所示.

最大似然估计是处理小数据的有效方法，但必须已知数据的分布函数，这样就可以用测量数据来确定分布函数中所包含的参数值. 另一个典型的例子是体积相关的韦布尔分布，该分布描述了不同测试样本大小的失效概率. 体积相关的韦布尔分布采用以下形式

$$P_{\mathrm{f}}(\sigma_{\mathrm{N}}(V)|m,\sigma_0,V_0)=1-\exp\left[-\frac{V}{V_0}\left(\frac{\sigma_{\mathrm{N}}}{\sigma_0}\right)^m\right], \tag{7.19a}$$

式中，$V$ 和 $V_0$ 分别为样品体积和参考体积. 这是因为对于相同的材料，大样品中存在大缺陷的概率高于小样品，所以大样本中测量得到的强度统计上低于小样本中测量得到的强度. 当所有测试样品的体积相同时，通常将参考体积选择为样品体积，那么式（7.19a）被简化为式（7.14a）. 对于具有相同化学成分和样品制备条件的某种材料，其韦布尔模量与样品体积无关，即韦布尔模量为常数. 根据给定材料的韦布尔模量不变性，即使每个体积的重复实验次数很少，也能充分利用来自不同样本体积的所有实验数据. 式（7.19a）可以重写为

$$P_{\mathrm{f}}(\sigma_{\mathrm{N}}(V)\,|\,m,\sigma_0(V_0)) = 1-\exp\left[-\frac{V}{V_0\times\sigma_0^m}\sigma_{\mathrm{N}}^m\right], \tag{7.19b}$$

这表明当 $m$ 是一个常数时，$V_0\times\sigma_0^m$ 也是一个常数. 在实践中，首先预设 $V_0$ 的值，然后通过最大似然来确定 $m$ 和 $\sigma_0$ 的值. 由式（7.19b）得到体积相关的韦布尔分布的失效概率密度 $p_{\mathrm{f}}$：

$$p_{\mathrm{f}}(\sigma_{\mathrm{N}}(V)\,|\,m,\sigma_0(V_0)) = \frac{V}{V_0}\cdot\frac{m}{\sigma_0}\left(\frac{\sigma_{\mathrm{N}}}{\sigma_0}\right)^{m-1}\exp\left[-\frac{V}{V_0}\left(\frac{\sigma_{\mathrm{N}}}{\sigma_0}\right)^m\right]. \tag{7.19c}$$

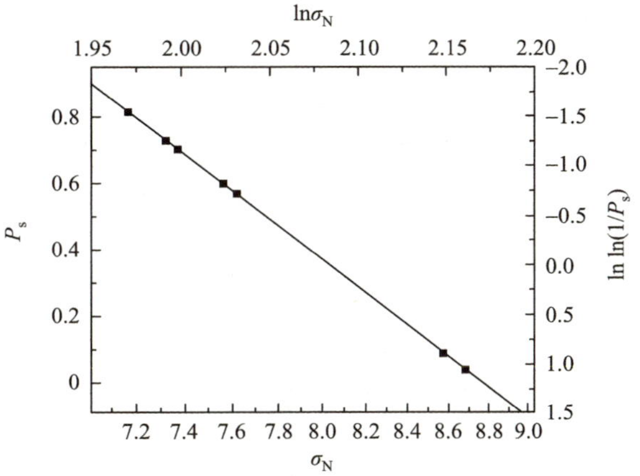


图 E7.3　混凝土三点弯曲强度 $\ln\ln(1/P_{\mathrm{s}}(\sigma_{\mathrm{N}}))$ 与 $\ln\sigma_{\mathrm{N}}$ 的关系图

体积相关的韦布尔分布的似然函数和对数似然函数分别为

$$L\{m,\sigma_0(V_0)\} = \prod_{j=1}^{J}\prod_{i=1}^{n}\frac{V_j}{V_0}\cdot\frac{m}{\sigma_0}\left(\frac{\sigma_{\mathrm{N},ji}}{\sigma_0}\right)^{m-1}\exp\left[-\frac{V_j}{V_0}\left(\frac{\sigma_{\mathrm{N},ji}}{\sigma_0}\right)^m\right], \tag{7.19d}$$

$$\mathrm{LL}\{m,\sigma_0(V_0)\} = \sum_{j=1}^{J}\sum_{i=1}^{n}\left\{\ln\left[\frac{V_j}{V_0}\cdot\frac{m}{\sigma_0}\left(\frac{\sigma_{\mathrm{N},ji}}{\sigma_0}\right)^{m-1}\right]-\frac{V_j}{V_0}\left(\frac{\sigma_{\mathrm{N},ji}}{\sigma_0}\right)^m\right\}, \tag{7.19e}$$

式中，$J$ 为不同体积的数量. 最大对数似然要求

$$\frac{\partial \mathrm{LL}\{m,\sigma_0(V_0)\}}{\partial \sigma_0}=0, \tag{7.19f}$$

$$\frac{\partial \mathrm{LL}\{m,\sigma_0(V_0)\}}{\partial m}=0. \tag{7.19g}$$

通过求解式（7.19f）和式（7.19g）可得到 $m$ 和 $\sigma_0$ 的估计值.

## 例 7.3

对四种不同尺寸的光滑混凝土试样进行重复三点弯曲试验（Hoover et al., 2013），得到了与体积相关的强度数据，列于表 E7.4 中. 假设失效概率遵循式（7.19a）中体积相关的韦布尔分布，估计韦布尔模量、参考体积和参考强度的值.

**表 E7.4　光滑混凝土试样**

| 体积（$mm^3$） | 强度（MPa） |
|---|---|
| 153600 | 7.62, 7.56, 7.32, 7.37, 8.68, 8.57, 7.17 |
| 830304 | 7.78, 7.86, 7.37, 6.95, 7.4, 7.02, 7.69, 6.74 |
| 4437600 | 6.21, 6.23, 6.75, 5.99 |
| 24000000 | 5.83, 5.68, 6.36 |

体积相关的韦布尔分布的对数似然由式（7.19e）给出，韦布尔模量、参考体积和参考强度值均通过最大化对数似然来估计. 由于很难同时估计这三个值，因此预设了一个参考体积值，然后计算参考强度值，即

$$\{\hat{m},\hat{\sigma}_0(V_0)\}=\underset{\sigma_0,m}{\operatorname{argmax}}\sum_{j=1}^{J}\sum_{i=1}^{n}\left\{\ln\left[\frac{V_j}{V_0}\cdot\frac{m}{\sigma_0}\left(\frac{\sigma_{\mathrm{N},ji}}{\sigma_0}\right)^{m-1}\right]-\frac{V_j}{V_0}\left(\frac{\sigma_{\mathrm{N},ji}}{\sigma_0}\right)^{m}\right\}.$$

同样，使用带有 BFGS 方法的 Scipy.optimize.minimize 函数的开放源代码来最大化对数似然. 这四个样本体积分别作为参考体积，结果见表 E7.5.

**表 E7.5　结果**

| $V_0$（$mm^3$） | $m$ | $\sigma_0$（MPa） |
|---|---|---|
| 153600 | 16.76 | 8.16 |
| 830304 | 16.76 | 7.38 |
| 4437600 | 16.76 | 6.67 |
| 24000000 | 16.76 | 6.03 |

图 E7.4 展示了四个样品体积的 $\ln\ln\left(\frac{1}{P_s}\right) \sim \ln(\sigma_N)$，其中 $V_0 = 153600\ \text{mm}^3$，$\sigma_0 = 8.16\ \text{MPa}$，$m = 16.76$.

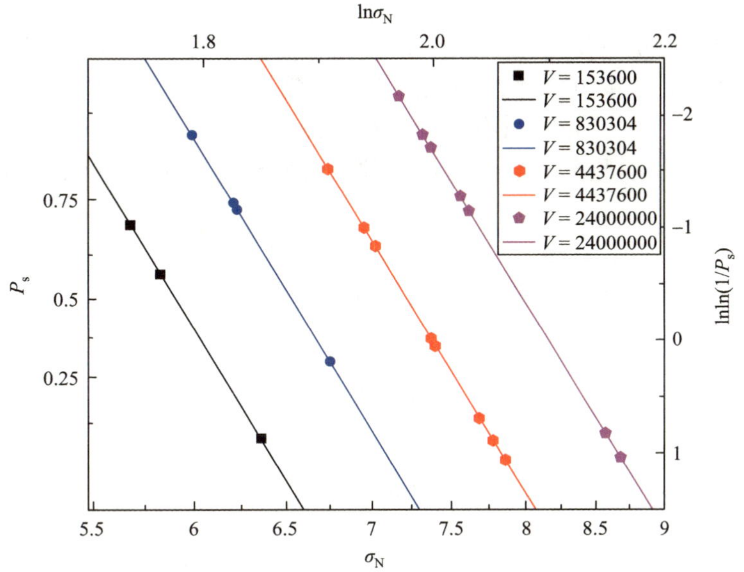


图 E7.4　混凝土三点弯曲强度的体积相关韦布尔分布 $\ln\ln(1/P_s(\sigma_N))$与 $\ln\sigma_N$ 的关系图

## 7.4　贝叶斯线性回归

ML 模型通常有两种: 一种给出确定性预测, 另一种提供概率性预测. 高斯过程（Gaussian process, GP）是典型的基于贝叶斯形式和高斯概率分布的概率 ML 方法（Williams and Rasmussen, 1995）. 与其他确定性 ML 回归不同, GP 回归利用高斯概率分布对数据进行回归, 并用最大后验分布的均值和协方差表示回归结果. 贝叶斯线性回归是在贝叶斯定理的框架下定义的, 是 GP 回归的基础. 如第 2 章所述, 线性回归是为了寻找特征和响应变量之间的线性关系, 而线性关系由一组系数决定. 线性回归中的截距可看成在傻瓜特征（dummy feature）1 上的值. 数据的多个特征（包含傻瓜特征）构成一个高维特征空间, 成为线性回归的系数空间, 该系数空间中的一个点对应于一组系数. 我们先通过先验知识提出系数集在系数空间的先验分布, 先验系数集是连续分布的, 包含无限多个组系数的集合. 然后, 使用观察得到的数据和贝叶斯定理, 从先验系数集中选择出一组最佳系数. 通常, 在线性回归中, 假设先验分布为正态分布 $N(\mathbf{0}, \boldsymbol{\Sigma}_p)$，其中 $\boldsymbol{\Sigma}_p$ 为系数集的协方差矩阵. 由于系数空间中的一个点代表一组系数, 所以系数空间中有无限个遵循正态

分布 $N(0,\boldsymbol{\Sigma}_{\mathrm{p}})$ 的点. 或者说，先验分布表明了无限个线性函数，其系数集遵循正态分布 $N(0,\boldsymbol{\Sigma}_{\mathrm{p}})$，尽管每个线性函数仅有一组唯一的系数. 输入数据提供了条件似然，使用忽略总似然计算没有归一化的后验分布，最大后验分布就能从先验系数集中选择一组最佳系数，或者从先验提供的无限个线性函数中选择一个最佳线性函数. 这一组最佳系数也遵循正态分布，其平均值产生了尽可能“接近”数据点的线性预测. 因此，在接近观测值的地方不确定性降低，在远离数据点的区域仍然保持协方差 $\boldsymbol{\Sigma}_{\mathrm{p}}$，显然，先验系数集分布在预测中起着很大的作用. 如下所述，通过交叉验证最大化后验分布能平衡模型预测精度和泛化能力，并找到最佳的先验系数集分布.

考虑训练数据集 $(x_{ij},y_i)\,(i=1,2,\cdots,n;j=0,1,2,\cdots,m)$，其中 $\{\boldsymbol{x}_j\}=(1,x_1,\cdots,x_m)$ 是 $1\times(m+1)$ 的特征向量，$y_i$ 是标量响应，$n$ 是数据的数量. 线性模型可表达为

$$f(\boldsymbol{x})=\boldsymbol{xW}, \tag{7.20a}$$

式中，$\boldsymbol{W}=(w_0,w_1,\cdots,w_m)^{\mathrm{T}}$ 是 $(m+1)\times1$ 的系数列向量，称为一组系数. 标量响应 $y$ 为

$$y=\boldsymbol{xW}+\varepsilon, \tag{7.20b}$$

式中，$\varepsilon$ 表示噪声，假设它服从独立同分布的正态分布，其均值为零，方差为 $\sigma_n^2$，

$$\varepsilon\sim N(0,\sigma_n^2), \tag{7.20c}$$

这里方差 $\sigma_n^2$ 对每个数据都相同，这样的噪声称为均匀噪声.

当每个数据（观测或样本）独立时，在给定一组系数列向量 $\boldsymbol{W}$（在 GP 中，通常称为权重）时观测的概率密度，即似然函数，就可以在训练数据集中的每个数据点上进行因子分解：

$$\begin{aligned}L=p(\boldsymbol{y}\,|\,\boldsymbol{X},\boldsymbol{W})&=\prod_{i=1}^{n}p(y_i\,|\,\boldsymbol{X}_i,\boldsymbol{W})=\prod_{i=1}^{n}\frac{1}{\sqrt{2\pi}\sigma_n}\exp\left(-\frac{(y_i-\boldsymbol{X}_i\boldsymbol{W})^2}{2\sigma_n^2}\right)\\&=\frac{1}{(2\pi\sigma_n^2)^{n/2}}\exp\left(-\frac{\left|\boldsymbol{y}-\boldsymbol{XW}\right|^2}{2\sigma_n^2}\right)\sim N(\boldsymbol{XW},\sigma_n^2\boldsymbol{I}),\end{aligned} \tag{7.21}$$

式中，$\boldsymbol{X}_i=(1,x_{i1},\cdots,x_{im})$ 和 $\boldsymbol{X}=(\boldsymbol{X}_1,\boldsymbol{X}_2,\cdots,\boldsymbol{X}_n)^{\mathrm{T}}$ 分别表示特征输入的原始样本 $i$ 和全部 $n$ 个样本. 式（7.21）表明，该似然是响应 $\boldsymbol{y}$ 的 $n$ 维正态分布，其均值为 $\boldsymbol{XW}$，协方差为 $\sigma_n^2\boldsymbol{I}$. 贝叶斯方法要求对权重值 $\boldsymbol{W}$ 设定先验概率 $p(\boldsymbol{W})$. 常用的先验概率 $p(\boldsymbol{W})$ 为均值为零、协方差矩阵为 $(m+1)\times(m+1)$ 的 $\boldsymbol{\Sigma}_{\mathrm{p}}$ 的高斯分布，

$$p(\boldsymbol{W})\sim N(0,\ \boldsymbol{\Sigma}_{\mathrm{p}}). \tag{7.22}$$

如果协方差矩阵 $\boldsymbol{\Sigma}_{\mathrm{p}}$ 较小，则先验分布将在均值为零处形成峰值. 但如果协方差矩

阵 $\boldsymbol{\Sigma}_{\mathrm{p}}$ 较大，则意味着先验分布较为扁平．例如，考虑一个二维的案例，$\boldsymbol{W}=(w_0,w_1)^{\mathrm{T}}$，先验分布 $p(\boldsymbol{W})\sim N(0,\ \boldsymbol{\Sigma}_{\mathrm{p}})$表明，在 $(w_0,w_1)$ 系数空间中的一个点 $(w_0,w_1)$ 对应一组系数或一个线性函数．在 $(w_0,w_1)$ 系数空间中的无限点代表无限个线性函数，遵循正态分布 $N(0,\boldsymbol{\Sigma}_{\mathrm{p}})$，并呈现出圆形的概率等高线，每条等高线上的点在 $(w_0,w_1)$ 系数空间中具有相同的先验分布概率.

不考虑归一化，根据贝叶斯理论，有

$$p(\boldsymbol{W}|\boldsymbol{y},\boldsymbol{X})\propto p(\boldsymbol{y}|\boldsymbol{X},\boldsymbol{W})p(\boldsymbol{W}).\tag{7.23a}$$

将式（7.21）和式（7.22）代入式（7.23a），得到后验分布:

$$p(\boldsymbol{W}|\boldsymbol{y},\boldsymbol{X})\propto\exp\left(-\frac{(\boldsymbol{y}-\boldsymbol{X}\boldsymbol{W})^{\mathrm{T}}(\boldsymbol{y}-\boldsymbol{X}\boldsymbol{W})}{2\sigma_n^2}\right)\exp\left(-\frac{1}{2}\boldsymbol{W}^{\mathrm{T}}\boldsymbol{\Sigma}_{\mathrm{p}}^{-1}\boldsymbol{W}\right)$$

$$\propto\exp\left(-\frac{1}{2}(\boldsymbol{W}-\bar{\boldsymbol{W}})^{\mathrm{T}}\left(\frac{\boldsymbol{X}^{\mathrm{T}}\boldsymbol{X}}{\sigma_n^2}+\boldsymbol{\Sigma}_{\mathrm{p}}^{-1}\right)(\boldsymbol{W}-\bar{\boldsymbol{W}})\right)\sim N(\bar{\boldsymbol{W}},\boldsymbol{A}^{-1}).\tag{7.23b}$$

系数空间中的后验分布服从均值 $\bar{\boldsymbol{W}}$ 和协方差矩阵 $\boldsymbol{A}^{-1}$ 的正态分布，这里

$$\bar{\boldsymbol{W}}=\left(\sigma_n^{-2}\boldsymbol{X}^{\mathrm{T}}\boldsymbol{X}+\boldsymbol{\Sigma}_{\mathrm{p}}^{-1}\right)^{-1}\left(\sigma_n^{-2}\boldsymbol{X}^{\mathrm{T}}\boldsymbol{y}\right),\tag{7.23c}$$

$$\boldsymbol{A}=\sigma_n^{-2}\boldsymbol{X}^{\mathrm{T}}\boldsymbol{X}+\boldsymbol{\Sigma}_{\mathrm{p}}^{-1}.\tag{7.23d}$$

式（7.23c）和式（7.23d）表明，如果 $\sigma_n^2$ 设置为 1，噪声方差将不会对均值 $\bar{\boldsymbol{W}}$ 和协方差矩阵 $\boldsymbol{A}^{-1}$ 有任何影响．回顾式（2.10b）$\hat{w}^{\mathrm{ridge}}=\underset{w}{\operatorname{argmin}}\left[\sum_{i=1}^{n}\left(y_i-\sum_{j=1}^{m}w_jx_{ij}\right)^2+\lambda\sum_{j=1}^{m}w_j^2\right]$，其中惩罚项 $\lambda\sum_{j=1}^{m}w_j^2$ 使系数尽可能接近于零．因此，对于中心数据，由式（2.10b）可得式（2.11b）$\hat{\boldsymbol{W}}^{\mathrm{ridge}}=(\boldsymbol{X}^{\mathrm{T}}\boldsymbol{X}+\lambda\boldsymbol{I})^{-1}\boldsymbol{X}^{\mathrm{T}}\boldsymbol{y}$．将修正后的表达式 $\hat{\boldsymbol{W}}^{\mathrm{ridge}}$ 与在 $\sigma_n^2=1$ 下的式（7.23c）进行比较表明，$\boldsymbol{\Sigma}_{\mathrm{p}}^{-1}$ 的作用在某种程度上类似于 $L_2$ 正则化中的惩罚项.

如上所述，具有先验 $p(\boldsymbol{W})\sim N(0,\ \boldsymbol{\Sigma}_p)$的后验分布表示为

$$p\left(\boldsymbol{W}\mid\boldsymbol{y},\boldsymbol{X},\boldsymbol{\Sigma}_{\mathrm{p}}^{-1},\sigma_n^2\right)\propto p\left(\boldsymbol{y}\mid\boldsymbol{X},\boldsymbol{W},\sigma_n^2\right)p\left(\boldsymbol{W}\mid\boldsymbol{\Sigma}_{\mathrm{p}}^{-1}\right).\tag{7.24a}$$

由式（7.24a）得到预测权重值的高斯分布

$$\hat{\boldsymbol{W}}\sim N(\bar{\boldsymbol{W}},\boldsymbol{A}^{-1}),\tag{7.24b}$$

$$\bar{\boldsymbol{W}}=\left(\sigma_n^{-2}\boldsymbol{X}^{\mathrm{T}}\boldsymbol{X}+\boldsymbol{\Sigma}_{\mathrm{p}}^{-1}\right)^{-1}\left(\sigma_n^{-2}\boldsymbol{X}^{\mathrm{T}}\boldsymbol{y}\right),\tag{7.24c}$$

$$\boldsymbol{A}=\sigma_n^{-2}\boldsymbol{X}^{\mathrm{T}}\boldsymbol{X}+\boldsymbol{\Sigma}_{\mathrm{p}}^{-1}. \tag{7.24d}$$

后验分布的对数为

$$\ln\left(p\left(\boldsymbol{W}\mid\boldsymbol{y},\boldsymbol{X},\boldsymbol{\Sigma}_{\mathrm{p}}^{-1},\sigma_n^2\right)\right)=\lg\left(p\left(\boldsymbol{y}\mid\boldsymbol{X},\boldsymbol{W},\sigma_n^2\right)\right)+\lg\left(p\left(\boldsymbol{W}\mid\boldsymbol{\Sigma}_{\mathrm{p}}^{-1}\right)\right), \tag{7.25a}$$

或者

$$\ln\left(p\left(\boldsymbol{W}\middle|\boldsymbol{y},\boldsymbol{X},\boldsymbol{\Sigma}_{\mathrm{p}}^{-1},\sigma_n^2\right)\right)=-\frac{(\boldsymbol{y}-\boldsymbol{X}\boldsymbol{W})^{\mathrm{T}}(\boldsymbol{y}-\boldsymbol{X}\boldsymbol{W})}{2\sigma_n^2}-\frac{1}{2}\boldsymbol{W}^{\mathrm{T}}\boldsymbol{\Sigma}_{\mathrm{p}}^{-1}\boldsymbol{W}. \tag{7.25b}$$

通过最大化后验分布或等价地通过最大化后验分布的对数可以给出 $\boldsymbol{W}$ 的估计. 采用式（7.25b），最大化后验分布的对数相当于在 $\frac{1}{2}\boldsymbol{W}^{\mathrm{T}}\boldsymbol{\Sigma}_{\mathrm{p}}^{-1}\boldsymbol{W}$ 的约束下最小化 $\frac{(\boldsymbol{y}-\boldsymbol{X}\boldsymbol{W})^{\mathrm{T}}(\boldsymbol{y}-\boldsymbol{X}\boldsymbol{W})}{2\sigma_n^2}$，即

$$\bar{\boldsymbol{W}}=\underset{\boldsymbol{W}}{\operatorname{argmin}}\left[\frac{(\boldsymbol{y}-\boldsymbol{X}\boldsymbol{W})^{\mathrm{T}}(\boldsymbol{y}-\boldsymbol{X}\boldsymbol{W})}{2\sigma_n^2}+\frac{1}{2}\boldsymbol{W}^{\mathrm{T}}\boldsymbol{\Sigma}_{\mathrm{p}}^{-1}\boldsymbol{W}\right]. \tag{7.25c}$$

式（7.25c）又可以写为

$$\bar{\boldsymbol{W}}=\underset{\boldsymbol{W}}{\operatorname{argmin}}\left[(\boldsymbol{y}-\boldsymbol{X}\boldsymbol{W})^{\mathrm{T}}(\boldsymbol{y}-\boldsymbol{X}\boldsymbol{W})+\frac{1}{2}\boldsymbol{W}^{\mathrm{T}}\lambda\boldsymbol{I}\boldsymbol{W}\right], \tag{7.25d}$$

其中，$\lambda=\sigma_n^2\boldsymbol{\Sigma}_{\mathrm{p}}^{-1}$. 如在 $L_2$ 正则化中所述，最优 $\lambda$ 可通过交叉验证来确定，同样在贝叶斯线性回归中，超参数 $\lambda\left(\boldsymbol{\Sigma}_{\mathrm{p}}^{-1}\right)$ 也将通过交叉验证来进行优化. 使用最优 $\lambda$ 和最优 $\bar{\boldsymbol{W}}$，通过 $\sigma_n^2=\frac{1}{n-1}(\boldsymbol{y}-\boldsymbol{X}\bar{\boldsymbol{W}})^{\mathrm{T}}(\boldsymbol{y}-\boldsymbol{X}\bar{\boldsymbol{W}})$ 估计最优 $\sigma_n^2$，最后由最优 $\lambda$ 和最优 $\sigma_n^2$ 确定先验中的最优 $\boldsymbol{\Sigma}_{\mathrm{p}}$.

当考虑所有可能关于后验的线性模型时，特征数据 $\boldsymbol{X}_*$ 的预测分布实际是基于系数 $\boldsymbol{W}$ 的边际似然，即

$$p\left(\hat{\boldsymbol{y}}\mid\boldsymbol{X}_*,\sigma_n^2,\boldsymbol{\Sigma}_{\mathrm{p}}^{-1}\right)=\int p\left(\hat{\boldsymbol{y}},\boldsymbol{W}\middle|\boldsymbol{X}_*,\sigma_n^2,\boldsymbol{\Sigma}_{\mathrm{p}}^{-1}\right)\mathrm{d}\boldsymbol{W}. \tag{7.26a}$$

一旦已知系数的正态分布，线性模型的预测结果也将是正态分布

$$\hat{\boldsymbol{y}}=\boldsymbol{X}_*\hat{\boldsymbol{W}}\sim N\left(\boldsymbol{X}_*\bar{\boldsymbol{W}},\boldsymbol{X}_*\boldsymbol{A}^{-1}\boldsymbol{X}_*^{\mathrm{T}}\right). \tag{7.26b}$$

**例 7.4**

表 E7.6 列出了在温度 25℃、50℃、70℃和 80℃下一组商用纯铁样品中氢扩散系数 $D$ 的实验结果（Zhang and Zheng, 1998）. 考虑 $D=D_0\exp\left(-\frac{Q}{RT}\right)$ 和 $\ln D=\ln D_0-\frac{Q}{RT}$，其中 $D_0$ 称为扩散系数

预因子，$Q$ 是扩散的活化能，$R=8.314\text{J}\cdot\text{K}^{-1}\cdot\text{mol}^{-1}$ 是摩尔气体常数，$T$ 是绝对温度. 令 $y\equiv\ln D$，$x\equiv\dfrac{1}{RT}$，$D$ 和 $D_0$ 以 $(\text{cm}^2\cdot\text{s}^{-1})$ 为单位，$Q$ 和 $RT$ 以 $\text{J}\cdot\text{mol}^{-1}$ 为单位，进行贝叶斯线性回归.

**表 E7.6　氢扩散系数数据**

| $1/RT(\text{mol}\cdot\text{J}^{-1})$ | 0.0004 | 0.00037 | 0.00035 | 0.00034 |
|---|---|---|---|---|
| $\ln D$ | −10.1 | −9.9196 | −9.7046 | −9.6168 |

在本例中，贝叶斯线性回归模型为 $f(x)=w_0+w_1x$，截距 $w_0=\ln D_0$，斜率为 $w_1=-Q$. 首先，考虑一个具有零均值的预设先验分布，即 $p(\boldsymbol{W})\sim N(0,\ \boldsymbol{\Sigma}_\text{p})$. 先验分布表明，在 $(w_0,w_1)$ 系数空间中，一个点 $(w_0,w_1)$ 对应一个潜在样本函数，$(w_0,w_1)$ 系数空间中的无限点遵循正态分布 $N(0,\boldsymbol{\Sigma}_\text{p})$，并展现出圆形的概率等高线，每条等高线具有相同的先验分布概率. 具有傻瓜特征 1 和特征 $x_1$ 的特征数据为

$$\boldsymbol{X}=\begin{bmatrix}1 & x_1\\1 & x_2\\1 & x_3\\1 & x_4\end{bmatrix}=\begin{bmatrix}1 & 0.00040\\1 & 0.00037\\1 & 0.00035\\1 & 0.00034\end{bmatrix},\quad \boldsymbol{X}^\text{T}=\begin{bmatrix}1 & 1 & 1 & 1\\0.00040 & 0.00037 & 0.00035 & 0.00034\end{bmatrix},$$

且 $\boldsymbol{X}^\text{T}\boldsymbol{X}=\begin{bmatrix}4 & 1.46\times10^{-3}\\1.46\times10^{-3} & 5.35\times10^{-7}\end{bmatrix}$.

如果我们取 $\sigma_n^{-2}=1$，并提出先验 $\boldsymbol{\Sigma}_\text{p}=\boldsymbol{I}=\begin{bmatrix}1 & 0\\0 & 1\end{bmatrix}$，根据式（7.24c）和式（7.24d），均值 $\bar{\boldsymbol{W}}$ 和协方差 $\boldsymbol{A}^{-1}$ 分别为

$$\bar{\boldsymbol{W}}=\begin{pmatrix}\overline{w_0}\\\overline{w_1}\end{pmatrix}=\left[\begin{bmatrix}4 & 1.46\times10^{-3}\\1.46\times10^{-3} & 5.35\times10^{-7}\end{bmatrix}+\begin{bmatrix}1 & 0\\0 & 1\end{bmatrix}\right]^{-1}$$

$$\cdot\begin{bmatrix}1 & 1 & 1 & 1\\0.00040 & 0.00037 & 0.00035 & 0.00034\end{bmatrix}\begin{bmatrix}-10.1\\-9.9196\\-9.7046\\-9.6168\end{bmatrix}=\begin{bmatrix}-7.86820\\-0.00289\end{bmatrix},$$

$$\boldsymbol{A}=\begin{bmatrix}4 & 1.46\times10^{-3}\\1.46\times10^{-3} & 5.35\times10^{-7}\end{bmatrix}+\begin{bmatrix}1 & 0\\0 & 1\end{bmatrix}，这导致\ \boldsymbol{A}^{-1}=\begin{bmatrix}0.2 & -0.000292\\-0.000292 & 1.0\end{bmatrix}.$$

结果是 $Q=-w_1=0.00289\text{J}\cdot\text{mol}^{-1}$，$\ln D_0=w_0=-7.86820$ 或 $D_0=\text{e}^{-7.86820}\ \text{cm}^2\cdot\text{s}^{-1}$. 一旦确定了后验分布 $p(\boldsymbol{W}|\boldsymbol{y},\boldsymbol{X})$，可以由式（7.26b）计算得到预测值 $\hat{y}_i(x_i)$ 和相应方差 $\sigma^2_{y_i}$. 对于所使用的四个特征数据，有

$$\sigma^2_{y_1}=\boldsymbol{x}_1\boldsymbol{A}^{-1}\boldsymbol{x}_1^\text{T}=(1,\quad 0.00040)\begin{bmatrix}0.2 & -0.000292\\-0.000292 & 1.0\end{bmatrix}\begin{bmatrix}1\\0.00040\end{bmatrix}=0.2,$$

$$\sigma_{y_2}^2 = \boldsymbol{x}_2 \boldsymbol{A}^{-1} \boldsymbol{x}_2^{\mathrm{T}} = \left(1, \quad 0.00037\right)\begin{bmatrix} 0.2 & -0.000292 \\ -0.000292 & 1.0 \end{bmatrix}\begin{bmatrix} 1 \\ 0.00037 \end{bmatrix} = 0.2\,,$$

$$\sigma_{y_3}^2 = \boldsymbol{x}_3 A^{-1} \boldsymbol{x}_3^{\mathrm{T}} = (1, \quad 0.00035)\begin{bmatrix} 0.2 & -0.000292 \\ -0.000292 & 1.0 \end{bmatrix}\begin{bmatrix} 1 \\ 0.00035 \end{bmatrix} = 0.2\,,$$

$$\sigma_{y_4}^2 = \boldsymbol{x}_4 A^{-1} \boldsymbol{x}_4^{\mathrm{T}} = (1, \quad 0.00034)\begin{bmatrix} 0.2 & -0.000292 \\ -0.000292 & 1.0 \end{bmatrix}\begin{bmatrix} 1 \\ 0.00034 \end{bmatrix} = 0.2\,,$$

$$y(\boldsymbol{X} \mid \bar{\boldsymbol{W}}) = \boldsymbol{X} \mid \bar{\boldsymbol{W}} = \begin{bmatrix} 1 & x_1 \\ 1 & x_2 \\ 1 & x_3 \\ 1 & x_4 \end{bmatrix}\begin{bmatrix} \overline{w_0} \\ \overline{w_1} \end{bmatrix} = \begin{bmatrix} \overline{w_0} + \overline{w_1} x_1 \\ \overline{w_0} + \overline{w_1} x_2 \\ \overline{w_0} + \overline{w_1} x_3 \\ \overline{w_0} + \overline{w_1} x_4 \end{bmatrix}$$

$$= \begin{bmatrix} -7.86820 - 0.00289 \times 0.00040 \\ -7.86820 - 0.00289 \times 0.00037 \\ -7.86820 - 0.00289 \times 0.00035 \\ -7.86820 - 0.00289 \times 0.00034 \end{bmatrix} = \begin{bmatrix} -7.868 \\ -7.868 \\ -7.868 \\ -7.868 \end{bmatrix}.$$

在 $\sigma_n^2 = 1$ 且 $\boldsymbol{\Sigma}_{\mathrm{p}} = \boldsymbol{I} = \begin{pmatrix} 1 & 0 \\ 0 & 1 \end{pmatrix}$ 假设下，图 E7.5（a）展示了 $(w_0, w_1)$ 系数空间中后验分布概率等高线，图 E7.5（b）绘制了 GP 回归的预测值和相应方差. 由于预设的先验分布 $p(\boldsymbol{W}) \sim N(0, \boldsymbol{I})$ 和数据特征，后验分布概率在 $(w_0, w_1)$ 系数空间中的均值为 $\left(\overline{w_0} = -7.86820, \quad \overline{w_1} = -0.00289\right)$，协方差 $\boldsymbol{A}^{-1} = \begin{bmatrix} 0.2 & -0.000292 \\ -0.000292 & 1.0 \end{bmatrix}$. 在 $w_0$ 和 $w_1$ 分布之间的相关性 $\rho = \dfrac{-0.000292}{\sqrt{0.2}\sqrt{1.0}} \approx -0.00065$ 很小，其对后验分布概率等高线的影响可以近似忽略不计. 因而，后验分布概率的方差为 $\sigma_{w_0}^2 = 0.2$，$\sigma_{w_1}^2 = 1.0$，如图 E7.5（a）所示. 此外，数据和预设的先验分布 $p(\boldsymbol{W}) \sim N(\boldsymbol{0}, \boldsymbol{I})$ 导致了远离输入数据的极差的预测 $\hat{y}$ 和常数方差 $\sigma_y^2 = 0.2$，如图 E7.5（b）所示. 结果清楚地表明，先验协方差 $\boldsymbol{\Sigma}_{\mathrm{p}} = \boldsymbol{I}$ 太小，导致惩罚太大，因此拟合度极差.

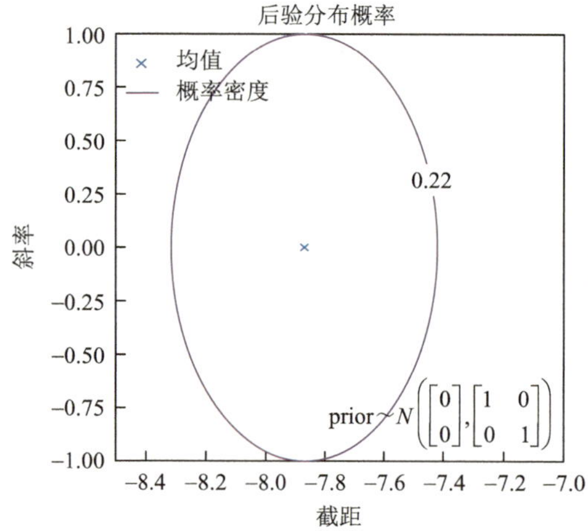


(a)

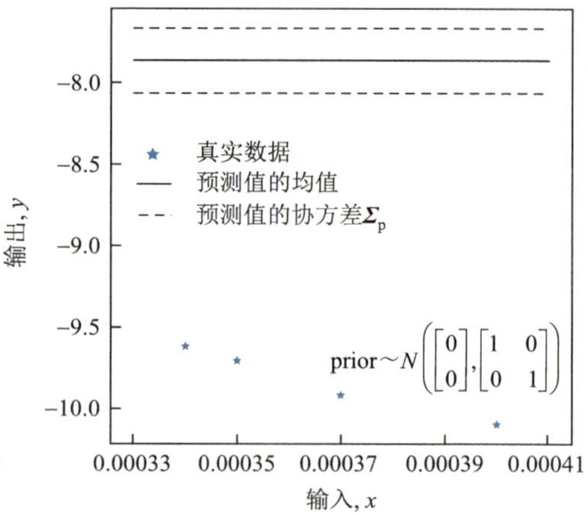


(b)

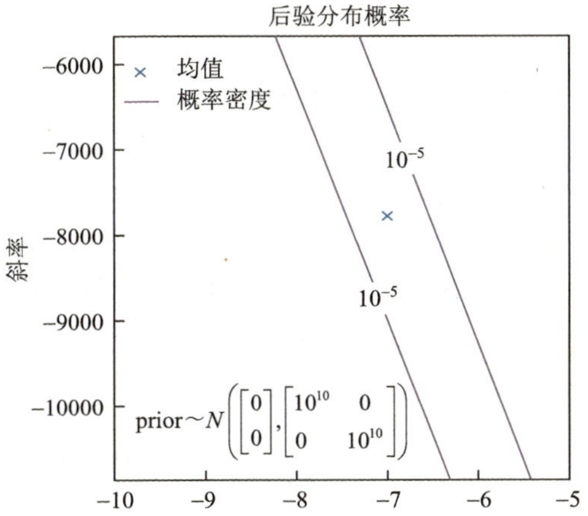

(c)

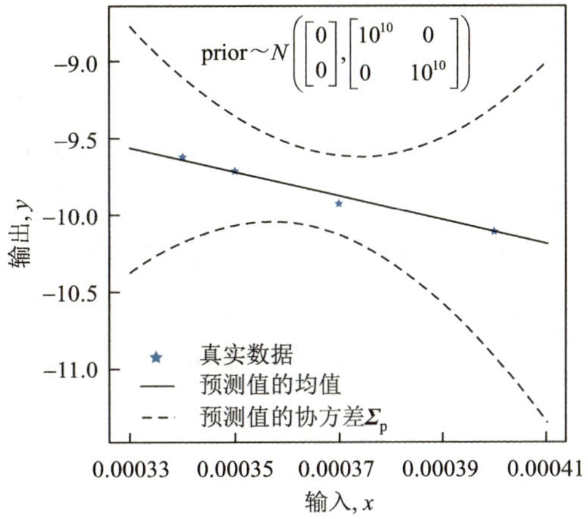

(d)

图 E7.5 （a）后验分布概率为 0.22 和（c）后验分布概率为 $10^{-5}$ 在$(w_0, w_1)$系数空间中的后验分布概率等高线；（b）和（d） $\hat{y}(X\,|\,\bar{W})$ 的预测值和相应方差

为了说明先验分布对预测的影响，不再最大化后验分布，取 $\sigma_n^2=1$，假设先验 $p(\boldsymbol{W})\sim N(\boldsymbol{0},\ 10^{10}\boldsymbol{I})$，即 $\Sigma_{\mathrm{p}}=10^{10}\boldsymbol{I}$．因此

$$\bar{\boldsymbol{W}}=\begin{pmatrix}\overline{w_0}\\\overline{w_1}\end{pmatrix}=\left[\begin{bmatrix}4 & 1.46\times10^{-3}\\1.46\times10^{-3} & 5.35\times10^{-7}\end{bmatrix}+\begin{bmatrix}1\times10^{-10} & 0\\0 & 1\times10^{-10}\end{bmatrix}\right]^{-1}$$

$$\cdot\begin{bmatrix}1 & 1 & 1 & 1\\0.00040 & 0.00037 & 0.00035 & 0.00034\end{bmatrix}\begin{bmatrix}-10.1\\-9.9196\\-9.7046\\-9.6168\end{bmatrix}=\begin{bmatrix}-6.99671\\-7776.82\end{bmatrix},$$

$$\boldsymbol{A}=\begin{bmatrix}4 & 1.46\times10^{-3}\\1.46\times10^{-3} & 5.35\times10^{-7}\end{bmatrix}+\begin{bmatrix}1\times10^{-10} & 0\\0 & 1\times10^{-10}\end{bmatrix},\quad 且\quad \boldsymbol{A}^{-1}=\begin{bmatrix}60.8068 & -1.66\times10^{5}\\-1.66\times10^{5} & 4.545\times10^{8}\end{bmatrix}.$$

结果为 $Q=-w_1=7776.82\mathrm{J\cdot mol^{-1}}$， $\ln D_0=w_0=-6.99671$ 或者 $D_0=\mathrm{e}^{-6.99671}\mathrm{cm^2\cdot s^{-1}}$．当 $\boldsymbol{\Sigma}_{\mathrm{p}}=1\times10^{10}\boldsymbol{I}$ 时，计算这四个数据的预测值 $\hat{\boldsymbol{y}}\left(\boldsymbol{X}|\bar{\boldsymbol{W}}\right)$ 和相应方差 $\sigma_{\boldsymbol{y}}^2$：

$$\sigma_{y_1}^2=\boldsymbol{x}_1\boldsymbol{A}^{-1}\boldsymbol{x}_1^{\mathrm{T}}=\left(1,\quad 0.00040\right)\begin{bmatrix}60.8068 & -1.66\times10^{5}\\-1.66\times10^{5} & 4.545\times10^{8}\end{bmatrix}\begin{bmatrix}1\\0.00040\end{bmatrix}=0.8068,$$

$$\sigma_{y_2}^2=\boldsymbol{x}_2\boldsymbol{A}^{-1}\boldsymbol{x}_2^{\mathrm{T}}=\left(1,\quad 0.00037\right)\begin{bmatrix}60.8068 & -1.66\times10^{5}\\-1.66\times10^{5} & 4.545\times10^{8}\end{bmatrix}\begin{bmatrix}1\\0.00037\end{bmatrix}=0.2614,$$

$$\sigma_{y_3}^2=\boldsymbol{x}_3\boldsymbol{A}^{-1}\boldsymbol{x}_3^{\mathrm{T}}=\left(1,\quad 0.00035\right)\begin{bmatrix}60.8068 & -1.66\times10^{5}\\-1.66\times10^{5} & 4.545\times10^{8}\end{bmatrix}\begin{bmatrix}1\\0.00035\end{bmatrix}=0.3523,$$

$$\sigma_{y_4}^2=\boldsymbol{x}_4\boldsymbol{A}^{-1}\boldsymbol{x}_4^{\mathrm{T}}=\left(1,\quad 0.00034\right)\begin{bmatrix}60.8068 & -1.66\times10^{5}\\-1.66\times10^{5} & 4.545\times10^{8}\end{bmatrix}\begin{bmatrix}1\\0.00034\end{bmatrix}=0.5341,$$

且

$$\hat{y}\left(\boldsymbol{X}\,|\,\bar{\boldsymbol{W}}\right)=\boldsymbol{X}\bar{\boldsymbol{W}}=\begin{bmatrix}1 & x_1\\ 1 & x_2\\ 1 & x_3\\ 1 & x_4\end{bmatrix}\begin{bmatrix}\overline{w_0}\\ \overline{w_1}\end{bmatrix}=\begin{bmatrix}\overline{w_0}+\overline{w_1}x_1\\ \overline{w_0}+\overline{w_1}x_2\\ \overline{w_0}+\overline{w_1}x_3\\ \overline{w_0}+\overline{w_1}x_4\end{bmatrix}=\begin{bmatrix}-10.11\\ -9.87\\ -9.72\\ -9.64\end{bmatrix}.$$

假设 $\sigma_n^2=1$ 和 $\boldsymbol{\Sigma}_\mathrm{p}=1\times10^{10}\boldsymbol{I}$，图 E7.5（c）展示了 $(w_0,w_1)$ 系数空间中的后验分布概率等高线，图 E7.5（d）绘制了 GP 回归的预测值和相应方差. 预设的先验分布 $p(\boldsymbol{W})\sim N(\boldsymbol{0},\ 1\times10^{10}\boldsymbol{I})$ 中极大的协方差释放了对后验分布概率的约束，使得在 $(w_0,w_1)$ 系数空间中后验分布概率的均值为 $(\bar{w}_0=-6.99671,\ \bar{w}_1=-7776.82)$，协方差 $\boldsymbol{A}^{-1}=\begin{bmatrix}60.8068 & -1.66\times10^5\\ -1.66\times10^5 & 4.545\times10^8\end{bmatrix}$. 在这种情况下，很难找到具有较高值的后验分布概率等高线，如图 E7.5（c）所示. 然而，与之前的工作（Zheng and Zhang, 1998）相比较，数据和预设的先验分布 $p(\boldsymbol{W})\sim N(\boldsymbol{0},\ 1\times10^{10}\boldsymbol{I})$ 导致了合理的预测 $\hat{y}$，如图 E7.5（d）所示. 这是因为 $\boldsymbol{\Sigma}_\mathrm{p}^{-1}=10^{-10}\boldsymbol{I}$ 的值很小，几乎没有对回归施加惩罚. 图 E7.5（d）中的虚线曲线表示与预测 $\hat{y}$ 相关的方差，表明在数据附近处方差相对较小，在数据的中心位置最小，远离数据处方差较大. 这个结果对内插值和外推值是非常重要的.

综上所述，$\hat{\boldsymbol{y}}(\boldsymbol{X}\,|\,\bar{\boldsymbol{W}})$ 的预测值和相应方差高度依赖于数据的特征和先验 $p(\boldsymbol{W})$. 总之，必须最大化后验分布以寻找最优解. 如上所述，先验的逆协方差 $\boldsymbol{\Sigma}_\mathrm{p}^{-1}$ 类似于 $L_2$ 正则化中的惩罚超参数 $\lambda$. 如第 2 章所述，可通过交叉验证对超参数 $\lambda$ 值进行优化. 同样地，先验分布也应该进行优化.

采用 LOOCV 最大化后验分布，优化先验中的 $\boldsymbol{\Sigma}_\mathrm{p}$ 值. 图 E7.6 展示了基于 LOOCV 的决定系数（$R^2$）与 $\lambda\boldsymbol{I}$ 的关系，得到了最优 $\lambda=1.3\times10^{-10}$ 和相应 $\bar{\boldsymbol{W}}=(-7.0349,-7672.197)$. 接着，计算 $\sigma_n^2$ 和 $\boldsymbol{\Sigma}_\mathrm{p}$，$\sigma_n^2=\dfrac{1}{n-1}(\boldsymbol{y}-\boldsymbol{X}\bar{\boldsymbol{W}})^\mathrm{T}\ (\boldsymbol{y}-\boldsymbol{X}\bar{\boldsymbol{W}})=0.0010272$，$\boldsymbol{\Sigma}_\mathrm{p}=\left(\dfrac{\sigma_n^2}{\lambda}\right)\boldsymbol{I}=79015385\boldsymbol{I}$，得到结果 $Q=7672.197\mathrm{J}\cdot\mathrm{mol}^{-1}$，$D_0=\mathrm{e}^{-7.0349}\mathrm{cm}^2\cdot\mathrm{s}^{-1}$，图 E7.7 为根据式（7.26b）得到的高斯后验分布.

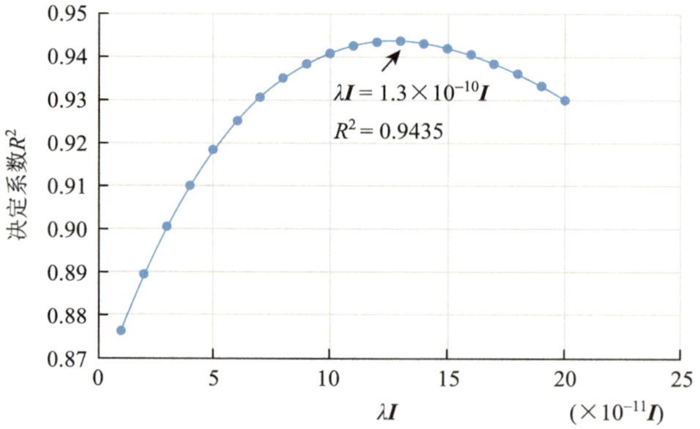


图 E7.6　留一法交叉验证（LOOCV）的决定系数 $R^2$ 与 $\lambda\boldsymbol{I}$ 关系

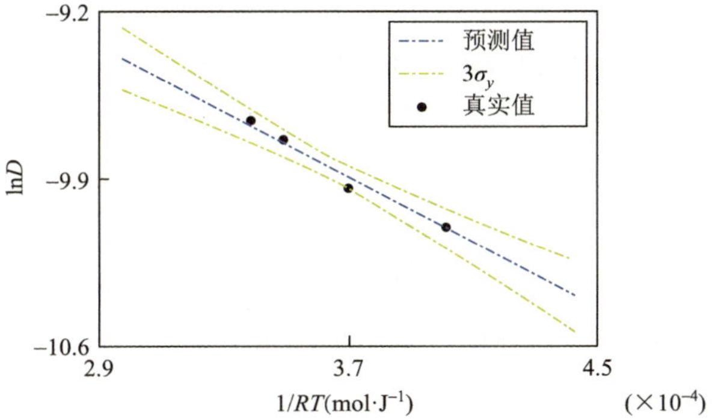


图 E7.7　预测值及其相应的标准差

## 7.5　期望最大化算法

在粉末 X 线衍射（XRD）图谱中，一些峰可能会重叠. 为了准确确定每个峰的高度、峰位和半峰宽，需要明确每个峰对重叠区域强度的贡献，即每个峰的权重. 重叠区域只给出了测量几个 XRD 峰的混合总强度和 $2\theta$ 的关系，但缺失峰的数量（两个峰或三个峰，简称峰数）和每个峰的权重. 通常，结合每个峰的理论轮廓，将峰数和峰位作为初始值输入拟合观察到的图谱. 最大化拟合精度可以确定每个峰的峰数、权重、峰高、峰位置和半峰宽. 如果没有任何重叠，则峰高、峰位和半峰宽将由观察到的 XRD 图谱清楚地确定. 或者说，峰高、峰位和半峰宽决定了 XRD 图谱. 在本例中，重叠峰中的峰数和每个峰对重叠区域观测强度的贡献是缺失的变量，称为潜在变量. 数值方法 EM 算法（Dempster et al., 1977）是可以在已知分布类型情况下，逐步拟合重叠分布（峰）的测量图谱.

### 7.5.1　高斯混合模型

高斯分布的概率密度函数如下

$$p(x)=\frac{1}{\sqrt{2\pi}\sigma}\exp\left(-\frac{(x-\mu)^2}{2\sigma^2}\right). \tag{7.27a}$$

为简单起见，仅考虑单变量 $x$ 的 GMM（Newcomb，1886），其中混合了几个高斯分布. 独立观测只包含 $x$ 的总概率密度，而没有潜在变量 $\boldsymbol{Z}=(z_1,z_2,\cdots,z_k)$ 的信息，其中 $k$ 表示高斯分布的数量，$z_i\ (i=1,2,\cdots,k)$ 代表每个高斯分布的期望 $\mu_i$，方差 $\sigma_i^2$ 和权重 $w_i$（混合系数）. 在实际应用中，高斯分布的个数为 2, 3 或 4，很少有超过 4 个分布重叠的情况.

那么，混合分布的概率密度函数为

$$p_M(x|\boldsymbol{Z}) = \sum_{i=1}^{k} w_i \cdot p(x|\mu_i, \sigma_i^2) = \sum_{i=1}^{k} w_i \cdot \frac{1}{\sqrt{2\pi}\sigma_i} \exp\left(-\frac{(x-\mu_i)^2}{2\sigma_i^2}\right), \tag{7.27b}$$

式中

$$\sum_{i=1}^{k} w_i = 1. \tag{7.27c}$$

潜在变量 $\boldsymbol{Z}$ 的 $w_i$，$\mu_i$ 和 $\sigma_i^2$ 通过拟合数据来确定. 理论上，混合分布概率密度也需要归一化，即 $\int p_M(x|\boldsymbol{Z})\mathrm{d}x = 1$.

由于所有分布是独立的，概率总密度函数的似然和对数似然分别为

$$L(w_i, \mu_i, \sigma_i^2) = \prod_{j=1}^{N}\sum_{i=1}^{k} w_i \cdot p(x_j|\mu_i, \sigma_i^2) = \prod_{j=1}^{N}\sum_{i=1}^{k} w_i \cdot \frac{1}{\sqrt{2\pi}\sigma_i} \exp\left(-\frac{(x_j-\mu_i)^2}{2\sigma_i^2}\right), \tag{7.28a}$$

$$\mathrm{LL}(w_i, \mu_i, \sigma_i^2) = \sum_{j=1}^{N} \ln\left\{\sum_{i=1}^{k} w_i \cdot \frac{1}{\sqrt{2\pi}\sigma_i} \exp\left(-\frac{(x_j-\mu_i)^2}{2\sigma_i^2}\right)\right\}. \tag{7.28b}$$

在实际应用中，单变量 $x$ 是离散化的，通常用在 $x$ 的无穷小范围 $\mathrm{d}x$ 内观测到 $x$ 的次数，来近似表示混合分布概率 $p_M(x_j|\boldsymbol{Z})\mathrm{d}x$，而区间 $\mathrm{d}x$ 大小取决于实验测量的精度和/或数据预处理的方法. 观测到 $x_j$ 的次数称为观测频率，或观测强度（例如，XRD 强度），用 $I_j$ 表示. 这样混合分布概率对数似然可表示成

$$\mathrm{LL}\left(w_i, \mu_i, \sigma_i^2\right) = \sum_{j=1}^{n} I_j \sum_{i=1}^{k}\left(\ln(w_i) - \ln\left(\sqrt{2\pi}\sigma_i\right) - \frac{(x_j-\mu_i)^2}{2\sigma_i^2}\right). \tag{7.28c}$$

定义频率之和 $\sum_{j=1}^{n} I_j = N$. 式（7.28c）中，$x_j$ 和 $I_j$ 已知，潜在变量 $\{w_i, \mu_i, \sigma_i^2\}$ 根据上述的最大似然估计法来估计，即

$$\{\hat{w}_i, \hat{\mu}_i, \hat{\sigma}_i^2\} = \underset{w_i, \mu_i, \sigma_i^2}{\operatorname{argmax}} \mathrm{LL}(w_i, \mu_i, \sigma_i^2), \tag{7.28d}$$

$$\text{s.t.} \quad \sum_{i=1}^{k} w_i = 1.$$

采用数值迭代法求解式（7.28d）. 如上所述，每个权重 $w_i$ 表示分布 $i$ 对整个观测数据（总数据）的贡献，因此意味着分布 $i$ 的贡献权重对这个数据集的每个数据点都是相同的. 在 EM 算法中，基于贝叶斯概率论对 $p_M(x_j|\boldsymbol{Z})$ 引入分布 $i$ 的贡献权重 $\alpha_{ji}$ $(j=1,2,\cdots,n; i=1,2,\cdots,k)$，并在期望步骤中计算. 在权重 $\alpha_{ji}$ $(j=1, 2,\cdots,n;$ $i=1,2,\cdots,k)$ 下，更容易用式(7.28d)来计算 $\{w_i, \mu_i, \sigma_i^2\}$ 的最大似然估计值. 之后，所

有权重 $\alpha_{ji}$ $(j=1,2,\cdots,n;i=1,2,\cdots,k)$ 随估计的 $\{w_i,\mu_i,\sigma_i^2\}$ $(i=1,\ 2,\cdots,k)$ 而更新. 迭代继续进行, 直到 $(\hat{w}_i,\hat{\mu}_i,\hat{\sigma}_i^2)$ 收敛.

### 1. 期望步骤, E 步

潜在变量的初始输入值记为 $\left\{w_i^{(0)},\mu_i^{(0)},(\sigma_i^2)^{(0)}\right\}$ $(i=1,2,\cdots,k)$，第 $t$ 次迭代后潜在变量的值记为 $\left\{w_i^{(t)},\mu_i^{(t)},(\sigma_i^2)^{(t)}\right\}$ $(t=1,2,\cdots)$，第 $t+1$ 次迭代的权重期望（后验概率）为

$$\alpha_{ji}^{(t+1)}=p_M\left(w_i^{(t+1)}\middle|x_j\right)=\frac{p\left(w_i^{(t)}\right)\cdot p_M\left(x_j\middle|w_i^{(t)},\mu_i^{(t)},\sigma_i^{2,(t)}\right)}{p_M(x_j)}$$

$$=\frac{w_i^{(t)}\cdot p_M\left(x_j\middle|\mu_i^{(t)},\sigma_i^{2,(t)}\right)}{\sum_{i=1}^{k}w_i^{(t)}\cdot p_M\left(x_j\middle|w_i^{(t)},\mu_i^{(t)},\sigma_i^{2,(t)}\right)} \tag{7.29a}$$

$$\left(j=1,2,\cdots,n;\ i=1,2,\cdots,k\right).$$

明显地, 对于混合正态分布, 期望的形式如下

$$\alpha_{ji}^{(t+1)}=\frac{w_i^{(t)}\cdot\frac{1}{\sqrt{2\pi}\sigma_i^{(t)}}\exp\left(-\frac{\left(x_j-\mu_i^{(t)}\right)^2}{2\sigma_i^{2,(t)}}\right)}{\sum_{i=1}^{k}w_i^{(t)}\cdot\frac{1}{\sqrt{2\pi}\sigma_i^{(t)}}\exp\left(-\frac{\left(x_j-\mu_i^{(t)}\right)^2}{2\sigma_i^{2,(t)}}\right)}\quad (j=1,2,\cdots,n;\ i=1,2,\cdots,k). \tag{7.29b}$$

参数 $\alpha_{ji}$ 表示观测 $x_j$ 属于分布 $i$ $(i=1,2,\cdots,k)$ 的概率, 或等价于分布 $i$ $(z_i)$ 对数据 $p_M(x_j|\boldsymbol{Z})$ $(j=1,2,\cdots,n)$ 的贡献权重.

### 2. 最大化步骤, M 步

在 E 步之后是 M 步, 对数似然的拉格朗日函数为

$$\mathrm{LLL}\left(\lambda,w_i,\mu_i,\sigma_i^2\right)=\sum_{j=1}^{n}I_j\ln\left\{\sum_{i=1}^{k}w_i\cdot\frac{1}{\sqrt{2\pi}\sigma_i}\exp\left(-\frac{(x_j-\mu_i)^2}{2\sigma_i^2}\right)\right\}+\lambda\left(\sum_{i=1}^{k}w_i-1\right). \tag{7.30a}$$

最大对数似然要求

$$\frac{\partial\mathrm{LLL}}{\partial\mu_i}=\sum_{j=1}^{n}I_j\frac{w_i\cdot p_M\left(x_j\middle|\mu_i,\sigma_i^2\right)}{\sum_{i=1}^{k}w_i\cdot p_M\left(x_j\middle|\mu_i,\sigma_i^2\right)}(x_j-\mu_i)=0, \tag{7.30b}$$

$$\frac{\partial \mathrm{LLL}}{\partial \sigma_i^2}=\sum_{j=1}^{n} I_j \frac{w_i \cdot p_M\left(x_j \middle| \mu_i, \sigma_i^2\right)}{\sum_{i=1}^{k} w_i \cdot p_M\left(x_j \middle| \mu_i, \sigma_i^2\right)}\left[\frac{(x_j-\mu_i)^2}{\sigma_i^3}-\frac{1}{\sigma_i}\right]=0, \tag{7.30c}$$

$$\frac{\partial \mathrm{LLL}}{\partial w_i}=\sum_{j=1}^{n} I_j \frac{p_M\left(x_j \middle| \mu_i, \sigma_i^2\right)}{\sum_{i=1}^{k} w_i \cdot p_M\left(x_j \middle| \mu_i, \sigma_i^2\right)}+\lambda=0. \tag{7.30d}$$

由式（7.30b）和式（7.30c）得

$$\mu_i^{(t+1)}=\frac{\sum_{j=1}^{n} I_j \alpha_{ji}^{(t+1)} x_j}{\sum_{j=1}^{n} I_j \alpha_{ji}^{(t+1)}}, \tag{7.31a}$$

$$\sigma_i^{2,(t+1)}=\frac{\sum_{j=1}^{n} I_j \alpha_{ji}^{(t+1)}\left(x_j-\mu_i^{(t+1)}\right)\left(x_j-\mu_i^{(t+1)}\right)^{\mathrm{T}}}{\sum_{j=1}^{n} I_j \alpha_{ji}^{(t+1)}}. \tag{7.31b}$$

式（7.30d）乘以 $\sum_{i=1}^{k} w_i$ 得到 $\sum_{j=1}^{n} I_j \frac{\sum_{i=1}^{k} w_i \cdot p_M\left(x_j \middle| \mu_i, \sigma_i^2\right)}{\sum_{i=1}^{k} w_i \cdot p_M\left(x_j \middle| \mu_i, \sigma_i^2\right)}+\lambda \sum_{i=1}^{k} w_i=0$，这给出了

$$\lambda=-N, \tag{7.31c}$$

$$w_i^{(t+1)}=\frac{1}{N} \sum_{j=1}^{n} I_j \alpha_{ji}^{(t+1)}. \tag{7.31d}$$

如预期那样，式（7.31d）表明，分布 $i$ 的权重 $w_i^{(t+1)}$ $(i=1,2,\cdots,k)$ 是第 $t+1$ 次迭代中所有观测值的权重 $\alpha_{ji}$ 的平均值. 迭代 E 步和 M 步直到收敛，得到参数 $\boldsymbol{Z}$ 的 $\hat{w}_i$，$\hat{\mu}_i$ 和 $\hat{\sigma}_i^2$ $(i=1,2,\cdots,k)$ 的最终值.

## 例 7.5

这个例子展示了 EM 算法如何拟合混合高斯分布. 图 E7.8 中的黑色曲线展示了两种混合高斯分布的概率分布密度曲线，$p_M(x|\boldsymbol{Z}) \sim 0.30N(8.00,4.00)+0.70N(12.00,8.00)$. 设置步长 $\Delta x=1$，从 $x=2.5$ 开始，将区域 $x \in [2.5,20.5]$ 划分为 18 个子区域，包括 $(2.5,3.5)$，$(3.5,4.5)$，…，$(19.5,20.5)$，子区域的中间点为 3, 4, …, 20. 在这种情况下，$p_M(x_j|\boldsymbol{Z})\Delta x$ 近似表示在 $x_j=3,4,\cdots,20$ 处的概率. 然后，令 $p_M(x_j|\boldsymbol{Z})\Delta x$ 乘以一个适当的整数即可得到每个 $x_j$ 处的频率. 图 E7.8 为混合高斯分布图及相应的直方图，也列于表 E7.7.

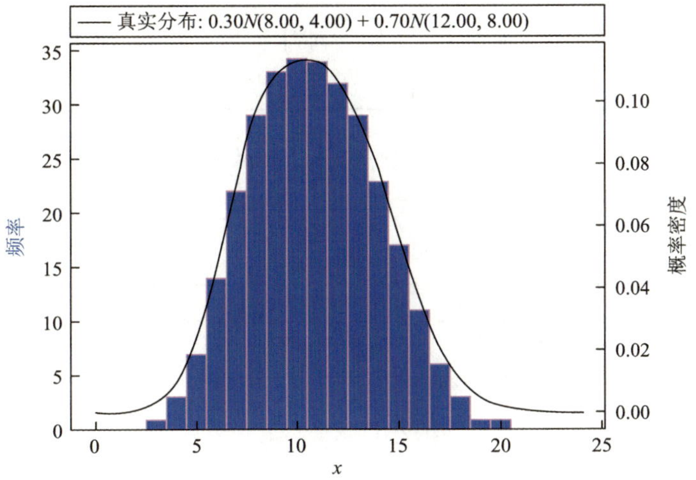


图 E7.8　数据集的频率直方图和混合高斯分布概率密度曲线

**表 E7.7　$n=18, N=300$ 的（$x_j, I_j$）的 18 个数据**

| $j$ | $x_1$ | $x_2$ | $x_3$ | $x_4$ | $x_5$ | $x_6$ | $x_7$ | $x_8$ | $x_9$ |
|---|---|---|---|---|---|---|---|---|---|
| $x_j$ | 3 | 4 | 5 | 6 | 7 | 8 | 9 | 10 | 11 |
| $I_j$ | 1 | 3 | 7 | 14 | 22 | 29 | 33 | 34 | 34 |
| $j$ | $x_{10}$ | $x_{11}$ | $x_{12}$ | $x_{13}$ | $x_{14}$ | $x_{15}$ | $x_{16}$ | $x_{17}$ | $x_{18}$ |
| $x_j$ | 12 | 13 | 14 | 15 | 16 | 17 | 18 | 19 | 20 |
| $I_j$ | 32 | 29 | 23 | 17 | 11 | 6 | 3 | 1 | 1 |

步骤 1　初始化高斯分布的参数

使用二元混合高斯分布来拟合图 E7.8 所示的直方图. 参数的初始值$\left\{w_i^{(0)}, \mu_i^{(0)}, \sigma_i^{2,(0)}\right\}$ $(i=1,2)$ 为

$$\begin{bmatrix} w_1^{(0)} & w_2^{(0)} \\ \mu_1^{(0)} & \mu_2^{(0)} \\ \sigma_1^{2,(0)} & \sigma_2^{2,(0)} \end{bmatrix} = \begin{bmatrix} 0.05 & 0.95 \\ 30 & 60 \\ 100 & 200 \end{bmatrix}.$$

步骤 2　E 步

在第一次迭代中, 使用表 E7.7 中的数据和初始参数值, 并根据式（7.29b）计算得到高斯分布 1 对数据 1 的贡献权重为

$$\alpha_{11}^{(1)} = \frac{w_1^{(0)} \cdot \dfrac{1}{\sqrt{2\pi}\sigma_1^{(0)}} \exp\left(-\dfrac{\left(x_j - \mu_1^{(0)}\right)^2}{2\sigma_1^{2,(0)}}\right)}{\sum\limits_{i=1}^{2} w_i^{(0)} \cdot \dfrac{1}{\sqrt{2\pi}\sigma_i^{(0)}} \exp\left(-\dfrac{\left(x_j - \mu_i^{(0)}\right)^2}{2\sigma_i^{2,(0)}}\right)}$$

$$=\frac{w_1^{(0)}\cdot\dfrac{1}{\sqrt{2\pi\sigma_1^{2,(0)}}}\exp\left(-\dfrac{\left(x_j-\mu_1^{(0)}\right)^2}{2\sigma_1^{2,(0)}}\right)}{w_1^{(0)}\cdot\dfrac{1}{\sqrt{2\pi}\,\sigma_1^{(0)}}\exp\left(-\dfrac{\left(x_j-\mu_1^{(0)}\right)^2}{2\sigma_1^{2,(0)}}\right)+w_2^{(0)}\cdot\dfrac{1}{\sqrt{2\pi\sigma_2^{2,(0)}}}\exp\left(-\dfrac{\left(x_j-\mu_2^{2,(0)}\right)^2}{2\sigma_2^{2,(0)}}\right)}$$

$$=\frac{0.05\times\dfrac{1}{\sqrt{2\pi\times100}}\exp\left(-\dfrac{(3-30)^2}{2\times100}\right)}{0.05\times\dfrac{1}{\sqrt{2\pi\times100}}\exp\left(-\dfrac{(3-30)^2}{2\times100}\right)+0.95\times\dfrac{1}{\sqrt{2\pi\times200}}\exp\left(-\dfrac{(3-60)^2}{2\times200}\right)}=0.8675.$$

同样，高斯分布 2 对数据 1 的贡献权重为

$$\alpha_{12}^{(1)}=\frac{w_2^{(0)}\cdot\dfrac{1}{\sqrt{2\pi}\sigma_2^{(0)}}\exp\left(-\dfrac{(x_j-\mu_2^{(0)})^2}{2\sigma_2^{2,(0)}}\right)}{\sum\limits_{i=1}^{2}w_i^{(0)}\cdot\dfrac{1}{\sqrt{2\pi}\sigma_i^{(0)}}\exp\left(-\dfrac{(x_j-\mu_i^{(0)})^2}{2\sigma_i^{2,(0)}}\right)}$$

$$=\frac{w_2^{(0)}\cdot\dfrac{1}{\sqrt{2\pi}\sigma_2^{2,(0)}}\exp\left(-\dfrac{\left(x_j-\mu_2^{(0)}\right)^2}{2\sigma_2^{2,(0)}}\right)}{w_1^{(0)}\cdot\dfrac{1}{\sqrt{2\pi}\sigma_1^{(0)}}\exp\left(-\dfrac{\left(x_j-\mu_1^{(0)}\right)^2}{2\sigma_1^{2,(0)}}\right)+w_2^{(0)}\cdot\dfrac{1}{\sqrt{2\pi}\sigma_2^{(0)}}\exp\left(-\dfrac{\left(x_j-\mu_2^{(0)}\right)^2}{2\sigma_2^{2,(0)}}\right)}$$

$$=\frac{0.95\times\dfrac{1}{\sqrt{2\pi\times200}}\exp\left(-\dfrac{(3-60)^2}{2\times200}\right)}{0.05\times\dfrac{1}{\sqrt{2\pi\times100}}\exp\left(-\dfrac{(3-30)^2}{2\times100}\right)+0.95\times\dfrac{1}{\sqrt{2\pi\times200}}\exp\left(-\dfrac{(3-60)^2}{2\times200}\right)}=0.1325.$$

$\alpha_{ji}^{(1)}$ $(j=2,3,\cdots,18;\ i=1,2)$ 的值以相同方法计算，列于表 E7.8 中.

**表 E7.8 第一次迭代后 $\alpha_{ji}^{(1)}$ ($j=1, 2, \cdots, 18$; $i=1, 2$) 的值**

| $x_j$ | $x_1$ | $x_2$ | $x_3$ | $x_4$ | $x_5$ | $x_6$ | $x_7$ | $x_8$ | $x_9$ |
|---|---|---|---|---|---|---|---|---|---|
| $\alpha_{j1}^{(1)}$ | 0.8675 | 0.8655 | 0.8628 | 0.8595 | 0.8556 | 0.8509 | 0.8454 | 0.8391 | 0.8319 |
| $\alpha_{j2}^{(1)}$ | 0.1325 | 0.1345 | 0.1372 | 0.1405 | 0.1444 | 0.1491 | 0.1546 | 0.1609 | 0.1681 |

| $x_j$ | $x_{10}$ | $x_{11}$ | $x_{12}$ | $x_{13}$ | $x_{14}$ | $x_{15}$ | $x_{16}$ | $x_{17}$ | $x_{18}$ |
|---|---|---|---|---|---|---|---|---|---|
| $\alpha_{j1}^{(1)}$ | 0.82367 | 0.8144 | 0.8040 | 0.7923 | 0.7793 | 0.7647 | 0.7486 | 0.7308 | 0.7112 |
| $\alpha_{j2}^{(1)}$ | 0.1763 | 0.1856 | 0.1960 | 0.2077 | 0.2207 | 0.2353 | 0.2514 | 0.2692 | 0.2888 |

然后，权重被更新为 $w_1^{(1)} = \dfrac{1}{300}\sum_{j=1}^{18} I_j\alpha_{j1} = 0.83$， $w_2^{(1)} = \dfrac{1}{300}\sum_{j=1}^{18} I_j\alpha_{j2} = 0.17$ .

步骤 3　M 步

E 步为 M 步提供了 $\alpha_{ji}$ $(j=1,2,\cdots,18;\ i=1,2)$ 的更新值，根据式（7.31a）和式（7.31b）更新 $\mu_i$ 和 $\sigma_i^2$ 的值.

对于高斯分布 1，有

$$\mu_1^{(1)} = \frac{\sum_{j=1}^{18} I_j\alpha_{j1}^{(1)}x_j}{\sum_{j=1}^{18} I_j\alpha_{j1}^{(1)}} = \frac{I_1\alpha_{11}^{(1)}x_1 + I_2\alpha_{21}^{(1)}x_2 + \cdots + I_{18}\alpha_{18,1}^{(1)}x_{18}}{I_1\alpha_{11}^{(1)} + I_2\alpha_{21}^{(1)} + \cdots + I_{18}\alpha_{18,1}^{(1)}}$$

$$= \frac{1\times 0.8675\times 3 + 3\times 0.8655\times 4 + \cdots + 1\times 0.7112\times 20}{1\times 0.8675 + 3\times 0.8655 + \cdots + 1\times 0.7112} = 10.70$$

且

$$\sigma_1^{2,(1)} = \frac{\sum_{j=1}^{18} I_j\alpha_{j1}\left(x_j - \mu_1^{(1)}\right)\left(x_j - \mu_1^{(1)}\right)^{\mathrm{T}}}{\sum_{j=1}^{18} I_j\alpha_{j1}^{(1)}}$$

$$= \frac{I_1\alpha_{11}^{(1)}\left(x_1 - \mu_1^{(1)}\right)\left(x_1 - \mu_1^{(1)}\right)^{\mathrm{T}} + I_2\alpha_{21}^{(1)}\left(x_2 - \mu_1^{(1)}\right)\left(x_2 - \mu_1^{(1)}\right)^{\mathrm{T}} + \cdots + I_{18}\alpha_{18,1}^{(1)}\left(x_{18} - \mu_1^{(1)}\right)\left(x_{18} - \mu_1^{(1)}\right)^{\mathrm{T}}}{I_1\alpha_{11}^{(1)} + I_2\alpha_{21}^{(1)} + \cdots + I_{18}\alpha_{18,1}^{(1)}}$$

$$= (1\times 0.8675\times(3-10.70)\times(3-10.70)^{\mathrm{T}} + 3\times 0.8655\times(4-10.70)\times(4-10.70)^{\mathrm{T}} + \cdots + 1\times 0.7112$$
$$\times(20-10.70)\times(20-10.70)^{\mathrm{T}})/(1\times 0.8675 + 3\times 0.8655 + \cdots + 1\times 0.7112) = 9.81.$$

对于高斯分布 2，有

$$\mu_2^{(1)} = \frac{\sum_{j=1}^{18} I_j\alpha_{j2}^{(1)}x_j}{\sum_{j=1}^{18} I_j\alpha_{j2}^{(1)}} = 11.27，\quad \sigma_2^{2,(1)} = \frac{\sum_{j=1}^{18} I_j\alpha_{j2}^{(1)}\left(x_j - \mu_2^{(1)}\right)\left(x_j - \mu_2^{(1)}\right)^{\mathrm{T}}}{\sum_{j=1}^{18} I_j\alpha_{j2}^{(1)}} = 10.44 .$$

这里第一次迭代结束，更新后的值 $\begin{bmatrix} w_1^{(1)} & w_2^{(1)} \\ \mu_1^{(1)} & \mu_2^{(1)} \\ \sigma_1^{2,(1)} & \sigma_2^{2,(1)} \end{bmatrix} = \begin{bmatrix} 0.83 & 0.17 \\ 10.70 & 11.27 \\ 9.81 & 10.44 \end{bmatrix}$.

步骤 4　迭代直至收敛

本例中迭代收敛准则定义为 $\hat{w}_i$， $\hat{\mu}_i$ 和 $\hat{\sigma}_i^2$ $(i=1,2)$ 的小数点后两位数字在迭代过程中不变. 相应地，经过 1902 次迭代，EM 达到预设的收敛准则，给出参数收敛值：经过 1902 次迭代，EM 达到预设的收敛准则，以下是参数的收敛值

$$\begin{bmatrix} \hat{w}_1 & \hat{w}_2 \\ \hat{\mu}_1 & \hat{\mu}_2 \\ \hat{\sigma}_1^2 & \hat{\sigma}_2^2 \end{bmatrix} = \begin{bmatrix} 0.31 & 0.69 \\ 8.01 & 12.07 \\ 3.81 & 7.61 \end{bmatrix}.$$

图 E7.9 展示了拟合结果.

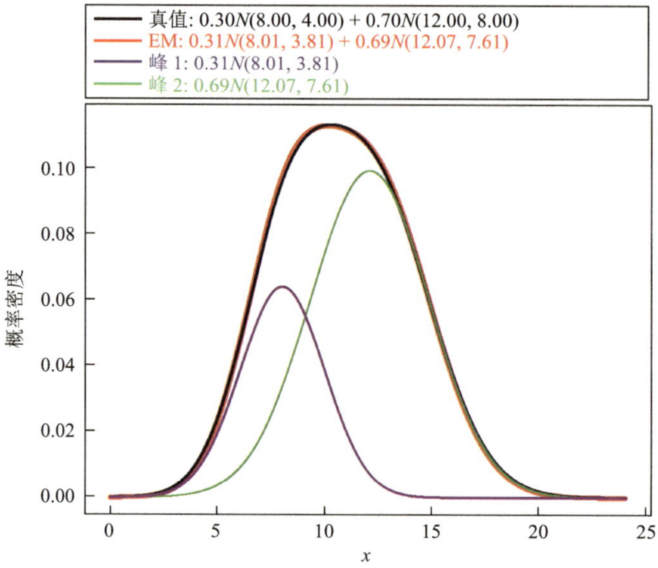


图 E7.9　GMM 的 EM 拟合结果

## 例 7.6

Fu 和 Zhang（1998）在 10kV/cm 直流电场下对极化 PZT-841 陶瓷进行三点弯曲实验. 表 E7.9 列出了 55 个实验样本的 15 个断裂模量和频率的测试结果. 数据摘自 Fu 和 Zhang（1998）中的图 2（b），其分布直方图在图 E7.10 示出. Fu 和 Zhang 利用二元混合韦布尔分布来拟合实验观测，并给出断裂模量（ $\sigma_{mr}$ ）的概率密度函数

$$p(\sigma_{mr}) = w_1 \frac{m_1}{\overline{\sigma_1}}\left(\frac{\sigma_{mr}}{\overline{\sigma_1}}\right)^{m_1-1} \exp\left[-\left(\frac{\sigma_{mr}}{\overline{\sigma_1}}\right)^{m_1}\right] + w_2 \frac{m_2}{\overline{\sigma_2}}\left(\frac{\sigma_{mr}}{\overline{\sigma_2}}\right)^{m_2-1} \exp\left[-\left(\frac{\sigma_{mr}}{\overline{\sigma_2}}\right)^{m_2}\right],$$

式中 $w_1 = 0.55$， $m_1 = 7.7$， $\overline{\sigma_1} = 94.8(\text{MPa})$， $w_2 = 0.45$， $m_2 = 4.9$， $\overline{\sigma_2} = 52.8(\text{MPa})$，在图 E7.11 中用黑色曲线绘制出来. 接着，EM 算法采用二元混合高斯分布以拟合实验得到的分布直方图. 用于 EM 计算的参数 $\left\{w_i^{(0)}, \mu_i^{(0)}, \sigma_i^{2,(0)}\right\}$ $(i=1,2)$ 的初始值为 $0.1N(10,1000)+0.9N(100,2000)$. 采用与例 7.5 中相同的收敛准则, EM 算法在 87 次迭代后给出了参数收敛值，$0.44N(49.46,102.38)+0.56\cdot N(92.05,179.28)$，如图 E7.11 所示. 显然，双峰韦布尔分布和双峰高斯分布都能很好地拟合 55 个弯曲强度数据. 为了区分韦布尔分布和高斯分布，需要更准确和可靠的实验数据.

表 E7.9　55 个实验极化 PZT-841 陶瓷在 10kV/cm 直流电场下的三点弯曲断裂模量数据

| $j$ | $x_1$ | $x_2$ | $x_3$ | $x_4$ | $x_5$ | $x_6$ | $x_7$ | $x_8$ |
|---|---|---|---|---|---|---|---|---|
| $x_j$ | 31.25 | 37.5 | 43.75 | 50 | 56.25 | 62.5 | 68.75 | 75 |
| $I_j$ | 2 | 3 | 5 | 6 | 4 | 4 | 2 | 4 |

续表

| $j$ | $x_9$ | $x_{10}$ | $x_{11}$ | $x_{12}$ | $x_{13}$ | $x_{14}$ | $x_{15}$ |
|---|---|---|---|---|---|---|---|
| $x_j$ | 81.25 | 87.5 | 93.75 | 100 | 106.25 | 112.5 | 118.75 |
| $I_j$ | 4 | 4 | 7 | 5 | 2 | 2 | 1 |

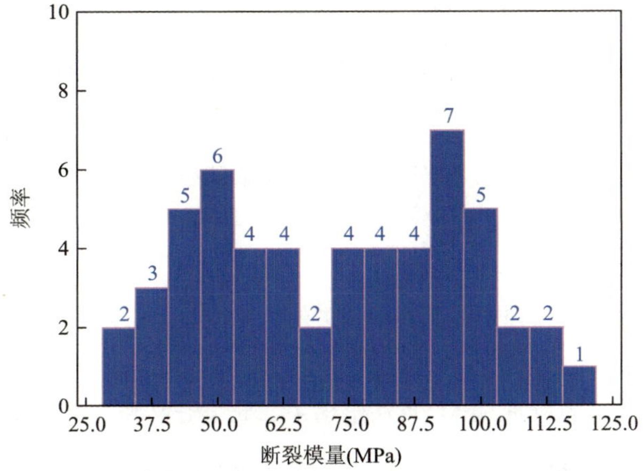


图 E7.10 55 个样品实验测量的断裂模量（$\sigma_{mr}$）的统计直方图

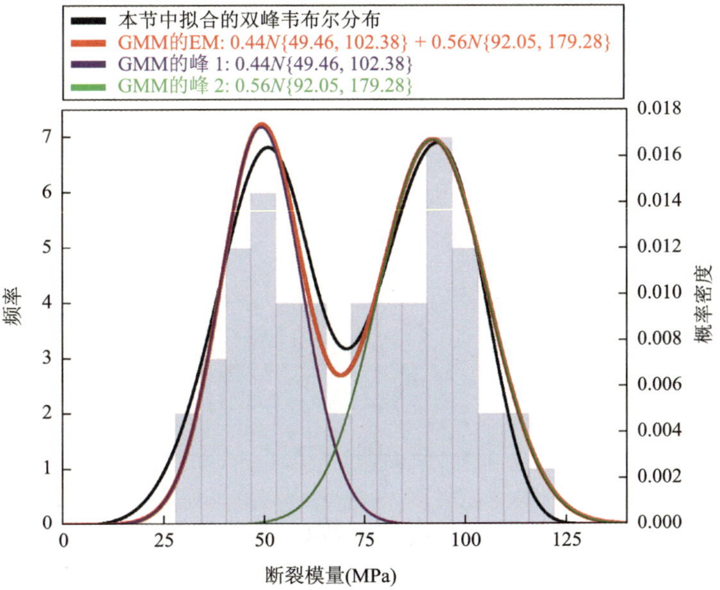


图 E7.11 双峰韦布尔分布（Fu and Zhang, 1998）和双峰高斯分布

**例 7.7**

图 E7.12 中的黑色曲线展示了一个二元混合高斯分布，$0.4N(4,1^2)+0.6N(8,1.5^2)$．在区间（1, 12）内，遵循该分布从 $x_j$ 到 $x_j+\Delta x$ 的无穷小 $\Delta x=0.2$ 区域内采样，采样总次数 $N=3000$．由于存在两个峰，因此采用了基于二元混合高斯分布的EM拟合方法，并且E-M计算的初始输入数据为 $0.8N(2.5,\ 0.8^2)+0.2N(5.5,1.3^2)$．如果迭代步骤 $t$ 的相对误差 $\varDelta_i=\dfrac{|\theta_{i,t}-\theta_{i,t-1}|}{\theta_{i,t-1}}$ 小于 $10^{-3}$，则认为达到收敛，其中，$\theta_{i,t}$ 代表潜在变量 $w_{i,t}$，$\mu_{i,t}$，$\sigma_{i,t}^2$ $(i=1,2)$．预设迭代的相对误差作为收敛准则，拟合结果如图 E7.12 中红色曲线所示．拟合精度通过加权轮廓因子 $R_{\mathrm{wp}}=100\cdot\sqrt{\dfrac{\sum_{j=1}^{n}\hat{w}_j(\hat{y}_j-y_j)^2}{\sum_{j=1}^{n}\hat{w}_j y_j^2}}$ 和轮廓因子 $R_{\mathrm{p}}=\dfrac{\sum_j|\hat{y}_j-y_j|}{\sum_j y_j}$ 进行评估，其中 $\hat{y}_j$ 和 $y_j$ 分别是 $x=x_j$ 处的拟合概率和实际概率，$\hat{w}_j=\dfrac{1}{y_j}$ 是第 $j$ 次概率的权重．EM 算法给出了二元混合高斯分布 $0.402N(3.965,1.015^2)+0.598N(7.967,1.549^2)$ 拟合曲线，其拟合精度为加权轮廓因子 $R_{\mathrm{wp}}=2.77\%$ 和轮廓因子 $R_{\mathrm{p}}=2.137\%$．

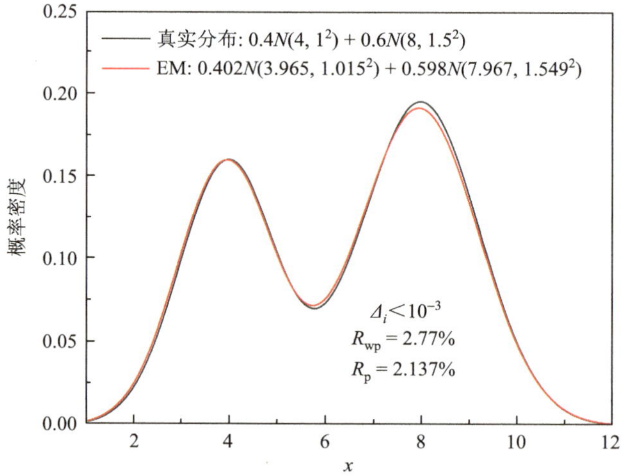


图 E7.12　二元混合高斯分布，其中黑色和红色曲线分别代表真实曲线和拟合分布曲线

例 7.7 表明，如果在混合高斯分布中单个峰明显分离，可粗略地估计潜在变量的值，并作为初始输入开始 EM 拟合．拟合质量取决于迭代中预设的相对误差，因为它为迭代设定了一个收

敛准则. 当混合高斯分布中单个峰不可见时, 选择高斯分布的数量和潜在变量的初始值将是一个挑战. 在这种情况下, 仅使用低收敛准则的纯数据拟合可能无法得到唯一的解.

## 例 7.8

图 E7.13 中的黑色曲线展示了一个二元混合高斯分布, $0.5N(4,1^2)+0.5N(6,1.5^2)$. 在区间 (1, 10) 内, 遵循该分布从 $x_j$ 到 $x_j+\Delta x$ 的无穷小 $\Delta x=0.2$ 区域内采样, 采样总数 $N=3000$. 这两个峰彼此非常接近, 在没有领域知识的情况下, 很难猜测峰的位置. 更严重的是, 如果收敛准则不够严格, 在缺乏领域知识下进行单纯曲线拟合可得到多个解. 图 E7.13 (a) 和 (b) 展示

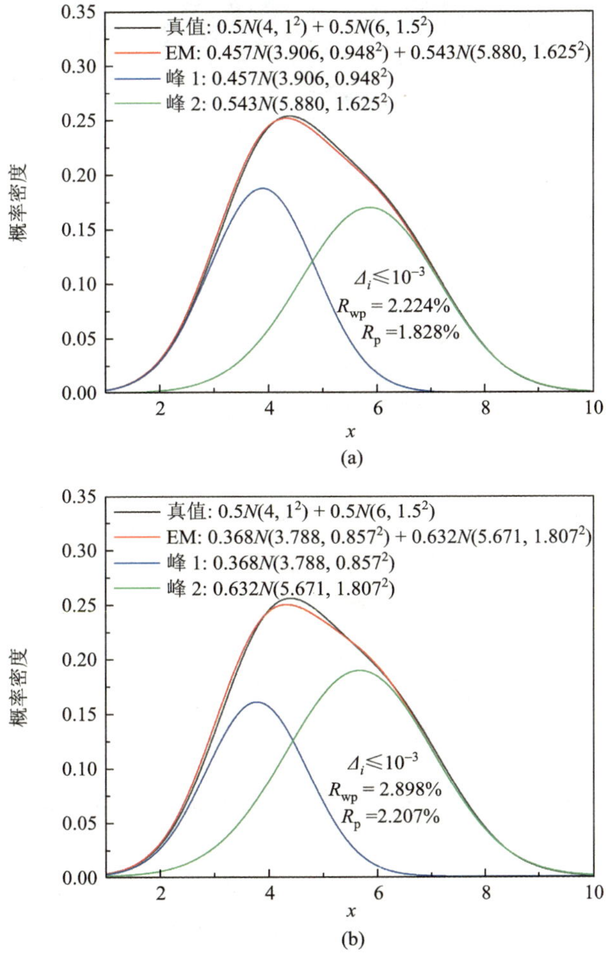


图 E7.13　来自两组初始值的两个拟合结果

黑色和红色曲线分别为真实和拟合曲线, 蓝色和绿色曲线为第一个高斯分布曲线和第二个高斯分布曲线. 显然, 在 (a) 中峰 1 高于峰 2, 而 (b) 中则相反

了相对误差为$10^{-3}$的两个拟合结果，其中初始猜测值分别为$0.6N(4.4,0.8^2)+0.4N(5.5,1.3^2)$和$0.4N(4.4,\ 0.8^2)+0.6N(5.5,1.3^2)$，拟合结果分别为$0.46N(3.91,0.95^2)+0.54N(5.88,1.63^2)$和$0.37N(3.79,\ 0.86^2)+0.63N(5.67,1.81^2)$. 拟合（a）和（b）的$R_{\text{wp}}(R_{\text{p}})$值分别为2.224%（1.828%）和2.898%（2.207%）.

当收敛准则足够高时, EM结果将与潜在变量的初始输入值无关. 表E7.10分别展示了两组起始值的不同收敛准则值的EM结果，其中“Iter#”为迭代次数. 结果表明，当收敛准则$\Delta_t \leqslant 10^{-4}$时, EM结果与初始值无关.

**表 E7.10　两个不同初始值集在不同收敛准则下的 EM 拟合结果**

| $\Delta_t$ | $0.4N(4.4,0.8^2)+0.6N(5.8,1.3^2)$的初始值 | | | | $0.3N(4.4,0.8^2)+0.7N(5.5,1.3^2)$的初始值 | | | |
|---|---|---|---|---|---|---|---|---|
| | $R_{\text{wp}}$ | $R_{\text{p}}$ | Iter # | 结果 | $R_{\text{wp}}$ | $R_{\text{p}}$ | Iter # | 结果 |
| $10^{-2}$ | 2.754% | 1.794% | 8 | $0.457N(3.953,1.008^2)+0.543N(5.839,1.727^2)$ | 3.345% | 1.989% | 11 | $0.346N(3.844,0.906^2)+0.654N(5.578,1.970^2)$ |
| $10^{-3}$ | 2.224% | 1.828% | 24 | $0.457N(3.906,0.948^2)+0.543N(5.880,1.625^2)$ | 2.898% | 2.207% | 53 | $0.368N(3.788,0.857^2)+0.632N(5.671,1.807^2)$ |
| $10^{-4}$ | 2.169% | 1.817% | 315 | $0.480N(3.934,0.966^2)+0.520N(5.940,1.567^2)$ | 2.169% | 1.817% | 714 | $0.480N(3.935,0.966^2)+0.520N(5.940,1.567^2)$ |
| $10^{-5}$ | 2.133% | 1.787% | 1415 | $0.496N(3.957,0.981^2)+0.504N(5.980,1.532^2)$ | 2.133% | 1.787% | 1518 | $0.496N(3.957,0.981^2)+0.504N(5.980,1.532^2)$ |
| $10^{-6}$ | 2.131% | 1.784% | 2225 | $0.497N(3.960,0.983^2)+0.503N(5.984,1.529^2)$ | 2.131% | 1.784% | 2382 | $0.497N(3.960,0.983^2)+0.503N(5.984,1.529^2)$ |

显而易见，分布的数量在EM拟合中起着极其重要的作用. 在上面的示例中，我们选择了两个分布，如果选择两个以上的分布，曲线轮廓也可以被完美地拟合. 因此，领域知识在曲线拟合中具有相当重要的意义. 如果没有可用的领域知识，则应从两个开始逐个增加分布的数量，直到得到可接受的拟合精度. 拟合精度相同的结果中，分布数量最少的即为正确的解决方案.

具有变量$\boldsymbol{X}=(x_1,x_2,\cdots,x_m)$的多变量高斯分布由$N(\boldsymbol{\mu},\boldsymbol{\Sigma})$表示，并且

$$p(\boldsymbol{X})=\frac{1}{(2\pi)^{m/2}\sqrt{|\boldsymbol{\Sigma}|}}\exp\left(-\frac{1}{2}(\boldsymbol{X}-\boldsymbol{\mu})^{\mathrm{T}}\boldsymbol{\Sigma}^{-1}(\boldsymbol{X}-\boldsymbol{\mu})\right),$$

式中$\boldsymbol{\mu}$是期望向量，$\boldsymbol{\Sigma}$是协方差矩阵，$|\cdot|$表示矩阵的行列式. 显然，如果只涉及一个变量，变量向量和期望向量都被简化为标量，协方差矩阵被简化为方差. 用向量代替标量，用协方差代替方差，上述EM算法可直接应用于多变量混合高斯分布.

### 7.5.2　洛伦兹分布与高斯分布的混合分布

归一化洛伦兹分布由下式给出

$$f(x)=\frac{1}{\pi}\left[\frac{\gamma}{(x-x_0)^2+\gamma^2}\right], \tag{7.32}$$

式中，$x_0$ 表示峰值位置，$\gamma$ 表示半峰宽. 一个单独的 XRD 峰形测量数据是归一化的洛伦兹分布与高斯分布的混合分布

$$F(x)=\frac{A}{\pi}\left[\frac{\gamma}{(x-x_0)^2+\gamma^2}\right]+\frac{1-A}{\sqrt{2\pi}\sigma}\exp\left(-\frac{(x-\mu)^2}{2\sigma^2}\right), \tag{7.33}$$

其中, $A\in(0, 1)$和 $1-A$ 分别为洛伦兹分布和高斯分布的权值；在这里，单峰的积分强度也被归一化为 1. 由于只有一个峰，洛伦兹分布和高斯分布的均值是相同的，即 $x_0=\mu$. 在这种情况下，要确定的参数为$\left\{A,\mu,\gamma,\sigma^2\right\}$. 在 XRD 图谱中，$x_j$ 处的 XRD 强度 $I_j$ 取代了 GMM 中的频率 $I_j$ . E 步计算

$$\alpha_j^L=\frac{\frac{\mathrm{A}}{\pi}\left[\frac{\gamma}{(x_j-\mu)^2+\gamma^2}\right]}{\frac{\mathrm{A}}{\pi}\left[\frac{\gamma}{(x_j-\mu)^2+\gamma^2}\right]+\frac{1-A}{\sqrt{2\pi}\sigma}\exp\left(-\frac{(x_j-\mu)^2}{2\sigma^2}\right)} \quad (j=1,2,\cdots,n), \tag{7.34a}$$

$$\alpha_j^G=\frac{\frac{1-A}{\sqrt{2\pi}\sigma}\exp\left(-\frac{(x_j-\mu)^2}{2\sigma^2}\right)}{\frac{\mathrm{A}}{\pi}\left[\frac{\gamma}{(x_j-\mu)^2+\gamma^2}\right]+\frac{1-A}{\sqrt{2\pi}\sigma}\exp\left(-\frac{(x_j-\mu)^2}{2\sigma^2}\right)} \quad (j=1,2,\cdots,n). \tag{7.34b}$$

每个点 $j$ 的 XRD 强度是洛伦兹分布和高斯分布的共同贡献. 由于 $\alpha_j^L$ 代表来自洛伦兹分布的贡献，$\alpha_j^G$ 代表来自高斯分布的贡献，

$$\alpha_j^L+\alpha_j^G=1 \quad (j=1,2,\cdots,n). \tag{7.35}$$

对于单个测量的 XRD 峰曲线的每个点 $j$ 的贡献，可由式(7.34a)和式(7.34b)所得. 在 M 步中，对数似然为

$$\mathrm{LL}\left\{A,\mu,\gamma,\sigma^2\right\}=\sum_{j=1}^{n}I_j\ln\left\{\frac{\mathrm{A}}{\pi}\left[\frac{\gamma}{(x_j-\mu)^2+\gamma^2}\right]+\frac{1-A}{\sqrt{2\pi}\sigma}\exp\left(-\frac{(x_j-\mu)^2}{2\sigma^2}\right)\right\}. \tag{7.36a}$$

最大对数似然要求

$$\frac{\partial \mathrm{LL}}{\partial \mu}=\sum_{j=1}^{n} I_j \frac{\frac{A}{\pi}\left[\frac{2\gamma}{\left[(x_j-\mu)^2+\gamma^2\right]^2}\right]+\frac{1-A}{\sqrt{2\pi}\sigma^3}\exp\left(-\frac{(x_j-\mu)^2}{2\sigma^2}\right)}{\frac{A}{\pi}\left[\frac{\gamma}{(x_j-\mu)^2+\gamma^2}\right]+\frac{1-A}{\sqrt{2\pi}\sigma}\exp\left(-\frac{(x_j-\mu)^2}{2\sigma^2}\right)}(x_j-\mu)$$

$$=\sum_{j=1}^{n} I_j\left(\frac{2\alpha_j^L}{(x_j-\mu)^2+\gamma^2}+\frac{\alpha_j^G}{\sigma^2}\right)(x_j-\mu)=0, \tag{7.36b}$$

$$\frac{\partial \mathrm{LL}}{\partial \gamma}=\sum_{j=1}^{n} I_j \frac{\frac{A}{\pi}\left[\frac{(x_j-\mu)^2-\gamma^2}{\left[(x_j-\mu)^2+\gamma^2\right]^2}\right]}{\frac{A}{\pi}\left[\frac{\gamma}{(x_j-\mu)^2+\gamma^2}\right]+\frac{1-A}{\sqrt{2\pi}\sigma}\exp\left(-\frac{(x_j-\mu)^2}{2\sigma^2}\right)}$$

$$=\sum_{j=1}^{n} I_j\alpha_j^L\frac{(x_j-\mu)^2-\gamma^2}{\gamma\left[(x_j-\mu)^2+\gamma^2\right]}=0, \tag{7.36c}$$

$$\frac{\partial \mathrm{LL}}{\partial \sigma}=\sum_{j=1}^{n} I_j \frac{\frac{1-A}{\sqrt{2\pi}}\exp\left(-\frac{(x_j-\mu)^2}{2\sigma^2}\right)\left[\frac{(x_j-\mu)^2}{\sigma^4}-\frac{1}{\sigma^2}\right]}{\frac{A}{\pi}\left[\frac{\gamma}{(x_j-\mu)^2+\gamma^2}\right]+\frac{1-A}{\sqrt{2\pi}\sigma}\exp\left(-\frac{(x_j-\mu)^2}{2\sigma^2}\right)}$$

$$=\sum_{j=1}^{n} I_j\alpha_j^G\left(\frac{(x_j-\mu)^2}{\sigma^3}-\frac{1}{\sigma}\right)=0, \tag{7.36d}$$

$$\frac{\partial \mathrm{LL}}{\partial A}=\sum_{j=1}^{n} I_j \frac{\frac{1}{\pi}\left[\frac{\gamma}{(x_j-\mu)^2+\gamma^2}\right]-\frac{1}{\sqrt{2\pi}\sigma}\exp\left(-\frac{(x_j-\mu)^2}{2\sigma^2}\right)}{\frac{A}{\pi}\left[\frac{\gamma}{(x_j-\mu)^2+\gamma^2}\right]+\frac{1-A}{\sqrt{2\pi}\sigma}\exp\left(-\frac{(x_j-\mu)^2}{2\sigma^2}\right)}=\sum_{j=1}^{n} I_j\left(\frac{\alpha_j^L}{A}-\frac{\alpha_j^G}{1-A}\right)=0. \tag{7.36e}$$

由式（7.36e）可得出

$$A=\frac{1}{N}\sum_{j=1}^{n} I_j\alpha_j^L. \tag{7.37}$$

式（7.36b）至式（7.36d）无法通过解析方法求解，需要进行数值迭代以估算其值. 引入 $\beta_j^L=\alpha_j^L\cdot\frac{\gamma}{\pi\left[(x_j-\mu)^2+\gamma^2\right]}$，可以将式（7.36b）和式（7.36c）重写为

$$\sum_{j=1}^{n} I_j \left( \frac{2\pi}{\gamma} \beta_j^L + \frac{\alpha_j^G}{\sigma^2} \right) (x_j - \mu) = 0 , \tag{7.38a}$$

$$\frac{\pi}{\gamma^2} \sum_{j=1}^{n} I_j \beta_j^L (x_j - \mu)^2 - \pi \sum_{j=1}^{n} I_j \beta_j^L = 0 , \tag{7.38b}$$

$$\sum_{j=1}^{n} I_j \alpha_j^G \left( (x_j - \mu)^2 - \sigma^2 \right) = 0 . \tag{7.38c}$$

如 E 步所示，输入潜在参数$\left\{A, \mu, \gamma, \sigma^2\right\}$的初始值来计算参数$\alpha_j^L$和$\alpha_j^G$. 在接下来的迭代中，将第$t$次迭代中的参数值用于计算第$t+1$次迭代的参数$\alpha_j^{L,(t+1)}$和$\alpha_j^{G,(t+1)}$的值. 同样，参数$\beta_j^{L,(t)}$的值在第$t$次迭代中是已知的，将被用于计算第$t+1$次迭代中的参数值. 以这种迭代方式，式（7.38a）到式（7.38c）的解给出了第$t+1$次迭代的值

$$\mu^{(t+1)} = \frac{\frac{2\pi}{\gamma} \sum_{j=1}^{n} I_j \beta_j^{L,(t)} x_j + \frac{1}{\sigma^{2,(t)}} \sum_{j=1}^{n} I_j \alpha_j^{G,(t)} x_j}{\frac{2\pi}{\gamma} \sum_{j=1}^{n} I_j \beta_j^{L,(t)} + \frac{1}{\sigma^{2,(t)}} \sum_{j=1}^{n} I_j \alpha_j^{G,(t)}} , \tag{7.39a}$$

$$\gamma^{(t+1)} = \left[ \frac{\sum_{j=1}^{n} I_j \beta_j^{L,(t)} \left( x_j - \mu^{(t)} \right)^2}{\sum_{j=1}^{n} I_j \beta_j^{L,(t)}} \right]^{\frac{1}{2}} , \tag{7.39b}$$

$$\sigma^{2,(t+1)} = \frac{\sum_{j=1}^{n} I_j \alpha_j^{G,(t)} \left( x_j - \mu^{(t)} \right)^2}{\sum_{j=1}^{n} I_j \alpha_j^{G,(t)}} . \tag{7.39c}$$

注意式（7.39a）至式（7.39c）中每个方程右侧的潜在参数值是第$t$次迭代的值. 如果洛伦兹分布的半高宽 FWHM$(\Gamma)$与高斯分布的相同，即 $2\gamma = 2\sqrt{2\ln 2}\,\sigma = \Gamma$，那么 $\beta_j^L = \alpha_j^L \cdot \frac{\gamma}{\pi\left[(x_j - \mu)^2 + \gamma^2\right]} = \alpha_j^L \cdot \frac{(\Gamma/2)}{\pi\left[(x_j - \mu)^2 + (\Gamma/2)^2\right]}$，式（7.36c）和式（7.36d）也可以合并成

$$\sum_{j=1}^{n} I_j \alpha_j^L \frac{(x_j - \mu)^2 - (\Gamma/2)^2}{(\Gamma/2)\left[(x_j - \mu)^2 + (\Gamma/2)^2\right]} + \sum_{j=1}^{n} I_j \alpha_j^G \left( \frac{(x_j - \mu)^2}{\left[\Gamma/(2\sqrt{2\ln 2})\right]^3} - \frac{1}{\left[\Gamma/(2\sqrt{2\ln 2})\right]} \right) = 0, \tag{7.40a}$$

这导致

$$(\Gamma/2)^2=\frac{\dfrac{\pi}{(\Gamma/2)^2}\sum_{j=1}^{n}I_j\beta_j^L(x_j-\mu)^2+\dfrac{1}{\left[\Gamma/(2\sqrt{2\ln 2})\right]^3}\sum_{j=1}^{n}I_j\alpha_j^G(x_j-\mu)^2}{\dfrac{\pi}{(\Gamma/2)^2}\sum_{j=1}^{n}I_j\beta_j^L+\dfrac{1}{2\ln 2}\cdot\dfrac{1}{\left[\Gamma/(2\sqrt{2\ln 2})\right]^3}\sum_{j=1}^{n}I_j\alpha_j^G}. \quad (7.40\text{b})$$

当测量 XRD 图谱是多重 XRD 峰的混合，峰的数量是 $k$，每个峰的轮廓是洛伦兹分布与高斯分布的混合分布，采用以下 EM 算法，其变量为 $\left\{w_i,A_i,\mu_i,\gamma_i,\sigma_i^2\right\}$ $(i=1,2,\cdots,k)$．多重 XRD 峰图谱是每个峰轮廓的混合

$$F_{\mathrm{M}}(x)=\sum_{i=1}^{k}w_i\cdot\left(\frac{A_i}{\pi}\left[\frac{\gamma_i}{(x-\mu_i)^2+\gamma_i^2}\right]+\frac{1-A_i}{\sqrt{2\pi}\sigma_i}\exp\left(-\frac{(x-\mu_i)^2}{2\sigma_i^2}\right)\right), \quad (7.41)$$

这里 $\frac{A_i}{\pi}\left[\frac{\gamma_i}{(x-\mu_i)^2+\gamma_i^2}\right]+\frac{1-A_i}{\sqrt{2\pi}\sigma_i}\exp\left(-\frac{(x-\mu_i)^2}{2\sigma_i^2}\right)$ 表示归一化的标单轮廓，$w_i$ 表示单峰所覆盖面积的权重．由 $\int_{-\infty}^{+\infty}F_{\mathrm{M}}(x)\mathrm{d}x=I_{\text{area}}$ 计算整个测量的 XRD 图谱的积分强度，即该图谱所覆盖的面积．因此，$\sum_{i=1}^{k}w_i=I_{\text{area}}$，$w_i\in(0,I_{\text{area}})$．在测量的 XRD 图谱中，权重 $w_i$ 表示整个 XRD 谱中峰 $i$ 的衍射强度的权重，$\mu_i$ 表示峰 $i$ 的峰值位置，$\gamma_i$ 和 $\sigma_i$ 与其 FWHM 相关．需要注意的是，如果在第 $j$ 个角度（$x_j$）有许多混合峰，观察到的强度归因于所有的混合峰．

E 步

式（7.42）表示期望，即潜在变量的后验概率，显式期望的形式如下：

$$\alpha_{ji}^{(t+1)}=\frac{w_i^{(t)}\cdot\left(\dfrac{A_i^{(t)}}{\pi}\left[\dfrac{\gamma_i^{(t)}}{\left(x_j-\mu_i^{(t)}\right)^2+\gamma_i^{2,(t)}}\right]+\dfrac{1-A_i^{(t)}}{\sqrt{2\pi}\sigma_i^{(t)}}\exp\left(-\dfrac{\left(x_j-\mu_i^{(t)}\right)^2}{2\sigma_i^{2,(t)}}\right)\right)}{\sum_{i=1}^{k}w_i^{(t)}\cdot\left(\dfrac{A_i^{(t)}}{\pi}\left[\dfrac{\gamma_i^{(t)}}{\left(x_j-\mu_i^{(t)}\right)^2+\gamma_i^{2,(t)}}\right]+\dfrac{1-A_i^{(t)}}{\sqrt{2\pi}\sigma_i^{(t)}}\exp\left(-\dfrac{\left(x_j-\mu_i^{(t)}\right)^2}{2\sigma_i^{2,(t)}}\right)\right)}$$

$$(j=1,2,\cdots,n;\ i=1,2,\cdots,k). \quad (7.42)$$

令

$$\alpha_{ji}^{L,(t+1)}=\frac{w_i^{(t)}\cdot\dfrac{A_i^{(t)}}{\pi}\left[\dfrac{\gamma_i^{(t)}}{\left(x_j-\mu_i^{(t)}\right)^2+\gamma_i^{2,(t)}}\right]}{\sum_{i=1}^{k}w_i^{(t)}\cdot\left(\dfrac{A_i^{(t)}}{\pi}\left[\dfrac{\gamma_i^{(t)}}{\left(x_j-\mu_i^{(t)}\right)^2+\gamma_i^{2,(t)}}\right]+\dfrac{1-A_i^{(t)}}{\sqrt{2\pi}\sigma_i^{(t)}}\exp\left(-\dfrac{\left(x_j-\mu_i^{(t)}\right)^2}{2\sigma_i^{2,(t)}}\right)\right)},$$

且

$$\alpha_{ji}^{G,(t+1)}=\frac{w_i^{(t)}\cdot\dfrac{1-A_i^{(t)}}{\sqrt{2\pi}\sigma_i^{(t)}}\exp\left(-\dfrac{\left(x_j-\mu_i^{(t)}\right)^2}{2\sigma_i^{2,(t)}}\right)}{\sum\limits_{i=1}^{k}w_i^{(t)}\cdot\left(\dfrac{A_i^{(t)}}{\pi}\left[\dfrac{\gamma_i^{(t)}}{\left(x_j-\mu_i^{(t)}\right)^2+\gamma_i^{2,(t)}}\right]+\dfrac{1-A_i^{(t)}}{\sqrt{2\pi}\sigma_i^{(t)}}\exp\left(-\dfrac{\left(x_j-\mu_i^{(t)}\right)^2}{2\sigma_i^{2,(t)}}\right)\right)},$$

重写式（7.42）为

$$\alpha_{ji}^{(t+1)}=\alpha_{ji}^{L,(t+1)}+\alpha_{ji}^{G,(t+1)}\quad(j=1,2,\cdots,n;\ i=1,2,\cdots,k).\tag{7.43}$$

同样，引入

$$\beta_{ji}^{L,(t)}=\alpha_{ji}^{L,(t)}\cdot\frac{\gamma_i^{(t)}}{\pi\left[\left(x_j-\mu_i^{(t)}\right)^2+\gamma_i^{2,(t)}\right]}\quad(j=1,2,\cdots,n;\ i=1,2,\cdots,k),\tag{7.44}$$

以简化 M 步中的表达式.

M 步

对数似然的拉格朗日函数为

$$\begin{aligned}&\mathrm{LLL}\left(\lambda,w_i,A_i,\mu_i,\gamma_i,\sigma_i^2\right)\\&=\sum_{j=1}^{n}I_j\ln\left\{\sum_{i=1}^{k}w_i\cdot\left(\frac{A_i}{\pi}\left[\frac{\gamma_i}{(x_j-\mu_i)^2+\gamma_i^2}\right]+\frac{1-A_i}{\sqrt{2\pi}\sigma_i}\exp\left(-\frac{(x_j-\mu_i)^2}{2\sigma_i^2}\right)\right)\right\}\\&\quad+\lambda\left(\sum_{i=1}^{k}w_i-I_{\text{area}}\right),\end{aligned}\tag{7.45a}$$

最大对数似然要求

$$\begin{aligned}\frac{\partial\mathrm{LLL}}{\partial\mu_i}&=\sum_{j=1}^{n}I_j\frac{w_i\cdot\left\{\dfrac{A_i}{\pi}\left[\dfrac{2\gamma_i}{\left[(x_j-\mu_i)^2+\gamma_i^2\right]^2}\right]+\dfrac{1-A_i}{\sqrt{2\pi}\sigma_i^3}\exp\left(-\dfrac{(x_j-\mu_i)^2}{2\sigma_i^2}\right)\right\}}{\sum\limits_{i=1}^{k}w_i\cdot\left(\dfrac{A_i}{\pi}\left[\dfrac{\gamma_i}{(x_j-\mu_i)^2+\gamma_i^2}\right]+\dfrac{1-A_i}{\sqrt{2\pi}\sigma_i}\exp\left(-\dfrac{(x_j-\mu_i)^2}{2\sigma_i^2}\right)\right)}(x_j-\mu_i)\\&=\sum_{j=1}^{n}I_j\left[\frac{2\pi}{\gamma_i}\beta_{ji}^{L}+\frac{1}{\sigma_i^2}\alpha_{ji}^{G}\right](x_j-\mu_i)=0,\end{aligned}\tag{7.45b}$$

$$\frac{\partial \mathrm{LLL}}{\partial \gamma_i}=\sum_{j=1}^{n} I_j \frac{w_i \cdot \frac{A_i}{\pi}\left[\frac{(x_j-\mu_i)^2-\gamma_i^2}{\left[(x_j-\mu_i)^2+\gamma_i^2\right]^2}\right]}{\sum_{i=1}^{k} w_i \cdot\left(\frac{A_i}{\pi}\left[\frac{\gamma_i}{(x_j-\mu_i)^2+\gamma_i^2}\right]+\frac{1-A_i}{\sqrt{2\pi}\sigma_i}\exp\left(-\frac{(x_j-\mu_i)^2}{2\sigma_i^2}\right)\right)}$$

$$=\frac{\pi}{\gamma_i^2}\sum_{j=1}^{n} I_j \beta_{ji}^{L}(x_j-\mu_i)^2-\pi\sum_{j=1}^{n} I_j \beta_{ji}^{L}=0, \tag{7.45c}$$

$$\frac{\partial \mathrm{LLL}}{\partial \sigma_i}=\sum_{j=1}^{n} I_j \frac{w_i \cdot \frac{1-A_i}{\sqrt{2\pi}\sigma_i}\exp\left(-\frac{(x_j-\mu_i)^2}{2\sigma_i^2}\right)}{\sum_{i=1}^{k} w_i \cdot\left(\frac{A_i}{\pi}\left[\frac{\gamma_i}{(x_j-\mu_i)^2+\gamma_i^2}\right]+\frac{1-A_i}{\sqrt{2\pi}\sigma_i}\exp\left(-\frac{(x_j-\mu_i)^2}{2\sigma_i^2}\right)\right)}\left[\frac{(x_j-\mu_i)^2}{\sigma_i^3}-\frac{1}{\sigma_i}\right]$$

$$=\sum_{j=1}^{n} I_j \alpha_{ji}^{G}\left(\frac{(x_j-\mu_i)^2}{\sigma_i^3}-\frac{1}{\sigma_i}\right)=0, \tag{7.45d}$$

$$\frac{\partial \mathrm{LLL}}{\partial A_i}=\sum_{j=1}^{n} I_j \frac{w_i \cdot\left\{\frac{1}{\pi}\left[\frac{\gamma_i}{(x_j-\mu_i)^2+\gamma_i^2}\right]-\frac{1}{\sqrt{2\pi}\sigma_i}\exp\left(-\frac{(x_j-\mu_i)^2}{2\sigma_i^2}\right)\right\}}{\sum_{i=1}^{k} w_i \cdot\left(\frac{A_i}{\pi}\left[\frac{\gamma_i}{(x_j-\mu_i)^2+\gamma_i^2}\right]+\frac{1-A_i}{\sqrt{2\pi}\sigma_i}\exp\left(-\frac{(x_j-\mu_i)^2}{2\sigma_i^2}\right)\right)} \tag{7.45e}$$

$$=\sum_{j=1}^{n} I_j\left[\frac{1}{A_i}\alpha_{ji}^{L}-\frac{1}{(1-A_i)}\alpha_{ji}^{G}\right]=0,$$

并且 $$\frac{\partial \mathrm{LLL}}{\partial w_i}=\sum_{j=1}^{n} I_j \frac{\frac{A_i}{\pi}\left[\frac{\gamma_i}{(x_j-\mu_i)^2+\gamma_i^2}\right]+\frac{1-A_i}{\sqrt{2\pi}\sigma_i}\exp\left(-\frac{(x_j-\mu_i)^2}{2\sigma_i^2}\right)}{\sum_{i=1}^{k} w_i \cdot\left(\frac{A_i}{\pi}\left[\frac{\gamma_i}{(x_j-\mu_i)^2+\gamma_i^2}\right]+\frac{1-A_i}{\sqrt{2\pi}\sigma_i}\exp\left(-\frac{(x_j-\mu_i)^2}{2\sigma_i^2}\right)\right)}+\lambda=0. \tag{7.45f}$$

由式（7.45f）得到

$$\lambda=-\frac{\sum_{j=1}^{n} I_j}{I_{\text{area}}}，且\ w_i=\frac{I_{\text{area}}}{\sum_{j=1}^{n} I_j}\sum_{j=1}^{n} I_j \alpha_{ji}\quad (i=1,2,\cdots,k). \tag{7.45g}$$

式（7.45b）至式（7.45e）导致了数值迭代的式（7.46）至式（7.49），类似计算单个 XRD 峰的式（7.39a）至式（7.39c），其中左侧是第 $t+1$ 次迭代的值，而右侧是第 $t$ 次迭代的值.

$$\mu_i^{(t+1)}=\frac{\frac{2\pi}{\gamma_i^{(t)}}\sum_{j=1}^{n}I_j\beta_{ji}^{L,(t)}x_j+\frac{1}{\sigma_i^{2,(t)}}\sum_{j=1}^{n}I_j\alpha_{ji}^{G,(t)}x_j}{\frac{2\pi}{\gamma_i^{(t)}}\sum_{j=1}^{n}I_j\beta_{ji}^{L,(t)}+\frac{1}{\sigma_i^{2,(t)}}\sum_{j=1}^{n}I_j\alpha_{ji}^{G,(t)}}, \tag{7.46}$$

$$\gamma_i^{(t+1)}=\left[\frac{\sum_{j=1}^{n}I_j\beta_{ji}^{L,(t)}\left(x_j-\mu_i^{(t)}\right)^2}{\sum_{j=1}^{n}I_j\beta_{ji}^{L,(t)}}\right]^{\frac{1}{2}}, \tag{7.47}$$

$$\sigma_i^{2,(t+1)}=\frac{\sum_{j=1}^{n}I_j\alpha_{ji}^{G,(t)}\left(x_j-\mu_i^{(t)}\right)^2}{\sum_{j=1}^{n}I_j\alpha_{ji}^{G,(t)}}, \tag{7.48}$$

$$A_i^{(t+1)}=\frac{\sum_{j=1}^{n}I_j\alpha_{ji}^{L,(t)}}{\sum_{j=1}^{n}I_j\left(\alpha_{ji}^{L,(t)}+\alpha_{ji}^{G,(t)}\right)}=\frac{\sum_{j=1}^{n}I_j\alpha_{ji}^{L,(t)}}{\sum_{j=1}^{n}I_j\alpha_{ji}^{(t)}}\quad (i=1,2,\cdots,k). \tag{7.49}$$

迭代 E 步和 M 步直到收敛，得到最终的参数 $\left\{w_i,A_i,\mu_i,\gamma_i,\sigma_i^2\right\}(i=1,2,\cdots,k)$.

## 例 7.9

粉末 XRD 测量强度（$I$）是转角（$2\theta$）的函数，这里（$2\theta$）是变量 $x$，强度（$I$）用 $I=F_{\mathrm{M}}(x)$ 表示全谱多 XRD 峰轮廓，如式（7.41）所示. XRD 全谱轮廓的精确拟合将精确确定潜在变量 $Z$ 的参数值 $\left\{w_i,A_i,\mu_i,\gamma_i,\sigma_i^2\right\}$ $(i=1,2,\cdots,k)$.

图 E7.14（a）展示了波长 Cu $K_{\alpha_1}=1.54056$Å 和 Cu $K_{\alpha_2}=1.54439$Å 的粉末 X 射线测试的晶体 $Tb_2BaCoO_5$（空间群为 *Immm*）在 $2\theta=81.3°$ 到 $2\theta=85.8°$ 的 XRD 图段. 晶体结构的领域知识提供峰值位置和峰数 $k$ 的初始输入值. 在本例中，它们通过软件 Fullprof Suite（https://www.ill.eu/sites/fullprof/）基于晶体 $Tb_2BaCoO_5$ 的晶格常数 $a=3.7560$Å，$b=5.8238$Å，$c=11.5518$Å，晶角为 $\alpha=\beta=\gamma=90°$ 推算而出. 根据 $\mu_i$ 的初始值以及 $\gamma_i$，$\sigma_i^2$ 和 FWHM($\Gamma$) 之间的关系，从原始图谱估算出 $\gamma_i$ 和 $\sigma_i^2$ 的初始值. $A_i$ 的初始值为 0.8，$w_i$ 的初始值表示为 $I_i^{\mathrm{obs}}$ 的函数

$$w_i^0=\frac{I_i^{\mathrm{obs}}}{\sum_i I_i^{\mathrm{obs}}}\cdot I_{\mathrm{area}}\quad (i=1,2,\cdots,k), \tag{E7.2}$$

式中，$I_i^{\text{obs}}$ 和 $I_{\text{area}}$ 分别为观测衍射强度和积分衍射强度. 在数值迭代过程中，$\gamma_i$ 和 $\sigma_i^2$ 的值应大于 0.0005，以避免在 EM 拟合中出现潜在的失败，当然，约束程度可能因情况而异. 在 XRD 光谱的 EM 拟合中，收敛标准由对数似然的两个后续迭代值之间的差异来确定，在本例中差值设置为小于 0.1.

为了消除背景对拟合结果的影响，在后续拟合中将估计并消除初始背景. 在这个例子中，由于所用 XRD 图谱角度高和区间短，恒定强度 86（a.u.）被视为基线并移除，如图 E7.14（a）所示. EM 拟合迭代可进行多次循环. 每个循环后，将拟合强度与测量强度的差值视为离散的背景点（噪声），通常假设背景为 $2\theta$ 的连续函数，并用 6 阶多项式进行拟合. 然后，在下一个拟合迭代循环中，以测量的强度减去 6 阶多项式的背景作为待拟合的 XRD 图谱. 迭代循环一直持续到收敛. 在本示例中，进行两次迭代循环来说明拟合过程. 第一次，在原始 XRD 图谱减去常数基线上进行 EM 拟合，该常数为强度最小值（$I_{\min}$），如图 E7.14（a）所示. 图 E7.14（b）展示了第一次 EM 拟合图谱，其拟合精度加权轮廓因子 $R_{\text{wp}} = 100 \cdot \sqrt{\dfrac{\sum_{j=1}^{n} \hat{w}_j \left[ \left( \hat{I}_j + I_{\min} \right) - I_j \right]^2}{\sum_{j=1}^{n} \hat{w}_j I_j^2}} = 5.97\%$，轮廓因子 $R_{\text{p}} = \dfrac{\sum_j \left| \left( \hat{I}_j + I_{\min} \right) - I_j \right|}{\sum_j I_j} = 4.59\%$，其中，$\hat{I}_j$ 为拟合值，$I_j$ 为从原始 XRD 图谱中观测到的强度值. $\left[ \left( \hat{I}_j + I_{\min} \right) - I_j \right]$ 的值为背景，以单个点的形式出现，如图 E7.14（c）所示. 然后用 6 阶多项式拟合离散的背景点

$$
\begin{aligned}
I_{\text{bac}} = {} & 0.5301x^6 - 265.2x^5 + 5.528\times10^4 x^4 - 6.144\times10^6 x^3 \\
& + 3.847\times10^8 x^2 - 1.281\times10^{10} x + 1.78\times10^{11}.
\end{aligned} \tag{E7.3}
$$

多项式背景是覆盖整个 XRD 光谱的平滑函数. 然后，从原始的 XRD 图谱中移除多项式背景，用 EM 算法重新拟合无背景的 XRD 图谱，得到最终的 EM 结果. 表 E7.11 列出了 16 个 XRD 峰对应于 X 射线波长 $\boldsymbol{K}_{\alpha1}$ ($\lambda_1 = 1.540560$Å)和 $\boldsymbol{K}_{\alpha2}$ ($\lambda_2 = 1.544330$Å)时 $\left( w_i, A_i, \mu_i, \gamma_i, \sigma_i^2 \right)$ 的拟合值，图 E7.14（d）展示了原始和 EM 拟合的 XRD 图谱. 用多项式背景替代常数 $I_{\min}$，得到了最终 EM 图谱的加权轮廓因子 $R_{\text{wp}} = 5.72\%$ 和轮廓因子 $R_{\text{p}} = 4.46\%$.

**表 E7.11　16 个 XRD 峰的 $\left( w_i, A_i, \mu_i, \gamma_i, \sigma_i^2 \right)$ 的拟合值**

| | HKL | $w_i$ | $A_i$ | $\mu_i$ | $\gamma_i$ | $\sigma_i^2$ |
|---|---|---|---|---|---|---|
| $K_{\alpha1}$ | 1 4 5 | 166.595 | 0.658 | 82.280 | 0.0439 | 0.1485 |
| $K_{\alpha2}$ | 1 4 5 | 57.386 | 0.293 | 82.529 | 0.0275 | 0.1548 |
| $K_{\alpha1}$ | 2 3 5 | 18.342 | 0.158 | 82.719 | 0.0224 | 0.0091 |
| $K_{\alpha2}$ | 2 3 5 | 21.297 | 0.107 | 83.028 | 0.0237 | 0.0017 |
| $K_{\alpha1}$ | 4 6 | 72.224 | 0.109 | 83.080 | 0.0224 | 0.0043 |
| $K_{\alpha2}$ | 4 6 | 41.284 | 0.057 | 83.359 | 0.0224 | 0.3467 |

续表

| | HKL | $w_i$ | $A_i$ | $\mu_i$ | $\gamma_i$ | $\sigma_i^2$ |
|---|---|---|---|---|---|---|
| $K_{\alpha1}$ | 5 1 | 48.244 | 0.068 | 83.320 | 0.0224 | 0.2682 |
| $K_{\alpha2}$ | 5 1 | 27.266 | 0.252 | 83.600 | 0.0224 | 0.0025 |
| $K_{\alpha1}$ | 10 | 15.184 | 0.221 | 83.630 | 0.0271 | 0.0019 |
| $K_{\alpha2}$ | 10 | 44.485 | 0.175 | 83.861 | 0.0224 | 0.0079 |
| $K_{\alpha1}$ | 2 4 0 | 87.474 | 0.087 | 84.020 | 0.0252 | 0.0045 |
| $K_{\alpha2}$ | 2 4 0 | 55.361 | 0.024 | 84.263 | 0.0319 | 0.0058 |
| $K_{\alpha1}$ | 2 0 8 | 24.368 | 0.250 | 84.557 | 0.0224 | 0.0051 |
| $K_{\alpha2}$ | 2 0 8 | 9.182 | 0.309 | 84.815 | 0.0239 | 0.0013 |
| $K_{\alpha1}$ | 3 2 1 | 14.624 | 0.186 | 84.575 | 0.0224 | 0.0170 |
| $K_{\alpha2}$ | 3 2 1 | 38.979 | 0.038 | 84.879 | 0.0224 | 0.1481 |

一次性背景消除是为了减轻整个粉末 XRD 图谱拟合的计算负担. 图 E7.15（a1）展示了晶体 $Tb_2BaCoO_5$ 从 $2\theta=12°$ 到 $2\theta=120°$ 的 XRD 图谱的整个轮廓. 为了提高信噪比, 通过 Fullprof Suite 软件采用多项式拟合方法来消除背景, 得到无背景图谱, 如图 E7.15（a2）所示. 为清晰说明背景, 将原始的整个图谱分为三个片段, 即 $2\theta=(12°,40°)$, $(40°,70°)$ 和 $(70°,120°)$, 分别见图 E7.15（b1）、（c1）、（d1）, 相应的无背景图谱如图 E7.15（b2）、（c2）、（d2）所示. 将无背景图谱与原始图谱进行比较, 可以看出背景几乎被消除了. 其中, 由 Fullprof Suite 自动选择了一组基点, 如图 E7.15（e1）中的绿点所示. 这些点最终由 6 阶多项式拟合为

$$I_{bac}=9\times10^{-9}x^6-4\times10^{-6}x^5+0.0008x^4-0.0775x^3+4.1965x^2-121.26x+1623.7\ . \tag{E7.4}$$

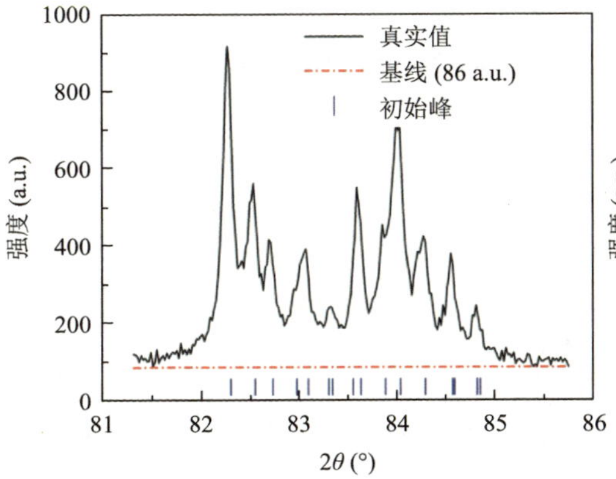


(a)

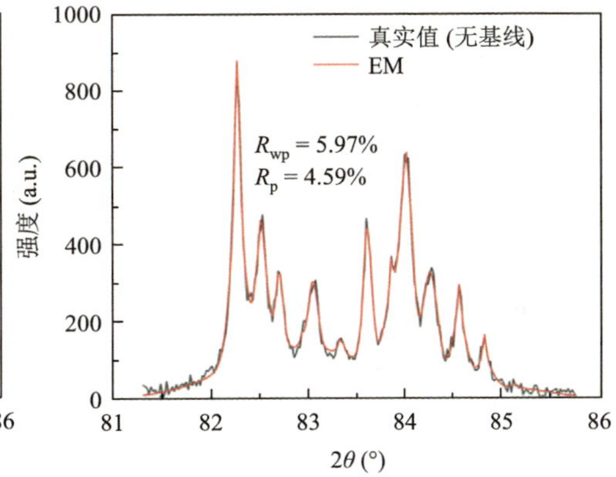


(b)

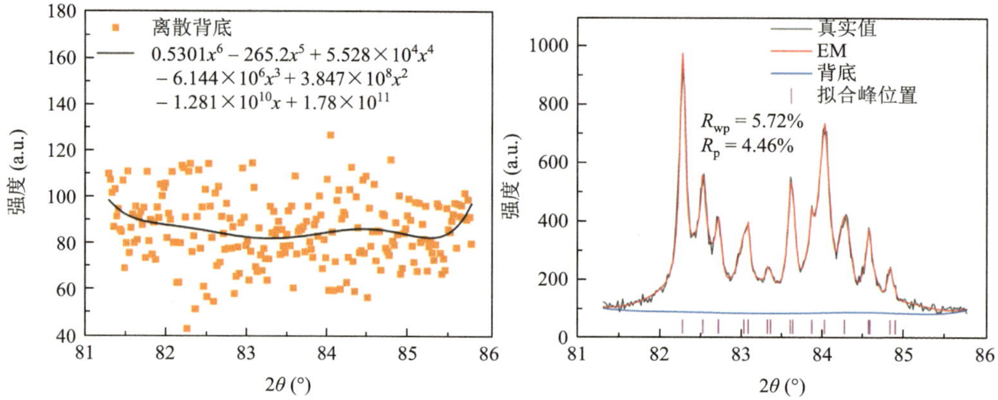


(c) (d)

图 E7.14 (a) 黑色实线和红色虚线分别为真实粉末 XRD 图谱和恒定值为 86a.u.的基线，蓝色竖条为初始峰位置，作为 $\boldsymbol{u}_i$ 的初始值；(b) 黑色和红色的曲线分别是没有基线的真实 XRD 图谱和拟合 XRD 图谱；(c) 橙色点是离散的背景，黑色的曲线是背景的 6 阶多项式拟合；(d) 黑色和红色的曲线分别为真实 XRD 图谱和拟合 XRD 图谱，蓝色曲线为背景，紫红色的竖条为拟合的峰位置

图 E7.15（e2）显示出这个 6 阶多项式背景，此背景将从原始 XRD 图谱中删除得到无背景图谱.

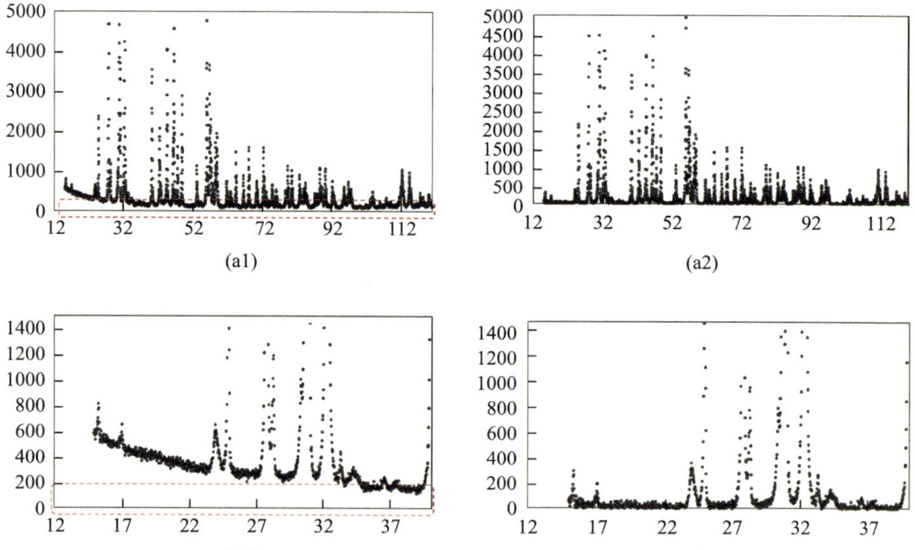

(a1) (a2)

(b1) (b2)

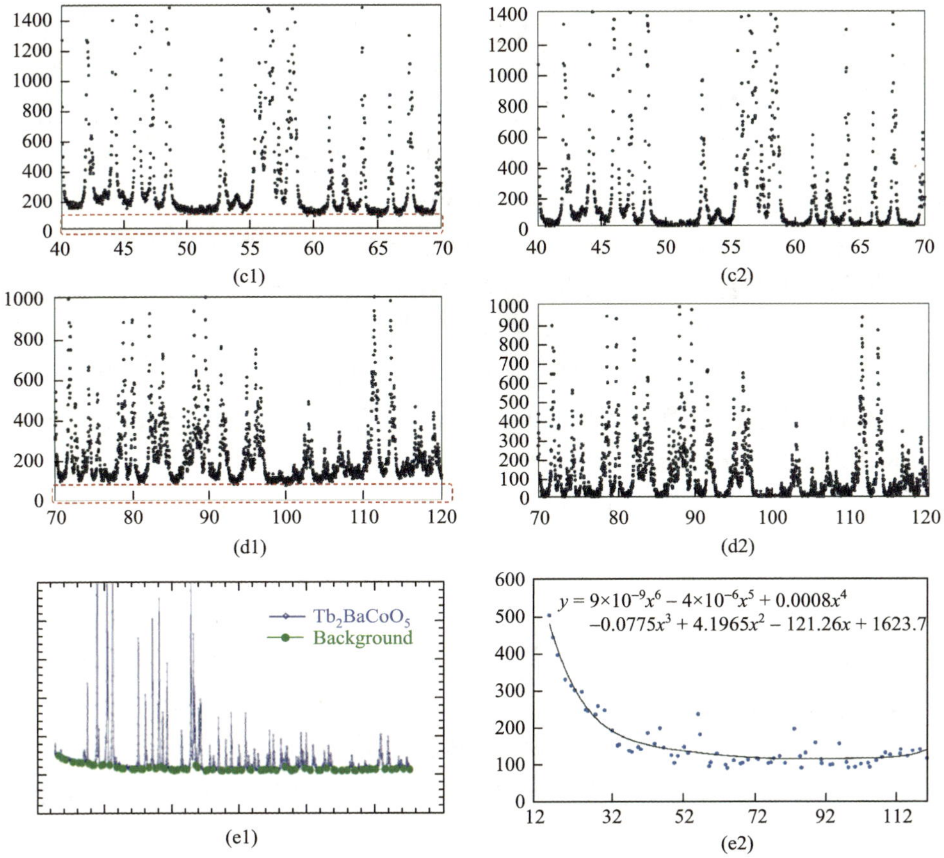


图 E7.15　（a1）原始的全粉末 XRD 图谱；（a2）无背景的全粉末 XRD 图谱；（b1, c1, d1）原始 XRD 图谱的三个片段，分别对应 $2\theta$ 范围为(12°, 40°), (40°, 70°)和(70°, 120°)；（b2、c2、d2）相应的无背景图谱；（e1）由 Fullprof Suite 选择的一组基点，用绿点突出显示；（e2）蓝点为离散的背景点，蓝色曲线为由 6 阶多项式拟合的平滑背底

## 7.6　高斯过程回归

机器学习的高斯过程（Williams and Rasmussen, 1995, 2006）是基于贝叶斯定理和高斯概率分布发展的. 与其他确定性 ML 回归不同，GP 回归利用高斯概率分布对数据进行回归，并以最大后验分布的均值和协方差来表示回归结果. 在前面介绍过的贝叶斯线性回归中，先验分布提供了无限个线性函数，其中每个线性函数都有唯一的一组系数（权重），并在系数空间中遵循先验正态分布 $N(\mathbf{0}, \boldsymbol{\Sigma}_{\mathrm{p}})$，其中 $\boldsymbol{\Sigma}_{\mathrm{p}}$ 为系数集的协方差矩阵. 然后输入数据提供了条件似然，这时忽略总似然，就可计算没有归一化的后验分布. 最大后验分布将从先验提供的系数集中选择最佳的一组系数. 最佳的系数也遵循正态分布，所选最佳一组

系数的系数平均值会产生尽可能“接近”数据点的预测值. GP 回归与贝叶斯线性回归一样，是基于贝叶斯形式和高斯概率分布的概率 ML 方法. 但 GP 回归与贝叶斯线性回归不同, GP 回归是在样本函数空间中回归，而不是在系数空间中.

在确定性 ML 回归中，只使用一个函数 $f(x)$ 来表示观测的响应 $y(\boldsymbol{x})$

$$y(\boldsymbol{x})=f(\boldsymbol{x})+\varepsilon, \tag{7.50a}$$

式中，$\boldsymbol{x}=\{x_j\}(j=1,2,\cdots,m)$ 表示 $m$ 个特征，$\varepsilon$ 表示 $f(x)$ 与 $y(\boldsymbol{x})$ 的差值，即预测误差. 通常认为误差服从均值为零、方差为 $\sigma_n^2$ 的正态分布

$$p(\varepsilon)\sim N(0,\sigma_n^2). \tag{7.50b}$$

然而，在 GP 回归中，对于每个给定特征向量 $\boldsymbol{x}=\{x_j\}(j=1,2,\cdots,m)$，都有无限样本函数 $f(\boldsymbol{x})$，这些函数遵循概率分布 $p\left(f(\boldsymbol{x})\right)$. 无限个样本函数 $f(\boldsymbol{x})$ 的均值函数 $\bar{f}(\boldsymbol{x})$ 和协方差函数 $K\left(\boldsymbol{x},\boldsymbol{x}'\right)$ 分别定义为

$$\bar{f}(\boldsymbol{x})=E\left[f(\boldsymbol{x})\right]=\int f(\boldsymbol{x})p\left(f(\boldsymbol{x})\right)\mathrm{d}\left(f(\boldsymbol{x})\right), \tag{7.51a}$$

$$K(\boldsymbol{x},\boldsymbol{x}')=E\left\{\left[f(\boldsymbol{x})-\bar{f}(\boldsymbol{x})\right]\left[f(\boldsymbol{x}')-\bar{f}(\boldsymbol{x}')\right]\right\}, \tag{7.51b}$$

式中，$\boldsymbol{x}$ 和 $\boldsymbol{x}'$ 代表两个特征向量值. 协方差函数 $K(\boldsymbol{x},\boldsymbol{x}')$ 也称为核函数 $K(\boldsymbol{x},\boldsymbol{x}')$. 在样本函数空间（而不是在系数空间）中，先验分布由一个具有零均值和预设核函数的正态分布给出，即

$$p(f(\boldsymbol{x}))\sim N\left(\boldsymbol{0},K(\boldsymbol{x},\boldsymbol{x}')\right). \tag{7.51c}$$

先验分布表明，在没有看到任何输入的情况下，存在无限个潜在函数 $f(\boldsymbol{x})$ 遵循正态分布 $N\left(0,K(\boldsymbol{x},\boldsymbol{x}')\right)$，尽管，每个函数 $f(\boldsymbol{x})$ 在给定的 $\boldsymbol{x}$ 时都有唯一的值，但是在没有看到任何输入的情况下，先验分布中的 $\boldsymbol{x}$ 和 $\boldsymbol{x}'$ 只是代表两个任意的特征向量. 先验分布为 $f(\boldsymbol{x})$ 的选择提供了约束，预设的核函数具有明确的数学形式，其涉及的参数将在训练中被优化. 显然, GP 函数空间中定义的先验与 GP 贝叶斯线性回归中权值（系数）空间中定义的先验是一致的.

可以认为，函数 $f(\boldsymbol{x})$ 是从原始特征空间映射出来并建立在高维空间中. 在这个高维空间中，有 $M$ 个特征，在原始特征空间中每个数据 $\boldsymbol{X}_i=(x_{i1},x_{i2},\cdots,x_{im})$ $(i=1,2,\cdots,n)$ 用 $D_i=(d_{i1},d_{i2},\cdots,d_{iM})(i=1,2,\cdots,n)$ 表示，$\boldsymbol{d}=(\boldsymbol{d}_1,\boldsymbol{d}_2,\cdots,\boldsymbol{d}_M)$ 为新特征向量，$f(\boldsymbol{x})$ 表示为 $\boldsymbol{d}$ 的线性函数，即 $f((\boldsymbol{x}))=\boldsymbol{dW}$，$\boldsymbol{W}$ 是一个 $(M+1)\times 1$ 的系数向量，其先验服从正态分布 $N(\boldsymbol{0},\boldsymbol{\Sigma}_{\mathrm{p}})$，和 GP 线性回归相同. 将原始特征空间中的输入特征数据 $\boldsymbol{X}$ 映射到高维空间中的输入特征数据 $\boldsymbol{D}$ 中，并将函数 $f(\boldsymbol{x})$ 线性表示为

$$f(\boldsymbol{X})=\boldsymbol{DW}, \tag{7.52a}$$

其中输入特征数据 $\boldsymbol{D}$ 被称为设计矩阵，因为它依赖于映射函数. 在第 4 章中已经简要地介绍了映射技巧. 由于 $\boldsymbol{W}$ 服从正态分布 $N(\boldsymbol{0},\boldsymbol{\Sigma}_{\mathrm{p}})$，式（7.52a）表明，对于每个被映射到 $\boldsymbol{D}_i$ 的输入 $X_i$，有

$$f(\boldsymbol{X}_i)=\boldsymbol{D}_i\boldsymbol{W}\,. \tag{7.52b}$$

如果不考虑预测误差，有 $y(\boldsymbol{x})=f(\boldsymbol{x})$. 在这种情况下，输入 $X_i$ 的概率预测的均值为

$$\overline{f}(X_i)=0\,. \tag{7.53a}$$

此外，根据式（7.51b）的定义，输入 $\boldsymbol{X}_i$ 和 $\boldsymbol{X}_j$ 的概率预测的协方差可以计算为

$$K(\boldsymbol{X}_i,\boldsymbol{X}_j)=\boldsymbol{D}_i\boldsymbol{W}(\boldsymbol{D}_j\boldsymbol{W})^{\mathrm{T}}=\boldsymbol{D}_i\boldsymbol{\Sigma}_{\mathrm{p}}\boldsymbol{D}_j^{\mathrm{T}}\quad(i,j=1,2,\cdots,n)\,. \tag{7.53b}$$

以向量和矩阵形式表示，输入 $\boldsymbol{X}$ 的概率预测的均值和协方差分别为

$$\overline{f}(\boldsymbol{x})=\boldsymbol{0}\,, \tag{7.53c}$$

$$\boldsymbol{K}=\boldsymbol{D}\boldsymbol{\Sigma}_{\mathrm{p}}\boldsymbol{D}^{\mathrm{T}}\,. \tag{7.53d}$$

使用设计矩阵 $\boldsymbol{D}$ 旨在启发式地描述 GP 回归. 最常用的核函数都是在无限维空间中定义的. 例如，在表 4.1 中列出的常用核函数中，高斯径向基核函数、拉普拉斯核函数和 sigmoid 核函数都具有无限连续的维度，就像拉普拉斯变换中的拉普拉斯空间和傅里叶变换中的傅里叶空间一样. 除了表 4.1 中列出的核函数外，表 7.1 还列出了另外三个在 GP 中使用的核函数. 预设的核函数与映射函数一样，在 GP 回归中起着重要的基础作用. 特别地，在 SVM 中，核函数中涉及的参数被称为超参数，通过交叉验证进行优化，如第 4 章所述. 而在 GP 回归中，则在训练过程中优化涉及的参数.

**表 7.1　GP 中常用的核函数**

| 名称 | 函数 | 参数 |
|---|---|---|
| 二次有理核函数 | $K(\boldsymbol{X}_i,\boldsymbol{X}_j)=\left(1+\dfrac{\lVert\boldsymbol{X}_i-\boldsymbol{X}_j\rVert^2}{2\alpha l^2}\right)^{-\alpha}$ | $\alpha>0, l>0$ |
| 正弦平方内核函数 | $K(\boldsymbol{X}_i,\boldsymbol{X}_j)=\exp\left(-\dfrac{2\sin\left(\dfrac{\lVert\pi\boldsymbol{X}_i-\boldsymbol{X}_j\rVert^2}{p}\right)}{l^2}\right)$ | $p>0, l>0$ |
| 点乘内核函数 | $K(\boldsymbol{X}_i,\boldsymbol{X}_j)=\sigma_0^2+\boldsymbol{X}_i\cdot\boldsymbol{X}_j$ | $\sigma_0^2\geqslant 0$ |

注：$\lVert\cdot\rVert$ 表示参数向量的欧氏距离.

对于训练数据，GP 回归采用 $y(\boldsymbol{x})=f(\boldsymbol{x})$，使 $y(\boldsymbol{x})$ 遵循正态分布 $p\big(y(\boldsymbol{x})\big)\sim N(\boldsymbol{0},\boldsymbol{K})$，并使用特征输入 $\boldsymbol{X}$ 计算具有预设数学形式和相关参数 $\boldsymbol{\theta}$ 的函数协方差 $\boldsymbol{K}(\boldsymbol{X}|\boldsymbol{\theta})$. 响应分布概率的似然为

$$p\big(\boldsymbol{y}|\boldsymbol{K}(\boldsymbol{X}|\boldsymbol{\theta})\big)=\frac{1}{(2\pi)^{n/2}|\boldsymbol{K}|^{1/2}}\exp\left(-\frac{1}{2}\boldsymbol{y}^{\mathrm{T}}\boldsymbol{K}^{-1}\boldsymbol{y}\right). \tag{7.54a}$$

最大似然或者等价地最大化其自然对数似然以确定相关参数的值，即

$$\hat{\boldsymbol{\theta}}=\underset{\theta}{\operatorname{argmax}}\left[-\frac{1}{2}\left(n\ln(2\pi)+\ln\left|\boldsymbol{K}\right|+\boldsymbol{y}^{\mathrm{T}}\boldsymbol{K}^{-1}\boldsymbol{y}\right)\right]. \tag{7.54b}$$

经过训练，可以得到具有最优 $\hat{\boldsymbol{\theta}}$ 的最优协方差函数 $\boldsymbol{K}$ . 在预测中，当新的特征输入数据 $\boldsymbol{X}_*$ 可用时，使用训练好的协方差为 $\boldsymbol{K}$ 的 GP 模型预测 $\boldsymbol{y}_*(\boldsymbol{X}_*)$ 的值. 训练中使用的响应 $\boldsymbol{y}$ 和待预测的响应 $\boldsymbol{y}_*$ 形成一个零均值和联合协方差的联合正态分布 $\begin{pmatrix}\boldsymbol{y}\\ \boldsymbol{y}_*\end{pmatrix}$，

$$p\begin{pmatrix}\boldsymbol{y}\\ \boldsymbol{y}_*\end{pmatrix}\sim N\left(\begin{bmatrix}\boldsymbol{0}\\ \boldsymbol{0}\end{bmatrix},\ \begin{bmatrix}\boldsymbol{K} & \boldsymbol{K}_*^{\mathrm{T}}\\ \boldsymbol{K}_* & \boldsymbol{K}_{**}\end{bmatrix}\right), \tag{7.55a}$$

式中，$\boldsymbol{K}$ 和 $\boldsymbol{K}_{**}$ 分别为数据 $\boldsymbol{X}$ 和 $\boldsymbol{X}_*$ 的协方差矩阵，$\boldsymbol{K}_*$ 为数据 $\boldsymbol{X}$ 和 $\boldsymbol{X}_*$ 之间相关的协方差. 联合分布表示为

$$p\begin{pmatrix}\boldsymbol{y}\\ \boldsymbol{y}_*\end{pmatrix}=p(\boldsymbol{y}_*|\boldsymbol{y})p(\boldsymbol{y}). \tag{7.55b}$$

显然，预测 $p(\boldsymbol{y}_*|\boldsymbol{y})$ 是一个条件正态分布

$$p(\boldsymbol{y}_*|\boldsymbol{y})=\frac{p\begin{pmatrix}\boldsymbol{y}\\ \boldsymbol{y}_*\end{pmatrix}}{p(\boldsymbol{y})}. \tag{7.55c}$$

计算条件正态分布 $p(\boldsymbol{y}_*|\boldsymbol{y})$ 中指数函数的自变量给出：

$$\begin{aligned}
&-\frac{1}{2}\begin{pmatrix}\boldsymbol{y}\\ \boldsymbol{y}_*\end{pmatrix}^{\mathrm{T}}\begin{bmatrix}\boldsymbol{K} & \boldsymbol{K}_*^{\mathrm{T}}\\ \boldsymbol{K}_* & \boldsymbol{K}_{**}\end{bmatrix}^{-1}\begin{pmatrix}\boldsymbol{y}\\ \boldsymbol{y}_*\end{pmatrix}+\frac{1}{2}\boldsymbol{y}^{\mathrm{T}}\boldsymbol{K}^{-1}\boldsymbol{y}\\
&=-\frac{1}{2}\begin{pmatrix}\boldsymbol{y}\\ \boldsymbol{y}_*\end{pmatrix}^{\mathrm{T}}\begin{bmatrix}\boldsymbol{K}^{-1}+\boldsymbol{K}^{-1}\boldsymbol{K}_*(\boldsymbol{K}_{**}-\boldsymbol{K}_*\boldsymbol{K}^{-1}\boldsymbol{K}_*^{\mathrm{T}})^{-1}\boldsymbol{K}_*\boldsymbol{K}^{-1} & -\boldsymbol{K}^{-1}\boldsymbol{K}_*(\boldsymbol{K}_{**}-\boldsymbol{K}_*\boldsymbol{K}^{-1}\boldsymbol{K}_*^{\mathrm{T}})^{-1}\\ -(\boldsymbol{K}_{**}-\boldsymbol{K}_*\boldsymbol{K}^{-1}\boldsymbol{K}_*^{\mathrm{T}})^{-1}\boldsymbol{K}_*\boldsymbol{K}^{-1} & (\boldsymbol{K}_{**}-\boldsymbol{K}_*\boldsymbol{K}^{-1}\boldsymbol{K}_*^{\mathrm{T}})^{-1}\end{bmatrix}\begin{pmatrix}\boldsymbol{y}\\ \boldsymbol{y}_*\end{pmatrix}\\
&\quad+\frac{1}{2}\boldsymbol{y}^{\mathrm{T}}\boldsymbol{K}^{-1}\boldsymbol{y}\\
&=-\frac{1}{2}(\boldsymbol{y}_*-\boldsymbol{K}_*\boldsymbol{K}^{-1}\boldsymbol{y})^{\mathrm{T}}(\boldsymbol{K}_{**}-\boldsymbol{K}_*\boldsymbol{K}^{-1}\boldsymbol{K}_*^{\mathrm{T}})^{-1}(\boldsymbol{y}_*-\boldsymbol{K}_*\boldsymbol{K}^{-1}\boldsymbol{y}).
\end{aligned} \tag{7.55d}$$

式（7.55d）表明预测遵循正态分布 $p(\boldsymbol{y}_*|\boldsymbol{y})\sim N(\boldsymbol{K}_*\boldsymbol{K}^{-1}\boldsymbol{y},\boldsymbol{K}_{**}-\boldsymbol{K}_*\boldsymbol{K}^{-1}\boldsymbol{K}_*^{\mathrm{T}})$. 对于每个预测样本，GP 模型预测了一个均值和方差. 如果 GP 模型正确，在给定的 $\boldsymbol{X}_*$ 处进行多次重复实验测试或计算，将产生许多数据 $\boldsymbol{y}_*(\boldsymbol{X}_*)$，这些数据遵循预测的正态分布. 预测均值和方差表示在 $\boldsymbol{X}_*$ 的 $\boldsymbol{y}_*$ 预测是怎样的正态分布. 均值和方差在贝叶斯全局优化中发挥着重要的作用，材料信息学中的主动学习将在第 II 卷进行介绍.

数据 $\boldsymbol{X}_*$ 也可以是训练数据，这时和确定性 ML 回归一样，训练数据函数的预测值由均值 $\bar{f}(\boldsymbol{X}_*)$ 给出. 将原始训练数据集划分为训练集和验证集时，可以采用交叉验证对原始数据进行测试，并由此计算出原始数据的预测误差. 如上所述，预测误差服从均值为零、方差为 $\sigma_n^2$ 的正态分布. 最后，考虑预测误差，训练的 GP 模型或先验分布为 $p(\boldsymbol{y})\sim N(\boldsymbol{0},\bar{\boldsymbol{K}}+\sigma_n^2\boldsymbol{I})$，其中 $\bar{\boldsymbol{K}}$ 是交叉验证中所有最优 $\boldsymbol{K}$ 的平均值. 预测 $p(\boldsymbol{y}_*|\boldsymbol{y})$ 将服从 $N\left(\boldsymbol{K}_*\left(\bar{\boldsymbol{K}}+\sigma_n^2\boldsymbol{I}\right)^{-1}\boldsymbol{y},\boldsymbol{K}_{**}-\boldsymbol{K}_*\left(\bar{\boldsymbol{K}}+\sigma_n^2\boldsymbol{I}\right)^{-1}\boldsymbol{K}_*^{\mathrm{T}}\right)$ 的分布.

与贝叶斯线性回归中所描述的类似，可将 $L_2$ 正则化添加到 GP 回归中，以增强其泛化能力. 通过 $L_2$ 正则化，在先验分布中用超参数 $\lambda$ 替代 $\sigma_n^2$，使 $p(y)\sim N(0,\bar{\boldsymbol{K}}+\lambda\boldsymbol{I})$. 超参数 $\lambda$ 的最优值可在训练过程中或通过交叉验证来确定，这也将在第 II 卷中详细说明.

### 例 7.10

表 E7.12 列出了 13 种铁素体马氏体（FM）钢在超临界水（supercritical water, SCW）环境下的氧化数据. 数据包括氧化铬当量浓度的特征 $\widetilde{[\mathrm{Cr}]}=[\mathrm{Cr}]+40.3[\mathrm{V}]+2.3[\mathrm{Si}]+10.7[\mathrm{Ni}]-1.5[\mathrm{Mn}]$(wt.%) 和重量增益的响应 $\tilde{\omega}=\dfrac{\omega}{\omega_0}$，其中 $\omega$ 是实验氧化重量增益，单位 $\mathrm{mg\cdot cm^{-2}}$，$\omega_0$ 是参考重量增益 $1\ \mathrm{mg\cdot cm^{-2}}$. 这 13 个数据被随机分为两个子集，即一个包含 10 个数据的训练集和一个包含 3 个数据的测试子集，在此数据集上进行 GP 回归.

**表 E7.12　在 SCW 中 FM 钢的 13 个氧化数据**

| 数据集 | 数据 | [Cr]（wt.%） | $\tilde{\omega}$ |
|---|---|---|---|
| 训练数据 | 1 | 28.754 | 3.860938 |
| | 2 | 24.255 | 4.321611 |
| | 3 | 30.319 | 4.214262 |
| | 4 | 27.636 | 2.920559 |
| | 5 | 11.022 | 7.340569 |
| | 6 | 19.754 | 3.476809 |
| | 7 | 8.48 | 6.576576 |
| | 8 | 15.269 | 5.47903 |
| | 9 | 22.321 | 3.400953 |
| | 10 | 12.951 | 7.898581 |
| 测试数据 | 11 | 17.4596 | 5.708319 |
| | 12 | 9.73 | 9.517995 |
| | 13 | 29.8908 | 1.959625 |

这里使用高斯核 $\boldsymbol{K}(X_i,X_j)=a^2\times\exp\left(-\frac{\left\|X_i-X_j\right\|^2}{l^2}\right)$. 由于只有一个特征，所以训练集特征矩阵被简化为一个向量 $\boldsymbol{X}=\begin{pmatrix}X_1\\ \vdots\\ X_{10}\end{pmatrix}=\begin{pmatrix}28.754\\ \vdots\\ 12.951\end{pmatrix}_{10\times1}$. 因此，就有

$$\boldsymbol{K}(a^2,l^2)=\begin{bmatrix} a^2\exp\left(-\frac{(\boldsymbol{X}_1-\boldsymbol{X}_1)(\boldsymbol{X}_1-\boldsymbol{X}_1)^{\mathrm{T}}}{l^2}\right) & \cdots & a^2\exp\left(-\frac{(\boldsymbol{X}_1-\boldsymbol{X}_{10})(\boldsymbol{X}_1-\boldsymbol{X}_{10})^{\mathrm{T}}}{l^2}\right)\\ \vdots & & \vdots\\ a^2\exp\left(-\frac{(\boldsymbol{X}_{10}-\boldsymbol{X}_1)(\boldsymbol{X}_{10}-\boldsymbol{X}_1)^{\mathrm{T}}}{l^2}\right) & \cdots & a^2\exp\left(-\frac{(\boldsymbol{X}_{10}-\boldsymbol{X}_{10})^{\mathrm{T}}(\boldsymbol{X}_{10}-\boldsymbol{X}_{10})}{l^2}\right)\end{bmatrix}$$

$$=a^2\begin{bmatrix} 1 & \cdots & \exp\left(-\frac{(28.754-12.951)^2}{l^2}\right)\\ \vdots & & \vdots\\ \exp\left(-\frac{(12.951-28.754)^2}{l^2}\right) & \cdots & 1\end{bmatrix}=a^2\tilde{\boldsymbol{K}}(l^2).$$

训练数据集中的响应向量为 $\boldsymbol{y}=\begin{pmatrix}y_1\\ \vdots\\ y_{10}\end{pmatrix}_{10\times1}=\begin{pmatrix}3.860938\\ \vdots\\ 7.898581\end{pmatrix}_{10\times1}$.

响应向量 $\boldsymbol{y}$ 的似然为 $p\left(\boldsymbol{y}\middle|\boldsymbol{K}(a^2,l^2)\right)=\frac{1}{(2\pi)^{n/2}\left|\boldsymbol{K}\right|^{1/2}}\exp\left(-\frac{1}{2}\boldsymbol{y}^{\mathrm{T}}\boldsymbol{K}^{-1}\boldsymbol{y}\right)$，自然对数似然为

$$L(\boldsymbol{\theta})=-\frac{1}{2}\left(n\ln(2\pi)+\ln\left|\boldsymbol{K}(\boldsymbol{\theta})\right|+\boldsymbol{y}^{\mathrm{T}}\boldsymbol{K}(\boldsymbol{\theta})^{-1}\boldsymbol{y}\right).$$

最大自然对数似然要求

$$\frac{\partial L(\boldsymbol{\theta})}{\partial\boldsymbol{\theta}}=\frac{\partial\left(-\frac{1}{2}\left(n\ln(2\pi)+\ln\left|\boldsymbol{K}(\boldsymbol{\theta})\right|+\boldsymbol{y}^{\mathrm{T}}\boldsymbol{K}(\boldsymbol{\theta})^{-1}\boldsymbol{y}\right)\right)}{\partial\boldsymbol{\theta}}=0,$$

即

$$\begin{aligned}&\frac{\partial\left(\ln\left|\boldsymbol{K}(\boldsymbol{\theta})\right|\right)}{\partial\boldsymbol{\theta}}+\frac{\partial\left(\boldsymbol{y}^{\mathrm{T}}\boldsymbol{K}(\boldsymbol{\theta})^{-1}\boldsymbol{y}\right)}{\partial\boldsymbol{\theta}}\\ &=\frac{1}{\left|\boldsymbol{K}(\boldsymbol{\theta})\right|}\left|\boldsymbol{K}(\boldsymbol{\theta})\right|\mathrm{tr}\left(\boldsymbol{K}^{-1}(\boldsymbol{\theta})\frac{\partial\boldsymbol{K}(\boldsymbol{\theta})}{\partial\boldsymbol{\theta}}\right)-\boldsymbol{y}^{\mathrm{T}}\boldsymbol{K}^{-1}(\boldsymbol{\theta})\frac{\partial\boldsymbol{K}(\boldsymbol{\theta})}{\partial\boldsymbol{\theta}}\boldsymbol{K}^{-1}(\theta)\boldsymbol{y}\\ &=\mathrm{tr}\left(\boldsymbol{K}^{-1}(\boldsymbol{\theta})\frac{\partial\boldsymbol{K}(\boldsymbol{\theta})}{\partial\boldsymbol{\theta}}\right)-\boldsymbol{y}^{\mathrm{T}}\boldsymbol{K}^{-1}(\boldsymbol{\theta})\frac{\partial\boldsymbol{K}(\boldsymbol{\theta})}{\partial\boldsymbol{\theta}}\boldsymbol{K}^{-1}(\theta)\boldsymbol{y}=0.\end{aligned}\tag{E7.5}$$

在本例中，$\boldsymbol{\theta}=\left\{a^2,l^2\right\}$. 因此，就有

$$\mathrm{tr}\left(\boldsymbol{K}^{-1}\frac{\partial \boldsymbol{K}}{\partial a^2}\right)-\boldsymbol{y}^{\mathrm{T}}\boldsymbol{K}^{-1}\frac{\partial \boldsymbol{K}}{\partial a^2}\boldsymbol{K}^{-1}\boldsymbol{y}=\mathrm{tr}(\boldsymbol{K}^{-1}\tilde{\boldsymbol{K}})-\boldsymbol{y}^{\mathrm{T}}\boldsymbol{K}^{-1}\tilde{\boldsymbol{K}}\boldsymbol{K}^{-1}\boldsymbol{y}=f_1(a^2,l^2), \tag{E7.6}$$

$$\mathrm{tr}\left(\boldsymbol{K}^{-1}\frac{\partial \boldsymbol{K}}{\partial l^2}\right)-\boldsymbol{y}^{\mathrm{T}}\boldsymbol{K}^{-1}\frac{\partial \boldsymbol{K}}{\partial l^2}\boldsymbol{K}^{-1}\boldsymbol{y}=\mathrm{tr}\left(\boldsymbol{K}^{-1}a^2\frac{\partial \tilde{\boldsymbol{K}}}{\partial l^2}\right)-\boldsymbol{y}^{\mathrm{T}}\boldsymbol{K}^{-1}a^2\frac{\partial \tilde{\boldsymbol{K}}}{\partial l^2}\boldsymbol{K}^{-1}\boldsymbol{y}=f_2(a^2,l^2), \tag{E7.7}$$

式中

$$\frac{\partial \tilde{\boldsymbol{K}}}{\partial l^2}=\begin{bmatrix} 0 & \cdots & \frac{(28.754-12.951)^2}{l^4}\exp\left(-\frac{(28.754-12.951)^2}{l^2}\right) \\ \vdots & & \vdots \\ \frac{(12.951-28.754)^2}{l^4}\exp\left(-\frac{(12.951-28.754)^2}{l^2}\right) & \cdots & 0 \end{bmatrix}.$$

为了确定 $a^2$ 和 $l^2$ 的值，通常采用迭代的数值计算来同时求解式（E7.6）和式（E7.7）．在迭代中，式（E7.6）和式（E7.7）的左侧梯度不为零，但给出了接近零的方向．设 $a^{2,(t)}$ 和 $l^{2,(t)}$ 第 $t$ 次迭代后的值为 $a^2$ 和 $l^2$，对数似然值为 $L^{(t)}=L\left(a^{2,(t)},l^{2,(t)}\right)$．在迭代过程中，如果 $L^{(t+1)}<L^{(t)}$，$L^{(t)}$ 为 $L$ 的最大值（Scikit-Learn，优化器包），最优值为 $a^{2,(t)}$ 和 $l^{2,(t)}$．取初始值 $a^2=1$ 和 $l^2=1$，进行迭代，得到最优值 $\widehat{a^2}=4.13^2$ 和 $\widehat{l^2}=2.67^2$，对数似然值为 23.4.

测试特征向量 $\boldsymbol{X}_*$ 及其响应向量 $\boldsymbol{y}_*$ 为 $\boldsymbol{X}_*=\begin{bmatrix} X_{11} \\ X_{12} \\ X_{13} \end{bmatrix}=\begin{bmatrix} 17.4596 \\ 9.73 \\ 29.8908 \end{bmatrix}_{3\times1}$，$\boldsymbol{y}_*=\begin{bmatrix} y_{11} \\ y_{12} \\ y_{13} \end{bmatrix}_{3\times1}=\begin{bmatrix} 5.708319 \\ 9.517995 \\ 1.959625 \end{bmatrix}_{3\times1}$，求解核 $\boldsymbol{K}(\boldsymbol{X}_i,\boldsymbol{X}_j)=4.13^2\times\exp\left(-\frac{\left\|\boldsymbol{X}_i-\boldsymbol{X}_j\right\|^2}{2.67^2}\right)$，式（7.55b）中定义的所有核可计算为

$$\boldsymbol{K}=4.13^2\begin{bmatrix} \exp\left(-\frac{(\boldsymbol{X}_1-\boldsymbol{X}_1)(\boldsymbol{X}_1-\boldsymbol{X}_1)^{\mathrm{T}}}{2.67^2}\right) & \cdots & \exp\left(-\frac{(\boldsymbol{X}_1-\boldsymbol{X}_{10})(\boldsymbol{X}_1-\boldsymbol{X}_{10})^{\mathrm{T}}}{2.67^2}\right) \\ \vdots & & \vdots \\ \exp\left(-\frac{(\boldsymbol{X}_{10}-\boldsymbol{X}_1)(\boldsymbol{X}_{10}-\boldsymbol{X}_1)^{\mathrm{T}}}{2.67^2}\right) & \cdots & \exp\left(-\frac{(\boldsymbol{X}_{10}-\boldsymbol{X}_{10})(\boldsymbol{X}_{10}-\boldsymbol{X}_{10})^{\mathrm{T}}}{2.67^2}\right) \end{bmatrix}_{10\times10},$$

$$\boldsymbol{K}_*=4.13^2\begin{bmatrix} \exp\left(-\frac{\left(\boldsymbol{X}_{11}-\boldsymbol{X}_1\right)\left(\boldsymbol{X}_{11}-\boldsymbol{X}_1\right)^{\mathrm{T}}}{2.67^2}\right) & \cdots & \exp\left(-\frac{\left(\boldsymbol{X}_{11}-\boldsymbol{X}_{10}\right)\left(\boldsymbol{X}_{11}-\boldsymbol{X}_{10}\right)^{\mathrm{T}}}{2.67^2}\right) \\ \exp\left(-\frac{\left(\boldsymbol{X}_{12}-\boldsymbol{X}_1\right)\left(\boldsymbol{X}_{12}-\boldsymbol{X}_1\right)^{\mathrm{T}}}{2.67^2}\right) & \cdots & \exp\left(-\frac{\left(\boldsymbol{X}_{12}-\boldsymbol{X}_{10}\right)\left(\boldsymbol{X}_{12}-\boldsymbol{X}_{10}\right)^{\mathrm{T}}}{2.67^2}\right) \\ \exp\left(-\frac{\left(\boldsymbol{X}_{13}-\boldsymbol{X}_1\right)\left(\boldsymbol{X}_{13}-\boldsymbol{X}_1\right)^{\mathrm{T}}}{2.67^2}\right) & \cdots & \exp\left(-\frac{\left(\boldsymbol{X}_{13}-\boldsymbol{X}_{10}\right)\left(\boldsymbol{X}_{13}-\boldsymbol{X}_{10}\right)^{\mathrm{T}}}{2.67^2}\right) \end{bmatrix}_{3\times10},$$

$$
\boldsymbol{K}_{**}=
4.13^2\begin{bmatrix}
1 & \exp\left(-\frac{(\boldsymbol{X}_{11}-\boldsymbol{X}_{12})(\boldsymbol{X}_{11}-\boldsymbol{X}_{12})^{\mathrm{T}}}{2.67^2}\right) & \exp\left(-\frac{(\boldsymbol{X}_{11}-\boldsymbol{X}_{13})(\boldsymbol{X}_{11}-\boldsymbol{X}_{13})^{\mathrm{T}}}{2.67^2}\right)\\
\exp\left(-\frac{(\boldsymbol{X}_{12}-\boldsymbol{X}_{11})(\boldsymbol{X}_{12}-\boldsymbol{X}_{11})^{\mathrm{T}}}{2.67^2}\right) & 1 & \exp\left(-\frac{(\boldsymbol{X}_{12}-\boldsymbol{X}_{13})(\boldsymbol{X}_{12}-\boldsymbol{X}_{13})^{\mathrm{T}}}{2.67^2}\right)\\
\exp\left(-\frac{(\boldsymbol{X}_{13}-\boldsymbol{X}_{11})(\boldsymbol{X}_{13}-\boldsymbol{X}_{11})^{\mathrm{T}}}{2.67^2}\right) & \exp\left(-\frac{(\boldsymbol{X}_{13}-\boldsymbol{X}_{12})(\boldsymbol{X}_{13}-\boldsymbol{X}_{12})^{\mathrm{T}}}{2.67^2}\right) & 1
\end{bmatrix}_{3\times 3}.
$$

当不考虑训练数据预测误差 $\varepsilon$ 时，即 $\varepsilon \equiv \sigma_n^2 = 0$ 时，GP 模型预测 $p(\boldsymbol{y}_*|\boldsymbol{y}) \sim N(\boldsymbol{K}_*\boldsymbol{K}^{-1}\boldsymbol{y}, \boldsymbol{K}_{**} - \boldsymbol{K}_*\boldsymbol{K}^{-1}\boldsymbol{K}_*^{\mathrm{T}})$ 结果如图 E7.16（a）所示，并列于表 E7.13. $\sigma_n^2$ 也称为均匀噪声.

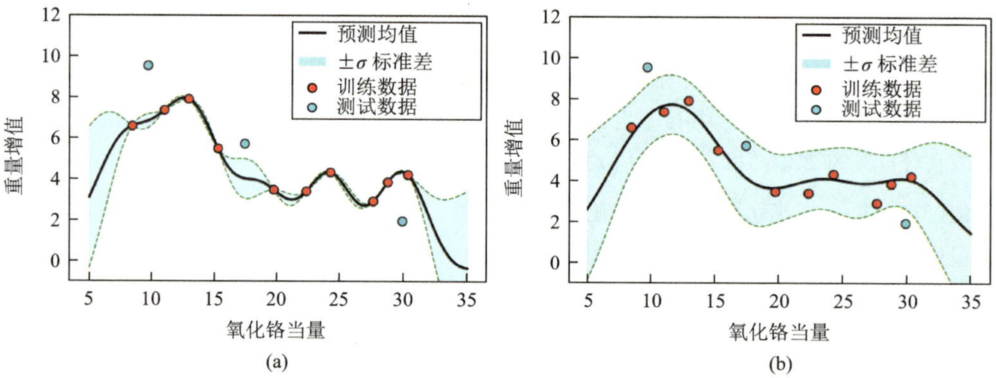


图 E7.16　GP 模型对每个氧化铬当量点的预测均值和方差.（a）没有考虑训练数据中的预测误差和（b）考虑了训练数据中的预测误差

**表 E7.13　对 3 个测试数据的预测结果**

| 样品号 | 重量增值 | 模型 | 预测重量增值 | 偏差 |
|---|---|---|---|---|
| 11 | 5.708319 | $\varepsilon=0$ | $4.022\pm0.97$ | 1.69 |
| | | $\varepsilon \sim N(0.407, 2.067^2)$ | $4.154\pm2.07$ | 1.55 |
| 12 | 9.517995 | $\varepsilon=0$ | $6.816\pm0.34$ | 2.702 |
| | | $\varepsilon \sim N(0.407, 2.067^2)$ | $7.137\pm1.53$ | 2.381 |
| 13 | 1.959625 | $\varepsilon=0$ | $4.365\pm0.07$ | −2.405 |
| | | $\varepsilon \sim N(0.407, 2.067^2)$ | $4.095\pm1.42$ | −2.135 |

采用 LOOCV 方法对原始训练数据集进行验证，其中 10 个数据被分为一个训练子集（9 个数据）和一个验证子集（1 个数据）. 交叉验证得到了 10 个最优的 $a^2$ 和 $l^2$，或者说得到 10 个 GP 模型，以及原始训练数据的 10 个预测均值. 10 个预测误差服从正态分布 $\varepsilon \sim N(0.407, 2.067^2)$. 均值偏离零是由数据集太小造成的. 表 E7.14 展示了 LOOCV 的结果. 取 $\widehat{a^2}$ 和 $\widehat{l^2}$ 的平均值，即 $\overline{a^2} = 4.297^2$、

$\overline{l^2}=2.961^2$，以及误差方差 $\sigma^2=2.067^2$ 来建立 GP 模型 $p(\boldsymbol{y})\sim N\left(0,\overline{\boldsymbol{K}}+\sigma_n^2\boldsymbol{I}\right)$. 对三个测试数据进行预测 $p(\boldsymbol{y}_*|\boldsymbol{y})\sim N\left(\boldsymbol{K}_*\left(\overline{\boldsymbol{K}}+\sigma_n^2\boldsymbol{I}\right)^{-1}\boldsymbol{y},\boldsymbol{K}_{**}-\boldsymbol{K}_*\left(\overline{\boldsymbol{K}}+\sigma_n^2\boldsymbol{I}\right)^{-1}\boldsymbol{K}_*^{\mathrm{T}}\right)$，预测结果见图 E7.16（b），并列于表 E7.13. 在不考虑训练数据预测误差的情况下，预测将会通过训练数据而没有任何的误差，而且每个测试数据的预测方差较小，以至于三个测试数据位于相应的方差之外，如图 E7.16（a）所示. 结果表明，不考虑训练数据预测误差的 GP 模型对训练数据存在过拟合，对测试数据的预测能力较差. 如果在 GP 模型中考虑训练数据的预测误差，则模型在训练数据上的方差会变大，如图 7.16（b）所示. 在这种情况下，GP 模型提高了泛化能力，并提高了对测试数据的预测精度，如表 E7.13 所示.

**表 E7.14　LOOCV 对原始训练数据集的测试结果**

| 样品号 | 重量增值 $y$ | 预测重量增值 $\hat{y}$ | 训练子集的最优参数 | 误差 $\varepsilon$ $(y-\hat{y})$ |
|---|---|---|---|---|
| 1 | 3.860938 | 3.047 | $\widehat{a^2}=4.34^2$，$\widehat{l^2}=3.03^2$ | 0.814 |
| 2 | 4.321611 | 1.945 | $\widehat{a^2}=4.28^2$，$\widehat{l^2}=3.5^2$ | 2.376 |
| 3 | 4.214262 | 5.424 | $\widehat{a^2}=4.46^2$，$\widehat{l^2}=2.83^2$ | −1.210 |
| 4 | 2.920559 | 4.050 | $\widehat{a^2}=4.32^2$，$\widehat{l^2}=3.2^2$ | −1.130 |
| 5 | 7.340569 | 8.459 | $\widehat{a^2}=4.31^2$，$\widehat{l^2}=2.72^2$ | −1.118 |
| 6 | 3.476809 | 0.010 | $\widehat{a^2}=4.26^2$，$\widehat{l^2}=2.91^2$ | 3.467 |
| 7 | 6.576576 | 3.273 | $\widehat{a^2}=3.99^2$，$\widehat{l^2}=2.68^2$ | 3.304 |
| 8 | 5.47903 | 7.192 | $\widehat{a^2}=4.42^2$，$\widehat{l^2}=2.77^2$ | −1.713 |
| 9 | 3.400953 | 5.756 | $\widehat{a^2}=4.5^2$，$\widehat{l^2}=3.25^2$ | −2.355 |
| 10 | 7.898581 | 6.263 | $\widehat{a^2}=4.09^2$，$\widehat{l^2}=2.72^2$ | 1.636 |

# 作　业

1. 用表 E7.1 中的数据 1—16 训练一个朴素贝叶斯分类器，并使用它来测试表 E7.1 中的样品 17.

2. 一组数据（7.68, 8.36, 9.47, 6.69, 3.98, 8.62, 9.26）遵循韦布尔分布，采用最大似然法计算 $m$ 和 $\sigma_0$ 的值.

3. 随机生成二元混合高斯分布，$0.3N(5,1^2)+0.7N(10,1^2)$. 利用 EM 算法估计潜在变量 $(w_i,\mu_i,\sigma_i^2)$，$i=1,2$.

4. 利用 EM 算法拟合整个粉末 XRD 图谱.

5. 讨论 GP 回归中的均匀噪声项与带有核函数的岭回归之间的关系.

6. 在表 E7.12 中的数据集上使用有理二次核和点积核进行 GP 回归.

## 参考文献


Berger J O. 2013. Statistical Decision Theory and Bayesian Analysis. New York: Springer Science & Business Media.

Carvajal J R. 2001. Introduction to the Program FULLPROF: Refinement of Crystal and Magnetic Structures from Powder and Single Crystal Data. France: Laboratoire Léon Brillouin(CEA-CNRS), Saclay.

Dempster A P, Laird N M, Rubin D B. 1977. Maximum likelihood from incomplete data via the EM algorithm. Journal of the Royal Statistical Society: Series B (Statistical Methodology), 39(1): 1-22.

Fu R, Zhang T Y. 1998. Effects of an applied electric field on the modulus of rupture of poled lead zirconate titanate ceramics. Journal of the American Ceramic Society, 81(4): 1058-1060.

Hoover C G, Bažant Z P, Vorel J, et al. 2013. Comprehensive concrete fracture tests: description and results. Engineering Fracture Mechanics, 114: 92-103.

John G H. 1995. Estimating Continuous Distributions in Bayesian Classifiers. Eleventh Conference on Uncertainty in Artificial Intelligence, San Mateo: 338-345.

McCallum A, Nigam K. 1998. A comparison of event models for naive bayes text classification. AAAI-98 Workshop on Learning for Text Categorization, 752(1): 41-48.

Newcomb S. 1886. A generalized theory of the combination of observations so as to obtain the best result. American Journal of Mathematics, 8(4): 343-366.

Patel J K, Read C B. 1996. Handbook of the Normal Distribution. New York: CRC Press.

Pedregosa F, Varoquaux G, Gramfort A, et al. 2011. Scikit-learn: Machine learning in Python. the Journal of Machine Learning Research, 12: 2825-2830.

Rish I. 2001. An empirical study of the naive Bayes classifier. In IJCAI 2001 Workshop on Empirical Methods in Artificial Intelligence, 3(2): 41-46.

Rosin P, Rammler E. 1933. Laws governing the fineness of powdered coal. Journal of Institute of Fuel, 7: 29-36.

Spackman K A. 1989. Signal detection theory: Valuable tools for evaluating inductive learning. Proceedings of the Sixth International Workshop on Machine learning, Morgan Kaufmann: 160-163.

Weibull W. 1939. A Statistical theory of the strength of materials. Proceedings of the American Mathematical Society, 15.

Williams C K, Rasmussen C E. 1995. Gaussian Processes for Regression. Advances in Neural Information Processing Systems, 8.

Williams C K, Rasmussen C E. 2006. Gaussian Processes for Machine Learning. Cambridge: MIT Press.

Xiong J, Shi S Q, Zhang T Y. 2021. Machine learning of phases and mechanical properties in complex concentrated alloys. Journal of Materials Science & Technology, 87: 133-142.

Zhang T Y, Zheng Y P. 1998. Effects of absorption and desorption on hydrogen permeation—I. Theoretical modeling and room temperature verification. Acta Materialia, 46(14): 5023-5033.

# 第 8 章

# 符 号 回 归

材料信息学的科学和技术目标是数据从中发现材料科学、技术和知识, 其中符号回归（symbolic regression, SR）正在发挥极大的作用, 特别是在这个数据指数增长的时代. 当与领域知识相结合时, SR 能够从数据中发现有科学意义的公式. SR 试图以启发式的方式找到一个全局最优解. 全局优化是许多领域的常见问题, 其主要挑战是搜索的感兴趣空间通常太大而不能在当前的计算能力内访问所有可能的解, 因此需要高效的算法来定位尽可接近全局最优解的解或全局最优解, 而不需要在整个空间上进行穷举搜索. 启发式算法, 如进化计算（evolutionary computating, EC）, 是解决全局优化问题的有效方法（de Jong, 2006；Sette and Boullart, 2001）.

## 8.1　进化计算综述

进化计算（EC）是一种受达尔文自然选择进化理论启发的基于种群的迭代启发式算法. “群体”是指一组被称为个体候选解的集合. 群体中个体的数量被称为群体的大小. 图 8.1 描述了一个典型的 EC 流程图, 即迭代直到找到一个满意的解. 每一次进化计算迭代包括个体评估、个体选择与通过交叉和变异进行的个体繁殖. 每次迭代之后, 新一代的群体形成, 其包括被选择和被繁殖的个体. 在开始时, EC 以从感兴趣的特征空间中随机采样个体形成初始群体, 执行评估过程, 以基于个体对数据的拟合度（例如, 使用均方误差（MSE）度量）来排序优秀个体, 并保留一些最优秀个体（生存个体）, 完成第一次迭代. 然后, 选择一些最优秀个体和其他个体, 通过交叉和变异操作, 进行新个体的繁殖. 这些新繁殖的个体和在特征空间中再随机采样个体合在一起形成新群体进入下一次迭代. 个体的拟合度将在迭代过程中不断提高, 继续迭代直到找到满意的结果或者迭代次数达到规定的最大值. 在 EC 体系下有许多算法, 例如遗传算法（Holland, 1992a）、进化策略（Rechenberg, 1965）、进化编程（Fogel et al., 1966）和遗传编程（genetic programming, GP）（Koza, 1992；Poli et al., 2008）. GP 还包括许多方法, 例如, 语法引导遗传编程（Grammar-Guided GP, GGGP）（McKay et al., 2010）、语法进化（grammatical evolution, GE）（Ryan et al., 1998）、统计遗传编程（Amir Haeri et al., 2017）、克隆选择编程（Gan et al., 2009）和人工免疫系统编程（Johnson, 2003）. 下面介绍 GP、GGGP 和 GE 方法.

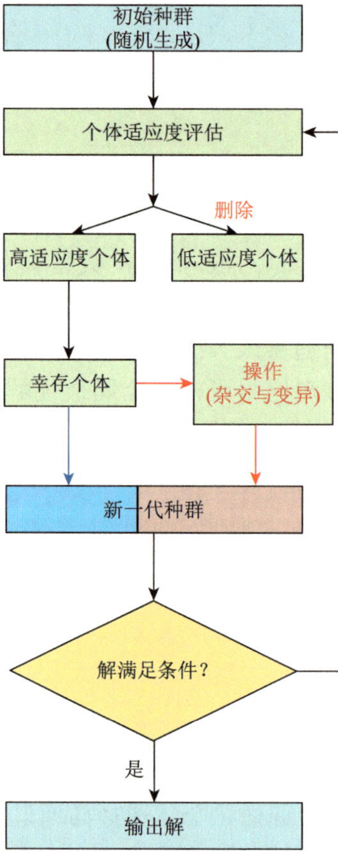


图 8.1　EC 工作流程图

## 8.2　遗传编程

在 GP 中，一个个体由一棵树来表示，这被称为（数学）表达式树. 例如图 8.2 描述了一个表达式树 $f(x)=\log(x)+\sqrt{x}+3$. 表达式树包含节点和叶子，节点代表数学操作符，比如图 8.2 中的“+”，“log”，“sqrt”，叶子代表变量（或称为特征）或者常数，比如图 8.2 中的 $x$ 和 3. 通常，GP 中的一组运算符如 $\{+,-,\times,\div,\cdots,\log,\sqrt{},\sin,\exp,\cdots\}$ 是预先设定好的. 有许多方法可以随机生成初始的树，例如，Koza（1992）提出的被广泛使用的方法：“grow”、“full”和“ramped-half-and-half”（RHH）. 产生初始树的其他方法可参考文献（Burke et al., 2003）.

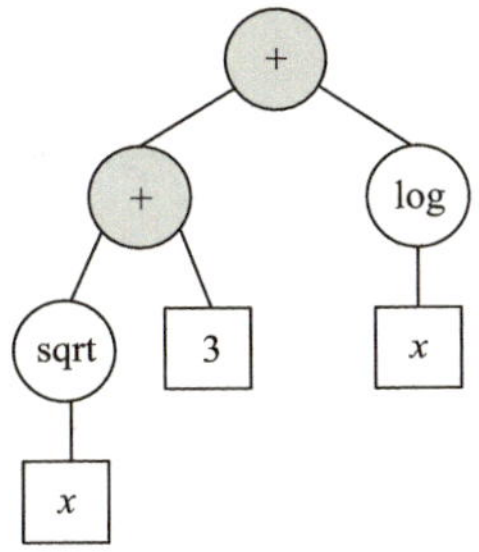


图 8.2　GP 中的表达式树

树的拟合度通常用损失函数来评估. 第 2 章讲解了许多损失函数. 损失函数的最小值越低, GP 公式就越好. 树的排序根据拟合度高低来确定（例如, 具有最低 MSE 的树将排在第一位）. 得分高的树将被选上用于进一步进化. 有许多选择树的策略, 如拟合比例选择、贪婪过度选择和“锦标赛选择”(Koza, 1992）. 以贪婪过度选择为例, 将种群分为两组, 最高拟合度的 20%个体作为 I 组, 剩余的 80% 个体作为 II 组. 80%的低拟合度的个体将被淘汰或繁殖. 前 20% 的个体有一半用于繁殖, 另一半个体与新繁殖的个体（称为后代）和未被评估个体形成新群体进入下一次迭代.

繁殖是通过对选择的树进行交叉和变异操作来进行的. 对于交叉, 以规定的概率（一个输入参数）选择两个个体, 对它们的子树或叶子进行交换, 如图 8.3 所示. 对于突变, 树中的节点可以突变为另一个数学操作符号、函数或节点数值, 如图 8.4 所示. 进行 GP 进化前需要输入几个参数: 种群的大小、最大的迭代次数(简称最大代数）, 以及交叉和突变的概率.

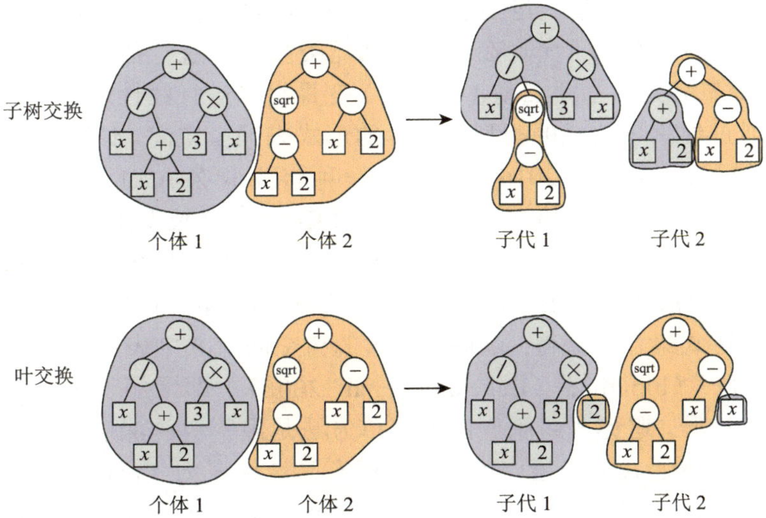


图 8.3　GP 中两个表达式树交叉的例子

GP 算法的效率主要由两个方面决定: 树的特征空间（寻找最好的个体）和树的复杂度. 由于表达式树是通过所有可能的节点和叶子的组合而生成的, 所以当

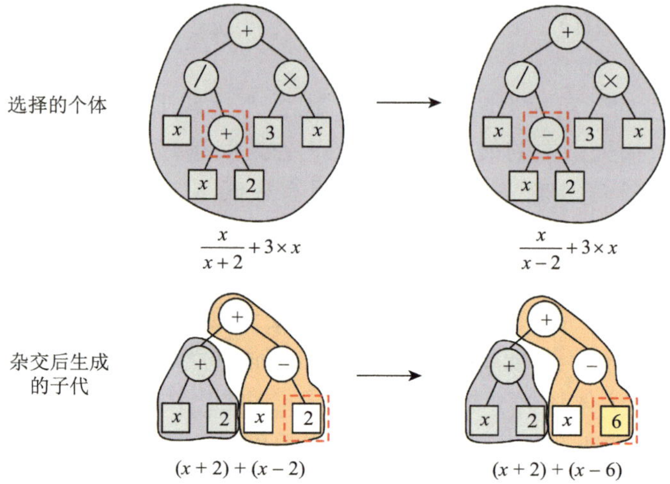


图 8.4　GP 中的突变例子

运算符集、终端节点数和表达式的大小（或长度）很大时，树的特征空间可能巨大. 巨大的树特征空间和有限的迭代对如何找到最佳结果形成挑战. 解决该挑战的一个简单方法是借助于领域知识，通过仅使用少量操作符和/或终端节点来构造适当大小的树特征空间. 当然，这需要对所研究的问题和期望的最终函数形式有深刻的理解. 也有其他策略来减少树空间，例如，强类型 GP（Montana, 1995）方法只允许在一致的数据类型之间进行数学组合，如浮点型（整数型）变量只允许与浮点型（整数型）变量组合进行线性运算. 基于语法指导的方法通过约束表达式的类型和允许的形式来减少空间，该部分内容将在下一节详细描述. Lu 等（2016）提出了一种将先验公式知识（prior formula knowledge, PFK）和 GP 相结合的方法（PFK-GP）来减少树空间. 在 PFK-GP 方法中，首先通过分析数据以确定它们的特征以及可以描述数据特征的相应候选表达式，从而形成候选表达的初始集合. 这样，GP 的初始个体可以从一个较小的候选表达式集合中获得，以避免巨大的树空间. GP 中表达式的复杂度问题被称为“膨胀”（bloating）（Luke and Panait, 2006），即增加表达式复杂度时模型质量没有提升. 避免“膨胀”的最简单方法是限制树的深度，或者增加一个惩罚项来限制表达式的长度. 其他方法还有简洁性压力（parsimony pressure）（Luke and Panait, 2002；Poli and McPhee, 2008）和多目标 GP（multi-objectives GP, MOGP）（Fonseca and Fleming, 1995）. MOGP 方法试图找到一个帕累托（Pareto）最优解（Smits and Kotanchek, 2005），以实现表达式的准确性和复杂性之间的平衡.

## 8.3　语法引导的遗传编程和语法进化

语法引导的遗传编程(GGGP)使用语法来推导表达式树(McKay et al., 2010). 语法起源于人类语言处理，包含了一整套定义合理语言模型的产生规则. 其中，与上下文无关语法（context free grammar, CFG）是 GGGP 家族中一种流行的方法. CFG 中的每个产生规则由两部分组成: 单个非终端符号（或变量）: : =变量字符串和/或终端符号. 标记“: : =”表示左侧的符号可以被右侧的任何元素替换. CFG 的一个例子如表 8.1 所示. 衍生过程重写所有变量，从<start>开始，遵循产生规则，直到所有叶子都是终端. 其他类型的语法，如逻辑语法、语义语法和树邻接语法可参考综述文章（McKay et al., 2010）. 将语法引入 GP 的一个优点是可以大大减小树空间的大小，因为在语法设置中可以容易地实现类型约束及表达式的允许形式. 此外，领域知识可以很容易地整合到语法设置中，以进一步减小特征空间及让表达式趋向于有意义的公式.

**表 8.1　与上下文无关语法例子**

| <start> | : : = | <expr> |
|---|---|---|
| <expr> | : : = | (<expr>) \| (<expr> <op> <expr>) \|<terminal> |
| <op> | : : = | +\|−\| × |
| <terminal> | : : = | $a$（some constant）\| $x$ |

注: 符号“|”表示“或”.

与 GP 不同，GGGP 中的交叉和变异繁殖操作不直接应用于表达式树. 在 GGGP 的语言中，表达树被称为通过繁殖操作转化基因型获得的表型. 在不同种类的 GGGP 中，基因型有不同的形式. 例如，它可以是基于树的 GGGP 中的树表示（称为派生树）(Hoai et al., 2002；Vergilio and Pozo, 2006），或语法演变中的线性表示（Ryan et al., 1998）.

图 8.5 展示了一个派生树的例子，以及它是如何按照表 8.1 中定义的语法成长为一个表达式的. 通过从左到右逐一读出派生树的叶子，可以构建表达式树. 在基于树的 GGGP 的演化过程中，与规范 GP 相比，交叉和变异操作受到额外的约束. 对于交叉，它必须发生在两个节点之间，且每个节点来自不同的树，以及具有相同的语法非终结符. 目标节点或子树可以随机选择和交换. 例如，图 8.6 展示了两个派生树的交叉. 对于变异，先随机选择派生树中的一个节点，删除所有连接到这个节点的“尾巴”（子树）. 然后，一个根据语法创建的新子树被附加到选择的节点上，如图 8.7 所示.

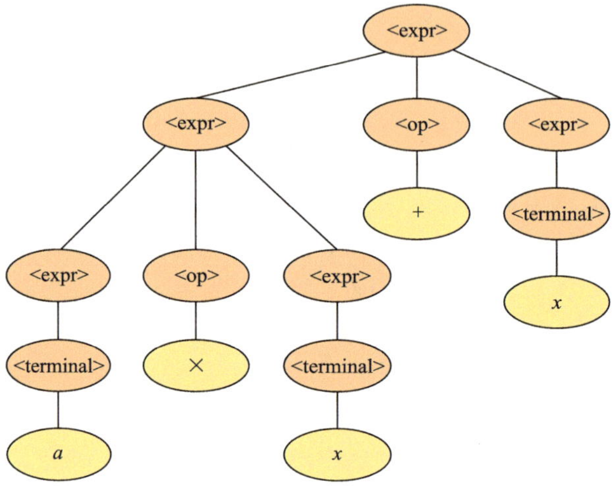


图 8.5　基于表 8.1 所示语法的派生树示例

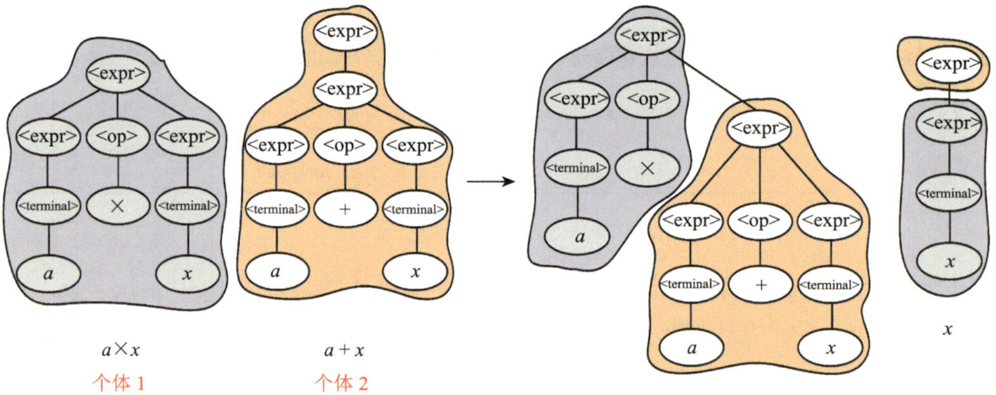


图 8.6　GGGP 中两个派生树交叉示例

在语法进化（GE）中，基因型是一个随机数序列，如图 8.8 所示. 根据用户定义的语法（Ryan et al., 1998），可以将随机数序列转换成数学表达式（表型）. 例如，使用图 8.8 所示的语法，数字序列（235, 458, 43, 45, 567, …）可以通过以下步骤转换成表达式.

（1）推演过程从<start>开始，它只能由另一个非终止符号<expr>替换. <expr>表示三个候选符号表达式之一（参见语法表的第二行）：(< expr >)，(< expr >

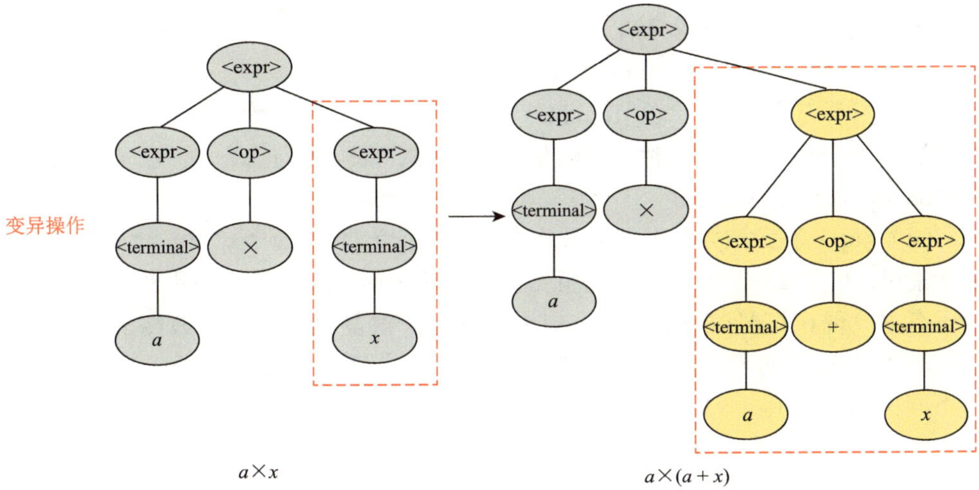


图 8.7　GGGP 派生树突变示例

< op >< expr > ), 或 <terminal>, 我们不妨给它们分别标注索引(0, 1, 2). 现在, 基因序列中的第一个数字 235 除以<expr>中索引 (0, 1, 2) 的总数 3, 得到余数 1. 因此, 符号<expr>被第二个符号表达式(< expr >< op >< expr >) 替换, 其索引为 1.

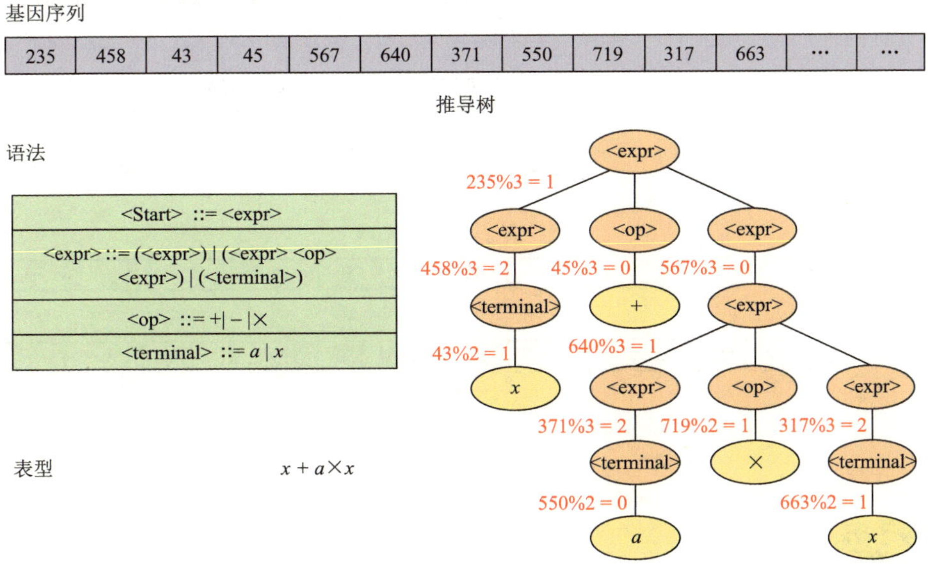


图 8.8　GE 通过使用 MOD 映射规则从随机整数序列（基因型）的线性表达到表达树（表型）的推导过程示例

（2）对（< expr >< op >< expr >）中的第一个<expr>重复上述步骤. 我们将基

因序列中的第二个数 458 除以 3，得到它的余数 2，因此<expr>被索引为 2 的<terminal>替换，得到（<terminal><op><expr>）.

（3）当第三个数 43 除以<terminal>中索引（0, 1）的总数 2 时，我们得到余数 1. 因此<terminal>被替换为变量的名称，表示为 $x$. 符号表达式为 $(x < op >< expr >)$.

（4）<op>有三个候选项（见语法表的第三行）“+”、“ ”和“*”，分别被赋予索引（0, 1, 2）. 当下一个随机数 45 除以 3 时，余数为 0. 因此<op>被符号“+”代替. 现在符号表达式变成 $(x + < expr >)$. 重复这些步骤，最终的<expr>可以被转换成相应的表达式. 这种转换方法非常灵活，可以根据所研究的问题设计不同的转换规则. 对于基因型的这种线性表示，交叉和变异的操作方法很容易应用. 如图 8.9 所示的例子，对于交叉，将来自两个不同基因型的两个被选数字序列进行交换；对于突变，将随机选择的数字改为新数字.

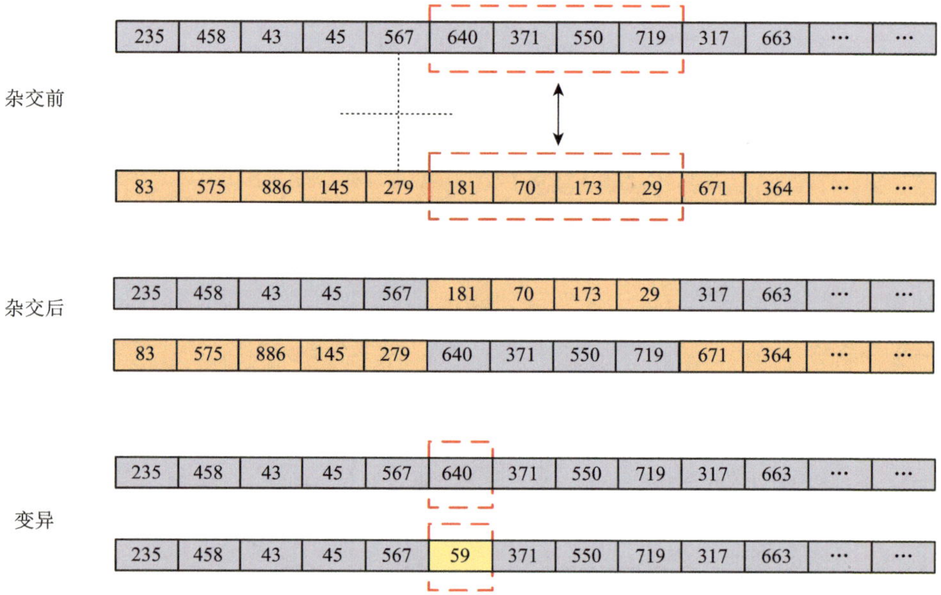


图 8.9　GE 方法中基因型之间/之中的交叉和突变示例

## 例 8.1

采用开源软件 gplearn（https://gplearn.readthedocs.io/en/stable/），该例子通过一个已知的真解来详细说明了基于“锦标赛选择”算法的 GP.

第一步：数据及所使用的算法参数

此例中的真解是

$$f(x)=x^2+\sin(x)+1. \qquad (E8.1)$$

通过式（E8.1），在 $x$ 从$-1.0$ 到 1.0 范围内以步长为 0.02 均匀产生大约 100 个数据. 表 E8.1 列出了所用参数的值. 这里群体大小表明一个群体中有多少个体. 最大迭代数是迭代次数的最大值. 平均绝对误差（MAE）是评估拟合性能的适应度参数，值越低越好. 以预设 MAE 作为迭代的停止准则，即所建立的公式已达到 MAE 要求的精度. 操作集包含一组数学运算符，终端集包含终端节点中使用的变量和数字. 初始迭代中树的形状和大小由两个参数控制，即初始深度和初始方法. 初始深度设置初始树的树深度范围. 例如，初始深度参数设置为（2, 6）时，允许初始迭代中的树随机选择树深度为 2, 3, 4, 5 和 6 中的一个整数. 初始方法提供了三个选项："grow"、"full"和"ramped-half-and-half". 选项"full"要求初始个体树中每个分支的深度必须同时达到随机指定的深度，选项"grow"不要求初始树的所有分支具有相同的深度，选项"ramped-half-and-half"是前两者的混合，即一半是"full"，一半是"grow"的树. 因为交叉和变异不会改变终端节点中的内容，所以后代公式树的形状和大小由遗传运算控制.

"锦标赛选择"也许是在 GP 繁殖中用于选择个体的最流行的方法. "锦标赛选择"选择策略每次从当下群体中抽取出一定数量个体（放回抽样），然后选择其中最好的一个进入下一代群体. 重复该操作，直到新的群体规模达到原来的群体规模. 这抽取出的一定数量个体形成为一个子集，子集内个体数称为锦标赛规模. 在这个例子中，比赛规模是 2，即两个个体. 在子集个体竞争中，具有较低 MAE 的个体被称为获胜者，并被选择用于繁殖. 为了进行交叉操作，需要两个分别来自不同子集的获胜者；而变异只需要一个子集中的获胜者. 优胜者也有机会直接成为下一代个体，即通过复制操作进入下一轮迭代. 交叉率、突变率和复制率相应地表示优胜者成为下一代个体的概率.

**表 E8.1 算法参数的预设值**

| 参数 | 值 |
|---|---|
| 群体大小 | 100 |
| 最大迭代数 | 2000 |
| 衡量标准（越低越好） | $\dfrac{\sum_{i=1}^{N}\lvert y_i-\hat{y}_i\rvert}{N}$ |
| 停止标准 | $\dfrac{\sum_{i=1}^{N}\lvert y_i-\hat{y}_i\rvert}{N}<10^{-5}$ |
| 运算集 | +×, sin |
| 终端集 | x, 1 |
| 初始深度 | （3, 3） |
| 初始方法 | full |
| "锦标赛"规模 | 2 |

续表

| 参数 | 值 |
|---|---|
| 交叉率 | 0.70 |
| 突变率 | 0.25 |
| 复制率 | 0.05 |

第二步：第 1 代群体

根据终端集和操作集，随机产生 100 个个体并形成第 1 代群体. 作为一个例子，图 E8.1 仅展示了前三个个体及其适应度（或误差），其中缩写“add”、“mul”和“sin”，分别表示“add（+）”、“mul（×）”和“sin 函数（sin）”，并将在下文中使用.

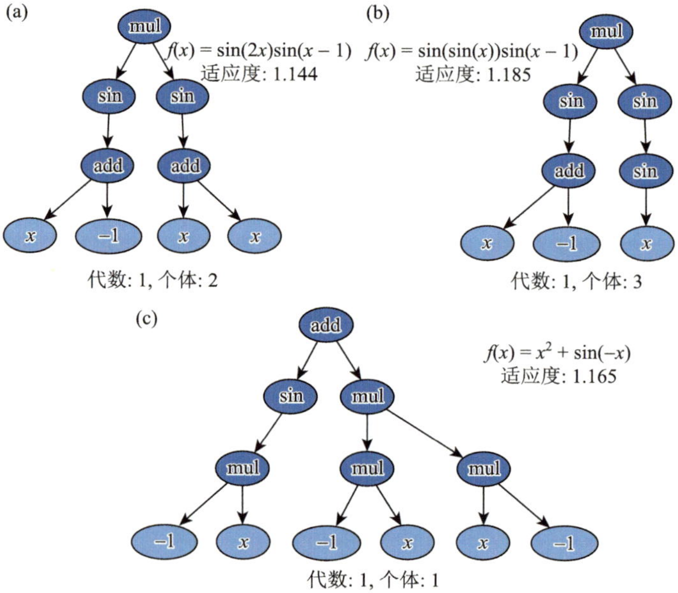


图 E8.1　初代中的三个个体（第 1 代）

第三步：繁殖

在“锦标赛选择”中，第 1 代中的个体 85、73、64 和 52 分别击败了它们的竞争对手个体 97、89、7 和 49，获胜者/失败者的 MAE 为 1.32/2.95、1.02/6.03、0.92/1.34 和 1.33/3.36，获胜者成为繁殖第 2 代的双亲样本. 如图 E8.2，从获胜者中随机选择父母 85 和 73，并相互交配产生两个后代. 在“锦标赛选择”中，只有一个后代被随机选择成为第 2 代中的个体，另一个被丢弃. 通过突变，父代个体 64 在第 2 代中变为个体 3，如图 E8.3 所示. 父代个体 52 幸运地存活到第 2 代，如图 E8.4 所示. 为了使第 2 代群体中有 100 个个体，“锦标赛选择”将继续进行. 本例使用 gplearn 一共随机选择了 89 个子集，包括 44 个重复的子集，因此只剩下 45 个获胜者. 因在不同的子集中, 有些个体也是相同的, 所以本例总共只计算了 82 个不同个体的 MAE. 这 45 个获胜者通过 75%交叉概率、20%突变概率和 5%复制概率来繁殖出有 100 个个体第 2 代群体.

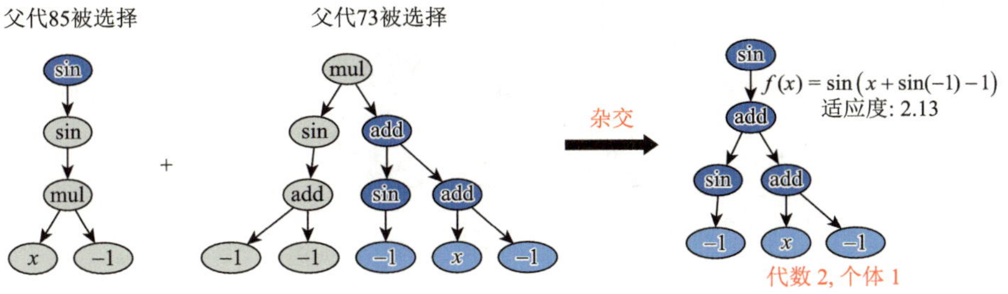


图 E8.2　第 2 代中个体 1 的繁殖

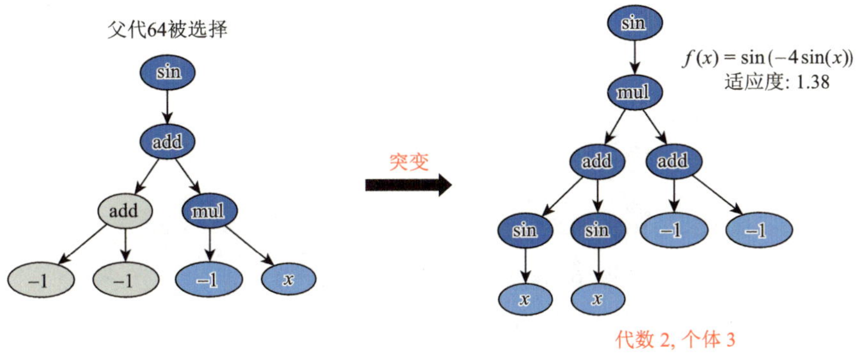


图 E8.3　第 2 代中个体 3 的繁殖

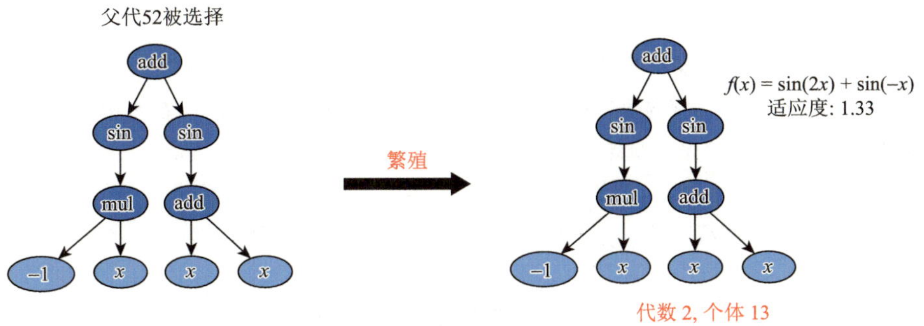


图 E8.4　第 1 代中的个体 52 被复制为第 2 代中的个体 13

第四步: 迭代直到满足停止标准

迭代一代接一代地递推进行. 满足迭代收敛标准的公式出现在第 6 代, 其树形如图 E8.5 所示.

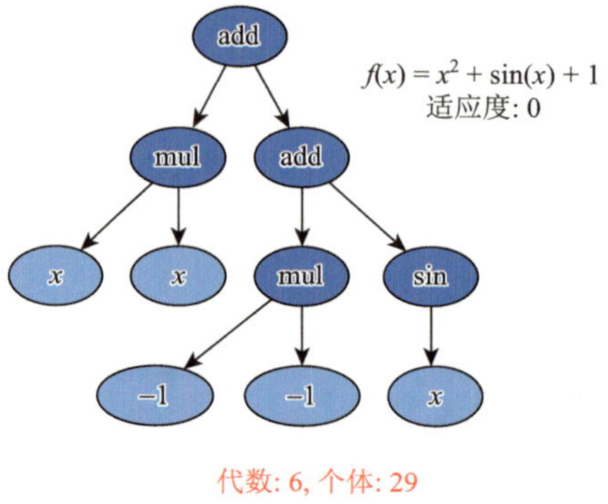


图 E8.5　在第 6 代中发现的公式

应当注意，由于 GP 是一种随机优化算法，在 6 代内可能找不到完全正确的结果．在另外两次独立的程序运行中，经不同迭代次数后发现了不同树形的公式（图 E8.6）．

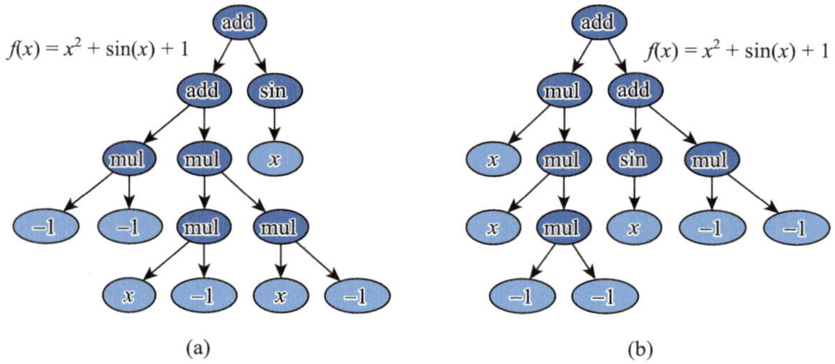


图 E8.6　另外两次独立运行分别在第 8 代（a）和第 74 代（b）中发现了该公式

如上所述，“锦标赛选择”具有产生大量后代多样性的优点，因此一代更比一代强，在上一代中有一些具有最高拟合度的个体可能会在下一代，或下几代中被淘汰．在本例中，所有数据都是从相同的公式中生成的，没有任何噪声，因此贪婪选择算法可能更合适．

## 8.4　LASSO 在符号回归中的应用

第 2 章描述了 LASSO 方法（Tibshirani, 1996），它是基于压缩感知理论（Candes and Wakin, 2008），并起源于信号处理和图像压缩领域．从 SR 的大量候选树中，LASSO 也可以选择候选树，就像第 2 章所述的特征选择一样．最近 LASSO（或改进的 LASSO）材料科学领域寻找材料性能显式分析表达式方面已经有很多应用（Ghiringhelli et al., 2017, 2015；Nelson et al., 2013）．

# 作 业

根据公式 $f(x)=x_1^2-x_2^2+x_1-1$，其中 $x_1$ 和 $x_2$ 范围是–1.0 到 1.0，步长是 0.1，创建虚拟数据. 基于人工数据集，使用 gplearn 包运行遗传编程. 请使用下表中给定的算法参数预设值，其他参数使用 gplearn 的默认值.

| 参数 | 值 |
|---|---|
| 群体大小 | 4 |
| 最大迭代数 | 2000 |
| 衡量标准（越低越好） | $\dfrac{\sum_{i=1}^{N}\lvert y_i-\hat{y}_i\rvert}{N}$ |
| 停止标准 | $\dfrac{\sum_{i=1}^{N}\lvert y_i-\hat{y}_i\rvert}{N}<10^{-5}$ |
| 运算集 | $+,-,\times$ |
| 终端集 | $x_1,x_2,-1$ |

1. 请给出初代四个个体的公式树.

2. 请用“锦标赛选择”算法从初代中选择一些个体，在优胜者之间进行交叉、变异和复制遗传操作.

3. 请给出从遗传编程得到的最终回归公式.

## 参 考 文 献


Amir H M, Ebadzadeh M M, Folino G. 2017. Statistical genetic programming for symbolic regression. Applied Soft Computing, 60: 447-469.

Burke E, Gustafson S, Kendall G. 2003. Ramped half-n-half initialisation bias in GP//Cantú-Paz E, et al. ed. Genetic and Evolutionary Computation—GECCO 2003. Berlin and Heidelberg: Springer: 1800-1801.

Candes E J, Wakin M B. 2008. An introduction to compressive sampling. IEEE Signal Processing Magazine, 25(2): 21-30.

de Jong K A. 2006. Evolutionary Computation: A Unified Approach. Cambridge: MIT Press.

Fogel L J, Owens A J, Walsh M J. 1966. Artificial Intelligence Through Simulated Evolution. Hoboken: Wiley-IEEE Press.

Fonseca C M, Fleming P J. 1995. An overview of evolutionary algorithms in multiobjective optimization. Evolutionary Computation, 3(1): 1-16.

Gan Z, Chow T W S, Chau W N. 2009. Clone selection programming and its application to symbolic regression. Expert Systems with Applications, 36(2): 3996-4005.

Ghiringhelli L M, Vybiral J, Ahmetcik E. 2017. Learning physical descriptors for materials science by compressed sensing. New Journal of Physics, 19(2): 023017.

Ghiringhelli L M, Vybiral J, Levchenko S V. 2015. Big data of materials science: Critical role of the descriptor. Physical Review Letters, 114(10): 105503.

Hoai N X, McKay R I, Essam D. 2002. Solving the symbolic regression problem with tree-adjunct grammar guided genetic programming: The comparative results. Proceedings of the 2002 Congress on Evolutionary Computation, 2: 1326-1331.

Holland J H. 1992a. Genetic algorithms. Scientific American, 267(1): 66-73.

Holland J H. 1992b. Adaptation in Natural and Artificial Systems: An Introductory Analysis with Applications to Biology, Control, and Artificial Intelligence. Cambridge: MIT Press.

Johnson C G. 2003. Artificial Immune System Programming for Symbolic Regression. Berlin and Heidelberg: Springer: 345-353.

Koza J R. 1992. Genetic Programming: On the Programming of Computers by Means of Natural Selection. Cambridge: MIT Press.

Lu Q, Ren J, Wang Z G. 2016. Using genetic programming with prior formula knowledge to solve symbolic regression problem. Computational Intelligence and Neuroscience, (2): 1-17.

Luke S, Panait L. 2002. Fighting Bloat with Nonparametric Parsimony Pressure. Berlin and Heidelberg: Springer: 411-421.

Luke S, Panait L. 2006. A comparison of bloat control methods for genetic programming. Evolutionary Computation, 14(3): 309-344.

McKay R I, Hoai N X, Whigham P A. 2010. Grammar-based genetic programming: A survey. Genetic Programming and Evolvable Machines, 11(3): 365-396.

Montana D J. 1995. Strongly typed genetic programming. Evolutionary Computation, 3(2): 199-230.

Nelson L J, Hart G L W, Zhou F. 2013. Compressive sensing as a paradigm for building physics models. Physical Review B, 87(3): 035125.

Poli R, Langdon W B, McPhee N F. 2008. A Field Guide to Genetic Programming. Morrisville: Lulu Press.

Poli R, McPhee N F. 2008. Parsimony Pressure Made Easy. New York: ACM Press.

Rechenberg I. 1965. Cybernetic solution path of an experimental problem. In Royal Aircraft Establishment Library Translation, 1122.

Ryan C, Collins J J, Neill M O. 1998. Grammatical Evolution: Evolving Programs for an Arbitrary Language. Berlin and Heidelberg: Springer: 83-96.

Sette S, Boullart L. 2001. Genetic programming: Principles and applications. Engineering Applications of Artificial Intelligence, 14(6): 727-736.

Smits G F, Kotanchek M. 2005. Genetic Programming Theory and Practice II. Boston: Springer: 283-299.

Tibshirani R. 1996. Regression shrinkage and selection via the LASSO. Journal of the Royal Statistical Society Series B (Methodological), 73(1): 273-282.

Vergilio S R, Pozo A. 2006. A grammar-guided genetic programming framework configured for data mining and software testing. International Journal of Software Engineering and Knowledge Engineering, 16: 245-267.

# 第 9 章

# 神经网络

## 9.1 神经网络和感知机

在人工智能、数据库以及机器学习领域中, 神经网络（neural network, NN）或者人工神经网络（artificial NN, ANN）（Hopfield, 1982；Ackley et al., 1985；McCulloch and Pitts, 1990；Tickle et al., 1998）是从生物学神经网络中得到启示而发展起来的. 如图 9.1 所示, 神经网络是一种层状结构. 第一层为输入层, 最后一层为输出层, 介于两者之间的是中间层, 也被称为隐藏层. 每一层都有神经元（节点）, 输入层和输出层的神经元数量分别对应于特征数和响应数的数量. 直观上, 突触将神经元与离它最近的一层的神经元连接起来. 在简单的 NN 中, 在同一层之间的神经元无突触连接, 突触也不会将一层的神经元连接到稍远的另一层, 而是连接离它最近的那一层. 具有这种拓扑结构的网络称为多层前馈神经网络. 隐藏层中的神经元是用于生成预测的数学（逻辑）运算符. 一个数学（逻辑）运

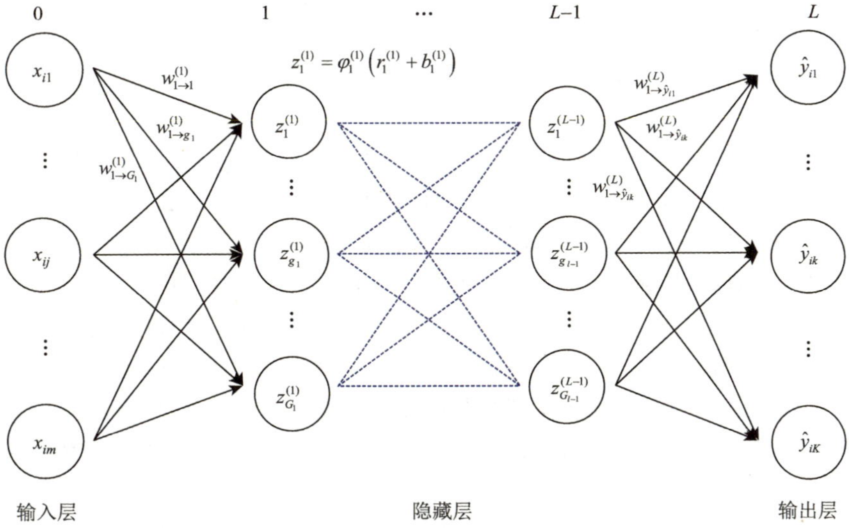


图 9.1　神经网络结构

算符使用一个激活函数来实现数学（逻辑）运算，然后以加权的方式将结果传递给下一层神经元. 输出层中的神经元收集预测结果并做出最终的判断. 如果一个神经网络中有 $L$–1 个隐藏层，则神经网络的层总数为 $L$，这意味着即使必须存在输入层和输出层，最小的神经网络也只有一层. 这可能是由于输入层中的神经元没有数学（逻辑）运算函数，而输出层中的神经元也可能有或者没有数学（逻辑）运算函数.

让我们从一些基于感知机的神经网络的简单例子开始本章的学习. 如第 3 章所述，感知机二值分类器能够找到一个分离的超平面，将数据分成两类. 因此，感知机二值分类器可以直接执行 AND（与），OR（或），以及 AND NOT = NAND（与非）等逻辑运算. 图 9.2（a1）表明逻辑运算 AND, OR 和 NAND 在输入层包含两个神经元，在输出层包含一个神经元. 如图 9.2（a2）所示，XOR（异或）结合逻辑 AND 和 NAND，同时找到两个分离的超平面，因此在输入层和输出层都有两个神经元. 为了方便说明逻辑运算，我们使用 0 和 1 来分别表示假和真. 接下来考虑两个特征在四种不同类型事件下的简单例子，其中每个特征都可以是 false(0) 或 true（1）. true（$y = 1$）值类别在逻辑 AND 中被定义为一个事件只有当两个特征都为真时才是真，因此对于 $y = 1$ 只有一个真值点（1, 1）. 相应地，false（$y = 0$）值类别在逻辑 AND 中被定义为两个特征里面有一个为假（或者两者都为假），因此对于 $y = 0$ 有三个假值点：（0, 0），（1, 0）和（0, 1）. 逻辑 AND 中四个点：三个假值点（0, 0），（1, 0），（0, 1），以及一个真值点（1, 1）. 逻辑上真值的 AND 操作相当于寻找一个分离的超平面 $\boldsymbol{XW} + b = 0$ 将真值点（1, 1）与其他三个假值点分开，其中 $\boldsymbol{X}$ 是数据，$\boldsymbol{W} = (w_1, w_2)^{\mathrm{T}}$ 是分离超平面的法向量，$b$ 是截距，也叫作偏置. 在分离超平面正侧的任何点都表示真值事件，也就是 $\boldsymbol{X}_i\boldsymbol{W} + b > 0$ 与 $y = 1$，其中 $\boldsymbol{X}_i = (x_{i1}, x_{i2}), i = 1, 2, 3, 4$. 而分离超平面负侧的任何点都表示假值事件，$\boldsymbol{X}_i\boldsymbol{W} + b < 0$ 与 $y = 0$，其中 $\boldsymbol{X}_{i\cdot} = (x_{i1}, x_{i2}), i = 1, 2, 3, 4$. 显然，存在许多分离的超平面，能将 $y = 1$ 的真值点（1, 1）和 $y = 0$ 的假值点（0, 0），（1, 0）和（0, 1）分离出来，这意味着求解方案不是唯一的，如图 9.2（b1）所示. true（$y = 1$）值类别在逻辑 OR 中被定义为其中一个特征为真. 在逻辑 OR 下，（1, 0），（0, 1）和（1, 1）的三个数据在真值类别 $y = 1$ 中，而数据（0, 0）在假值类别 $y = 0$ 中. 逻辑 OR 操作相当于寻找一个分离的超平面 $\boldsymbol{XW} + b = 0$，右侧有三个数据为（1, 0），（0, 1）和（1, 1），左侧数据为（0, 0），如图 9.2（b2）所示. true（$y = 1$）值类别与 false（$y = 0$）值类别在逻辑 NAND 中被定义为相同条件下与逻辑 OR 结果相反的类别，因此逻辑 NAND 可以通过改变逻辑 OR 的法向量 $\boldsymbol{W}$ 的符号来实现，如图 9.2（b3）所示. true（$y = 1$）值类别在逻辑 XOR 中当且仅当一个特征为真，即（1, 0）和（0, 1）的数据属于真值类 $y = 1$ 和（0, 0）和（1, 1）的数据属于假值类 $y = 0$ 时才会出现. 逻辑 XOR 运算等价于找到两个分离的超平面，在它们

之间建立一个真值区域, 所有其他区域都被识别为假值区域. 类似地, 每个逻辑运算都存在许多分离的超平面, 如图 9.2（b4）所示.

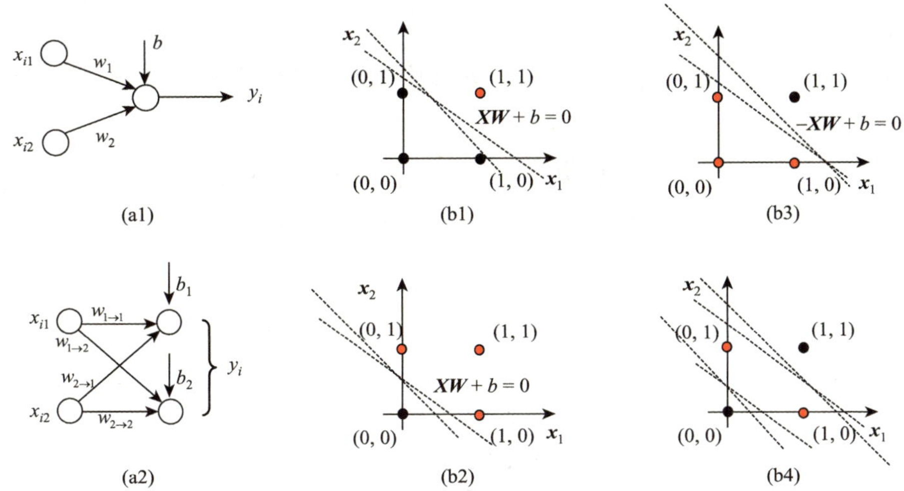

图 9.2 （a1）为 AND、OR 和 NAND 的神经网络结构,（a2）是 OR 的神经网络结构.（b1）,（b2）,（b3）和（b4）分别是对逻辑运算 AND、OR、NAND 和 XOR 的介绍说明, 其中红点和黑点分别表示由 $y=1$ 和 $y=0$ 标记的真假事件

## 9.2 反向传播算法

假设有一个由 $n$ 个数据组成的数据集 $D=\{(\boldsymbol{X}_1,\boldsymbol{Y}_1),(\boldsymbol{X}_2,\boldsymbol{Y}_2),\cdots,(\boldsymbol{X}_n,\boldsymbol{Y}_n)\}$, 其中 $\boldsymbol{X}_i=(x_{i1},x_{i2},\cdots,x_{im})$ $(i=1,2,\cdots,n)\in\mathbf{R}^m$ 表示一个 $1\times m$ 的输入特征向量, $\boldsymbol{Y}_i=(y_{i1},y_{i2},\cdots,y_{iK})\in\mathbf{R}^K$ 是一个 $1\times K$ 的响应向量. 图 9.1 展示了一个 $L$ 层的神经网络, 第一个和最后一个隐藏层分别用 1 和 $L-1$ 表示, 第 $L$ 层为输出层. 隐藏层 $l(l=1,2,\cdots,L-1)$ 中神经元表示为 $g_l(g_l=1,2,\cdots,G_l)$, 神经元 $g_l$ 接收到的隐变量用 $r_{g_l}^{(l)}$ 表示. 需要注意的是, 不同层之间神经元的数量可能会不同. 神经元 $g_l$ 的激活函数, 对接收到的变量 $r_{g_l}^{(l)}$ 进行数学（逻辑）运算, 生成隐变量 $z_{g_l}^{(l)}$, $z_{g_l}^{(l)}$ 将通过突触以加权方式向前发送到“连接”下一层 $l+1$ 的神经元. 同样, 前向突触将 $l-1$ 层中所有的神经元 $g_{l-1}(g_{l-1}=1,2,\cdots,G_{l-1})$ 生成的隐变量 $z_{g_{l-1}}^{(l-1)}$ 以加权的方式连接到 $l$ 层的神经元 $g_l$ 中. 记权重系数为 $w_{g_{l-1}\to g_l}^{(l)}$, 则神经元 $g_l$ 接收到的变量为

$$r_{g_l}^{(l)}=\sum_{g_{l-1}=1}^{G_{l-1}} z_{g_{l-1}}^{(l-1)} w_{g_{l-1}\to g_l}^{(l)}=Z_{g_{l-1}}^{(l-1)} W_{g_{l-1}\to g_l}^{(l)}, \tag{9.1}$$

其中 $Z_{g_{l-1}}^{(l-1)}=\left(z_1^{(l-1)},z_2^{(l-1)},\cdots,z_{G_{l-1}}^{(l-1)}\right)$ 表示上一层 $l-1$ 的所有神经元的输出矢量, $W_{g_{l-1}\to g_l}^{(l)}=\left(w_{1\to g_l}^{(l)},w_{2\to g_l}^{(l)},\cdots,w_{G_{l-1}\to g_l}^{(l)}\right)^{\mathrm{T}}$ 是对应的权重矢量. 接收标量 $r_{gl}^{(l)}$ 加上偏置

$b_{g_l}^{(l)}$ 后成为神经元 $g_l$ 激活函数 $\varphi_{g_l}^{(l)}$ 的宗量，激活函数 $\varphi_{g_l}^{(l)}$ 则生成隐变量 $z_{g_l}^{(l)}$：

$$z_{g_l}^{(l)}=\varphi_{g_l}^{(l)}\left(r_{g_l}^{(l)}+b_{g_l}^{(l)}\right)=\varphi_{g_l}^{(l)}\left(Z_{g_{l-1}}^{(l-1)}W_{g_{l-1}\to g_l}^{(l)}+b_{g_l}^{(l)}\right)\left(g_l=1,2,\cdots,G_l\right). \quad (9.2\text{a})$$

偏置 $b_{g_l}^{(l)}$ 可以作为一个阈值来控制神经元 $g_l$ 产生的隐变量. 第一个隐藏层中的每个神经元接收来自所有输入神经元的信息，执行数学（逻辑）运算，然后传递信息到第二个隐藏层. 因此在类似的处理中，我们可得第一个隐藏层神经元的隐变量 $z_{g_1}^{(1)}$：

$$z_{g_1}^{(1)}=\varphi_{g_1}^{(1)}\left(\boldsymbol{X}W_{x\to g_1}^{(1)}+b_{g_1}^{(1)}\right)\quad\left(g_1=1,2,\cdots,G_1\right). \quad (9.2\text{b})$$

如上所述，输出层可能有也可能没有数学（逻辑）运算函数. 为了表面上的一致性，输出层仍然用类似的术语表示

$$\hat{y}_k=\varphi_{y_k}^{(L-1)}\left(Z_{g_{L-1}}^{(L-1)}W_{g_{L-1}\to\hat{y}_k}^{(L)}+b_{\hat{y}_k}^{(L)}\right). \quad (9.2\text{c})$$

在上面的描述中，隐藏层和输出层中的每个神经元都可能有自己的激活函数. 这样神经网络会使用太多的激活函数而过于复杂. 实际上，每一层的神经元使用一个公共的激活函数来处理不同的隐变量，这样 $\varphi_{g_l}^{(l)}$ 被 $\varphi(l)$ $(l=1,2,\cdots,L-1)$ 所代替. 神经网络中最常用的激活函数如表 9.1 所示，激活函数图如图 9.3 所示.

**表 9.1　三种常用激活函数**

| 名称 | 激活函数 | 激活函数导数 | 图示 |
|---|---|---|---|
| sigmoid | $\varphi=\dfrac{1}{1+\exp(-u)}$ | $\dfrac{\mathrm{d}\varphi}{\mathrm{d}u}=\varphi(1-\varphi)$ | 图 9.3（a1），（b1） |
| tanh | $\varphi=\dfrac{\exp(u)-\exp(-u)}{\exp(u)+\exp(-u)}$ | $\dfrac{\mathrm{d}\varphi}{\mathrm{d}u}=1-\varphi^2$ | 图 9.3（a2），（b2） |
| ReLU | $\varphi=\max(0,u)$ | $\dfrac{\mathrm{d}\varphi}{\mathrm{d}u}=\begin{cases}0, & u<0,\\ \text{non}, & u=0,\\ 1, & u>0\end{cases}$ | 图 9.3（a3），（b3） |

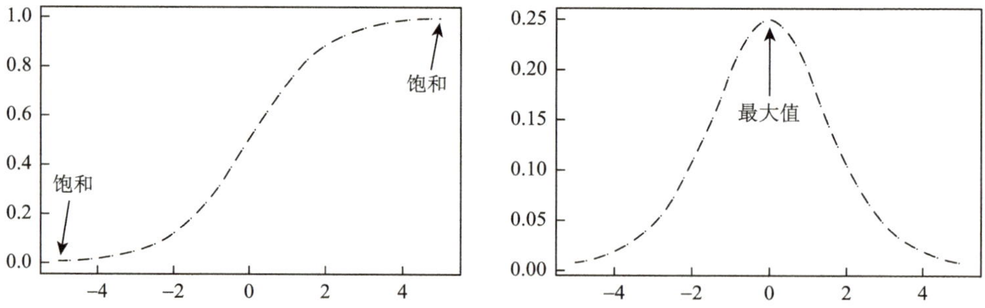


(a1) sigmoid 激活函数　　(b1) sigmoid 函数的导数

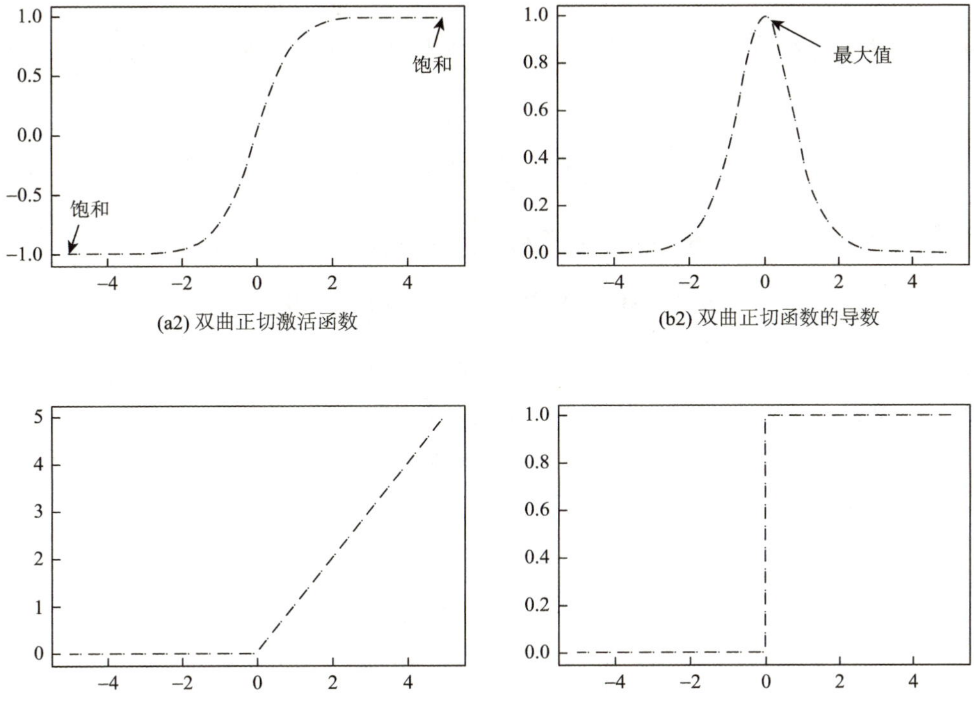


(a2) 双曲正切激活函数　(b2) 双曲正切函数的导数

(a3) ReLU 激活函数　(b3) ReLU 激活函数的导数

图 9.3　三种常用激活函数及其导数

误差反向传播（BP）方法（Biron, 1997；Buscema, 1998）是训练神经网络的常用方法, 通过最小化损失函数来确定 $W^{(L)}_{g_{L-1}\to\hat{y}_k}$, $b^{(L)}_{\hat{y}_k}$, $W^{(l)}_{g_{l-1}\to g_l}$ 以及 $b^{(l)}_{g_l}(g_l=1,2,\cdots,G_l, l=1,2,\cdots,L-1)$ 所有参数的值. 如第 2 章所述, RSS 是广泛用于回归的损失函数,

$$\mathcal{L}(\boldsymbol{W})=\frac{1}{2}\sum_{i=1}^{n}\left[\!\left[\hat{\boldsymbol{Y}}_i(\boldsymbol{X}_i,\boldsymbol{W})-\boldsymbol{Y}_i(\boldsymbol{X}_i)\right]\!\right]^2, \tag{9.3a}$$

其中 $\boldsymbol{W}=\left\{W^{(L)}_{g_{L-1}\to\hat{y}_k}, W^{(l)}_{g_{l-1}\to g_l}, b^{(l)}_{g_l}, b^{(L)}_{\hat{y}_k}\right\}(g_l=1,2,\cdots,G_l, l=1,2,\cdots,L-1)$ 代表所有的训练参数. 训练参数包含了所有权重系数和所有偏置, 经常简称权重. 最小化损失函数优化了所有训练参数的值:

$$\hat{\boldsymbol{W}}=\underset{\boldsymbol{W}}{\operatorname{argmin}}\,\mathcal{L}(\boldsymbol{W}). \tag{9.3b}$$

$\mathcal{L}(\boldsymbol{W})$ 的最小化要求 $\mathcal{L}(\boldsymbol{W})$ 相对于 $\boldsymbol{W}$ 的梯度为 0, 即

$$\nabla\mathcal{L}(\boldsymbol{W})=0. \tag{9.4a}$$

引入 $\mathcal{L}_i(\boldsymbol{W})=\left[\!\left[\hat{\boldsymbol{Y}}_i(\boldsymbol{X}_i,\boldsymbol{W})-\boldsymbol{Y}_i(\boldsymbol{X}_i)\right]\!\right]^2$，公式（9.3a）简写为 $\mathcal{L}(\boldsymbol{W})=\frac{1}{2}\sum_{i=1}^{n}\mathcal{L}_i(\boldsymbol{W})$.
因此

$$\nabla\mathcal{L}(\boldsymbol{W})=\sum_{i=1}^{n}\nabla\mathcal{L}_i(\boldsymbol{W})=0. \tag{9.4b}$$

求解式（9.4b）可得到 $\boldsymbol{W}$ 的值. 通常利用梯度下降法来求解 $\boldsymbol{W}$,

$$\boldsymbol{W}^{\text{new}}=\boldsymbol{W}-\eta\nabla\mathcal{L}(\boldsymbol{W})=\boldsymbol{W}-\eta\sum_{i=1}^{n}\nabla\mathcal{L}_i(\boldsymbol{W}), \tag{9.5}$$

其中 $\eta\in(0,1]$ 称为学习率或步长. 显然, 在点 $\boldsymbol{W}$ 处的梯度下降显示了从 $\boldsymbol{W}$ 逼近最优的 $\hat{\boldsymbol{W}}$ 的方向, 学习率给出了迭代中的步长有多大. 应选择合适的 $\eta$ 值, 因为 $\eta$ 值过大可能引起振荡, 所以 $\eta$ 值过小则收敛缓慢. 虽然梯度下降方法中的每一步都执行线性迭代, 但它可以处理非线性问题. BP 方法从迭代输出层的权重系数 $W^{(L)}_{g_{L-1}\to\hat{y}_k}$ 和偏置值 $b^{(L)}_{\hat{y}_k}$ 开始. 因此, 对于每个输入数据, 有

$$W^{(L)\text{new}}_{g_{L-1}\to\hat{y}_k}=W^{(L)}_{g_{L-1}\to\hat{y}_k}-\eta\frac{\partial\mathcal{L}_i}{\partial W^{(L)}_{g_{L-1}\to\hat{y}_k}}, \tag{9.6a}$$

$$b^{(L)\text{new}}_{\hat{y}_k}=b^{(L)}_{\hat{y}_k}-\eta\frac{\partial\mathcal{L}_i}{\partial b^{(L)}_{\hat{y}_k}}, \tag{9.6b}$$

以及

$$\frac{\partial\mathcal{L}_i}{\partial W^{(L)}_{g_{L-1}\to\hat{y}_k}}=\sum_{k=1}^{K}\frac{\partial\mathcal{L}_i}{\partial\hat{y}_k}\frac{\partial\hat{y}_k}{\partial\varphi^{(L-1)}}\frac{\partial\varphi^{(L-1)}}{\partial W^{(L)}_{g_{L-1}\to\hat{y}_k}}, \tag{9.6c}$$

$$\frac{\partial\mathcal{L}_i}{\partial b^{(L)}_{\hat{y}_k}}=\sum_{k=1}^{K}\frac{\partial\mathcal{L}_i}{\partial\hat{y}_k}\frac{\partial\hat{y}_k}{\partial\varphi^{(L-1)}}\frac{\partial\varphi^{(L-1)}}{\partial b^{(L)}_{\hat{y}_k}}. \tag{9.6d}$$

类似地, 系数 $W^{(l)}_{g_{l-1}\to g_l}$ 还有阈值 $b^{(l)}_{g_l}(g_l=1,2,\cdots,G_l,l=1,2,\cdots,L-1)$ 将用导数链式法则以 BP 方式迭代, 从而

$$W^{(l)\text{new}}_{g_{l-1}\to g_l}=W^{(l)}_{g_{l-1}\to g_l}-\eta\frac{\partial\mathcal{L}_1}{\partial W^{(l)}_{g_{l-1}\to g_l}}, \tag{9.7a}$$

$$b^{(l)\text{new}}_{g_l}=b^{(l)}_{g_l}-\eta\frac{\partial\mathcal{L}_1}{\partial b^{(l)}_{g_l}}, \tag{9.7b}$$

以及

$$\frac{\partial\mathcal{L}_1}{\partial W^{(l)}_{g_{l-1}\to g_l}}=\sum_{k=1}^{K}\frac{\partial\mathcal{L}_1}{\partial\hat{y}_k}\frac{\partial\hat{y}_k}{\partial\varphi^{(L-1)}}\cdots\frac{\partial\varphi^{(l)}}{\partial W^{(l)}_{g_{l-1}\to g_l}}, \tag{9.7c}$$

$$\frac{\partial\mathcal{L}_1}{\partial b^{(l)}_{g_l}}=\sum_{k=1}^{K}\frac{\partial\mathcal{L}_1}{\partial\hat{y}_k}\frac{\partial\hat{y}_k}{\partial\varphi^{(L-1)}}\cdots\frac{\partial\varphi^{(l)}}{\partial b^{(l)}_{g_l}}. \tag{9.7d}$$

当使用全部训练数据对所有训练参数 $W^{(L)}_{g_{L-1}\to\hat{y}_k}$ , $b^{(L)}_{\hat{y}_k}$ , $W^{(l)}_{g_{l-1}\to g_l}$ 以及 $b^{(l)}_{g_l}(g_l=1,2,\cdots,G_l,l=1,2,\cdots,L-1)$ 更新完一次之后, 迭代过程就进行了一轮, 称之为一个 epoch. 然后迭代过程继续进行, 直到损失函数收敛, 或者达到预设的 epoch 数目的最大值. 显然, BP 方法是试图在训练参数空间中寻找全局最小值. 找到全局最小值是一个巨大的挑战, 在最坏的情况下, BP 方法可能经常只能找到一个局部最小值或一个鞍点. 目前有不同的方法进行迭代, 在全批量处理方法中, $\nabla\mathcal{L}_i(\boldsymbol{W})(i=1,2,\cdots,n)$ 由所有的 $n$ 个数据计算得到, 然后利用 $\nabla\mathcal{L}(\boldsymbol{W})=\sum_{i=1}^{n}\nabla\mathcal{L}_i(\boldsymbol{W})$ 来迭代更新 $\boldsymbol{W}$. 全批量方法的迭代精度在很大程度上依赖于训练参数的初始值, 通常只能找到一个局部最小值. 在小批量(mini-batch)方法中, 利用 $n$ 个训练数据的随机子集 $S$ 计算 $\nabla\mathcal{L}(\boldsymbol{W})=\sum_{l=1}^{\hat{n}}\nabla\mathcal{L}_l(\boldsymbol{W})$, 子集 $S$ 由 $\hat{n}<n$ 个数据组成, $\hat{n}$ 称为批量大小(batch size). 从训练数据集随机选取不同的子集用于不同的迭代过程. 这种小批量处理方法的一个特殊情况是子集 $S$ 是一个单数据, 如果训练参变量的每个迭代步骤都使用一个单独的数据进行, 不同的迭代步骤采用从训练数据集中随机选择不同的数据, 则该方法是随机的, 且批量大小为 1. 小批量方法和随机方法的优点在于找到全局最小值的可能性很大.

## 例 9.1

表 E9.1 中列出的四种无铅焊料合金数据包括银(Ag)、铜(Cu)和铋(Bi)三种化学元素(单位为 wt.%)特性, 以及一个目标函数: 屈服强度 $\sigma_y$(MPa). 这里用神经网络进行回归来显示 BP 方法. 目标数据被归一化到为[0, 1], 展示在表 E9.1 中.

**表 E9.1 无铅焊料合金数据**

| 样本号 | Ag(wt.%) | Cu(wt.%) | Bi(wt.%) | $\sigma_y$(MPa) | 归一化后 $\hat{\sigma}_y$ |
|---|---|---|---|---|---|
| 1 | 3.8 | 0.7 | 0 | 42 | 0 |
| 2 | 3 | 0 | 2 | 48 | 1 |
| 3 | 3 | 2 | 0 | 46 | 0.67 |
| 4 | 3 | 4 | 0 | 43 | 0.17 |

图 E9.1 展示了本例的神经网络结构, 它包含了三个神经元的输入层、两个神经元的隐藏层和一个神经元的输出层. 隐藏层中的神经元 1 和神经元 2 分别从输入层的三个神经元接收到变量 $r^{(1)}_{i1}=x_{i1}w^{(1)}_{1\to1}+x_{i2}w^{(1)}_{2\to1}+x_{i3}w^{(1)}_{3\to1}$ 和 $r^{(1)}_{i2}=x_{i1}w^{(1)}_{1\to2}+x_{i2}w^{(1)}_{2\to2}+x_{i3}w^{(1)}_{3\to2}$, 并加上常数 $b^{(1)}_1$ 和 $b^{(1)}_2$. 然

后激活函数 $\varphi_1^{(1)}$ 和 $\varphi_2^{(1)}$ 使用相同的sigmoid型函数 $\varphi(u)=\dfrac{1}{1+\exp(-u)}$，即 $\varphi=\varphi_1^{(1)}=\varphi_2^{(1)}$，分别作用于 $\left(r_{i1}^{(1)}+b_1^{(1)}\right)$ 和 $\left(r_{i2}^{(1)}+b_2^{(1)}\right)$，最后生成 $z_{i1}^{(1)}$ 和 $z_{i2}^{(1)}$. 输出层中的神经元没有激活函数，接收变量 $r_{i1}^{(2)}=z_{i1}^{(1)}w_{1\to1}^{(2)}+z_{i2}^{(1)}w_{2\to1}^{(2)}$，然后加上常数 $b_1^{(2)}$，经传递输出 $\hat{y}_i=r_{i1}^{(2)}+b_1^{(2)}$.

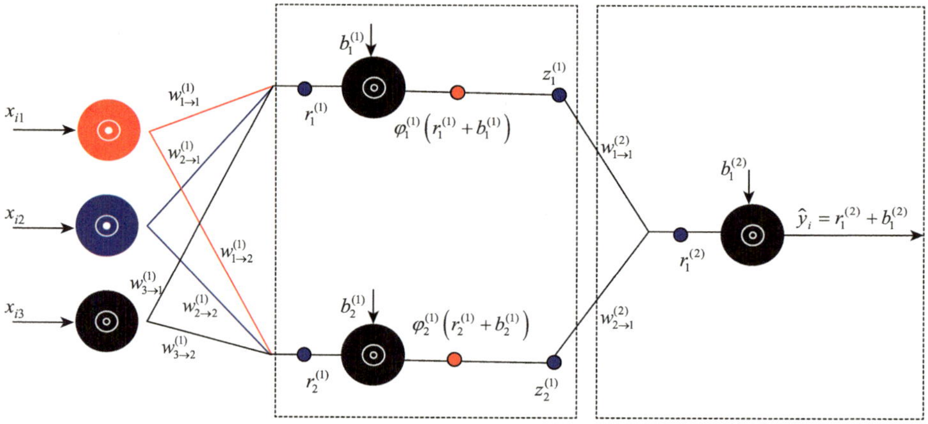


图 E9.1　例 9.1 中使用的神经网络结构（$i=1, 2, 3, 4$）

神经网络中有 11 个参数，其中包括 8 个隐藏层参数 $\left\{w_{1\to1}^{(1)}, w_{1\to2}^{(1)}; w_{2\to1}^{(1)}, w_{2\to2}^{(1)}; w_{3\to1}^{(1)}, w_{3\to2}^{(1)}; b_1^{(1)}, b_2^{(1)}\right\}$ 以及 3 个输出层参数 $\left\{w_{1\to1}^{(2)}, w_{2\to1}^{(2)}; b_1^{(2)}\right\}$. 由式（9.2b）可得

$$z_{i1}^{(1)}=\varphi_1^{(1)}\left(r_{i1}^{(1)}+b_1^{(1)}\right) \quad 和 \quad z_{i2}^{(1)}=\varphi_2^{(1)}\left(r_{i2}^{(1)}+b_2^{(1)}\right),$$

以及

$$r_{i1}^{(1)}=w_{1\to1}^{(1)}x_{i1}+w_{2\to1}^{(1)}x_{i2}+w_{3\to1}^{(1)}x_{i3} \quad (i=1,2,3,4),$$
$$r_{i2}^{(1)}=w_{1\to2}^{(1)}x_{i1}+w_{2\to2}^{(1)}x_{i2}+w_{3\to2}^{(1)}x_{i3} \quad (i=1,2,3,4).$$

由式（9.2c）可得

$$\hat{y}_i=w_{1\to1}^{(2)}z_{i1}^{(1)}+w_{2\to1}^{(2)}z_{i2}^{(1)}+b_1^{(2)} \quad (i=1,2,3,4).$$

损失函数为 $\mathcal{L}_i=\dfrac{1}{2}(\hat{y}_i-y_i)^2\ (i=1,2,3,4)$，其中 $\hat{y}_i$ 和 $y_i$ 分别为预测值和真实值. 最小化损失函数需要

$$\nabla\mathcal{L}_i(\boldsymbol{W})=(\hat{y}_i-y_i)\nabla\hat{y}_i=0.$$

通过式（9.7c）与式（9.7d），可以得出

$$\frac{\partial\mathcal{L}_i}{\partial w_{1\to1}^{(2)}}=(\hat{y}_i-y_i)\frac{\partial\hat{y}_i}{\partial w_{1\to1}^{(2)}}=(\hat{y}_i-y_i)z_{i1}^{(1)},$$

$$\frac{\partial\mathcal{L}_i}{\partial w_{2\to1}^{(2)}}=(\hat{y}_i-y_i)\frac{\partial\hat{y}_i}{\partial w_{2\to1}^{(2)}}=(\hat{y}_i-y_i)z_{i2}^{(1)},$$

$$\frac{\partial\mathcal{L}_i}{\partial w_{j\to1}^{(1)}}=(\hat{y}_i-y_i)\frac{\partial\hat{y}_i}{\partial z_{i1}^{(1)}}\frac{\partial z_{i1}^{(1)}}{\partial\varphi_1^{(1)}}\frac{\partial\varphi_1^{(1)}}{\partial r_{i1}^{(1)}}\frac{\partial r_{i1}^{(1)}}{\partial w_{j\to1}^{(1)}}=(\hat{y}_i-y_i)w_{1\to1}^{(2)}\frac{\partial z_{i1}^{(1)}}{\partial\varphi_1^{(1)}}\frac{\partial\varphi_1^{(1)}}{\partial r_{i1}^{(1)}}x_{ij},$$

$$\frac{\partial\mathcal{L}_i}{\partial w_{j\to2}^{(1)}}=(\hat{y}_i-y_i)\frac{\partial\hat{y}_i}{\partial z_{i2}^{(1)}}\frac{\partial z_{i2}^{(1)}}{\partial\varphi_2^{(1)}}\frac{\partial\varphi_2^{(1)}}{\partial r_{i2}^{(1)}}\frac{\partial r_{i2}^{(1)}}{\partial w_{j\to2}^{(1)}}=(\hat{y}_i-y_i)w_{2\to1}^{(2)}\frac{\partial z_{i2}^{(1)}}{\partial\varphi_2^{(1)}}\frac{\partial\varphi_2^{(1)}}{\partial r_{i2}^{(1)}}x_{ij}$$

$$(i=1,2,3,4;\ j=1,2,3).$$

这里两个激活函数使用了相同的 sigmoid 型函数 $\varphi(u)=\dfrac{1}{1+\exp(-u)}$，并且由于 $z_{i1}^{(1)}=\varphi_1^{(1)}\left(r_{i1}^{(1)}\right)$ 和 $z_{i2}^{(1)}=\varphi_2^{(1)}\left(r_{i2}^{(1)}\right)$，所以 $\dfrac{\partial z_{i1}^{(1)}}{\partial\varphi_1^{(1)}}=1$ 以及 $\dfrac{\partial z_{i2}^{(1)}}{\partial\varphi_2^{(1)}}=1$. 因此, 损失函数的梯度是

$$\begin{cases}\dfrac{\partial\mathcal{L}_i}{\partial w_{1\to1}^{(1)}}=(\hat{y}_i-y_i)w_{1\to1}^{(2)}\varphi\left(r_{i1}^{(1)}+b_1^{(1)}\right)\left(1-\varphi\left(r_{i1}^{(1)}+b_1^{(1)}\right)\right)\times x_{i1},\\ \dfrac{\partial\mathcal{L}_i}{\partial w_{2\to1}^{(1)}}=(\hat{y}_i-y_i)w_{1\to1}^{(2)}\varphi\left(r_{i1}^{(1)}+b_1^{(1)}\right)\left(1-\varphi\left(r_{i1}^{(1)}+b_1^{(1)}\right)\right)\times x_{i2},\\ \dfrac{\partial\mathcal{L}_i}{\partial w_{3\to1}^{(1)}}=(\hat{y}_i-y_i)w_{1\to1}^{(2)}\varphi\left(r_{i1}^{(1)}+b_1^{(1)}\right)\left(1-\varphi\left(r_{i1}^{(1)}+b_1^{(1)}\right)\right)\times x_{i3},\end{cases}$$

$$\begin{cases}\dfrac{\partial\mathcal{L}_i}{\partial w_{1\to2}^{(1)}}=(\hat{y}_i-y_i)w_{2\to1}^{(2)}\varphi\left(r_{i2}^{(1)}+b_2^{(1)}\right)\left(1-\varphi\left(r_{i2}^{(1)}+b_2^{(1)}\right)\right)\times x_{i1},\\ \dfrac{\partial\mathcal{L}_i}{\partial w_{2\to2}^{(1)}}=(\hat{y}_i-y_i)w_{2\to1}^{(2)}\varphi\left(r_{i2}^{(1)}+b_2^{(1)}\right)\left(1-\varphi\left(r_{i2}^{(1)}+b_2^{(1)}\right)\right)\times x_{i2},\\ \dfrac{\partial\mathcal{L}_i}{\partial w_{3\to2}^{(1)}}=(\hat{y}_i-y_i)w_{2\to1}^{(2)}\varphi\left(r_{i2}^{(1)}+b_2^{(1)}\right)\left(1-\varphi\left(r_{i2}^{(1)}+b_2^{(1)}\right)\right)\times x_{i3},\end{cases}$$

$$\frac{\partial\mathcal{L}_i}{\partial b_1^{(2)}}=(\hat{y}_i-y_i)\frac{\partial\hat{y}_i}{\partial b_1^{(2)}}=(\hat{y}_i-y_i),$$

$$\frac{\partial\mathcal{L}_i}{\partial b_1^{(1)}}=(\hat{y}_i-y_i)\frac{\partial\hat{y}_i}{\partial Z_{i1}^{(1)}}\frac{\partial Z_{i1}^{(1)}}{\partial\varphi_1^{(1)}}\frac{\partial\varphi_1^{(1)}}{\partial b_1^{(1)}}=(\hat{y}_i-y_i)w_{1\to1}^{(2)}\varphi\left(r_{i1}^{(1)}+b_1^{(1)}\right)\left(1-\varphi\left(r_{i1}^{(1)}+b_1^{(1)}\right)\right),$$

$$\frac{\partial\mathcal{L}_i}{\partial b_2^{(1)}}=(\hat{y}_i-y_i)\frac{\partial\hat{y}_i}{\partial Z_{i2}^{(1)}}\frac{\partial Z_{i2}^{(1)}}{\partial\varphi_2^{(1)}}\frac{\partial\varphi_2^{(1)}}{\partial b_2^{(1)}}=(\hat{y}_i-y_i)w_{2\to1}^{(2)}\varphi\left(r_{i2}^{(1)}+b_2^{(1)}\right)\left(1-\varphi\left(r_{i2}^{(1)}+b_2^{(1)}\right)\right)$$

$$(i=1,2,3,4).$$

本例中采用梯度下降法和 $\hat{n}=1$ 的 BP 法对这 11 个参数进行了迭代求解. 因为 $\nabla\mathcal{L}(\boldsymbol{W})$ 包含 $\dfrac{\mathrm{d}\mathcal{L}_i}{\mathrm{d}\hat{y}_i}=(\hat{y}_i-y_i)$，归一化目标数据 $\hat{\sigma}_y$ 将减少其值. 本例中使用了 sigmoid 激活函数, 它将其宗量函数负值转化为零、正值转化为线性函数, 如表 9.1 所示. 如上文所述, 训练参数的初始值对训练有很大影响. 如果初始值是随机选择的, 那么这种随机性将有助于找到最佳的训练参数. 在本例中, 我们手动设置初始值为 $w_{1\to1}^{(1)}=w_{1\to2}^{(1)}=w_{2\to1}^{(1)}=w_{2\to2}^{(1)}=w_{3\to1}^{(1)}=w_{3\to2}^{(1)}=b_1^{(1)}=b_2^{(1)}=w_{1\to1}^{(2)}=w_{2\to1}^{(2)}=b_1^{(2)}=1$，并且设置学习率为 0.01.

如上文所述, $\hat{y}_i,\varphi'\left(r_{i1}^{(1)}+b_1^{(1)}\right)$ 以及 $\varphi'\left(r_{i2}^{(1)}+b_2^{(1)}\right)$ 的值必须在 BP 方法中使用, 这意味着它们必须根据旧的（或者初始）取值通过正向传播（FP）方式进行计算, 以便计算得到 BP 方法中更新后的值. 将数据 $x_1=(3.8,0.7,0)$和 $y_1=0$ 输入到神经网络中, 得

$$w_{1\to1}^{(1)}x_{11}+w_{2\to1}^{(1)}x_{12}+w_{3\to1}^{(1)}x_{13}+b_1^{(1)}=1\times3.8+1\times0.7+1\times0+1=5.5,$$

$$w_{1\to2}^{(1)}x_{11}+w_{2\to2}^{(1)}x_{12}+w_{3\to2}^{(1)}x_{13}+b_2^{(1)}=1\times3.8+1\times0.7+1\times0+1=5.5,$$

$$\hat{y}_1=w_{1\to1}^{(2)}z_1^{(1)}+w_{2\to1}^{(2)}z_2^{(1)}+b_1^{(2)}=1\times\varphi(5.5)+1\times\varphi(5.5)+1=2.992,$$

得到损失函数的值

$$\mathcal{L}_1=\frac{1}{2}(\hat{y}_1-y_1)\cdot(\hat{y}_1-y_1)=4.476.$$

下面以 $w_{2\to2}^{(1)}$ 为例说明 BP 过程，其他过程将以同样方式进行．损失函数 $\mathcal{L}_1$ 对它的梯度是

$$\begin{aligned}\frac{\partial\mathcal{L}_1}{\partial w_{2\to2}^{(1)}}&=(\hat{y}_1-y_1)w_{2\to1}^{(2)}\varphi\left(r_{12}^{(1)}+b_2^{(1)}\right)\left(1-\varphi\left(r_{12}^{(1)}+b_2^{(1)}\right)\right)\times x_{12}\\&=(2.992-0)\times\varphi(2.992)\times(1-\varphi(2.992))\times0.7=0.0953.\end{aligned}$$

然后，对参数 $w_{2\to2}^{(1)}$ 进行更新，得到新的值

$$w_{2\to2}^{(1)\ \text{new}}=w_{2\to2}^{(1)}-\frac{\partial\mathcal{L}_1}{\partial w_{2\to2}^{(1)}}\times0.01=0.99905.$$

采用同样的步骤，用第一个数据对 11 个参数全部更新一次，完成了 BP 的第一个周期．经过四个 BP 周期后，数据集中的所有数据都会被使用一次，所有数据使用一次的 BP 过程表示为一个 epoch.

FP 和 BP 的迭代过程一直持续直至收敛．在本例中，ANN 模型经过了 40 个 epoch 的训练，其结果列于表 E9.2 中．损失值与 epoch 值的关系如图 E9.2 所示，这表明每次 epoch 训练都会降低损失函数的值，在训练 40 个 epoch 后，损失函数的值几乎保持不变．表 E9.3 列出了训练参数的优化值，这些值与它们的初始值相比变化很大.

**表 E9.2　不同 epoch 时的损失值**

| epoch | 0 | 1 | 2 | 3 | 4 | 5 | 6 | 7 | 8 | 9 |
|---|---|---|---|---|---|---|---|---|---|---|
| $\mathcal{L}$ | 2.599230 | 2.055386 | 1.628953 | 1.294584 | 1.032399 | 0.826808 | 0.665587 | 0.539152 | 0.439992 | 0.362216 |
| epoch | 10 | 11 | 12 | 13 | 14 | 15 | 16 | 17 | 18 | 19 |
| $\mathcal{L}$ | 0.301207 | 0.253347 | 0.215799 | 0.186339 | 0.163223 | 0.145083 | 0.130847 | 0.119675 | 0.110906 | 0.104022 |
| epoch | 20 | 21 | 22 | 23 | 24 | 25 | 26 | 27 | 28 | 29 |
| $\mathcal{L}$ | 0.098619 | 0.094378 | 0.091048 | 0.088433 | 0.086381 | 0.084769 | 0.083503 | 0.082509 | 0.081728 | 0.081114 |
| epoch | 30 | 31 | 32 | 33 | 34 | 35 | 36 | 37 | 38 | 39 |
| $\mathcal{L}$ | 0.080632 | 0.080254 | 0.079956 | 0.079722 | 0.079538 | 0.079393 | 0.07928 | 0.07919 | 0.07912 | 0.079064 |

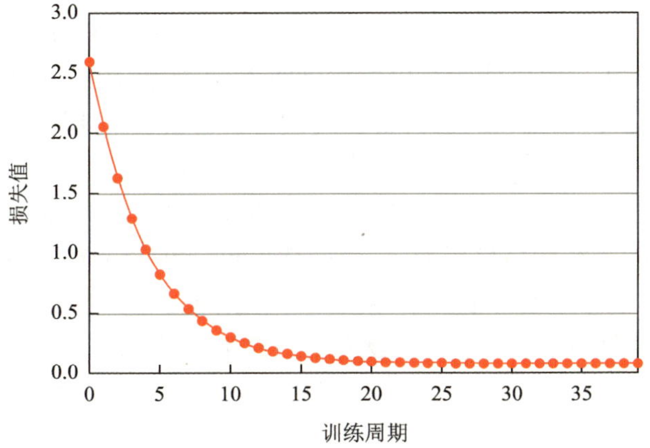


图 E9.2　损失值与训练周期 epoch 的关系

**表 E9.3　训练参数的优化值**

| 训练参数 | 优化值 | 训练参数 | 优化值 |
| --- | --- | --- | --- |
| $w^{(1)}_{1\to1}$ | 0.822 | $w^{(2)}_{1\to1}$ | 0.162 |
| $w^{(1)}_{2\to1}$ | 0.889 | $w^{(1)}_{2\to1}$ | 0.162 |
| $w^{(1)}_{3\to1}$ | 0.997 | $b^{(1)}_{1}$ | 0.947 |
| $w^{(1)}_{1\to2}$ | 0.822 | $b^{(1)}_{2}$ | 0.947 |
| $w^{(1)}_{2\to2}$ | 0.889 | $b^{(1)}_{1}$ | 0.159 |
| $w^{(1)}_{3\to2}$ | 0.997 | — | — |

## 9.3　神经网络中的正则化

### 9.3.1　$L_1$ 正则化

为了避免过拟合，许多类型的正则化作为惩罚项可以添加到神经网络中．第 2 章详细介绍了广泛使用的 $L_1$ 正则化和 $L_2$ 正则化．在神经网络中，$L_1$ 正则化惩罚项的一般形式为

$$\Omega_{L_1}(\boldsymbol{W})=\sum_{l=1}^{L}\sum_{g_{l-1}=1}^{G_{l-1}}\sum_{g_l=1}^{G_l}\left|w^{(l)}_{g_{l-1}\to g_l}\right|. \tag{9.8a}$$

使用 $L_1$ 惩罚项时，训练参数的优化值由最小化正则化损失函数确定

$$\hat{\boldsymbol{W}}=\underset{\boldsymbol{W}}{\operatorname{argmin}}[\mathcal{L}(\boldsymbol{W})+\lambda\Omega_{L_1}(\boldsymbol{W})], \tag{9.8b}$$

其中 $\lambda$ 是一个正的超参数. 超参数 $\lambda$ 的值决定了损失函数中 $L_1$ 惩罚项的权重. 显然, 足够大的超参数 $\lambda$ 值会使所有可优化训练参数为零, 随着 $\lambda$ 值的减小, $\hat{\boldsymbol{W}}$ 中各个训练参数值将逐个出现. 在实际应用中, 对于一个给定的超参数 $\lambda$ 值, $\hat{\boldsymbol{W}}$ 的值是通过训练来确定, 并且超参数 $\lambda$ 的最优值通过交叉验证来确定. $L_1$ 正则化的优点在于从大量训练参数变量中选择了一些重要的训练参数, 因此当冗余训练参数存在时, 有 $L_1$ 正则化的神经网络比没有 $L_1$ 正则化的同一神经网络表现更好. $L_1$ 正则化的神经网络也比与其神经网络大小相同又相似的无正则化神经网络表现更好, 因为 $L_1$ 正则化的神经网络选择并使用最重要的权重（训练参数）.

## 例 9.2

本例以表 E2.4 中的 20 个 NIMS 数据为例, 阐明使用 $L_1$ 正则化的神经网络. 本例中只考虑抗拉强度一个目标和 Cr, Mo, TT, dB, S 五种特征. 表 E9.4 显示了被归一化到（0, 1）的范围 20 个 NIMS 抗拉强度数据.

**表 E9.4　20 个被归一化到(0, 1)范围后的 NIMS 数据, 有一个目标属性和五种特征**

| 样品 | Cr ($x_1$) | Mo ($x_2$) | TT ($x_3$) | dB ($x_4$) | S ($x_5$) | 抗拉强度 ($y$) |
|---|---|---|---|---|---|---|
| 1 | 0.66 | 0.00 | 0.38 | 0.25 | 0.29 | 0.48 |
| 2 | 0.92 | 0.89 | 0.00 | 0.00 | 0.71 | 0.98 |
| 3 | 0.92 | 1.00 | 0.38 | 0.00 | 0.19 | 0.65 |
| 4 | 0.73 | 1.00 | 0.62 | 0.00 | 0.29 | 0.67 |
| 5 | 0.00 | 0.00 | 0.77 | 1.00 | 0.90 | 0.00 |
| 6 | 0.18 | 0.00 | 0.00 | 0.00 | 0.52 | 0.33 |
| 7 | 0.88 | 0.94 | 0.77 | 0.00 | 0.00 | 0.57 |
| 8 | 0.05 | 0.00 | 0.00 | 0.00 | 0.24 | 0.46 |
| 9 | 0.92 | 0.94 | 0.00 | 0.00 | 0.05 | 1.00 |
| 10 | 0.08 | 0.00 | 0.00 | 0.00 | 0.71 | 0.42 |
| 11 | 0.08 | 0.00 | 0.77 | 0.00 | 0.81 | 0.21 |
| 12 | 0.03 | 0.00 | 0.77 | 0.50 | 1.00 | 0.22 |
| 13 | 0.94 | 0.89 | 0.38 | 0.00 | 0.24 | 0.69 |
| 14 | 0.72 | 0.00 | 0.00. | 0.00 | 0.24 | 0.72 |
| 15 | 0.92 | 0.89 | 0.38 | 0.00 | 0.71 | 0.70 |
| 16 | 0.99 | 1.00 | 0.00 | 0.25 | 0.52 | 0.97 |
| 17 | 0.73 | 1.00 | 1.00 | 0.00 | 0.29 | 0.45 |
| 18 | 0.20 | 0.00 | 0.00 | 0.25 | 0.19 | 0.49 |
| 19 | 1.00 | 0.89 | 0.38 | 0.00 | 0.38 | 0.82 |
| 20 | 0.11 | 0.00 | 0.00 | 0.00 | 0.57 | 0.55 |

图 E9.3 展示了本例使用的神经网络结构, 输入层有五个神经元、输出层有一个神经元和有两个神经元的一个隐藏层. 隐藏层中的神经元 1 和 2 在接收到的变量 $r_1^{(1)}$ 和 $r_2^{(1)}$ 上分别添加偏置 $b_1^{(1)}$ 和 $b_2^{(1)}$ . 激活函数 $\varphi_1^{(1)}$ 和 $\varphi_2^{(1)}$ 使用了相同的 sigmoid 激活函数 $\varphi=\dfrac{1}{1+\exp(-u)}$, 即 $\varphi=\varphi_1^{(1)}=\varphi_2^{(1)}$ , 应用在 $r_1^{(1)}+b_1^{(1)}$ 和 $r_2^{(1)}+b_2^{(1)}$ 上, 分别产生 $z_1^{(1)}$ 和 $z_2^{(1)}$ . 输出层中的神经元将接收变量 $r_1^{(2)}$ , 然后添加偏置 $b_1^{(2)}$ , 输出 $\hat{y}_i=r_1^{(2)}+b_1^{(2)}$.

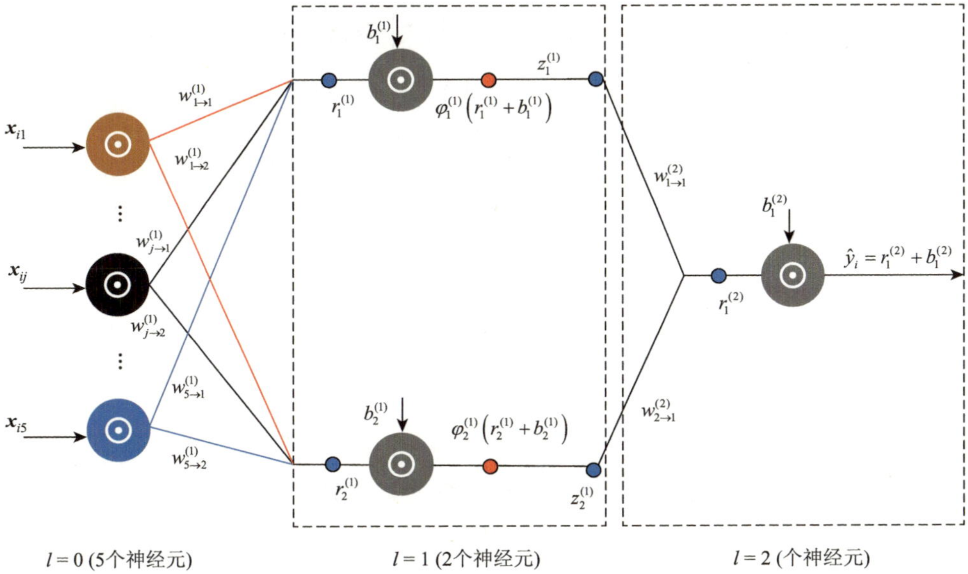


图 E9.3　例 9.2 中使用的神经网络结构 ($i=1,2,\cdots,20$; $j=1,2,\cdots,5$)

此神经网络中有 15 个训练参数, 包括隐藏层中的 12 个训练参数 $\left\{\left(w_{1\to1}^{(1)},w_{1\to2}^{(1)}\right),\left(w_{2\to1}^{(1)},\cdots,w_{5\to2}^{(1)}\right);b_1^{(1)};b_2^{(1)}\right\}$ 以及输出层的 3 个训练参数 $\left\{w_{1\to1}^{(2)},\ w_{2\to1}^{(2)};\ b_1^{(2)}\right\}$ . 由式（9.2b）可得

$$z_{i1}^{(1)}=\varphi_1^{(1)}\left(r_{i1}^{(1)}+b_1^{(1)}\right),$$
$$z_{i2}^{(1)}=\varphi_2^{(1)}\left(r_{i2}^{(1)}+b_2^{(1)}\right),$$

以及

$$r_{i1}^{(1)}=w_{1\to1}^{(1)}x_{i1}+\cdots+w_{5\to1}^{(1)}x_{i5},$$
$$r_{i2}^{(1)}=w_{1\to2}^{(1)}x_{i1}+\cdots+w_{5\to2}^{(1)}x_{i5}\quad(i=1,2,\cdots,20).$$

由式（9.2c）可得

$$\hat{y}_i=w_{1\to1}^{(2)}z_{i1}^{(1)}+w_{2\to1}^{(2)}z_{i2}^{(1)}+b_1^{(2)}\quad(i=1,2,\cdots,20).$$

正则化损失函数 $\mathcal{L}_i=\dfrac{1}{2}(\hat{y}_i-y_i)^2+\lambda\sum_{l=1}^{L}\sum_{g_{l-1}=1}^{G_{l-1}}\sum_{g_l=1}^{G_l}\left|w_{g_{l-1}\to g_l}^{(l)}\right|$ , 其中 $\hat{y}_i$ 和 $y_i$ 分别是目标预测值与真实

值，$w_{g_{l-1}\to g_l}^{(l)}$ 是第 $l$–1 层的神经元 $g_{l-1}$ 与第 $l$ 层的神经元 $g_l$ 之间正向突触的权重. 最小化损失函数需要

$$\sum \nabla \mathcal{L}_i(\boldsymbol{W}) = \sum\left((\hat{y}_i - y_i)\nabla \hat{y}_i + \nabla\left(\lambda \sum_{l=1}^{L}\sum_{g_{l-1}=1}^{G_{l-1}}\sum_{g_l=1}^{G_l}\left|w_{g_{l-1}\to g_l}^{(1)}\right|\right)\right) = 0. \tag{E9.1}$$

惩罚项（9.8a）是 12 个权重绝对值的和，即

$$\begin{aligned}\Omega_{L_1}(\boldsymbol{W}) = \sum_{l=1}^{L}\sum_{g_{l-1}=1}^{G_{l-1}}\sum_{g_l=1}^{G_l}\left|w_{g_{l-1}\to g_l}^{(l)}\right| &= \left|w_{1\to1}^{(1)}\right| + \left|w_{1\to2}^{(1)}\right| + \left|w_{2\to1}^{(1)}\right| + \left|w_{2\to2}^{(1)}\right| + \left|w_{3\to1}^{(1)}\right| \\ &+ \left|w_{3\to2}^{(1)}\right| + \left|w_{4\to1}^{(1)}\right| + \left|w_{4\to2}^{(1)}\right| + \left|w_{5\to1}^{(1)}\right| + \left|w_{5\to2}^{(1)}\right| + \left|w_{1\to1}^{(2)}\right| + \left|w_{2\to1}^{(2)}\right|.\end{aligned}$$

我们定义参数 $I\left(w_{g_{l-1}\to g_l}^{(l)}\right) = \dfrac{\partial \Omega_{L_1}}{\partial w_{g_{l-1}\to g_l}^{(l)}}$. 显然，如果 $w_{g_{l-1}\to g_l}^{(l)} \geqslant 0, I=1$; 如果 $w_{g_{l-1}\to g_l}^{(l)} < 0$，$I=-1$. 由式（9.7c）与式（9.7d）可得

$$\frac{\partial \mathcal{L}_i}{\partial w_{1\to1}^{(2)}} = (\hat{y}_i - y_i)\frac{\partial \hat{y}_i}{\partial w_{1\to1}^{(2)}} + I\times\lambda = (\hat{y}_i - y_i)Z_{i1}^{(1)} + I\times\lambda,$$

$$\frac{\partial \mathcal{L}_i}{\partial w_{2\to1}^{(2)}} = (\hat{y}_i - y_i)\frac{\partial \hat{y}_i}{\partial w_{2\to1}^{(2)}} + I\times\lambda = (\hat{y}_i - y_i)Z_{i2}^{(1)} + I\times\lambda,$$

$$\frac{\partial \mathcal{L}_i}{\partial w_{j\to g_l}^{(1)}} = (\hat{y}_i - y_i)\frac{\partial \hat{y}_i}{\partial z_{ig_l}^{(1)}}\frac{\partial z_{ig_l}^{(1)}}{\partial \varphi_{g_l}^{(1)}}\frac{\partial \varphi_{g_l}^{(1)}}{\partial r_{ig_l}^{(1)}}\frac{\partial r_{ig_l}^{(1)}}{\partial w_{j\to g_l}^{(1)}} + I\times\lambda = (\hat{y}_i - y_i)w_{g_l\to1}^{(2)}\frac{\partial z_{ig_l}^{(1)}}{\partial \varphi_{g_l}^{(1)}}\frac{\partial \varphi_{g_l}^{(1)}}{\partial r_{ig_l}^{(1)}}x_{ij} + I\times\lambda$$

$$(j = 1, 2, \cdots, 5;\ g_l = 1, 2).$$

由于 $z_{ig_l}^{(1)} = \varphi_{g_l}^{(1)}\left(r_{ig_l}^{(1)}\right)$，所以 $\dfrac{\partial z_{ig_l}^{(1)}}{\partial \varphi_{g_l}^{(1)}} = 1$. 因此，损失函数的梯度是

$$\frac{\partial \mathcal{L}_i}{\partial w_{j\to g_1}^{(1)}} = (\hat{y}_i - y_i)w_{g_1\to1}^{(2)}\varphi\left(r_{ig_1}^{(1)} + b_{g_1}^{(1)}\right)\left(1 - \varphi\left(r_{ig_1}^{(1)} + b_{g_1}^{(1)}\right)\right)x_{ij} + I\times\lambda, \tag{E9.2}$$

$$\frac{\partial \mathcal{L}_i}{\partial b_1^{(2)}} = (\hat{y}_i - y_i)\frac{\partial \hat{y}_i}{\partial b_1^{(2)}} = (\hat{y}_i - y_i),$$

$$\begin{aligned}\frac{\partial \mathcal{L}_i}{\partial b_{g_1}^{(1)}} &= (\hat{y}_i - y_i)\frac{\partial \hat{y}_i}{\partial z_{ig_1}^{(1)}}\frac{\partial z_{ig_1}^{(1)}}{\partial \varphi_{g_1}^{(1)}}\frac{\partial \varphi_{g_1}^{(1)}}{\partial b_{g_1}^{(1)}} \\ &= (\hat{y}_i - y_i)w_{g_1\to1}^{(2)}\varphi\left(r_{ig_1}^{(1)} + b_{g_1}^{(1)}\right)\left(1 - \varphi\left(r_{ig_1}^{(1)} + b_{g_1}^{(1)}\right)\right)\end{aligned}$$

$$(i = 1, 2, \cdots, 20).$$

下面用梯度下降法来迭代求解这 15 个训练参数. 在本例中，学习率 $\eta$ 为 0.01, epoch 数设置为 2000, 采用小批量方法，分 5 批，每批包含约 4 个数据. 使用 LOOCV 法来优化正则化超参数. 这样，LOOCV 在 epoch 1 第一个 batch 中的第一个周期计算步骤如下，数据 2—5 用于

训练, 数据 1 用于验证. 为了简洁, 我们以矩阵和向量的方式进行计算. 让 $\hat{\boldsymbol{y}}=(\hat{y}_2,\hat{y}_3,\hat{y}_4,\hat{y}_5)^{\mathrm{T}}$, $\boldsymbol{u}_{g_1}^{(1)}=\left(r_{2g_1}^{(1)}+b_{g_1}^{(1)},\ \cdots,\ r_{5g_1}^{(1)}+b_{g_1}^{(1)}\right)^{\mathrm{T}}$, $\boldsymbol{z}_{g_1}^{(1)}=\varphi\left(\boldsymbol{u}_{g_1}^{(1)}\right)$, $\boldsymbol{x}_j=(x_{2j},x_{3j},x_{4j},x_{5j})^{\mathrm{T}}$ $(g_1=1,2;\ j=1,2,\cdots,5)$.

训练参数的初始值从符合正态分布 $N(0,1)$的数字中随机选取, 这样有

$$\begin{bmatrix} w_{1\to1}^{(1)} & w_{2\to1}^{(1)} & w_{3\to1}^{(1)} & w_{4\to1}^{(1)} & w_{5\to1}^{(1)} \\ w_{1\to2}^{(1)} & w_{2\to2}^{(1)} & w_{3\to2}^{(1)} & w_{4\to2}^{(1)} & w_{5\to2}^{(1)} \end{bmatrix}_{2\times5}=\begin{bmatrix} 0.53 & -0.89 & -0.13 & 0.65 & 0.62 \\ -0.51 & 0.83 & 0.03 & -0.03 & -0.91 \end{bmatrix}_{2\times5},$$

$$\begin{bmatrix} w_{1\to1}^{(2)} & w_{2\to1}^{(2)} \end{bmatrix}_{1\times2}=[0.53\quad -0.51]_{1\times2},$$

$$\begin{bmatrix} b_1^{(1)} \\ b_2^{(1)} \end{bmatrix}_{2\times1}=\begin{bmatrix} 0.53 \\ -0.51 \end{bmatrix}_{2\times1},$$

$$\begin{bmatrix} b_1^{(1)} \end{bmatrix}_{1\times1}=[0.53]_{1\times1},$$

数据 2—5 的数据矩阵为 $(\boldsymbol{X},\boldsymbol{y})=\begin{bmatrix} x_{2,1} & \cdots & x_{2,5} & y_2 \\ x_{3,1} & \cdots & x_{3,5} & y_3 \\ x_{4,1} & \cdots & x_{4,5} & y_4 \\ x_{5,1} & \cdots & x_{5,5} & y_5 \end{bmatrix}=\begin{bmatrix} 0.92 & \cdots & 0.71 & 0.98 \\ 0.92 & \cdots & 0.19 & 0.65 \\ 0.73 & \cdots & 0.29 & 0.67 \\ 0.00 & \cdots & 0.90 & 0.00 \end{bmatrix}$.

使用训练参数的初始值, 我们有

$$w_{1\to1}^{(1)}x_1+\cdots+w_{5\to1}^{(1)}x_5+b_1^{(1)}=0.53\times\begin{bmatrix} 0.92 \\ 0.92 \\ 0.73 \\ 0.00 \end{bmatrix}+\cdots+0.62\times\begin{bmatrix} 0.71 \\ 0.19 \\ 0.29 \\ 0.90 \end{bmatrix}+0.53\times\begin{bmatrix} 1 \\ 1 \\ 1 \\ 1 \end{bmatrix}=\begin{bmatrix} 0.68 \\ 0.21 \\ 0.13 \\ 1.65 \end{bmatrix},$$

$$w_{1\to2}^{(1)}x_1+\cdots+w_{5\to2}^{(1)}x_5+b_2^{(1)}=-0.51\times\begin{bmatrix} 0.92 \\ 0.92 \\ 0.73 \\ 0.00 \end{bmatrix}+\cdots-0.91\times\begin{bmatrix} 0.71 \\ 0.19 \\ 0.29 \\ 0.90 \end{bmatrix}-0.51\times\begin{bmatrix} 1 \\ 1 \\ 1 \\ 1 \end{bmatrix}=\begin{bmatrix} -0.26 \\ -0.15 \\ -0.04 \\ -0.48 \end{bmatrix},$$

$$\hat{y}=w_{1\to1}^{(2)}z_1^{(1)}+w_{2\to1}^{(2)}z_2^{(1)}+b_1^{(2)}$$

$$=0.53\times\varphi\left(\begin{bmatrix} 0.68 \\ 0.21 \\ 0.13 \\ 1.65 \end{bmatrix}\right)-0.51\times\varphi\left(\begin{bmatrix} -0.26 \\ -0.15 \\ -0.04 \\ -0.48 \end{bmatrix}\right)+0.53\times\begin{bmatrix} 1 \\ 1 \\ 1 \\ 1 \end{bmatrix}=\begin{bmatrix} 0.66 \\ 0.59 \\ 0.56 \\ 0.78 \end{bmatrix}.$$

这导致了损失函数的值

$$\mathcal{L}^0=\frac{1}{2}(\hat{y}-y)^{\mathrm{T}}(\hat{y}-y)+\lambda\sum_{l=1}^{L}\sum_{g_{l-1}=1}^{G_{l-1}}\sum_{g_l=1}^{G_l}\left|w_{g_{l-1}\to g_l}^{(l)}\right|$$

$$=\frac{1}{2}\begin{bmatrix}0.66-0.98\\0.59-0.65\\0.56-0.67\\0.78-0.00\end{bmatrix}^{\mathrm{T}}\begin{bmatrix}0.66-0.98\\0.59-0.65\\0.56-0.67\\0.78-0.00\end{bmatrix}+1\times 6.17=6.53.$$

以 $w_{1\to1}^{(1)}$ 为例说明 BP 过程, 其他过程将以同样的方式进行. 平均损失由 $\bar{\mathcal{L}}=\frac{1}{4}\sum_{i=2}^{5}\mathcal{L}_i$ 得到. 根据式（E9.2）, 损失的梯度计算为

$$\begin{bmatrix}\dfrac{\partial\mathcal{L}_2}{\partial w_{1\to1}^{(1)}}\\ \dfrac{\partial\mathcal{L}_3}{\partial w_{1\to1}^{(1)}}\\ \dfrac{\partial\mathcal{L}_4}{\partial w_{1\to1}^{(1)}}\\ \dfrac{\partial\mathcal{L}_5}{\partial w_{1\to1}^{(1)}}\end{bmatrix}=(\hat{y}-y)w_{1\to1}^{(2)}\varphi\left(u_1^{(1)}\right)\left(1-\varphi\left(u_1^{(1)}\right)\right)\times x_1\times 1_4+I\times\lambda$$

$$=\begin{bmatrix}0.66-0.98\\0.59-0.65\\0.56-0.67\\0.78-0.00\end{bmatrix}\times 0.53\odot\varphi\left(\begin{bmatrix}0.68\\0.21\\0.13\\1.65\end{bmatrix}\right)\odot\left(\begin{bmatrix}1\\1\\1\\1\end{bmatrix}-\varphi\left(\begin{bmatrix}0.68\\0.21\\0.13\\1.65\end{bmatrix}\right)\right)\odot\begin{bmatrix}0.92\\0.92\\0.73\\0.00\end{bmatrix}+I\times\lambda\times\begin{bmatrix}1\\1\\1\\1\end{bmatrix}$$

$$=\begin{bmatrix}-0.009+\lambda\\-0.002+\lambda\\-0.003+\lambda\\-0.000+\lambda\end{bmatrix},$$

$$\frac{\partial\bar{\mathcal{L}}}{\partial w_{1\to1}^{(1)}}=\frac{\dfrac{\partial\mathcal{L}_2}{\partial w_{1\to1}^{(1)}}+\dfrac{\partial\mathcal{L}_3}{\partial w_{1\to1}^{(1)}}+\dfrac{\partial\mathcal{L}_4}{\partial w_{1\to1}^{(1)}}+\dfrac{\partial\mathcal{L}_5}{\partial w_{1\to1}^{(1)}}}{4}$$

$$=\frac{(-0.009+\lambda)+(-0.002+\lambda)+(-0.003+\lambda)+(-0.000+\lambda)}{4}=-0.0035+\lambda.$$

对于小批量方法, 训练参数根据第一次迭代中数据 2—5 的平均梯度进行调整, 然后得到 $w_{1\to1}^{(1)}$ 更新后的值:

$$w_{1\to1}^{(1)\ \mathrm{new}}=w_{1\to1}^{(1)}-\eta\times\frac{\partial\bar{\mathcal{L}}}{\partial w_{1\to1}^{1}}=0.53-0.01\times(-0.0035+\lambda)=0.53-0.01\lambda.$$

同样地, 对所有 15 个训练参数的值进行更新, 完成第一个 epoch 的训练.

超参数 $\lambda$ 的优化值由交叉验证确定. 图 E9.4 显示了所有训练参数随 $\lambda$ 值减小带来的变化. 当超参数 $\lambda$ 足够大时, 神经网络中所有突触链接的训练参数均为零. 随着 $\lambda$ 值的减小（在横轴

上, 从左到右), 这些训练参数会逐个出现. 当突触链路的训练参数都不为零时, 神经网络就会从非完全连接的网络变为完全连接的网络. 当 $\lambda$ 小于一个临界值时, 训练参数不再变化, 说明 $L_1$ 惩罚项停止工作, 正则化的神经网络退化为一个普通的神经网络. 表 E9.5 显示了当 $\lambda$ 的值从 $10^{-1}$ 下降到 $10^{-6}$ 时, 训练参数的出现顺序.

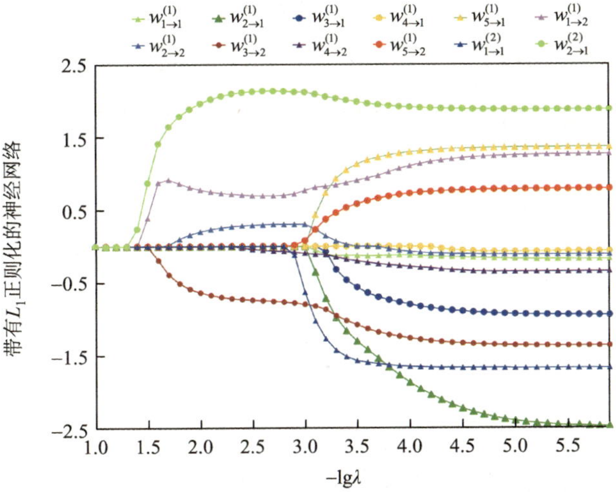


图 E9.4　$L_1$ 神经网络中训练参数随 $\lambda$ 值的变化

**表 E9.5　当 $\lambda$ 的值从 $10^{-1}$ 下降到 $10^{-6}$ 时, 训练参数的出现顺序**

| 顺序 | 1 | 2 | 3 | 4 | 5 | 6 | 7 | 8 | 9 | 10 | 11 | 12 |
|---|---|---|---|---|---|---|---|---|---|---|---|---|
| 训练参数 | $w^{(2)}_{2\to1}$ | $w^{(1)}_{1\to2}$ | $w^{(1)}_{3\to2}$ | $w^{(1)}_{2\to2}$ | $w^{(1)}_{4\to2}$ | $w^{(1)}_{5\to2}$ | $w^{(2)}_{1\to1}$ | $w^{(1)}_{5\to1}$ | $w^{(1)}_{2\to1}$ | $w^{(1)}_{1\to1}$ | $w^{(1)}_{3\to1}$ | $w^{(1)}_{4\to1}$ |

在本例中, 我们使用 LOOCV 来优化正则化超参数 $\lambda$, $\lambda$ 的最优值由最大 LOOCV-$R$ 决定, 如图 E9.5 (a) (蓝线) 所示. 图 E9.5 (a) (蓝线) 显示了拉伸性能的 LOOCV-$R$ 值与 $\lambda$ 值的变化关系, 其中皮尔逊相关系数 $R$ 的计算方法为

$$R=\frac{\sum_{i=1}^{n}\left(y_i-\overline{y}\right)\left(\widehat{y}_i-\overline{\widehat{y}}\right)}{\sqrt{\sum_{i=1}^{n}\left(y_i-\overline{y}\right)^2\sum_{i=1}^{n}\left(\widehat{y}_i-\overline{\widehat{y}}\right)^2}}.$$

图 E9.5 (a) (红线) 显示了突触链接的零权重数 (LOOCV 的平均数量) 和 $\lambda$ 的变化关系. 图 E9.5 (b) 显示了抗拉强度的测量值与最优 $\lambda$ 的 LOOCV 预测值的对比.

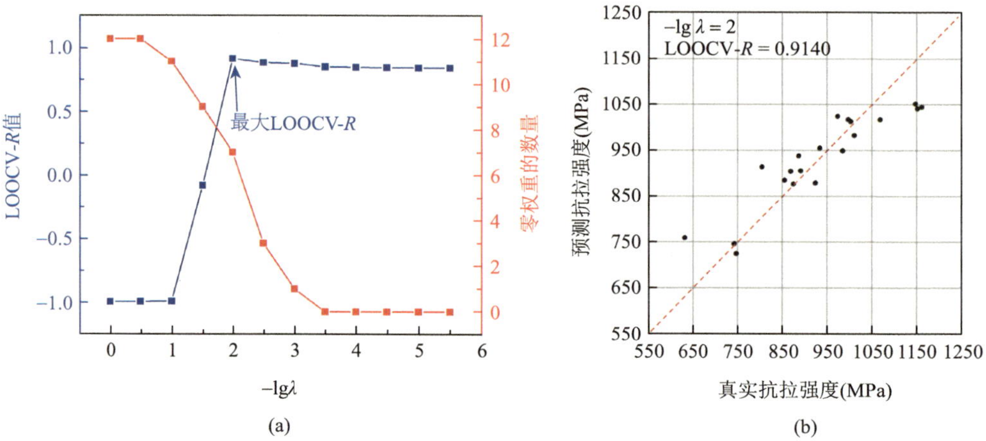


图 E9.5　（a）不同 $\lambda$ 值下的 $L_1$ 正则化神经网络模型；（b）最优 $\lambda$ 值情况下的预测值与真实抗拉强度值的比较

## 9.3.2　$L_2$ 正则化

$L_2$ 正则化也可作为惩罚项可以添加到神经网络中，其一般形式是

$$\Omega_{L_2}(\boldsymbol{W})=\sum_{l=1}^{L}\sum_{g_{l-1}=1}^{G_{l-1}}\sum_{g_l=1}^{G_l}\left(w_{g_{l-1}\to g_l}^{(l)}\right)^2. \tag{9.9a}$$

对于 $L_2$ 惩罚项，训练参数的值由正则化损失函数的最小值确定

$$\hat{\boldsymbol{W}}=\underset{\boldsymbol{W}}{\operatorname{argmin}}[\mathcal{L}(\boldsymbol{W})+\lambda\Omega_{L_2}(\boldsymbol{W})], \tag{9.9b}$$

其中，$\lambda$ 是一个正的超参数. $\lambda$ 值越大，往往会使训练参数缩小为零，使用交叉验证来优化 $\lambda$.

**例 9.3**

取表 E9.4 中的 20 个标准化 NIMS 数据到 $L_2$ 正则化神经网络中. 本例的神经网络结构和模型超参数（不包括 $\lambda$）与例 9.2 中使用的结构相同. 最小化损失函数需要

$$\sum\nabla\mathcal{L}_i(\boldsymbol{W})=\sum\left((\hat{y}_i-y_i)\nabla\hat{y}_i+\nabla\left(\lambda\sum_{l=1}^{L}\sum_{g_{l-1}=1}^{G_{l-1}}\sum_{g_l=1}^{G_l}\left(w_{g_{l-1}\to g_l}^{(l)}\right)^2\right)\right)=0. \tag{E9.3}$$

惩罚项表达式（9.9a）是 12 个权重的平方和，即

$$\Omega_{L_2}(\boldsymbol{W})=\sum_{l=1}^{L}\sum_{g_{l-1}=1}^{G_{l-1}}\sum_{g_l=1}^{G_l}\left(w_{g_{l-1}\to g_l}^{(l)}\right)^2$$
$$=\left(w_{1\to1}^{(1)}\right)^2+\left(w_{1\to2}^{(1)}\right)^2+\left(w_{2\to1}^{(1)}\right)^2+\left(w_{2\to2}^{(1)}\right)^2+\left(w_{3\to1}^{(1)}\right)^2+\left(w_{3\to2}^{(1)}\right)^2$$
$$+\left(w_{4\to1}^{(1)}\right)^2+\left(w_{4\to2}^{(1)}\right)^2+\left(w_{5\to1}^{(1)}\right)^2+\left(w_{5\to2}^{(1)}\right)^2+\left(w_{1\to1}^{(1)}\right)^2+\left(w_{2\to1}^{(1)}\right)^2.$$

由式（9.7c）与式（9.7d）, 我们有梯度表达式

$$\frac{\partial\Omega_{L_2}}{\partial w_{g_{l-1}\to g_l}^{(l)}}=2\times w_{g_{l-1}\to g_l}^{(l)},$$

$$\frac{\partial\mathcal{L}_i}{\partial w_{1\to1}^{(2)}}=(\hat{y}_i-y_i)\frac{\partial\hat{y}_i}{\partial w_{1\to1}^{(2)}}+2\times w_{1\to1}^{(2)}\times\lambda=(\hat{y}_i-y_i)Z_{i1}^{(1)}+2\times w_{1\to1}^{(2)}\times\lambda,$$

$$\frac{\partial\mathcal{L}_i}{\partial w_{2\to1}^{(2)}}=(\hat{y}_i-y_i)\frac{\partial\hat{y}_i}{\partial w_{2\to1}^{(2)}}+2\times w_{2\to1}^{(2)}\times\lambda=(\hat{y}_i-y_i)Z_{i2}^{(1)}+2\times w_{2\to1}^{(2)}\times\lambda,$$

$$\frac{\partial\mathcal{L}_i}{\partial w_{j\to g_1}^{(1)}}=(\hat{y}_i-y_i)\frac{\partial\hat{y}_i}{\partial z_{ig_1}^{(1)}}\frac{\partial z_{ig_1}^{(1)}}{\partial\varphi_{g_1}^{(1)}}\frac{\partial\varphi_{g_1}^{(1)}}{\partial r_{ig_1}^{(1)}}\frac{\partial r_{ig_1}^{(1)}}{\partial w_{j\to g_1}^{(1)}}+2\times w_{j\to g_1}^{(1)}\times\lambda$$
$$=(\hat{y}_i-y_i)w_{g_1\to1}^{(2)}\frac{\partial z_{ig_1}^{(1)}}{\partial\varphi_{g_1}^{(1)}}\frac{\partial\varphi_{g_1}^{(1)}}{\partial r_{ig_1}^{(1)}}x_{ij}+2\times w_{j\to g_1}^{(1)}\times\lambda$$
$$=(\hat{y}_i-y_i)w_{g_1\to1}^{(2)}\varphi\left(r_{ig_1}^{(1)}+b_{g_1}^{(1)}\right)\left(1-\varphi\left(r_{ig_1}^{(1)}+b_{g_1}^{(1)}\right)\right)x_{ij}+2\times w_{j\to g_1}^{(1)}\times\lambda,$$

$$\frac{\partial\mathcal{L}_i}{\partial b_1^{(2)}}=(\hat{y}_i-y_i)\frac{\partial\hat{y}_i}{\partial b_1^{(2)}}=(\hat{y}_i-y_i),$$

$$\frac{\partial\mathcal{L}_i}{\partial b_{g_1}^{(1)}}=(\hat{y}_i-y_i)\frac{\partial\hat{y}_i}{\partial z_{ig_1}^{(1)}}\frac{\partial z_{ig_1}^{(1)}}{\partial\varphi_{g_1}^{(1)}}\frac{\partial\varphi_{g_1}^{(1)}}{\partial b_{g_1}^{(1)}}=(\hat{y}_i-y_i)w_{g_1\to1}^{(2)}\varphi\left(r_{ig_1}^{(1)}+b_{g_1}^{(1)}\right)\left(1-\varphi\left(r_{ig_1}^{(1)}+b_{g_1}^{(1)}\right)\right)$$
$$(i=1,2,\cdots,20;\ j=1,2,\cdots,5;\ g_1=1,2).$$

如例 9.2 所示, 这 15 个训练参数可以通过梯度下降法 BP 过程进行迭代求解. 图 E9.6 显示了具有 sigmoid 激活函数的 $L_2$ 正则化神经网络的权重随 $\lambda$ 减小的变化. 随着 $\lambda$ 的值从 $10^{-0.5}$ 下降到 $10^{-5.9}$, 当 $\lambda$ 达到两个不同的值时, 12 个权重分两批出现. 当 $\lambda$ 达到约 $10^{-1}$ 时, 权重 $w_{1\to2}^{(1)}$, $w_{2\to2}^{(1)}$, $w_{3\to2}^{(1)}$, $w_{4\to2}^{(1)}$, $w_{5\to2}^{(1)}$ 以及 $w_{2\to2}^{(2)}$ 出现; 当 $\lambda$ 达到约 $10^{-2.1}$ 时, 权重 $w_{1\to1}^{(1)}$, $w_{2\to1}^{(1)}$, $w_{3\to1}^{(1)}$, $w_{4\to1}^{(1)}$, $w_{5\to1}^{(1)}$ 以及 $w_{1\to1}^{(2)}$ 出现. 权重分别出现的现象, 与第 2 章岭回归中观察到的整个批次权重的出现不同. 这种差异的原因可能是神经网络应用了 sigmoid 激活函数, 导致神经网络的最小二乘误差函数是一个非凸函数, 而岭回归的最小二乘误差函数是一个严格的凸函数. 为了证明这一点, 我们构建了一个没有任何非线性激活函数的 $L_2$ 正则化神经网络模型, 图 E9.7 显示了该模型的权重随 $\lambda$ 值下降的变化, 其中权值同时出现. 如图 E9.8 所示, $L_2$ 神经网络（具有 sigmoid 型激活）模型的最优 $\lambda$ 值由最大 LOOCV-$R$ 决定.

除了回归之外, 神经网络还可以完成分类任务, 从而有回归神经网络和分类神经网络之分. 9.4 节将简要介绍分类神经网络.

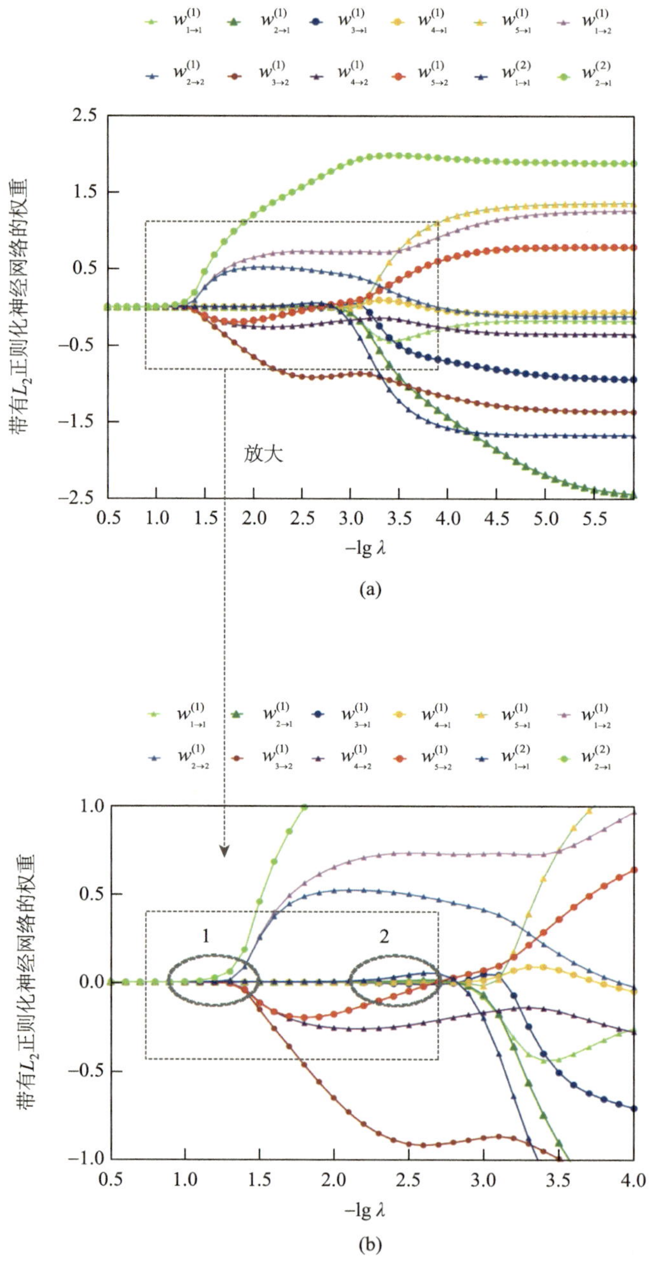


图 E9.6　具有 sigmoid 激活函数的 $L_2$ 正则化神经网络中权重随 $\lambda$ 值的变化

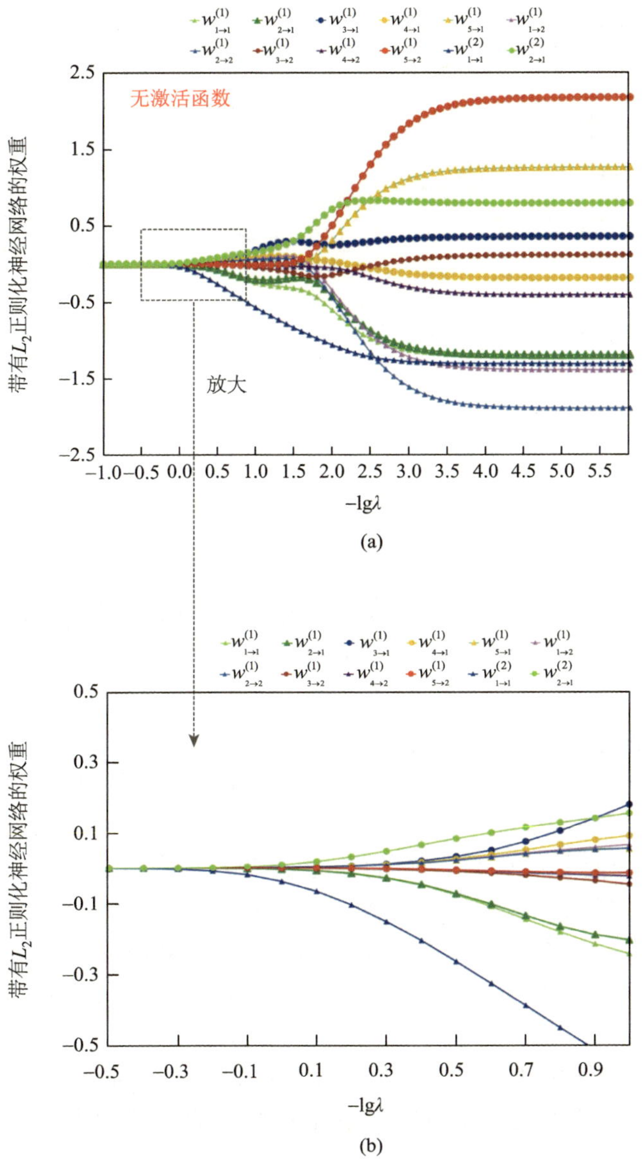


图 E9.7　在没有任何非线性激活函数的 $L_2$ 正则化神经网络中权重随 $\lambda$ 值的变化

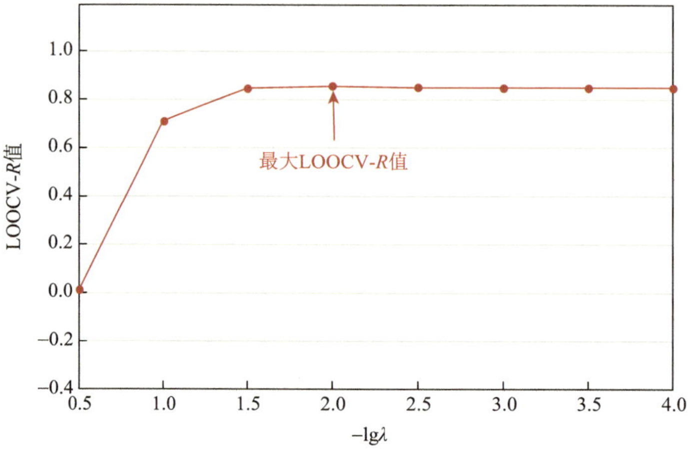


图 E9.8　神经网络模型中的 LOOCV-$R$ 与 $\lambda$ 之间的关系

# 9.4　神经网络分类

## 9.4.1　二分类问题

分类神经网络的结构如图 9.1 所示，其输出层的神经元使用 sigmoid 或 softmax 函数作为激活函数，而损失函数使用了在二分类问题中广泛使用的交叉熵，如在第 3 章中给出的式（3.7d）. 在神经网络中，不论回归和分类，待优化变量（权重和偏置）的训练都是通过最小化损失函数来完成的.

对于多目标二分类问题，每个输出神经元提供一个预测变量，该分类变量设置为 0 或 1，即 $\hat{y}_p \in \{0,1\}(p=1,2,\cdots,P)$，其中 $P$ 为输出层中神经元的数量. 输出层中的每个神经元都接收到前向的信息变量 $r_{g_L}^{(L)}$，加上常数 $b_{g_L}^{(L)}$，经过激活函数，设置阈值 $\Theta$，然后对数据进行分类. 定义 $u_{g_L}^{(L)}=r_{g_L}^{(L)}+b_{g_L}^{(L)}$. 当使用 sigmoid 函数作为激活函数时，$\varphi$ 将作用于 $u_{g_L}^{(L)}$ 并产生 $\varphi\left(u_{g_L}^{(L)}\right)$. 如果 $\varphi\left(u_{g_L}^{(L)}\right)<\Theta$，该数据被分类为 0，否则就被分类为 1. 如第 3 章所述，激活函数为 sigmoid 函数时，阈值通常设置为 $\Theta=0.5$.

如果只有一个输出变量，$P=1$，则输出层中只有一个神经元. 在分类问题中一般使用基于交叉熵的损失函数，如式（3.7d）所示，此处应用为

$$L(\boldsymbol{W})=-\sum_{i=1}^{n}\left[y_i u_i^{(L)}-\ln\left(1+\mathrm{e}^{u_i^{(L)}}\right)\right], \tag{9.10}$$

其中 $u_i^{(L)}=Z_{ig_{L-1}}^{(L-1)}W_{g_{L-1}\to\hat{y}}^{(L)}+b_{\hat{y}}^{(L)}$ 并且这里加了一个负号. 损失函数将特征数据一步一

步地和所有参数 $W^{(L)}_{g_{L-1}\to\hat{y}_k}$，$b^{(L)}_{\hat{y}_k}$，$W^{(l)}_{g_{l-1}\to g_l}$ 以及 $b^{(l)}_{g_l}(g_l=1,2,\cdots,G_l;l=1,2,\cdots,L-1)$，即 $\boldsymbol{W}=\left\{W^{(L)}_{g_{L-1}\to\hat{y}_k},b^{(L)}_{\hat{y}_k},W^{(l)}_{g_{l-1}\to g_l},b^{(l)}_{g_l}\right\}$ 相链接. 如式（9.3b）所述, 最小化损失函数决定了所有训练参数的最优值. $\mathcal{L}(\boldsymbol{W})$ 的最小化要求 $\mathcal{L}(\boldsymbol{W})$ 相对于 $\boldsymbol{W}$ 的梯度为 0, 如式(9.4b)所述. 同样地, 采用梯度下降法来求解方程集 $\sum_{i=1}^{n}\nabla\mathcal{L}_i(\boldsymbol{W})=0$. 根据式(3.8b)和导数链式法则, 我们可得到梯度

$$\frac{\partial\mathcal{L}}{\partial W^{(L)}_{g_{L-1}\to\hat{y}}}=\sum_{i=1}^{n}Z^{(L-1)}_{ig_{L-1}}\left(\frac{\mathrm{e}^{u_i^{(L)}}}{1+\mathrm{e}^{u_i^{(L)}}}-y_i\right)=\sum_{i=1}^{n}Z^{(L-1)}_{ig_{L-1}}\left(\varphi\left(u_i^{(L)}\right)-y_i\right),\tag{9.11a}$$

$$\frac{\partial\mathcal{L}}{\partial b^{(L)}_{\hat{y}}}=\sum_{i=1}^{n}\left(\frac{\mathrm{e}^{u_i^{(L)}}}{1+\mathrm{e}^{u_i^{(L)}}}-y_i\right)=\sum_{i=1}^{n}\left(\varphi\left(u_i^{(L)}\right)-y_i\right),\tag{9.11b}$$

$$\frac{\partial\mathcal{L}}{\partial W^{(l)}_{g_{l-1}\to g_l}}=\sum_{i=1}^{n}\left[\left(\varphi\left(u_i^{(L)}\right)-y_i\right)\frac{\partial Z^{(L-1)}_{ig_{L-1}}}{\partial W^{(l)}_{g_{l-1}\to g_l}}\right],\tag{9.11c}$$

$$\frac{\partial\mathcal{L}}{\partial b^{(l)}_{g_l}}=\sum_{i=1}^{n}\left[\left(\varphi\left(u_i^{(L)}\right)-y_i\right)\frac{\partial Z^{(L-1)}_{ig_{L-1}}}{\partial b^{(l)}_{g_l}}\right].\tag{9.11d}$$

然后通过式（9.6a）—式（9.6b）与式（9.7a）—式（9.7b），不断迭代训练参数的值直到收敛.

## 例 9.4

这里再次使用例 5.3 中的催化剂数据来说明神经网络的二分类问题和激活函数的作用. 这些数据通过 $\hat{x}_{ij}=\dfrac{x_{ij}-x_{\min,j}}{x_{\max,j}-x_{\min,j}}$ 进行归一化, $x_{ij}(i=1,2,\cdots,n;\ j=1,2,\cdots,m)$ 表示样本 $i$ 中特征 $x_j$ 的值, $x_{\max,j}$ 与 $x_{\min,j}$ 是特征数据 $x_{ij}(i=1,2,\cdots,n)$ 中的最大值和最小值. 归一化数据是无量纲的, 范围从 0 到 1, 如表 E9.6 所示, 其中氮氧化物（$NO_x$）转换率分为低和高两个等级.

**表 E9.6 22 种催化剂的归一化特征数据**

| 催化剂 | GHSV($x_1$) | $T(x_2)$ | 转换率等级 |
|---|---|---|---|
| Mn/Glass-fiber | 0.27 | 0.36 | 低（0） |
| $Mn_8Ce_1$/Glass-fiber | 0.27 | 0.27 | 低（0） |
| $Mn_5Ce_1$/Glass-fiber | 0.27 | 0.32 | 低（0） |
| $Mn_1Ce_2$/Graphene | 0.00 | 0.00 | 低（0） |
| $Mn_{20}Gd_1/MnO_x$ | 0.13 | 0.18 | 低（0） |

续表

| 催化剂 | GHSV($x_1$) | $T(x_2)$ | 转换率等级 |
|---|---|---|---|
| $Mn_{10}Gd_1/MnO_x$ | 0.79 | 0.43 | 低（0） |
| $V_1Mn_4Fe_1$/Attapulgite | 0.17 | 0.09 | 低（0） |
| $Mn_5Ce_1/TiO_2$ | 1.00 | 0.64 | 低（0） |
| $Mn_5Eu_1/TiO_2$ | 0.88 | 0.32 | 低（0） |
| Mn/ZSM-5 | 0.13 | 0.45 | 高（1） |
| $Mn_5Ce_2$/Titanate Nanotubes | 0.79 | 1.00 | 高（1） |
| $Fe_1Mn_8/MnO_x$ | 0.06 | 0.25 | 高（1） |
| $Fe_1Mn_5/MnO_x$ | 0.06 | 0.18 | 高（1） |
| $Mn/TiO_2$ | 0.88 | 1.00 | 高（1） |
| $Mn_2Ce_1$/Graphene | 0.00 | 0.27 | 高（1） |
| $Mn_4Ce_1$/Graphene | 0.00 | 0.09 | 高（1） |
| $Mn_8Ti_2$ | 0.38 | 0.77 | 高（1） |
| $Fe_1Mn_8Ti_1$ | 0.38 | 0.55 | 高（1） |
| $Mn_{10}Gd_3/MnO_x$ | 0.13 | 0.73 | 高（1） |
| $Mn_{10}Gd_1/MnO_x$ | 0.13 | 0.55 | 高（1） |
| $MnO_x$ | 0.79 | 0.55 | 高（1） |
| $Ce/MnO_x$ | 0.17 | 0.55 | 高（1） |

由于数据量较少, 我们只使用一个隐藏层来实现分类. 隐藏层中的激活函数和神经元的数量由 5 折交叉验证确定. 图 E9.9 显示了分类精度与神经元数量的关系. 如果在神经元中没有使用激活函数或仅使用线性函数, 则 5 折交叉验证的分类精度与神经元数量无关. 2 个具有 tanh

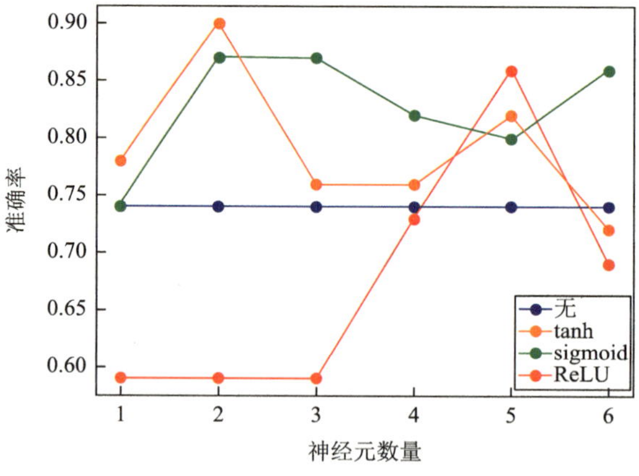


图 E9.9　5 折交叉验证分类精度与一个隐藏层中激活函数和神经元数量的关系

激活函数的神经元的分类准确率最高, 2 个具有 sigmoid 激活函数神经元的分类准确率第二高, 5 个具有 ReLU 激活功能的神经元的分类准确率第三高. 因此, 该例子使用 tanh 激活函数对神经网络分类器进行详细说明.

图 E9.10 画出了最终使用的单隐藏层神经网络分类器结构. 该神经网络分类器共有 9 个训练参数, 其中 6 个在隐藏层 $\left\{w_{1\to1}^{(1)}, w_{2\to1}^{(1)}, w_{1\to2}^{(1)}, w_{2\to2}^{(1)}; b_1^{(1)}, b_2^{(1)}\right\}$, 3 个在输出层 $\left\{w_{1\to1}^{(2)}, w_{2\to1}^{(2)}; b_1^{(2)}\right\}$. 此外输出层使用了阈值 0.5.

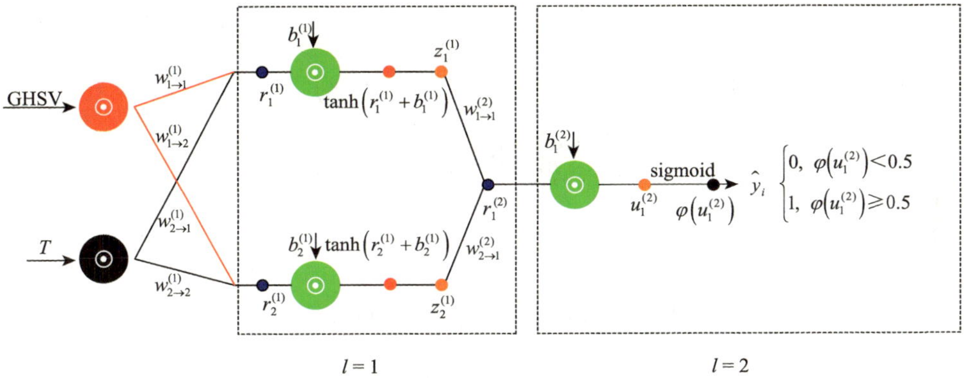


图 E9.10 例 9.4 使用的单隐藏层神经网络分类器结构

令 $x_{i1}=\mathrm{GHSV}_i$ 以及 $x_{i2}=T_i$, 我们可得

$$z_{i1}^{(1)}=\tanh\left(\boldsymbol{X}_i\begin{bmatrix}w_{1\to1}^{(1)}\\ w_{2\to1}^{(1)}\end{bmatrix}+b_1^{(1)}\right)=\tanh\left(x_{i1}w_{1\to1}^{(1)}+x_{i2}w_{2\to1}^{(1)}+b_1^{(1)}\right),$$

$$z_{i2}^{(1)}=\tanh\left(\boldsymbol{X}_i\begin{bmatrix}w_{1\to2}^{(1)}\\ w_{2\to2}^{(1)}\end{bmatrix}+b_2^{(1)}\right)=\tanh\left(x_{i1}w_{1\to2}^{(1)}+x_{i2}w_{2\to2}^{(1)}+b_2^{(1)}\right),$$

$$u_i^{(2)}=\boldsymbol{Z}_i\begin{bmatrix}w_{1\to1}^{(2)}\\ w_{2\to1}^{(2)}\end{bmatrix}+b_1^{(2)}=z_{i1}^{(1)}w_{1\to1}^{(2)}+z_{i2}^{(1)}w_{2\to1}^{(2)}+b_1^{(2)}.$$

根据式（9.10）, 二分类常用的交叉熵损失函数为

$$\mathcal{L}(\boldsymbol{W})=-\sum_{i=1}^{22}\left[y_iu_i^{(2)}-\ln\left(1+\mathrm{e}^{u_i^{(2)}}\right)\right].$$

根据式（9.11a）—式（9.11b）可得

$$\begin{cases}\dfrac{\partial\mathcal{L}_i}{\partial w_{1\to1}^{(2)}}=\dfrac{\partial\mathcal{L}_i}{\partial u_i^{(2)}}\dfrac{\partial u_i^{(2)}}{\partial w_{1\to1}^{(2)}}=\left(\mathrm{sigmoid}\left(u_i^{(2)}\right)-y_i\right)z_{i1}^{(1)},\\[2ex] \dfrac{\partial\mathcal{L}_i}{\partial w_{2\to1}^{(2)}}=\dfrac{\partial\mathcal{L}_i}{\partial u_i^{(2)}}\dfrac{\partial u_i^{(2)}}{\partial w_{2\to1}^{(2)}}=\left(\mathrm{sigmoid}\left(u_i^{(2)}\right)-y_i\right)z_{i2}^{(1)}, \quad i=1,2,\cdots,22.\\[2ex] \dfrac{\partial\mathcal{L}_i}{\partial b_1^{(2)}}=\dfrac{\partial\mathcal{L}_i}{\partial u_i^{(2)}}\dfrac{\partial u_i^{(2)}}{\partial b_1^{(2)}}=\left(\mathrm{sigmoid}\left(u_i^{(2)}\right)-y_i\right),\end{cases}$$

根据式（9.11c）—式（9.11d）可得

$$\begin{cases}\dfrac{\partial \mathcal{L}_i}{\partial w_{1\to1}^{(2)}}=\dfrac{\partial \mathcal{L}_i}{\partial u_i^{(2)}}\dfrac{\partial u_i^{(2)}}{\partial w_{1\to1}^{(2)}}=\left(\text{sigmoid}\left(u_i^{(2)}\right)-y_i\right)z_{i1}^{(1)},\\ \dfrac{\partial \mathcal{L}_i}{\partial w_{2\to1}^{(2)}}=\dfrac{\partial \mathcal{L}_i}{\partial u_i^{(2)}}\dfrac{\partial u_i^{(2)}}{\partial w_{2\to1}^{(2)}}=\left(\text{sigmoid}\left(u_i^{(2)}\right)-y_i\right)z_{i2}^{(1)}, \quad i=1,2,\cdots,22,\\ \dfrac{\partial \mathcal{L}_i}{\partial b_1^{(2)}}=\dfrac{\partial \mathcal{L}_i}{\partial u_i^{(2)}}\dfrac{\partial u_i^{(2)}}{\partial b_1^{(2)}}=\left(\text{sigmoid}\left(u_i^{(2)}\right)-y_i\right),\end{cases}$$

因此, 有

$$\begin{cases}\dfrac{\partial \mathcal{L}_i}{\partial w_{1\to1}^{(2)}}=\dfrac{\partial \mathcal{L}_i}{\partial u_i^{(2)}}\dfrac{\partial u_i^{(2)}}{\partial w_{1\to1}^{(2)}}=\left(\text{sigmoid}\left(u_i^{(2)}\right)-y_i\right)z_{i1}^{(1)},\\ \dfrac{\partial \mathcal{L}_i}{\partial w_{2\to1}^{(2)}}=\dfrac{\partial \mathcal{L}_i}{\partial u_i^{(2)}}\dfrac{\partial u_i^{(2)}}{\partial w_{2\to1}^{(2)}}=\left(\text{sigmoid}\left(u_i^{(2)}\right)-y_i\right)z_{i2}^{(1)}, \quad i=1,2,\cdots,22,\\ \dfrac{\partial \mathcal{L}_i}{\partial b_1^{(2)}}=\dfrac{\partial \mathcal{L}_i}{\partial u_i^{(2)}}\dfrac{\partial u_i^{(2)}}{\partial b_1^{(2)}}=\left(\text{sigmoid}\left(u_i^{(2)}\right)-y_i\right),\end{cases}$$

$$\begin{cases}\dfrac{\partial \mathcal{L}_i}{\partial b_1^{(1)}}=\left(\text{sigmoid}\left(u_i^{(2)}\right)-y_i\right)w_{1\to1}^{(2)}\left(1-\tanh^2\left(x_{i1}w_{1\to1}^{(1)}+x_{i2}w_{2\to1}^{(1)}+b_1^{(1)}\right)\right),\\ \dfrac{\partial \mathcal{L}_i}{\partial b_2^{(1)}}=\left(\text{sigmoid}\left(u_i^{(2)}\right)-y_i\right)w_{2\to1}^{(2)}\left(1-\tanh^2\left(x_{i1}w_{1\to2}^{(1)}+x_{i2}w_{2\to2}^{(1)}+b_2^{(1)}\right)\right),\end{cases}$$

$$i=1,2,\cdots,22.$$

给 9 个训练变量分配初始值后就可以开始使用梯度下降法来迭代了. 在例 9.1 中, 对所有训练变量分配相同的初始值 1, 但这有可能会导致梯度对称问题. 在本例中, 初始值从正态分布 $N$（0, 1）中随机抽样, 所以有

$$\boldsymbol{W}(\text{initial})=\boldsymbol{W}(\text{old})=\begin{bmatrix} w_{1\to1}^{(1)} & w_{1\to2}^{(1)}\\ w_{2\to1}^{(1)} & w_{2\to2}^{(1)}\\ w_{1\to1}^{(2)} & w_{2\to1}^{(2)}\end{bmatrix}=\begin{bmatrix}-0.8113 & 1.4846\\ 0.0653 & -2.4427\\ -0.2089 & 0.0054\end{bmatrix},$$

$$\boldsymbol{b}(\text{initial})=\boldsymbol{b}(\text{old})=\begin{pmatrix} b_1^{(1)}\\ b_2^{(1)}\\ b_1^{(2)}\end{pmatrix}=\begin{pmatrix}-0.6759\\ 0.2867\\ -1.6338\end{pmatrix}.$$

这里采用全批量学习法, 学习率设为 1. 梯度 $\sum_{i=1}^{22}\nabla\mathcal{L}_i(\boldsymbol{W})$ 为

$$\begin{bmatrix}\dfrac{\partial\mathcal{L}}{\partial w_{1\to1}^{(1)}} & \dfrac{\partial\mathcal{L}}{\partial w_{1\to2}^{(1)}}\\ \dfrac{\partial\mathcal{L}}{\partial w_{2\to1}^{(1)}} & \dfrac{\partial\mathcal{L}}{\partial w_{2\to2}^{(1)}}\\ \dfrac{\partial\mathcal{L}}{\partial w_{1\to1}^{(2)}} & \dfrac{\partial\mathcal{L}}{\partial w_{2\to1}^{(2)}}\end{bmatrix}=\begin{bmatrix}0.0087 & -0.0003\\ 0.0227 & -0.0007\\ 0.2762 & 0.2337\end{bmatrix},$$

$$\begin{bmatrix} \dfrac{\partial \mathcal{L}}{\partial b_1^{(1)}} \\ \dfrac{\partial \mathcal{L}}{\partial b_2^{(1)}} \\ \dfrac{\partial \mathcal{L}}{\partial b_1^{(2)}} \end{bmatrix} = \begin{bmatrix} 0.0449 \\ -0.0014 \\ -0.4064 \end{bmatrix}.$$

利用矩阵和向量的表达式, 所有训练变量的值在一次迭代得到更新. 第一次迭代将训练变量的值更新为

$$\boldsymbol{W}(\text{new}) = \boldsymbol{W}(\text{old}) - 1 \times \begin{bmatrix} \dfrac{\partial \mathcal{L}}{\partial w_{1\to1}^{(1)}} & \dfrac{\partial \mathcal{L}}{\partial w_{1\to2}^{(1)}} \\ \dfrac{\partial \mathcal{L}}{\partial w_{2\to1}^{(1)}} & \dfrac{\partial \mathcal{L}}{\partial w_{2\to2}^{(1)}} \\ \dfrac{\partial \mathcal{L}}{\partial w_{1\to1}^{(2)}} & \dfrac{\partial \mathcal{L}}{\partial w_{2\to1}^{(2)}} \end{bmatrix} = \begin{bmatrix} -0.82 & 1.4849 \\ 0.0426 & -2.442 \\ -0.4851 & -0.2283 \end{bmatrix},$$

$$\boldsymbol{b}(\text{new}) = \boldsymbol{b}(\text{old}) - 1 \times \begin{bmatrix} \dfrac{\partial \mathcal{L}}{\partial b_1^{(1)}} \\ \dfrac{\partial \mathcal{L}}{\partial b_2^{(1)}} \\ \dfrac{\partial \mathcal{L}}{\partial b_1^{(2)}} \end{bmatrix} = \begin{bmatrix} -0.7208 \\ 0.2881 \\ -1.2274 \end{bmatrix}.$$

经过 538 次迭代后, 损失函数达到最小值, 训练变量的值为

$$\boldsymbol{W}(538) = \begin{bmatrix} -0.4807 & 5.5275 \\ -0.6431 & -5.2322 \\ -3.0465 & -5.5594 \end{bmatrix}, \quad \boldsymbol{b}(538) = \begin{bmatrix} -0.0383 \\ 0.8807 \\ 1.4763 \end{bmatrix}.$$

表 E9.7 列出了 sigmoid 型函数的值和神经网络分类器对每个样本的分类, 表 E9.8 显示了分类混淆矩阵.

**表 E9.7 sigmoid 型函数的值和每个样本的分类**

| 样品 | $\varphi\left(u_1^{(2)}\right)$ | 预报等级 $\hat{y}_i$ |
|---|---|---|
| 1 | 0.55 | 1 |
| 2 | 0.16 | 0 |
| 3 | 0.3 | 0 |
| 4 | 0.088 | 0 |
| 5 | 0.28 | 0 |
| 6 | 0.098 | 0 |
| 7 | 0.056 | 0 |
| 8 | 0.14 | 0 |
| 9 | 0.09 | 0 |

续表

| 样品 | $\varphi\left(u_1^{(2)}\right)$ | 预报等级 $\hat{y}_i$ |
|---|---|---|
| 10 | 0.998 | 1 |
| 11 | 0.98 | 1 |
| 12 | 0.93 | 1 |
| 13 | 0.63 | 1 |
| 14 | 0.8 | 1 |
| 15 | 0.99 | 1 |
| 16 | 0.41 | 0 |
| 17 | 0.9996 | 1 |
| 18 | 0.92 | 1 |
| 19 | 0.9998 | 1 |
| 20 | 0.9995 | 1 |
| 21 | 0.12 | 0 |
| 22 | 0.9992 | 1 |

**表 E9.8　神经网络分类混淆矩阵**

| 真实等级 | 预报等级 | |
|---|---|---|
| | 低档（0） | 高档（1） |
| 低档（0） | 8 | 1 |
| 高档（1） | 2 | 11 |

## 9.4.2　单类别下多等级分类问题

材料具有不同的特征和性质，每一种都可以形成一个类别. 例如，例 9.4 中研究的氮氧化物（$NO_x$）转化能力就是催化剂的性能之一. 显然，催化剂可以根据其他性质、化学成分、晶体结构等进行分类，这导致了许多细分种类的催化剂. 此外，一个类别中可能存在不同的等级. 显然，在一个类别中分出多个等级需要多个对应的阈值，这意味着必须对该类别进行定量描述. 从这个意义上说，随着阈值数量的增加，离散的等级数将会越来越多，越来越接近一个频谱. 在极端情况下，分类问题将转换为回归问题. 在单类别下多等级的多分类问题中，one-hot 编码被广泛应用，它将所有 $K$ 个等级表示为一个向量$[c_1, c_2, \cdots, c_K]$，其中每一个 $c_k(k=1, 2, \cdots, K)$ 表示一个等级，使用 0 或 1 来表示. 如果一个数据属于 $c_k$，则 $c_k = 1$ 且其他位数 $c_l = 0, l \neq k$. 以三个等级为例，我们将分别使用 one-hot 编码[1, 0, 0], [0, 1, 0]和[0, 0, 1]来表示属

于等级 $c_1, c_2$ 和 $c_3$ 的数据. 下面将介绍神经网络模型如何用 one-hot 编码对单类别的多个等级进行分类, 这时, 称为多分类神经网络.

单类别下多等级的分类问题采用图 9.1 所示的神经网络基本结构, 这里输出层使用 softmax 激活函数和多个神经元, 输出层神经元的数量与等级的数量相同. softmax 函数的输出是一个向量 $[\hat{c}_1, \hat{c}_1, \cdots, \hat{c}_K]$, 并且每项 $\hat{c}_k (k=1,2,\cdots,K)$ 都是一个标准的指数函数

$$\hat{c}_k = \text{softmax}\left(u_k^{(L)}\right) = \frac{e^{u_k^{(L)}}}{\sum_{k=1}^{K} e^{u_k^{(L)}}}, \tag{9.12}$$

其中 $K$ 表示多个等级的等级数量, 并且

$$u_k^{(L)} = \varphi_{g_l}^{(L-1)}\left(Z_{g_{L-1}}^{(L-1)} W_{g_{L-1}\to g_l}^{(L)} + b_{g_l}^{(L)}\right)$$

是输出层中神经元 $k$ 接收到的信息. softmax 函数将神经网络的输出值转换为(0, 1) 内的概率值 $\hat{c}_k$.

使用交叉熵函数作为损失函数, 则整个数据的总损失函数为

$$\mathcal{L}(\boldsymbol{W}) = -\sum_{i=1}^{n}\sum_{k=1}^{K} c_{ik} \ln\left(\text{soft}\max\left(u_{ik}^{(L)}\right)\right) = -\sum_{i=1}^{n}\sum_{k=1}^{K} c_{ik} \ln(\hat{c}_{ik}) \tag{9.13a}$$

或者

$$\mathcal{L}(\boldsymbol{W}) = \sum_{i=1}^{n} \mathcal{L}_i\left(u_{ik}^{(L)}\right). \tag{9.13b}$$

数据 $i$ 的损失函数为

$$\mathcal{L}_i(\boldsymbol{W}) = -\sum_{k=1}^{K} c_{ik} \ln\left(\text{soft}\max\left(u_{ik}^{(L)}\right)\right) = -\sum_{k=1}^{K} c_{ik} \ln(\hat{c}_{ik}), \tag{9.13c}$$

其中 $c_{ik}$ 是用 one-hot 编码表示的数据 $i$ 等级的真实标签. 输出层中有 $K$ 个神经元, 每个神经元将产生 $[\hat{c}_1, \hat{c}_2, \cdots, \hat{c}_K]$ 中的一项. 损失函数的最小化决定了神经网络分类器的输出, 类别真实标签的 one-hot 编码使得式 (9.13c) 简化为

$$\mathcal{L}_i(\boldsymbol{W}) = -\ln\left(\text{softmax}\left(u_{ik}^{(L)}\right)\right) = -\ln(\hat{c}_{ik}), \tag{9.13d}$$

因为只有 $c_{ik}=1$, 其他 $c_{il}=0$ $(c_{il} \neq c_{ik})$. 由于 $\hat{c}_{ik} \leqslant 1$, $\mathcal{L}_i(\boldsymbol{W})$ 的最小化等同于 $\hat{c}_{ik}$ 的最大化, 即 $\text{softmax}\left(u_{ik}^{(L)}\right)$ 的最大化. 全批量处理方法将总损失函数或总损失的平均值 $\frac{1}{n}\mathcal{L}(\boldsymbol{W})$ 最小化, 因此在 $\boldsymbol{W}$ 的迭代过程中使用了 $\nabla\mathcal{L}(\boldsymbol{W})$ 或 $\nabla\frac{1}{n}\mathcal{L}(\boldsymbol{W})$, 其中 $n$ 为数据量.

## 例 9.5

我们将上述催化剂数据中的 $NO_x$ 转化率分为三档：高、中、低（分别标记为 0, 1 和 2）. 表 E9.9 中所示的三个数据用于说明神经网络如何执行多重分类.

**表 E9.9　催化剂数据**

| 催化剂 | GHSV | $T$ | 等级 | one-hot 编码 ($[c_1, c_2, c_3]$) |
|---|---|---|---|---|
| $Mn_5Eu_1/TiO_2$ | 1 | 0 | 0 | [1, 0, 0] |
| $Mn_8Ti_2$ | 0.33 | 1 | 1 | [0, 1, 0] |
| $Mn_{10}Gd_1/MnO_x$ | 0 | 0.9 | 2 | [0, 0, 1] |

图E9.11标明了使用的神经网络只有一个隐藏层，并且隐藏层不使用任何激活函数. 在神经网络分类器中总共有 15 个训练变量，其中 6 个在隐藏层 $\left\{w_{1\to1}^{(1)}, w_{1\to2}^{(1)}, w_{2\to1}^{(1)}, w_{2\to2}^{(1)}, b_1^{(1)}, b_2^{(1)}\right\}$，9 个在输出层 $\left\{w_{1\to1}^{(2)}, w_{1\to2}^{(2)}, w_{1\to3}^{(2)}, w_{2\to1}^{(2)}, w_{2\to2}^{(2)}, w_{2\to3}^{(2)}, b_1^{(2)}, b_2^{(2)}, b_3^{(2)}\right\}$.

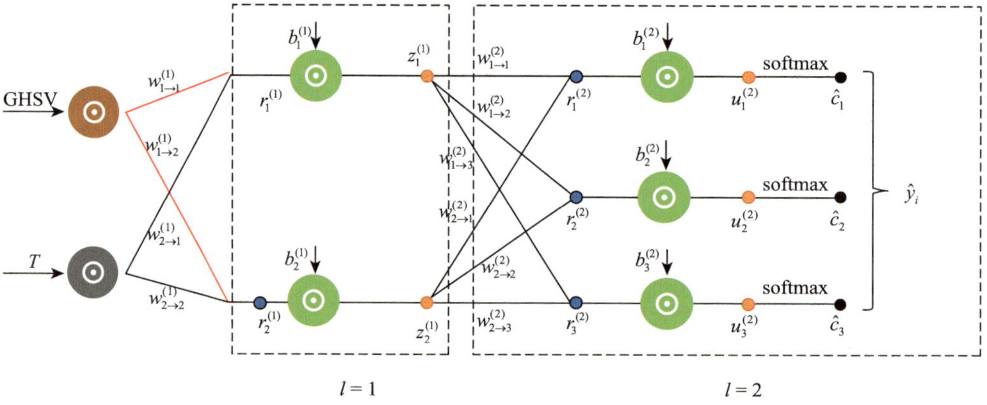


图 E9.11　例 9.5 中使用的神经网络结构

我们在一组符合正态分布 $N$（0, 1）的数字中随机选择初始参数：

$$\begin{bmatrix} w_{1\to1}^{(1)} & w_{1\to2}^{(1)} \\ w_{2\to1}^{(1)} & w_{2\to2}^{(1)} \end{bmatrix} = \begin{bmatrix} -0.81 & 1.48 \\ 0.065 & -2.44 \end{bmatrix}, \quad \left(b_1^{(1)},\ b_2^{(1)}\right) = (-0.666,\ -0.42),$$

$$\begin{bmatrix} w_{1\to1}^{(2)} & w_{1\to2}^{(2)} & w_{1\to3}^{(2)} \\ w_{2\to1}^{(2)} & w_{2\to2}^{(2)} & w_{2\to3}^{(2)} \end{bmatrix} = \begin{bmatrix} -0.21 & 0.0054 & 0.31 \\ 0.5999 & -0.303 & 0.685 \end{bmatrix},$$

$$\left(b_1^{(2)},\ b_2^{(2)},\ b_3^{(2)}\right) = (0.429,\ \ 0.0321,\ \ 0.119).$$

特征数据矩阵为 $\boldsymbol{X}=\begin{bmatrix}1 & 0\\ 0.33 & 1\\ 0 & 0.9\end{bmatrix}$. 这里仍然采用全批量处理方法,

$$\begin{bmatrix}z_{11}^{(1)} & z_{12}^{(1)}\\ z_{21}^{(1)} & z_{22}^{(1)}\\ z_{31}^{(1)} & z_{32}^{(1)}\end{bmatrix}=\boldsymbol{X}\begin{bmatrix}w_{1\to1}^{(1)} & w_{1\to2}^{(1)}\\ w_{2\to1}^{(1)} & w_{2\to2}^{(1)}\end{bmatrix}+\begin{bmatrix}1\\1\\1\end{bmatrix}\left(b_1^{(1)},\quad b_2^{(1)}\right)=\begin{bmatrix}-1.476 & 1.06\\ -0.6277 & -2.8112\\ -0.6075 & -2.616\end{bmatrix},$$

$$\begin{bmatrix}\boldsymbol{u}_{11}^{(2)} & \boldsymbol{u}_{12}^{(2)} & \boldsymbol{u}_{13}^{(2)}\\ \boldsymbol{u}_{21}^{(2)} & \boldsymbol{u}_{22}^{(2)} & \boldsymbol{u}_{23}^{(2)}\\ \boldsymbol{u}_{31}^{(2)} & \boldsymbol{u}_{32}^{(2)} & \boldsymbol{u}_{33}^{(2)}\end{bmatrix}=\begin{bmatrix}z_{11}^{(1)} & z_{12}^{(1)}\\ z_{21}^{(1)} & z_{22}^{(1)}\\ z_{31}^{(1)} & z_{32}^{(2)}\end{bmatrix}\begin{bmatrix}w_{1\to1}^{(2)} & w_{1\to2}^{(2)} & w_{1\to3}^{(2)}\\ w_{2\to1}^{(2)} & w_{2\to2}^{(2)} & w_{2\to3}^{(2)}\end{bmatrix}+\begin{bmatrix}1\\1\\1\end{bmatrix}\begin{bmatrix}b_1^{(2)} & b_2^{(2)} & b_3^{(2)}\end{bmatrix}$$

$$=\begin{bmatrix}1.374854 & -0.29705 & 0.38754\\ -1.12559 & 0.88049 & -2.001241\\ -1.01276 & 0.82147 & -1.861285\end{bmatrix},$$

$$\left(\hat{c}_{i1},\hat{c}_{i2},\hat{c}_{i3}\right)=\left(\text{softmax}\left(u_{i1}^{(2)}\right),\quad \text{sofmax}\left(u_{i2}^{(2)}\right),\quad \text{sofmax}\left(u_{i3}^{(2)}\right)\right)=\begin{bmatrix}0.64 & 0.12 & 0.24\\ 0.11 & 0.84 & 0.05\\ 0.13 & 0.81 & 0.06\end{bmatrix}.$$

根据式（9.11b）计算初始损失,

$$\begin{aligned}\mathcal{L}&=-\sum_{i=1}^{3}\left[c_{i1}\ln\hat{c}_{i1}+c_{i2}\ln\hat{c}_{2}+c_{i3}\ln\hat{c}_{i3}\right]=\mathcal{L}_1+\mathcal{L}_2+\mathcal{L}_3\\ &=-\left[1\times\ln0.64+0\times\ln0.12+0\times\ln0.24\right]-\left[0\times\ln0.11+1\times\ln0.84+0\times\ln0.05\right]\\ &\quad-\left[0\times\ln0.13+0\times\ln0.81+1\times\ln0.06\right]\\ &=0.4463+0.1737+2.8882=3.5082.\end{aligned}$$

神经网络模型是通过最小化平均损失来训练的,

$$\frac{1}{3}\sum_{i=1}^{3}\nabla\mathcal{L}(\boldsymbol{W})=0.$$

训练参数的最优值通过不断迭代确定,最终实现损失最小化,正如我们在上面对二分类问题所处理的那样. 迭代过程为计算

$$\boldsymbol{W}(\text{new})=\boldsymbol{W}(\text{old})-\eta\times\frac{1}{3}\nabla\mathcal{L}(\boldsymbol{W})$$

直至收敛. 其中 $\eta$ 是学习率,这里取为 1. 然后使用导数的链式法则来计算梯度 $\frac{1}{3}\nabla\mathcal{L}(W)$,最终结果如表 E9.10 和表 E9.11 所示.

**表 E9.10　经过 100 次迭代后的预测结果**

| $\hat{c}_1$ | $\hat{c}_2$ | $\hat{c}_3$ | $\hat{y}_i$ |
|---|---|---|---|
| 0.8248 | 0.175 | 0.0002 | 0 |
| 0.0185 | 0.8666 | 0.01149 | 1 |
| 0.0065 | 0.1932 | 0.8003 | 2 |

**表 E9.11　训练参数的优化值**

| 训练参数 | 优化值 | 训练参数 | 优化值 |
|---|---|---|---|
| $w_{1\to1}^{(1)}$ | −4.082 | $w_{2\to2}^{(2)}$ | 0.115 |
| $w_{1\to2}^{(1)}$ | 3.613 | $w_{2\to3}^{(2)}$ | −2.266 |
| $w_{2\to1}^{(1)}$ | −0.3164 | $b_1^{(1)}$ | 0.065 |
| $w_{2\to2}^{(1)}$ | −2.448 | $b_2^{(1)}$ | 0.082 |
| $w_{1\to1}^{(2)}$ | −0.562 | $b_1^{(2)}$ | 0.055 |
| $w_{1\to2}^{(2)}$ | −1.845 | $b_2^{(2)}$ | 0.238 |
| $w_{1\to3}^{(2)}$ | 2.516 | $b_3^{(2)}$ | 0.288 |
| $w_{2\to1}^{(2)}$ | 3.132 | | |

## 9.5　自 编 码 器

### 9.5.1　引言

自编码器是一种神经网络，其输出神经元的数量等于输入神经元的数量，即 $K=m$，目的是让输出重建输入. 为了清晰起见，自编码器可表示为 $\hat{y}_{ik}\approx x_{ij}(k=j)$ 或者 $\hat{y}_{ij}\approx x_{ij}(i=1, 2, \cdots, n,\ j=1, 2, \cdots, m)\in\mathbf{R}^m$. 在自编码器中，前半部分具有图 9.1 所示的结构，并对输入数据进行编码，如上所述的神经网络回归器和神经网络分类器，后半部分具有前镜像对称的结构，并对编码数据进行解码. 因此，自编码器中的神经网络总层数为偶数. 当训练一个神经网络时，输入数据中的特征信息被编码并存储在训练后的隐变量中. 请注意，自编码器中的真实数据可能没有明确的响应和标签. 在自编码器的前半部分，编码器函数 $\phi$ 将输入 $\boldsymbol{X}_i=(x_{i1}, x_{i2}, \cdots, x_{im})(i=1, 2, \cdots, n)$ 映射到隐藏层 $L/2$ 的神经元 $\left\{z_{i_{g_{L/2}}}^{(L/2)}, b_{g_{L/2}}^{(L/2)}\right\}(g_{L/2}=1, 2, \cdots, G_{L/2})$ 中. 后半部分的工作是使用解码器函数 $\theta$ 来解码已编码的输入或将 $\left\{z_{i_{g_{L/2}}}^{(L/2)}, b_{g_{L/2}}^{(L/2)}\right\}$ $(g_{L/2}=1, 2, \cdots, G_{L/2})$ 映射回 $\hat{y}_{ij}\approx x_{ij}(i=1, 2, \cdots, n, j=1, 2, \cdots, m)$. 自编码器的基本结构如图 9.4 所示，其中编码器函数 $\phi$ 和解码器函数 $\theta$ 是用神经网络表示的任何函数. 自编码器神经网络的结构如图 9.5 所示. 均方误差是自编码器的典型损失函数:

$$\mathcal{L}(\boldsymbol{W})=\frac{1}{n}\sum_{i=1}^{n}[\![\theta(\phi(\boldsymbol{X}_i))-\boldsymbol{X}_i]\!]^2. \tag{9.14}$$

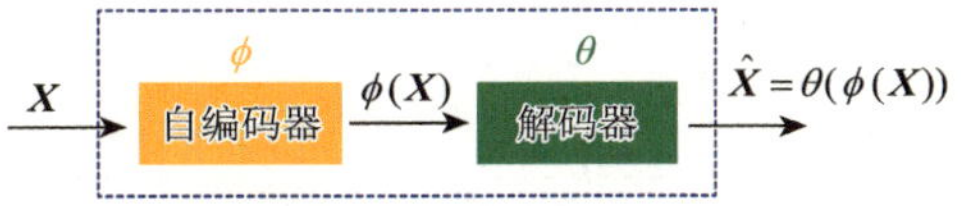


图 9.4　自编码器的基本结构, 这里 $\hat{\boldsymbol{X}}$ 表示输出 $\hat{\boldsymbol{Y}}$

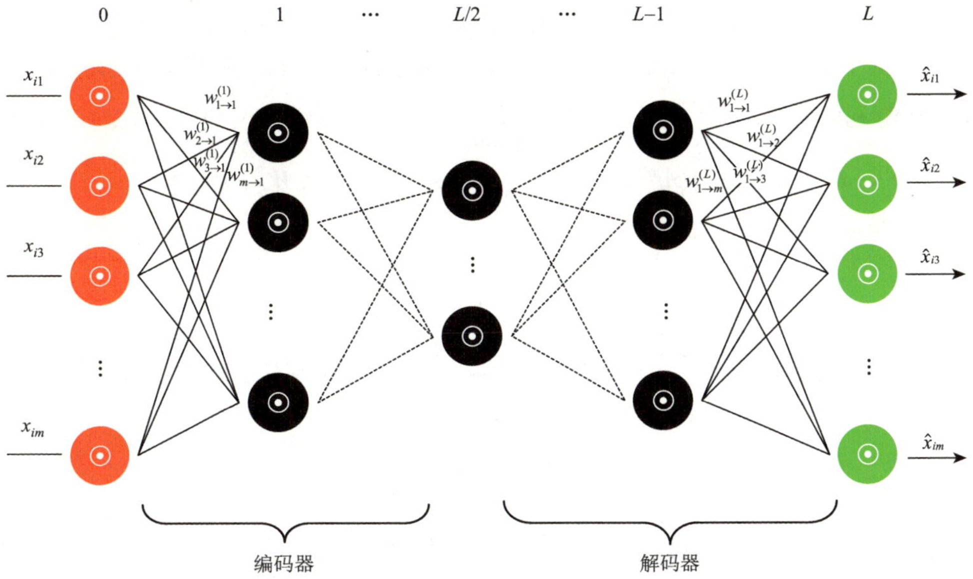


图 9.5　例 9.5 中使用的自编码器神经网络的结构

## 9.5.2　去噪自编码器

人类有能力识别被遮挡的受损图像, 这源于我们高级的联想记忆和感知功能. 我们可以以很多方式记住一些数据（比如图像、声音、气味等）, 所以即使数据部分损坏或丢失, 我们也可以回忆起它. 去噪自编码器可以接受部分损坏的数据作为输入, 而输出原始的无损坏数据, 并且学习到的代理模型对输入模式的部分损伤要具有鲁棒性. 一个好的代理模型应该是能够捕获输入数据中依存关系和规律性未知分布的稳定网络结构（Vincent et al., 2008）.

去噪自编码器将原始输入数据 $\boldsymbol{X}_i=(x_{i1},x_{i2},\cdots,x_{im})(i=1,2,\cdots,n)$ 通过一定的概率损坏, 转换为损坏的输入数据 $\hat{\boldsymbol{X}}_i=\left(\hat{x}_{i1},\hat{x}_{i2},\cdots,\hat{x}_{im}\right)(i=1,2,\cdots,n)$, 然后再将损坏的输入数据恢复到原始输入 $\boldsymbol{X}_i$, 因此其损失函数的形式是

$$L(\boldsymbol{W})=\frac{1}{n}\sum_{i=1}^{n}\left[\!\left[\theta\left(\phi\left(\hat{\boldsymbol{X}}_i\right)\right)-\boldsymbol{X}_i^2\right]\!\right]^2. \tag{9.15}$$

## 例 9.6

使用表 E9.12 中的 17 个催化剂数据, 本例使用 5 个特征输入数据来说明去噪自编码器. 首先将符合高斯分布 $N(0, 1)$的概率损坏噪声添加到原始输入数据中. 图 E9.12 显示了所使用的去噪自编码器神经网络的结构, 包括 5 个输入神经元、5 个输出神经元和 1 个隐藏层. 隐藏层中的神经元 1 和神经元 2 分别在接收到的变量 $r_1^{(1)}$ 和 $r_2^{(1)}$ 上加上常数 $b_1^{(1)}$ 和 $b_2^{(1)}$. 激活函数 $\varphi_1^{(1)}$ 和 $\varphi_2^{(1)}$ 使用了相同的双曲正切函数 $\varphi = \dfrac{\exp(u)-\exp(-u)}{\exp(u)+\exp(-u)}$, 即 $\varphi = \varphi_1^{(1)} = \varphi_2^{(1)}$, 应用到宗量 $\left(r_1^{(1)} + b_1^{(1)}\right)$ 和宗量 $\left(r_2^{(1)} + b_2^{(1)}\right)$ 上, 并且分别产生 $z_1^{(1)}$ 和 $z_2^{(1)}$. 输出层将接收变量 $\boldsymbol{W}^{(2)}$, 加上常数 $\boldsymbol{b}^{(2)}$, 执行线性操作并传递输出 $\hat{\boldsymbol{X}} = \boldsymbol{W}^{(2)} + \boldsymbol{b}^{(2)}$.

**表 E9.12 归一化的催化剂数据**

| 样本 | Mn（at.%） | Ce（at. %） | Fe（at. %） | GHSV（$h^{-1}$） | $T$（℃） |
|---|---|---|---|---|---|
| 1 | 1 | 0.8451 | 0 | 0.25 | 0 |
| 2 | 0.2269 | 0 | 0 | 1 | 0.4 |
| 3 | 0.8067 | 0 | 0.6216 | 1 | 0.4 |
| 4 | 0.7661 | 0 | 0.8919 | 1 | 0.4 |
| 5 | 0.8880 | 0 | 0 | 1 | 0.6 |
| 6 | 0.8590 | 0 | 0.3243 | 1 | 0.4 |
| 7 | 0.2879 | 0 | 0 | 1 | 0.3 |
| 8 | 0 | 0.5610 | 0 | 0.7917 | 0.8 |
| 9 | 0 | 0.6463 | 0 | 0.7917 | 0.8 |
| 10 | 0 | 0.6463 | 0 | 0.375 | 0.6 |
| 11 | 0 | 0.6463 | 0 | 0 | 0.4 |
| 12 | 0 | 1 | 0 | 0.375 | 0.7 |
| 13 | 0 | 0.9634 | 0.1622 | 0.375 | 0.6 |
| 14 | 0 | 0.9146 | 0.2973 | 0.375 | 0.6 |
| 15 | 0 | 0.9024 | 0.4054 | 0.375 | 0.5 |
| 16 | 0 | 0.8293 | 1 | 0.375 | 0.5 |
| 17 | 0 | 0.6463 | 0 | 0.7917 | 1 |

注: （1）气体空速（GHSV）的最大值为 60000$h^{-1}$, 最小值为 12000$h^{-1}$.

（2）温度的最大值（$T$）为 350℃, 最小值为 100℃.

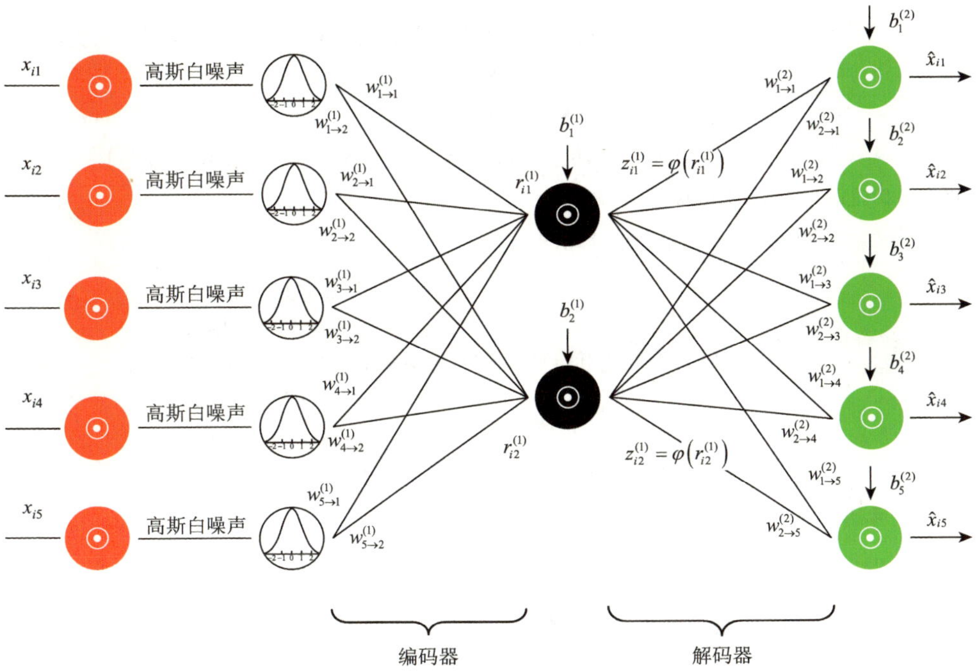


图 E9.12 例 9.6 中使用的去噪自编码器神经网络的结构

自编码器神经网络共有 27 个训练参变量, 其中 12 个在隐藏层 $\left\{w_{1\to1}^{(1)}, w_{1\to2}^{(1)}, w_{2\to1}^{(1)}, w_{2\to2}^{(1)}, w_{3\to1}^{(1)}, w_{3\to2}^{(1)}, w_{4\to1}^{(1)}, w_{4\to2}^{(1)}, w_{5\to1}^{(1)}, w_{5\to2}^{(1)}; b_1^{(1)}, b_2^{(1)}\right\}$, 15 个在输出层 $\left\{w_{1\to1}^{(2)}, w_{2\to1}^{(2)}, w_{1\to2}^{(2)}, w_{2\to2}^{(2)}, w_{1\to3}^{(2)}, w_{2\to3}^{(2)}, w_{1\to4}^{(2)}, w_{2\to4}^{(2)}, w_{1\to5}^{(2)}, w_{2\to5}^{(2)}; b_1^{(2)}, b_2^{(2)}, b_3^{(2)}, b_4^{(2)}, b_5^{(2)}\right\}$. 训练参变量的初始值和噪声都从一系列符合正态分布 $N(0, 1)$随机选取.

这 27 个训练参变量的初始值为

$$\boldsymbol{W}^{(1)}=\begin{bmatrix} w_{1\to1}^{(1)} & w_{1\to2}^{(1)} \\ w_{2\to1}^{(1)} & w_{2\to2}^{(1)} \\ w_{3\to1}^{(1)} & w_{3\to2}^{(1)} \\ w_{4\to1}^{(1)} & w_{4\to2}^{(1)} \\ w_{5\to1}^{(1)} & w_{5\to2}^{(1)} \end{bmatrix}=\begin{bmatrix} -0.8113 & 1.4846 \\ 0.0653 & -2.4427 \\ 0.0992 & 0.5912 \\ 0.5928 & -2.1229 \\ -0.7229 & -0.0563 \end{bmatrix},$$

$$\boldsymbol{b}^{(1)}=\left(b_1^{(1)}, b_2^{(1)}\right)=(-0.7682, -0.4501),$$

$$\boldsymbol{W}^{(2)}=\begin{bmatrix} w_{1\to1}^{(2)} & w_{1\to2}^{(2)} & w_{1\to3}^{(2)} & w_{1\to4}^{(2)} & w_{1\to5}^{(2)} \\ w_{2\to1}^{(2)} & w_{2\to2}^{(2)} & w_{2\to3}^{(2)} & w_{2\to4}^{(2)} & w_{2\to5}^{(2)} \end{bmatrix}$$
$$=\begin{bmatrix} -0.666 & -0.4168 & 1.8211 & 0.6804 & -0.2614 \\ 0.8771 & 0.3983 & -0.888 & -1.453 & -1.0287 \end{bmatrix},$$

$$\boldsymbol{b}^{(2)}=\left(b_1^{(2)}, b_2^{(2)}, b_3^{(2)}, b_4^{(2)}, b_5^{(2)}\right)=(0.5364, 0.3593, 0.2706, -0.1529, 0.3305).$$

每个迭代步骤使用一个数据通过 BP 过程更新 27 个训练参变量, 当 17 个数据都使用一次时, 这 17 个 BP 过程称为一个 epoch. 下面以第一个迭代步骤为例, 使用数据 1 来更新训练参变量.

对于一个随机产生的高斯噪声 $\mathbf{GN}=(1.0617,\ -0.8786,\ 0.1119,\ 0.1851,\ 0.9092)$以及 $\boldsymbol{X}_1=(x_{11},x_{12},x_{13},x_{14},x_{15})=(1,0.8451,0,0.25,0)$, 有 $\boldsymbol{X}_1'=\boldsymbol{X}_1+\mathbf{GN}=\left(x_{11}',x_{12}',x_{13}',x_{14}',x_{15}'\right)=(2.0617,-0.0335,0.1119,0.4351,0.9092)$. 随后有

$$
\begin{aligned}
\boldsymbol{r}^{(1)}&=\left(r_{11}^{(1)},r_{12}^{(1)}\right)=\boldsymbol{X}_1'\boldsymbol{W}^{(1)}+\boldsymbol{b}^{(1)}\\
&=(2.0617,-0.0335,0.1119,0.4351,0.9092)\begin{bmatrix}-0.8113 & 1.4846\\ 0.0653 & -2.4427\\ 0.0992 & 0.5912\\ 0.5928 & -2.1229\\ -0.7229 & -0.0563\end{bmatrix}\\
&\quad+(-0.7682,-0.4501)=(-2.8313,1.7838).
\end{aligned}
$$

然后经过激活函数 $\varphi=\tanh$ 有

$$
z^{(1)}=\varphi(r^{(1)})=\left(\tanh\left(r_{11}^{(1)}\right),\tanh\left(r_{12}^{(1)}\right)\right)=(-0.9931,0.9451).
$$

因此, 去噪自编码器中对数据 1 的预测值为

$$
\begin{aligned}
\hat{\boldsymbol{X}}_1&=\left(\hat{x}_{11},\hat{x}_{12},\hat{x}_{13},\hat{x}_{14},\hat{x}_{15}\right)=\boldsymbol{z}^{(1)}\boldsymbol{W}^{(2)}+\boldsymbol{b}^{(2)}\\
&=(-0.9931,0.9451)\begin{bmatrix}-0.666 & -0.4168 & 1.8211 & 0.6804 & -0.2614\\ 0.8771 & 0.3983 & -0.888 & -1.453 & -1.0287\end{bmatrix}\\
&\quad+(0.5364,0.3593,0.2706,-0.1529,0.3305)\\
&=(2.0267,1.1496,1.2398,-2.2018,-0.3821).
\end{aligned}
$$

损失函数为

$$
\mathcal{L}=\frac{1}{n}\sum_{i=1}^{n}\left(\hat{\boldsymbol{X}}_i-\boldsymbol{X}_i\right)^2. \tag{E9.4}
$$

$\boldsymbol{X}_1$ 的损失函数为

$$
\begin{aligned}
\mathcal{L}_1&=\left(\hat{\boldsymbol{X}}_1-\boldsymbol{X}_1\right)^2=\left(\hat{x}_{11}-x_{11}\right)^2+\left(\hat{x}_{12}-x_{12}\right)^2+\left(\hat{x}_{13}-x_{13}\right)^2+\left(\hat{x}_{14}-x_{14}\right)^2+\left(\hat{x}_{15}-x_{15}\right)^2\\
&=11.2943.
\end{aligned}
$$

损失函数的梯度是

$$
\begin{cases}
\dfrac{\partial\mathcal{L}_1}{\partial w_{j\to1}^{(1)}}=2\left(\hat{\boldsymbol{X}}_1-\boldsymbol{X}_1\right)\dfrac{\partial\hat{\boldsymbol{X}}_1}{\partial z_{11}^{(1)}}\dfrac{\partial z_{11}^{(1)}}{\partial r_{11}^{(1)}}\dfrac{\partial r_{11}^{(1)}}{\partial w_{j\to1}^{(1)}},\\[2ex]
\dfrac{\partial\mathcal{L}_1}{\partial w_{j\to2}^{(1)}}=2\left(\hat{\boldsymbol{X}}_1-\boldsymbol{X}_1\right)\dfrac{\partial\hat{\boldsymbol{X}}_1}{\partial z_{12}^{(1)}}\dfrac{\partial z_{12}^{(1)}}{\partial r_{12}^{(1)}}\dfrac{\partial r_{12}^{(1)}}{\partial w_{j\to2}^{(1)}},
\end{cases} \tag{E9.5a}
$$

$$
\begin{cases}
\dfrac{\partial\mathcal{L}_1}{\partial w_{1\to k}^{(2)}}=2\left(\hat{\boldsymbol{X}}_1-\boldsymbol{X}_1\right)\dfrac{\partial\hat{\boldsymbol{X}}_1}{\partial w_{1\to k}^{(2)}},\\[2ex]
\dfrac{\partial\mathcal{L}_1}{\partial w_{2\to k}^{(2)}}=2\left(\hat{\boldsymbol{X}}_1-\boldsymbol{X}_1\right)\dfrac{\partial\hat{\boldsymbol{X}}_1}{\partial w_{2\to k}^{(2)}},
\end{cases} \tag{E9.5b}
$$

$$\frac{\partial \mathcal{L}_1}{\partial b_1^{(1)}} = 2\left(\hat{\boldsymbol{X}}_1 - \boldsymbol{X}_1\right)\frac{\partial \hat{\boldsymbol{X}}_1}{\partial z_{11}^{(1)}}\frac{\partial z_{11}^{(1)}}{\partial r_{11}^{(1)}}\frac{\partial r_{11}^{(1)}}{\partial b_1^{(1)}}, \tag{E9.5c}$$

$$\frac{\partial \mathcal{L}_1}{\partial b_2^{(1)}} = 2\left(\hat{\boldsymbol{X}}_1 - \boldsymbol{X}_1\right)\frac{\partial \hat{\boldsymbol{X}}_1}{\partial z_{12}^{(1)}}\frac{\partial z_{12}^{(1)}}{\partial r_{12}^{(1)}}\frac{\partial r_{12}^{(1)}}{\partial b_2^{(1)}}, \tag{E9.5d}$$

$$\frac{\partial \mathcal{L}_1}{\partial b_k^{(2)}} = 2\left(\hat{\boldsymbol{X}}_1 - \boldsymbol{X}_1\right)\frac{\partial \hat{\boldsymbol{X}}_1}{\partial b_k^{(2)}} \quad (j=1, 2, 3, 4, 5, k=1, 2, 3, 4, 5). \tag{E9.5e}$$

激活函数 $\varphi = \dfrac{\exp(u)-\exp(-u)}{\exp(u)+\exp(-u)}$ 的导数为

$$\frac{\mathrm{d}\varphi}{\mathrm{d}u} = 1-\varphi^2.$$

本例中，$z_{11}^{(1)} = \varphi_1^{(1)}\left(r_{11}^{(1)}\right)$ 以及 $z_{12}^{(1)} = \varphi_2^{(1)}\left(r_{12}^{(1)}\right)$，因此

$$\frac{\partial z_{11}^{(1)}}{\partial r_{11}^{(1)}} = 1-\left(\frac{\exp\left(r_{11}^{(1)}\right)-\exp\left(-r_{11}^{(1)}\right)}{\exp\left(r_{11}^{(1)}\right)+\exp\left(-r_{11}^{(1)}\right)}\right)^2, \tag{E9.5f}$$

$$\frac{\partial z_{12}^{(1)}}{\partial r_{12}^{(1)}} = 1-\left(\frac{\exp\left(r_{12}^{(1)}\right)-\exp\left(-r_{12}^{(1)}\right)}{\exp\left(r_{12}^{(1)}\right)+\exp\left(-r_{12}^{(1)}\right)}\right)^2. \tag{E9.5g}$$

然后，损失函数的梯度，即方程（E9.5a）—方程（E9.5g）为

$$\frac{\partial \mathcal{L}_1}{\partial w_{j\to 1}^{(1)}} = 2\left(\hat{\boldsymbol{X}}_1 - \boldsymbol{X}_1\right)\left(1-\left(\frac{\exp\left(r_{11}^{(1)}\right)-\exp\left(-r_{11}^{(1)}\right)}{\exp\left(r_{11}^{(1)}\right)+\exp\left(-r_{11}^{(1)}\right)}\right)^2\right)\begin{bmatrix} w_{1\to 1}^{(2)} \\ w_{1\to 2}^{(2)} \\ w_{1\to 3}^{(2)} \\ w_{1\to 4}^{(2)} \\ w_{1\to 5}^{(2)} \end{bmatrix} x'_{1j}, \tag{E9.6a}$$

$$\frac{\partial \mathcal{L}_1}{\partial w_{j\to 2}^{(1)}} = 2\left(\hat{\boldsymbol{X}}_1 - \boldsymbol{X}_1\right)\left(1-\left(\frac{\exp\left(r_{12}^{(1)}\right)-\exp\left(-r_{12}^{(1)}\right)}{\exp\left(r_{12}^{(1)}\right)+\exp\left(-r_{12}^{(1)}\right)}\right)^2\right)\begin{bmatrix} w_{2\to 1}^{(2)} \\ w_{2\to 2}^{(2)} \\ w_{2\to 3}^{(2)} \\ w_{2\to 4}^{(2)} \\ w_{2\to 5}^{(2)} \end{bmatrix} x'_{1j}, \tag{E9.6b}$$

$$\frac{\partial \mathcal{L}_1}{\partial w_{1\to k}^{(2)}} = 2\left(\hat{\boldsymbol{X}}_1 - \boldsymbol{X}_1\right)\begin{bmatrix} z_{11}^{(1)} \\ z_{11}^{(1)} \\ z_{11}^{(1)} \\ z_{11}^{(1)} \\ z_{11}^{(1)} \end{bmatrix}, \tag{E9.6c}$$

$$\frac{\partial \mathcal{L}_1}{\partial w_{2\to k}^{(2)}} = 2\left(\hat{\boldsymbol{X}}_1 - \boldsymbol{X}_1\right)\begin{bmatrix} z_{12}^{(1)} \\ z_{12}^{(1)} \\ z_{12}^{(1)} \\ z_{12}^{(1)} \\ z_{12}^{(1)} \end{bmatrix}, \tag{E9.6d}$$

$$\frac{\partial \mathcal{L}_1}{\partial b_1^{(1)}}=2\left(\hat{\boldsymbol{X}}_1-\boldsymbol{X}_1\right)\left(1-\left(\frac{\exp\left(r_{11}^{(1)}\right)-\exp\left(-r_{11}^{(1)}\right)}{\exp\left(r_{11}^{(1)}\right)+\exp\left(-r_{11}^{(1)}\right)}\right)^2\right)\begin{bmatrix} w_{1\to1}^{(2)} \\ w_{1\to2}^{(2)} \\ w_{1\to3}^{(2)} \\ w_{1\to4}^{(2)} \\ w_{1\to5}^{(2)} \end{bmatrix}, \tag{E9.6e}$$

$$\frac{\partial \mathcal{L}_1}{\partial b_2^{(1)}}=2\left(\hat{\boldsymbol{X}}_1-\boldsymbol{X}_1\right)\left(1-\left(\frac{\exp\left(r_{12}^{(1)}\right)-\exp\left(-r_{12}^{(1)}\right)}{\exp\left(r_{12}^{(1)}\right)+\exp\left(-r_{12}^{(1)}\right)}\right)^2\right)\begin{bmatrix} w_{2\to1}^{(2)} \\ w_{2\to2}^{(2)} \\ w_{2\to3}^{(2)} \\ w_{2\to4}^{(2)} \\ w_{2\to5}^{(2)} \end{bmatrix}, \tag{E9.6f}$$

$$\begin{bmatrix} \dfrac{\partial \mathcal{L}_1}{\partial b_1^{(2)}} \\ \dfrac{\partial \mathcal{L}_1}{\partial b_2^{(2)}} \\ \dfrac{\partial \mathcal{L}_1}{\partial b_3^{(2)}} \\ \dfrac{\partial \mathcal{L}_1}{\partial b_4^{(2)}} \\ \dfrac{\partial \mathcal{L}_1}{\partial b_5^{(2)}} \end{bmatrix}=2\left(\hat{\boldsymbol{X}}_1-\boldsymbol{X}_1\right)\begin{bmatrix} 1 & 0 & 0 & 0 & 0 \\ 0 & 1 & 0 & 0 & 0 \\ 0 & 0 & 1 & 0 & 0 \\ 0 & 0 & 0 & 1 & 0 \\ 0 & 0 & 0 & 0 & 1 \end{bmatrix} \quad (k=1, 2, 3, 4, 5). \tag{E9.6g}$$

下面以 $w_{1\to1}^{(1)}$ 为例说明 BP 过程, 其他训练参变量的 BP 过程将以同样的方式进行. 根据式（E9.5f）, 有

$$\frac{\partial z_{11}^{(1)}}{\partial r_{11}^{(1)}}=1-\left(\frac{\exp\left(r_{11}^{(1)}\right)-\exp\left(-r_{11}^{(1)}\right)}{\exp\left(r_{11}^{(1)}\right)+\exp\left(-r_{11}^{(1)}\right)}\right)^2=1-\left(\frac{\exp(-2.8312)-\exp(2.8312)}{\exp(-2.8312)+\exp(2.8312)}\right)^2=0.0138,$$

因此

$$\frac{\partial \mathcal{L}_1}{\partial w_{1\to1}^{(1)}}=2\left(\hat{\boldsymbol{X}}_1-\boldsymbol{X}_1\right)\left(1-\left(\frac{\exp\left(r_{11}^{(1)}\right)-\exp\left(-r_{11}^{(1)}\right)}{\exp\left(r_{11}^{(1)}\right)+\exp\left(-r_{11}^{(1)}\right)}\right)^2\right)\begin{bmatrix} w_{1\to1}^{(2)} \\ w_{1\to2}^{(2)} \\ w_{1\to3}^{(2)} \\ w_{1\to4}^{(2)} \\ w_{1\to5}^{(2)} \end{bmatrix} x'_{11}$$

$$=2\begin{bmatrix} 2.1010 & -1 \\ 1.0698 & -0.8451 \\ -1.3134 & -0 \\ -2.7448 & -0.25 \\ -1.5045 & -0 \end{bmatrix}^{\mathrm{T}} \times 0.0138 \times \begin{bmatrix} -0.666 \\ -0.4168 \\ -1.8211 \\ 0.6804 \\ -0.2614 \end{bmatrix} \times 2.0617=-0.2858.$$

学习速率 $\eta$ 设置为 0.01, 训练参数根据梯度进行更新, $w_{1\to1}^{(1)}$ 得到新值

$$w_{1\to1}^{(1)\text{ new}}=w_{1\to1}^{(1)}-\frac{\partial\mathcal{L}_1}{w_{1\to1}^{(1)}}\times\eta=-0.8113+0.2858\times0.01=-0.808442.$$

类似地, 所有 27 个训练参变量的值都在第一个迭代步骤中使用 $\boldsymbol{X}_1$ 进行更新. 当所有 17 个数据都使用一次, 即完成 17 个迭代步骤时, 即完成一个 epoch.

经过 400 个 epoch 后, 在增加噪声的情况下, 损失为 $\mathcal{L}=0.03$. 为了进行比较, 我们也以同样的方法计算无噪声的输出结果. 表 E9.13 为两种模型中每个样本的预测值, 表 E9.14 为两种模型的预测结果的 $R^2$ 值. 在添加噪声后, 平均预测精度略有提高.

**表 E9.13 两个模型对每个样本的预测值**

| 加噪声 $N(0, 1)$ | | | | | 无噪声 | | | | |
|---|---|---|---|---|---|---|---|---|---|
| Mn | Ce | Fe | GHSV | $T$ | Mn | Ce | Fe | GHSV | $T$ |
| 0.85 | 0.78 | 0.44 | 0.18 | 0.09 | 0.92 | 0.76 | 0.38 | 0.17 | 0.05 |
| 0.47 | 0.03 | 0.25 | 1.06 | 0.55 | 0.31 | 0.09 | 0.22 | 1.04 | 0.62 |
| 0.80 | −0.05 | 0.36 | 1.05 | 0.38 | 0.84 | −0.01 | 0.35 | 0.98 | 0.33 |
| 0.87 | 0.00 | 0.39 | 0.98 | 0.32 | 0.87 | −0.01 | 0.35 | 0.98 | 0.32 |
| 0.73 | −0.02 | 0.34 | 1.04 | 0.41 | 0.69 | −0.04 | 0.31 | 1.06 | 0.44 |
| 0.79 | 0.04 | 0.36 | 0.96 | 0.36 | 0.83 | −0.01 | 0.34 | 0.99 | 0.34 |
| 0.25 | 0.16 | 0.18 | 0.99 | 0.64 | 0.39 | 0.10 | 0.24 | 1.01 | 0.57 |
| −0.15 | 0.51 | 0.08 | 0.74 | 0.76 | −0.07 | 0.48 | 0.14 | 0.76 | 0.72 |
| −0.08 | 0.56 | 0.10 | 0.67 | 0.70 | −0.08 | 0.53 | 0.14 | 0.71 | 0.72 |
| −0.08 | 0.78 | 0.12 | 0.44 | 0.63 | 0.01 | 0.74 | 0.16 | 0.47 | 0.60 |
| 0.06 | 0.96 | 0.18 | 0.22 | 0.49 | 0.11 | 0.93 | 0.19 | 0.25 | 0.48 |
| −0.03 | 0.85 | 0.14 | 0.36 | 0.58 | −0.09 | 0.92 | 0.14 | 0.31 | 0.60 |
| 0.01 | 0.88 | 0.16 | 0.32 | 0.55 | −0.04 | 0.91 | 0.16 | 0.31 | 0.57 |
| 0.07 | 0.81 | 0.17 | 0.37 | 0.54 | −0.01 | 0.87 | 0.16 | 0.34 | 0.57 |
| 0.01 | 0.84 | 0.16 | 0.36 | 0.56 | 0.04 | 0.88 | 0.17 | 0.32 | 0.54 |
| 0.26 | 0.82 | 0.24 | 0.31 | 0.42 | 0.14 | 0.80 | 0.20 | 0.37 | 0.50 |
| −0.12 | 0.47 | 0.08 | 0.77 | 0.75 | −0.13 | 0.50 | 0.13 | 0.75 | 0.76 |

**表 E9.14 两种模型的 $R^2$ 值**

| | 加噪声 $N(0, 1)$ | 无噪声 |
|---|---|---|
| Mn | 0.9406 | 0.9019 |
| Ce | 0.9367 | 0.9098 |
| Fe | 0.1061 | 0.1608 |
| GHSV | 0.9425 | 0.9487 |
| $T$ | 0.6942 | 0.6391 |
| 平均 $R^2$ | 0.7240 | 0.7121 |

### 9.5.3 稀疏自编码器

当层数及/或神经元数量很大时，要训练的参变量（权重和偏置）数量将会变得非常大，这就需要大的数据量与计算能力. 稀疏自编码器（Andrew, 2011）的目标是将一些训练参变量变为零，从而减少非零训练的参变量的数量. 如果 $k$ 个训练的参变量在一个稀疏自编码器中是非零的，而其他的训练参变量是零，则称这个编码器为 $k$ 稀疏自编码器. 与 $L_1$ 正则化类似，稀疏正则化惩罚项的一般形式是

$$\Omega_{\mathrm{s}}(\boldsymbol{W})=\sum_{l=1}^{L-1}\sum_{g_l=1}^{G_l}\left(p\ \ln\frac{p}{p_{g_l}^{(l)}}+(1-p)\ln\frac{1-p}{1-p_{g_l}^{(l)}}\right), \tag{9.16a}$$

其中 $p$ 称为稀疏自编码器的稀疏性比例，它是（0, 1）内的一个超参数，通过交叉验证进行优化，$p_{g_l}^{(l)}$ 定义为

$$p_{g_l}^{(l)}=\frac{1}{n}\sum_{i=1}^{n}z_{ig_l}^{(l)}. \tag{9.16b}$$

稀疏正则化惩罚项（9.16a）实际上汇总了 $p$ 与 $p_{g_l}^{(l)}$ 之间的 KL 散度

$$D_{\mathrm{KL}}\left(p\,\|\,p_{g_l}^{(l)}\right)=\left(p\ \ln\frac{p}{p_{g_l}^{(l)}}+(1-p)\ln\frac{1-p}{1-p_{g_l}^{(l)}}\right),$$

因此式（9.16a）更新为

$$\Omega_{\mathrm{s}}(\boldsymbol{W})=\sum_{l=1}^{L-1}\sum_{g_l=1}^{G_l}D_{\mathrm{KL}}\left(p\,\|\,p_{g_l}^{(l)}\right). \tag{9.16c}$$

显然，如果 $p=p_{g_l}^{(l)}$，则 $D_{\mathrm{KL}}\left(p\,\|\,p_{g_l}^{(l)}\right)$ 为 0，神经元的输出 $z_{g_l}^{(l)}$ 将不会受到惩罚，否则将受到惩罚. $L_2$ 正则化形式的惩罚项也可以添加到神经网络中，其形式是

$$\Omega_{\mathrm{w}}(\boldsymbol{W})=\frac{1}{2}\sum_{l=1}^{L}\sum_{g_{l-1}=1}^{G_{l-1}}\sum_{g_l=1}^{G_l}\left(w_{g_{l-1}\to g_l}^{(l)}\right)^2. \tag{9.17}$$

如果中间层 $L/2$ 中 $\left(\phi\hat{\boldsymbol{X}}_i\right)=\left(\phi_1\left(\hat{\boldsymbol{X}}_i\right),\phi_2\left(\hat{\boldsymbol{X}}_i\right),\cdots,\phi_{G_{L/2}}\left(\hat{\boldsymbol{X}}_i\right)\right)$，它的雅可比矩阵为

$$J_{\phi}\left(\hat{\boldsymbol{X}}_i\right)=\begin{pmatrix}\dfrac{\partial\phi_1}{\partial x_1} & \cdots & \dfrac{\partial\phi_1}{\partial x_m}\\ \vdots & & \vdots\\ \dfrac{\partial\phi_{G_{\frac{L}{2}}}}{\partial x_1} & \cdots & \dfrac{\partial\phi_{G_{\frac{L}{2}}}}{\partial x_m}\end{pmatrix}. \tag{9.18a}$$

弗罗贝尼乌斯（Frobenius）范数的定义为

$$\left\| J_\phi\left(\hat{\boldsymbol{X}}_i\right) \right\|_{\mathrm{F}} = \sqrt{\operatorname{tr}\left(\left(J_\phi\left(\hat{\boldsymbol{X}}_i\right)\right)^{\mathrm{T}} J_\phi\left(\hat{\boldsymbol{X}}_i\right)\right)} = \sqrt{\sum_{g_{\frac{L}{2}}=1}^{G_{\frac{L}{2}}} \sum_{j=1}^{m} \left(J_\phi\left(\hat{\boldsymbol{X}}_i\right)\right)_{g_{\frac{L}{2}}j}^2}. \tag{9.18b}$$

弗罗贝尼乌斯惩罚项为

$$\Omega_{\mathrm{F}}(\boldsymbol{W}) = \frac{1}{2}\sum_{i=1}^{n} \left\| J_\phi\left(\hat{\boldsymbol{X}}_i\right) \right\|_{\mathrm{F}}^2 = \frac{1}{2}\sum_{i=1}^{n} \sum_{g_{\frac{L}{2}}=1}^{G_{\frac{L}{2}}} \sum_{j=1}^{m} \left(J_\phi\left(\hat{\boldsymbol{X}}_i\right)\right)_{g_{\frac{L}{2}}j}^2. \tag{9.18c}$$

对于任意一个惩罚项, 隐变量的值由正则化损失函数的最小值确定

$$\hat{\boldsymbol{W}} = \underset{\boldsymbol{W}}{\operatorname{argmin}}[\mathcal{L}(\boldsymbol{W}) + \lambda\Omega_{\mathrm{s}}(\boldsymbol{W})], \tag{9.19a}$$

$$\hat{\boldsymbol{W}} = \underset{\boldsymbol{W}}{\operatorname{argmin}}[\mathcal{L}(\boldsymbol{W}) + \lambda\Omega_{\mathrm{w}}(\boldsymbol{W})], \tag{9.19b}$$

$$\hat{\boldsymbol{W}} = \underset{\boldsymbol{W}}{\operatorname{argmin}}[\mathcal{L}(\boldsymbol{W}) + \lambda\Omega_{\mathrm{F}}(\boldsymbol{W})], \tag{9.19c}$$

其中 $\lambda$ 是一个正超参数, 在前面 $L_1$ 正则化、$L_2$ 正则化和弗罗贝尼乌斯正则化中讨论过, 并且超参数 $\lambda$ 的值是通过交叉验证进行优化的.

## 例 9.7

本例中使用了表 E9.12 中列出的数据, 图 E9.13 给出了本例中使用的神经网络的结构, 这里采用了 $L_2$ 正则化形式的惩罚项 $\Omega_{\mathrm{s}}(\boldsymbol{W})$.

将训练参变量的初值设置为符合正态分布 $N(0, 1)$ 的一系列数字, 可得

$$\boldsymbol{W}^{(1)} = \begin{bmatrix} w_{1\to1}^{(1)} & w_{1\to2}^{(1)} \\ w_{2\to1}^{(1)} & w_{2\to2}^{(1)} \\ w_{3\to1}^{(1)} & w_{3\to2}^{(1)} \\ w_{4\to1}^{(1)} & w_{4\to2}^{(1)} \\ w_{5\to1}^{(1)} & w_{5\to2}^{(1)} \end{bmatrix} = \begin{bmatrix} -0.7258 & 1.0124 \\ -0.7520 & -0.8886 \\ -2.0785 & 0.1374 \\ 0.2474 & -0.4235 \\ -1.5115 & -0.3998 \end{bmatrix},$$

$$\boldsymbol{b}^{(1)} = \left(b_1^{(1)}, b_2^{(1)}\right) = (-0.1233, 0.3371),$$

$$
\boldsymbol{W}^{(2)}=\begin{bmatrix} w_{1\to1}^{(2)} & w_{1\to2}^{(2)} & w_{1\to3}^{(2)} & w_{1\to4}^{(2)} & w_{1\to5}^{(2)} \\ w_{2\to1}^{(2)} & w_{2\to2}^{(2)} & w_{2\to3}^{(2)} & w_{2\to4}^{(2)} & w_{2\to5}^{(2)} \end{bmatrix}
=\begin{bmatrix} -0.1954 & -0.9807 & -0.4593 & 2.2266 & -1.0782 \\ -0.5019 & -0.0340 & 1.7136 & -0.2694 & 0.9063 \end{bmatrix},
$$

$$
\boldsymbol{b}^{(2)}=\left(b_1^{(2)},b_2^{(2)},b_3^{(2)},b_4^{(2)},b_5^{(2)}\right)=(-0.9500,-1.0599,0.4022,-0.2024,-0.4045).
$$

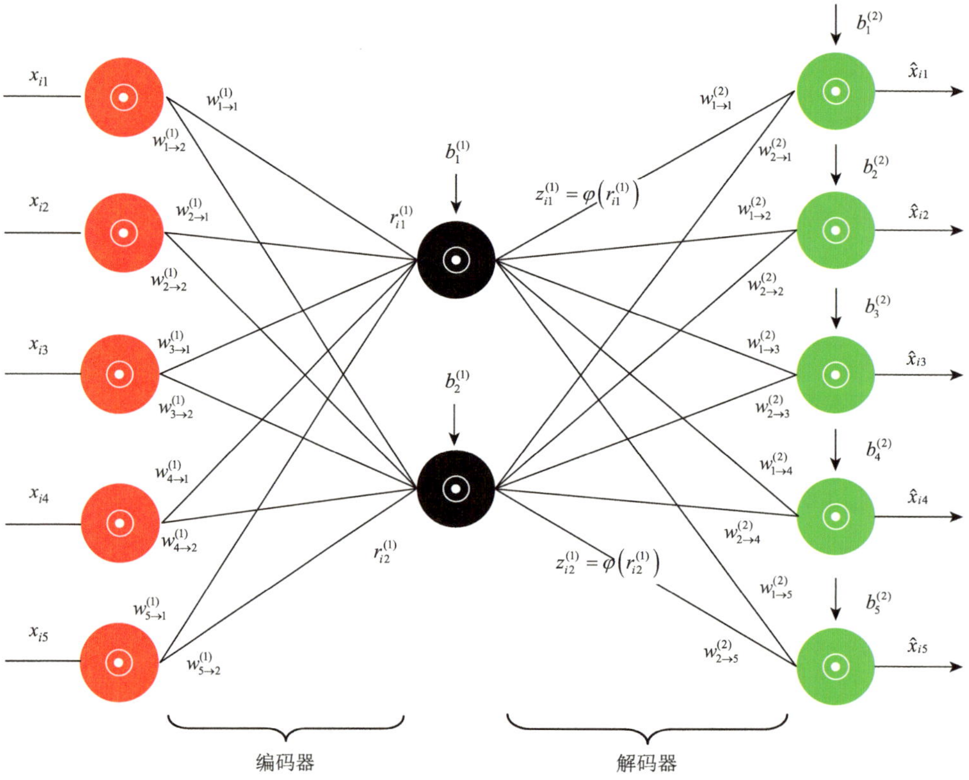


图 E9.13　例 9.7 中使用的稀疏自编码器神经网络的结构

数据 1—4 用于第一步迭代, 即

$$
\begin{bmatrix} \boldsymbol{X}_1 \\ \boldsymbol{X}_2 \\ \boldsymbol{X}_3 \\ \boldsymbol{X}_4 \end{bmatrix}=\begin{bmatrix} 1 & 0.8451 & 0 & 0.25 & 0 \\ 0.2269 & 0 & 0 & 1 & 0.4 \\ 0.8067 & 0 & 0.6216 & 1 & 0.4 \\ 0.7661 & 0 & 0.8919 & 1 & 0.4 \end{bmatrix}.
$$

每次迭代中, 不同的样本在 FP 中使用相同的训练参变量值. 下面显示了 FP 中的详细计算结果:

$$
\boldsymbol{r}_1^{(1)}=\begin{bmatrix} r_{11}^{(1)} & r_{12}^{(1)} \\ r_{21}^{(1)} & r_{22}^{(1)} \\ r_{31}^{(1)} & r_{32}^{(1)} \\ r_{41}^{(1)} & r_{42}^{(1)} \end{bmatrix}=\begin{bmatrix} \boldsymbol{X}_1 \\ \boldsymbol{X}_2 \\ \boldsymbol{X}_3 \\ \boldsymbol{X}_4 \end{bmatrix}\boldsymbol{W}^{(1)}+\boldsymbol{b}^{(1)}=\begin{bmatrix} \boldsymbol{X}_1 \\ \boldsymbol{X}_2 \\ \boldsymbol{X}_3 \\ \boldsymbol{X}_4 \end{bmatrix}\begin{bmatrix} w_{1\to1}^{(1)} & w_{1\to2}^{(1)} \\ w_{2\to1}^{(1)} & w_{2\to2}^{(1)} \\ w_{3\to1}^{(1)} & w_{3\to2}^{(1)} \\ w_{4\to1}^{(1)} & w_{4\to2}^{(1)} \\ w_{5\to1}^{(1)} & w_{5\to2}^{(1)} \end{bmatrix}+\begin{bmatrix} b_1^{(1)} & b_2^{(1)} \\ b_1^{(1)} & b_1^{(1)} \\ b_1^{(1)} & b_1^{(1)} \\ b_1^{(1)} & b_1^{(1)} \end{bmatrix}
$$

$$
=\begin{bmatrix} 1 & 0.8451 & 0 & 0.25 & 0 \\ 0.2269 & 0 & 0 & 1 & 0.4 \\ 0.8067 & 0 & 0.6216 & 1 & 0.4 \\ 0.7661 & 0 & 0.8919 & 1 & 0.4 \end{bmatrix}\begin{bmatrix} -0.7258 & 1.0124 \\ -0.7520 & -0.8886 \\ -2.0785 & 0.1374 \\ 0.2474 & -0.4235 \\ -1.5115 & -0.3998 \end{bmatrix}+\begin{bmatrix} -0.1233 & 0.3371 \\ -0.1233 & 0.3371 \\ -0.1233 & 0.3371 \\ -0.1233 & 0.3371 \end{bmatrix}
$$

$$
=\begin{bmatrix} -1.4228 & 0.4926 \\ -0.6452 & -0.0166 \\ -2.3580 & 0.6560 \\ -2.8903 & 0.6518 \end{bmatrix}.
$$

本例中, 以 tanh 函数作为激活函数可得

$$
z_1^{(1)}=\begin{bmatrix} z_{11}^{(1)} & z_{12}^{(1)} \\ z_{21}^{(1)} & z_{22}^{(1)} \\ z_{31}^{(1)} & z_{22}^{(1)} \\ z_{41}^{(1)} & z_{22}^{(1)} \end{bmatrix}=\varphi\left(\boldsymbol{r}_1^{(1)}\right)=\begin{bmatrix} \tanh\left(r_{11}^{(1)}\right) & \tanh\left(r_{12}^{(1)}\right) \\ \tanh\left(r_{21}^{(1)}\right) & \tanh\left(r_{22}^{(1)}\right) \\ \tanh\left(r_{31}^{(1)}\right) & \tanh\left(r_{32}^{(1)}\right) \\ \tanh\left(r_{41}^{(1)}\right) & \tanh\left(r_{42}^{(1)}\right) \end{bmatrix}=\begin{bmatrix} -0.8902 & 0.4563 \\ -0.5684 & -0.0166 \\ -0.9823 & 0.5756 \\ -0.9938 & 0.5729 \end{bmatrix}.
$$

然后, 解码 $z_1^{(1)}$ 得到 $\hat{X}_1$ 的预测, 即

$$
\begin{bmatrix} \hat{\boldsymbol{X}}_1 \\ \hat{\boldsymbol{X}}_2 \\ \hat{\boldsymbol{X}}_3 \\ \hat{\boldsymbol{X}}_4 \end{bmatrix}=z_1^{(1)}\boldsymbol{W}^{(2)}+\boldsymbol{b}^{(2)}=\begin{bmatrix} z_{11}^{(1)} & z_{12}^{(1)} \\ z_{21}^{(1)} & z_{22}^{(1)} \\ z_{31}^{(1)} & z_{22}^{(1)} \\ z_{41}^{(1)} & z_{22}^{(1)} \end{bmatrix}\begin{bmatrix} w_{1\to1}^{(2)} & w_{1\to2}^{(2)} & w_{1\to3}^{(2)} & w_{1\to4}^{(2)} & w_{1\to5}^{(2)} \\ w_{2\to1}^{(2)} & w_{2\to2}^{(2)} & w_{2\to3}^{(2)} & w_{2\to4}^{(2)} & w_{2\to5}^{(2)} \end{bmatrix}
$$

$$
+\begin{bmatrix} b_1^{(2)} & b_2^{(2)} & b_3^{(2)} & b_4^{(2)} & b_5^{(2)} \\ b_1^{(2)} & b_2^{(2)} & b_3^{(2)} & b_4^{(2)} & b_5^{(2)} \\ b_1^{(2)} & b_2^{(2)} & b_3^{(2)} & b_4^{(2)} & b_5^{(2)} \\ b_1^{(2)} & b_2^{(2)} & b_3^{(2)} & b_4^{(2)} & b_5^{(2)} \end{bmatrix}
$$

$$
=\begin{bmatrix} -0.8902 & 0.4563 \\ -0.5684 & -0.0166 \\ -0.9823 & 0.5756 \\ -0.9938 & 0.5729 \end{bmatrix}\begin{bmatrix} -0.1954 & -0.9807 & -0.4593 & 2.2266 & -1.0782 \\ -0.5019 & -0.0340 & 1.7136 & -0.2694 & 0.9063 \end{bmatrix}
$$

$$+\begin{bmatrix} -0.9500 & -1.0599 & 0.4022 & -0.2024 & -0.4045 \\ -0.9500 & -1.0599 & 0.4022 & -0.2024 & -0.4045 \\ -0.9500 & -1.0599 & 0.4022 & -0.2024 & -0.4045 \\ -0.9500 & -1.0599 & 0.4022 & -0.2024 & -0.4045 \end{bmatrix}$$

$$=\begin{bmatrix} -1.005 & -0.2024 & 1.5930 & -2.3074 & 0.9689 \\ -0.8306 & -0.5019 & 0.6348 & -1.4636 & 0.1933 \\ -1.0469 & -0.1162 & 1.8396 & -2.5446 & 1.1762 \\ -1.0433 & -0.1047 & 1.8404 & -2.5696 & 1.1863 \end{bmatrix}.$$

因此, 样本的平均损失函数 $\bar{\mathcal{L}}$ 为

$$\bar{\mathcal{L}} = \frac{1}{4}\sum_{i=1}^{4}\left(\hat{\boldsymbol{X}}_i - \boldsymbol{X}_i\right)^2 + \frac{1}{4}\lambda\Omega_{\mathrm{w}}(\boldsymbol{W}).$$

$\bar{\mathcal{L}}$ 的第一项是均方误差, 即

$$\frac{1}{4}\sum_{i=1}^{4}\left(\hat{\boldsymbol{X}}_i - \boldsymbol{X}_i\right)^2 = \frac{1}{4}\sum_{i=1}^{4}\left(\left(\hat{x}_{i1} - x_{i1}\right)^2 + \left(\hat{x}_{i2} - x_{i2}\right)^2 + \left(\hat{x}_{i3} - x_{i3}\right)^2 + \left(\hat{x}_{i4} - x_{i4}\right)^2 + \left(\hat{x}_{i5} - x_{i5}\right)^2\right).$$

$\bar{\mathcal{L}}$ 的第二项是 20 个权重的平方和, 即

$$\begin{aligned}\Omega_{\mathrm{w}}(\boldsymbol{W}) = \frac{1}{2}\Big(&\left|w_{1\to1}^{(1)}\right|^2 + \left|w_{1\to2}^{(1)}\right|^2 + \left|w_{2\to1}^{(1)}\right|^2 + \left|w_{2\to2}^{(1)}\right|^2 + \left|w_{3\to1}^{(1)}\right|^2 + \left|w_{3\to2}^{(1)}\right|^2 + \left|w_{4\to1}^{(1)}\right|^2 \\ &+ \left|w_{4\to2}^{(1)}\right|^2 + \left|w_{5\to1}^{(1)}\right|^2 + \left|w_{5\to2}^{(1)}\right|^2 + \left|w_{1\to1}^{(2)}\right|^2 + \left|w_{1\to2}^{(2)}\right|^2 + \left|w_{1\to3}^{(2)}\right|^2 + \left|w_{1\to4}^{(2)}\right|^2 \\ &+ \left|w_{1\to5}^{(2)}\right|^2 + \left|w_{2\to1}^{(2)}\right|^2 + \left|w_{2\to2}^{(2)}\right|^2 + \left|w_{2\to3}^{(2)}\right|^2 + \left|w_{2\to4}^{(2)}\right|^2 + \left|w_{2\to5}^{(2)}\right|^2\Big).\end{aligned}$$

设置 $\lambda = 0.1$ 可得平均损失

$$\bar{\mathcal{L}} = \frac{\mathcal{L}_1 + \mathcal{L}_2 + \mathcal{L}_3 + \mathcal{L}_4}{4} = 14.9328.$$

对于数据 $\boldsymbol{X}_1$, 损失函数的梯度为

$$\begin{cases} \dfrac{\partial \mathcal{L}_1}{\partial w_{j\to1}^{(1)}} = 2\left(\hat{\boldsymbol{X}}_1 - \boldsymbol{X}_1\right)\dfrac{\partial \hat{\boldsymbol{X}}_1}{\partial z_{11}^{(1)}}\dfrac{\partial z_{11}^{(1)}}{\partial r_{11}^{(1)}}\dfrac{\partial r_{11}^{(1)}}{\partial w_{j\to1}^{(1)}} + \lambda w_{j\to1}^{(1)}, \\ \dfrac{\partial \mathcal{L}_1}{\partial w_{j\to2}^{(1)}} = 2\left(\hat{\boldsymbol{X}}_1 - \boldsymbol{X}_1\right)\dfrac{\partial \hat{\boldsymbol{X}}_1}{\partial z_{12}^{(1)}}\dfrac{\partial z_{12}^{(1)}}{\partial r_{12}^{(1)}}\dfrac{\partial r_{12}^{(1)}}{\partial w_{j\to2}^{(1)}} + \lambda w_{j\to2}^{(1)}, \end{cases}$$

$$\begin{cases} \dfrac{\partial \mathcal{L}_1}{\partial w_{1\to k}^{(2)}} = 2\left(\hat{\boldsymbol{X}}_1 - \boldsymbol{X}_1\right)\dfrac{\partial \hat{\boldsymbol{X}}_1}{\partial w_{1\to k}^{(2)}} + \lambda w_{1\to k}^{(2)}, \\ \dfrac{\partial \mathcal{L}_1}{\partial w_{2\to k}^{(2)}} = 2\left(\hat{\boldsymbol{X}}_1 - \boldsymbol{X}_1\right)\dfrac{\partial \hat{\boldsymbol{X}}_1}{\partial w_{2\to k}^{(2)}} + \lambda w_{2\to k}^{(2)}, \end{cases}$$

$$\frac{\partial \mathcal{L}_1}{\partial b_1^{(1)}} = 2\left(\hat{\boldsymbol{X}}_1 - \boldsymbol{X}_1\right)\frac{\partial \hat{\boldsymbol{X}}_1}{\partial z_{11}^{(1)}}\frac{\partial z_{11}^{(1)}}{\partial r_{11}^{(1)}}\frac{\partial r_{11}^{(1)}}{\partial b_1^{(1)}},$$

$$\frac{\partial \mathcal{L}_1}{\partial b_2^{(1)}} = 2\left(\hat{\boldsymbol{X}}_1 - \boldsymbol{X}_1\right)\frac{\partial \hat{\boldsymbol{X}}_1}{\partial z_{12}^{(1)}}\frac{\partial z_{12}^{(1)}}{\partial r_{12}^{(1)}}\frac{\partial r_{12}^{(1)}}{\partial b_2^{(1)}},$$

$$\frac{\partial \mathcal{L}_1}{\partial b_k^{(2)}} = 2\left(\hat{\boldsymbol{X}}_1 - \boldsymbol{X}_1\right)\frac{\partial \hat{\boldsymbol{X}}_1}{\partial b_k^{(2)}}$$

$$(j = 1, 2, 3, 4, 5; k = 1, 2, 3, 4, 5).$$

对于数据 $\boldsymbol{X}_1$, 损失的梯度被计算为

$$\frac{\partial \mathcal{L}_1}{\partial w_{j\to 1}^{(1)}} = 2\left(\hat{\boldsymbol{X}}_1 - \boldsymbol{X}_1\right)\left(1 - \left(\frac{\exp\left(r_{11}^{(1)}\right) - \exp\left(-r_{11}^{(1)}\right)}{\exp\left(r_{11}^{(1)}\right) + \exp\left(-r_{11}^{(1)}\right)}\right)^2\right)\begin{bmatrix} w_{1\to 1}^{(2)} \\ w_{1\to 2}^{(2)} \\ w_{1\to 3}^{(2)} \\ w_{1\to 4}^{(2)} \\ w_{1\to 5}^{(2)} \end{bmatrix} x_{1j} + \lambda w_{j\to 1}^{(1)},$$

$$\frac{\partial \mathcal{L}_1}{\partial w_{j\to 2}^{(1)}} = 2\left(\hat{\boldsymbol{X}}_1 - \boldsymbol{X}_1\right)\left(1 - \left(\frac{\exp\left(r_{12}^{(1)}\right) - \exp\left(-r_{12}^{(1)}\right)}{\exp\left(r_{12}^{(1)}\right) + \exp\left(-r_{12}^{(1)}\right)}\right)^2\right)\begin{bmatrix} w_{1\to 1}^{(2)} \\ w_{1\to 2}^{(2)} \\ w_{1\to 3}^{(2)} \\ w_{1\to 4}^{(2)} \\ w_{1\to 5}^{(2)} \end{bmatrix} x_{1j} + \lambda w_{j\to 2}^{(1)},$$

$$\frac{\partial \mathcal{L}_1}{\partial w_{1\to k}^{(2)}} = 2\left(\hat{\boldsymbol{X}}_1 - \boldsymbol{X}_1\right)\begin{bmatrix} z_{11}^{(1)} \\ z_{11}^{(1)} \\ z_{11}^{(1)} \\ z_{11}^{(1)} \\ z_{11}^{(1)} \end{bmatrix} + \lambda w_{1\to k}^{(2)},$$

$$\frac{\partial \mathcal{L}_1}{\partial w_{2\to k}^{(2)}} = 2\left(\hat{\boldsymbol{X}}_1 - \boldsymbol{X}_1\right)\begin{bmatrix} z_{12}^{(1)} \\ z_{12}^{(1)} \\ z_{12}^{(1)} \\ z_{12}^{(1)} \\ z_{12}^{(1)} \end{bmatrix} + \lambda w_{2\to k}^{(2)},$$

$$\frac{\partial \mathcal{L}_1}{\partial b_1^{(1)}} = 2\left(\hat{\boldsymbol{X}}_1 - \boldsymbol{X}_1\right)\left(1 - \left(\frac{\exp\left(r_{11}^{(1)}\right) - \exp\left(-r_{11}^{(1)}\right)}{\exp\left(r_{11}^{(1)}\right) + \exp\left(-r_{11}^{(1)}\right)}\right)^2\right)\begin{bmatrix} w_{1\to 1}^{(2)} \\ w_{1\to 2}^{(2)} \\ w_{1\to 3}^{(2)} \\ w_{1\to 4}^{(2)} \\ w_{1\to 5}^{(2)} \end{bmatrix},$$

$$\frac{\partial \mathcal{L}_1}{\partial b_2^{(1)}} = 2\left(\hat{\boldsymbol{X}}_1 - \boldsymbol{X}_1\right)\left(1 - \left(\frac{\exp\left(\boldsymbol{r}_{12}^{(1)}\right) - \exp\left(-\boldsymbol{r}_{12}^{(1)}\right)}{\exp\left(\boldsymbol{r}_{12}^{(1)}\right) + \exp\left(-\boldsymbol{r}_{12}^{(1)}\right)}\right)^2\right)\begin{bmatrix} w_{2\to 1}^{(2)} \\ w_{2\to 2}^{(2)} \\ w_{2\to 3}^{(2)} \\ w_{2\to 4}^{(2)} \\ w_{2\to 5}^{(2)} \end{bmatrix},$$

$$\begin{bmatrix} \dfrac{\partial \mathcal{L}_1}{\partial b_1^{(2)}} \\ \dfrac{\partial \mathcal{L}_1}{\partial b_2^{(2)}} \\ \dfrac{\partial \mathcal{L}_1}{\partial b_3^{(2)}} \\ \dfrac{\partial \mathcal{L}_1}{\partial b_4^{(2)}} \\ \dfrac{\partial \mathcal{L}_1}{\partial b_5^{(2)}} \end{bmatrix} = 2\left(\hat{\boldsymbol{X}}_1 - \boldsymbol{X}_1\right)\begin{bmatrix} 1 & 0 & 0 & 0 & 0 \\ 0 & 1 & 0 & 0 & 0 \\ 0 & 0 & 1 & 0 & 0 \\ 0 & 0 & 0 & 1 & 0 \\ 0 & 0 & 0 & 0 & 1 \end{bmatrix}.$$

以 $w_{1\to1}^{(1)}$ 为例介绍 BP 过程：

$$\frac{\partial \mathcal{L}_1}{\partial w_{1\to1}^{(1)}} = 2(\widehat{\boldsymbol{X}}_1 - \boldsymbol{X}_1)\left(1-\left(\frac{\exp\left(\boldsymbol{r}_{11}^{(1)}\right)-\exp\left(-\boldsymbol{r}_{11}^{(1)}\right)}{\exp\left(\boldsymbol{r}_{11}^{(1)}\right)+\exp\left(-\boldsymbol{r}_{11}^{(1)}\right)}\right)^2\right)\begin{bmatrix} w_{1\to1}^{(2)} \\ w_{1\to2}^{(2)} \\ w_{1\to3}^{(2)} \\ w_{1\to4}^{(2)} \\ w_{1\to5}^{(2)} \end{bmatrix} x_{11} + \lambda w_{1\to1}^{(1)}$$

$$= 2\begin{bmatrix} -1.1972 & -1 \\ -1.0766 & -0.8451 \\ 1.2464 & -0 \\ -0.3351 & -0.25 \\ 0.0420 & -0 \end{bmatrix}^{\mathrm{T}} \times \left(1-\left(\frac{\exp(-1.4228)-\exp(1.4228)}{\exp(-1.4228)+\exp(-1.4228)}\right)^2\right)$$

$$\times\begin{bmatrix} -0.1954 \\ -0.9807 \\ -0.4593 \\ 2.2266 \\ -1.0782 \end{bmatrix}\times 1 + 0.1\times(-0.7258) = -2.5850.$$

由于本例中在第一次迭代时使用数据 1—4 来更新训练参变量，所以可得

$$\frac{\partial \mathcal{L}_2}{\partial w_{1\to1}^{(1)}} = -2.0884,$$

$$\frac{\partial \mathcal{L}_3}{\partial w_{1\to1}^{(1)}} = -3.7313,$$

$$\frac{\partial \mathcal{L}_4}{\partial w_{1\to1}^{(1)}} = -3.7159,$$

$$\frac{\partial \bar{\mathcal{L}}}{\partial w_{1\to1}^{(1)}} = \frac{\dfrac{\partial \mathcal{L}_1}{\partial w_{1\to1}^{(1)}} + \dfrac{\partial \mathcal{L}_2}{\partial w_{1\to1}^{(1)}} + \dfrac{\partial \mathcal{L}_3}{\partial w_{1\to1}^{(1)}} + \dfrac{\partial \mathcal{L}_4}{\partial w_{1\to1}^{(1)}}}{4} = -3.0302.$$

令 $\eta = 0.01$，则 $w_{1\to1}^{(1)}$ 的值更新为

$$w_{1\to1(\text{new})}^{(1)} = w_{1\to1(\text{old})}^{(1)} - \eta\frac{\partial \bar{\mathcal{L}}}{\partial w_{1\to1}^{(1)}} = -0.7258 - 0.01\times(-3.0302) = -0.695498.$$

其他训练参变量以同样的方式进行更新, 迭代一直到平均损失函数 $\bar{\mathcal{L}}$ 收敛为止.

图 E9.14 显示了在 $L_2$ 正则化自编码器中, 随着 $\lambda$ 从 1 减少到 $10^{-3.5}$ 时权重的变化, 这些训练参变量同时出现. 如图 E9.15 所示, $L_2$ 正则化自编码器的最优 $\lambda$ 值由最大 LOOCV-$R^2$ 决定.

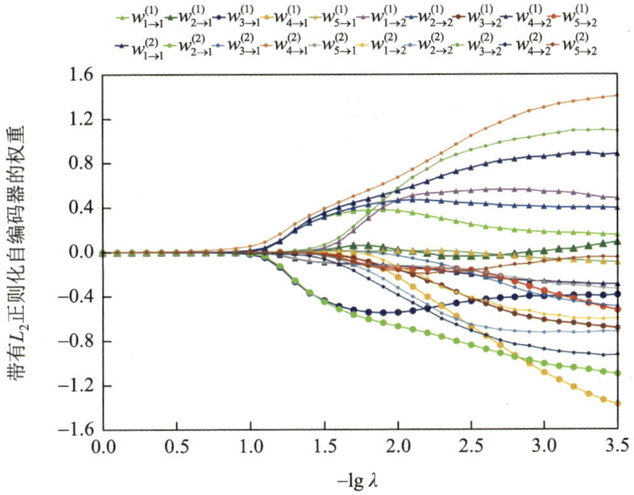


图 E9.14　$L_2$ 正则化自编码器中的训练参数在训练数据集上与超参数 $\lambda$ 的变化关系

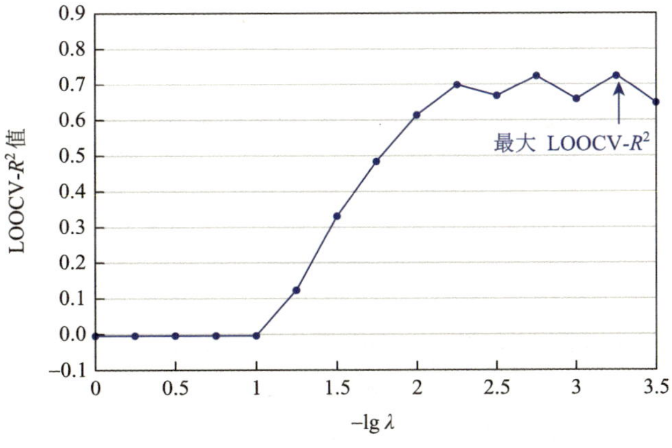


图 E9.15　$L_2$ 正则化自编码器中的 LOOCV-$R^2$ 与超参数 $\lambda$ 的关系

## 9.5.4　变分自编码器

把数据可以看成由含随机性的抽样过程产生, 而这些随机性产生于未观察到的连续型随机变量, 由此 Kingma 和 Welling（2013）发展了变分自编码器（VAE）. VAE 基于正态分布（或一些“不错的”分布族）和贝叶斯定理, 其编码器用神经网络求解概率预测问题, 与第 7 章中简要描述高斯过程类似. 与其他自编码器不同, VAE 将输入样本编码为潜在空间中的许多（无限）正态分布, 如图 9.6 所示. 可以讲, VAE 中的编码器是一个网络版的高斯过程, 它在潜在空间为变分虚拟任务对输入数据进行回归. Kingma 和 Welling（2013）将解码器函数 $\theta$ 称为生成模型, 它从潜在空间生成与输入数据相同的输出数据, 并称其参数为生成模型参数, 而将编码器函数 $\phi$ 中涉及的参数称为变分参数.

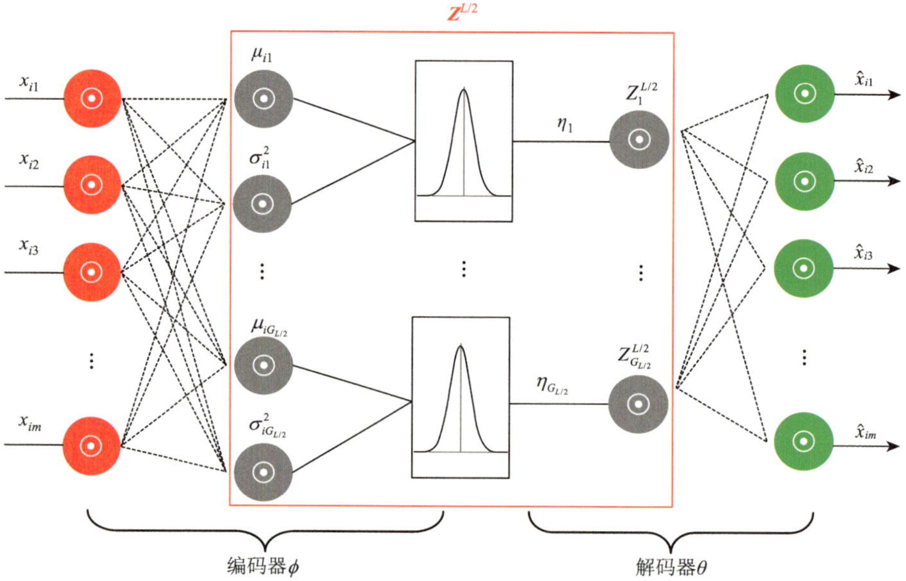


图 9.6 变分自动编码器的拓扑结构, 其中只有输入层、中间层和输出层被突出显示, 其他隐藏层用虚线忽略

为方便起见, 这里所说的潜在空间为中间层的隐变量空间. 对于其他自编码器, 潜在空间由隐藏层 $L/2$ 中神经元的 $\boldsymbol{Z}^{L/2}=\left\{z_{ig_{L/2}}^{L/2}, b_{L/2}^{L/2}\right\}(g_{L/2}=1,2,\cdots,G_{L/2})$ 组成. 在 VAE 中, 潜在空间由无限正态分布 $\boldsymbol{Z}^{L/2}$ 组成. 将 $m$ 个特征的训练数据 $\boldsymbol{X}=\{x_{i1},x_{i2},\cdots,x_{im}\}(i=1,2,\cdots,n)$ 从数据空间映射到潜在空间, 并表示为 $\boldsymbol{Z}^{L/2}$ 的正态分布, 即

$$\phi(\boldsymbol{X})=\boldsymbol{Z}^{L/2}(\boldsymbol{X})\sim N((\boldsymbol{\mu}(\boldsymbol{Z}^{L/2})|\boldsymbol{X}),(\boldsymbol{\Sigma}(\boldsymbol{Z}^{L/2})|\boldsymbol{X})), \tag{9.20}$$

其中, $\phi$ 表示前半部分所涉及的编码器函数, $\boldsymbol{\mu}(\boldsymbol{Z}^{L/2})$ 为均值向量, $\boldsymbol{\Sigma}\left(\boldsymbol{Z}^{L/2}\right)=$

$\begin{pmatrix}\boldsymbol{\sigma}_1^2 & & \\ & \ddots & \\ & & \boldsymbol{\sigma}_{G_{L/2}}^2\end{pmatrix}$是多元正态分布的对角协方差矩阵. 从概率上来看是将编码$\phi(\boldsymbol{X})$用条件概率函数$q_\phi(\boldsymbol{Z}^{L/2}|\boldsymbol{X})$表示, 后半部分所涉及的解码器函数$\theta$给出输出$\hat{\boldsymbol{X}}=\theta(\phi(\boldsymbol{X}))=\theta(\boldsymbol{Z}^{L/2})$. 换句话说, 编码器函数将输入数据映射为虚拟目标函数$q_\phi(\boldsymbol{Z}^{L/2}|\boldsymbol{X})$, 并表示为多变量均值向量和协方差矩阵的正态分布, 中间层$G_{L/2}$中神经元的数量可以看作是多个虚拟目标的数量. 考虑到数据是由某种随机过程产生的, 解码器从虚拟目标的高斯分布中随机采样数据, 这样就必须添加随机噪声.

考虑到数据是由某种随机过程产生的, VAE 中输出的数据点$\hat{\boldsymbol{X}}$来自$p_\theta(\hat{\boldsymbol{X}})$的分布函数, 它实际上是联合分布$p_\theta(\hat{\boldsymbol{X}},\boldsymbol{Z}^{L/2})$对$\boldsymbol{Z}^{L/2}$的边缘概率, 即

$$p_\theta(\hat{\boldsymbol{X}})=\int p_\theta\left(\hat{\boldsymbol{X}},\boldsymbol{Z}^{L/2}\right)\mathrm{d}\boldsymbol{Z}^{L/2}=\int p_\theta\left(\hat{\boldsymbol{X}}\mid\boldsymbol{Z}^{L/2}\right)p_\theta(\boldsymbol{Z}^{L/2})\mathrm{d}\boldsymbol{Z}^{L/2}, \qquad (9.21\text{a})$$

其中下标“$\theta$”表示解码器部分, 即生成模型. 边缘概率被称为证据（Blei et al., 2017）. Kingma 和 Welling（2013）强调边缘似然的积分很难计算. 贝叶斯定理给出

$$p_\theta\left(\boldsymbol{Z}^{L/2}|\hat{\boldsymbol{X}}\right)=\frac{p_\theta\left(\hat{\boldsymbol{X}}\mid\boldsymbol{Z}^{L/2}\right)p_\theta(\boldsymbol{Z}^{L/2})}{p_\theta(\hat{\boldsymbol{X}})}, \qquad (9.21\text{b})$$

其中证据（边际概率）$p_\theta(\hat{\boldsymbol{X}})$被称为总似然$p_\theta(\hat{\boldsymbol{X}})$, 条件概率$p_\theta(\boldsymbol{Z}^{L/2}\mid\hat{\boldsymbol{X}})$被称为$\boldsymbol{Z}^{L/2}$的后验概率, $p_\theta(\boldsymbol{Z}^{L/2})$为$\boldsymbol{Z}^{L/2}$的先验概率, 条件概率$p_\theta(\hat{\boldsymbol{X}}\mid\boldsymbol{Z}^{L/2})$称为条件似然. 如第 7 章所述, 贝叶斯定理通常用于计算忽略总似然值$p_\theta(\hat{\boldsymbol{X}})$的后验概率, 因为总似然被认为是一个归一化常数来归一化后验概率（或密度）, 如果不考虑归一化, 则可以忽略. VAE 也采用了同样计算忽略总似然值后验概率的方法（Blei et al., 2017）. 同时, Kingma 和 Welling（2013）也强调了后验算法是难以处理的, 不能使用 EM 算法. 在这种情况下, 如何在均方误差损失函数（9.14）中应用误差 BP 方法成为一个挑战.

为了解决这些问题, Kingma 和 Welling（2013）引入了一个识别模型$q_\phi(\boldsymbol{Z}^{L/2}\mid\boldsymbol{X})$去近似地替代难以处理的真实后验概率$p_\theta\left(\boldsymbol{Z}^{L/2}\mid\hat{\boldsymbol{X}}\right)$. VAE 的目标是通过最小化分布$q_\phi\left(\boldsymbol{Z}^{L/2}\mid\boldsymbol{X}\right)$和$p_\theta\left(\boldsymbol{Z}^{L/2}\mid\hat{\boldsymbol{X}}\right)$之间的 KL 散度, 来实现均方误差损失函数$L(\boldsymbol{W})=\frac{1}{n}\sum_{i=1}^{n}\left[\left|\hat{\boldsymbol{X}}_i-\boldsymbol{X}_i\right|\right]^2$的最小化, 即

$$\min\mathrm{KL}\left(q_\phi\left(\boldsymbol{Z}^{L/2}\middle|\boldsymbol{X}\right)\middle\|p_\theta\left(\boldsymbol{Z}^{L/2}\middle|\hat{\boldsymbol{X}}\right)\right), \qquad (9.22\text{a})$$

$$\mathrm{KL}\left(q_\phi\left(\boldsymbol{Z}^{L/2}\middle|\boldsymbol{X}\right)\middle\|p_\theta\left(\boldsymbol{Z}^{L/2}\middle|\hat{\boldsymbol{X}}\right)\right)\equiv\int q_\phi\left(\boldsymbol{Z}^{L/2}\middle|\boldsymbol{X}\right)\ln\frac{q_\phi\left(\boldsymbol{Z}^{L/2}\middle|\boldsymbol{X}\right)}{p_\theta\left(\boldsymbol{Z}^{L/2}\middle|\hat{\boldsymbol{X}}\right)}\mathrm{d}\boldsymbol{Z}^{L/2}，\quad(9.22\mathrm{b})$$

KL 散度总是大于等于 0, 显然, 如果 $\boldsymbol{X}=\hat{\boldsymbol{X}}$, KL 散度将为零, 因此最小化 KL 散度可以使 $\hat{\boldsymbol{X}}$ 接近 $\boldsymbol{X}$. 然而 KL 仍然不方便处理, 这里 Kingma 和 Welling（2013）采用 $\ln p_\theta(\hat{\boldsymbol{X}})$ 相对于 $q\left(\boldsymbol{Z}^{L/2}\mid\boldsymbol{X}\right)$ 的不变性:

$$\ln p_\theta(\hat{\boldsymbol{X}})=\int q_\phi\left(\boldsymbol{Z}^{L/2}\middle|\boldsymbol{X}\right)\ln\frac{p_\theta\left(\hat{\boldsymbol{X}},\boldsymbol{Z}^{L/2}\right)}{q_\phi\left(\boldsymbol{Z}^{L/2}\middle|\boldsymbol{X}\right)}\mathrm{d}\boldsymbol{Z}^{L/2}+\mathrm{KL}\left(q_\phi\left(\boldsymbol{Z}^{L/2}\middle|\boldsymbol{X}\right)\middle\|p_\theta\left(\boldsymbol{Z}^{L/2}\middle|\hat{\boldsymbol{X}}\right)\right).$$

（9.23a）

由于分布 $q_\phi\left(\boldsymbol{Z}^{L/2}\mid\boldsymbol{X}\right)$ 和 $p_\theta\left(\boldsymbol{Z}^{L/2}\mid\hat{\boldsymbol{X}}\right)$ 之间的 KL 散度总是大于等于 0, 所以这部分 $\int q_\phi\left(\boldsymbol{Z}^{L/2}\middle|\boldsymbol{X}\right)\ln\frac{p_\theta\left(\hat{\boldsymbol{X}},\boldsymbol{Z}^{L/2}\right)}{q_\phi\left(\boldsymbol{Z}^{L/2}\middle|\boldsymbol{X}\right)}\mathrm{d}\boldsymbol{Z}^{L/2}$ 是证据 $\ln p_\theta(\hat{\boldsymbol{X}})$ 的下界, 称为证据下界（ELBO）, 用 $L_b$ 表示.

ELBO 是负的 KL 散度加上一个相对于 $q_\phi\left(\boldsymbol{Z}^{L/2}\mid\boldsymbol{X}\right)$ 的常数 $\ln p_\theta(\hat{\boldsymbol{X}})$. 因此, 最大化 ELBO 相当于最小化 KL 散度（Blei et al., 2017）. ELBO 可以重新组合为

$$\begin{aligned}L_b&=\int q_\phi\left(\boldsymbol{Z}^{L/2}\middle|\boldsymbol{X}\right)\ln\frac{p_\theta(\hat{\boldsymbol{X}},\boldsymbol{Z}^{L/2})}{q_\phi\left(\boldsymbol{Z}^{L/2}\middle|\boldsymbol{X}\right)}\mathrm{d}\boldsymbol{Z}^{L/2}=\int q_\phi\left(\boldsymbol{Z}^{L/2}\middle|\boldsymbol{X}\right)\ln\frac{p_\theta\left(\hat{\boldsymbol{X}}\middle|\boldsymbol{Z}^{L/2}\right)p_\theta(\boldsymbol{Z}^{L/2})}{q_\phi\left(\boldsymbol{Z}^{L/2}\middle|\boldsymbol{X}\right)}\mathrm{d}\boldsymbol{Z}^{L/2}\\&=\int q_\phi\left(\boldsymbol{Z}^{L/2}\middle|\boldsymbol{X}\right)\ln\frac{p_\theta(\boldsymbol{Z}^{L/2})}{q_\phi\left(\boldsymbol{Z}^{L/2}\middle|\boldsymbol{X}\right)}\mathrm{d}\boldsymbol{Z}^{L/2}+\int q_\phi\left(\boldsymbol{Z}^{L/2}\middle|\boldsymbol{X}\right)\ln p_\theta\left(\hat{\boldsymbol{X}}\middle|\boldsymbol{Z}^{L/2}\right)\mathrm{d}\boldsymbol{Z}^{L/2}\\&=-\int q_\phi\left(\boldsymbol{Z}^{L/2}\middle|\boldsymbol{X}\right)\ln\frac{q_\phi(\boldsymbol{Z}^{L/2}|\boldsymbol{X})}{p_\theta\left(\boldsymbol{Z}^{L/2}\right)}\mathrm{d}\boldsymbol{Z}^{L/2}+\int q_\phi\left(\boldsymbol{Z}^{L/2}\middle|\boldsymbol{X}\right)\ln p_\theta\left(\hat{\boldsymbol{X}}\middle|\boldsymbol{Z}^{L/2}\right)\mathrm{d}\boldsymbol{Z}^{L/2}\\&=-\mathrm{KL}\left(q_\phi\left(\boldsymbol{Z}^{L/2}\middle|\boldsymbol{X}\right)\middle\|p_\theta(\boldsymbol{Z}^{L/2})\right)+\int q_\phi\left(\boldsymbol{Z}^{L/2}\middle|\boldsymbol{X}\right)\ln p_\theta\left(\hat{\boldsymbol{X}}\middle|\boldsymbol{Z}^{L/2}\right)\mathrm{d}\boldsymbol{Z}^{L/2}.\end{aligned}\quad(9.23\mathrm{b})$$

式（9.23b）表明 ELBO 由两项组成. 第一项是分布 $q_\phi\left(\boldsymbol{Z}^{L/2}\mid\boldsymbol{X}\right)$ 和 $p_\theta(\boldsymbol{Z}^{L/2})$ 之间的负 KL 散度, 并且要求先验 $p_\theta(\boldsymbol{Z}^{L/2})$ 遵循标准正态分布 $N(0,\boldsymbol{I})$. 因此, 最大化 $-\mathrm{KL}\left(q_\phi\left(\boldsymbol{Z}^{L/2}\middle|\boldsymbol{X}\right)\middle\|p_\theta(\boldsymbol{Z}^{L/2})\right)$ 或者最小化 $\mathrm{KL}\left(q_\phi\left(\boldsymbol{Z}^{L/2}\middle|\boldsymbol{X}\right)\middle\|p_\theta(\boldsymbol{Z}^{L/2})\right)$ 使编码器的条件概率尽可能接近解码器的先验, 从而使得虚拟目标函数 $q_\phi\left(\boldsymbol{Z}^{L/2}\middle|\boldsymbol{X}\right)$ 被解码器先验所约束. 此负 KL 散度可显式表示为

$$
\begin{aligned}
&-\mathrm{KL}\left(q_\phi\left(\boldsymbol{Z}^{L/2}\middle|\boldsymbol{X}\right)\middle\|p_\theta(\boldsymbol{Z}^{L/2})\right)\\
&=-\int q_\phi\left(\boldsymbol{Z}^{L/2}\middle|\boldsymbol{X}\right)\ln q_\phi\left(\boldsymbol{Z}^{L/2}\middle|\boldsymbol{X}\right)\mathrm{d}\boldsymbol{Z}^{L/2}+\int q_\phi\left(\boldsymbol{Z}^{L/2}\middle|\boldsymbol{X}\right)\ln p_\theta(\boldsymbol{Z}^{L/2})\mathrm{d}\boldsymbol{Z}^{L/2}\\
&=-\int N\left(\boldsymbol{\mu}(\boldsymbol{Z}^{L/2}),\boldsymbol{\Sigma}(\boldsymbol{Z}^{L/2})\right)\ln N\left(\boldsymbol{\mu}(\boldsymbol{Z}^{L/2}),\Sigma(\boldsymbol{Z}^{L/2})\right)\mathrm{d}\boldsymbol{Z}^{L/2}\\
&\quad+\int N\left(\boldsymbol{\mu}(\boldsymbol{Z}^{L/2}),\boldsymbol{\Sigma}(\boldsymbol{Z}^{L/2})\right)\ln N(\boldsymbol{0},\ \boldsymbol{I})\mathrm{d}\boldsymbol{Z}^{L/2}\\
&=-\left[-\frac{G_{L/2}}{2}\ln 2\pi-\frac{1}{2}\sum_{g_{L/2}=1}^{G_{L/2}}\left(1+\ln\sigma_{g_{L/2}}^2\right)\right]+\left[-\frac{G_{L/2}}{2}\ln 2\pi-\frac{1}{2}\sum_{g_{L/2}=1}^{G_{L/2}}\left(\mu_{g_{L/2}}^2+\sigma_{g_{L/2}}^2\right)\right]\\
&=\frac{1}{2}\sum_{g_{L/2}=1}^{G_{L/2}}\left(1+\ln\sigma_{g_{L/2}}^2-\mu_{g_{L/2}}^2-\sigma_{g_{L/2}}^2\right),
\end{aligned}
\tag{9.24}
$$

其中 $\mu_{g_{L/2}}$ 和 $\sigma_{g_{L/2}}^2\,(g_{L/2}=1,2,\cdots,G_{L/2})$ 分别为虚拟目标函数 $\boldsymbol{Z}_{g_{L/2}}^{L/2}$ 的均值和方差. 解码器用一个辅助对角噪声矩阵从均值向量 $\boldsymbol{\mu}(\boldsymbol{Z}^{L/2})$ 和对角协方差矩阵 $\boldsymbol{\Sigma}(\boldsymbol{Z}^{L/2})$ 中采样, 即输入解码器的数据为

$$
\boldsymbol{Z}^{L/2}=\begin{bmatrix}Z_1^{L/2}\\ \vdots\\ Z_{G_{L/2}}^{L/2}\end{bmatrix}=\begin{bmatrix}\mu_1+\eta_1\sigma_1\\ \vdots\\ \mu_{G_{L/2}}+\eta_{G_{L/2}}\sigma_{G_{L/2}}\end{bmatrix},
\tag{9.25}
$$

其中 $\boldsymbol{\eta}$ 是一个辅助噪声 $\boldsymbol{\eta}\sim N(\boldsymbol{0},\boldsymbol{I})$. ELBO 第二项 $\ln p_\theta\left(\hat{\boldsymbol{X}}\mid\boldsymbol{Z}^{L/2}\right)$, 相对于 $q_\phi\left(\boldsymbol{Z}^{L/2}\mid\boldsymbol{X}\right)$, 是对生成模型函数的期望, 即

$$
E_{q_\phi\left(\boldsymbol{Z}^{L/2}\middle|\boldsymbol{X}\right)}\left(\ln p_\theta\left(\hat{\boldsymbol{X}}\middle|\boldsymbol{Z}^{L/2}\right)\right)=\int q_\phi\left(\boldsymbol{Z}^{L/2}\middle|\boldsymbol{X}\right)\ln p_\theta\left(\hat{\boldsymbol{X}}\middle|\boldsymbol{Z}^{L/2}\right)\mathrm{d}\boldsymbol{Z}^{L/2}.
\tag{9.26a}
$$

显然, 虚拟目标函数 $\boldsymbol{Z}^{L/2}$ 是变分的并且最优的虚拟目标函数应该满足 VAE 的目标, 即最小化 $\mathcal{L}(\boldsymbol{W})=\frac{1}{n}\sum_{i=1}^{n}\left[\left|\hat{\boldsymbol{X}}_i-\boldsymbol{X}_i\right|\right]^2$ 是均方误差损失函数. 输出数据由解码器生成, 即

$$
\hat{\boldsymbol{X}}_i=\boldsymbol{\theta}\left(\boldsymbol{\mu}\left(\boldsymbol{Z}^{L/2}\mid\boldsymbol{X}_i\right),\eta_i\boldsymbol{\Sigma}\left(\boldsymbol{Z}^{L/2}|\boldsymbol{X}_i\right)\right).
\tag{9.26b}
$$

Kingma 和 Welling（2013）使用再参数化技巧, 对于正态分布有

$$
E_{q_\phi\left(\boldsymbol{Z}^{L/2}\middle|\boldsymbol{X}\right)}\left(\ln p_\theta\left(\hat{\boldsymbol{X}}\middle|\boldsymbol{Z}^{L/2}\right)\right)=-\frac{1}{2}\sum_{i=1}^{n}\left[\!\left[\hat{\boldsymbol{X}}_i-\boldsymbol{X}_i^{\,2}\right]\!\right].
\tag{9.26c}
$$

最后, $\max_{\phi,\theta}L_b$ 可有下式计算

$$\max_{\phi,\theta} L_b \sim \max_{\phi,\theta}\left\{\frac{1}{2}\sum_{g=1}^{G_{L/2}}\left(1+\ln\Sigma\left(Z_g^{L/2}\right)-\mu^2\left(Z_g^{L/2}\right)-\Sigma\left(Z_g^{L/2}\right)\right)-\frac{1}{2}\left\|\hat{\boldsymbol{X}}-\boldsymbol{X}\right\|^2\right\}. \tag{9.27a}$$

同样地，$\max_{\phi,\theta} L_b$ 可以转换为 $\min_{\phi,\theta}(-L_b)$，即

$$\min_{\phi,\theta}\left\{\frac{1}{2}\sum_{g=1}^{G_{L/2}}\left(-\ln\Sigma\left(Z_g^{L/2}\right)+\mu^2\left(Z_g^{L/2}\right)+\Sigma\left(Z_g^{L/2}\right)\right)+\frac{1}{2}\left\|\hat{\boldsymbol{X}}-\boldsymbol{X}\right\|^2\right\}. \tag{9.27b}$$

**例 9.8**

以表 E2.4 中的 20 个 NIMS 数据为例，阐明变分自编码器工作原理. 在这个例子中，我们只考虑五个变量，包括碳的含量（C）、疲劳强度（*F*）、极限抗拉强度（*T*）、断裂强度（Fr）和硬度（*H*）. 数据是经过标准化处理，表 E9.15 为原始数据和标准化数据.

**表 E9.15　20 个 NIMS 数据**

| 原始数据 | | | | | 标准化数据 | | | | |
|---|---|---|---|---|---|---|---|---|---|
| C（wt.%） | *F*（MPa） | *T*（MPa） | Fr（MPa） | *H*（HV） | C | *F* | *T* | Fr | *H* |
| 0.40 | 542 | 990 | 1761 | 310 | −0.073 | 0.796 | 0.646 | 0.851 | 0.516 |
| 0.40 | 543 | 1037 | 1746 | 328 | −0.073 | 0.809 | 0.978 | 0.742 | 0.905 |
| 0.47 | 471 | 911 | 1669 | 288 | 1.386 | −0.147 | 0.090 | 0.181 | 0.040 |
| 0.40 | 410 | 772 | 1531 | 242 | −0.073 | −0.957 | −0.890 | −0.823 | −0.955 |
| 0.35 | 344 | 635 | 1384 | 201 | −1.115 | −1.833 | −1.856 | −1.894 | −1.841 |
| 0.41 | 610 | 1139 | 1874 | 372 | 0.135 | 1.699 | 1.697 | 1.674 | 1.856 |
| 0.40 | 524 | 985 | 1716 | 309 | −0.073 | 0.557 | 0.611 | 0.524 | 0.494 |
| 0.43 | 582 | 1052 | 1756 | 328 | 0.552 | 1.327 | 1.083 | 0.815 | 0.905 |
| 0.42 | 505 | 938 | 1693 | 298 | 0.344 | 0.305 | 0.280 | 0.356 | 0.256 |
| 0.36 | 524 | 964 | 1742 | 306 | −0.906 | 0.557 | 0.463 | 0.713 | 0.429 |
| 0.35 | 496 | 898 | 1759 | 290 | −1.115 | 0.185 | −0.002 | 0.837 | 0.083 |
| 0.40 | 543 | 1013 | 1750 | 328 | −0.073 | 0.809 | 0.809 | 0.771 | 0.905 |
| 0.40 | 425 | 758 | 1562 | 246 | −0.073 | −0.758 | −0.989 | −0.598 | −0.868 |
| 0.56 | 492 | 918 | 1517 | 291 | 3.261 | 0.132 | 0.139 | −0.925 | 0.105 |
| 0.37 | 389 | 721 | 1462 | 226 | −0.698 | −1.236 | −1.250 | −1.326 | −1.300 |
| 0.44 | 378 | 696 | 1424 | 219 | 0.761 | −1.382 | −1.426 | −1.603 | −1.452 |
| 0.40 | 396 | 715 | 1498 | 229 | −0.073 | −1.143 | −1.292 | −1.064 | −1.236 |
| 0.34 | 476 | 891 | 1725 | 287 | −1.323 | −0.080 | −0.051 | 0.589 | 0.018 |
| 0.36 | 587 | 1118 | 1784 | 362 | −0.906 | 1.394 | 1.549 | 1.019 | 1.640 |
| 0.41 | 404 | 815 | 1529 | 263 | 0.135 | −1.037 | −0.587 | −0.838 | −0.501 |

图 E9.16 说明了本例中使用的 VAE 结构, 其中输入层和一个隐藏层构成编码器, 一个隐藏层和输出层构造没有任何激活函数的解码器. 均值向量 $\boldsymbol{\mu}(\boldsymbol{Z}^{L/2})$ 和对角协方差矩阵 $\boldsymbol{\Sigma}(\boldsymbol{Z}^{L/2})$ 表示为

$$\boldsymbol{\mu}(\boldsymbol{Z}^{L/2})=\left[\boldsymbol{\mu}_1^{(1)},\boldsymbol{\mu}_2^{(1)}\right], \tag{E9.7}$$

$$\boldsymbol{\Sigma}(\boldsymbol{Z}^{L/2})=\begin{bmatrix}\boldsymbol{\sigma}_1^{(1)} & \\ & \boldsymbol{\sigma}_2^{(1)}\end{bmatrix}. \tag{E9.8}$$

为了便于计算, 我们将 $\boldsymbol{\mu}(\boldsymbol{Z}^{L/2})$ 和 $\ln\boldsymbol{\Sigma}(\boldsymbol{Z}^{L/2})$ 混合成一个向量的形式并表示为

$$\boldsymbol{Z}^{(1)}=\left(\boldsymbol{\mu}_1^{(1)},\ln\boldsymbol{\sigma}_1^{(1)},\boldsymbol{\mu}_2^{(1)},\ln\boldsymbol{\sigma}_2^{(1)}\right)=\boldsymbol{X}\boldsymbol{W}^{(1)}+\boldsymbol{b}^{(1)}, \tag{E9.9}$$

其中 $\boldsymbol{W}^{(1)}$ 和 $\boldsymbol{b}^{(1)}$ 是权重和偏置（训练变量）, 即变分参数. 由辅助噪声 $\boldsymbol{\eta}=(\eta_1,\eta_2)$ , 有

$$\boldsymbol{Z}^{(2)}=\left(\boldsymbol{\mu}_1^{(1)}+\eta_1\boldsymbol{\sigma}_1^{(1)},\boldsymbol{\mu}_2^{(1)}+\eta_2\boldsymbol{\sigma}_2^{(1)}\right), \tag{E9.10}$$

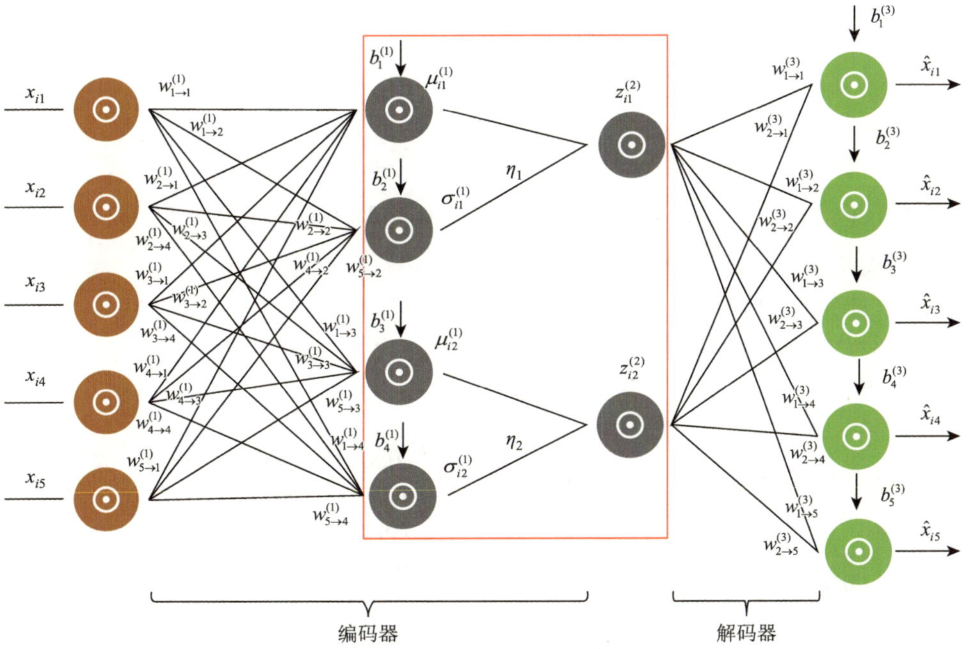


图 E9.16 例 9.8 中使用的 VAE 模型的结构

然后, 生成模型表示为

$$\hat{\boldsymbol{X}}=\boldsymbol{Z}^{(3)}=\boldsymbol{Z}^{(2)}\boldsymbol{W}^{(3)}+\boldsymbol{b}^{(3)}, \tag{E9.11}$$

其中 $\boldsymbol{W}^{(3)}$ 和 $\boldsymbol{b}^{(3)}$ 是权重和偏置（训练变量）, 即生成模型参数 $\theta$ .

本例 VAE 共有 39 个训练参变量, 包括编码器中 24 个训练参变量 $\left\{w_{1\to1}^{(1)},\left\{w_{1\to2}^{(1)}\right\},\cdots,w_{5\to3}^{(1)},w_{5\to4}^{(1)};b_1^{(1)},b_2^{(1)},b_3^{(1)},b_4^{(1)}\right\}$ 和解码器中 15 个训练参变量 $\left\{w_{1\to1}^{(3)},w_{1\to2}^{(3)},\cdots,w_{2\to4}^{(3)},w_{2\to5}^{(3)};b_1^{(3)},b_2^{(3)},b_3^{(3)},b_4^{(3)},b_5^{(3)}\right\}$ .

在本例 BP 训练中，我们使用小批量处理方法，并将批次大小设置为 4，第一次迭代取数据 1—4. 训练参变量根据第一次迭代中数据 1—4 的平均梯度进行调整. 数据 1—4 的数据矩阵为

$$\begin{bmatrix} \boldsymbol{X}_1 \\ \boldsymbol{X}_2 \\ \boldsymbol{X}_3 \\ \boldsymbol{X}_4 \end{bmatrix} = \begin{bmatrix} x_{11} & x_{12} & \cdots & x_{15} \\ x_{21} & x_{22} & \cdots & x_{25} \\ x_{31} & x_{32} & \cdots & x_{35} \\ x_{41} & x_{42} & \cdots & x_{45} \end{bmatrix} = \begin{bmatrix} -0.073 & 0.796 & 0.646 & 0.851 & 0.516 \\ -0.073 & 0.809 & 0.978 & 0.742 & 0.905 \\ 1.386 & -0.147 & 0.090 & 0.181 & 0.040 \\ -0.073 & -0.957 & -0.890 & -0.823 & -0.955 \end{bmatrix}.$$

从正态分布 $N(0, 1)$中随机选取 39 个训练参变量的初始值，如下所示

$$\boldsymbol{W}^{(1)} = \begin{bmatrix} w_{1\to1}^{(1)} & w_{1\to2}^{(1)} & w_{1\to3}^{(1)} & w_{1\to4}^{(1)} \\ w_{2\to1}^{(1)} & w_{2\to2}^{(1)} & w_{2\to3}^{(1)} & w_{2\to4}^{(1)} \\ w_{3\to1}^{(1)} & w_{3\to2}^{(1)} & w_{3\to3}^{(1)} & w_{3\to4}^{(1)} \\ w_{4\to1}^{(1)} & w_{4\to2}^{(1)} & w_{4\to3}^{(1)} & w_{4\to4}^{(1)} \\ w_{5\to1}^{(1)} & w_{5\to2}^{(1)} & w_{5\to3}^{(1)} & w_{5\to4}^{(1)} \end{bmatrix} = \begin{bmatrix} -0.6511 & 0.6718 & -0.0376 & 0.1456 \\ 0.5249 & -0.8216 & 0.0264 & 0.5645 \\ -0.2575 & 0.6771 & 0.7962 & 0.2235 \\ -0.6167 & -0.9133 & -0.1165 & 0.4257 \\ 0.4174 & -0.3368 & -0.8323 & -0.4840 \end{bmatrix},$$

$$\boldsymbol{b}^{(1)} = \begin{bmatrix} b_1^{(1)} & b_2^{(1)} & b_3^{(1)} & b_4^{(1)} \end{bmatrix} = [-0.7682 \quad -0.4501 \quad 0.2585 \quad 0.3698],$$

$$\boldsymbol{W}^{(3)} = \begin{bmatrix} w_{1\to1}^{(3)} & w_{1\to2}^{(3)} & w_{1\to3}^{(3)} & w_{1\to4}^{(3)} & w_{1\to5}^{(3)} \\ w_{2\to1}^{(3)} & w_{2\to2}^{(3)} & w_{2\to3}^{(3)} & w_{2\to4}^{(3)} & w_{2\to5}^{(3)} \end{bmatrix}$$

$$= \begin{bmatrix} -0.4582 & -0.6855 & 1.8542 & 0.5842 & -0.2102 \\ 1.5877 & 0.4654 & -0.9889 & -0.1222 & -0.3637 \end{bmatrix},$$

$$\boldsymbol{b}^{(3)} = \left(b_1^{(3)}, \quad b_2^{(3)}, \quad b_3^{(3)}, \quad b_4^{(3)}, \quad b_5^{(3)}\right) = (0.5364, \quad 0.3593, \quad 0.2706, \quad -0.1529, \quad 0.3305).$$

根据式（E9.9），使用数据 1—4，编码器生成

$$\boldsymbol{Z}^{(1)} = \begin{bmatrix} z_1^{(1)} \\ z_2^{(1)} \\ z_3^{(1)} \\ z_4^{(1)} \end{bmatrix} = \begin{bmatrix} \mu_{11}^{(1)} & \ln\sigma_{11}^{(1)} & \mu_{12}^{(1)} & \ln\sigma_{12}^{(1)} \\ \mu_{21}^{(1)} & \ln\sigma_{21}^{(1)} & \mu_{22}^{(1)} & \ln\sigma_{22}^{(1)} \\ \mu_{31}^{(1)} & \ln\sigma_{31}^{(1)} & \mu_{32}^{(1)} & \ln\sigma_{32}^{(1)} \\ \mu_{41}^{(1)} & \ln\sigma_{41}^{(1)} & \mu_{42}^{(1)} & \ln\sigma_{42}^{(1)} \end{bmatrix} = \begin{bmatrix} \boldsymbol{X}_1 \\ \boldsymbol{X}_2 \\ \boldsymbol{X}_3 \\ \boldsymbol{X}_4 \end{bmatrix} \boldsymbol{W}^{(1)} + \begin{bmatrix} 1 \\ 1 \\ 1 \\ 1 \end{bmatrix} \boldsymbol{b}^{(1)}$$

$$= \begin{bmatrix} -0.073 & 0.796 & 0.646 & 0.851 & 0.516 \\ -0.073 & 0.809 & 0.978 & 0.742 & 0.905 \\ 1.386 & -0.147 & 0.090 & 0.181 & 0.040 \\ -0.073 & -0.957 & -0.890 & -0.823 & -0.955 \end{bmatrix} \begin{bmatrix} -0.8113 & 1.4846 & 0.5277 & 2.1456 \\ 0.0653 & -2.4427 & 0.5275 & 0.5645 \\ 0.0992 & 0.5912 & -0.0202 & 0.2555 \\ 0.5920 & -2.1229 & 1.7962 & 1.0257 \\ -0.7229 & -0.0563 & 1.2073 & 1.7425 \end{bmatrix}$$

$$+ \begin{bmatrix} -0.7682 & -0.4501 & 0.2585 & 0.3698 \\ -0.7682 & -0.4501 & 0.2585 & 0.3698 \\ -0.7682 & -0.4501 & 0.2585 & 0.3698 \\ -0.7682 & -0.4501 & 0.2585 & 0.3698 \end{bmatrix}$$

$$= \begin{bmatrix} -0.7786 & -1.6667 & 0.2679 & 1.0654 \\ -0.6277 & 1.4840 & 0.2216 & 0.9122 \\ -1.8658 & 0.4839 & 0.2197 & 0.5664 \\ -0.8848 & 0.7578 & 0.4180 & -0.2681 \end{bmatrix}.$$

然后，我们有

$$\begin{bmatrix} \mu_{11}^{(1)} & \sigma_{11}^{(1)} & \mu_{12}^{(1)} & \sigma_{12}^{(1)} \\ \mu_{21}^{(1)} & \sigma_{21}^{(1)} & \mu_{22}^{(1)} & \sigma_{22}^{(1)} \\ \mu_{31}^{(1)} & \sigma_{31}^{(1)} & \mu_{32}^{(1)} & \sigma_{32}^{(1)} \\ \mu_{41}^{(1)} & \sigma_{41}^{(1)} & \mu_{42}^{(1)} & \sigma_{42}^{(1)} \end{bmatrix} = \begin{bmatrix} \mu_{11}^{(1)} & e^{\ln\sigma_{11}^{(1)}} & \mu_{12}^{(1)} & e^{\ln\sigma_{12}^{(1)}} \\ \mu_{21}^{(1)} & e^{\ln\sigma_{21}^{(1)}} & \mu_{22}^{(1)} & e^{\ln\sigma_{22}^{(1)}} \\ \mu_{31}^{(1)} & e^{\ln\sigma_{31}^{(1)}} & \mu_{32}^{(1)} & e^{\ln\sigma_{32}^{(1)}} \\ \mu_{41}^{(1)} & e^{\ln\sigma_{41}^{(1)}} & \mu_{42}^{(1)} & e^{\ln\sigma_{42}^{(1)}} \end{bmatrix}$$

$$= \begin{bmatrix} -0.7786 & 0.1888 & 0.2679 & 2.9020 \\ -0.6277 & 0.2267 & 0.2216 & 2.4900 \\ -1.8658 & 1.6224 & 0.2197 & 1.7619 \\ -0.8848 & 2.1335 & 0.4180 & 0.7648 \end{bmatrix}.$$

当向量 $\boldsymbol{\eta}$ 从标准正态分布中随机选取值 $(\eta_1, \eta_2) = (0.0425, -0.3659)$ 时，我们可以得到数据 $\boldsymbol{X}_1$ 的 $\boldsymbol{z}_1^{(2)}$ 的值，如下所示：

$$\boldsymbol{z}_1^{(2)} = \begin{bmatrix} z_{11}^{(2)} \\ z_{12}^{(2)} \end{bmatrix}^{\mathrm{T}} = \begin{bmatrix} \mu_{11}^{(1)} + \eta_1 \times \sigma_{11}^{(1)} \\ \mu_{12}^{(1)} + \eta_2 \times \sigma_{12}^{(1)} \end{bmatrix}^{\mathrm{T}} = \begin{bmatrix} -0.7786 + 0.0425 \times 0.1888 \\ 0.2679 + (-0.3659) \times 2.9020 \end{bmatrix}^{\mathrm{T}} = \begin{bmatrix} -0.7706 \\ -0.7938 \end{bmatrix}^{\mathrm{T}}.$$

同样有

$$\boldsymbol{Z}^{(2)} = \begin{bmatrix} z_1^{(2)} \\ z_2^{(2)} \\ z_3^{(2)} \\ z_4^{(2)} \end{bmatrix} = \begin{bmatrix} -0.7706 & -0.7938 \\ -0.6180 & -0.6894 \\ -1.7969 & -0.4249 \\ -0.7942 & 0.1382 \end{bmatrix}.$$

最后，我们有初始输出

$$\boldsymbol{Z}^{(3)} = \begin{bmatrix} \widehat{\boldsymbol{X}}_1 \\ \widehat{\boldsymbol{X}}_2 \\ \widehat{\boldsymbol{X}}_3 \\ \widehat{\boldsymbol{X}}_4 \end{bmatrix} = \begin{bmatrix} z_1^{(2)} \\ z_2^{(2)} \\ z_3^{(2)} \\ z_4^{(2)} \end{bmatrix} \boldsymbol{W}^{(3)} + \begin{bmatrix} 1 \\ 1 \\ 1 \\ 1 \end{bmatrix} \boldsymbol{b}^{(3)}$$

$$= \begin{bmatrix} -0.7706 & -0.7938 \\ -0.6180 & -0.6894 \\ -1.7969 & -0.4249 \\ -0.7942 & 0.1382 \end{bmatrix} \begin{bmatrix} -0.4582 & -0.6855 & 1.8542 & 0.5842 & -0.2102 \\ 1.5877 & 0.4654 & -0.9889 & -0.1222 & -0.3637 \end{bmatrix}$$

$$+ \begin{bmatrix} 0.5364 & 0.3593 & 0.2706 & -0.1529 & 0.3305 \\ 0.5364 & 0.3593 & 0.2706 & -0.1529 & 0.3305 \\ 0.5364 & 0.3593 & 0.2706 & -0.1529 & 0.3305 \\ 0.5364 & 0.3593 & 0.2706 & -0.1529 & 0.3305 \end{bmatrix}$$

$$= \begin{bmatrix} -0.3709 & 0.5180 & -0.3731 & -0.5060 & 0.7812 \\ -0.2750 & 0.4621 & -0.1935 & -0.4297 & 0.7111 \\ 0.6851 & 1.3933 & -2.6410 & -1.1507 & 0.8627 \\ 1.1197 & 0.9680 & -1.3387 & -0.6337 & 0.4471 \end{bmatrix}.$$

根据式（9.27b），我们可以得到第一次迭代中小批量的平均损失:

$$\bar{\mathcal{L}}=\frac{1}{4}\sum_{i=1}^{4}\mathcal{L}_i=\frac{1}{4}\sum_{i=1}^{4}\left(\frac{1}{2}\sum_{j=1}^{2}\left(-\ln\sum_{j=1}^{2}\left(Z_{ij}^{(1)}\right)+\mu^2\left(Z_{ij}^{(1)}\right)+\sum_{j=1}^{2}\left(Z_{ij}^{(1)}\right)\right)+\frac{1}{2}\left\|\hat{\boldsymbol{X}}_i-\boldsymbol{X}_i\right\|^2\right)$$

$$=\frac{1}{4}\sum_{i=1}^{4}\left(\frac{1}{2}\sum_{j=1}^{2}\left(-\ln\left(\sigma_{ij}^{(1)}\right)^2+\left(\mu_{ij}^{(1)}\right)^2+\left(\sigma_{ij}^{(1)}\right)^2\right)+\frac{1}{2}\sum_{j=1}^{5}(\hat{x}_{ij}-x_{ij})^2\right)=7.07802.$$

对于数据 $\boldsymbol{X}_1$, 损失的梯度被计算为

$$\frac{\partial\mathcal{L}_1}{\partial w_{j\to1}^{(1)}}=\frac{\partial\mathcal{L}_1}{\partial\hat{\boldsymbol{X}}_1}\frac{\partial\hat{\boldsymbol{X}}_1}{\partial z_{11}^{(2)}}\frac{\partial z_{11}^{(2)}}{\partial\mu_{11}^{(1)}}\frac{\partial\mu_{11}^{(1)}}{\partial w_{j\to1}^{(1)}}+\frac{\partial\mathcal{L}_1}{\partial\mu_{11}^{(1)}}\frac{\partial\mu_{11}^{(1)}}{\partial w_{j\to1}^{(1)}}=(\hat{\boldsymbol{X}}_1-\boldsymbol{X}_1)\begin{bmatrix}w_{1\to1}^{(3)}\\w_{1\to2}^{(3)}\\w_{1\to3}^{(3)}\\w_{1\to4}^{(3)}\\w_{1\to5}^{(3)}\end{bmatrix}[x_{1j}]+\mu_{11}^{(1)}[x_{1j}],$$

$$\frac{\partial\mathcal{L}_1}{\partial w_{j\to2}^{(1)}}=\frac{\partial\mathcal{L}_1}{\partial\hat{\boldsymbol{X}}_1}\frac{\partial\hat{\boldsymbol{X}}_1}{\partial z_{11}^{(2)}}\frac{\partial z_{11}^{(2)}}{\partial\sigma_{11}^{(1)}}\frac{\partial\sigma_{11}^{(1)}}{\partial w_{j\to2}^{(1)}}+\frac{\partial\mathcal{L}_1}{\partial\sigma_{11}^{(1)}}\frac{\partial\sigma_{11}^{(1)}}{\partial w_{j\to1}^{(1)}}$$

$$=(\hat{\boldsymbol{X}}_1-\boldsymbol{X}_1)\begin{bmatrix}w_{1\to1}^{(3)}\\w_{1\to2}^{(3)}\\w_{1\to3}^{(3)}\\w_{1\to4}^{(3)}\\w_{1\to5}^{(3)}\end{bmatrix}\eta_1[x_{1j}]+\left(\sigma_{11}^{(1)}-\frac{1}{\sigma_{11}^{(1)}}\right)[x_{1j}],$$

$$\frac{\partial\mathcal{L}_1}{\partial w_{j\to3}^{(1)}}=\frac{\partial\mathcal{L}_1}{\partial\hat{\boldsymbol{X}}_1}\frac{\partial\hat{\boldsymbol{X}}_1}{\partial z_{12}^{(2)}}\frac{\partial z_{12}^{(2)}}{\partial\mu_{12}^{(1)}}\frac{\partial\mu_{12}^{(1)}}{\partial w_{j\to3}^{(1)}}+\frac{\partial\mathcal{L}_1}{\partial\mu_{12}^{(1)}}\frac{\partial\mu_{12}^{(1)}}{\partial w_{j\to3}^{(1)}}=(\hat{\boldsymbol{X}}_1-\boldsymbol{X}_1)\begin{bmatrix}w_{2\to1}^{(3)}\\w_{2\to2}^{(3)}\\w_{2\to3}^{(3)}\\w_{2\to4}^{(3)}\\w_{2\to5}^{(3)}\end{bmatrix}[x_{1j}]+\mu_{12}^{(1)}[x_{1j}],$$

$$\frac{\partial\mathcal{L}_1}{\partial w_{j\to4}^{(1)}}=\frac{\partial\mathcal{L}_1}{\partial\hat{\boldsymbol{X}}_1}\frac{\partial\hat{\boldsymbol{X}}_1}{\partial z_{12}^{(2)}}\frac{\partial z_{12}^{(2)}}{\partial\sigma_{12}^{(1)}}\frac{\partial\sigma_{12}^{(1)}}{\partial w_{j\to4}^{(1)}}+\frac{\partial\mathcal{L}_1}{\partial\sigma_{12}^{(1)}}\frac{\partial\sigma_{12}^{(1)}}{\partial w_{j\to4}^{(1)}}$$

$$=(\hat{\boldsymbol{X}}_1-\boldsymbol{X}_1)\begin{bmatrix}w_{2\to1}^{(3)}\\w_{2\to2}^{(3)}\\w_{2\to3}^{(3)}\\w_{2\to4}^{(3)}\\w_{2\to5}^{(3)}\end{bmatrix}\eta_2[x_{1j}]+\left(\sigma_{12}^{(1)}-\frac{1}{\sigma_{12}^{(1)}}\right)[x_{1j}],$$

$$\frac{\partial\mathcal{L}_1}{\partial b_1^{(1)}}=\frac{\partial\mathcal{L}_1}{\partial\hat{\boldsymbol{X}}_1}\frac{\partial\hat{\boldsymbol{X}}_1}{\partial z_{11}^{(2)}}\frac{\partial z_{11}^{(2)}}{\partial\mu_{11}^{(1)}}\frac{\partial\mu_{11}^{(1)}}{\partial b_1^{(1)}}+\frac{\partial\mathcal{L}_1}{\partial\mu_{11}^{(1)}}\frac{\partial\mu_{11}^{(1)}}{\partial b_1^{(1)}}=(\hat{\boldsymbol{X}}_1-\boldsymbol{X}_1)\begin{bmatrix}w_{1\to1}^{(3)}\\w_{1\to2}^{(3)}\\w_{1\to3}^{(3)}\\w_{1\to4}^{(3)}\\w_{1\to5}^{(3)}\end{bmatrix}+\mu_{11}^{(1)}[x_{1j}]\quad(j=1,2,3,4,5),$$

$$\frac{\partial \mathcal{L}_1}{\partial b_2^{(1)}}=\frac{\partial \mathcal{L}_1}{\partial \hat{\boldsymbol{X}}_1}\frac{\partial \hat{\boldsymbol{X}}_1}{\partial z_{11}^{(2)}}\frac{\partial z_{11}^{(2)}}{\partial \sigma_{11}^{(1)}}\frac{\partial \sigma_{11}^{(1)}}{\partial b_2^{(1)}}+\frac{\partial \mathcal{L}_1}{\partial \sigma_{11}^{(1)}}\frac{\partial \sigma_{11}^{(1)}}{\partial b_2^{(1)}}=(\hat{\boldsymbol{X}}_1-\boldsymbol{X}_1)\begin{bmatrix} w_{1\to1}^{(3)}\\ w_{1\to2}^{(3)}\\ w_{1\to3}^{(3)}\\ w_{1\to4}^{(3)}\\ w_{1\to5}^{(3)}\end{bmatrix}\eta_1+\left(\sigma_{11}^{(1)}-\frac{1}{\sigma_{11}^{(1)}}\right),$$

$$\frac{\partial \mathcal{L}_1}{\partial b_3^{(1)}}=\frac{\partial \mathcal{L}_1}{\partial \hat{\boldsymbol{X}}_1}\frac{\partial \hat{\boldsymbol{X}}_1}{\partial z_{12}^{(2)}}\frac{\partial z_{12}^{(2)}}{\partial \mu_{12}^{(1)}}\frac{\partial \mu_{12}^{(1)}}{\partial b_3^{(1)}}+\frac{\partial \mathcal{L}_1}{\partial \mu_{12}^{(1)}}\frac{\partial \mu_{12}^{(1)}}{\partial b_3^{(1)}}=(\hat{\boldsymbol{X}}_1-\boldsymbol{X}_1)\begin{bmatrix} w_{2\to1}^{(3)}\\ w_{2\to2}^{(3)}\\ w_{2\to3}^{(3)}\\ w_{2\to4}^{(3)}\\ w_{2\to5}^{(3)}\end{bmatrix}+\mu_{12}^{(1)},$$

$$\frac{\partial \mathcal{L}_1}{\partial b_4^{(1)}}=\frac{\partial \mathcal{L}_1}{\partial \hat{\boldsymbol{X}}_1}\frac{\partial \hat{\boldsymbol{X}}_1}{\partial z_{12}^{(2)}}\frac{\partial z_{12}^{(2)}}{\partial \sigma_{12}^{(1)}}\frac{\partial \sigma_{12}^{(1)}}{\partial b_4^{(1)}}+\frac{\partial \mathcal{L}_1}{\partial \sigma_{12}^{(1)}}\frac{\partial \sigma_{12}^{(1)}}{\partial b_4^{(1)}}=(\hat{\boldsymbol{X}}_1-\boldsymbol{X}_1)\begin{bmatrix} w_{2\to1}^{(3)}\\ w_{2\to2}^{(3)}\\ w_{2\to3}^{(3)}\\ w_{2\to4}^{(3)}\\ w_{2\to5}^{(3)}\end{bmatrix}\eta_2+\left(\sigma_{12}^{(1)}-\frac{1}{\sigma_{12}^{(1)}}\right),$$

$$\begin{bmatrix}\dfrac{\partial \mathcal{L}_1}{\partial w_{k\to1}^{(3)}}\\ \dfrac{\partial \mathcal{L}_1}{\partial w_{k\to2}^{(3)}}\\ \dfrac{\partial \mathcal{L}_1}{\partial w_{k\to3}^{(3)}}\\ \dfrac{\partial \mathcal{L}_1}{\partial w_{k\to4}^{(3)}}\\ \dfrac{\partial \mathcal{L}_1}{\partial w_{k\to5}^{(3)}}\end{bmatrix}=\begin{bmatrix}\dfrac{\partial \mathcal{L}_1}{\partial \hat{\boldsymbol{X}}_1} & \dfrac{\partial \hat{\boldsymbol{X}}_1}{\partial w_{k\to1}^{(3)}}\\ \dfrac{\partial \mathcal{L}_1}{\partial \hat{\boldsymbol{X}}_1} & \dfrac{\partial \hat{\boldsymbol{X}}_1}{\partial w_{k\to2}^{(3)}}\\ \dfrac{\partial \mathcal{L}_1}{\partial \hat{\boldsymbol{X}}_1} & \dfrac{\partial \hat{\boldsymbol{X}}_1}{\partial w_{k\to3}^{(3)}}\\ \dfrac{\partial \mathcal{L}_1}{\partial \hat{\boldsymbol{X}}_1} & \dfrac{\partial \hat{\boldsymbol{X}}_1}{\partial w_{k\to4}^{(3)}}\\ \dfrac{\partial \mathcal{L}_1}{\partial \hat{\boldsymbol{X}}_1} & \dfrac{\partial \hat{\boldsymbol{X}}_1}{\partial w_{k\to5}^{(3)}}\end{bmatrix}=(\hat{\boldsymbol{X}}_1-\boldsymbol{X}_1)\begin{bmatrix} z_k^{(2)} & 0 & 0 & 0 & 0\\ 0 & z_k^{(2)} & 0 & 0 & 0\\ 0 & 0 & z_k^{(2)} & 0 & 0\\ 0 & 0 & 0 & z_k^{(2)} & 0\\ 0 & 0 & 0 & 0 & z_k^{(2)}\end{bmatrix}\quad (k=1,2),$$

$$\begin{bmatrix}\dfrac{\partial \mathcal{L}_1}{\partial b_1^{(3)}}\\ \dfrac{\partial \mathcal{L}_1}{\partial b_2^{(3)}}\\ \dfrac{\partial \mathcal{L}_1}{\partial b_3^{(3)}}\\ \dfrac{\partial \mathcal{L}_1}{\partial b_4^{(3)}}\\ \dfrac{\partial \mathcal{L}_1}{\partial b_5^{(3)}}\end{bmatrix}=\begin{bmatrix}\dfrac{\partial \mathcal{L}_1}{\partial \hat{\boldsymbol{X}}_1} & \dfrac{\partial \hat{\boldsymbol{X}}_1}{\partial b_1^{(3)}}\\ \dfrac{\partial \mathcal{L}_1}{\partial \hat{\boldsymbol{X}}_1} & \dfrac{\partial \hat{\boldsymbol{X}}_1}{\partial b_2^{(3)}}\\ \dfrac{\partial \mathcal{L}_1}{\partial \hat{\boldsymbol{X}}_1} & \dfrac{\partial \hat{\boldsymbol{X}}_1}{\partial b_3^{(3)}}\\ \dfrac{\partial \mathcal{L}_1}{\partial \hat{\boldsymbol{X}}_1} & \dfrac{\partial \hat{\boldsymbol{X}}_1}{\partial b_4^{(3)}}\\ \dfrac{\partial \mathcal{L}_1}{\partial \hat{\boldsymbol{X}}_1} & \dfrac{\partial \hat{\boldsymbol{X}}_1}{\partial b_5^{(3)}}\end{bmatrix}=(\hat{\boldsymbol{X}}_1-\boldsymbol{X}_1)\begin{bmatrix} 1 & 0 & 0 & 0 & 0\\ 0 & 1 & 0 & 0 & 0\\ 0 & 0 & 1 & 0 & 0\\ 0 & 0 & 0 & 1 & 0\\ 0 & 0 & 0 & 0 & 1\end{bmatrix}.$$

下面以 $w_{1\to1}^{(1)}$ 为例, 说明 BP 的过程.

$$\frac{\partial\mathcal{L}_1}{\partial w_{1\to1}^{(1)}}=(\hat{\boldsymbol{X}}_1-\boldsymbol{X}_1)\begin{bmatrix}w_{1\to1}^{(3)}\\w_{1\to2}^{(3)}\\w_{1\to3}^{(3)}\\w_{1\to4}^{(3)}\\w_{1\to5}^{(3)}\end{bmatrix}[x_{11}]+\mu_{11}^{(1)}[x_{11}]$$

$$=\begin{bmatrix}-0.3709+0.073\\0.5180-0.796\\-0.3731-0.646\\-0.5060-0.851\\0.7812-0.516\end{bmatrix}^{\mathrm{T}}\cdot\begin{bmatrix}-0.4582\\-0.6855\\1.8542\\0.5842\\-0.2102\end{bmatrix}[-0.073]-0.7786\times(-0.073)=0.2328.$$

同样地，对于数据 $\boldsymbol{X}_2$, $\boldsymbol{X}_3$ 和 $\boldsymbol{X}_4$, 我们可以得到 $\frac{\partial\mathcal{L}_2}{\partial w_{1\to1}^{(1)}}=0.2382$, $\frac{\partial\mathcal{L}_3}{\partial w_{1\to1}^{(1)}}=-10.43410$, $\frac{\partial\mathcal{L}_4}{\partial w_{1\to1}^{(1)}}=0.2672$ , 因此

$$\frac{\partial\overline{\mathcal{L}}}{\partial w_{1\to1}^{(1)}}=\frac{\frac{\partial\mathcal{L}_1}{\partial w_{1\to1}^{(1)}}+\frac{\partial\mathcal{L}_2}{\partial w_{1\to1}^{(1)}}+\frac{\partial\mathcal{L}_3}{\partial w_{1\to1}^{(1)}}+\frac{\partial\mathcal{L}_4}{\partial w_{1\to1}^{(1)}}}{4}=-2.4239.$$

使用学习率 $\eta=0.01$ 更新 $w_{1\to1}^{(1)}$ 的值，即

$$w_{1\to1(\text{new})}^{(1)}=w_{1\to1(\text{old})}^{(1)}-\eta\frac{\partial\overline{\mathcal{L}}}{\partial w_{1\to1}^{(1)}}=-0.6511-0.01\times(-2.4240)=-0.626861.$$

其他 38 个训练参变量以同样的方式进行更新.

经过 3000 个 epoch 后，损失 $L$ 为 0.61. 表 E9.16 显示了与 20 个输入数据对应的 VAE 输出. 表 E9.17 为预测结果的 $R^2$ 值.

**表 E9.16 VAE 的输出和输入**

| 输出 | | | | | 输入 | | | | |
|---|---|---|---|---|---|---|---|---|---|
| C | *F* | *T* | Fr | *H* | C | *F* | *T* | Fr | *H* |
| −0.345 | 0.342 | 0.332 | 0.417 | 0.344 | −0.073 | 0.796 | 0.646 | 0.851 | 0.516 |
| 0.194 | 0.835 | 0.840 | 0.762 | 0.837 | −0.073 | 0.809 | 0.978 | 0.742 | 0.905 |
| 1.457 | −0.017 | 0.023 | −0.374 | −0.022 | 1.386 | −0.147 | 0.090 | 0.181 | 0.040 |
| 0.257 | −0.724 | −0.716 | −0.764 | −0.727 | −0.073 | −0.957 | −0.890 | −0.823 | −0.955 |
| −1.924 | −1.958 | −2.009 | −1.424 | −1.958 | −1.115 | −1.833 | −1.856 | −1.894 | −1.841 |
| −0.422 | 1.211 | 1.199 | 1.278 | 1.216 | 0.135 | 1.699 | 1.697 | 1.674 | 1.856 |
| −0.250 | 0.198 | 0.191 | 0.254 | 0.199 | −0.073 | 0.557 | 0.611 | 0.524 | 0.494 |
| 0.492 | 0.707 | 0.720 | 0.564 | 0.707 | 0.552 | 1.327 | 1.083 | 0.815 | 0.905 |
| −0.091 | 0.224 | 0.221 | 0.240 | 0.224 | 0.344 | 0.305 | 0.280 | 0.356 | 0.256 |
| −0.360 | 0.636 | 0.626 | 0.706 | 0.639 | −0.906 | 0.557 | 0.463 | 0.713 | 0.429 |

续表

| 输出 | | | | | 输入 | | | | |
|---|---|---|---|---|---|---|---|---|---|
| C | *F* | *T* | Fr | *H* | C | *F* | *T* | Fr | *H* |
| −0.783 | −0.322 | −0.343 | −0.119 | −0.321 | −1.115 | 0.185 | −0.002 | 0.837 | 0.083 |
| 0.159 | 0.970 | 0.974 | 0.901 | 0.972 | −0.073 | 0.809 | 0.809 | 0.771 | 0.905 |
| −0.338 | −0.426 | −0.434 | −0.328 | −0.426 | −0.073 | −0.758 | −0.989 | −0.598 | −0.868 |
| 2.346 | −0.290 | −0.225 | −0.857 | −0.297 | 3.261 | 0.132 | 0.139 | −0.925 | 0.105 |
| −0.624 | −0.810 | −0.826 | −0.631 | −0.811 | −0.698 | −1.236 | −1.250 | −1.326 | −1.300 |
| −0.227 | −1.292 | −1.297 | −1.195 | −1.295 | 0.761 | −1.382 | −1.426 | −1.603 | −1.452 |
| 0.339 | −0.560 | −0.550 | −0.625 | −0.562 | −0.073 | −1.143 | −1.292 | −1.064 | −1.236 |
| −1.258 | 0.211 | 0.177 | 0.515 | 0.215 | −1.323 | −0.080 | −0.051 | 0.589 | 0.018 |
| −0.723 | 0.932 | 0.911 | 1.081 | 0.936 | −0.906 | 1.394 | 1.549 | 1.019 | 1.640 |
| −0.190 | −1.208 | −1.212 | −1.124 | −1.211 | 0.135 | −1.037 | −0.587 | −0.838 | −0.501 |

表 E9.17 VAE 模型的 $R^2$

| | C | *F* | *T* | Fr | *H* | 平均值 |
|---|---|---|---|---|---|---|
| $R^2$ | 0.8830 | 0.9392 | 0.8453 | 0.7845 | 0.9086 | 0.8721 |

## 例 9.9

这个例子说明了模型的复杂度如何影响 VAE 中的预测精度. 图 E9.17 显示例 9.9 中使用的 VAE 模型的结构. 与例 9.8 中的 VAE 模型相比, 我们在编码器中添加了一个隐藏层, 在解码器中添加了一个隐藏层, 并使用激活函数 $\varphi = \tanh(x)$ . 在本例中, 我们使用了表 E9.16 中列出的相同的输入数据.

此 VAE 模型中共有 81 个训练参变量, 包括编码器中 44 个训练参变量 $\left\{w_{1\to1}^{(1)},\cdots,w_{5\to4}^{(1)};b_1^{(1)},\cdots,b_4^{(1)};w_{1\to1}^{(2)},\cdots,w_{4\to4}^{(2)};b_1^{(2)},\cdots,b_4^{(2)}\right\}$ 和解码器中 37 个训练参变量 $\left\{w_{1\to1}^{(4)},\cdots,w_{2\to4}^{(4)};b_1^{(4)},\cdots,b_4^{(4)};w_{1\to1}^{(5)},\cdots,w_{4\to5}^{(5)};b_1^{(5)},\cdots,b_5^{(5)}\right\}$ . 同样地, 小批量方法使用批次大小为 4. 数据 1—4 的数据矩阵为

$$\begin{bmatrix} \boldsymbol{X}_1 \\ \boldsymbol{X}_2 \\ \boldsymbol{X}_3 \\ \boldsymbol{X}_4 \end{bmatrix} = \begin{bmatrix} x_{11} & x_{12} & \cdots & x_{15} \\ x_{21} & x_{22} & \cdots & x_{25} \\ x_{31} & x_{32} & \cdots & x_{35} \\ x_{41} & x_{42} & \cdots & x_{45} \end{bmatrix} = \begin{bmatrix} -0.073 & 0.796 & 0.646 & 0.851 & 0.516 \\ -0.073 & 0.809 & 0.978 & 0.742 & 0.905 \\ 1.386 & -0.147 & 0.090 & 0.181 & 0.040 \\ -0.073 & -0.957 & -0.890 & -0.823 & -0.955 \end{bmatrix}.$$

从正态分布 $N(0, 1)$中随机选取 81 个训练参变量的初始值. 如下所示:

$$\boldsymbol{W}^{(1)} = \begin{bmatrix} w_{1\to1}^{(1)} & w_{1\to2}^{(1)} & w_{1\to3}^{(1)} & w_{1\to4}^{(1)} \\ w_{2\to1}^{(1)} & w_{2\to2}^{(1)} & w_{2\to3}^{(1)} & w_{2\to4}^{(1)} \\ w_{3\to1}^{(1)} & w_{3\to2}^{(1)} & w_{3\to3}^{(1)} & w_{3\to4}^{(1)} \\ w_{4\to1}^{(1)} & w_{4\to2}^{(1)} & w_{4\to3}^{(1)} & w_{4\to4}^{(1)} \\ w_{5\to1}^{(1)} & w_{5\to2}^{(1)} & w_{5\to3}^{(1)} & w_{5\to4}^{(1)} \end{bmatrix} = \begin{bmatrix} 0.0497 & 0.0592 & 0.5291 & -0.1718 \\ -0.1615 & -0.1819 & -0.4208 & -0.0198 \\ 0.0973 & 0.2147 & 0.5148 & 0.0232 \\ 0.2528 & 0.1029 & 0.6541 & -0.3643 \\ 0.2712 & -0.2460 & 0.4342 & -0.0533 \end{bmatrix},$$

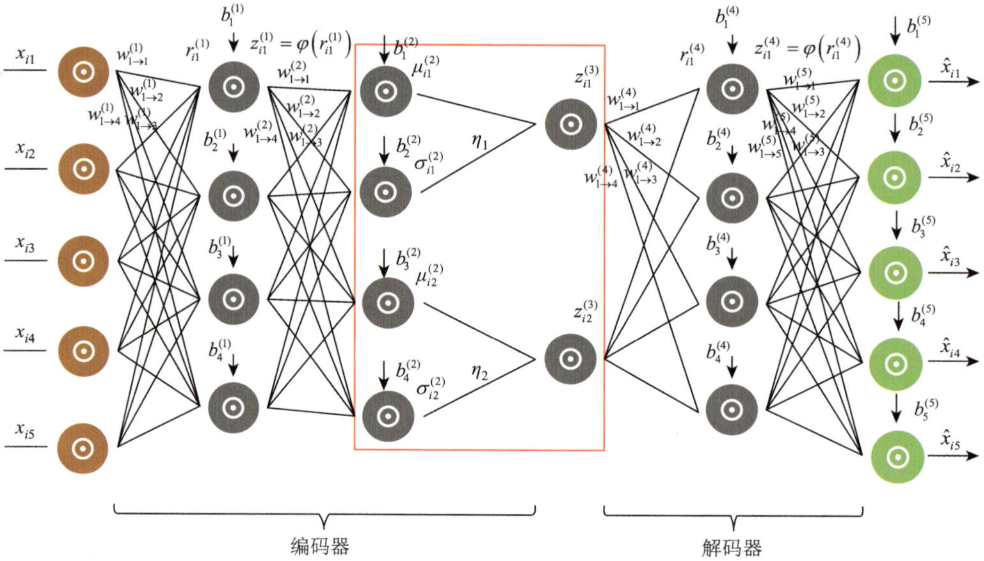


图 E9.17　例 9.9 中使用的 VAE 模型的结构

$$\boldsymbol{b}^{(1)}=\left(b_1^{(1)},\ b_2^{(1)},\ b_3^{(1)},\ b_4^{(1)}\right)=(-0.2336,\ 0.3193,\ -0.1694,\ -0.0064),$$

$$\boldsymbol{W}^{(2)}=\begin{bmatrix} w_{1\to1}^{(2)} & w_{1\to2}^{(2)} & w_{1\to3}^{(2)} & w_{1\to4}^{(2)} \\ w_{2\to1}^{(2)} & w_{2\to2}^{(2)} & w_{2\to3}^{(2)} & w_{2\to4}^{(2)} \\ w_{3\to1}^{(2)} & w_{3\to2}^{(2)} & w_{3\to3}^{(2)} & w_{3\to4}^{(2)} \\ w_{4\to1}^{(2)} & w_{4\to2}^{(2)} & w_{4\to3}^{(2)} & w_{4\to4}^{(2)} \end{bmatrix}=\begin{bmatrix} -0.7286 & -1.0228 & -0.0376 & -0.0430 \\ -0.3639 & -0.5126 & -0.0264 & -0.0176 \\ 0.2743 & 0.1969 & 0.0050 & 0.0235 \\ 0.5367 & -0.7873 & -0.0165 & -0.0306 \end{bmatrix},$$

$$\boldsymbol{b}^{(2)}=\left(b_1^{(2)}\ \ b_2^{(2)}\ \ b_3^{(2)}\ \ b_4^{(2)}\right)=(-0.0179\ \ -0.0239\ \ -0.0407\ \ -0.0677),$$

$$\boldsymbol{W}^{(4)}=\begin{bmatrix} w_{1\to1}^{(4)} & w_{1\to2}^{(4)} & w_{1\to3}^{(4)} & w_{1\to4}^{(4)} \\ w_{2\to1}^{(4)} & w_{2\to2}^{(4)} & w_{2\to3}^{(4)} & w_{2\to4}^{(4)} \end{bmatrix}=\begin{bmatrix} -0.7496 & -0.4817 & 2.1771 & 1.8239 \\ 3.1253 & -2.6128 & 1.8581 & -0.6759 \end{bmatrix},$$

$$\boldsymbol{b}^{(4)}=\left(b_1^{(4)},\ b_2^{(4)},\ b_3^{(4)},\ b_4^{(4)}\right)=(0.9628,\ 0.4477,\ 1.1277,\ -0.1531),$$

$$\boldsymbol{W}^{(5)}=\begin{bmatrix} w_{1\to1}^{(5)} & w_{1\to2}^{(5)} & w_{1\to3}^{(5)} & w_{1\to4}^{(5)} & w_{1\to5}^{(5)} \\ w_{2\to1}^{(5)} & w_{2\to2}^{(5)} & w_{2\to3}^{(5)} & w_{2\to4}^{(5)} & w_{2\to5}^{(5)} \\ w_{3\to1}^{(5)} & w_{3\to2}^{(5)} & w_{3\to3}^{(5)} & w_{3\to4}^{(5)} & w_{3\to5}^{(5)} \\ w_{4\to1}^{(5)} & w_{4\to2}^{(5)} & w_{4\to3}^{(5)} & w_{4\to4}^{(5)} & w_{4\to5}^{(5)} \end{bmatrix}$$

$$=\begin{bmatrix} 0.1963 & -0.5255 & 0.2610 & 1.7003 & -0.6352 \\ 0.4165 & -0.0911 & -0.7577 & -1.2179 & -1.7871 \\ -0.7742 & -1.3710 & -0.5602 & -0.6589 & 0.4474 \\ -0.5544 & 0.0430 & 1.2429 & -0.8601 & -0.8536 \end{bmatrix},$$

$$\boldsymbol{b}^{(5)}=\left(b_1^{(5)},\ b_2^{(5)},\ b_3^{(5)},\ b_4^{(5)},\ b_5^{(5)}\right)=(-0.4543,\ 0.8152,\ 1.0417,\ -0.6501,\ 1.0287).$$

使用数据 1—4, 编码器会生成

$$
\boldsymbol{r}^{(1)}=\begin{bmatrix}\boldsymbol{r}_1^{(1)}\\ \boldsymbol{r}_2^{(1)}\\ \boldsymbol{r}_3^{(1)}\\ \boldsymbol{r}_4^{(1)}\end{bmatrix}=\begin{bmatrix}\boldsymbol{X}_1\\ \boldsymbol{X}_2\\ \boldsymbol{X}_3\\ \boldsymbol{X}_4\end{bmatrix}\boldsymbol{W}^{(1)}+\begin{bmatrix}1\\1\\1\\1\end{bmatrix}\boldsymbol{b}^{(1)}
$$

$$
=\begin{bmatrix}-0.073 & 0.796 & 0.646 & 0.851 & 0.516\\ -0.073 & 0.809 & 0.978 & 0.742 & 0.905\\ 1.386 & -0.147 & 0.090 & 0.181 & 0.040\\ -0.073 & -0.957 & -0.890 & -0.823 & -0.955\end{bmatrix}\begin{bmatrix}0.0497 & 0.0592 & 0.5291 & -0.1718\\ -0.1615 & -0.1819 & -0.4208 & -0.0198\\ 0.0973 & 0.2147 & 0.5148 & 0.0232\\ 0.2528 & 0.1029 & 0.6541 & -0.3643\\ 0.2712 & -0.2460 & 0.4342 & -0.0533\end{bmatrix}
$$

$$
+\begin{bmatrix}1\\1\\1\\1\end{bmatrix}\begin{bmatrix}-0.2336 & 0.3193 & -0.1694 & -0.0064\end{bmatrix}
$$

$$
=\begin{bmatrix}0.0521 & 0.2695 & 0.5703 & -0.3322\\ 0.1603 & 0.2315 & 0.8333 & -0.3057\\ -0.0756 & 0.4562 & 0.8079 & -0.3076\\ -0.6363 & 0.4482 & -1.2165 & 0.3552\end{bmatrix}.
$$

然后，有

$$
\boldsymbol{Z}^{(1)}=\begin{bmatrix}z_1^{(1)}\\ z_2^{(1)}\\ z_3^{(1)}\\ z_4^{(1)}\end{bmatrix}=\varphi(\boldsymbol{r}^{(1)})
$$

$$
=\tanh\left(\begin{bmatrix}0.0521 & 0.2695 & 0.5703 & -0.3322\\ 0.1603 & 0.2315 & 0.8333 & -0.3057\\ -0.0756 & 0.4562 & 0.8079 & -0.3076\\ -0.6363 & 0.4482 & -1.2165 & 0.3552\end{bmatrix}\right)
$$

$$
=\begin{bmatrix}0.0521 & 0.2631 & 0.5155 & -0.3204\\ 0.1589 & 0.2274 & 0.6822 & -0.2965\\ -0.0754 & 0.4269 & 0.6684 & -0.2982\\ -0.5623 & 0.4204 & -0.8386 & 0.3409\end{bmatrix},
$$

$$
\boldsymbol{Z}^{(2)}=\begin{bmatrix}z_1^{(2)}\\ z_2^{(2)}\\ z_3^{(2)}\\ z_4^{(2)}\end{bmatrix}=\begin{bmatrix}\mu_{11}^{(2)} & \ln\sigma_{11}^{(2)} & \mu_{12}^{(2)} & \ln\sigma_{12}^{(2)}\\ \mu_{21}^{(2)} & \ln\sigma_{21}^{(2)} & \mu_{22}^{(2)} & \ln\sigma_{22}^{(2)}\\ \mu_{31}^{(2)} & \ln\sigma_{31}^{(2)} & \mu_{32}^{(2)} & \ln\sigma_{32}^{(2)}\\ \mu_{41}^{(2)} & \ln\sigma_{41}^{(2)} & \mu_{42}^{(2)} & \ln\sigma_{42}^{(2)}\end{bmatrix}
$$

$$
=\boldsymbol{Z}^{(1)}\boldsymbol{W}^{(2)}+\begin{bmatrix}1\\1\\1\\1\end{bmatrix}\boldsymbol{b}^{(2)}
$$

$$
=\begin{bmatrix} 0.0521 & 0.2631 & 0.5155 & -0.3204 \\ 0.1589 & 0.2274 & 0.6822 & -0.2965 \\ -0.0754 & 0.4269 & 0.6684 & -0.2982 \\ -0.5623 & 0.4204 & -0.8386 & 0.3409 \end{bmatrix}
$$

$$
\times\begin{bmatrix} -0.7286 & -1.0228 & -0.0376 & -0.0430 \\ -0.3639 & -0.5126 & -0.0264 & -0.0176 \\ 0.2743 & 0.1969 & 0.0050 & 0.0235 \\ 0.5367 & -0.7873 & -0.0165 & -0.0306 \end{bmatrix}
$$

$$
+\begin{bmatrix} 1 \\ 1 \\ 1 \\ 1 \end{bmatrix}[-0.0179 \quad -0.0239 \quad -0.0407 \quad -0.0677]
$$

$$
=\begin{bmatrix} -0.1821 & 0.1417 & -0.0417 & -0.0526 \\ -0.1884 & 0.0647 & -0.0443 & -0.0534 \\ -0.0950 & 0.2008 & -0.0408 & -0.0471 \\ 0.1918 & -0.0977 & -0.0404 & -0.0810 \end{bmatrix}.
$$

然后，有

$$
\begin{bmatrix} \mu_{11}^{(2)} & \sigma_{11}^{(2)} & \mu_{12}^{(2)} & \sigma_{12}^{(2)} \\ \mu_{21}^{(2)} & \sigma_{21}^{(2)} & \mu_{22}^{(2)} & \sigma_{22}^{(2)} \\ \mu_{31}^{(2)} & \sigma_{31}^{(2)} & \mu_{32}^{(2)} & \sigma_{32}^{(2)} \\ \mu_{41}^{(2)} & \sigma_{41}^{(2)} & \mu_{42}^{(2)} & \sigma_{42}^{(2)} \end{bmatrix}=\begin{bmatrix} \mu_{11}^{(2)} & e^{\ln\sigma_{11}^{(2)}} & \mu_{12}^{(2)} & e^{\ln\sigma_{12}^{(2)}} \\ \mu_{21}^{(2)} & e^{\ln\sigma_{21}^{(2)}} & \mu_{22}^{(2)} & e^{\ln\sigma_{22}^{(2)}} \\ \mu_{31}^{(2)} & e^{\ln\sigma_{31}^{(2)}} & \mu_{32}^{(2)} & e^{\ln\sigma_{32}^{(2)}} \\ \mu_{41}^{(2)} & e^{\ln\sigma_{41}^{(2)}} & \mu_{42}^{(2)} & e^{\ln\sigma_{42}^{(2)}} \end{bmatrix}
$$

$$
=\begin{bmatrix} -0.1821 & 1.1522 & -0.0417 & 0.9487 \\ -0.1884 & 1.0668 & -0.0443 & 0.9479 \\ -0.0950 & 1.2224 & -0.0408 & 0.9539 \\ 0.1918 & 0.9068 & -0.0404 & 0.9221 \end{bmatrix}.
$$

当向量 $\boldsymbol{\eta}$ 从标准正态分布中随机选取值 $(\eta_1,\eta_2)=(0.045,-0.3659)$ 时，我们可以得到数据 $\boldsymbol{X}_1$ 的 $z_1^{(3)}$ 的值，如下所示：

$$
z_1^{(3)}=\begin{bmatrix} z_{11}^{(3)} \\ z_{12}^{(3)} \end{bmatrix}^{\mathrm{T}}=\begin{bmatrix} \mu_{11}^{(2)}+\eta_1\times\sigma_{11}^{(2)} \\ \mu_{12}^{(2)}+\eta_2\times\sigma_{12}^{(2)} \end{bmatrix}^{\mathrm{T}}=\begin{bmatrix} -0.1821+0.0425\times1.1522 \\ -0.0417+(-0.3659)\times0.9487 \end{bmatrix}^{\mathrm{T}}=\begin{bmatrix} -0.1331 \\ -0.3888 \end{bmatrix}^{\mathrm{T}}.
$$

同样地，对于数据 $\boldsymbol{X}_2$，$\boldsymbol{X}_3$ 和 $\boldsymbol{X}_4$，我们有

$$
\boldsymbol{Z}^{(3)}=\begin{bmatrix} z_1^{(3)} \\ z_2^{(3)} \\ z_3^{(3)} \\ z_4^{(3)} \end{bmatrix}=\begin{bmatrix} -0.1332 & -0.3888 \\ -0.1431 & -0.3912 \\ -0.0430 & -0.3899 \\ 0.2303 & -0.3778 \end{bmatrix}.
$$

然后

$$\boldsymbol{r}^{(4)} = \begin{bmatrix} \boldsymbol{r}_1^{(4)} \\ \boldsymbol{r}_2^{(4)} \\ \boldsymbol{r}_3^{(4)} \\ \boldsymbol{r}_4^{(4)} \end{bmatrix} = \boldsymbol{Z}^{(3)}\boldsymbol{W}^{(4)} + \begin{bmatrix} 1 \\ 1 \\ 1 \\ 1 \end{bmatrix}\boldsymbol{b}^{(4)}$$

$$= \begin{bmatrix} -0.1332 & -0.3888 \\ -0.1431 & -0.3912 \\ -0.0430 & -0.3899 \\ 0.2303 & -0.3778 \end{bmatrix}\begin{bmatrix} -0.7496 & -0.4817 & 2.1771 & 1.8239 \\ 3.1253 & -2.6128 & 1.8581 & -0.6759 \end{bmatrix}$$

$$+ \begin{bmatrix} 1 \\ 1 \\ 1 \\ 1 \end{bmatrix}[0.9628 \quad 0.4477 \quad 1.1277 \quad -0.1531]$$

$$= \begin{bmatrix} -0.1526 & 1.5279 & 0.1150 & -0.1332 \\ -0.1526 & 1.5388 & 0.0890 & -0.1497 \\ -0.2235 & 1.4872 & 0.3094 & 0.0319 \\ -0.3908 & 1.3240 & 0.9270 & 0.5224 \end{bmatrix},$$

$$\boldsymbol{Z}^{(4)} = \begin{bmatrix} z_1^{(4)} \\ z_2^{(4)} \\ z_3^{(4)} \\ z_4^{(4)} \end{bmatrix} = \varphi(\boldsymbol{r}^{(4)})$$

$$= \varphi\left(\begin{bmatrix} -0.1526 & 1.5279 & 0.1150 & -0.1332 \\ -0.1526 & 1.5388 & 0.0890 & -0.1497 \\ -0.2235 & 1.4872 & 0.3094 & 0.0319 \\ -0.3908 & 1.3240 & 0.9270 & 0.5224 \end{bmatrix}\right)$$

$$= \begin{bmatrix} -0.1515 & 0.9100 & 0.1145 & -0.1324 \\ -0.1074 & 0.9165 & -0.0382 & -0.1486 \\ -0.2199 & 0.9028 & 0.2999 & 0.0319 \\ -0.3721 & 0.8677 & 0.7292 & 0.4795 \end{bmatrix}.$$

最后,

$$\begin{bmatrix} \hat{\boldsymbol{X}}_1 \\ \hat{\boldsymbol{X}}_2 \\ \hat{\boldsymbol{X}}_3 \\ \hat{\boldsymbol{X}}_4 \end{bmatrix} = \boldsymbol{Z}^{(4)}\boldsymbol{W}^{(5)} + \begin{bmatrix} 1 \\ 1 \\ 1 \\ 1 \end{bmatrix}\boldsymbol{b}^{(5)}$$

$$= \begin{bmatrix} -0.1515 & 0.9100 & 0.1145 & -0.1324 \\ -0.1074 & 0.9165 & -0.0382 & -0.1486 \\ -0.2199 & 0.9028 & 0.2999 & 0.0319 \\ -0.3721 & 0.8677 & 0.7292 & 0.4795 \end{bmatrix}$$

$$
\begin{bmatrix} 0.1963 & -0.5255 & 0.2610 & 1.7003 & -0.6352 \\ 0.4165 & -0.0911 & -0.7577 & -1.2179 & -1.7871 \\ -0.7742 & -1.3710 & -0.5602 & -0.6589 & 0.4474 \\ -0.5544 & 0.0430 & 1.2429 & -0.8601 & -0.8536 \end{bmatrix}
$$

$$
+\begin{bmatrix} 1 \\ 1 \\ 1 \\ 1 \end{bmatrix}[-0.4543 \quad 0.8152 \quad 1.0417 \quad -0.6501 \quad 1.0287]
$$

$$
=\begin{bmatrix} -0.1202 & 0.6491 & 0.0837 & -1.9776 & -0.3371 \\ -0.0905 & 0.6835 & 0.0766 & -1.9489 & -0.3381 \\ -0.3713 & 0.4386 & 0.1718 & -2.3486 & -0.3380 \\ -0.9963 & -0.0474 & 0.4746 & -3.2326 & -0.3688 \end{bmatrix}.
$$

根据式（9.27b），我们可以得到第一次迭代后的平均损失:

$$
\begin{aligned}
\overline{\mathcal{L}} &= \frac{1}{4}\sum_{i=1}^{4}\mathcal{L}_i = \frac{1}{4}\sum_{i=1}^{4}\left(\frac{1}{2}\sum_{j=1}^{2}\left(-\ln\sum\left(Z_{ij}^{(1)}\right)+\mu^2\left(Z_{ij}^{(1)}\right)+\sum\left(Z_{ij}^{(1)}\right)\right)+\frac{1}{2}\left\|\hat{\boldsymbol{X}}_i-\boldsymbol{X}_i\right\|^2\right) \\
&= \frac{1}{4}\sum_{i=1}^{4}\left(\frac{1}{2}\sum_{j=1}^{2}\left(-\ln\left(\sigma_{ij}^{(1)}\right)^2+\left(\mu_{ij}^{(1)}\right)^2+\left(\sigma_{ij}^{(1)}\right)^2\right)+\frac{1}{2}\sum_{j=1}^{5}(\hat{x}_{ij}-x_{ij})^2\right) \\
&= 5.8336.
\end{aligned}
$$

对于数据 $\boldsymbol{X}_1$，损失的梯度被计算为

$$
\begin{aligned}
\frac{\partial\mathcal{L}_1}{\partial w_{j\to k}^{(1)}} &= \frac{\partial\mathcal{L}_1}{\partial\hat{\boldsymbol{X}}_1}\frac{\partial\hat{\boldsymbol{X}}_1}{\partial z_1^{(4)}}\frac{\partial z_1^{(4)}}{\partial r_1^{(4)}}\frac{\partial r_1^{(4)}}{\partial z_1^{(3)}}\frac{\partial z_1^{(3)}}{\partial z_1^{(2)}}\frac{\partial z_1^{(2)}}{\partial z_{1k}^{(1)}}\frac{\partial z_{1k}^{(1)}}{\partial r_{1k}^{(1)}}\frac{\partial r_{1k}^{(1)}}{\partial w_{j\to k}^{(1)}} \\
&= \left((\hat{\boldsymbol{X}}_1-\boldsymbol{X}_1)\cdot(\boldsymbol{W}^{(5)})^{\mathrm{T}}\cdot\begin{bmatrix} 1-\tanh^2\left(r_{11}^{(4)}\right) & 0 & 0 & 0 \\ 0 & 1-\tanh^2\left(r_{12}^{(4)}\right) & 0 & 0 \\ 0 & 0 & 1-\tanh^2\left(r_{13}^{(4)}\right) & 0 \\ 0 & 0 & 0 & 1-\tanh^2\left(r_{14}^{(4)}\right) \end{bmatrix}\right. \\
&\quad \left.\cdot(\boldsymbol{W}^{(4)})^{\mathrm{T}}\cdot\begin{bmatrix} 1 & \eta_1 & 0 & 0 \\ 0 & 0 & 1 & \eta_2 \end{bmatrix}+\left[-\mu_{11}^{(2)}\left(\sigma_{11}^{(2)}-\frac{1}{\sigma_{11}^{(2)}}\right)-\mu_{12}^{(2)}\left(\sigma_{12}^{(2)}-\frac{1}{\sigma_{12}^{(2)}}\right)\right]\right)\cdot\begin{bmatrix} w_{k\to 1}^{(2)} \\ w_{k\to 2}^{(2)} \\ w_{k\to 3}^{(2)} \\ w_{k\to 4}^{(2)} \end{bmatrix} \\
&\quad \cdot\left(1-\tanh^2\left(r_{1k}^{(1)}\right)\right)\cdot x_{1j} \quad (j=1, 2, 3, 4, 5;\ k=1, 2, 3, 4),
\end{aligned}
$$

$$\frac{\partial \mathcal{L}_1}{\partial b_k^{(1)}}=\frac{\partial \mathcal{L}_1}{\partial \hat{\boldsymbol{X}}_1}\frac{\partial \hat{\boldsymbol{X}}_1}{\partial z_1^{(4)}}\frac{\partial z_1^{(4)}}{\partial r_1^{(4)}}\frac{\partial r_1^{(4)}}{\partial z_1^{(3)}}\frac{\partial z_1^{(3)}}{\partial z_1^{(2)}}\frac{\partial z_1^{(2)}}{\partial z_{1k}^{(1)}}\frac{\partial z_{1k}^{(1)}}{\partial r_{1k}^{(1)}}\frac{\partial r_{1k}^{(1)}}{\partial b_k^{(1)}}$$

$$=\left((\hat{\boldsymbol{X}}_1-\boldsymbol{X}_1)\cdot(\boldsymbol{W}^{(5)})^{\mathrm{T}}\cdot\begin{bmatrix}1-\tanh^2\left(r_{11}^{(4)}\right) & 0 & 0 & 0\\ 0 & 1-\tanh^2\left(r_{12}^{(4)}\right) & 0 & 0\\ 0 & 0 & 1-\tanh^2\left(r_{13}^{(4)}\right) & 0\\ 0 & 0 & 0 & 1-\tanh^2\left(r_{14}^{(4)}\right)\end{bmatrix}\right.$$

$$\left.\cdot(\boldsymbol{W}^{(4)})^{\mathrm{T}}\cdot\begin{bmatrix}1 & \eta_1 & 0 & 0\\ 0 & 0 & 1 & \eta_2\end{bmatrix}+\left[-\mu_{11}^{(2)}\left(\sigma_{11}^{(2)}-\frac{1}{\sigma_{11}^{(2)}}\right)-\mu_{12}^{(2)}\left(\sigma_{12}^{(2)}-\frac{1}{\sigma_{12}^{(2)}}\right)\right]\right)$$

$$\cdot\left(1-\tanh^2\left(r_{1k}^{(1)}\right)\right)\cdot\begin{bmatrix}w_{k\to1}^{(2)}\\ w_{k\to2}^{(2)}\\ w_{k\to3}^{(2)}\\ w_{k\to4}^{(2)}\end{bmatrix},$$

$$\frac{\partial \mathcal{L}_1}{\partial w_{k\to1}^{(2)}}=\frac{\partial \mathcal{L}_1}{\partial \hat{\boldsymbol{X}}_1}\frac{\partial \hat{\boldsymbol{X}}_1}{\partial z_1^{(4)}}\frac{\partial z_1^{(4)}}{\partial r_1^{(4)}}\frac{\partial r_1^{(4)}}{\partial z_1^{(3)}}\frac{\partial z_1^{(3)}}{\partial \mu_{11}^{(2)}}\frac{\partial \mu_{11}^{(2)}}{\partial w_{k\to1}^{(2)}}$$

$$=\left((\hat{\boldsymbol{X}}_1-\boldsymbol{X}_1)\cdot(\boldsymbol{W}^{(5)})^{\mathrm{T}}\cdot\begin{bmatrix}1-\tanh^2\left(r_{11}^{(4)}\right) & 0 & 0 & 0\\ 0 & 1-\tanh^2\left(r_{12}^{(4)}\right) & 0 & 0\\ 0 & 0 & 1-\tanh^2\left(r_{13}^{(4)}\right) & 0\\ 0 & 0 & 0 & 1-\tanh^2\left(r_{14}^{(4)}\right)\end{bmatrix}\right.$$

$$\left.\cdot(\boldsymbol{W}^{(4)})^{\mathrm{T}}\cdot\begin{bmatrix}1\\ 0\end{bmatrix}-\mu_{11}^{(2)}\right)\cdot z_{1k}^{(1)},$$

$$\frac{\partial \mathcal{L}_1}{\partial w_{k\to 2}^{(2)}}=\frac{\partial \mathcal{L}_1}{\partial \hat{\boldsymbol{X}}_1}\frac{\partial \hat{\boldsymbol{X}}_1}{\partial z_1^{(4)}}\frac{\partial z_1^{(4)}}{\partial r_1^{(4)}}\frac{\partial r_1^{(4)}}{\partial z_1^{(3)}}\frac{\partial z_1^{(3)}}{\partial \sigma_{11}^{(2)}}\frac{\partial \sigma_{11}^{(2)}}{\partial w_{k\to 2}^{(2)}}$$

$$=\left((\hat{\boldsymbol{X}}_1-\boldsymbol{X}_1)\cdot(\boldsymbol{W}^{(5)})^{\mathrm{T}}\cdot\begin{bmatrix}1-\tanh^2\left(r_{11}^{(4)}\right) & 0 & 0 & 0\\ 0 & 1-\tanh^2\left(r_{12}^{(4)}\right) & 0 & 0\\ 0 & 0 & 1-\tanh^2\left(r_{13}^{(4)}\right) & 0\\ 0 & 0 & 0 & 1-\tanh^2\left(r_{14}^{(4)}\right)\end{bmatrix}\right.$$

$$\left.\cdot(\boldsymbol{W}^{(4)})^{\mathrm{T}}\cdot\begin{bmatrix}\eta_1\\ 0\end{bmatrix}+\left(\sigma_{11}^{(2)}-\frac{1}{\sigma_{11}^{(2)}}\right)\right)\cdot z_{1k}^{(2)},$$

$$\frac{\partial \mathcal{L}_1}{\partial w_{k\to 3}^{(2)}}=\frac{\partial \mathcal{L}_1}{\partial \hat{\boldsymbol{X}}_1}\frac{\partial \hat{\boldsymbol{X}}_1}{\partial z_1^{(4)}}\frac{\partial z_1^{(4)}}{\partial r_1^{(4)}}\frac{\partial r_1^{(4)}}{\partial z_1^{(3)}}\frac{\partial z_1^{(3)}}{\partial \mu_{12}^{(2)}}\frac{\partial \mu_{12}^{(2)}}{\partial w_{k\to 3}^{(2)}}$$

$$=\left((\hat{\boldsymbol{X}}_1-\boldsymbol{X}_1)\cdot(\boldsymbol{W}^{(5)})^{\mathrm{T}}\cdot\begin{bmatrix}1-\tanh^2\left(r_{11}^{(4)}\right) & 0 & 0 & 0\\ 0 & 1-\tanh^2\left(r_{12}^{(4)}\right) & 0 & 0\\ 0 & 0 & 1-\tanh^2\left(r_{13}^{(4)}\right) & 0\\ 0 & 0 & 0 & 1-\tanh^2\left(r_{14}^{(4)}\right)\end{bmatrix}\right.$$

$$\left.\cdot(\boldsymbol{W}^{(4)})^{\mathrm{T}}\cdot\begin{bmatrix}0\\ 1\end{bmatrix}-\mu_{12}^{(2)}\right)\cdot z_{1k}^{(1)},$$

$$\frac{\partial \mathcal{L}_1}{\partial w_{k\to 4}^{(2)}}=\frac{\partial \mathcal{L}_1}{\partial \hat{\boldsymbol{X}}_1}\frac{\partial \hat{\boldsymbol{X}}_1}{\partial z_1^{(4)}}\frac{\partial z_1^{(4)}}{\partial r_1^{(4)}}\frac{\partial r_1^{(4)}}{\partial z_1^{(3)}}\frac{\partial z_1^{(3)}}{\partial \sigma_{12}^{(2)}}\frac{\partial \sigma_{12}^{(2)}}{\partial w_{k\to 4}^{(2)}}$$

$$=\left((\hat{\boldsymbol{X}}_1-\boldsymbol{X}_1)\cdot(\boldsymbol{W}^{(5)})^{\mathrm{T}}\cdot\begin{bmatrix}1-\tanh^2\left(r_{11}^{(4)}\right) & 0 & 0 & 0\\ 0 & 1-\tanh^2\left(r_{12}^{(4)}\right) & 0 & 0\\ 0 & 0 & 1-\tanh^2\left(r_{13}^{(4)}\right) & 0\\ 0 & 0 & 0 & 1-\tanh^2\left(r_{14}^{(4)}\right)\end{bmatrix}\right.$$

$$\left.\cdot(\boldsymbol{W}^{(4)})^{\mathrm{T}}\cdot\begin{bmatrix}0\\ \eta_2\end{bmatrix}+\left(\sigma_{12}^{(2)}-\frac{1}{\sigma_{12}^{(2)}}\right)\right)\cdot z_{1k}^{(2)}\quad (k=1,2,3,4),$$

$$\frac{\partial \mathcal{L}_1}{\partial w_{p\to q}^{(4)}} = \frac{\partial \mathcal{L}_1}{\partial \hat{\boldsymbol{X}}_1}\frac{\partial \hat{\boldsymbol{X}}_1}{\partial z_{1q}^{(4)}}\frac{\partial z_{1q}^{(4)}}{\partial r_{1q}^{(4)}}\frac{\partial r_{1q}^{(4)}}{\partial w_{p\to q}^{(4)}}$$

$$= (\hat{\boldsymbol{X}}_1 - \boldsymbol{X}_1)\cdot\begin{bmatrix} w_{q\to 1}^{(5)} \\ w_{q\to 2}^{(5)} \\ w_{q\to 3}^{(5)} \\ w_{q\to 4}^{(5)} \end{bmatrix}\cdot\left(1-\tanh^2\left(r_{1q}^{(4)}\right)\right)\cdot z_{1p}^{(3)} \quad (p=1,2; q=1,2,3,4),$$

$$\frac{\partial \mathcal{L}_1}{\partial b_q^{(4)}} = \frac{\partial \mathcal{L}_1}{\partial \hat{\boldsymbol{X}}_1}\frac{\partial \hat{\boldsymbol{X}}_1}{\partial z_{1q}^{(4)}}\frac{\partial z_{1q}^{(4)}}{\partial r_{1q}^{(4)}}\frac{\partial r_{1q}^{(4)}}{\partial b_q^{(4)}} = (\hat{\boldsymbol{X}}_1 - \boldsymbol{X}_1)\cdot\begin{bmatrix} w_{q\to 1}^{(5)} \\ w_{q\to 2}^{(5)} \\ w_{q\to 3}^{(5)} \\ w_{q\to 4}^{(5)} \end{bmatrix}\cdot\left(1-\tanh^2\left(r_{1q}^{(4)}\right)\right) \quad (q=1,2,3,4),$$

$$\begin{bmatrix} \frac{\partial \mathcal{L}_1}{\partial w_{q\to 1}^{(5)}} \\ \frac{\partial \mathcal{L}_1}{\partial w_{q\to 2}^{(5)}} \\ \frac{\partial \mathcal{L}_1}{\partial w_{q\to 3}^{(5)}} \\ \frac{\partial \mathcal{L}_1}{\partial w_{q\to 4}^{(5)}} \\ \frac{\partial \mathcal{L}_1}{\partial w_{q\to 5}^{(5)}} \end{bmatrix} = \begin{bmatrix} \frac{\partial \mathcal{L}_1}{\partial \hat{\boldsymbol{X}}_1} & \frac{\partial \hat{\boldsymbol{X}}_1}{\partial w_{q\to 1}^{(5)}} \\ \frac{\partial \mathcal{L}_1}{\partial \hat{\boldsymbol{X}}_1} & \frac{\partial \hat{\boldsymbol{X}}_1}{\partial w_{q\to 2}^{(5)}} \\ \frac{\partial \mathcal{L}_1}{\partial \hat{\boldsymbol{X}}_1} & \frac{\partial \hat{\boldsymbol{X}}_1}{\partial w_{q\to 3}^{(5)}} \\ \frac{\partial \mathcal{L}_1}{\partial \hat{\boldsymbol{X}}_1} & \frac{\partial \hat{\boldsymbol{X}}_1}{\partial w_{q\to 4}^{(5)}} \\ \frac{\partial \mathcal{L}_1}{\partial \hat{\boldsymbol{X}}_1} & \frac{\partial \hat{\boldsymbol{X}}_1}{\partial w_{q\to 5}^{(5)}} \end{bmatrix} = (\hat{\boldsymbol{X}}_1 - \boldsymbol{X}_1)\cdot\begin{bmatrix} z_{1q}^{(4)} & 0 & 0 & 0 & 0 \\ 0 & z_{1q}^{(4)} & 0 & 0 & 0 \\ 0 & 0 & z_{1q}^{(4)} & 0 & 0 \\ 0 & 0 & 0 & z_{1q}^{(4)} & 0 \\ 0 & 0 & 0 & 0 & z_{1q}^{(4)} \end{bmatrix} \quad (q=1,2,3,4),$$

$$\begin{bmatrix} \frac{\partial \mathcal{L}_1}{\partial b_1^{(5)}} \\ \frac{\partial \mathcal{L}_1}{\partial b_2^{(5)}} \\ \frac{\partial \mathcal{L}_1}{\partial b_3^{(5)}} \\ \frac{\partial \mathcal{L}_1}{\partial b_4^{(5)}} \\ \frac{\partial \mathcal{L}_1}{\partial b_5^{(5)}} \end{bmatrix} = \begin{bmatrix} \frac{\partial \mathcal{L}_1}{\partial \hat{\boldsymbol{X}}_1} & \frac{\partial \hat{\boldsymbol{X}}_1}{\partial b_1^{(4)}} \\ \frac{\partial \mathcal{L}_1}{\partial \hat{\boldsymbol{X}}_1} & \frac{\partial \hat{\boldsymbol{X}}_1}{\partial b_2^{(4)}} \\ \frac{\partial \mathcal{L}_1}{\partial \hat{\boldsymbol{X}}_1} & \frac{\partial \hat{\boldsymbol{X}}_1}{\partial b_3^{(4)}} \\ \frac{\partial \mathcal{L}_1}{\partial \hat{\boldsymbol{X}}_1} & \frac{\partial \hat{\boldsymbol{X}}_1}{\partial b_4^{(4)}} \\ \frac{\partial \mathcal{L}_1}{\partial \hat{\boldsymbol{X}}_1} & \frac{\partial \hat{\boldsymbol{X}}_1}{\partial b_5^{(4)}} \end{bmatrix} = (\hat{\boldsymbol{X}}_1 - \boldsymbol{X}_1)\cdot\begin{bmatrix} 1 & 0 & 0 & 0 & 0 \\ 0 & 1 & 0 & 0 & 0 \\ 0 & 0 & 1 & 0 & 0 \\ 0 & 0 & 0 & 1 & 0 \\ 0 & 0 & 0 & 0 & 1 \end{bmatrix}.$$

下面以 $w_{1\to 1}^{(1)}$ 为例, 说明 BP 过程, 其他过程将以同样的方式进行.

$$\frac{\partial \mathcal{L}_1}{\partial w_{1\to1}^{(1)}}=\frac{\partial \mathcal{L}_1}{\partial \hat{\boldsymbol{X}}_1}\frac{\partial \hat{\boldsymbol{X}}_1}{\partial z_1^{(4)}}\frac{\partial z_1^{(4)}}{\partial r_1^{(4)}}\frac{\partial r_1^{(4)}}{\partial z_1^{(3)}}\frac{\partial z_1^{(3)}}{\partial z_1^{(2)}}\frac{\partial z_1^{(2)}}{\partial z_{11}^{(1)}}\frac{\partial z_{11}^{(1)}}{\partial r_{11}^{(1)}}\frac{\partial r_{11}^{(1)}}{\partial w_{1\to1}^{(1)}}$$

$$=\left((\hat{\boldsymbol{X}}_1-\boldsymbol{X}_1)\cdot(\boldsymbol{W}^{(5)})^{\mathrm{T}}\cdot\begin{bmatrix}1-\tanh^2\left(r_{11}^{(4)}\right) & 0 & 0 & 0\\ 0 & 1-\tanh^2\left(r_{12}^{(4)}\right) & 0 & 0\\ 0 & 0 & 1-\tanh^2\left(r_{13}^{(4)}\right) & 0\\ 0 & 0 & 0 & 1-\tanh^2\left(r_{14}^{(4)}\right)\end{bmatrix}\right.$$

$$\left.\cdot(\boldsymbol{W}^{(4)})^{\mathrm{T}}\cdot\begin{bmatrix}1 & \eta_1 & 0 & 0\\ 0 & 0 & 1 & \eta_2\end{bmatrix}+\left[-\mu_{11}^{(2)}\left(\sigma_{11}^{(2)}-\frac{1}{\sigma_{11}^{(2)}}\right)-\mu_{12}^{(2)}\left(\sigma_{12}^{(2)}-\frac{1}{\sigma_{12}^{(2)}}\right)\right]\right)$$

$$\cdot\begin{bmatrix}w_{1\to1}^{(2)}\\ w_{1\to2}^{(2)}\\ w_{1\to3}^{(2)}\\ w_{1\to4}^{(2)}\end{bmatrix}\cdot\left(1-\tanh^2\left(r_{11}^{(1)}\right)\right)\cdot x_{11}$$

$$=\left(\begin{bmatrix}-0.1202 & +0.073\\ 0.6491 & -0.796\\ 0.0837 & -0.646\\ -1.9776 & -0.851\\ -0.3371 & -0.516\end{bmatrix}^{\mathrm{T}}\cdot\begin{bmatrix}0.1963 & -0.5255 & 0.2610 & 1.7003 & -0.6352\\ 0.4165 & -0.0911 & -0.7577 & -1.2179 & -1.7871\\ -0.7742 & -1.3710 & -0.5602 & -0.6589 & 0.4474\\ -0.5544 & 0.0430 & 1.2429 & -0.8601 & -0.8536\end{bmatrix}^{\mathrm{T}}\right.$$

$$\cdot\begin{bmatrix}1-\tanh^2(-0.1526) & 0 & 0 & 0\\ 0 & 1-\tanh^2(1.5279) & 0 & 0\\ 0 & 0 & 1-\tanh^2(0.1150) & 0\\ 0 & 0 & 0 & 1-\tanh^2(-0.1332)\end{bmatrix}$$

$$\cdot\begin{bmatrix}-0.7496 & -0.4817 & 2.1771 & 1.8239\\ 3.1253 & -2.6128 & 1.8581 & -0.6759\end{bmatrix}^{\mathrm{T}}\cdot\begin{bmatrix}1 & 0.0425 & 0 & 0\\ 0 & 0 & 1 & -0.3659\end{bmatrix}$$

$$\left.+\left[0.1821\quad 1.1522-\frac{1}{1.1522}\quad 0.0417\quad 0.9487-\frac{1}{0.9487}\right]\right)\cdot\begin{bmatrix}0.0497\\ 0.0592\\ 0.5291\\ -0.1718\end{bmatrix}$$

$$\cdot\begin{pmatrix}1-\tanh^2(0.0521)\\ 1-\tanh^2(0.1603)\\ 1-\tanh^2(-0.0756)\\ 1-\tanh^2(-0.6363)\end{pmatrix}\cdot(-0.073)=0.5634.$$

同样地，对于数据 $\boldsymbol{X}_2$、$\boldsymbol{X}_3$ 和 $\boldsymbol{X}_4$，我们可以得到 $\frac{\partial \mathcal{L}_2}{\partial w_{1\to1}^{(1)}} = 0.5183$，$\frac{\partial \mathcal{L}_3}{\partial w_{1\to1}^{(1)}} = -11.1720$，$\frac{\partial \mathcal{L}_4}{\partial w_{1\to1}^{(1)}} = 0.4260$，因此

$$\frac{\partial \overline{\mathcal{L}}}{\partial w_{1\to1}^{(1)}} = \frac{\frac{\partial \mathcal{L}_1}{\partial w_{1\to1}^{(1)}} + \frac{\partial \mathcal{L}_2}{\partial w_{1\to1}^{(1)}} + \frac{\partial \mathcal{L}_3}{\partial w_{1\to1}^{(1)}} + \frac{\partial \mathcal{L}_4}{\partial w_{1\to1}^{(1)}}}{4} = -2.4161.$$

设置学习率 $\eta$ 为 0.01，并更新 $w_{1\to1}^{(1)}$ 的值，即

$$w_{1\to1(\text{new})}^{(1)} = w_{1\to1(\text{old})}^{(1)} - \eta \frac{\partial \overline{\mathcal{L}}}{\partial w_{1\to1}^{(1)}} = 0.0497 - 0.01 \times (-2.4161) = 0.07386$$

其他 38 个训练参变量也以同样的方式进行更新.

经过 3000 个 epoch 后，损失 $\mathcal{L}$ 为 0.57. 表 E9.18 为预测结果的 $R^2$ 值. 与例 9.8 相比，采用更复杂的模型提高了预测精度.

**表 E9.18　VAE 模型的 $R^2$**

| | C | *F* | *T* | Fr | *H* | 平均值 |
|---|---|---|---|---|---|---|
| $R^2$ | 0.7530 | 0.9165 | 0.8849 | 0.9495 | 0.9476 | 0.8903 |

## 作　　业

1. （1）利用表 H9.1 中的数据构建一个回归神经网络模型，并给出使用 BP 算法更新参数的细节.

（2）将 $L_1$ 或 $L_2$ 正则化项添加到损失函数中，并提供使用 BP 算法更新参数的细节.

**表 H9.1**

| 样本 | Cr ($x_1$) | Mo ($x_2$) | TT ($x_3$) | dB ($x_4$) | S ($x_5$) | 抗拉强度 ($y$) |
|---|---|---|---|---|---|---|
| 1 | 0.08 | 0.00 | 0.00 | 0.00 | 0.71 | 0.42 |
| 2 | 0.08 | 0.00 | 0.77 | 0.00 | 0.81 | 0.21 |
| 3 | 0.03 | 0.00 | 0.77 | 0.50 | 1.00 | 0.22 |
| 4 | 0.94 | 0.89 | 0.38 | 0.00 | 0.24 | 0.69 |

2. （1）　将表 H9.2 中的类重写为 one-hot 编码（$[c_1, c_2, c_3]$）.

（2）　构建分类神经网络模型，计算交叉熵损失，并完成参数的更新迭代.

（3）　在隐藏层中添加一个激活函数，以计算交叉熵损失，并完成一个参数的更新迭代.

表 H9.2

| 催化剂 | GHSV | $T$ | 类别 |
|---|---|---|---|
| $Mn_5Ce_1/TiO_2$ | 1 | 0.64 | 0 |
| $Fe_1Mn_8/MnO_x$ | 0.06 | 0.25 | 1 |
| $Mn_2Ce_1$/Graphene | 0 | 0.27 | 2 |

3. 使用表 E9.4 中的数据来比较添加正则化项后神经网络的泛化能力是否发生变化.
4. 讨论如果 KL 散度项从 VAE 中移除会发生什么.

## 参考文献


Ackley D H, Hinton G E, Sejnowski T J. 1985. A learning algorithm for Boltzmann machines. Cognitive Science, 9(1): 147-169.

Andrew N. 2011. Sparse autoencoder. CS294A Lecture Notes, 72: 1-19.

Bengio Y, Courville A, Vincent P. 2013. Representation learning: A review and new perspectives. IEEE Transactions on Pattern Analysis and Machine Intelligence, 35(8): 1798-1828.

Biron P V. 1997. Backpropagation: Theory, architectures, and applications. Journal of the American Society for Information Science, 48(1): 88-89.

Blei D M, Kucukelbir A, McAuliffe J D. 2017. Variational inference: A review for statisticians. Journal of the American Statistical Association, 112(518): 859-877.

Buscema M. 1998. Back propagation neural networks. Substance Use and Misuse, 33(2): 233-270.

Hopfield J J. 1982. Neural networks and physical systems with emergent collective computational abilities. Proceedings of the National Academy of Sciences, 79(8): 2554-2558.

Kingma D P, Welling M. 2013. Auto-encoding variational Bayes. arxiv preprint arxiv: 1312.6114.

McCulloch W S, Pitts W. 1990. A logical calculus of the ideas immanent in nervous activity. Bulletin of Mathematical Biology, 52(1-2): 99-115.

Park J, Sandberg I W. 1991. Universal approximation using radial-basis-function networks. Neural Computation, 3(2): 246-257.

Schwenker F, Kestler H A, Palm G. 2001. Three learning phases for radial-basis-function. Neural Networks, 14(4-5): 439-458.

Tickle A B, Andrews R, Golea M, et al. 1998. The truth will come to light: Directions and challenges in extracting the knowledge embedded within trained artificial neural networks. IEEE Transactions on Neural Networks, 9(6): 1057-1068.

Vincent P, Larochelle H, Bengio Y, et al. 2008. Proceedings of the 25th International Conference on Machine Learning. New York: Association for Computing Machinery: 1096-1103.

Yao X. 1999. Evolving artificial neural networks. Proceedings of the IEEE, 87(9): 1423-1447.

Zhou Z H. 2004. Rule extraction: Using neural networks or for neural networks? Journal of Computer Science and Technology, 19(2): 249-253.

Zhu J Y, Kraehenbuehl P, Shechtman E, et al. 2016. The 14th European Conference on Computer Vision(ECCV). Cham: Springer: 597-613.

# 第 10 章

# 隐马尔可夫链

在统计学和概率论领域，马尔可夫链（Markov chain）代表一类基础的随机过程及其研究方法. 与其他数学工具一样，马尔可夫链在运筹学、经济学、金融学、社会科学、计算机科学、生物学、物理学、化学和力学等各个领域均有重要作用. 在下一本书《材料信息学导论：高等机器学习》中，将介绍强化学习中的马尔可夫决策过程. 在材料科学与工程中，材料的服役性能取决于其化学成分和微观结构，而这些特性由相关原子的拓扑结构决定. 如果材料的化学成分在服役过程中不发生变化，那么其服役性能主要由微观结构的变化决定. 材料的微观结构可以视为马尔可夫链中的状态，而微观结构的变化则可用状态的转移来描述. 例如，金属在热变形过程中，其微观结构的变化包括各种晶体缺陷的活动，如位错增殖、运动、湮灭，晶界运动，相变，动态再结晶及微观结构拓扑构型变化等. 一方面，材料研究人员致力于发展原位表征方法用以监测服役过程中的微观结构变化. 另一方面，他们也在尽力构建材料动态行为的预测模型，拓展了马尔可夫链的应用场景.

## 10.1　马尔可夫链

马尔可夫链由马尔可夫于 1913 年首次提出，用于研究描述概率事件的随机过程（Markov, 1913a, 1913b, 2006）. 马尔可夫链是一系列随机事件，可以由一系列具有马尔可夫性质的变量序列 $\boldsymbol{X}=\{x_i\}(i=0,1,\cdots,n)$ 来描述. $x_0$ 在马尔可夫链中预先设定, $n$ 表示为链长. 对于事件 $x_n$，其后验概率可由条件概率给出

$$P(x_n \mid x_{n-1},\cdots,x_0). \tag{10.1a}$$

如果事件 $P(x_n \mid x_{n-1},\cdots,x_0)$ 的条件概率仅依赖于过去的 $n'$ 个事件，则称其为 $n'$ 阶马尔可夫链，公式（10.1a）可简化为

$$P(x_n|x_{n-1},\cdots,x_0)=P(x_n \mid x_{n-1},\cdots,x_{n-n'}). \tag{10.1b}$$

常见的马尔可夫链是一阶的，即每个随机事件仅依赖于其前一状态:

$$P(x_n|x_{n-1},\cdots,x_0)=P(x_n \mid x_{n-1}). \tag{10.1c}$$

本章将主要介绍一阶马尔可夫链.

Baum 和 Petrie（1966）以及 Baum 和 Eagon（1967）发展了隐马尔可夫链（hidden Markov chain）模型. 隐马尔可夫链有一个状态集，$S=\{s_k\}\ (k=1,2,\cdots,q)$，在很多情况下，$s_k$ 只是一个标签，所以 $s_k=k$. 状态 $s_k$ 在事件 $i$ 的概率可表示为 $\pi_i^{(k)}=P(s_k\in S)$ 且满足 $\sum_{k=1}^{q}\pi_i^{(k)}=1$，其中 $i=0,1,\cdots,n$. 转移概率矩阵 $\boldsymbol{T}=\{T_{kl}\}$ 定义为

$$T_{kl}=P\left(\pi_i^{(k)}|\pi_{i-1}^{(l)}\right)\ (l,k=1,2,\cdots,q),\quad i\geqslant 1, \tag{10.2a}$$

其中，$\sum_{k=1}^{q}T_{lk}=1\ (l=1,2,\cdots,q)$. 当在状态 $l$ 的事件不能再被转移时，$T_{ll}=1,\ k=l$，而 $T_{lk}=0,\ k\neq l\ \ (l,k=1,2,\cdots,q)$，则状态 $l$ 称为吸收态或终态. 隐马尔可夫链的两个本征参数分别为初始概率 $\pi_0^{(l)}$ (简化为 $\pi_0$) 和转移概率矩阵 $T$，均与事件 $i$ 无关. 利用转移概率矩阵，可以通过前一时刻状态的概率来计算当前时刻状态概率 $\pi_i^{(k)}(k=1,2,\cdots,q)$:

$$\pi_i^{(k)}=\sum_{l=1}^{q}T_{lk}\pi_{i-1}^{(l)}\ \ (k=1,2,\cdots,q),\quad i\geqslant 1, \tag{10.2b}$$

用向量形式可表示为

$$\boldsymbol{\pi}_i=\boldsymbol{\pi}_{i-1}\boldsymbol{T}. \tag{10.2c}$$

若转移概率矩阵的每一行的和为 1，则被称为右随机矩阵，其状态转变如式(10.2c)所示. 还有左随机矩阵，其每一列的和为 1，以及双随机矩阵，其每一列和每一行的和都是 1.

## 例 10.1　沿圆周随机运动

假设一个原子随机地沿圆周运动，圆周上有 $q=4$ 个原子可以停留的位置. 在这种情况下，原子存在四种状态，即 $S=\{s_k\}$（$k=1,2,3,4$）. 对于圆周上的随机运动，原子可以移动到它最近邻位置，也可以待在原地不动. 在每个位置上，原子有三种可能：（1）顺时针运动；（2）逆时针运动；（3）静止不动. 如果这三种运动方式的概率相同，则转移概率矩阵为 $\boldsymbol{T}=\begin{bmatrix}\frac{1}{3}&\frac{1}{3}&0&\frac{1}{3}\\ \frac{1}{3}&\frac{1}{3}&\frac{1}{3}&0\\ 0&\frac{1}{3}&\frac{1}{3}&\frac{1}{3}\\ \frac{1}{3}&0&\frac{1}{3}&\frac{1}{3}\end{bmatrix}$，如图 E10.1 所示.

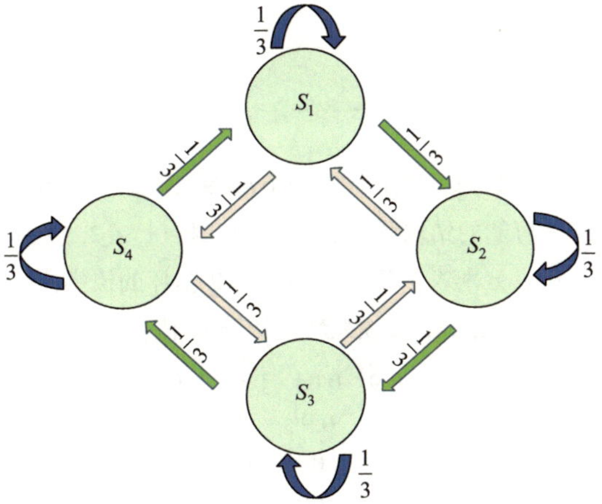


图 E10.1　四个原子在圆周上停留位置的随机运动

通常假设原子最初停留在一个位置，比如位置 1. 因此，初始状态（停留位置）占据概率向量为 $\boldsymbol{\pi}_0 = \boldsymbol{\pi}_0^{(1)} = (1,0,0,0)$ . 之后，状态占据概率 $\boldsymbol{\pi}_1$，$\boldsymbol{\pi}_2$ 和 $\boldsymbol{\pi}_3$ 可递归计算

$$\boldsymbol{\pi}_1 = \boldsymbol{\pi}_0\boldsymbol{T} = \left(\frac{1}{3},\frac{1}{3},0,\frac{1}{3}\right),\qquad \boldsymbol{\pi}_2 = \boldsymbol{\pi}_0\boldsymbol{T}^2 = \left(\frac{3}{9},\frac{2}{9},\frac{2}{9},\frac{2}{9}\right),\qquad \boldsymbol{\pi}_3 = \boldsymbol{\pi}_0\boldsymbol{T}^3.$$

如果任意状态可以通过有限步数从任意其他状态到达，则称这个马尔可夫链是不可约的. 在圆周上的随机运动中，状态占据概率 $\boldsymbol{\pi}_2 = \boldsymbol{\pi}_0\boldsymbol{T}^2$ 表明，每个状态（停留位置）都有一定概率被占据.

只考虑两个状态 $s_k$ 和 $s_l$ 之间的转移，我们有 $T_{lk} = P(s_k \mid s_l)$ 和 $T_{kl} = P(s_l \mid s_k)$ . 如果

$$T_{lk} = P(s_k \mid s_l),\quad T_{kl} = P(s_l \mid s_k) \tag{10.3a}$$

被满足，则该转移是对称的. 然而，两个状态之间的对称转移并不意味着状态占据概率相等，如例 10.1 所示. 对于圆周上的随机运动，虽然只有 4 个状态，但序列长度可以大于或小于状态的数量. 通过递归方法，我们可以得到概率 $\boldsymbol{\pi}_n$：

$$\boldsymbol{\pi}_n = \boldsymbol{\pi}_0\boldsymbol{T}^n. \tag{10.3b}$$

采用奇异值分解（SVD），可将 $\boldsymbol{T}$ 分解为

$$\boldsymbol{T} = \boldsymbol{U}\boldsymbol{D}\boldsymbol{U}^{-1}, \tag{10.3c}$$

其中 $\boldsymbol{D}$ 为对角特征值矩阵，对角元素为 $d_1 \geqslant d_2 \geqslant \cdots \geqslant d_n \geqslant 0$. 然后，概率 $\boldsymbol{\pi}_n$ 可由下式计算

$$\boldsymbol{\pi}_n = \boldsymbol{\pi}_0\boldsymbol{U}\boldsymbol{D}^n\boldsymbol{U}^{-1}. \tag{10.3d}$$

**例 10.2**

在一个结构中使用了两个部件，如果其中一个部件工作该结构就能正常运行. 可以提出如下马尔可夫链模型：有 4 种可能的结构状态 $S=\{s_k\}$（$k=1,2,3,4$），$s_1$ 表示结构中两个部件没有任何损坏的概率，$s_2$ 和 $s_3$ 分别表示部件 1 和部件 2 损坏的概率，$s_4$ 表示部件 1 和部件 2 全部损坏的概率. 如果每天均检查结构，其失效转换矩阵如下

$$\boldsymbol{T}=\begin{bmatrix} 0.9 & 0.04 & 0.06 & 0 \\ 0 & 0.9 & 0 & 0.1 \\ 0 & 0 & 0.9 & 0.1 \\ 1 & 0 & 0 & 0 \end{bmatrix}.$$

由以上信息计算部件 1、部件 2 及部件 1 和部件 2 全部损坏在服役 100 天后的损坏概率.

假设这两个部件在一开始都工作正常. 因此，初始状态的概率向量为 $\boldsymbol{\pi}_0=\boldsymbol{\pi}_0^{(1)}=(1,0,0,0)$.

两个部件在 1000 天后的状态概率为 $\boldsymbol{\pi}_{1000}=\boldsymbol{\pi}_0\boldsymbol{T}^{1000}$. 根据公式（10.3a），$\boldsymbol{T}$ 可以分解为

$$\boldsymbol{T}=\boldsymbol{UDU}^{-1}=\begin{bmatrix} 0.9 & 0.04 & 0.06 & 0 \\ 0 & 0.9 & 0 & 0.1 \\ 0 & 0 & 0.9 & 0.1 \\ 1 & 0 & 0 & 0 \end{bmatrix}$$

$$=\begin{bmatrix} 0.5 & 0 & 0.440496 & -0.012542 \\ 0.5 & -0.83205 & -0.496447 & 0.111288 \\ 0.5 & 0.5547 & -0.496447 & 0.111288 \\ 0.5 & 0 & 0.559504 & -0.987458 \end{bmatrix}\begin{bmatrix} 1 & 0 & 0 & 0 \\ 0 & 0.9 & 0 & 0 \\ 0 & 0 & 0.787298 & 0 \\ 0 & 0 & 0 & 0.012701 \end{bmatrix}$$

$$\cdot\begin{bmatrix} 0.952381 & 0.380952 & 0.571429 & 0.095238 \\ 0 & -0.721110 & 0.721110 & 0 \\ 1.222590 & -0.433921 & -0.650881 & -0.137788 \\ 1.174971 & -0.052968 & -0.079453 & -1.042550 \end{bmatrix}.$$

根据公式（10.3b），我们可以计算

$$\boldsymbol{\pi}_{1000}=\boldsymbol{\pi}_0\boldsymbol{UD}^{1000}\boldsymbol{U}^{-1}=(0.47618958, 0.19047582, 0.28571376, 0.04761896).$$

因此，部件 1 和部件 2 以及部件 1 和部件 2 全部损坏的损坏概率分别为 0.19047582, 0.28571376 和 0.04761896.

## 10.2 静态马尔可夫链

如果马尔可夫链是静态的（不变的、平稳的或平衡的），则状态分布满足

$$\boldsymbol{\pi} = \boldsymbol{\pi}\boldsymbol{T}. \tag{10.3e}$$

公式（10.3e）可以改写为

$$\pi^{(k)} = \sum_{l=1}^{q} \pi^{(l)} T_{lk} \quad 满足 \quad \sum_{k=1}^{q} T_{lk} = 1 \quad 和 \quad \sum_{k=1}^{q} \pi^{(k)} = 1. \tag{10.3f}$$

例如$\begin{bmatrix} \frac{1}{2} & \frac{1}{2} \end{bmatrix} = \begin{bmatrix} \frac{1}{2} & \frac{1}{2} \end{bmatrix} \begin{bmatrix} \frac{1}{2} & \frac{1}{2} \\ \frac{1}{2} & \frac{1}{2} \end{bmatrix}$，$\begin{bmatrix} \frac{1}{2} & \frac{1}{2} \end{bmatrix} = \begin{bmatrix} \frac{1}{2} & \frac{1}{2} \end{bmatrix} \begin{bmatrix} \frac{3}{4} & \frac{1}{4} \\ \frac{1}{4} & \frac{3}{4} \end{bmatrix}$和$\begin{bmatrix} \frac{1}{4} & \frac{3}{4} \end{bmatrix} = \begin{bmatrix} \frac{1}{4} & \frac{3}{4} \end{bmatrix} \begin{bmatrix} \frac{1}{2} & \frac{1}{2} \\ \frac{1}{6} & \frac{5}{6} \end{bmatrix}$. 显然，对于一个给定不变的状态向量，公式（10.3f）有多个解，存在多个转移矩阵. 因此对于一个给定不变的状态向量，可以选择一个转移矩阵来满足公式（10.3f）. 运用奇异值分解，我们有 $\boldsymbol{\pi}_n = \boldsymbol{\pi}_0 \boldsymbol{U}\boldsymbol{D}^n \boldsymbol{U}^{-1}$. 因此，对于一个静态马尔可夫链和任意的不变状态向量，其转移矩阵有唯一的特征值矩阵. 另一方面，对于给定的转移矩阵，我们可以选择满足公式（10.3b）的不变状态向量. 例如，如果 $\boldsymbol{T} = \begin{bmatrix} 1-T_{12} & T_{12} \\ T_{21} & 1-T_{21} \end{bmatrix}$，那么不变状态向量 $\left( \frac{T_{21}}{T_{12}+T_{21}}, \frac{T_{12}}{T_{12}+T_{21}} \right)$ 是固定的.

## 10.3　马尔可夫链蒙特卡罗方法

马尔可夫链蒙特卡罗（Markov chain Monte Carlo, MCMC）方法是一类用于从给定单变量或多变量概率分布中抽样的蒙特卡罗模拟. MCMC 方法在贝叶斯概率计算中起着极其重要的作用，特别是在计算均值、方差和贝叶斯先验-后验分析中. 由于蒙特卡罗模拟（Metropolis and Ulam, 1949；Metropolis et al., 1953）涉及按目标统计分布的大量采样过程，MCMC 方法结合了蒙特卡罗方法并利用马尔可夫链的优秀性质来探索计算均值、方差和贝叶斯先验-后验分析. 如前所述，每个马尔可夫链中的随机事件（元素、样本或变量值）仅依赖于其前一状态. 利用样本的马尔可夫性质，可给出采样概率 $P(x_n | x_{n-1})$. 这意味着马尔可夫链中的下一个元素 $x_n$ 是按照概率分布 $P(x_n | x_{n-1})$ 来进行采集，其中 $x_{n-1}$ 为马尔可夫链中的当前元素.

如第 7 章所述，贝叶斯公式是统计学和材料信息学中最重要的方程之一. 假设在给定的贝叶斯模型中，先验概率 $P(\theta)$ 和似然概率 $P(x|\theta)$ 已知，其中 $x$ 是一个观测变量，$\theta$ 是机器学习模型中的未知参数. 根据贝叶斯公式，通过后验 $P(\theta|x)$ 可以推断 $\theta$:

$$P(\theta|x)=\frac{P(x|\theta)P(\theta)}{P(x)},\tag{10.4a}$$

其中 $P(x)$ 称为总似然. 总似然 $P(x)=\int_\theta P(x|\theta)P(\theta)\mathrm{d}\theta$ 这个积分经常很难用解析方法计算. 在这种情况下，这个积分可以用蒙特卡罗模拟来计算. 例如，对于任意的给定 $x^*$，总似然 $P(x^*)$ 是在满足先验分布 $P(\theta)$ 下的 $P(x^*|\theta)$ 的期望，即 $P(x^*)=\int_\theta P(x^*|\theta)P(\theta)\mathrm{d}\theta=E_{P(\theta)}(P(x^*|\theta))$. 根据先验分布，可以对参数序列 $\theta=(\theta_1,\theta_2,\cdots,\theta_k)$ 进行采样. 随后，对于给定的 $x^*$，似然函数 $P(x^*|\theta)$ 给出序列 $P(x^*|\theta_i)(i=1,2,\cdots,k)$. 当 $\theta$ 序列 $\theta_i(i=1,2,\cdots,k)$ 通过满足先验分布 $P(\theta)$ 进行足够多的采样时（$k\to\infty$），$P(x^*)=E_{P(\theta)}(P(x^*|\theta))$ 将收敛于 $\frac{1}{k}\sum_{i=1}^{k}P(x^*|\theta_i)$. 但先验分布 $P(\theta)$ 可能太复杂而无法直接采样，为此 Hammersley 和 Morton（1954）发展了重要性抽样来解决这一问题. 重要性抽样引入正态分布 $q(\theta)\sim N(0,1)$ 或其他已知分布 $q(\theta)$，从而将 $P(x^*)=\int_\theta P(x^*|\theta)P(\theta)\mathrm{d}\theta=\int_\theta \frac{P(x^*|\theta)P(\theta)}{q(\theta)}q(\theta)\mathrm{d}\theta=E_{q(\theta)}\left(\frac{P(x^*|\theta)P(\theta)}{q(\theta)}\right)$ 转换成函数 $\frac{P(x^*|\theta)P(\theta)}{q(\theta)}$ 在 $q(\theta)$ 分布下的期望. 从这样一个正态分布 $q(\theta)$ 采样是很容易的. 根据 $q(\theta)$ 分布，对于给定的 $x^*$，对参数 $\theta$ 进行序列采样 $\theta=(\theta_1,\theta_2,\cdots,\theta_k)$，给出 $P(x^*|\theta_i)\frac{P(\theta_i)}{q(\theta_i)}(i=1,2,\cdots,k)$ 序列，这里比值 $\frac{P(\theta_i)}{q(\theta_i)}$ 称为样本权重或重要性权重. 根据 $q(\theta)$ 分布，通过足够多数量样本 $\theta_i(i=1,2,\cdots,k;k\to\infty)$ 的 $\frac{1}{k}\sum_{i=1}^{k}\frac{P(x^*|\theta_i)P(\theta_i)}{q(\theta_i)}$ 估计，可得到期望 $P(x^*)=E_{q(\theta)}\left[\frac{P(x^*|\theta)P(\theta)}{q(\theta)}\right]$. 然而，样本的权重可能是不均匀的，并且可能在参数 $\theta$ 的某些区域较大，某些区域较小. 显然，估计的期望将被样本权重大的少样本所主导，即使这些权重大的少数样本概率分布密度很小. 另一方面，较小样本权重的抽样可能会大大低估期望. 样本的权重是衡量样本质量的一个指标，最佳抽样应保持样本的权重尽可能接近于 1. 在对目标分布函数的结构性质知之甚少的情况下，确定一个易于采样的概率分布 $q(\theta)$ 将是一个很大的挑战，其采样序列将代表从目标概率分布中采样的一个序列.

MCMC 方法提供了一种对目标概率密度进行抽样的策略. 在 MCMC 模拟中，采样过程产生了一个合适的马尔可夫链. 当马尔可夫链达到临界长后，其趋于稳态分布，该平稳马尔可夫链表示目标概率分布. 公式（10.3e）和公式（10.3f）描述了平稳马尔可夫链. 马尔可夫链达到平稳状态之前的阶段被称为老化阶段. 在

MCMC 模拟中，采样序列遵循一阶马尔可夫链的性质，即 $q(\theta_{i+1}|\theta_i)(i=1,2,\cdots,k)$. MCMC 从任意给定的初始状态 $\theta_0$ 开始，通过遵循转移规则和提出的分布 $q(\theta)$ 采集样本. 因此，在老化阶段后抽取的样本将服从目标概率分布，如先验分布 $P(\theta)$. 设 $n_0$ 表示老化阶段的临界数，我们有以下样本 $\theta_0,\theta_1,\cdots,\theta_{n_0},\theta_{n_0+1},\theta_{n_0+2},\cdots,\theta_{n_0+N}$. 马尔可夫链的大数定律表明，生成的样本 $\theta_{n_0},\theta_{n_0+1},\theta_{n_0+2},\cdots,\theta_{n_0+N}$ 服从目标概率分布，如先验分布 $P(\theta)$，因此

$$\lim_{N\to\infty}\frac{1}{N}\sum_{i=1}^{N}P\left(x^*|\theta_{n_0+i}\right)\to\int_\theta P(x^*|\theta)P(\theta)\mathrm{d}\theta. \tag{10.4b}$$

一些理论分析（Meyn and Tweedie, 1994；Rosenthal, 1995）提出了如何在某些特定情况下确定 $n_0$ 的临界值. 然而，实际上，在足够大的采样数量（例如≥$10^5$）中，最后 50% 采集的样本常被用于表示目标分布.

### 10.3.1　Metropolis Hastings（M-H）算法

一个马尔可夫链通常利用预设分布 $q(\theta_{i+1}|\theta_i)\,(i=1,2,\cdots,k)$ 来构造，该分布可描述当 $\theta_i$ 给定时的采样概率 $\theta_{i+1}$. 如果 $q(\theta_{i+1}|\theta_i)$ 与 $\theta_i$ 的值无关，则马尔可夫链是均一的，这意味着转移矩阵是不变的. M-H 算法（Metropolis et al., 1953；Hastings, 1970）是最基本的 MCMC 方法之一. 在 M-H 算法中，随机样本 $\theta_0$ 根据马尔可夫链的初始状态进行初始化. 设 $\theta'$ 为 $i$ 时刻的当前值，$\theta''$ 为下个时刻 $i+1$ 的候选值，我们从 $q(\theta''|\theta_i=\theta')$ 中选择 $\theta''$，而马尔可夫性质在一定程度上缩小了采样窗口. M-H 算法定义了候选值 $\theta''$ 变成 $\theta_{i+1}$ 的转移概率，即 $\theta_{i+1}=\theta''$ 的概率，为 $\alpha_{i\to i+1}$：

$$\alpha_{i\to i+1}=\min\left[\frac{P(\theta'')q(\theta_i=\theta'|\theta'')}{P(\theta_i=\theta')q(\theta''|\theta_i=\theta')},1\right], \tag{10.4c}$$

这里 $\alpha_{i\to i+1}$ 被称为接受概率. 注意公式（10.4c）分子中，$q(\theta_i=\theta'|\theta'')$ 表示当前一状态是 $\theta''$ 时，$i$ 时刻当前值 $\theta_i=\theta'$ 的概率. 下一个值 $\theta_{i+1}$ 有概率 $(1-\alpha_{i\to i+1})$ 来保持当前值，即 $\theta_{i+1}=\theta'$. 显然，接受概率使马尔可夫链从预设转移分布 $q(\theta_{i+1}|\theta_i)$ 更接近目标分布. 在长时间的老化过程后，采集的样本逐渐收敛于 $P(\theta)$ 分布. 显然，适当的预设分布 $q(\theta''|\theta')$ 在 MCMC 方法中起着重要的作用（Chib, 2001），其中 $\theta''$ 和 $\theta'$ 表示参数 $\theta$ 的两个值. 如果 $q(\theta''|\theta')=q(\theta'|\theta'')$，预设分布是对称的. 比如，在多元高斯分布中，我们有

$$q(x|x^*)=\frac{1}{(2\pi)^{h/2}\sigma}\exp\left[\frac{1}{2\sigma^2}(\boldsymbol{x}-\boldsymbol{x}^*)(\boldsymbol{x}-\boldsymbol{x}^*)^{\mathrm{T}}\right]=q(\boldsymbol{x}^*|\boldsymbol{x}), \tag{10.4d}$$

其中 $h$ 为多元变量 $x^*$ 的维数；$x^*$ 和 $\sigma^2\boldsymbol{I}$ 分别是均值和协方差矩阵. 对称预设分布 $q$ 的接受概率可化简为

$$\alpha_{i\to i+1} = \min\left[\frac{P(\theta'')}{P(\theta_i = \theta')}, 1\right]. \tag{10.4e}$$

### 10.3.2 吉布斯抽样算法

吉布斯抽样（Geman S and Geman D, 1984）是另一个著名的 MCMC 方法. 吉布斯抽样的关键思想是通过使用多变量的条件分布，将多维抽样问题转化为一维抽样问题. 如果 $\boldsymbol{\theta} \in \mathbf{R}^h$，在吉布斯抽样中考虑 $h$ 个维度，且 $\boldsymbol{\theta}' = (\theta_1', \theta_2', \cdots, \theta_h')$ 是当前值，下一个抽样 $\boldsymbol{\theta}'' = (\theta_1'', \theta_2'', \cdots, \theta_h'')$ 分 $h$ 步，每一步在一个维度上进行，即是由一组条件分布 $P(\theta_1'' | \theta_2 = \theta_2', \theta_3 = \theta_3', \theta_4 = \theta_4', \cdots, \theta_h = \theta_h')$，$P(\theta_2'' | \theta_1 = \theta_1', \theta_3 = \theta_3', \theta_4 = \theta_4', \cdots, \theta_h = \theta_h')$，$P(\theta_h'' | \theta_1 = \theta_1', \theta_2 = \theta_2', \theta_3 = \theta_3', \cdots, \theta_{h-1} = \theta_{h-1}')$ 产生的. 这意味着吉布斯抽样是一维的条件抽样，每次抽样都会计算 $h$ 个条件抽样概率. 与 M-H 抽样相似，吉布斯抽样中也有一个老化阶段.

对于多元变量，可以写为一个形式为二维 $\boldsymbol{\theta}_j = \begin{bmatrix}\theta_{j1} \\ \theta_{j2}\end{bmatrix}$ 变量，其中 $\theta_{j1}$ 是一个一维变量，$\theta_{j2}$ 是一个 $h$–1 维变量. 这样，多元高斯分布可表示为 $P(\boldsymbol{\theta}_j) \sim N\left[\begin{bmatrix}\mu_1 \\ \mu_2\end{bmatrix}, \begin{bmatrix}\boldsymbol{\Sigma}_{11} & \boldsymbol{\Sigma}_{12} \\ \boldsymbol{\Sigma}_{21} & \boldsymbol{\Sigma}_{22}\end{bmatrix}\right]$，这里 $\mu_1$ 是一个一维期望值，$\mu_2$ 是 $h$–1 维期望值，且 $\boldsymbol{\Sigma}_{11}$，$\boldsymbol{\Sigma}_{12}$，$\boldsymbol{\Sigma}_{21}$ 和 $\boldsymbol{\Sigma}_{22}$ 分别是 $1\times1$，$1\times h$，$h\times1$ 和 $h\times h$ 矩阵. 这个一维变量的条件分布计算为 $P(\theta_{j1} | \theta_{j2}) \sim N(\mu_1 + \boldsymbol{\Sigma}_{12}\boldsymbol{\Sigma}_{22}^{-1}(\theta_{j2} - \mu_2), \boldsymbol{\Sigma}_{11} - \boldsymbol{\Sigma}_{12}\boldsymbol{\Sigma}_{22}^{-1}\boldsymbol{\Sigma}_{21})$ 和 $P(\theta_{j2} | \theta_{j1}) \sim N(\mu_2 + \boldsymbol{\Sigma}_{12}\boldsymbol{\Sigma}_{11}^{-1} \cdot (\theta_{j1} - \mu_1), \boldsymbol{\Sigma}_{22} - \boldsymbol{\Sigma}_{12}\boldsymbol{\Sigma}_{11}^{-1}\boldsymbol{\Sigma}_{12})$. 抽样得到第一个维度更新值后，依次替换维度，更新多元高斯分布的每个维度数值.

**例 10.3**

（1）考虑二维变量 $\boldsymbol{\theta}_j = \begin{bmatrix}\theta_{j1} \\ \theta_{j2}\end{bmatrix}$，其高斯分布为 $P(\boldsymbol{\theta}_j) \sim N\left[\begin{bmatrix}1 \\ 4\end{bmatrix}, \begin{bmatrix}3 & 1 \\ 2 & 1\end{bmatrix}\right]$，通过使用 M-H 算法，从 $P(\boldsymbol{\theta})$ 抽取样本.

一个初始样本 $\boldsymbol{\theta}_0 = \begin{bmatrix}0 \\ 0\end{bmatrix}$ 作为初始采集样本已给定. 根据公式（10.4d），所有其他样本候选者，通过预设分布的马尔可夫链进行抽样，其中预设分布 $q(\boldsymbol{\theta}'' | \theta_i = \theta') = \frac{1}{(2\pi)^{2/2}\sigma} \times$

$\exp\left[\frac{1}{2\sigma^2}(\boldsymbol{\theta}''-\boldsymbol{\theta}')(\boldsymbol{\theta}''-\boldsymbol{\theta}')^{\mathrm{T}}\right]$，$\boldsymbol{\theta}_i=\boldsymbol{\theta}'$ 是当前值，且 $\boldsymbol{\theta}_0$，$\boldsymbol{\theta}_i$ 和 $\boldsymbol{\theta}''$ 都是二维向量．$\sigma^2$ 被建议取协方差矩阵 $\begin{bmatrix}3 & 1\\2 & 1\end{bmatrix}$ 的最小本征值（Faul，2019）．$\begin{bmatrix}3 & 1\\2 & 1\end{bmatrix}$ 的特征值矩阵是 $\begin{bmatrix}2+\sqrt{3} & 0\\0 & 2-\sqrt{3}\end{bmatrix}$，故我们取 $\sigma^2=2-\sqrt{3}$，即 $\sigma=0.518$．采用公式（10.4c）的接受概率，我们从 $q(\theta''|\theta_i=\theta')$ 选择产生一个样本系列 $\theta_0,\theta_1,\cdots,\theta_{n_0},\theta_{n_0+1},\cdots,\theta_{n_0+N}$，一共有 $n_0+1+N$ 个样本，$n_0+N=100000$．初始 5 万个样本被删除，最后 5 万个样本几乎完美地描述了分布 $P(\boldsymbol{\theta})\sim N\left[\begin{bmatrix}1\\4\end{bmatrix},\begin{bmatrix}3 & 1\\2 & 1\end{bmatrix}\right]$，如图 E10.2（a）所示.

（2）考虑二维变量 $\boldsymbol{\theta}_j=\begin{bmatrix}\theta_{j1}\\\theta_{j2}\end{bmatrix}$，其高斯分布为 $P(\boldsymbol{\theta}_j)\sim N\left[\begin{bmatrix}1\\2\end{bmatrix},\begin{bmatrix}1 & 1\\1 & 2\end{bmatrix}\right]$，通过使用吉布斯算法从 $P(\boldsymbol{\theta})$ 抽取样本.

初始样本为 $\boldsymbol{\theta}_0=(0,0)^{\mathrm{T}}$．根据 $P(\boldsymbol{\theta})\sim N\left[\begin{bmatrix}1\\2\end{bmatrix},\begin{bmatrix}1 & 1\\1 & 2\end{bmatrix}\right]$，我们从 $\theta_1''\sim P(\theta_1'|\theta_2')=N(0.5\theta_2',0.5)$ 和 $\theta_2''\sim P(\theta_2|\theta_1'')=N(\theta_1''+1,1)$，以及前一状态 $\boldsymbol{\theta}'=(\theta_1',\theta_2')$，得到 $\boldsymbol{\theta}''=(\theta_1'',\theta_2'')$ 值．同样，初始 50% 样本在 100000 次吉布斯采样后被删除．图 E10.2（b）显示了吉布斯采样结果，满足 $P(\boldsymbol{\theta})\sim N\left[\begin{bmatrix}1\\2\end{bmatrix},\begin{bmatrix}1 & 1\\1 & 2\end{bmatrix}\right]$ 分布.

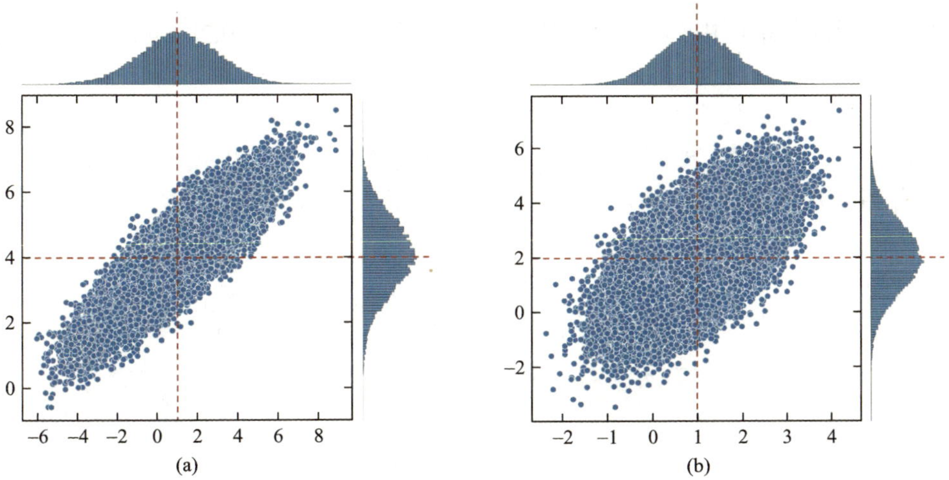


图 E10.2　共采样 100000 次，前 50000 次为预热期，后 50000 次的样品分布.
（a）$P(\boldsymbol{\theta})\sim N\left[\begin{bmatrix}1\\4\end{bmatrix},\begin{bmatrix}3 & 1\\2 & 1\end{bmatrix}\right]$ 分布的 M-H 算法和（b）$P(\boldsymbol{\theta})\sim N\left[\begin{bmatrix}1\\2\end{bmatrix},\begin{bmatrix}1 & 1\\1 & 2\end{bmatrix}\right]$ 分布的吉布斯采样

根据状态信息，一个变量序列 $\{\boldsymbol{X},\boldsymbol{\pi}\}=\{x_i,\pi_i\}(i=0,1,\cdots,n)$ 被称为隐马尔可夫

链的完整数据集，仅仅变量序列 $\boldsymbol{X}=\{x_i\}(i=0,1,\cdots,n)$ 是一个不完整数据集．除了转移概率矩阵 $\boldsymbol{T}$ 和初始状态概率 $\boldsymbol{\pi}_0$，一个马尔可夫链也有一组观测（也称为发射）集，$\boldsymbol{O}=\{o_j\}(j=1,2,\cdots,m)$，其中每一个单元对应一个独特事件．例如，观测集 $(a,b,c,\cdots)$ 意味着 $o_1=a$，$o_2=b$，即事件 $a$、事件 $b$ 等被观测到．在每一个状态下，有一定数量的事件可以被随机地观测到，导致了随机变量 $x_i(i=0,1,\cdots,n)$，包括初始值．一个隐马尔可夫链所有的可能发生的事件组成了观测集．因此，状态 $s_k$ 下变量 $x$ 被观测到的事件不仅与状态 $s_k$，也与每个事件被观测到的概率有关．观测概率矩阵 $\boldsymbol{B}$ 将观测到的事件 $o_j$ 与状态 $s_k$ 联系起来，被定义为

$$\boldsymbol{B}=\{B_{kj}\}=\left\{b_k\left(x_i^{(j)}=o_j\right)\right\}=\left\{P\left(x_i^{(j)}=o_j|\pi_i^{(k)}\right)\right\}\quad (k=1,2,\cdots,q;\ j=1,2,\cdots,m). \tag{10.5a}$$

在每个状态 $s_k$，观测到的事件 $o_j$ 的概率可用 $B_{kj}$ 描述，且与 $i$ 无关．显然，我们有 $\sum_{j=1}^{m}B_{kj}=1$．那么，概率 $P\left(x_i^{(j)}\right)$ 为

$$P\left(x_i^{(j)}\right)=\pi_i^{(k)}b_k\left(x_i^{(j)}=o_j\right)\quad (k=1,2,\cdots,q;j=1,2,\cdots,m;i=0,1,\cdots,n). \tag{10.5b}$$

综上所述，决定一阶隐马尔可夫链的三个内在参数可简单表述为

$$\boldsymbol{\lambda}=(\boldsymbol{T},\boldsymbol{B},\boldsymbol{\pi}_0). \tag{10.5c}$$

状态被占用的概率可由初始概率和转移矩阵计算，由公式（10.2b）或公式（10.2c）给出．然后，事件被观测到的概率可由公式（10.5b）计算．

对于具有给定长度、有限状态数量和有限可能发生事件的马尔可夫链，其结构类似于神经元网络，如图 10.1 所示．层数不包括输入层，表示序列长度 $n$．每一层具有相同数量 $q$ 的神经元，每个神经元表示一个状态，使神经元的数量与状

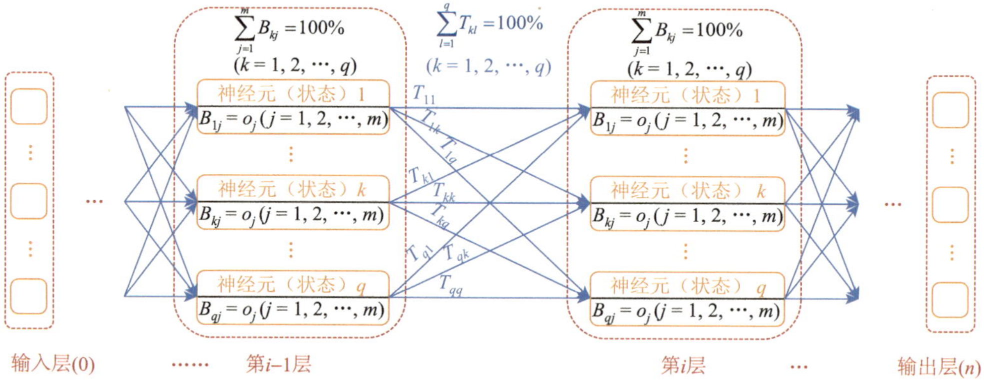


图 10.1　一个马尔可夫链的层结构

态的数量相同. 每个状态（神经元）包含着可能发生的事件, 每个事件被观测到的概率, 由观测概率矩阵 $\boldsymbol{B}$ 描述. 神经元结构在每一层都是相同的. 显然, 从一层中的一个给定神经元传递信息到下一层 $q$ 个神经元有 $q$ 条可能路径, 再传递到下下一层（即在两个相邻层中）有 $q^2$ 条可能路径. 如果只有一种状态 $q=1$, 就只有唯一的一条路径.

一阶隐马尔可夫链中（Rabiner, 1989；Li, 2018）有三个通用的任务:

（1）已知马尔可夫链的三个本征参数 $\boldsymbol{\lambda}=(\boldsymbol{T},\boldsymbol{B},\boldsymbol{\pi}_0)$ 和一个观测序列 $\boldsymbol{x}=\{x_i\}(i=1,2,\cdots,n)$, 如何计算该观测序列的概率 $P(\boldsymbol{x}\,|\,\boldsymbol{\lambda})$？

（2）如果一个观测序列 $\boldsymbol{x}=\{x_i\}(i=1,2,\cdots,n)$ 和本征参数 $\boldsymbol{\lambda}$ 均已知, 如何确定 $P(\boldsymbol{\pi}|\boldsymbol{X},\boldsymbol{\lambda})$ 的最大概率状态链?

（3）如果很多观测序列 $\boldsymbol{x}=\{x_i\}(i=0,1,\cdots,n)$ 已知, 序列遵循 $\boldsymbol{\lambda}$ 的马尔可夫链, 如何用最大概率 $P(\boldsymbol{x}/\boldsymbol{\lambda})$ 来确定本征参数 $\boldsymbol{\lambda}=(\boldsymbol{T},\boldsymbol{B},\boldsymbol{\pi}_0)$？

## 10.4　观测序列概率的计算方法

### 10.4.1　直接法

对于输入层神经元到输出层神经元的路径, 其状态序列 $P(\tilde{\boldsymbol{\pi}}\,|\,\boldsymbol{\lambda})$ 的概率由下式给出

$$P(\tilde{\boldsymbol{\pi}}|\boldsymbol{\lambda})=\pi_0^{(k_0)}\pi_1^{(k_1)}\cdots\pi_i^{(k_i)}\cdots\pi_n^{(k_n)}=\pi_0^{(k_0)}T_{k_0k_1}\cdots T_{k_{i-1}k_i}\cdots T_{k_{n-1}k_n}=\pi_0^{(k_0)}\prod_{i=1}^{n}T_{k_{i-1}k_i}. \tag{10.6a}$$

初始状态 $\boldsymbol{\pi}_0=\pi_0^{(k_0)}$ 通常选 100%概率的一个特定状态 $k_0$, 即 $\pi_0^{(k_0)}=1$ 和 $\pi_0^{(k)}=0$（其中 $k\neq k_0, k=1,2,\cdots,q$）. 当然, 初始状态 $\boldsymbol{\pi}_0$ 也可以使用所有的 $q$ 个状态按一个预设的固定概率叠加. 此后, 除非特别说明, 初始状态仅指一种特定状态. 因此, 公式（10.6a）可简化为

$$P(\tilde{\boldsymbol{\pi}}\,|\,\boldsymbol{\lambda})=\prod_{i=1}^{n}T_{k_{i-1}k_i}. \tag{10.6b}$$

沿 $\tilde{\boldsymbol{\pi}}$ 路径观测序列的概率为

$$P(\boldsymbol{X}|\tilde{\boldsymbol{\pi}},\boldsymbol{\lambda})=b_{k_0}(x_0)b_{k_1}(x_1)\cdots b_{k_i}(x_i)\cdots b_{k_n}(x_n)=b_{k_0}(x_0)\prod_{i=1}^{n}b_{k_i}(x_i). \tag{10.6c}$$

联合概率 $P(\boldsymbol{X},\tilde{\boldsymbol{\pi}}\,|\,\boldsymbol{\lambda})$ 由链式法则计算

$$\begin{aligned}P(\boldsymbol{X},\tilde{\boldsymbol{\pi}}|\boldsymbol{\lambda})&=P(\boldsymbol{X}|\tilde{\boldsymbol{\pi}},\boldsymbol{\lambda})P(\tilde{\boldsymbol{\pi}}|\boldsymbol{\lambda})=b_{k_0}(x_0)T_{k_0k_1}b_{k_1}(x_1)\cdots T_{k_{i-1}k_i}b_{k_i}(x_i)\cdots T_{k_{n-1}k_n}b_{k_n}(x_n)\\&=b_{k_0}(x_0)\prod_{i=1}^{n}T_{k_{i-1}k_i}\prod_{i=1}^{n}b_{k_i}(x_i).\end{aligned} \tag{10.6d}$$

$P(\boldsymbol{X}|\boldsymbol{\lambda})$ 的概率表示所有路径的概率，即联合概率 $P(\boldsymbol{X},\boldsymbol{\pi}|\boldsymbol{\lambda})$ 的边缘概率，通过将状态序列中的所有状态相加得到，即

$$P(\boldsymbol{X}|\boldsymbol{\lambda}) = b_{k_0}(x_0)\prod_{i=1}^{n}\left(\sum_{k_i=1}^{q}\left(T_{k_{i-1}k_i} b_{k_i}(x_i)\right)\right), \tag{10.7a}$$

或等价于

$$P(\boldsymbol{X}|\boldsymbol{\lambda}) = b_k(x_0)\sum_{k=1}^{q}\pi_1^{(k)}b_k(x_1)\cdots\sum_{k=1}^{q}\pi_i^{(k)}b_k(x_i)\cdots\sum_{k=1}^{q}\pi_n^{(k)}b_k(x_n) \tag{10.7b}$$

作为一个例子，图 10.2 显示了一个两层马尔可夫链，在状态 1 下，事件 $a$ 和 $c$ 将各有 50%的概率被观测到；在状态 2 下，事件 $b$ 和 $c$ 将各有 80% 和 20% 的概率被观测到；在状态 3 下，事件 $a$ 和 $b$ 将各有 70% 和 30% 的概率被观测到. 当从输入层状态 1 出发到达输出层，可以观测到 $aab$ 序列路径由橙色路径来表示.

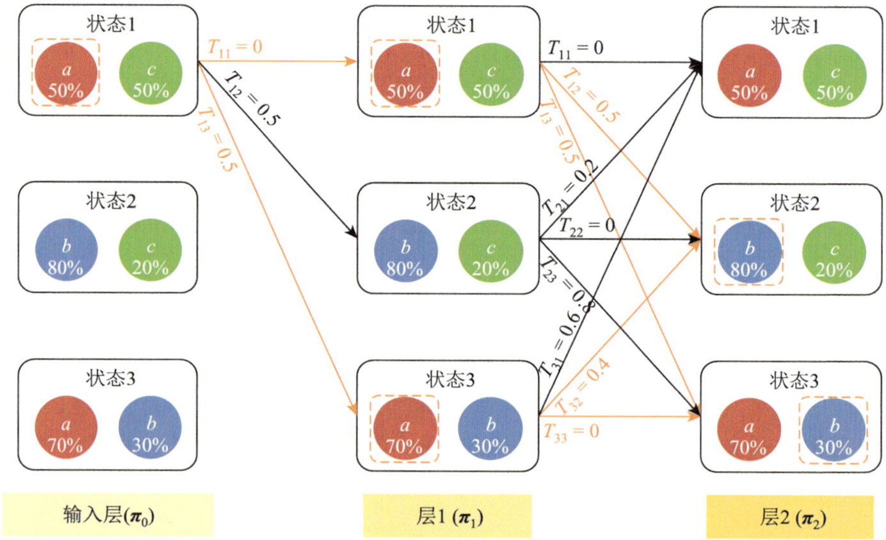


图 10.2　两层马尔可夫链的结构与观测值 $aab$ 可以通过橙色路径得到

## 例 10.4

已知 $\boldsymbol{\lambda} = (\boldsymbol{T}, \boldsymbol{B}, \boldsymbol{\pi}_0)$ 和 $\boldsymbol{X} = \{x_i\}(i = 1, 2, \cdots, n)$，计算观测序列 $P(\boldsymbol{X}|\boldsymbol{\lambda})$ 的概率. 先考虑一个简单的 $\boldsymbol{X} = \{x_0, x_1\}$，$\boldsymbol{O} = \{a, b, c\}$ 和 $\boldsymbol{S} = \{1, 2, 3\}$，即 $n = 1$，$m = 3$ 和 $q = 3$ 的马尔可夫链，这意味着只有输入层和输出层，每层有三个神经元，每个神经元包含 $a, b$ 和 $c$ 三个事件的概率由观测矩阵决定. 最初的状态概率为 $\boldsymbol{\pi}_0 = (1, 0, 0)$，转移矩阵为 $\boldsymbol{T} = \begin{bmatrix} 1/3 & 1/3 & 1/3 \\ 1/3 & 1/3 & 1/3 \\ 1/3 & 1/3 & 1/3 \end{bmatrix}$，观测矩阵

$\boldsymbol{B}=\begin{bmatrix}1&0&0\\0&1&0\\0&0&1\end{bmatrix}$表明第一个神经元只包含事件 $a$, 第二个神经元只包含事件 $b$, 第三个神经元只包含事件 $c$. 当 $\boldsymbol{\pi}_0$ 已知时, 我们有 $\boldsymbol{\pi}_1=\boldsymbol{\pi}_0\boldsymbol{T}=\frac{1}{3}(1,1,1)$, $P(\boldsymbol{x}_i)=\boldsymbol{\pi}_1\boldsymbol{B}=\frac{1}{3}(1,1,1)\begin{bmatrix}1&0&0\\0&1&0\\0&0&1\end{bmatrix}=\frac{1}{3}(1,1,1)$, 即 $x_1^{(1)}=a$, $x_1^{(2)}=b$ 和 $x_1^{(3)}=c$ 有 $\frac{1}{3}$ 的概率被观察到. 最初状态 $\boldsymbol{\pi}_0=(1,0,0)$ 时, 只能观察到 $x_0^{(1)}=a$, 因为 $P\left(x_0^{(j)}\right)=\boldsymbol{\pi}_0\boldsymbol{B}=(1,0,0)$. 这样 $\boldsymbol{X}$ 可能有三个序列, 分别为 $aa$, $ab$ 和 $ac$. 而且每个序列出现的概率都是 $1/3$, 即 $P(\boldsymbol{X}\mid\boldsymbol{\lambda})=1/3$.

利用递推法, 当 $n=2$ 时, $\boldsymbol{X}=\{x_0,x_1,x_2\}$ 可能有下面 9 个序列: $aaa$、$aba$、$aca$、$aab$、$abb$、$acb$、$aac$、$abc$ 和 $acc$; 当 $n=3$ 时, $\boldsymbol{X}=\{x_0,x_1,x_2,x_3\}$ 可能有下面 27 个序列: $aaaa$、$abaa$、$acaa$、$aaba$、$abba$、$acba$、$aaca$、$abca$、$acca$、$aaab$、$abab$、$acab$、$aabb$、$abbb$、$acbb$、$aacb$、$abcb$、$accb$、$aaac$、$abac$、$acac$、$aabc$、$abbc$、$acbc$、$aacc$、$abcc$ 和 $accc$. 给定的 $\lambda$, 我们可以计算 $P(aabcba|\lambda)=\pi_0^{(1)}B_{11}\cdot\pi_1^{(1)}B_{11}\cdot\pi_2^{(2)}B_{22}\cdot\pi_3^{(3)}B_{33}\cdot\pi_4^{(2)}B_{22}\cdot\pi_5^{(1)}B_{11}=\frac{1}{3}\cdot\frac{1}{3}\cdot\frac{1}{3}\cdot\frac{1}{3}\cdot\frac{1}{3}=\left(\frac{1}{3}\right)^5$. 结果表明, 如果所有状态的转移概率相同, 且观测矩阵是单位矩阵, 则一个给定序列的概率是路径数量的倒数.

如果 $\boldsymbol{\pi}_0=(1,0,0)$, $\boldsymbol{T}=\begin{bmatrix}0&0.7&0.3\\0.2&0&0.8\\0.6&0.4&0\end{bmatrix}$ 和 $\boldsymbol{B}=\begin{bmatrix}0.5&0&0.5\\0&0.8&0.2\\0.7&0.3&0\end{bmatrix}=(\boldsymbol{B}_1,\boldsymbol{B}_2,\boldsymbol{B}_3)$, 这里 $\boldsymbol{B}_1$, $\boldsymbol{B}_2$ 和 $\boldsymbol{B}_3$ 是列向量. 转移矩阵表明每个状态不向自身转移, 观测概率矩阵表明第一、第二和第三状态分别包含 ($a=0.5, b=0, c=0.5$), ($a=0, b=0.8, c=0.2$) 和 ($a=0.7, b=0.3$ 和 $c=0$). 状态概率分别为 $\boldsymbol{\pi}_1=\boldsymbol{\pi}_0\boldsymbol{T}=(0,0.7,0.3)$ 和 $\boldsymbol{\pi}_2=\boldsymbol{\pi}_1\boldsymbol{T}=(0.32,0.12,0.56)$. 输入层只能观测到事件 $a$, 其概率为 $P(a\mid\boldsymbol{\lambda})=\boldsymbol{\pi}_0B_1=0.5$. 之后, 从输入层的起始神经元到第一层的三个神经元有三条路径. 第一层 (三个状态) 观测到这三个事件的概率分别为 $P\left(x_1^{(1)}=a\mid\boldsymbol{\lambda},x_0=a\right)=\boldsymbol{\pi}_1\boldsymbol{B}_1=0.3\times 0.7=0.21$, $P\left(x_1^{(2)}=b\mid\boldsymbol{\lambda},x_0=a\right)=\boldsymbol{\pi}_1\boldsymbol{B}_2=0.7\times0.8+0.3\times0.3=0.63$ 和 $P\left(x_1^{(3)}=c\mid\boldsymbol{\lambda},x_0=a\right)=\boldsymbol{\pi}_1\boldsymbol{B}_3=0.7\times0.2=0.14$. 因此, $P(x_1=a\mid\boldsymbol{\lambda},x_0=a)=\sum_{k=1}^{3}P\left(x_1^{(k)}=a\mid\boldsymbol{\lambda},x_0=a\right)=0+0+0.21=0.21$. 考虑 $P(x_0=a\mid\boldsymbol{\lambda})=0.5$, 我们有 $P(aa\mid\boldsymbol{\lambda})=0.105$. 递归地, 我们有 $P(x_2=b\mid\boldsymbol{\lambda},x_0=a,x_1=a)=0.4\times 0.8=0.32$ 和 $P(aab|\boldsymbol{\lambda})=0.0336$.

### 10.4.2 正向法

直接法是计算 $P(\boldsymbol{X}\mid\boldsymbol{\lambda})$ 概率的穷举方法, 需要很大的计算量. 因此, 正向和反向方法是为减少计算负担而开发的. 正向概率定义为第 ($i$) 层中的一个神经元 ($k$)

（状态）接收从第（$i$–1）层中的所有神经元传递信息的概率之和乘以观测概率. 对于一阶马尔可夫链，正向概率简化为

$$\alpha_i(k) = P\left(x_0, x_1, \cdots, x_i, \pi_i^{(k)} | \boldsymbol{\lambda}\right) = P\left(x_{i-1}, x_i, \pi_i^{(k)} | \boldsymbol{\lambda}\right). \tag{10.8a}$$

初始正向概率 $\alpha_0(l)$ 允许我们从公式（10.8a）中删除 $x_{0-1}$. 在 $\boldsymbol{\pi}_0$ 是只有一个特定状态非零的情况下，比如 $\pi_0^{(l)} = 1$ 和 $\pi_0^{(k)} = 0\ (k \neq l; l, k = 1, 2, \cdots, q)$，我们有初始正向概率 $\alpha_0(l) = P\left(x_0, \pi_0^{(l)} | \lambda\right) = \pi_0^{(l)} b_l\left(x_0^{(j)}\right)$ 和 $\alpha_0(k \neq l) = 0$，其中 $b_l\left(x_0^{(j)}\right) = P(x_0 | \pi_0, \lambda)$，即初始正向概率和观测到 $x_0$ 的概率一样. 初始信息正向传播到第一层的所有神经元，因此第一层中神经元 $k$ 的正向概率可由下式计算

$$\begin{aligned}\alpha_1(k) &= P\left(x_0, x_1, \pi_1^{(k)} | \lambda\right) = P\left(x_0, x_1 | \pi_1^{(k)}, \lambda\right) P\left(\pi_1^{(k)} | \lambda\right) = \pi_0^{(l)} b_l\left(x_0^{(j)}\right) T_{lk} b_k\left(x_1^{(j)}\right) \\ &= (T_{lk}\alpha_0(l)) b_k\left(x_1^{(j)}\right) (k = 1, 2, \cdots, q), \quad \text{当} \pi_0^{(l)} = 1 \text{和} \pi_0^{(k)} = 0\ (k \neq l) \text{时}.\end{aligned} \tag{10.8b}$$

从第二层开始，神经元接收从其所有前神经元的正向概率信息. 正向概率可由下式递归计算

$$\alpha_{i+1}(k) = \left(\sum_{l=1}^{q} T_{lk} \alpha_i(l)\right) b_k\left(x_{i+1}^{(j)}\right) \quad (k = 1, 2, \cdots, q\,; i = 1, 2, \cdots, n-1). \tag{10.8c}$$

因此，$P(\boldsymbol{X} | \lambda)$ 的概率是通过将输出层所有神经元的正向概率相加来计算的，即

$$P(\boldsymbol{X} | \lambda) = \sum_{k=1}^{q} \alpha_n(k). \tag{10.8d}$$

正向概率包括转移概率和观测概率，这样，层中一个神经元从前一层所有神经元只接收一个前向概率. 再考虑公式（10.7a），先取 $n = 1$，我们有

$$P(\boldsymbol{X}|\lambda) = b_l(x_0) \sum_{k=1}^{q} T_{lk} b_k(x_1) = \sum_{k=1}^{q} \alpha_0(l) T_{lk} b_k(x_1) = \sum_{k=1}^{q} \alpha_1(k).$$

取 $n = 2$，我们有

$$\begin{aligned}P(\boldsymbol{X}|\lambda) &= b_{k_0}(x_0)\left(\sum_{k_1=1}^{q}\left(T_{k_0 k_1} b_{k_1}(x_1)\right)\right)\left(\sum_{k_2=1}^{q}\left(T_{k_1 k_2} b_{k_2}(x_2)\right)\right) \\ &= \sum_{k=1}^{q} b_k(x_2)\left(\sum_{l=1}^{q} \alpha_1(l) T_{lk}\right) = \sum_{k=1}^{q} \alpha_2(k).\end{aligned}$$

递归地，公式（10.8e）等价于公式（10.7b）.

$$P(\boldsymbol{X}|\lambda)=b_{k_0}(x_0)\prod_{i=1}^{n}\left(\sum_{k_i=1}^{q}\left(T_{k_{i-1}k_i}b_{k_i}(x_i)\right)\right).$$

**例 10.5**

使用例 10.4 中相同的三个本征参数 $\boldsymbol{\pi}_0=(1,\ \ 0,\ \ 0)$，$\boldsymbol{T}=\begin{bmatrix}0 & 0.7 & 0.3\\ 0.2 & 0 & 0.8\\ 0.6 & 0.4 & 0\end{bmatrix}$ 和 $\boldsymbol{B}=\begin{bmatrix}0.5 & 0 & 0.5\\ 0 & 0.8 & 0.2\\ 0.7 & 0.3 & 0\end{bmatrix}$，使用正向法计算 $P(aab\,|\,\lambda)$. 从观测矩阵，我们知道 $B_{12}(b)=0$，$B_{21}(a)=0$ 和 $B_{33}(c)=0$，在下列计算中不再考虑. 初始正向概率为 $\alpha_0(l)=P\left(x_0^{(j)}=a\right)=\pi_0^{(1)}b_1\left(x_0^{(1)}=a\right)=0.5$, $\alpha_0(2)=\alpha_0(3)=0$，可给出 $P(a|\lambda)=\sum_{k=1}^{3}\alpha_0(k)=0.5+0+0=0.5$. 然后我们有

$$\alpha_1(k)=\left(T_{lk}\alpha_0(l)\right)b_k\left(x_1^{(j)}=a\right)=\left(T_{1k}\alpha_0(l)\right)b_k\left(x_1^{(1)}=a\right)\quad (k=1,2,3),$$

因 $T_{11}=0$，故 $\alpha_1(k=1)=(T_{11}\alpha_0(l))b_1\left(x_1^{(1)}=a\right)=0$，又因 $b_2\left(x_1^{(1)}=a\right)=0$，$\alpha_1(k=2)=0$，$\alpha_1(k=3)=(T_{13}\alpha_0(l))b_3\left(x_1^{(1)}=a\right)=0.3\times0.5\times0.7=0.105$, 可给出 $P(aa|\lambda)=\sum_{k=1}^{3}\alpha_1(k)=0.105$.

之后，运用公式（10.8c）可给出 $\alpha_2(k)=\left(\sum_{l=1}^{q}T_{lk}\alpha_1(l)\right)b_k\left(x_2^{(j)}=b\right)=(T_{3k}\alpha_1(l=3))b_k\left(x_2^{(2)}=b\right)$，因 $b_1\left(x_2^{(2)}=b\right)=B_{12}=0$，$\alpha_2(1)=T_{31}\alpha_1(l=3)B_{12}=0$. 同理，$\alpha_2(2)=T_{32}\alpha_1(l=3)B_{22}=0.4\times0.105\times0.8=0.0336$ 和 $\alpha_2(3)=T_{33}\alpha_1(l=3)B_{32}=0\times0.105\times0.3=0$. 然后，运用公式（10.8d），得到 $P(\boldsymbol{x}|\boldsymbol{\lambda})=\sum_{k=1}^{q}\alpha_2(k)=0.0336$.

## 10.4.3　反向法

与正向法相反，反向法认为层 $i+1$ 中的一个神经元向后链接到其前一层 $i$ 中的所有神经元. 因此，$i$ 层中神经元 $k$ 的反向概率定义为

$$\beta_i(k)=P\left(x_n,x_{n+1},\cdots,x_{i+1}|\lambda,\pi_i^{(k)}\right).\tag{10.9a}$$

为了开始反向概率计算，我们在输出层外设置一个终止层，层中只存在一个神经元，因此

$$\beta_n(k)=P\left(x_{n+1}|\lambda,\pi_n^{(k)}\right)=1\quad (k=1,2,\cdots,q).\tag{10.9b}$$

从而 $\beta_{n-1}(k)$ 的反向概率可由下式计算:

$$\beta_{n-1}(k)=P\left(x_n|\boldsymbol{\lambda},\pi_{n-1}^{(k)}\right)=\sum_{l=1}^{q}T_{kl}b_l(x_n)\beta_n(l)\quad(k=1,2,\cdots,q).\tag{10.9c}$$

公式（10.9c）表示反向概率 $\beta_{n-1}(k)$ 将转移概率 $T_{kl}$ 、观测矩阵分量 $b_l(x_n)$ 、反向概率 $\beta_n(k)$ 三项相乘，再将乘积相加求和后反向传递. 递归地，我们有

$$\beta_i(k)=\sum_{l=1}^{q}T_{kl}b_l(x_{i+1})\beta_{i+1}(l)(k=1,2,\cdots,q;i=1,2,\cdots,n-1)\quad 或\quad (i=0,1,\cdots,n-1),\tag{10.9d}$$

其中 $(i=1,2,\cdots,n-1)$ 是适用于 $\pi_0$ 中只有一个状态分量的情况，比如 $\pi_0^{(k)}=1$ 和 $\pi_0^{(l)}=0\ (l\neq k)$ ，而 $i=0,1,\cdots,n-1$ 适用于 $\boldsymbol{\pi}_0$ 中有多个状态分量的情况. 这两种情况产生 $P(\boldsymbol{X}\mid\lambda)$ 的概率

$$P(\boldsymbol{X}|\lambda)=\pi_0^{(k)}b_k(x_0)\sum_{l=1}^{q}T_{kl}b_l(x_1)\beta_1(l)=b_k(x_0)\sum_{l=1}^{q}T_{kl}b_l(x_1)\beta_1(l),\tag{10.9e}$$

$$P(\boldsymbol{X}\mid\boldsymbol{\lambda})=\sum_{l=1}^{q}\pi_0^{(k)}b_k(x_0)\beta_0(k).\tag{10.9f}$$

再次考虑公式（10.7a）并先取 $n=1$，我们有

$$P(\boldsymbol{X}|\boldsymbol{\lambda})=b_k(x_0)\sum_{l=1}^{q}T_{kl}b_l(x_1)=b_k(x_0)\sum_{l=1}^{q}T_{kl}b_l(x_1)\beta_1(l).$$

因为 $\beta_1(l)=1$，取 $n=2$，$\beta_2(l)=1$ 和 $\beta_1(k)=\sum\limits_{l=1}^{q}T_{kl}b_l(x_{i+1})\beta_2(l)$，我们有

$$\begin{aligned}P(\boldsymbol{X}|\lambda)&=b_{k_0}(x_0)\left(\sum_{k_1=1}^{q}\left(T_{k_0k_1}b_{k_1}(x_1)\right)\right)\left(\sum_{k_2=1}^{q}\left(T_{k_1k_2}b_{k_2}(x_2)\right)\right)\\&=b_l(x_0)\left(\sum_{k=1}^{q}(T_{lk}b_k(x_1))\right)\left(\sum_{l=1}^{q}(T_{kl}b_l(x_2)\beta_2(l))\right)\\&=b_l(x_0)\left(\sum_{k=1}^{q}(T_{lk}b_k(x_1)\beta_1(k))\right).\end{aligned}$$

递归地，公式（10.9e）与公式（10.7a）等效.

**例 10.6**

使用例 10.4 中相同的三个本征参数 $\boldsymbol{\pi}_0=(1,0,0)$，$\boldsymbol{T}=\begin{bmatrix}0&0.7&0.3\\0.2&0&0.8\\0.6&0.4&0\end{bmatrix}$ 和 $\boldsymbol{B}=\begin{bmatrix}0.5&0&0.5\\0&0.8&0.2\\0.7&0.3&0\end{bmatrix}$，使用反向法计算 $P(aab\mid\boldsymbol{\lambda})$.

初始反向概率 $\beta_2(k)=1$，那么

$$\beta_1\left(x_1^{(1)}=a\right)=\sum_{l=1}^{q}T_{kl}b_l(x_2=b)\beta_2(l)=0\times0\times1+0.7\times0.8\times1+0.3\times0.3\times1=0.65,$$

$$\beta_1\left(x_1^{(2)}=a\right)=\sum_{l=1}^{q}T_{kl}b_l(x_2=b)\beta_2(l)=0.2\times0\times1+0\times0.8\times1+0.8\times0.3\times1=0.24,$$

$$\beta_1\left(x_1^{(3)}=a\right)=\sum_{l=1}^{q}T_{kl}b_l(x_2=b)\beta_2(l)=0.6\times0\times1+0.4\times0.8\times1+0\times0.3\times1=0.32.$$

之后，运用公式（10.9c）可给出

$$P(\boldsymbol{X}|\boldsymbol{\lambda})=\pi_0B_{kj}(x_0=a)\sum_{l=1}^{q}T_{kl}b_l(x_1=a)\beta_1(l)=1\times0.5\times(0+0+0.0672)=0.0336.$$

## 10.5　最优状态序列评估

### 10.5.1　直接法

给定序列 $\boldsymbol{X}$ 和三个本征参数 $\boldsymbol{\lambda}$，状态序列的概率或路径可以用正向概率和反向概率来计算. 利用贝叶斯理论，我们可得到 $\pi_i^{(k)}$ 的概率

$$\gamma_i(k)=P\left(\pi_i^{(k)}|\boldsymbol{X},\boldsymbol{\lambda}\right)=\frac{P\left(\pi_i^{(k)},\boldsymbol{X}|\boldsymbol{\lambda}\right)}{P(\boldsymbol{X}|\boldsymbol{\lambda})}\quad(i=1,2,\cdots,n).\tag{10.10a}$$

联合概率 $P\left(\pi_i^{(k)},\boldsymbol{X}|\boldsymbol{\lambda}\right)=\alpha_i(k)\beta_i(k)$ 考虑层 $i$ 中神经元 $k$ 接收输入层中所有路径的正向概率和层 $i$ 中神经元 $k$ 接收输出层中所有路径的反向概率. 因此，$\sum_{k=1}^{q}P\left(\pi_i^{(k)},\boldsymbol{X}|\boldsymbol{\lambda}\right)=\sum_{k=1}^{q}\alpha_i(k)\beta_i(k)=P(\boldsymbol{X}|\boldsymbol{\lambda})$. 然后，事件 $x_i^{(j)}$ 在状态 $k$ 发生的概率为

$$\gamma_i(k)=P\left(\pi_i^{(k)}|\boldsymbol{X},\lambda\right)=\frac{\alpha_i(k)\beta_i(k)}{\sum_{k=1}^{q}\alpha_i(k)\beta_i(k)}\quad(i=1,2,\cdots,n).\tag{10.10b}$$

最优路径可由 $\gamma_i(k)$ 的最大值估计，即

$$\pi_i^{(k)}=\max(\gamma_i(k))=\max\left(\frac{\alpha_i(k)\beta_i(k)}{\sum_{k=1}^{q}\alpha_i(k)\beta_i(k)}\right)\quad(i=1,2,\cdots,n).\tag{10.10c}$$

在上述分析中，如果初始状态是预先设定的，则不考虑初始状态 $i=0$；否则公式（10.10b）和公式（10.10c）也可以应用于初始状态 $i=0$.

**例 10.7**

我们根据序列 $\boldsymbol{X}=(a\ a\ b)$ 和三个本征参数 $\boldsymbol{\pi}_0=(1,0,0)$，$\boldsymbol{T}=\begin{bmatrix}0 & 0.7 & 0.3\\ 0.2 & 0 & 0.8\\ 0.6 & 0.4 & 0\end{bmatrix}$ 和 $\boldsymbol{B}=\begin{bmatrix}0.5 & 0 & 0.5\\ 0 & 0.8 & 0.2\\ 0.7 & 0.3 & 0\end{bmatrix}$ 寻找最优状态序列.

由于 $\boldsymbol{\pi}_0=(1,0,0)$ 是预先设定的，我们不需要计算 $\boldsymbol{\beta}_0$ 和 $\boldsymbol{\gamma}_0$. 从例 10.4 和例 10.5，我们有 $\boldsymbol{\alpha}_1=(0,0,0.105)$，$\boldsymbol{\alpha}_2=(0,0.0336,0)$，$\boldsymbol{\beta}_1=(0.0672,0.2442,0.195)$ 和 $\boldsymbol{\beta}_2=(0.65,0.24,0.32)$. 然后 $\alpha_1(1)\beta_1(1)=0$，$\alpha_1(2)\beta_1(2)=0$，$\alpha_1(3)\beta_1(3)=0.105\times0.195=0.020475$，使得 $\boldsymbol{\pi}_1=(0,0,1)$ 和 $\alpha_2(1)\beta_2(1)=0$，$\alpha_2(2)\beta_2(2)=0.0336\times0.24=0.008064$，$\alpha_2(3)\beta_2(3)=0$，使得 $\boldsymbol{\pi}_2=(0,1,0)$. $\boldsymbol{X}=(a,a,b)$ 的最优路径为 $\pi_0^{(1)}$，$\pi_1^{(3)}$ 和 $\pi_2^{(2)}$.

## 10.5.2 维特比算法

维特比（Viterbi）算法最早由维特比在 1967 年提出，并应用于各种人工智能领域（Vintsyuk, 1968；Forney, 1973；Kruskal, 1983）. 维特比算法目前是应用于概率最大化问题的标准动态编程方法. 这里维特比算法用来动态寻找马尔可夫链的最优路径. 对于给定本征参数 $\boldsymbol{\lambda}$ 和 $\boldsymbol{X}$，最优路径可由下式获得

$$\pi_0^{(k_0)}\pi_1^{(k_1)}\cdots\pi_i^{(k_i)}\cdots\pi_n^{(k_n)}=\underset{\boldsymbol{\pi}}{\operatorname{argmax}}\,P(\boldsymbol{\pi}|\boldsymbol{X},\boldsymbol{\lambda}). \tag{10.11a}$$

维特比算法引入状态 $l$ 在层 $i$ 的两个概率参数 $v_i^{(l)}\ (i=0,1,\cdots,n)$ 和 $\theta_i^{(l)}\ (i=1,2,\cdots,n)$. 从 $\pi_i^{(l)}$ 到 $\pi_{i+1}^{(k)}\ (k=1,2,\cdots,q)$ 的概率可由转移矩阵中的分量 $T_{lk}$ 描述. 层 $i$ 中每个神经元 $(k)$ 连接到最优路径中层 $i$–1 的神经元（$\tau$）的概率为

$$\theta_i^{(k)}=\max_{l=1,2,\cdots,q}\left(v_{i-1}^{(l)}T_{lk}\right)\quad(i=1,2,\cdots,n). \tag{10.11b}$$

在最优路径中层 $i$–1 的神经元 $(l)$ 上观测到 $o_j=x_i$ 的概率为

$$v_i^{(k)}=b_l(o_j=x_i)\theta_i^{(k)}\quad(i=1,2,\cdots,n). \tag{10.11c}$$

初始概率参数 $v_0^{(l)}$ 也称为正向概率（正向法已有介绍），由预先设定初始状态及观测概率给出，即

$$v_0^{(l)}=\pi_0^{(l)}b_l(o_j=x_0)=\alpha_0(l)\quad(l=1,2,\cdots,q). \tag{10.11d}$$

当 $i=n$ 时，根据式（10.11b）和式（10.11c）计算 $v_n^{(k)}$ 和 $\theta_n^{(k)}$，并由下式决定最佳的终止态

$$\hat{\pi}_n = \hat{\pi}_n^{(k)} = \operatorname{argmax}\left(v_n^{(l)}\right) \quad (k, l = 1, 2, \cdots, q), \tag{10.11e}$$

其中，$\hat{\pi}_n^{(k)}$ 中的上标 $k$ 取 $\max\left(v_n^{(l)}\right)$ 中的上标 $l$，$k$ 也是 $\theta_n^{(k)}$ 中的上标 $k$，这也决定了 $v_{n-1}^{(l)}$ 中的上标 $l$. 递归地，我们可以通过 $\theta_{i+1}^{(k)} = \max\limits_{l=1,2,\cdots,q}\left(v_i^{(l)}T_{lk}\right)$选择$v_i^{(l)}$上标$l$,可表示为$v_i^{(l)} = \operatorname*{argmax}\limits_{l=1,2,\cdots,q}\left(v_i^{(l)}T_{lk}\right)$, $v_i^{(l)}$上标也就是$\hat{\pi}_i^{(l)}$的上标,所以可用

$$\hat{\pi}_i^{(l)} = \theta_{i+1}^{(k)}\left(\hat{\pi}_i^{(l)}\right) \quad (i = 1, 2, \cdots, n-1; k, l = 1, 2, \cdots, q) \tag{10.11f}$$

来估计最优状态序列.

**例 10.8**

根据序列 $\boldsymbol{X} = (aabcc)$ 和三个本征参数 $\boldsymbol{\pi}_0 = (1, 0, 0)$，$\boldsymbol{T} = \begin{bmatrix} 0.4 & 0.3 & 0.3 \\ 0.2 & 0.7 & 0.1 \\ 0.1 & 0.3 & 0.6 \end{bmatrix}$, $\boldsymbol{B} = \begin{bmatrix} 0.5 & 0.2 & 0.3 \\ 0.1 & 0.8 & 0.1 \\ 0.2 & 0.2 & 0.6 \end{bmatrix}$，用维特比算法估计最优状态序列.

由观测矩阵知，第一个神经元包含（$a = 0.5$，$b = 0.2$ 和 $c = 0.3$），第二个神经元包含（$a = 0.1$，$b = 0.8$ 和 $c = 0.1$），第三个神经元包含（$a = 0.2, b = 0.2$ 和 $c = 0.6$）. 用 $\boldsymbol{\pi}_0$ 和 $\boldsymbol{T}$ 算出状态概率分布，$\boldsymbol{\pi}_1 = (0.4, 0.3, 0.3)$，$\boldsymbol{\pi}_2 = (0.25, 0.42, 0.33)$，$\boldsymbol{\pi}_3 = (0.217, 0.468, 0.315)$ 和 $\boldsymbol{\pi}_4 = (0.2119, 0.4872, 0.3009)$.

由公式（10.11d），我们有 $\boldsymbol{v}_0 = (0.5, 0, 0)$. 由公式（10.11b），我们有 $\theta_1^{(1)} = \max\limits_{l=1,2,\cdots,q}(0.5\times0.4, 0\times0.2, 0\times0.1) = 0.2$，$\theta_1^{(2)} = \max\limits_{l=1,2,\cdots,q}(0.5\times0.3, 0\times0.7, 0\times0.3) = 0.15$ 和 $\theta_1^{(3)} = \max\limits_{l=1,2,\cdots,q}(0.5\times0.3, 0\times0.1, 0\times0.6) = 0.15$，因此 $\boldsymbol{\theta}_1 = (0.2, 0.15, 0.15)$.

然后由公式（10.11c），我们有 $\boldsymbol{v}_1^{(1)} = b_1(o_j = a)\theta_1^{(1)} = 0.5\times0.2 = 0.1$，$\boldsymbol{v}_1^{(2)} = b_2(o_j = a)\theta_1^{(2)} = 0.1\times0.15 = 0.015$ 和 $\boldsymbol{v}_1^{(3)} = b_3(o_j = a)\theta_1^{(3)} = 0.2\times0.15 = 0.03$，因此 $\boldsymbol{v}_1 = (0.1, 0.015, 0.03)$.

递归地，我们有 $\boldsymbol{\theta}_2 = (0.04, 0.03, 0.03)$ 和 $\boldsymbol{v}_2 = (0.008, 0.024, 0.006)$，$\boldsymbol{\theta}_3 = (0.0048, 0.0168, 0.0036)$ 和 $\boldsymbol{v}_3 = (0.00144, 0.00168, 0.00216)$，$\boldsymbol{\theta}_4 = (0.000576, 0.001176, 0.001296)$ 和 $v_4 = (0.0001728, 0.0001176, 0.0007776)$.

然后，使用公式（10.11e）可给出 $v_4^{(3)} = \max\left(v_4^{(l)}\right)$ $(l = 1, 2, 3)$ 和 $\hat{\pi}_4^{(3)}$. 之后，我们由公式（10.11f）有 $v_3^{(3)} = \left(\operatorname{argmax}\left(v_3^{(l)}T_{l3}\right)\right)$ $(l = 1, 2, 3)$ 和 $\hat{\pi}_3^{(3)}$，$v_2^{(3)} = \left(\operatorname{argmax}\left(v_2^{(l)}T_{l3}\right)\right)$ $(l = 1, 2, 3)$ 和 $\hat{\pi}_2^{(3)}$，$v_1^{(1)} = \left(\operatorname{argmax}\left(v_1^{(l)}T_{l2}\right)\right)$ $(l = 1, 2, 3)$ 和 $\hat{\pi}_1^{(1)}$. 最优状态序列为$\left(\hat{\pi}_0^{(1)}, \hat{\pi}_1^{(1)}, \hat{\pi}_2^{(3)}, \hat{\pi}_3^{(3)}, \hat{\pi}_4^{(3)}\right)$.

## 10.6　本征参数评估——鲍姆-韦尔奇算法

一个变量序列 $\boldsymbol{X} = \{x_i\}(i = 0, 1, \cdots, n)$ 是对一个序列事件的一个观察量序列. 假定该序列事件是一个隐马尔可夫链，并获得了该序列事件 $\tilde{I}$ 个变量序列 $\boldsymbol{X} = \left\{x_i^{(\tilde{i})}\right\}$

$(i=0,1,\cdots,n;\tilde{i}=0,1,\cdots,\tilde{I})$，如何确定该隐马尔可夫链的三个本征参数. 除了充分利用领域知识外，确定本征参数的标准机器学习算法的是鲍姆-韦尔奇（Baum-Welch）算法（Baum, 1972）. 它是一种类似于在第 7 章详细描述过的 EM 算法，也是通过迭代来求解.

鲍姆-韦尔奇算法首先通过观测到的变量序列直接确定观测集 $\boldsymbol{O}=\{o_j\}(j=1,2,\cdots,m)$. 由状态序列 $\boldsymbol{\pi}=\{\pi_i\}(i=0,1,\cdots,n)$，隐马尔可夫链可以表示为 $\{x_i,\pi_i\}(i=0,1,\cdots,n)$. 如果 $\{x_i,\pi_i\}(i=0,1,\cdots,n)$ 的所有数据已知，则数据是完整的，而 $\{x_i\}(i=0,1,\cdots,n)$ 为不完全数据. 根据先验知识可以提出本征参数的形式，然后根据 $\max P(\boldsymbol{X}|\boldsymbol{\lambda})$ 估计本征参数，这等效于 $\max\ln(P(\boldsymbol{X}|\lambda))$. 由于 $P(\boldsymbol{X}|\boldsymbol{\lambda})$ 是 $P(\boldsymbol{X},\boldsymbol{\pi}|\boldsymbol{\lambda})$ 的边缘分布，我们基于詹森（Jensen）不等式（Hastie et al., 2009）有

$$
\begin{aligned}
\ln(P(\boldsymbol{X}|\lambda)) &= \sum_{\tilde{\boldsymbol{\pi}}}\ln(P(\boldsymbol{X},\tilde{\boldsymbol{\pi}}|\boldsymbol{\lambda})) = \sum_{\tilde{\boldsymbol{\pi}}}\frac{\ln\left(P(\boldsymbol{X},\tilde{\boldsymbol{\pi}}|\boldsymbol{\lambda})\right)}{P(\boldsymbol{X},\tilde{\boldsymbol{\pi}}|\lambda^{(t)})}P(\boldsymbol{X},\tilde{\boldsymbol{\pi}}|\lambda^{(t)}) \\
&\geqslant \sum_{\tilde{\boldsymbol{\pi}}}\left(\ln\left(\frac{P(\boldsymbol{X},\tilde{\boldsymbol{\pi}}|\boldsymbol{\lambda})}{P(\boldsymbol{X},\tilde{\boldsymbol{\pi}}|\lambda^{(t)})}\right)\right)P\left(\boldsymbol{X},\tilde{\boldsymbol{\pi}}|\lambda^{(t)}\right),
\end{aligned} \tag{10.12a}
$$

其中 $\tilde{\boldsymbol{\pi}}$ 表示输入层的一个神经元到输出层的一个神经元的路径；$\tilde{\boldsymbol{\pi}}$ 的总和表示所有路径；$\lambda^{(t)}$ 表示本征参数在第 $(t)$ 步的值. $\sum_{\tilde{\boldsymbol{\pi}}}\left(\ln\left(\frac{P(\boldsymbol{X},\tilde{\boldsymbol{\pi}}|\lambda)}{P(\boldsymbol{X},\tilde{\boldsymbol{\pi}}|\lambda^{(t)})}\right)\right)P(\boldsymbol{X},\tilde{\boldsymbol{\pi}}|\lambda^{(t)})$ 项是 $\ln(P(\boldsymbol{X}|\boldsymbol{\lambda}))$ 的下限值，$\ln(P(\boldsymbol{X}|\boldsymbol{\lambda}))$ 的最大值转化成下限的最大值，可进一步分解成

$$
\begin{aligned}
\sum_{\tilde{\boldsymbol{\pi}}}\left(\ln\left(\frac{P(\boldsymbol{X},\tilde{\boldsymbol{\pi}}|\boldsymbol{\lambda})}{P(\boldsymbol{X},\tilde{\boldsymbol{\pi}}|\lambda^{(t)})}\right)\right)P(\boldsymbol{X},\tilde{\boldsymbol{\pi}}|\lambda^{(t)}) &= \sum_{\tilde{\boldsymbol{\pi}}}\left(\ln P(\boldsymbol{X},\tilde{\boldsymbol{\pi}}|\boldsymbol{\lambda})\right)P(\boldsymbol{X},\tilde{\boldsymbol{\pi}}|\lambda^{(t)}) \\
&\quad -\sum_{\tilde{\boldsymbol{\pi}}}\ln P((\boldsymbol{X},\tilde{\boldsymbol{\pi}}|\lambda^{(t)}))P(\boldsymbol{X},\tilde{\boldsymbol{\pi}}|\lambda^{(t)}).
\end{aligned} \tag{10.12b}
$$

由于公式（10.12b）右侧的第二项与 $\lambda$ 无关，因此下限的最大值是右边第一项的最大值，可表示为 $Q$ 函数：

$$
Q(\lambda,\lambda^{(t)}) = \sum_{\tilde{\boldsymbol{\pi}}}(\ln P(\boldsymbol{X},\tilde{\boldsymbol{\pi}}|\boldsymbol{\lambda}))P(\boldsymbol{X},\tilde{\boldsymbol{\pi}}|\lambda^{(t)}). \tag{10.12c}
$$

寻找 $Q(\lambda,\lambda^{(t)})$ 的最大值决定了本征参数的最优值，即第 $(t+1)$ 步的值

$$
\lambda^{(t+1)} = \underset{\lambda}{\operatorname{argmax}}\, Q(\lambda,\lambda^{(t)}). \tag{10.12d}
$$

迭代一直进行到收敛.

一旦 $\lambda$ 参数已知，鲍姆-韦尔奇算法中使用状态联合概率 $P\left(\pi_i^{(k)},\pi_{i+1}^{(l)}|\boldsymbol{X},\boldsymbol{\lambda}\right)$ $(i=0,1,\cdots,n-1)$：

$$\xi_i(k,l)=P\left(\pi_i^{(k)},\pi_{i+1}^{(l)}|\boldsymbol{X},\boldsymbol{\lambda}\right)=\frac{P\left(\pi_i^{(k)},\pi_{i+1}^{(l)},\boldsymbol{X}|\boldsymbol{\lambda}\right)}{P(\boldsymbol{X}|\boldsymbol{\lambda})}. \tag{10.13a}$$

转移分量 $T_{kl}$ 的概率连接层 $i$ 中神经元 $k$ 到连接层 $i+1$ 中神经元 $l$, 观测分量 $b_l(x_{i+1})$ 代表层 $i+1$ 中神经元（$l$）观测的 $x_{i+1}$ 的概率, 因此 $P\left(\pi_i^{(k)},\pi_{i+1}^{(l)},\boldsymbol{X}|\lambda\right)=\alpha_i(k)T_{kl}\ b_l(x_{i+1})\beta_{i+1}(l)$. 所以, 我们有

$$\xi_i(k,l)=P\left(\pi_i^{(k)},\pi_{i+1}^{(l)}|\ \boldsymbol{X},\boldsymbol{\lambda}\right)=\frac{\alpha_i(k)T_{kl}b_l(x_{i+1})\beta_{i+1}(l)}{\sum_{k=1}^{q}\sum_{l=1}^{q}\alpha_i(k)T_{kl}b_l(x_{i+1})\beta_{i+1}(l)}\quad(i=0,1,\cdots,n-1). \tag{10.13b}$$

对于给定的序列 $\boldsymbol{X}$, 神经元 $k$ 出现的期望值和转移的期望值由 $\pi_i^{(k)}$ 的概率 $\gamma(k)$ 分布通过 $\sum_{i=1}^{n}\gamma_i(k)$ 和 $\sum_{i=1}^{n-1}\gamma_i(k)$ 来计算. 从神经元 $k$ 到神经元 $l$ 的期望值是 $\sum_{i=1}^{n-1}\xi_i(k,l)$. 公式（10.6c）的联合概率 $P(\boldsymbol{X},\tilde{\boldsymbol{\pi}}\,|\,\boldsymbol{\lambda})$ 表明了从输入层一个神经元到输出层一个神经元的路径概率, 其自然对数是

$$\ln(P(\boldsymbol{X},\tilde{\boldsymbol{\pi}}|\lambda))=\ln\left(\pi_0^{(k_0)}\right)+\sum_{i=1}^{n}\ln\left(T_{k_{i-1}k_i}\right)+\sum_{i=0}^{n}\ln\left(b_{k_i}(x_i)\right). \tag{10.14a}$$

将公式（10.14a）代入公式（10.12c）得到

$$\begin{aligned}Q(\boldsymbol{\lambda},\lambda^{(t)})&=\sum_{\tilde{\boldsymbol{\pi}}}\ln\left(\pi_0^{(k_0)}\right)P\left(\boldsymbol{X},\tilde{\boldsymbol{\pi}}|\lambda^{(t)}\right)+\sum_{\tilde{\boldsymbol{\pi}}}\sum_{i=1}^{n}\ln\left(T_{k_{i-1}k_i}\right)P(\boldsymbol{X},\tilde{\boldsymbol{\pi}}|\lambda^{(t)})\\&\quad+\sum_{\tilde{\boldsymbol{\pi}}}\sum_{i=0}^{n}\ln\left(b_{k_i}(x_i)\right)P(\boldsymbol{X},\tilde{\boldsymbol{\pi}}|\lambda^{(t)}).\end{aligned} \tag{10.14b}$$

三个本征参数分别构成 $Q(\lambda,\lambda^{(t)})$ 的三项, 因此我们可以逐个更新. 第一项可以写成

$$\sum_{\tilde{\boldsymbol{\pi}}}\ln\left(\pi_0^{(k_0)}\right)P(\boldsymbol{X},\tilde{\boldsymbol{\pi}}|\lambda^{(t)})=\sum_{k=1}^{q}\ln\left(\pi_0^{(k)}\right)P\left(\boldsymbol{X},\pi_0^{(k)}|\lambda^{(t)}\right). \tag{10.15a}$$

$\pi_0$ 值从下式估计:

$$\hat{\pi}_0^{(k)}=\underset{\pi_0}{\operatorname{argmax}}\left(\sum_{k=1}^{q}\ln\left(\pi_0^{(k)}\right)P\left(\boldsymbol{X},\pi_0^{(k)}|\lambda^{(t)}\right)\right)\text{服从}\sum_{k=1}^{q}\pi_0^{(k)}=1. \tag{10.15b}$$

使用拉格朗日方法, 我们从拉格朗日函数估计 $\pi_0$ 的值:

$$\hat{\pi}_0^{(k)}=\underset{\pi_0}{\operatorname{argmax}}\left(\sum_{k=1}^{q}\ln\left(\pi_0^{(k)}\right)P\left(\boldsymbol{X},\pi_0^{(k)}|\lambda^{(t)}\right)+\rho\left(\sum_{k=1}^{q}\pi_0^{(k)}-1\right)\right), \tag{10.15c}$$

其中，$\rho$ 是拉格朗日乘子. 由于 $P\left(\boldsymbol{X}, \pi_0^{(k)}|\lambda^{(t)}\right)=P\left(\pi_0^{(k)}|\boldsymbol{X}, \lambda^{(t)}\right)P\left(\boldsymbol{X}|\lambda^{(t)}\right)=\gamma_0(k)\ P\left(\boldsymbol{X}|\lambda^{(t)}\right)$，根据 $\lambda^{(t)}$，公式（10.15c）的解为

$$\hat{\pi}_0^{(k)}=\frac{P\left(\boldsymbol{X}, \pi_0^{(k)}|\lambda^{(t)}\right)}{P\left(\boldsymbol{X}|\lambda^{(t)}\right)}=\gamma_0(k). \tag{10.15d}$$

第二项可以写成

$$\sum_{\tilde{\boldsymbol{\pi}}}\sum_{i=1}^{n}\ln(T_{k_{i-1}k_i})P(\boldsymbol{X}, \tilde{\boldsymbol{\pi}}|\lambda^{(t)})=\sum_{k,l=1}^{q}\sum_{i=1}^{n}\ln(T_{kl})P\left(\boldsymbol{X}, \pi_{i-1}^{(k)}, \pi_i^{(l)}|\lambda^{(t)}\right). \tag{10.16a}$$

$T_{kl}$ 值从下式估计

$$\hat{T}_{kl}=\underset{T_{kl}}{\operatorname{argmax}}\left(\sum_{k,l=1}^{q}\sum_{i=1}^{n}\ln(T_{kl})P\left(\boldsymbol{X}, \pi_{i-1}^{(k)}, \pi_i^{(l)}|\lambda^{(t)}\right)\right)\text{服从}\sum_{l=1}^{q}T_{kl}=1 \tag{10.16b}$$
$$(k=1, 2, \cdots, q).$$

使用拉格朗日方法, 我们从下式估计:

$$\hat{T}_{kl}=\frac{\sum_{i=1}^{n}P\left(\boldsymbol{X}, \pi_{i-1}^{(k)}, \pi_i^{(l)}|\lambda^{(t)}\right)}{\sum_{i=1}^{n}P\left(\boldsymbol{X}, \pi_{i-1}^{(k)}|\lambda^{(t)}\right)}. \tag{10.16c}$$

由于 $P\left(\boldsymbol{X},\pi_{i-1}^{(k)},\pi_i^{(l)}|\lambda^{(t)}\right)=P\left(\pi_{i-1}^{(k)},\pi_i^{(l)}|\boldsymbol{X},\lambda^{(t)}\right)P\left(\boldsymbol{X}|\lambda^{(t)}\right)=\xi_{i-1}(k,l)P\left(\boldsymbol{X}|\lambda^{(t)}\right)$ 和 $P\left(\boldsymbol{X}, \pi_{i-1}^{(k)}|\lambda^{(t)}\right)=P\left(\pi_{i-1}^{(k)}|\boldsymbol{X},\lambda^{(t)}\right)P\left(\boldsymbol{X}|\lambda^{(t)}\right)=\gamma_{i-1}(k)P\left(\boldsymbol{X}|\lambda^{(t)}\right)$，根据 $\lambda^{(t)}$，公式（10.16c）可以写成

$$\hat{T}_{kl}=\frac{\sum_{i=1}^{n}\xi_{i-1}(k,l)}{\sum_{i=1}^{n}\gamma_{i-1}(k)}. \tag{10.16d}$$

第三项可以写成

$$\sum_{\tilde{\boldsymbol{\pi}}}\sum_{i=0}^{n}\ln\left(b_{k_i}(x_i)\right)P(\boldsymbol{X},\tilde{\boldsymbol{\pi}}|\lambda^{(t)})=\sum_{k=1}^{q}\sum_{i=0}^{n}\ln\left(b_k\left(x_i^{(j)}\right)\right)P\left(\boldsymbol{X},\pi_i^{(k)}|\lambda^{(t)}\right). \tag{10.17a}$$

$B_{kj}$ 值从下式估计:

$$\hat{B}_{kj}=\underset{B_{kj}}{\operatorname{argmax}}\left(\sum_{k=1}^{q}\sum_{i=0}^{n}\ln\left(b_k\left(x_i^{(j)}\right)\right)P\left(\boldsymbol{X},\pi_i^{(k)}|\lambda^{(t)}\right)\right)\text{服从}\sum_{j=1}^{m}B_{kj}=1$$
$$(k=1, 2, \cdots, q). \tag{10.17b}$$

我们再次使用拉格朗日方法有

$$\hat{B}_{kj} = \frac{\sum_{i=0}^{n} P\left(\boldsymbol{X}, \pi_i^{(k)} | \lambda^{(t)}\right) D\left(x_i^{(j)}\right)}{\sum_{i=0}^{n} P\left(\boldsymbol{X}, \pi_i^{(k)} | \lambda^{(t)}\right)}, \tag{10.17c}$$

其中 $D\left(x_i^{(j)}\right) = \dfrac{\partial B_{kj}}{\partial b_k\left(x_i^{(j)}\right)}$ 和 $\dfrac{\partial B_{kj}}{\partial b_k\left(x_i^{(\tilde{j} \neq j)}\right)} = 0$. 相似地，根据 $\lambda^{(t)}$，公式（10.17c）可以表示成

$$\hat{B}_{kj} = \frac{\sum_{i=0}^{n} \gamma_i(k) D\left(x_i^{(j)}\right)}{\sum_{i=0}^{n} \gamma_i(k)}. \tag{10.17d}$$

**例 10.9**

对于一个观测序列 $\boldsymbol{X} = (aabbabaabb)$，我们知道只有两个观测事件 $a$ 和 $b$，且 $n = 9$. 假设有两个隐含状态 $S = (s_1, s_2)$，即 $q = 2$，通过鲍姆-韦尔奇算法计算本征参数 $\boldsymbol{\lambda} = (\boldsymbol{T}, \boldsymbol{B}, \boldsymbol{\pi}_0)$.

设置初始 $\lambda^{(0)}$ 值如下:

$$\boldsymbol{T}^{(0)} = \begin{bmatrix} 0.5 & 0.5 \\ 0.4 & 0.6 \end{bmatrix}, \quad \boldsymbol{B}^{(0)} = \begin{bmatrix} 0.8 & 0.2 \\ 0.1 & 0.9 \end{bmatrix} \quad 和 \quad \boldsymbol{\pi}_0^{(0)} = (0.3 \quad 0.7).$$

由观测序列 $\boldsymbol{X} = (aabbabaabb)$ 和初始值 $\lambda^{(0)}$，我们通过正向法可计算 $P(aabbabaabb|\lambda^{(0)})$:

$$P(aabbabaabb|\lambda^{(0)}) = \sum_{k=1}^{q} \alpha_n(k).$$

根据公式（10.8b），我们可获得

$$\alpha_0(1) = 0.8 \times 0.3 = 0.24,$$
$$\alpha_0(2) = 0.7 \times 0.1 = 0.07.$$

相似地，我们可获得表 E10.1.

**表 E10.1　正向法计算结果**

| $\alpha_i(k)$ | $k = 1$ | $k = 2$ |
|---|---|---|
| $i = 0$ | 0.24 | 0.07 |
| $i = 1$ | 0.1184 | 0.0162 |
| $i = 2$ | 0.01314 | 0.06203 |
| $i = 3$ | 0.006276 | 0.03941 |
| $i = 4$ | 0.01512 | 0.002678 |
| $i = 5$ | 0.001726 | 0.008250 |

续表

| $\alpha_i(k)$ | $k=1$ | $k=2$ |
|---|---|---|
| $i=6$ | 0.003306 | 0.0005813 |
| $i=7$ | 0.001518 | 0.0002014 |
| $i=8$ | 0.0001679 | 0.0007920 |
| $i=n=9$ | 0.00008015 | 0.0005032 |

由此，我们可获得 $P(aabbabaabb|\lambda^{(0)})=\sum_{k=1}^{q}\alpha_9(k)=0.00058335$. 同样，我们根据反向法的公式（10.9b）—公式（10.9c），可得到表 E10.2 的结果.

**表 E10.2　反向法的计算结果**

| $\beta_i(k)$ | $k=1$ | $k=2$ |
|---|---|---|
| $i=n=9$ | 1 | 1 |
| $i=8$ | 0.55 | 0.62 |
| $i=7$ | 0.3340 | 0.3788 |
| $i=6$ | 0.15254 | 0.12961 |
| $i=5$ | 0.067450 | 0.056589 |
| $i=4$ | 0.032215 | 0.035958 |
| $i=3$ | 0.014684 | 0.012466 |
| $i=2$ | 0.007078 | 0.007906 |
| $i=1$ | 0.004266 | 0.004836 |
| $i=0$ | 0.0019481 | 0.001655 |

根据公式（10.9d），我们可获得

$$P(aabbabaabb\,|\,\lambda^{(0)})=\pi_0 B_{kj}(x_0)\sum_{l=1}^{q}T_{kl}b_l(x_1)\beta_1(k)=0.00058335.$$

因此，我们根据公式（10.10b），通过 $\gamma_i(k)=\dfrac{\alpha_i(k)\beta_i(k)}{\sum_{k=1}^{q}\alpha_i(k)\beta_i(k)}$ $(i=1,2,\cdots,n)$ 和 $\gamma_0(k)=\dfrac{\sum_{l=1}^{q}\alpha_0(k)T_{kl}b_l(x_1)\beta_1(l)}{\sum_{k=1}^{q}\sum_{l=1}^{q}\alpha_0(k)T_{kl}b_l(x_1)\beta_1(l)}$，可计算 $\gamma_i(k)$，如表 E10.3 所列.

表 E10.3 事件 $x_i^{(j)}$ 在状态 $k$ 发生的条件概率

| $\gamma_i(k)$ | $k=1$ | $k=2$ |
|---|---|---|
| $i=0$ | 0.801401 | 0.198599 |
| $i=1$ | 0.86572 | 0.13428 |
| $i=2$ | 0.159374 | 0.840626 |
| $i=3$ | 0.157959 | 0.842041 |
| $i=4$ | 0.834931 | 0.165069 |
| $i=5$ | 0.199722 | 0.800278 |
| $i=6$ | 0.870851 | 0.129149 |
| $i=7$ | 0.869224 | 0.130776 |
| $i=8$ | 0.158326 | 0.841674 |
| $i=9$ | 0.13739 | 0.86261 |

然后，使用式（10.13a）计算状态联合概率，$\xi_i(k,l)=\dfrac{\alpha_i(k)T_{kl}b_l(x_{i+1})\beta_{i+1}(l)}{\sum_{k=1}^{q}\sum_{l=1}^{q}\alpha_i(k)T_{kl}b_l(x_{i+1})\beta_{i+1}(l)}$，结果在表 E10.4 给出.

表 E10.4 状态联合概率

| $\xi_i(k,l)$ | $(k=1,l=1)$ | $(k=1,l=2)$ | $(k=2,l=1)$ | $(k=2,l=2)$ |
|---|---|---|---|---|
| $i=0$ | 0.70194 | 0.09947 | 0.16378 | 0.03481 |
| $i=1$ | 0.14365 | 0.72207 | 0.01572 | 0.11856 |
| $i=2$ | 0.03306 | 0.12631 | 0.12490 | 0.71573 |
| $i=3$ | 0.13862 | 0.01934 | 0.69631 | 0.14573 |
| $i=4$ | 0.17493 | 0.66000 | 0.02479 | 0.14028 |
| $i=5$ | 0.18055 | 0.01918 | 0.69030 | 0.10997 |
| $i=6$ | 0.76272 | 0.10813 | 0.10650 | 0.02265 |
| $i=7$ | 0.14314 | 0.72609 | 0.01519 | 0.11559 |
| $i=8$ | 0.02879 | 0.12954 | 0.10860 | 0.73307 |

根据公式（10.16d），我们可由下式更新转移矩阵

$$\hat{T}_{11}=\frac{\sum_{i=0}^{8}\xi_i(1,1)}{\sum_{i=0}^{8}\gamma_i(1)}=\frac{2.3074}{4.9175}=0.4692,$$

$$\hat{T}_{12}=\frac{\sum_{i=0}^{8}\xi_i(1,2)}{\sum_{i=0}^{8}\gamma_i(1)}=\frac{2.6101}{4.9175}=0.5308,$$

$$\hat{T}_{21}=\frac{\sum_{i=0}^{8}\xi_i(2,1)}{\sum_{i=0}^{8}\gamma_i(2)}=\frac{1.9461}{4.0825}=0.4767,$$

$$\hat{T}_{22}=\frac{\sum_{i=0}^{8}\xi_i(2,2)}{\sum_{i=0}^{8}\gamma_i(2)}=\frac{2.1364}{4.0825}=0.5233.$$

根据公式（10.17d），观测矩阵可由下式更新

$$\hat{B}_{1a}=\frac{\sum_{i=0}^{9}\gamma_i(1)D\left(x_i^{(a)}\right)}{\sum_{i=0}^{9}\gamma_i(1)}=0.8392,$$

$$\hat{B}_{1b}=\frac{\sum_{i=0}^{9}\gamma_i(1)D\left(x_i^{(b)}\right)}{\sum_{i=0}^{9}\gamma_i(1)}=0.1608,$$

$$\hat{B}_{2a}=\frac{\sum_{i=0}^{9}\gamma_i(2)D\left(x_i^{(a)}\right)}{\sum_{i=0}^{9}\gamma_i(2)}=0.1533,$$

$$\hat{B}_{2b}=\frac{\sum_{i=0}^{9}\gamma_i(2)D\left(x_i^{(b)}\right)}{\sum_{i=0}^{9}\gamma_i(2)}=0.8467.$$

由表 E10.3 可知，初始状态更新为 $\hat{\pi}_0^{(1)}(k=1)=\gamma_0(1)=0.8014$ 和 $\hat{\pi}_0^{(1)}(k=2)=\gamma_0(2)=0.1986$．为简洁，这里仅保留了小数点后 4 位有效数字．经过第一轮迭代，本征参数更新为 $\boldsymbol{T}^{(1)}=\begin{bmatrix}0.4692 & 0.5308\\ 0.4767 & 0.5233\end{bmatrix}$，$\boldsymbol{B}^{(1)}=\begin{bmatrix}0.8392 & 0.1608\\ 0.1533 & 0.8467\end{bmatrix}$ 和 $\boldsymbol{\pi}_0^{(1)}=(0.8014,\quad 0.1986)$.

根据更新的本征参数和正向法，观测序列 $\boldsymbol{X}=(aabbabaabb)$ 的概率为

$$P(aabbabaabb\mid\lambda^{(1)})=\sum_{k=1}^{q}\alpha_9(k)=0.00142547>P(aabbabaabb|\lambda^{(0)}).$$

观测序列 $\boldsymbol{X}$ 的概率随着更新参数的增加表明了更新的本征参数更好地描述了这个隐马尔可夫链.

再次重复以上步骤, 可得到

$$\boldsymbol{T}^{(2)}=\begin{bmatrix}0.4369 & 0.5631\\ 0.4661 & 0.5339\end{bmatrix},$$

$$\boldsymbol{B}^{(2)}=\begin{bmatrix}0.8549 & 0.1451\\ 0.1438 & 0.8562\end{bmatrix},$$

$$\boldsymbol{\pi}_0^{(2)}=(0.9563, 0.0437),$$

$$P(aabbabaabb\,|\,\lambda^{(2)})=\sum_{k=1}^{q}\alpha_9(k)=0.00026974.$$

**例 10.10**

本征参数的初值在鲍姆-韦尔奇算法求解本征参数中扮演了重要角色. 例如, 如果我们有一个隐马尔可夫链, 其本征参数 $\boldsymbol{\lambda}$ 已知, 为

$$\boldsymbol{\pi}_0=(1,\ \ 0,\ \ 0),$$

$$\boldsymbol{T}=\begin{bmatrix}0 & 0.7 & 0.3\\ 0.2 & 0 & 0.8\\ 0.6 & 0.4 & 0\end{bmatrix},$$

$$\boldsymbol{B}=\begin{bmatrix}3/5 & 0 & 2/5\\ 1/3 & 1/3 & 1/3\\ 0 & 1/4 & 3/4\end{bmatrix}.$$

序列 $\boldsymbol{X}=(aacabcaccaacaccabc)$ 是观测到的事件序列, 其概率为 $P(\boldsymbol{X}|\lambda)=9.9263\times10^{-8}$. 我们用鲍姆-韦尔奇算法求解本征参数.

### 1. 无领域知识的鲍姆-韦尔奇算法

如果我们随机设置初始猜想 $\lambda^{(0)}$ 如下

$$\boldsymbol{\pi}_0^{(0)}=(0.5, 0.3, 0.2),$$

$$\boldsymbol{T}^{(0)}=\begin{bmatrix}0.5 & 0.2 & 0.3\\ 0.3 & 0.5 & 0.2\\ 0.2 & 0.3 & 0.5\end{bmatrix},$$

$$\boldsymbol{B}^{(0)}=\begin{bmatrix}0.5 & 0.1 & 0.4\\ 0.1 & 0.7 & 0.2\\ 0.2 & 0.2 & 0.6\end{bmatrix},$$

$$P(\boldsymbol{X}|\lambda^{(0)})=2.4465\times10^{-9}.$$

两次使用鲍姆-韦尔奇算法后, 更新的参数 $\lambda^{(2)}$ 为

$$\boldsymbol{\pi}_0^{(2)}=(0.9291, 0.0278, 0.0431),$$

$$T^{(2)}=\begin{bmatrix}0.5226 & 0.1446 & 0.3328\\0.3767 & 0.3096 & 0.3137\\0.2766 & 0.1757 & 0.5477\end{bmatrix},$$

$$B^{(2)}=\begin{bmatrix}0.6261 & 0.0367 & 0.3372\\0.2586 & 0.3363 & 0.4051\\0.3282 & 0.0915 & 0.5803\end{bmatrix},$$

$$P(\boldsymbol{X}|\lambda^{(2)})=3.5312\times10^{-8}.$$

十次后，更新的参数 $\lambda^{(10)}$ 为

$$\boldsymbol{\pi}_0^{(10)}=(1,0,0),$$

$$T^{(10)}=\begin{bmatrix}0.3212 & 0.2810 & 0.3978\\0.2712 & 0.2349 & 0.4939\\0.3155 & 0.1414 & 0.5431\end{bmatrix},$$

$$B^{(10)}=\begin{bmatrix}0.7744 & 0.0160 & 0.2096\\0.2078 & 0.2910 & 0.5012\\0.2956 & 0.1053 & 0.5991\end{bmatrix},$$

$$P(\boldsymbol{X}|\lambda^{(10)})=5.5584\times10^{-8}.$$

### 2. 有领域知识的鲍姆-韦尔奇算法

领域知识可建议三个本征参数的格式如下:

$$\boldsymbol{\pi}_0^{(0)}=(1,0,0),$$

$$T^{(0)}=\begin{bmatrix}0 & T_{12} & T_{13}\\T_{21} & 0 & T_{23}\\T_{31} & T_{32} & 0\end{bmatrix},$$

$$B^{(0)}=\begin{bmatrix}B_{11} & 0 & B_{13}\\B_{21} & B_{22} & B_{23}\\0 & B_{32} & B_{33}\end{bmatrix}.$$

然后，我们可猜测本征参数 $\lambda'^{(0)}$ 的初始值如下

$$\boldsymbol{\pi}_0'^{(0)}=(1,0,0),$$

$$T'^{(0)}=\begin{bmatrix}0 & 0.4 & 0.6\\0.5 & 0 & 0.5\\0.4 & 0.6 & 0\end{bmatrix},$$

$$B'^{(0)}=\begin{bmatrix}0.4 & 0 & 0.6\\0.2 & 0.4 & 0.4\\0 & 0.5 & 0.5\end{bmatrix},$$

$$P(\boldsymbol{X}|\lambda'^{(0)})=2.2245\times10^{-8}.$$

两次使用鲍姆-韦尔奇算法后，更新的参数 $\lambda'^{(2)}$ 为

$$\boldsymbol{\pi}_0'^{(2)}=(1,0,0),$$

$$T'^{(2)}=\begin{bmatrix}0 & 0.7178 & 0.2822\\ 0.4546 & 0 & 0.5454\\ 0.5196 & 0.4804 & 0\end{bmatrix},$$

$$B'^{(2)}=\begin{bmatrix}0.6633 & 0 & 0.3367\\ 0.5742 & 0.0841 & 0.3417\\ 0 & 0.2861 & 0.7139\end{bmatrix},$$

$$P(\boldsymbol{X}|\lambda'^{(2)})=7.6755\times10^{-8}.$$

可以看出，参数的估计值 $\lambda'^{(2)}$ 比有领域知识的初始猜测 $\lambda'^{(0)}$ 和无领域知识的估计值 $\lambda^{(2)}$ 更接近真实值 $\lambda$. 但是，如果我们在初始猜测 $\lambda'^{(0)}$ 上重复鲍姆-韦尔奇算法多次，则相应的参数 $\lambda'^{(10)}$ 会更新为

$$\boldsymbol{\pi}_0'^{(10)}=(1,0,0),$$

$$T'^{(10)}=\begin{bmatrix}0 & 1 & 0\\ 0 & 0 & 1\\ 1 & 0 & 0\end{bmatrix},$$

$$B'^{(10)}=\begin{bmatrix}1 & 0 & 0\\ 1/3 & 1/3 & 1/3\\ 0 & 0 & 1\end{bmatrix},$$

$$P(\boldsymbol{X}|\lambda'^{(10)})=1.3717\times10^{-3}.$$

这时 $P(\boldsymbol{X}\mid\lambda'^{(10)})=1.3717\times10^{-3}$ 远远高于 $P(\boldsymbol{X}\mid\lambda)=9.9263\times10^{-8}$. 显然，使用鲍姆-韦尔奇算法只对一个观测序列进行训练会导致过拟合，即导致更简单的转移矩阵和更简单的观测矩阵，极大地提高了观测序列的概率. 为了避免过拟合，应该引入更多的观测序列和使用领域知识建议三个本征参数的格式对鲍姆-韦尔奇算法加以约束.

## 作　业

1. 由 $\boldsymbol{\pi}_0=(0.2,0,0,0.2,0,0,0.5,0,0.1)$ 的初始状态和转移矩阵 $\boldsymbol{T}=\frac{1}{8}\begin{bmatrix}0 & \cdots & 1\\ \vdots & & \vdots\\ 1 & \cdots & 0\end{bmatrix}_{9\times9}$，即 $T_{ii}=0$ 和 $T_{ij}=\frac{1}{8}(i\neq j, i=1,2,\cdots,8)$，计算状态矢量 $\boldsymbol{\pi}_{999}$.

2. 状态 $s_1$，$s_2$ 和 $s_3$ 的初始状态概率为 $\boldsymbol{\pi}_0=(0.6,0.3,0.1)^{\mathrm{T}}$，转移矩阵为 $\boldsymbol{T}=\begin{bmatrix}0.5 & 0.2 & 0.3\\ 0.1 & 0.1 & 0.8\\ 0.3 & 0.3 & 0.4\end{bmatrix}$，且观测 $a$ 和 $b$ 的观测矩阵 $\boldsymbol{B}=\begin{bmatrix}0.5 & 0.5\\ 0.2 & 0.8\\ 0.7 & 0.3\end{bmatrix}$. 使用正向法和反向法计算观测序列 $(a,b,a)$ 的概率.

3. 状态 $s_1$， $s_2$ 和 $s_3$ 的初始状态概率为 $\boldsymbol{\pi}_0=(0,0,1)^{\mathrm{T}}$，转移矩阵为 $\boldsymbol{T}=\begin{bmatrix}0.1 & 0.2 & 0.7\\ 0.4 & 0.3 & 0.3\\ 0.2 & 0.6 & 0.2\end{bmatrix}$，且观测 $a$，$b$ 和 $c$ 的观测矩阵 $\boldsymbol{B}=\begin{bmatrix}0.5 & 0.2 & 0.3\\ 0.1 & 0.1 & 0.8\\ 0.3 & 0.3 & 0.4\end{bmatrix}$. 使用正向法和反向法计算观测序列 $(a,c,a,b,c)$ 的概率.

4. 状态 $s_1$， $s_2$ 和 $s_3$ 的初始状态概率为 $\boldsymbol{\pi}_0=(0.2,0.3,0.5)^{\mathrm{T}}$，转移矩阵为 $\boldsymbol{T}=\begin{bmatrix}0.5 & 0.2 & 0.3\\ 0.1 & 0.1 & 0.8\\ 0.3 & 0.3 & 0.4\end{bmatrix}$，且观测 $a$ 和 $b$ 的观测矩阵 $\boldsymbol{B}=\begin{bmatrix}0.5 & 0.5\\ 0.2 & 0.8\\ 0.7 & 0.3\end{bmatrix}$. 当观测序列 $(a,a,a,b,a)$ 给定，使用正向法和反向法计算 $\boldsymbol{\pi}_3$ 下 $s_2$ 的概率.

5. 从 $P(\boldsymbol{\theta})\sim N\left(\begin{bmatrix}1\\ 4\\ 2\end{bmatrix},\begin{bmatrix}2 & 0.2 & 0.4\\ 0.1 & 1 & 0.2\\ 0.5 & 0.1 & 5\end{bmatrix}\right)$ 中进行吉布斯抽样.

6. 利用鲍姆-韦尔奇算法估计例 10.9 中隐马尔可夫链的本征参数.

## 参 考 文 献


李航. 2019. 统计学习方法. 2 版. 北京：清华大学出版社.

Baum L E. 1972. An inequality and associated maximization technique in statistical estimation for probabilistic functions of Markov processes. Inequalities, 3(1): 1-8.

Baum L E, Eagon J A. 1967. An inequality with applications to statistical estimation for probabilistic functions of Markov processes and to a model for ecology. Bulletin of the American Mathematical Society, 73(3): 360-363.

Baum L E, Petrie T. 1966. Statistical inference for probabilistic functions of finite state Markov chains. The Annals of Mathematical Statistics, 37(6): 1554-1563.

Chib S. 2001. Markov chain Monte Carlo methods: Computation and inference. Handbook of Econometrics, 1(5): 3569-3649.

Faul A C. 2019. A Concise Introduction to Machine Learning. Boca Raton: CRC Press.

Forney G D. 1973. The Viterbi algorithm. Proceedings of the IEEE, 61(3): 268-278.

Geman S, Geman D. 1984. Stochastic relaxation, Gibbs distributions, and the Bayesian restoration of images. IEEE Transactions on Pattern Analysis and Machine Intelligence, (6): 721-741.

Hammersley J M, Morton K W. 1954. Poor man's Monte Carlo. Journal of the Royal Statistical Society: Series B(Methodological), 16(1): 23-38.

Hastie T, Tibshirani R, Friedman J H, et al. 2009. The Elements of Statistical Learning: Data Mining, Inference, and Prediction. 2nd ed. New York: Springer.

Hastings W K. 1970. Monte Carlo sampling methods using Markov chains and their applications. Biometrika, 57(1): 97-109.

Kruskal J B. 1983. An overview of sequence comparison: Time warps, string edits, and macromolecules. SIAM Review, 25(2): 201-237.

Markov A A. 1913a. Essai d′une recherche statistique sur le texte du roman “Eugene Onegin” illustrant la liaison des epreuve en chain(“Example of a statistical investigation of the text of “Eugene Onegin” illustrating the dependence between samples in chain”). Izvistia Imperatorskoi Akademii Nauk(Bulletin de l′Académie Impériale des Sciences de St.-Pétersbourg), 7: 153-162.

Markov A A. 1913b. Primer statisticheskogo issledovanija nad tekstom “Evgenija Onegina illjustrirujuschij svjazl” ispytanij vtsep (An example of statistical study on the text of “Eugene Onegin” illustrating the linking of events to a chain). Izvestija Imp. Akademii Nauk, Serija, 3: 153-162.

Markov A A. 2006. An example of statistical investigation of the text Eugene Onegin concerning the connection of samples in chains. Science in Context, 19(4): 591-600.

Metropolis N, Rosenbluth A W, Rosenbluth M N, et al. 1953. Equation of state calculations by fast computing machines. The Journal of Chemical Physics, 21(6): 1087-1092.

Metropolis N, Ulam S. 1949. The Monte Carlo method. Journal of the American Statistical Association, 44(247): 335-341.

Meyn S P, Tweedie R L. 1994. Computable bounds for geometric convergence rates of Markov chains. The Annals of Applied Probability, 1: 981-1011.

Rabiner L R. 1989. A tutorial on hidden Markov models and selected applications in speech recognition. Proceedings of the IEEE, 77(2): 257-286.

Rosenthal J S. 1995. Rates of convergence for Gibbs sampling for variance component models. The Annals of Statistics, 23(3): 740-761.

Vintsyuk T K. 1968. Speech discrimination by dynamic programming. Cybernetics, 4(1): 52-57.

Viterbi A J. 1967. Error bounds for convolutional codes and an asymptotically optimum decoding algorithm. IEEE Transactions on Information Theory, (2): 260-269.

# 第 11 章

# 数据预处理与特征选择

材料信息学是一门数据驱动的学科，它将人工智能与材料科学与工程相结合，其目标是高速且可靠地实现各类材料数据的采集、管理、分析及传递，同时建立、验证机器学习模型，并利用这些模型指导实验和计算. 材料数据包括实验数据、计算数据、生产数据和服役数据等. 对于单个研究人员或研究小组来说，除部分数据自己产生的以外，大部分材料数据要从文献和数据库中获得，种类繁多，来源复杂多. 由于大部分机器学习算法并未考虑输入数据的不确定性，在初步收集数据后，需要进行数据预处理以确保所有研究数据的可靠性. 在某种程度上说，可靠的数据可能比机器学习算法更重要，这也意味着原始数据清洗的重要性. 本章的第一部分介绍了可靠数据、正常数据、异常数据的检测.

获得可靠的数据后还需要进行特征选择，这是机器学习中必不可少的重要环节. 第 1 章中提到过偏差和方差两种模型误差，以及机器学习过程中的偏差-方差窘境. 机器学习的目标是在特征空间中寻找全局最优解，使得偏差与方差的总和最小，因为基于数据的机器学习只能逼近而不能获得全局最优解. 因此，用什么特征和怎样的特征空间（或搜索空间）是机器学习面临的两个关键问题，而特征选择便是解决这两个问题的一个方法. 选择能够最具影响力的特征，这些特征可以是初始特征和/或它们的组合. 选择的特征会随之产生一个特征空间，再确定这个特征空间的大小从而给出了搜索空间，机器学习算法便在这个搜索空间中寻找最优近似解. 特征选择也是机器学习过程中极为关键和最具挑战性的步骤之一. 11.2 节花大篇幅介绍了一些广泛用于特征选择的机器学习算法.

## 11.1 可靠数据、正常数据、异常数据检测

可靠数据应当是可重复的. 如前面所述，包括材料性能、成分、工艺、测试条件、服役环境等的材料数据是在实验、计算，以及生产中生成的. 我们应该明确生成数据的条件、数据的准确性，以及数据中的噪声，以确保收集数据的可重复性. 由于某些未知的原因，在材料数据中可能会出现很大的差异性. 在这种情

况下，研究人员必须进行多次重复性实验，只有充分数量的重复性实验才能保证材料数据的可靠性. 然而，在文献中可能会存在冲突或错误的材料数据. 文献中的冲突数据，是指具有相同的化学成分、微观结构、加工条件，以及表征条件的样品，某一特定性能的文献报道结果不同. 如果报道结果的差异性较小，则可以取其均值. 若差异性较大，则可以通过领域知识和/或统计分析将其认定为错误数据，或者说是异常值/异常现象. 利用标准差、$t$ 检验、$F$ 检验等统计标准或方法，基于"少数服从多数"原则，可以实现简单的异常数据识别.

本章主要介绍了包括局部离群因子、孤立森林、单类支持向量机，以及支持向量数据描述在内的异常检测算法. 特别值得注意的是，科学技术上所有的进步都是由所谓异常现象引发的，可靠的异常数据往往意味着新的机制、新的科学和新的知识，更值得研究人员深入地探索.

### 11.1.1　局部离群因子

在 $K$ 近邻算法中，我们可基于某种临界距离或高维空间中超球面的临界半径来确定最近邻样本. 这一临界距离由预设的最近邻数 $k$ 决定，在给定 $k$ 值的情况下，每个样本的临界距离都不尽相同. 基于某一样本与数据集中其他样本的距离，可以计算该样本的局部密度. 一般来说，某一样本的最近邻数 $k$ 临界距离越大，其局部密度也就越低.

在给定 $m$ 维空间 $\boldsymbol{X}=(x_{i1},x_{i2},\cdots,x_{im})(i=1,2,\cdots,n)$，$\boldsymbol{X}\in\mathbf{R}^m$ 中，样本 $p$ 的 $K$ 近邻 $\mathrm{dist}_k(p)$ 定义为该样本到其第 $k$ 个最近邻样本之间的距离. 样本 $p$ 的 $K$ 近邻内所有样本的集合（包括第 $k$ 距离的样本）记为 $N_k(p)$. 显然，$N_k(p)$ 内至少存在 $k$ 个样本，即 $|N_k(p)|\geqslant k$. 对于给定的 $k$ 值，样本 $p$ 和样本 $o$ 的可达距离定义如下

$$\mathrm{dist}_k^{\mathrm{reach}}(p,o)=\max\{\mathrm{dist}_k(p),\mathrm{dist}(p,o)\}. \tag{11.1a}$$

由公式（11.1a）可知，样本 $p$ 和样本 $o$ 的可达距离 $\mathrm{dist}_k^{\mathrm{reach}}(p,o)$ 不小于样本 $p$ 的 $K$ 近邻 $\mathrm{dist}_k(p)$. 当样本 $o$ 在样本 $p$ 的 $K$ 近邻内时，样本 $o$ 与 $p$ 之间的可达距离为

$$\mathrm{dist}_k^{\mathrm{reach}}(o,p)=\max\{\mathrm{dist}_k(o),\mathrm{dist}(o,p)\}, \tag{11.1b}$$

这里 $\mathrm{dist}_k(o)$ 是样本 $o$ 的 $K$ 近邻. 样本 $p$ 的 $K$ 近邻内所有样本到 $p$ 的可达距离之和记作

$$\sum_{o\in N_k(p)}\mathrm{dist}_k^{\mathrm{reach}}(o,p). \tag{11.1c}$$

样本 $p$ 的 $K$ 近邻的样本数目与上述可达距离之和的比值定义为样本 $p$ 的局部可达密度（local reachability density）

$$\mathrm{lrd}_k(p)=\frac{|N_k(p)|}{\sum\limits_{o\in N_k(p)}\mathrm{dist}_k^{\mathrm{reach}}(o,p)}=\left(\frac{\sum\limits_{o\in N_k(p)}\mathrm{dist}_k^{\mathrm{reach}}(o,p)}{|N_k(p)|}\right)^{-1}. \tag{11.2}$$

局部可达密度是样本 $p$ 的 $K$ 近邻中所有样本点到 $p$ 的平均可达距离的倒数. 基于局部可达密度，我们可以进一步定义局部离群因子（local outlier factor）

$$\mathrm{lof}_k(p)=\frac{\sum\limits_{o\in N_k(p)}\frac{\mathrm{lrd}_k(o)}{\mathrm{lrd}_k(p)}}{|N_k(p)|}=\frac{\frac{\sum\limits_{o\in N_k(p)}\mathrm{lrd}_k(o)}{|N_k(p)|}}{\mathrm{lrd}_k(p)}. \tag{11.3}$$

式中，$\frac{\sum_{o\in N_k(p)}\mathrm{lrd}_k(o)}{|N_k(p)|}$ 表示样本 $p$ 的 $K$ 近邻内所有点的局部可达密度均值，记作 $\overline{\mathrm{lrd}_k(o)}$. 局部离群因子实际上是通过比较样本 $p$ 的局部可达密度和其 $K$ 近邻样本所有其他样本的局部可达密度均值来判断 $p$ 是不是异常点，即 $\mathrm{lof}_k(p)=\frac{\overline{\mathrm{lrd}_k(o)}}{\mathrm{lrd}_k(p)}$. 如果 $\mathrm{lof}_k(p)<1$，样本 $p$ 的局部可达密度大于邻域中其他样本的平均局部可达密度；反之，如果 $\mathrm{lof}_k(p)>1$，样本 $p$ 的局部可达密度小于邻域中其他样本的平均局部可达密度. 一般来说，如果 $\mathrm{lof}_k(p)$ 大得超过某个阈值，就可以将样本 $p$ 视作异常点.

**例 11.1**

表 E11.1 中列举了四个合金的两个特征：混合焓（$H_{\mathrm{mix}}$）和混合熵（$S_{\mathrm{mix}}$）. 在本例中，不同样本之间的距离基于归一化混合焓值和归一化混合熵值计算. 各样本之间的曼哈顿距离如下：

**表 E11.1　用于局部离群因子检测的四个合金**

| 样本 | 合金 | 混合焓 ($\mathrm{kJ\cdot mol^{-1}}$) | 混合熵 ($\mathrm{J\cdot K^{-1}\cdot mol^{-1}}$) | 归一化混合焓 | 归一化混合熵 |
|---|---|---|---|---|---|
| $a$ | $Ag_{14}Cu_{78.5}P_{7.5}$ | −4.01905 | 5.483515 | 0 | 0.667501 |
| $b$ | $Ag_{10}Mg_{85}Y_5$ | −5 | 4.3082 | 0.132187 | 1 |
| $c$ | $Ag_{10.5}Cu_{80.5}P_9$ | −5.0946 | 5.221014 | 0.144934 | 0.741764 |
| $d$ | $Ag_{10}Mg_{50}Y_{10}$ | −11.44 | 7.842999 | 1 | 0 |

$$\mathrm{dist}(a,b)=0.4647,$$

$$\mathrm{dist}(a,c)=0.2192,$$

$$\mathrm{dist}(a,d)=1.6675,$$

$$\mathrm{dist}(b,c)=0.2710,$$

$$\mathrm{dist}(b,d)=1.8678,$$

$$\mathrm{dist}(c,d)=1.5968.$$

在本例中考虑 2 个最近邻点，那么我们需要计算各样本的 $K=2$ 距离

$$\mathrm{dist}_2(a)=\mathrm{dist}(a,b)=0.4647,$$

$$\mathrm{dist}_2(b)=\mathrm{dist}(b,a)=0.4647,$$

$$\mathrm{dist}_2(c)=\mathrm{dist}(c,b)=0.2710,$$

$$\mathrm{dist}_2(d)=\mathrm{dist}(d,a)=1.6675.$$

根据式（11.1a）—式（11.2），样本 $a$ 的局部可达密度为

$$\mathrm{dist}_2^{\mathrm{reach}}(c,a)=\max\{\mathrm{dist}_2(c),\mathrm{dist}(a,c)\}=0.2710,$$

$$\mathrm{dist}_2^{\mathrm{reach}}(b,a)=\max\{\mathrm{dist}_2(b),\mathrm{dist}(a,b)\}=0.4647,$$

$$\mathrm{lrd}_2(a)=\frac{2}{\mathrm{dist}_2^{\mathrm{reach}}(b,a)+\mathrm{dist}_2^{\mathrm{reach}}(c,a)}=2.7185.$$

类似地，对于其余三个样本

$$\mathrm{lrd}_2(b)=\frac{2}{\mathrm{dist}_2^{\mathrm{reach}}(a,b)+\mathrm{dist}_2^{\mathrm{reach}}(c,b)}=2.7185,$$

$$\mathrm{lrd}_2(c)=\frac{2}{\mathrm{dist}_2^{\mathrm{reach}}(a,c)+\mathrm{dist}_2^{\mathrm{reach}}(b,c)}=2.1519,$$

$$\mathrm{lrd}_2(d)=\frac{2}{\mathrm{dist}_2^{\mathrm{reach}}(a,d)+\mathrm{dist}_2^{\mathrm{reach}}(c,d)}=0.6127.$$

最后，可以计算得到每个样本的局部离群因子

$$\mathrm{lof}_2(a)=\frac{\mathrm{lrd}_2(b)+\mathrm{lrd}_2(c)}{2\mathrm{lrd}_2(a)}=0.8958,$$

$$\mathrm{lof}_2(b)=\frac{\mathrm{lrd}_2(a)+\mathrm{lrd}_2(c)}{2\mathrm{lrd}_2(b)}=0.8958,$$

$$\mathrm{lof}_2(c)=\frac{\mathrm{lrd}_2(a)+\mathrm{lrd}_2(b)}{2\mathrm{lrd}_2(c)}=1.2633,$$

$$\mathrm{lof}_2(d)=\frac{\mathrm{lrd}_2(a)+\mathrm{lrd}_2(c)}{2\mathrm{lrd}_2(d)}=3.9745.$$

如果将局部可达密度的阈值设为 1.5，那么样本 $d$ 由于其局部可达密度大于 1.5，该样本将被视为异常样本. 图 E11.1 显示了四个样本在归一化后的二维特征空间中的分布，样本 $d$ 显然是一个离群点.

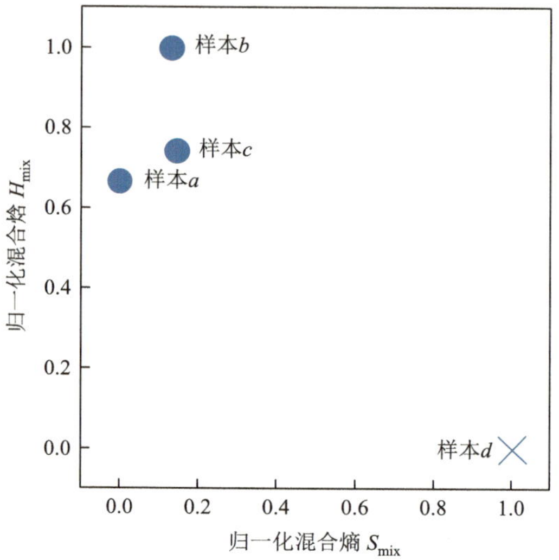


图 E11.1　四个样本在归一化后的特征空间中的分布

### 11.1.2　孤立森林

孤立森林异常检测算法是基于用二分类决策树为基学习器的集成学习算法. 孤立森林算法的理论假设如下：①异常样本在数据集中是稀有的；②异常样本的特征值与正常样本的特征值有明显的差异. 因此，在孤立树中，异常样本靠近根节点，而正常样本靠近叶根节点.

与分类树和回归树不同，孤立树的训练不需要任何损失函数，其训练逻辑如下：从原始数据集 $\boldsymbol{X}=(x_{i1},x_{i2},\cdots,x_{im})(i=1,2,\cdots,n)$，$\boldsymbol{X}\in\mathbf{R}^m$ 中随机抽取 $\hat{n}$ 个样本点，基于一个随机选择的特征，随机且递归地重复划分这 $\hat{n}$ 个样本，直到不可再分. 重复上述过程 $t$ 次，可得到由 $t$ 个孤立树组成的孤立森林. 如果将原始数据分为 $t$ 折，那么所有数据都将用于孤立树的训练.

获得由 $t$ 个孤立树组成的孤立森林后，就可以用孤立森林对 $\boldsymbol{X}$ 中的所有样本进行检测. 在每个孤立树中，将样本 $x$ 从根节点到叶节点经历的边数，定义为 $x$ 的路径长度 $h(x)$. 那么，在孤立森林中，样本 $x$ 平均路径长度为

$$E\left(h(x)\right)=\frac{1}{t}\sum_{i=1}^{t}h_i(x). \tag{11.4}$$

异常评价分数 $s$ 的计算方式如下

$$s(x,\hat{n})=2^{-\frac{E(h(x))}{c(\hat{n})}}, \tag{11.5a}$$

其中

$$c(\hat{n})=\begin{cases}2H(\hat{n}-1)-\dfrac{2(\hat{n}-1)}{n}, & \hat{n}>2,\\ 1, & \hat{n}=2,\\ 0, & \hat{n}<2,\end{cases} \tag{11.5b}$$

$H(i)$是调和数，可以通过$\ln(i)+0.5772156649$（欧拉常数）来估算. 如果异常评价分数非常接近 1，那么相应的样本可视为异常样本；反之，正常样本的异常评价分数远小于 0.5. 在异常检测中，通常需要定义一个阈值来区分异常样本.

## 例 11.2

在这里，我们使用孤立森林，对例 11.1 中的四个样本进行异常检测. 在本例中，孤立森林由四棵孤立树组成，每棵孤立树均基于三个随机选择的样本生成.

**1 号孤立树**：该孤立树基于样本 $a$，$c$，$d$ 生成，节点分裂选用了 $H_{\text{mix}}$ 以及 $S_{\text{mix}}$ 两个特征. 孤立树生成后，对样本 $b$ 进行了测试. 如图 E11.2 所示，$a, b, c, d$ 四个样本的路径长度分别为 2, 2, 2, 1.

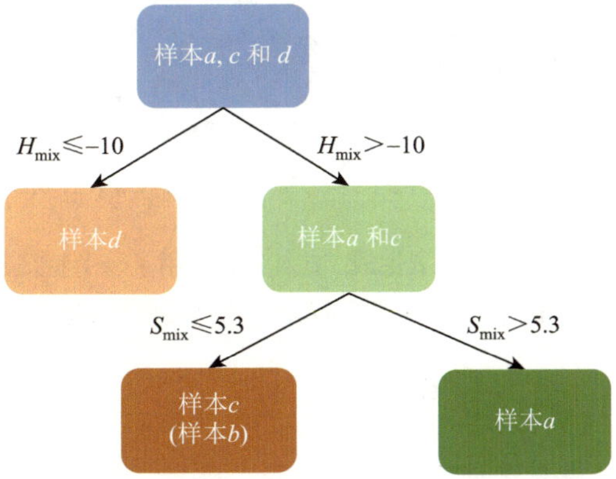


图 E11.2　基于样本 $a, c, d$ 以及特征 $H_{\text{mix}}$ 和 $S_{\text{mix}}$ 生成的孤立树

**2 号孤立树**：该孤立树基于样本 $a, b, c$ 生成，节点分裂选用了一个特征 $H_{\text{mix}}$. 孤立树生成后，对样本 $d$ 进行了测试. 如图 E11.3 所示，$a, b, c, d$ 四个样本的路径长度分别为 2, 2, 1, 1.

**3 号孤立树**：该孤立树基于样本 $a$，$b$，$d$ 生成，节点分裂选用了 $H_{\text{mix}}$ 以及 $S_{\text{mix}}$ 两个特征. 孤立树生成后，对样本 $c$ 进行了测试. 如图 E11.4 所示，$a, b, c, d$ 四个样本的路径长度分别为 2, 2, 2, 1.

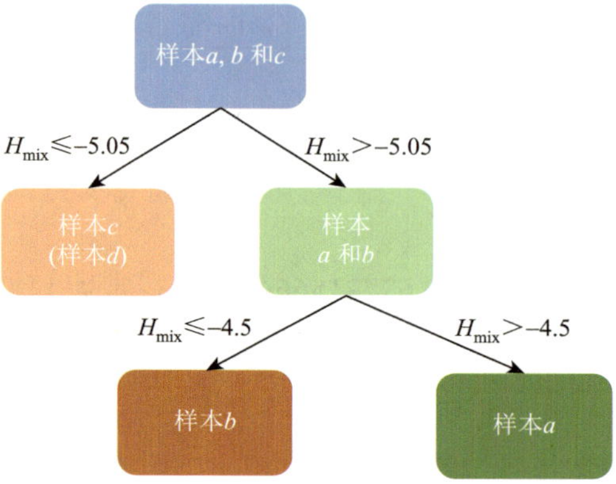


图 E11.3 基于样本 $a, b, c$ 以及特征 $H_{mix}$ 生成的孤立树

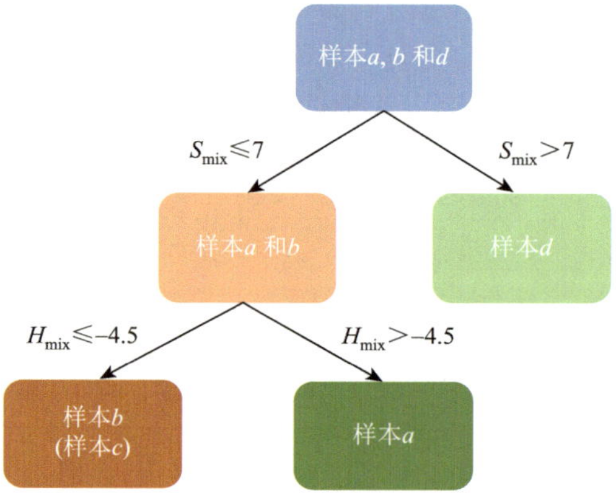


图 E11.4 基于样本 $a, b, d$ 以及特征 $H_{mix}$ 和 $S_{mix}$ 生成的孤立树

**4 号孤立树**: 该孤立树基于样本 $b, c, d$ 生成，节点分裂选用了一个特征 $S_{mix}$. 孤立树生成后，对样本 $a$ 进行了测试. 如图 E11.5 所示, $a, b, c, d$ 四个样本的路径长度分别为 2, 1, 2, 2.

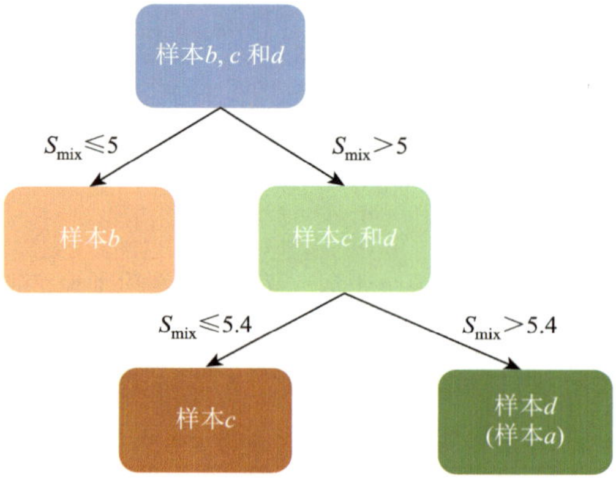


图 E11.5 基于样本 $b, c, d$ 以及特征 $S_{mix}$ 生成的孤立树

综上所述, $a, b, c, d$ 四个样本在孤立森林中的平均路径长度分别为 2, 1.75, 1.75, 1.25, 即

$$E(h(a)) = 2,$$
$$E(h(b)) = 1.75,$$
$$E(h(c)) = 1.75,$$
$$E(h(d)) = 1.25.$$

因为

$$c(3) = 2H(2) - \frac{2\times 2}{4} = 1.541,$$

所以四个样本的异常评价分数为

$$s(a,3) = 2^{-\frac{E(h(a))}{c(3)}} = 0.4067,$$
$$s(b,3) = 2^{-\frac{E(h(b))}{c(3)}} = 0.4551,$$
$$s(c,3) = 2^{-\frac{E(h(c))}{c(3)}} = 0.4551,$$
$$s(d,3) = 2^{-\frac{E(h(d))}{c(3)}} = 0.5699.$$

这里将阈值设定为 0.55, 具有最大异常分数的样本 $d$ 被认定为异常样本.

### 11.1.3　单类支持向量机

单类支持向量机（one-class support vector machine, 简称单类 SVM）是一种特殊的二分类 SVM, 但不需要类别标签, 可以用来检测异常样本. 单类 SVM 的目标是在特征空间寻找一个超平面, 使得所有正常样本都在超平面一侧, 而异常样本在超平面另一侧. Schölkopf 等（2001）提出单类 SVM 的超平面 $(\boldsymbol{W},-\rho)$ 可以通过求解以下最优化问题获得

$$\min_{\boldsymbol{W},\xi,\rho}\left(\frac{1}{2}\|\boldsymbol{W}\|^2 - \rho + \frac{1}{\nu n}\sum_{i=1}^{n}\xi_i\right),$$

$$\phi(\boldsymbol{x}_i)W \geqslant \rho - \xi_i,\ \xi_i \geqslant 0 \quad (i = 1, 2, \cdots, n), \tag{11.6a}$$

其中, $\boldsymbol{W}$ 和 $-\rho$ 分别是超平面的法向量和截距, $\xi_i$ 是松弛变量. 与公式（4.13a）相比, 惩罚参数 $C$ 被 $\frac{1}{\nu}$ 替代了, 其中 $\nu$ 是训练样本中支持向量的最小数量, 用于调节松弛程度. 公式（11.6a）的拉格朗日函数可写为

$$L_{\mathrm{P}} = \frac{1}{2}\|\boldsymbol{W}\|^2 - \rho + \frac{1}{\nu n}\sum_{i=1}^{n}\xi_i - \sum_{i=1}^{n}\lambda_i\left(\phi(\boldsymbol{x}_i)\boldsymbol{W} - \rho + \xi_i\right) - \sum_{i=1}^{n}\mu_i\xi_i, \tag{11.6b}$$

其中，$\lambda_i \geqslant 0$ 和 $\mu_i \geqslant 0\,(i=1,2,\cdots,n)$是拉格朗日乘子．由 $L_{\mathrm{P}}$ 对 $\boldsymbol{W}$，$\rho$ 和 $\xi_i$ 的偏导为零得到

$$\boldsymbol{W}^{\mathrm{T}} = \sum_{i=1}^{n} \lambda_i \phi(\boldsymbol{x}_i)\,, \tag{11.7a}$$

$$\sum_{i=1}^{n} \lambda_i = 1\,, \tag{11.7b}$$

$$\mu_i = \frac{1}{\nu n} - \lambda_i\,. \tag{11.7c}$$

将式（11.7a）—式（11.7c）代入式（11.6b），得到对偶函数的具体表示

$$L_{\mathrm{D}} = 1 - \frac{1}{2}\sum_{i=1}^{n}\sum_{j=1}^{n}\lambda_i\lambda_j\phi(\boldsymbol{x}_i)\left(\phi(\boldsymbol{x}_j)\right)^{\mathrm{T}}. \tag{11.8a}$$

拉格朗日乘子 $\lambda_i$ 的值可以通过最大化对偶函数 $L_{\mathrm{D}}$ 得到，即

$$\begin{aligned} &\lambda_i = \underset{\lambda}{\operatorname{argmax}}\, L_{\mathrm{D}}, \\ &\text{s.t.}\ \sum_{i=1}^{n}\lambda_i = 1, \quad \frac{1}{\nu n} \geqslant \lambda_i \geqslant 0 \quad (i=1,2,\cdots,n). \end{aligned} \tag{11.8b}$$

上述过程的 KKT 条件描述如下

$$\begin{cases} \lambda_i \geqslant 0, \quad \mu_i \geqslant 0\ (\text{对偶约束}), \\ \phi(\boldsymbol{x}_i)W \geqslant \rho - \xi_i,\ \ \xi_i \geqslant 0\ (\text{主约束}), \\ \lambda_i\left[\phi(\boldsymbol{x}_i)W - \rho + \xi_i\right] = 0,\ \mu_i\xi_i = 0\ (\text{互补松弛条件}), \\ \boldsymbol{W}^{\mathrm{T}} = \sum_{i=1}^{n}\lambda_i\phi(\boldsymbol{x}_i),\ \sum_{i=1}^{n}\lambda_i = 1\ (\text{定常方程}). \end{cases}$$

理论上可选取任何一个支持向量来确定 $\rho$ 值，但实际中 $\rho$ 值是通过所有支持向量机求出的均值获得的:

$$\rho = \frac{1}{|S|}\sum_{i\in S}\phi(\boldsymbol{x}_i)\boldsymbol{W}\,, \tag{11.9}$$

这里 $S$ 和 $|S|$ 分别表示支持向量集合及其数目．通过式（11.7a）和式（11.9）即可得到超平面 $(\boldsymbol{W},-\rho)$．相应地，可以得到决策函数 $\operatorname{sign}(z)$，其值在 $z \geqslant 0$ 时等于 1，否则为−1. 异常值可通过式（11.10）来检测.

$$\operatorname{sign}\left(\sum_{i=1}^{n}\phi(\boldsymbol{x}_i)\boldsymbol{W} - \rho\right) = \operatorname{sign}\left(\sum_{i,j=1}^{n}\lambda_i\phi(\boldsymbol{x}_i)\left(\phi(\boldsymbol{x}_j)\right)^{\mathrm{T}} - \rho\right) = \operatorname{sign}\left(\sum_{i,j=1}^{n}\lambda_i K(\boldsymbol{x}_i,\boldsymbol{x}_j) - \rho\right). \tag{11.10}$$

## 例 11.3

表 E11.2 列举了三个高熵合金训练样本. 其中, 平均价电子浓度 VEC 和混合焓 $H_{\mathrm{mix}}\,(\mathrm{kJ\cdot mol^{-1}})$ 这两个特征的计算公式已在第 4 章给出, 分别为式（E4.1）和式（E4.2）. 用这三个高熵合金样本作为训练集, 构造了一个单类 SVM 模型.

**表 E11.2　构造单类 SVM 模型的三个高熵合金训练样本**

| 样本 | VEC ($x_1$) | $H_{\mathrm{mix}}(x_2,\ \mathrm{kJ\cdot mol^{-1}})$ |
|---|---|---|
| $Co_{0.25}Cr_{0.25}FeMn$ | 7.5 | −1.0 |
| NbTaTiVW | 5 | −3.7 |
| DyGdLuTbTm | 3 | 0 |

在本例中, 公式（11.8a）可写为

$$L_{\mathrm{D}}=1-\frac{1}{2}\left(57.25\lambda_1^2+38.69\lambda_2^2+9\lambda_3^2+82.4\lambda_1\lambda_2+45\lambda_1\lambda_3+30\lambda_2\lambda_3\right).$$

由 KKT 条件中的定常方程 $\sum_{i=1}^{n}\lambda_i=1$ 可知, $\lambda_3=1-\lambda_1-\lambda_2$, 将其代入对偶函数可得

$$L_{\mathrm{D}}=-13.5\lambda_1-6\lambda_2-10.625\lambda_1^2-8.845\lambda_2^2-12.7\lambda_1\lambda_2-3.5.$$

为使对偶函数最大化, 需满足

$$\begin{cases}\dfrac{\partial L_{\mathrm{D}}}{\partial\lambda_1}=-13.5-21.25\lambda_1-12.7\lambda_2=0,\\[2mm]\dfrac{\partial L_{\mathrm{D}}}{\partial\lambda_2}=-6-12.7\lambda_1-17.69\lambda_2=0,\end{cases}$$

求解可得

$$\begin{cases}\lambda_1=-0.7577,\\ \lambda_2=0.2048.\end{cases}$$

然而, $\lambda_1=-0.7577$ 不满足 $\lambda_i\geqslant 0$ 的对偶约束. 因此, 这两个拉格朗日乘子至少有一个为 0. 如果仅有一个拉格朗日乘子 $\lambda_1=0$, 我们可以得到

$$\begin{cases}\lambda_3=1-\lambda_2,\\ \dfrac{\partial L_{\mathrm{D}}}{\partial\lambda_2}=-6-17.69\lambda_2=0.\end{cases}$$

求解可得 $\lambda_2=-0.3392$ 也不满足对偶约束. 相似地, $\lambda_2=0$ 或 $\lambda_3=0$ 也不满足对偶约束. 因此, 应该有两个拉格朗日乘子为 0, 剩余的一个拉格朗日乘子的值为 1, 那么, 共存在以下三种情况:

$$\begin{cases}\lambda_1 = 1, \\ \lambda_2 = 0, \\ \lambda_3 = 0,\end{cases} \quad \text{相应的对偶函数最大值为} (L_{\mathrm{D}})_{\max|\lambda_2,\,\lambda_3=0} = -27.625,$$

$$\begin{cases}\lambda_1 = 0, \\ \lambda_2 = 1, \\ \lambda_3 = 0,\end{cases} \quad \text{相应的对偶函数最大值为} (L_{\mathrm{D}})_{\max|\lambda_1,\,\lambda_3=0} = -18.345,$$

$$\begin{cases}\lambda_1 = 0, \\ \lambda_2 = 0, \\ \lambda_3 = 1,\end{cases} \quad \text{相应的对偶函数最大值为} (L_{\mathrm{D}})_{\max|\lambda_1,\,\lambda_2=0} = -3.5.$$

由于 $(L_{\mathrm{D}})_{\max|\lambda_1,\,\lambda_2=0} > (L_{\mathrm{D}})_{\max|\lambda_1,\,\lambda_3=0} > (L_{\mathrm{D}})_{\max|\lambda_2,\,\lambda_3=0}$，因此三个拉格朗日乘子分别为 $\lambda_1 = 0$，$\lambda_2 = 0$，$\lambda_3 = 1$. 这时，仅有样本 DyGdLuTbTm 为支持向量，分离超平面的两个参数为 $\boldsymbol{W}^{\mathrm{T}} = \sum_{i=1}^{3} \lambda_i \boldsymbol{X}_i = 1 \times (3,0) = (3,0)$，$\rho = \boldsymbol{X}_3 \boldsymbol{W} = 9$. 分离超平面可写为 $x_1 - 3 = 0$，如图 E11.6 所示.

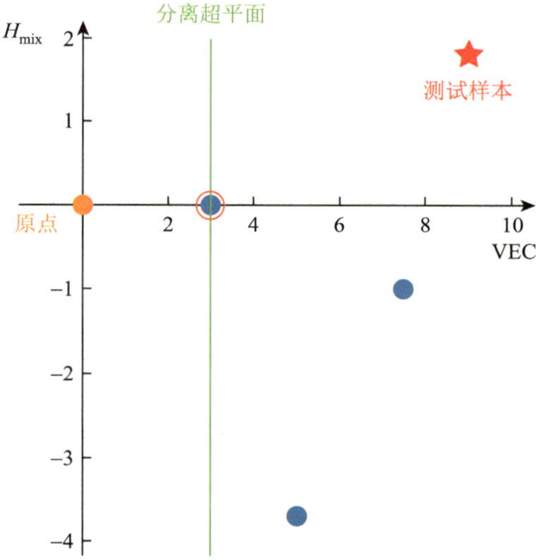


图 E11.6　数据样本在特征空间中的分布，其中蓝点为训练样本，红星为测试样本，实线代表分离超平面，支持向量用红色圆圈标记

取高熵合金 CoCuFeMnNi 为测试样品，其平均价电子浓度和混合焓分别为 9 和 1.8，那么该高熵合金在单类 SVM 中将被认定为正常样本.

## 例 11.4

本例中我们将讨论核函数对单类 SVM 的影响. 表 E11.3 中给出了三个训练样本和一个测试样本，以及它们的两个特征 $H_{\mathrm{mix}}$ 和 $S_{\mathrm{mix}}$.

**表 E11.3　训练样本和测试样本**

| 样本 | 合金 | $H_{mix}$(kJ·mol$^{-1}$) | $S_{mix}$(J·K$^{-1}$·mol$^{-1}$) |
|---|---|---|---|
| 训练样本 | $Ag_{14}Cu_{78.5}P_{7.5}$ | −4.01905 | 5.483515 |
| | $Ag_{10}Cu_{85}Ce_5$ | −3.49 | 4.3082 |
| | $Ag_{10.5}Cu_{80.5}P_9$ | −5.0946 | 5.221014 |
| 测试样本 | $Ag_{10}Mg_{85}Y_5$ | −5 | 4.3082 |

本例中的单类 SVM 使用了高斯径向核函数 $K\left(X_i,X_j\right)=\exp\left(-\gamma\left\|X_i-X_j\right\|^2\right)$ 和惩罚超参数（$\nu$），超参数（$\gamma$，$\nu$）值分别为（0.01, 0.1），（0.1, 0.1），（1, 0.1），以及（1, 0.001）. 如图 E11.7 所示，高维空间中的分离超平面在二维特征空间中是一个红色区域的闭合环边界，边界上的样本为支持向量，环内的样本为正常样本. 图 E11.7 表明，当 $\nu=0.1$，$\gamma=0.01$ 和 $\nu=0.1$，$\gamma=0.1$ 时，测试样

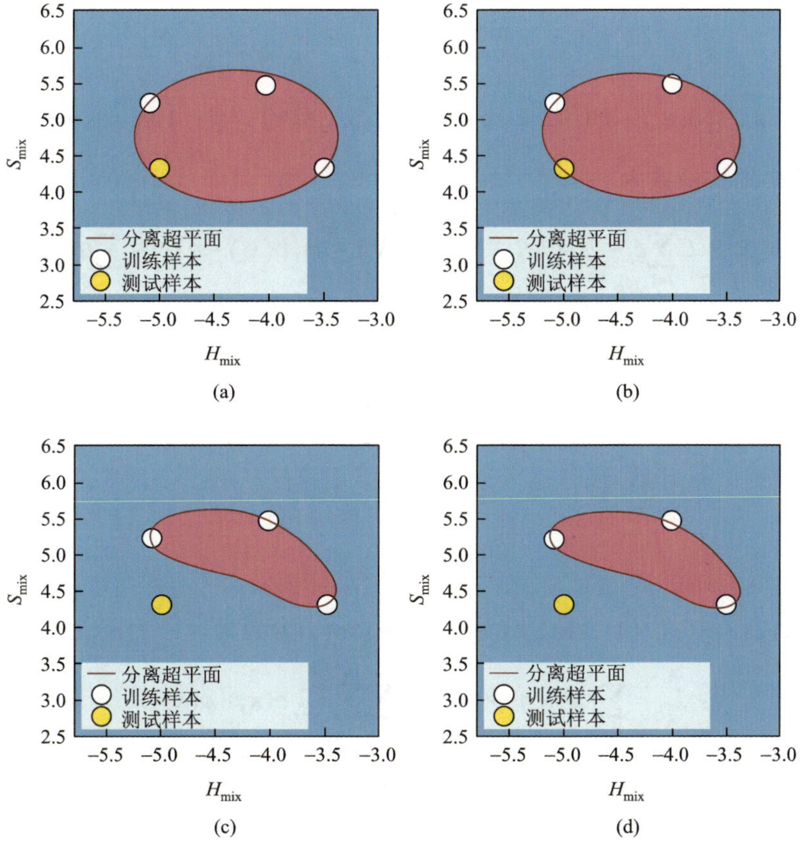


图 E11.7　样本在特征空间中的分布，其中白色点和金色点分别代表训练样本和测试样本. 单分类 SVM 中超参数分别为（a）$\gamma=0.01$ 和 $\nu=0.1$；（b）$\gamma=0.1$ 和 $\nu=0.1$；（c）$\gamma=1$ 和 $\nu=0.1$；（d）$\gamma=1$ 和 $\nu=0.001$. 在红色环内外的点分别被分类为正常样本和异常样本

本被归类为正常样本；而当 $\nu = 0.1$，$\gamma = 1$ 和 $\nu = 0.01$，$\gamma = 1$ 时，测试样本被归类为异常样本. 超参数在单类 SVM 中起着至关重要的作用. 如第 4 章所述，超参数的值通常通过交叉验证进行优化. 处理异常样本时必须小心谨慎，建议采用不同的方法来进行异常样本检测.

### 11.1.4 支持向量数据描述

支持向量数据描述（support vector data description, SVDD）（Tax and Duin, 1999, 2004）也利用支持向量机来检测异常样本，可视为另一种单类 SVM. 与单类 SVM 的超平面不同，SVDD 引入了超球面来区分数据. 在高维空间中，包含绝大部分数据点的体积最小的超球体，被视为 SVDD 的最优超球体. 这一超球体由其半径 $R$ 和球心 $a$ 确定. 在给定惩罚参数 $C$ 的情况下，最小化半径 $R$ 等价于最小化

$$\min_{R^2,\xi,a}\left(R^2 + C\sum_{i=1}^{n}\xi_i\right),$$

$$\text{s.t. } \left(\phi(\boldsymbol{x}_i) - a\right)\left(\phi(\boldsymbol{x}_i) - a\right)^{\mathrm{T}} < R^2 + \xi_i,\ \xi_i \geqslant 0 \quad (i = 1, 2, \cdots, n). \tag{11.11a}$$

上式的拉格朗日函数为

$$L_{\mathrm{P}} = R^2 + C\sum_{i=1}^{n}\xi_i - \sum_{i=1}^{n}\lambda_i\left(R^2 + \xi_i - \left(\phi(\boldsymbol{x}_i) - a\right)\left(\phi(\boldsymbol{x}_i) - a\right)^{\mathrm{T}}\right) - \sum_{i=1}^{n}\mu_i\xi_i. \tag{11.11b}$$

令 $L_{\mathrm{P}}$ 对 $R^2$，$a$ 和 $\xi_i$ 的偏导为零，

$$\sum_{i=1}^{n}\lambda_i = 1, \tag{11.12a}$$

$$a = \sum_{i=1}^{n}\lambda_i\phi(\boldsymbol{x}_i), \tag{11.12b}$$

$$C = \mu_i + \lambda_i. \tag{11.12c}$$

将式（11.12a）—式（11.12c）代入式（11.11b），得到式（11.11b）的对偶函数

$$L_{\mathrm{D}} = \sum_{i=1}^{n}\lambda_i\phi(\boldsymbol{x}_i)\left(\phi(\boldsymbol{x}_i)\right)^{\mathrm{T}} - \sum_{i=1}^{n}\sum_{j=1}^{n}\lambda_i\lambda_j\phi(\boldsymbol{x}_i)\left(\phi(\boldsymbol{x}_j)\right)^{\mathrm{T}}. \tag{11.13a}$$

拉格朗日乘子 $\lambda_i$ 的值可以通过最大化对偶函数 $L_{\mathrm{D}}$ 求解，即

$$\lambda_i = \operatorname*{argmax}_{\lambda} L_{\mathrm{D}},$$

$$\text{s.t. } \sum_{i=1}^{n}\lambda_i = 1,\ C \geqslant \lambda_i \geqslant 0 \quad (i = 1, 2, \cdots, n). \tag{11.13b}$$

上述过程的 KKT 条件描述如下

$$\begin{cases} \lambda_i \geqslant 0, \quad \mu_i \geqslant 0, \quad \sum\limits_{i=1}^{n} \lambda_i = 1, \\ (\phi(\boldsymbol{x}_i) - a)(\phi(\boldsymbol{x}_i) - a)^{\mathrm{T}} < R^2 + \xi_i, \quad \xi_i \geqslant 0, \\ \lambda_i \left( R^2 + \xi_i - (\phi(\boldsymbol{x}_i) - a)(\phi(\boldsymbol{x}_i) - a)^{\mathrm{T}} \right) = 0, \quad \mu_i \xi_i = 0, \\ a = \sum\limits_{i=1}^{n} \lambda_i \phi(\boldsymbol{x}_i), \quad \sum\limits_{i=1}^{n} \lambda_i = 1. \end{cases}$$

其中，$S$ 和 $|S|$ 分别代表满足约束条件 $\lambda_i > 0$，$\xi_i = 0$ 和 $R^2 + \xi_i - (\phi(\boldsymbol{x}_i) - a)(\phi(\boldsymbol{x}_i) - a)^{\mathrm{T}} = 0 (i \in S)$ 的支持向量集及其数目. 类似地，$R^2$ 值通过所有支持向量求解的均值获得

$$R^2 = \frac{1}{|S|} \sum_{i \in S} (\phi(\boldsymbol{x}_i) - a)(\phi(\boldsymbol{x}_i) - a)^{\mathrm{T}}. \tag{11.14a}$$

求解式（11.12b）和式（11.14a）即可得到超球面 $(R^2, a)$. 将式（11.12b）代入式（11.14a），并利用 $\boldsymbol{x}_v$ 表示支持向量，式（11.14a）可重写为核函数形式

$$R^2 = K(\boldsymbol{x}_v, \boldsymbol{x}_v) - 2\sum_{i=1}^{n} \lambda_i K(\boldsymbol{x}_v, \boldsymbol{x}_i) + \sum_{i=1}^{n} \sum_{j=1}^{n} \lambda_i \lambda_j K(\boldsymbol{x}_i, \boldsymbol{x}_j), \tag{11.14b}$$

对于测试样本 $x^*$，其到球心距离的平方为

$$d_{x^*}^2 = K(x^*, x^*) - 2\sum_{i=1}^{n} \lambda_i K(x^*, \boldsymbol{x}_i) + \sum_{i=1}^{n} \sum_{j=1}^{n} \lambda_i \lambda_j K(\boldsymbol{x}_i, \boldsymbol{x}_j). \tag{11.15}$$

如果 $d_{x^*}^2 \leqslant R^2$，则该测试样本为正常样本，否则为异常样本.

## 例 11.5

使用例 11.3 中的三个训练样本和一个测试样本来阐明 SVDD. 拉格朗日乘子的值通过求解式（11.13b）给出的对偶函数的最大化问题得到. 使用例 11.3 中的三个训练样本值得到如下对偶函数

$$L_{\mathrm{D}} = 57.25\lambda_1 + 38.69\lambda_2 + 9\lambda_3 - \left(57.25\lambda_1^2 + 38.69\lambda_2^2 + 9\lambda_3^2 + 82.4\lambda_1\lambda_2 + 45\lambda_1\lambda_3 + 30\lambda_2\lambda_3\right).$$

由约束条件 $\sum_{i=1}^{n} \lambda_i = 1$ 给出 $\lambda_3 = 1 - \lambda_1 - \lambda_2$，代入上述对偶函数，使其简化为

$$L_{\mathrm{D}} = 21.25\lambda_1 + 17.69\lambda_2 - 21.25\lambda_1^2 - 17.69\lambda_2^2 - 25.4\lambda_1\lambda_2.$$

对偶函数最大化要求

$$\begin{cases} \dfrac{\partial L_{\mathrm{D}}}{\partial \lambda_1} = 21.25 - 42.5\lambda_1 - 25.4\lambda_2 = 0, \\ \dfrac{\partial L_{\mathrm{D}}}{\partial \lambda_2} = 17.69 - 25.4\lambda_1 - 35.38\lambda_2 = 0, \end{cases}$$

求解可得

$$\begin{cases} \lambda_1 = 0.35236, \\ \lambda_2 = 0.24703, \\ \lambda_3 = 1 - \lambda_1 - \lambda_2 = 0.40061. \end{cases}$$

由于三个拉格朗日乘子均不为零，这意味着三个数据点均为支持向量，如图 E11.8 所示. 在二维空间中，超球面是一个圆，其圆心和半径如下所示

$$\boldsymbol{a} = \sum_{i=1}^{3} \lambda_i \boldsymbol{X}_i = (5.080, -1.266),$$

$$R^2 = (\boldsymbol{x}_v, \boldsymbol{x}_v) - 2\sum_{i=1}^{n} \lambda_i (\boldsymbol{x}_v, \boldsymbol{x}_i) + \sum_{i=1}^{n}\sum_{j=1}^{n} \lambda_i \lambda_j (\boldsymbol{x}_i, \boldsymbol{x}_j) = 5.9287.$$

因此，代表超球面的圆为 $(x_1 - 5.080)^2 + (x_2 + 1.266)^2 = 5.9287$. 对于测试样本高熵合金 CoCuFeMnNi，其到圆心的距离的平方为 24.77，大于半径的平方，因此该高熵合金在 SVDD 中将被判定为异常样本，这与例 11.3 的结论相反.

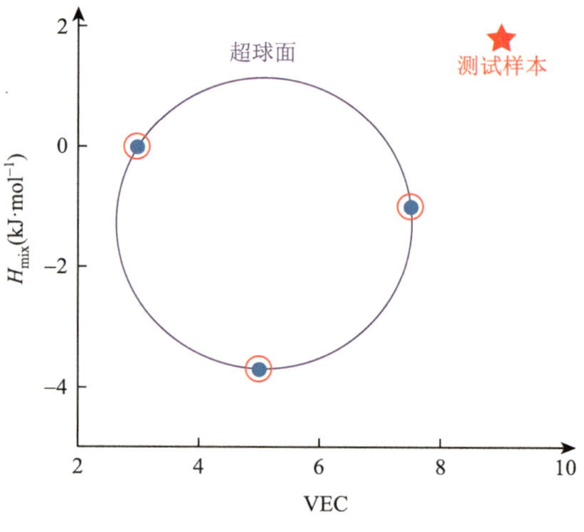


图 E11.8　数据样本在特征空间中的分布. 其中，蓝点为训练样本，红星为测试样本，实线圆环代表超球面，支持向量用红色圆圈标记

## 例 11.6

使用例 11.4 中的三个训练样本和一个测试样本来阐明包含核函数和惩罚参数的 SVDD.

本例中 SVDD 的惩罚参数 $C$ 为 1，高斯径向核函数的参数 $\gamma$ 取值分别为 0.1 和 1. 不同核函数的 SVDD 超球面在特征空间中的映射，如图 E11.9 和图 E11.10 所示. 在图 E11.9 中，核函数参

数$\gamma$为 0.1, SVDD 模型的超球面半径为 0.1444. 图中的红星代表测试样本, 其到球心距离为 0.1403, 这意味着该样本被 SVDD 模型认定为正常样本. 但是, 如果令$\gamma$为 1, 超球面映射如图 E11.10, 相应 SVDD 模型的超球面半径为 0.5570. 测试样本到球心的距离骤增, 达到 1.0090, 这意味着该样本会被新的 SVDD 模型当作异常样本.

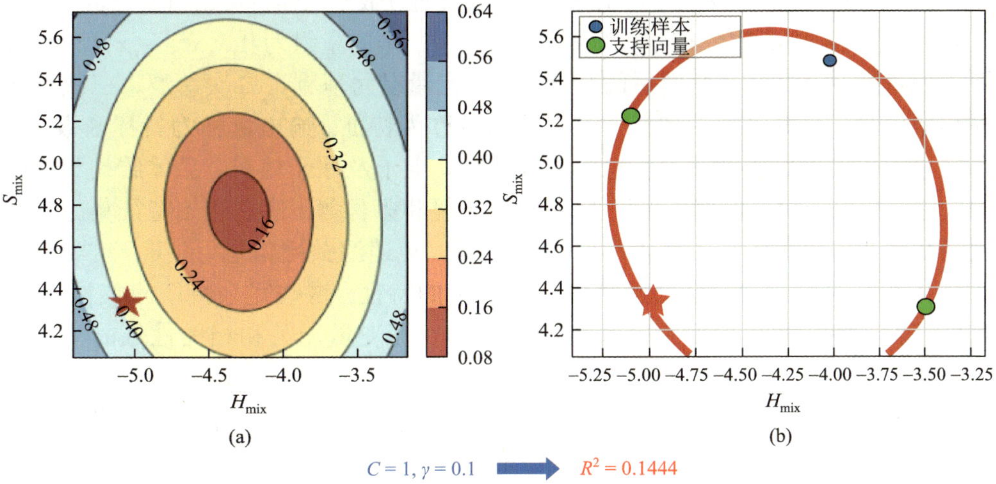


图 E11.9　使用高斯径向核函数（$\gamma = 0.1$）和惩罚参数 $C = 1$ 的 SVDD 模型:（a）数据点在特征空间中的距离;（b）超球面, 其中蓝点为训练样本, 绿点为支持向量, 红星为测试样本

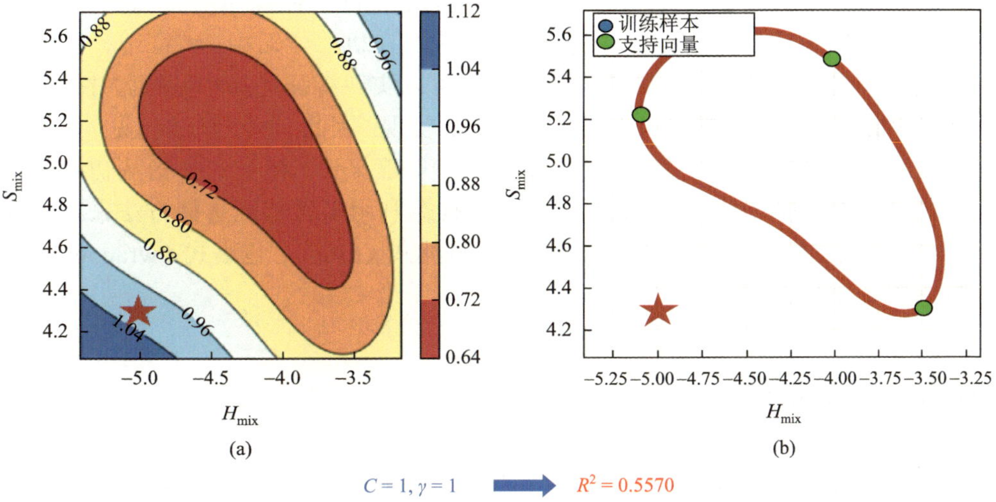


图 E11.10　使用高斯径向核函数（$\gamma = 1$）和惩罚参数 $C = 1$ 的 SVDD 模型:（a）数据点在特征空间中的距离;（b）超球面, 其中蓝点为训练样本, 绿点为支持向量, 红星为测试样本

# 11.2 特征选择

在一般数学分析中，函数（因变量）随着一组或一个自变量的变化而相应变化，每一个自变量都可以独立自主地变化. 函数通过数学操作符可由自变量自身或变量的基向量组表示. 比如在 $f(x)$的多项式展开中，基向量组为$\{1, x, x^2, \cdots, x^m\}$；在时间依赖函数 $f(t)$傅里叶变换后的频谱中，基向量组为基频、二次谐波、三次谐波等频率信号. 在机器学习中，一般将输入量称为特征，输出量称为目标函数. 材料信息学中的特征多种多样，包含化学成分、电子及原子信息、晶体结构和相结构、材料缺陷、材料制备工艺、材料服役环境和条件等. 建立初始特征集应基于领域知识，初始特征集应包含尽量多的特征以免遗漏关键信息. 但是，这类初始特征往往会高度相关，这也意味着存在冗余的特征，这些冗余特征应该被去除. 此外，基于特征和目标变量之间的相关性和目标变量无关和相关性低的特征也应该被去除.

如第 2 章所述，好的机器学习模型需要平衡预测精度、泛化能力，以及模型复杂度，也就是说模型需要选择尽可能少的特征获得尽可能优异的预测性能. 因此，在线性回归中可以通过添加惩罚项进行特征选择，公式（2.13）展示了包含通用惩罚项的 LSLR 回归方法. 在线性回归中，利用 $L_q$ 正则化或 $L_q$ 范式（$1 \geqslant q \geqslant 0$）可以进行特征排序和特征选择. 此类算法中，LASSO 是最具代表性且高效的特征排序和特征选择方法. 再如第 8 章所述，将进化算法中的个体视为特征，进化算法就能够基于初始特征创建新特征并进行特征选择. 在机器学习中，特征选择和排序是必不可少且至关重要的，目前有多种方法可以实现特征选择和特征排序. 很多时候，特征选择和特征排序可以通过同一方法实现. 因此，为了简洁起见，在本章中仅介绍特征选择，不再单独讨论特征排序. 一般来说，特征选择指从初始特征集中选择一个特征子集，在实际操作中，往往会利用多种特征选择方法来减少特征数量. 常见的特征选择方法可分为三类：过滤式（filter）、包裹式（wrapper），以及嵌入式（embedded）.

## 11.2.1 过滤式方法

过滤式选择方法通过特征选择对初始特征进行“过滤”，再使用过滤后的特征训练模型；这意味着过滤式选择方法与后续的模型训练过程无关.

#### 11.2.1.1　皮尔逊相关系数（$R$）

第 2 章中介绍的皮尔逊相关系数是应用最为广泛的过滤式特征选择方法. 皮尔逊相关系数是协方差 $\mathrm{cov}(x_1,x_2)$ 和方差积 $\sigma_{x_1}\sigma_{x_2}$ 的比值，即

$$R(x_1,x_2)=\frac{\mathrm{cov}(x_1,x_2)}{\sigma_{x_1}\sigma_{x_2}}, \tag{11.16a}$$

其中 $\sigma_{x_1}$ 与 $\sigma_{x_2}$ 分别表示特征 $x_1$ 和 $x_2$ 的方差，协方差 $\mathrm{cov}(x_1,x_2)$ 定义如下

$$\mathrm{cov}(x_1,x_2)=E\left[(x_1-\mu_{x_1})(x_2-\mu_{x_2})\right], \tag{11.16b}$$

$$\sigma_{x_j}=E\left[(x_j-\mu_{x_j})^2\right],\quad \mu_{x_j}=E[x_j]=\int_{-\infty}^{\infty}f(x_j)x_j\mathrm{d}x_j\quad (j=1,2), \tag{11.16c}$$

式中 $\mu_{x_j}=E[x_j]$ 是特征 $j$ 的期望值. 对于 $n$ 个离散数据，皮尔逊相关系数的定义如下

$$R=\frac{\sum_{i=1}^{n}(x_{i1}-\mu_{x_1})(x_{i2}-\mu_{x_2})}{\sqrt{\sum_{i=1}^{n}(x_{i1}-\mu_{x_1})^2\sum_{i=1}^{n}(x_{i2}-\mu_{x_2})^2}}, \tag{11.17a}$$

式中

$$\mu_{x_j}=\frac{1}{n}\sum_{i=1}^{n}x_{ij}\quad (j=1,2). \tag{11.17b}$$

如果 $R=\pm1$，那么特征 $x_1$ 和 $x_2$ 线性相关，即 $x_2=Ax_1+B$，$R$ 值为 +1 和−1 分别意味着正相关和负相关. 在实际操作中，研究人员会计算初始特征集中两两特征间的皮尔逊相关系数，然后绘制一个如图 E11.11 所示的皮尔逊相关系数图. 当两两特征之间的皮尔逊相关系数的绝对值超过某个阈值后，这两个特征可认为是强相关的，并需要去除其中一个特征. 此外，也可计算目标函数和特征之间的皮尔逊相关系数用于衡量目标函数和特征之间的线性关系.

**例 11.7**

一般来说，基于皮尔逊相关系数的筛选是材料信息学中特征筛选的第一步. 表 11.4 中列出了 Xiong 等（2021）用于高熵合金机器学习建模的 30 个初始特征.

**表 E11.4　用于高熵合金机器学习建模的特征**

| | 描述 | 缩写 | 计算公式 |
|---|---|---|---|
| | 原子序数 | AN | |
| | 金属原子半径 | MR | |
| | 熔点 | $T_m$ | |
| | 沸点 | $T_b$ | $\overline{x}=\sum_{i=1}^{N}a_i x_i$ |
| | 鲍林电负性 | XP | |
| 元素特征 | 电子亲和能 | $Eea$ | $\delta_x=\sqrt{\sum_{i=1}^{N}a_i\left(1-\frac{x_i}{\overline{x}}\right)^2}$ |
| | 第一电离能 | $I_1$ | $a_i$：元素百分比<br>$x_i$：元素特征值 |
| | 摩尔热导率 | $C_m$ | $N$: 合金内元素总数 |
| | 热导率 | $K$ | |
| | 价电子浓度 | VEC | |
| | 熔化焓 | $H_f$ | |
| | 混合焓 | $H_{mix}$ | $H_{mix}=4\sum_{i=1}^{N}\sum_{j=1}^{N}\Delta H_{ij}a_i a_j$ |
| | 混合熵 | $S_{mix}$ | $S_{mix}=-R\sum_{i=1}^{N}a_i\ln a_i$ |
| 热力学特征 | 融化熵 | $S_f$ | $S_f=\frac{\overline{H_f}}{\overline{T_m}}$ |
| | 混合吉布斯自由能 | $G_{mix}$ | $G_{mix}=H_{mix}-S_{mix}\cdot\overline{T_m}$ |
| | $\Omega$ 的倒数 | $1/\Omega$ | $1/\Omega=\frac{\lvert H_{mix}\rvert}{\overline{T_m}S_{mix}}$ |
| | s 层价电子浓度比例 | $f_s$ | $f_s=\frac{\overline{\mathrm{sVEC}}}{\overline{\mathrm{VEC}}}$ |
| 价电子分布 | p 层价电子浓度比例 | $f_p$ | $f_p=\frac{\overline{\mathrm{pVEC}}}{\overline{\mathrm{VEC}}}$ |
| | d 层价电子浓度比例 | $f_d$ | $f_d=\frac{\overline{\mathrm{dVEC}}}{\overline{\mathrm{VEC}}}$ |

上述30个特征的皮尔逊相关系数图如E11.11所示. 在此例中, 我们将皮尔逊相关系数的阈值设为 0.9, 那么可以得到六组高度线性相关的特征对 $\overline{\mathrm{MR}}-\overline{\mathrm{XP}}$，$\overline{T_b}-\overline{T_m}$，$\overline{\mathrm{VEC}}-f_s$，$\overline{\mathrm{VEC}}-f_d$，$H_{mix}-G_{mix}$ 以及 $H_{mix}-1/\Omega$. 基于本领域知识（Hu et al., 2017; Tsai and Yeh, 2014; Ye et al., 2016），在这个六组特征对中, 可以将 $\overline{\mathrm{XP}}$，$\overline{T_b}$，$f_s$，$f_d$，$G_{mix}$，$1/\Omega$ 去除, 仅保留 $\overline{\mathrm{MR}}$，$\overline{T_m}$，$\overline{\mathrm{VEC}}$ 和 $H_{mix}$ 这四个特征.

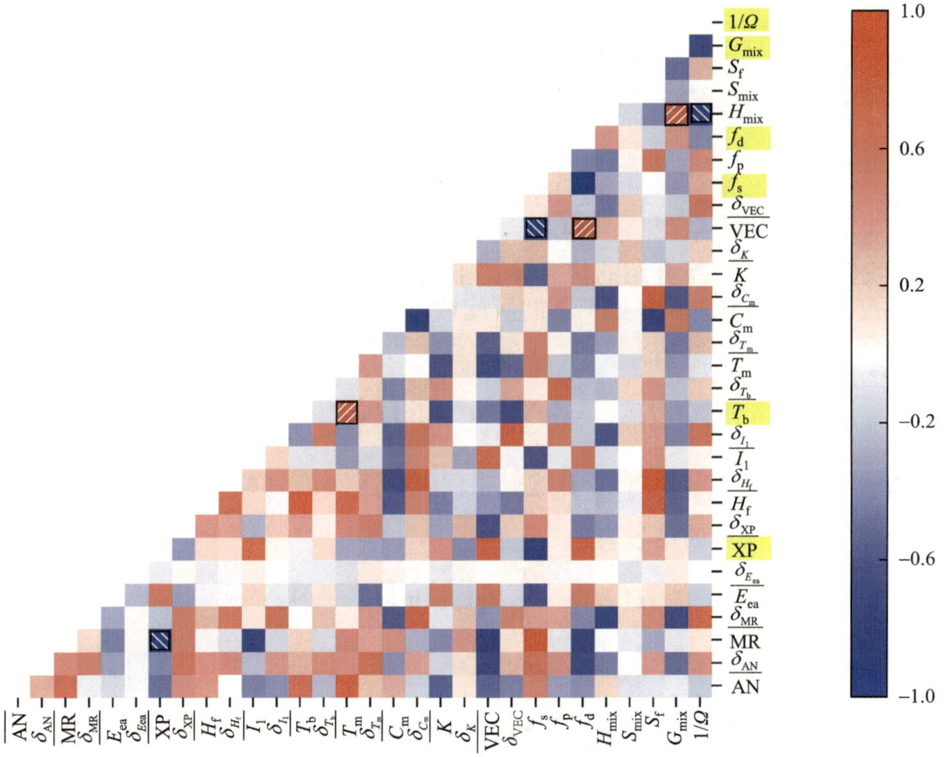


图 E11.11 数据集中特征的皮尔逊相关系数矩阵，红色代表正相关，蓝色代表负相关. 高度相关（$|R|>0.9$）的特征被特别标注

### 11.2.1.2 最大互信息系数

Reshef 等（2011）基于相互信息度（mutual information）$I(x_1,x_2)$，也称为互信息量，发展了最大互信息系数（maximal information coefficient, MIC），相互信息度可以衡量两个特征 $(x_1,x_2)$ 分布之间的相关联程度. 简单起见，本章中仅讨论包含 $x_1$，$x_2$ 两个特征的 $n$ 个不重复样本的数据集 $S$. 将二维特征空间，沿着 $x_1$ 和 $x_2$ 方向分别将其分为 $K$ 个和 $L$ 个区间（bin）. 沿 $x_1$ 方向，区间、区间内的样本，以及区间内样本数分别用 $a_k$，$x_{a_k1}$ 和 $|a_k|(k=1,2,\cdots,K)$ 表示；沿 $x_2$ 方向，区间、区间内的样本，以及区间内样本数分别用 $b_l$，$x_{b_l2}$ 和 $|b_l|(l=1,2,\cdots,L)$ 表示. 显然，$\sum_{k=1}^{K}|a_k|=n$，$\sum_{l=1}^{L}|b_l|=n$. 这种划分方式，一般称之为 $K\times L$ 网格化. 样本处于某一区间的概率可用位于该区间内样本的比率来估算，即

$$P\left(x_{a_k1}\right)=\frac{|a_k|}{n} \quad (k=1,2,\cdots,K), \tag{11.18a}$$

$$P\left(x_{b_l 2}\right)=\frac{|b_l|}{n} \quad (l=1,2,\cdots,L). \tag{11.18b}$$

因此，样本在某个网格内的概率为联合概率，可通过位于该网格内样本的比例来计算

$$P\left(x_{a_k 1}\cap x_{b_l 2}\right)=\frac{|a_k\cap b_l|}{n} \quad (k=1,2,\cdots,K;\ l=1,2,\cdots,L). \tag{11.18c}$$

这里，我们引入第 5 章介绍的信息熵，用于衡量不同区间以及不同网格内样本的混合程度，或用于表征样本处于不同区间或不同网格的不确定性. 以特征 $x_1$ 为例，其在 $K$ 个区间内的信息熵为

$$H\left(x_1\right)=-\sum_{k=1}^{K}P\left(x_{a_k 1}\right)\ln\left(P\left(x_{a_k 1}\right)\right), \tag{11.19a}$$

其中 $H(0)\triangleq 0$，$P\left(x_{a_k 1}\right)\ln\left(P\left(x_{a_k 1}\right)\right)$ 这一项代表在区间 $a_k$ 内样本的信息熵. 类似地，特征 $x_2$ 在 $L$ 个区间内的信息熵为

$$H\left(x_2\right)=-\sum_{l=1}^{L}P\left(x_{b_l 2}\right)\ln\left(P\left(x_{b_l 2}\right)\right), \tag{11.19b}$$

因此，在 $K\times L$ 网格内样本的信息熵为

$$H\left(x_1\cap x_2\right)=-\sum_{k=1}^{K}\sum_{l=1}^{L}P\left(x_{a_k 1}\cap x_{b_l 2}\right)\ln\left(P\left(x_{a_k 1}\cap x_{b_l 2}\right)\right). \tag{11.19c}$$

由联合概率计算公式可知，$P\left(x_{a_k 1}\cap x_{b_l 2}\right)=P\left(x_{a_k 1}|x_{b_l 2}\right)P\left(x_{b_l 2}\right)=P\left(x_{b_l 2}|x_{a_k 1}\right)P\left(x_{a_k 1}\right)$，其中 $P\left(x_{a_k 1}|x_{b_l 2}\right)$ 和 $P\left(x_{b_l 2}|x_{a_k 1}\right)$ 为条件概率. 对于给定的区间内样本 $x_{b_l 2}$，其条件熵 $H\left(x_1|x_2=x_{b_l 2}\right)$ 定义为如下

$$H\left(x_1|x_2=x_{b_l 2}\right)=-\sum_{k=1}^{K}P\left(x_{a_k 1}|x_{b_l 2}\right)\ln\left(P\left(x_{a_k 1}|x_{b_l 2}\right)\right). \tag{11.19d}$$

那么，条件熵 $H\left(x_1|x_2\right)$ 可通过公式（11.19e）计算：

$$\begin{aligned}H\left(x_1|x_2\right)&=-\sum_{l=1}^{L}P\left(x_{b_l 2}\right)\sum_{k=1}^{K}P\left(x_{a_k 1}|x_{b_l 2}\right)\ln\left(P\left(x_{a_k 1}|x_{b_l 2}\right)\right)\\&=-\sum_{k=1}^{K}\sum_{l=1}^{L}P\left(x_{a_k 1}\cap x_{b_l 2}\right)\ln\left(P\left(x_{a_k 1}|x_{b_l 2}\right)\right).\end{aligned} \tag{11.19e}$$

同样地，条件熵 $H\left(x_2|x_1\right)$ 计算公式如下

$$H\left(x_2|x_1\right)=-\sum_{k=1}^{K}\sum_{l=1}^{L}P\left(x_{a_k 1}\cap x_{b_l 2}\right)\ln\left(P\left(x_{b_l 2}|x_{a_k 1}\right)\right). \tag{11.19f}$$

基于信息熵和条件熵，我们通过公式（11.19g）来计算互信息量 $I\left(x_1,x_2\right)$.

$$I(x_1,x_2)=H(x_1)-H(x_1|x_2)=H(x_2)-H(x_2|x_1)$$
$$=\sum_{k=1}^{K}\sum_{l=1}^{L}P\left(x_{a_k1}\cap x_{b_l2}\right)\ln\frac{P\left(x_{a_k1}\cap x_{b_l2}\right)}{P\left(x_{a_k1}\right)P\left(x_{b_l2}\right)}. \tag{11.19g}$$

## 例 11.8

表 E11.5 给出了从零均值双变量高斯分布中抽取的两组数据，每组数据均包含十个样本. 左列为数据集 1，其中两个特征的相关系数 $\rho$ 为 0.216，右列数据集 2 中十个样本的相关系数 $\rho$ 为 0.871. 本例中将分别计算两个数据集中样本的互信息量.

**表 E11.5　基于零均值双变量高斯分布采样的两组数据**

| 数据集 1 ($\rho=0.216$) | | 数据集 2 ($\rho=0.871$) | |
|---|---|---|---|
| $x_1$ | $x_2$ | $x_1$ | $x_2$ |
| 0.786956 | 0.03476 | 0.726466 | 1.203875 |
| 0.206262 | 1.294678 | 1.121702 | 0.727969 |
| −0.03057 | 1.820368 | −1.09712 | −0.90634 |
| −0.69502 | −1.32109 | −0.65383 | −0.17763 |
| 0.578968 | −0.51001 | 1.366621 | 0.654354 |
| −1.49513 | −0.6379 | −1.18755 | −1.01806 |
| 1.345432 | −0.53991 | 0.055907 | 0.434227 |
| −0.47557 | −0.52533 | 0.788882 | 0.593351 |
| −0.36434 | −0.33948 | 0.084153 | 0.616892 |
| −0.14122 | −0.84425 | −0.16552 | 0.44046 |

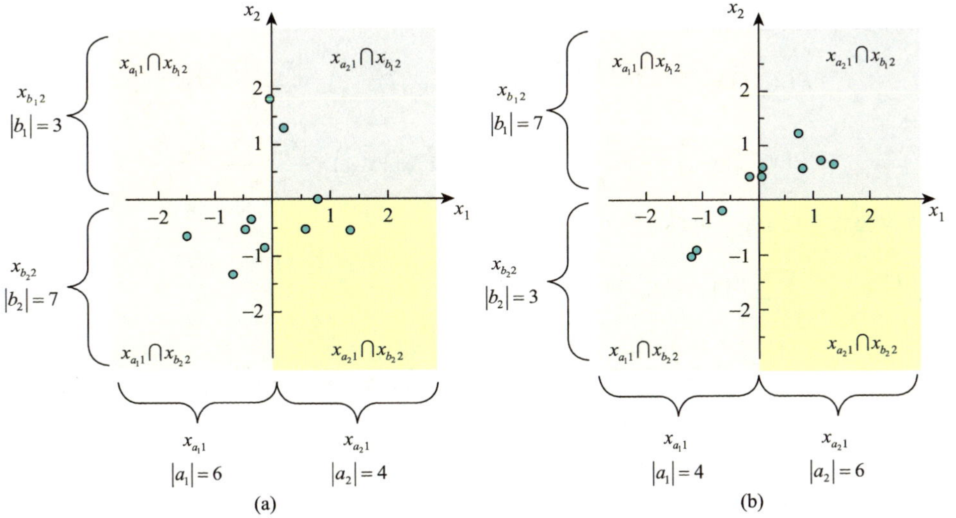


图 E11.12　(a) $\rho=0.216$ 和 (b) $\rho=0.871$ 的 2×2 网格化结果

如图E11.12所示，将二维特征空间划分为2×2的网格. 对于数据集1，四个网格中的样本数量分别为$\left|x_{a_1 1} \cap x_{b_1 2}\right| = 1$，$\left|x_{a_1 1} \cap x_{b_2 2}\right| = 5$，$\left|x_{a_2 1} \cap x_{b_1 2}\right| = 2$和$\left|x_{a_2 1} \cap x_{b_2 2}\right| = 2$；对于数据集2，四个网格中的样本数量分别为$\left|x_{a_1 1} \cap x_{b_1 2}\right| = 1$，$\left|x_{a_1 1} \cap x_{b_2 2}\right| = 3$，$\left|x_{a_2 1} \cap x_{b_1 2}\right| = 6$和$\left|x_{a_2 1} \cap x_{b_2 2}\right| = 0$. 基于这种网格划分，每个数据集中的互信息量可通过如下步骤计算.

（1）对于数据集1，我们可以计算数据分布在每个区间内的概率

$$P\left(x_{a_1 1}\right) = \frac{|a_1|}{n} = \frac{6}{10}, \quad P\left(x_{a_2 1}\right) = \frac{|a_2|}{n} = \frac{4}{10}, \quad P\left(x_{b_1 2}\right) = \frac{|b_1|}{n} = \frac{3}{10}, \quad P\left(x_{b_2 2}\right) = \frac{|b_2|}{n} = \frac{7}{10}.$$

数据分布在每个网格内的概率

$$P\left(x_{a_1 1} \cap x_{b_1 2}\right) = \frac{\left|x_{a_1 1} \cap x_{b_1 2}\right|}{n} = \frac{1}{10}, \quad P\left(x_{a_1 1} \cap x_{b_2 2}\right) = \frac{\left|x_{a_1 1} \cap x_{b_2 2}\right|}{n} = \frac{5}{10},$$

$$P\left(x_{a_2 1} \cap x_{b_1 2}\right) = \frac{\left|x_{a_2 1} \cap x_{b_1 2}\right|}{n} = \frac{2}{10}, \quad P\left(x_{a_2 1} \cap x_{b_2 2}\right) = \frac{\left|x_{a_2 1} \cap x_{b_2 2}\right|}{n} = \frac{2}{10}.$$

那么根据公式（11.19g）可以计算得到互信息量

$$\begin{aligned} I\left(x_1, x_2\right) &= \sum_{k=1}^{K}\sum_{l=1}^{L} P\left(x_{a_k 1} \cap x_{b_l 2}\right) \ln \frac{P\left(x_{a_k 1} \cap x_{b_l 2}\right)}{P\left(x_{a_k 1}\right) P\left(x_{b_l 2}\right)} \\ &= \frac{1}{10}\ln\left(\frac{1/10}{(6/10)\times(3/10)}\right) + \frac{5}{10}\ln\left(\frac{5/10}{(6/10)\times(7/10)}\right) + \frac{2}{10}\ln\left(\frac{2/10}{(4/10)\times(3/10)}\right) \\ &\quad + \frac{2}{10}\ln\left(\frac{2/10}{(4/10)\times(7/10)}\right) = 0.063. \end{aligned}$$

（2）对于数据集2，我们可以计算数据分布在每个区间内的概率

$$P\left(x_{a_1 1}\right) = \frac{|a_1|}{n} = \frac{4}{10}, \quad P\left(x_{a_2 1}\right) = \frac{|a_2|}{n} = \frac{6}{10}, \quad P\left(x_{b_1 2}\right) = \frac{|b_1|}{n} = \frac{7}{10}, \quad P\left(x_{b_2 2}\right) = \frac{|b_2|}{n} = \frac{3}{10}.$$

数据分布在每个网格内的概率

$$P\left(x_{a_1 1} \cap x_{b_1 2}\right) = \frac{\left|x_{a_1 1} \cap x_{b_1 2}\right|}{n} = \frac{1}{10}, \quad P\left(x_{a_1 1} \cap x_{b_2 2}\right) = \frac{\left|x_{a_1 1} \cap x_{b_2 2}\right|}{n} = \frac{3}{10},$$

$$P\left(x_{a_2 1} \cap x_{b_1 2}\right) = \frac{\left|x_{a_2 1} \cap x_{b_1 2}\right|}{n} = \frac{6}{10}, \quad P\left(x_{a_2 1} \cap x_{b_2 2}\right) = \frac{\left|x_{a_2 1} \cap x_{b_2 2}\right|}{n} = \frac{0}{10}.$$

那么根据公式（11.19g）可以计算互信息量

$$\begin{aligned} I\left(x_1, x_2\right) &= \sum_{k=1}^{K}\sum_{l=1}^{L} P\left(x_{a_k 1} \cap x_{b_l 2}\right) \ln \frac{P\left(x_{a_k 1} \cap x_{b_l 2}\right)}{P\left(x_{a_k 1}\right) p\left(x_{b_l 2}\right)} \\ &= \frac{1}{10}\ln\left(\frac{1/10}{(4/10)\times(7/10)}\right) + \frac{3}{10}\ln\left(\frac{3/10}{(4/10)\times(3/10)}\right) + \frac{6}{10}\ln\left(\frac{6/10}{(6/10)\times(7/10)}\right) \\ &\quad + \frac{0}{10}\ln\left(\frac{0/10}{(6/10)\times(3/10)}\right) = 0.386. \end{aligned}$$

在本例中我们使用了自然对数$\ln(\cdot)$，然而在实际中应用较多的是以2为底的对数$\log_2(\cdot)$. 数据集1和数据集2中两组变量的相关系数分别为0.216和0.871，如我们所料，两组变量的相关性

越高，它们之间的互信息量越大.

对于给定的数据集和区间数，实际上存在很多不同的划分方式. 图 E11.13 中就给出了对于同一个数据集两种不同的 2×2 网格划分方式，其中蓝线和绿线为两种划分方式的分割线.

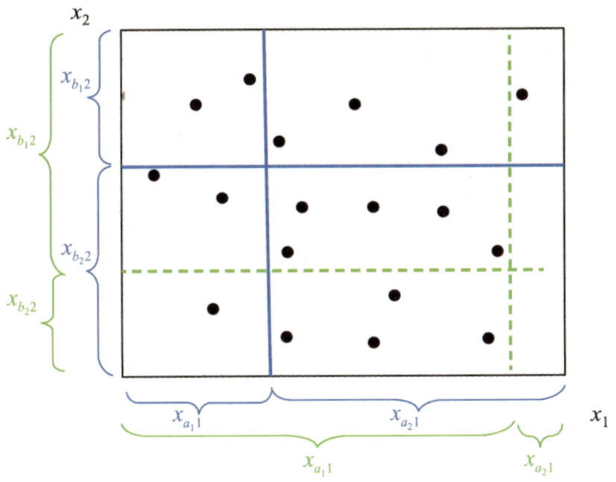


图 E11.13　不同的 2×2 网格划分方式

(1)基于蓝色线分割，我们可以得到

$$P\left(x_{a_1 1}\right)=\frac{|a_1|}{n}=\frac{5}{18},\quad P\left(x_{a_2 1}\right)=\frac{|a_2|}{n}=\frac{13}{18},\quad P\left(x_{b_1 2}\right)=\frac{|b_1|}{n}=\frac{6}{18},\quad P\left(x_{b_2 2}\right)=\frac{|b_2|}{n}=\frac{12}{18},$$

$$P\left(x_{a_1 1}\cap x_{b_1 2}\right)=\frac{\left|x_{a_1 1}\cap x_{b_1 2}\right|}{n}=\frac{2}{18},\quad P\left(x_{a_1 1}\cap x_{b_2 2}\right)=\frac{\left|x_{a_1 1}\cap x_{b_2 2}\right|}{n}=\frac{3}{18},$$

$$P\left(x_{a_2 1}\cap x_{b_1 2}\right)=\frac{\left|x_{a_2 1}\cap x_{b_1 2}\right|}{n}=\frac{4}{18},\quad P\left(x_{a_2 1}\cap x_{b_2 2}\right)=\frac{\left|x_{a_2 1}\cap x_{b_2 2}\right|}{n}=\frac{9}{18}.$$

$$\begin{aligned}I(x_1,x_2)=&P\left(x_{a_1 1}\cap x_{b_1 2}\right)\ln\frac{P\left(x_{a_1 1}\cap x_{b_1 2}\right)}{P\left(x_{a_1 1}\right)P\left(x_{b_1 2}\right)}+P\left(x_{a_1 1}\cap x_{b_2 2}\right)\ln\frac{P\left(x_{a_1 1}\cap x_{b_2 2}\right)}{P\left(x_{a_1 1}\right)P\left(x_{b_2 2}\right)}\\&+p\left(x_{a_2 1}\cap x_{b_1 2}\right)\ln\frac{P\left(x_{a_2 1}\cap x_{b_1 2}\right)}{P\left(x_{a_2 1}\right)P\left(x_{b_1 2}\right)}+P\left(x_{a_2 1}\cap x_{b_2 2}\right)\ln\frac{P\left(x_{a_2 1}\cap x_{b_2 2}\right)}{P\left(x_{a_2 1}\right)P\left(x_{b_2 2}\right)}=0.0038.\end{aligned}$$

(2)基于绿色线分割，我们可以得到

$$P\left(x_{a_1 1}\right)=\frac{|a_1|}{n}=\frac{17}{18},\quad P\left(x_{a_2 1}\right)=\frac{|a_2|}{n}=\frac{1}{18},\quad P\left(x_{b_1 2}\right)=\frac{|b_1|}{n}=\frac{13}{18},\quad P\left(x_{b_2 2}\right)=\frac{|b_2|}{n}=\frac{5}{18},$$

$$P\left(x_{a_1 1}\cap x_{b_1 2}\right)=\frac{\left|x_{a_1 1}\cap x_{b_1 2}\right|}{n}=\frac{12}{18},\quad P\left(x_{a_1 1}\cap x_{b_2 2}\right)=\frac{\left|x_{a_1 1}\cap x_{b_2 2}\right|}{n}=\frac{5}{18},$$

$$P\left(x_{a_2 1}\cap x_{b_1 2}\right)=\frac{\left|x_{a_2 1}\cap x_{b_1 2}\right|}{n}=\frac{1}{18},\quad P\left(x_{a_2 1}\cap x_{b_2 2}\right)=\frac{\left|x_{a_2 1}\cap x_{b_2 2}\right|}{n}=\frac{0}{18}.$$

$$I(x_1,x_2)=P\left(x_{a_1 1}\cap x_{b_1 2}\right)\ln\frac{P\left(x_{a_1 1}\cap x_{b_1 2}\right)}{P\left(x_{a_1 1}\right)P\left(x_{b_1 2}\right)}+P\left(x_{a_1 1}\cap x_{b_2 2}\right)\ln\frac{P\left(x_{a_1 1}\cap x_{b_2 2}\right)}{P\left(x_{a_1 1}\right)P\left(x_{b_2 2}\right)}$$

$$+P\left(x_{a_2 1}\cap x_{b_1 2}\right)\ln\frac{P\left(x_{a_2 1}\cap x_{b_1 2}\right)}{P\left(x_{a_2 1}\right)P\left(x_{b_1 2}\right)}+P\left(x_{a_2 1}\cap x_{b_2 2}\right)\ln\frac{P\left(x_{a_2 1}\cap x_{b_2 2}\right)}{P\left(x_{a_2 1}\right)P\left(x_{b_2 2}\right)}=0.019.$$

显然，网格的分辨率，即 $K$ 和 $L$ 的取值，会影响互信息量的大小，对于数据集 $S$ 在 $K\times L$ 网格化下最大互信息量的定义为

$$I^*(x_1,x_2)=\max\left\{I(x_1,x_2)\mid S,K,L\right\}. \tag{11.20a}$$

最大互信息量有如下性质：$0\leqslant I^*(x_1,x_2)\leqslant\ln\left(\min(K,L)\right)$. 那么，通过 $\log\left(\min\{K,L\}\right)$ 归一化最大互信息量后，其取值将在 0 到 1 之间，归一化最大互信息量表达如下

$$nI^*(K,L)=\frac{I^*(x_1,x_2)}{\ln\left(\min(K,L)\right)}. \tag{11.20b}$$

然而，归一化最大互信息量的值依然受网络分辨率的影响. 因此，我们引入对于一个给定数据集 $S$ 的最大互信息系数 MIC($S$)，其定义如下

$$\mathrm{MIC}(S)=\max_{K,L}\left\{nI^*(K,L)\right\}=\max_{K,L}\left\{\frac{I^*(x_1,x_2)}{\log\left(\min(K,L)\right)}\right\}, \tag{11.20c}$$

即寻找在所有可能的网格分辨率下，数据集的最大互信息量. 一般来说当 $K\times L<B(n)$ 时，网格分辨率就足以搜寻到最大互信息系数了. Reshelf 等（2011）及 Kinney 和 Atwal（2014）分别建议 $B(n)$ 的取值为 $n^{0.6}$ 和 $n^{0.55}$.

## 例 11.9

本例子中，我们将利用最大互信息量（简称 MIC）矩阵，对从日本国立材料研究所（NIMS）的数据库中收集的 20 个数据进行特征筛选. 表 E11.6 和表 E11.7 分别给出了 16 个初始特征及其对应值.

**表 E11.6　NIMS 数据库中的特征**

| 特征 | 具体描述 |
|---|---|
| NT | 正火温度（℃） |
| QT | 淬火温度（℃） |
| TT | 回火温度（℃） |
| C | 碳含量（wt. %） |
| Si | 硅含量（wt. %） |
| Mn | 锰含量（wt. %） |

续表

| 特征 | 具体描述 |
|---|---|
| P | 磷含量（wt. %） |
| S | 硫含量（wt. %） |
| Ni | 镍含量（wt. %） |
| Cr | 铬含量（wt. %） |
| Cu | 铜含量（wt. %） |
| Mo | 钼含量（wt. %） |
| RR | 收缩率（%） |
| dA | 塑性非金属夹杂物含量（%） |
| dB | 非连续非金属夹杂物含量（%） |
| dC | 孤立的非金属夹杂物含量（%） |

**表 E11.7　NIMS 数据**

| 样本号 | NT | QT | TT | C | Si | Mn | P | S | Ni | Cr | Cu | Mo | RR | dA | dB | dC | P1 |
|---|---|---|---|---|---|---|---|---|---|---|---|---|---|---|---|---|---|
| 1 | 900 | 845 | 600 | 0.32 | 0.24 | 0.58 | 0.009 | 0.01 | 2.65 | 0.71 | 0.06 | 0 | 700 | 0.01 | 0.01 | 0.03 | 510 |
| 2 | 870 | 855 | 550 | 0.41 | 0.25 | 0.74 | 0.013 | 0.019 | 0.05 | 0.99 | 0.08 | 0.16 | 700 | 0.03 | 0 | 0 | 566 |
| 3 | 870 | 855 | 600 | 0.33 | 0.27 | 0.69 | 0.015 | 0.008 | 0.04 | 0.99 | 0.05 | 0.18 | 640 | 0.03 | 0 | 0 | 535 |
| 4 | 870 | 845 | 630 | 0.4 | 0.23 | 0.7 | 0.011 | 0.01 | 1.82 | 0.78 | 0.09 | 0.18 | 740 | 0.05 | 0 | 0.01 | 543 |
| 5 | 865 | 865 | 650 | 0.35 | 0.25 | 0.82 | 0.016 | 0.023 | 0.03 | 0.01 | 0.01 | 0 | 825 | 0.07 | 0.04 | 0 | 341 |
| 6 | 870 | 845 | 550 | 0.38 | 0.21 | 1.59 | 0.017 | 0.015 | 0.03 | 0.2 | 0.05 | 0 | 480 | 0.02 | 0 | 0 | 432 |
| 7 | 870 | 855 | 650 | 0.4 | 0.22 | 0.7 | 0.01 | 0.004 | 0.04 | 0.94 | 0.12 | 0.17 | 820 | 0.02 | 0 | 0.02 | 517 |
| 8 | 845 | 845 | 550 | 0.45 | 0.24 | 0.71 | 0.01 | 0.009 | 0.12 | 0.06 | 0.13 | 0 | 610 | 0.06 | 0 | 0.01 | 465 |
| 9 | 870 | 855 | 550 | 0.4 | 0.26 | 0.77 | 0.018 | 0.005 | 0.05 | 0.98 | 0.13 | 0.17 | 610 | 0.05 | 0 | 0.01 | 562 |
| 10 | 870 | 845 | 550 | 0.4 | 0.22 | 1.56 | 0.011 | 0.019 | 0.06 | 0.09 | 0.05 | 0 | 530 | 0.02 | 0 | 0.01 | 451 |
| 11 | 825 | 825 | 650 | 0.52 | 0.21 | 0.8 | 0.021 | 0.021 | 0.02 | 0.1 | 0.02 | 0 | 1740 | 0.09 | 0 | 0 | 410 |
| 12 | 825 | 825 | 650 | 0.52 | 0.29 | 0.83 | 0.016 | 0.025 | 0.04 | 0.04 | 0.02 | 0 | 825 | 0.12 | 0.02 | 0 | 402 |
| 13 | 870 | 855 | 600 | 0.37 | 0.29 | 0.76 | 0.017 | 0.009 | 0.12 | 1.01 | 0.12 | 0.16 | 500 | 0.05 | 0 | 0.02 | 542 |
| 14 | 900 | 845 | 550 | 0.32 | 0.3 | 0.52 | 0.013 | 0.009 | 2.67 | 0.77 | 0.06 | 0 | 1740 | 0.03 | 0 | 0 | 570 |
| 15 | 870 | 855 | 600 | 0.41 | 0.25 | 0.74 | 0.013 | 0.019 | 0.05 | 0.99 | 0.08 | 0.16 | 700 | 0.03 | 0 | 0 | 527 |
| 16 | 870 | 855 | 550 | 0.4 | 0.25 | 0.87 | 0.011 | 0.015 | 0.07 | 1.06 | 0.11 | 0.18 | 700 | 0.07 | 0.01 | 0 | 603 |
| 17 | 870 | 845 | 680 | 0.4 | 0.23 | 0.7 | 0.011 | 0.01 | 1.82 | 0.78 | 0.09 | 0.18 | 740 | 0.05 | 0 | 0.01 | 482 |
| 18 | 870 | 845 | 550 | 0.41 | 0.24 | 1.51 | 0.02 | 0.008 | 0.04 | 0.22 | 0.08 | 0 | 610 | 0.02 | 0.01 | 0.02 | 425 |
| 19 | 870 | 855 | 600 | 0.38 | 0.27 | 0.8 | 0.015 | 0.012 | 0.07 | 1.07 | 0.12 | 0.16 | 1120 | 0.03 | 0 | 0.02 | 592 |
| 20 | 845 | 845 | 550 | 0.45 | 0.25 | 0.79 | 0.018 | 0.016 | 0.02 | 0.13 | 0.02 | 0 | 1740 | 0.07 | 0 | 0 | 513 |

注: P1 代表疲劳强度（MPa）.

通过最大互信息能够对特征重要性进行定量排序. 基于给定的阈值, 我们能够从初始特征集中去除冗余特征（与其他特征的相关性较强）以及不重要的特征（与目标函数间的相关性较弱）. 对于表中给出的 20 个离散数据, 我们分别计算了两两特征之间, 以及特征和目标变量（疲劳强度）之间的互信息系数. 以钢的正火温度（$x_1$）和疲劳强度（$y$）为例, MIC 计算过程如下.

首先, 我们对二维空间 $(x_1, y)$ 进行 $K\times L$ 网格化, 其中沿 $x_1$ 方向划分的数据数用 $a_k$ 表示, 各区间内存在 $|a_k|(k=1,2,\cdots,K)$ 个样本点; 沿 $y$ 方向划分的数据用 $b_l$ 表示, 各区间内存在 $|b_l|(l=1,2,\cdots,L)$ 个样本点. 基于文献（Kinney and Atwal, 2014）的建议, 网格划分最大分辨率为 $B(n)=n^{0.55}$, 即 $K\times L<B(n)=20^{0.55}=5.195$. 当分辨率 $K\times L\leqslant 5$ 时, 存在 10 种可能的 $K\times L$ 组合, $1\times L$, $K\times 1$, 以及 $2\times 2$. 当 $K$ 或 $L$ 为 1 时, 互信息量为 0. 因此, 在这里我们仅讨论 $2\times 2$ 这一分辨率.

在表 E11.7 中可以发现, 正火温度有 5 个不同的值, 疲劳强度有 20 个不同的值, 也就是说, 存在四个不同的边界用于划分正火温度, 19 个不同的边界用于划分疲劳强度, 这也产生了 $4\times 19=76$种 不同的网格划分方式. 划分边界分别用 $B_{x_1}^i\,(i=1,2,3,4)$ 和 $B_y^j\,(j=1,2,\cdots,19)$ 表示. 表 E11.8 中列出了这 76 种网格划分方式对应的互信息量, 其中最大值为 $I^*(x_1,y)=0.2545$. 对应的归一化互信息量为 $I^*(K=2,L=2)=\dfrac{I^*(x_1,y)}{\ln\left(\min\{K=2,L=2\}\right)}=\dfrac{I^*(x_1,y)}{\ln(2)}=0.367$, 也即正火温度和疲劳强度间的最大互信息系数为 0.367. 同样地, 两两特征之间, 以及特征和目标变量之间的互信息系数也可以计算得到, 计算结果均绘制在图 E11.14 所示的 MIC 矩阵中. 在本例中, 我们对 MIC 设定了 0.9 这一阈值, 可以发现, $\text{MIC}(\text{Cr},\text{Mo})=1>0.9$. 也就是说 Cr 和 Mo 这两个特征是高度相关的, 其中有一个为冗余特征. 考虑到 Cr 对目标变量的影响更大 $\text{MIC}(\text{Cr},y)>\text{MIC}(\text{Mo},y)$, Mo 含量这一特征将从特征集中删除.

**表 E11.8　76 种不同网格划分方式的互信息量 $I\left(x_1,y\,|\,K=2,L=2\right)$**

| | $B_{x_1}^1$ | $B_{x_1}^2$ | $B_{x_1}^3$ | $B_{x_1}^4$ |
|---|---|---|---|---|
| $B_y^1$ | 0.005412 | 0.011482 | 0.073415 | 0.005412 |
| $B_y^2$ | 0.062665 | 0.025583 | 0.15683 | 0.011134 |
| $B_y^3$ | 0.229606 | 0.097046 | 0.254456 | 0.017204 |
| $B_y^4$ | 0.186454 | 0.060357 | 0.148452 | 0.023667 |
| $B_y^5$ | 0.15683 | 0.037644 | 0.099576 | 0.030577 |
| $B_y^6$ | 0.134129 | 0.022367 | 0.06731 | 0.038002 |
| $B_y^7$ | 0.115689 | 0.085111 | 0.147044 | 0.046023 |
| $B_y^8$ | 0.100149 | 0.063676 | 0.112975 | 0.054746 |

续表

| | $B_{x_1}^1$ | $B_{x_1}^2$ | $B_{x_1}^3$ | $B_{x_1}^4$ |
|---|---|---|---|---|
| $B_y^9$ | 0.086715 | 0.046421 | 0.085653 | 0.000559 |
| $B_y^{10}$ | 0.074882 | 0.163897 | 0.215762 | 0 |
| $B_y^{11}$ | 0.064306 | 0.139887 | 0.18338 | 0.000559 |
| $B_y^{12}$ | 0.054746 | 0.118494 | 0.154819 | 0.002273 |
| $B_y^{13}$ | 0.046023 | 0.099195 | 0.129254 | 0.005269 |
| $B_y^{14}$ | 0.038002 | 0.081614 | 0.106106 | 0.009792 |
| $B_y^{15}$ | 0.030577 | 0.065466 | 0.08495 | 0.016285 |
| $B_y^{16}$ | 0.023667 | 0.050534 | 0.065466 | 0.025583 |
| $B_y^{17}$ | 0.017204 | 0.036647 | 0.047407 | 0.039445 |
| $B_y^{18}$ | 0.011134 | 0.023667 | 0.030577 | 0.011134 |
| $B_y^{19}$ | 0.005412 | 0.011482 | 0.014818 | 0.005412 |

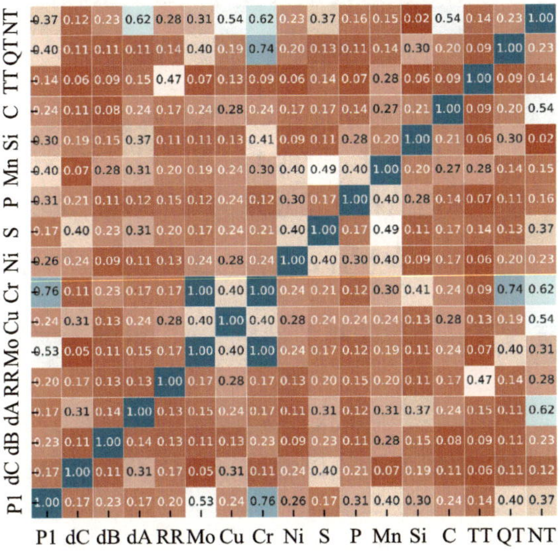


图 E11.14　特征和目标变量间的最大互信息矩阵，红色和蓝色分别代表了弱相关和强相关

## 11.2.1.3　最大相关最小冗余算法

最大相关最小冗余算法（minimum redundancy maximum relevance, mRMR）

也是一种基于互信息量的特征选择算法．类似于公式（11.20c），对于离散变量的每个特征 $\boldsymbol{x}_j$ 与目标函数 $y$ 之间的互信息量为

$$I(\boldsymbol{x}_j,y)=\sum_{l=1}^{L}\sum_{k=1}^{K}P(\boldsymbol{x}_j=l,y=k)\ln\frac{P(\boldsymbol{x}_j=l,y=k)}{P(\boldsymbol{x}_j=l)P(y=k)}\quad (l=1,2,\cdots,L;k=1,2,\cdots,K).\tag{11.21a}$$

对于连续变量，上式可写为

$$I(\boldsymbol{x}_j,y)=\iint p(\boldsymbol{x}_j,y)\ln\frac{p(\boldsymbol{x}_j,y)}{p(\boldsymbol{x}_j)p(y)}\mathrm{d}\boldsymbol{x}_j\mathrm{d}y.\tag{11.21b}$$

当原始特征集 $S_M$ 包含 $M$ 个原始特征，可以从原始特征集 $S_M$ 中选择包含 $m$ 个特征的子集 $S_m$，简称为 $m$ 特征子集，如仅包含一个特征的子集便称为单特征子集．显然，$S_M$ 共有 $2^M-1$ 个特征子集．特征子集 $S_m$ 与目标函数间的依赖性可通过二者之间的互信息量计算

$$I(S_m,y)=\int\cdots\int p\big((\boldsymbol{x}_1,\boldsymbol{x}_2,\cdots,\boldsymbol{x}_m),y\big)\ln\frac{p\big((\boldsymbol{x}_1,\boldsymbol{x}_2,\cdots,\boldsymbol{x}_m),y\big)}{p(\boldsymbol{x}_1,\boldsymbol{x}_2,\cdots,\boldsymbol{x}_m)p(y)}\mathrm{d}\boldsymbol{x}_1\mathrm{d}\boldsymbol{x}_2\cdots\mathrm{d}\boldsymbol{x}_m\mathrm{d}y.\tag{11.22a}$$

在所有特征子集中与目标函数依赖性最大值称为最大依赖性，对应的特征子集为

$$\hat{S}_m=\arg\max_{S_m}I(S_m,y).\tag{11.22b}$$

实际上，由于最大依赖性的计算复杂度很高，其计算难度极大，Peng 等（2005）提出了最大相关性来近似最大依赖性．特征子集 $S_m$ 与目标函数 $y$ 之间的相关性 $D$ 可通过子集内所有特征与目标间的相互信息量的均值表征，即

$$D=\frac{1}{m}\sum_{j=1}^{m}I(\boldsymbol{x}_j,y)\quad (\boldsymbol{x}_j\in S_m).\tag{11.23a}$$

计算所有的特征子集与目标函数的相关性后，可以得到最大相关性和对应的特征子集

$$\max D(S_m,y).\tag{11.23b}$$

类似地，特征子集内特征的相关性可以通过子集内两两特征之间的互信息量的均值描述

$$R=\frac{1}{m^2}\sum_{i=1,j=1}^{m}I(\boldsymbol{x}_i,\boldsymbol{x}_j)\quad (\boldsymbol{x}_i,\boldsymbol{x}_j\in S_m).\tag{11.23c}$$

由于特征间的互信息量被重复计算了 $m$ 次，因此式中通过 $m^2$ 来计算均值．那么特征之间的最小相关性为

$$\min R(S_m).\tag{11.23d}$$

mRMR 算法通过下式选择特征子集

$$\hat{S}_m = \arg\max_{S_m} \left( D(S_m, y) - R(S_m) \right). \tag{11.23e}$$

由于特征间的相关性小，意味着特征子集的冗余程度低，所以本算法被命名为最大相关最小冗余算法.

## 例 11.10

表 E11.9 中列举了从文献中收集的无铅焊料数据，其中包含锡（Sn）、银（Ag）、铜（Cu）和 Bi（铋）四种元素的质量分数（wt.%）和屈服强度（MPa）目标函数. 本例将采用 mRMR 方法来选择一个最佳特征子集.

**表 E11.9　15 种无铅焊料合金**

| Sn(wt.%) | Ag(wt.%) | Cu(wt.%) | Bi(wt.%) | 屈服强度($y$, MPa) |
|---|---|---|---|---|
| 94.15 | 3.8 | 0.7 | 1.35 | 34.9 |
| 95.6 | 3.4 | 0 | 1 | 46.28966 |
| 94 | 3.8 | 0.8 | 1.4 | 63 |
| 94.85 | 3.4 | 0.5 | 1.25 | 36.3 |
| 95.5 | 3 | 0.5 | 1 | 47.71034 |
| 92 | 3 | 3 | 2 | 46.09655 |
| 93 | 3 | 2 | 2 | 43.28276 |
| 94.25 | 3.7 | 0.7 | 1.35 | 42.38621 |
| 95.375 | 2.5 | 0.75 | 1.375 | 82.8 |
| 96.5 | 2.5 | 0 | 1 | 48.75862 |
| 96 | 3 | 0 | 1 | 39.64828 |
| 96 | 2.5 | 0.5 | 1 | 45.46207 |
| 95.5 | 3.8 | 0 | 0.7 | 43.36552 |
| 96 | 3.5 | 0.5 | 0 | 46.3 |
| 96.21 | 3.03 | 0.76 | 0 | 46.54 |

本例通过全局搜索来进行特征选择，并基于 $B(n) = n^{0.6}$ 来计算变量之间的相互信息量. 首先，对单特征子集的 mRMR 值进行计算. 原始特征集中的四个单特征表明共存在四个单特征子集，在这里以 $S_1\{\text{Sn}\}$ 为例. 由于四个特征和目标变量均为连续变量，因此，根据公式（11.23a），我们可以计算得到特征子集与目标函数间的相关性 $D = \frac{1}{1} \times I(\text{Sn}, y) = 0.17$；由公式（11.23c）可

以计算得到特征子集内特征间的相关性 $R=\frac{1}{1^2}\times I(\mathrm{Sn},\mathrm{Sn})=1$，那么 mRMR 值为 $D(S_1,y)-R(S_1)=0.17-1=-0.83$. 类似地计算出所有单特征子集的 mRMR，并列在表 E11.10 中.

**表 E11.10　四个单特征子集的 mRMR 值**

| | $S_1$ {Sn} | $S_2$ {Ag} | $S_3$ {Cu} | $S_4$ {Bi} |
|---|---|---|---|---|
| $D(S_m,y)$ | 0.17 | 0.13 | 0.16 | 0.17 |
| $R(S_m)$ | 1 | 1 | 1 | 1 |
| mRMR | −0.83 | −0.87 | −0.84 | −0.83 |

其次对双特征子集的 mRMR 值进行计算. 本例的原始特征集共存在 $\mathrm{C}_4^2=6$ 个双特征子集，在这里仅以 $S_5=\{\mathrm{Sn},\mathrm{Ag}\}$ 为例，其特征子集和目标变量之间的相关性为 $D=\frac{1}{2}\times\left(I(\mathrm{Sn},y)+I(\mathrm{Ag},y)\right)=0.15$，特征子集内部特征间的相关性为 $R=\frac{1}{2^2}\times\left(I(\mathrm{Sn},\mathrm{Sn})+I(\mathrm{Sn},\mathrm{Ag})+I(\mathrm{Ag},\mathrm{Sn})+I(\mathrm{Ag},\mathrm{Ag})\right)=0.58$，那么 mRMR 值为 $D(S_5,y)-R(S_5)=0.15-0.58=-0.43$. 表 E11.11 中列出了这六个双特征子集的 mRMR 值.

**表 E11.11　六个双特征子集的 mRMR 值**

| | $S_5$ {Sn, Ag} | $S_6$ {Sn, Cu} | $S_7$ {Sn, Bi} |
|---|---|---|---|
| $D(S_m,y)$ | 0.15 | 0.17 | 0.17 |
| $R(S_m)$ | 0.58 | 0.76 | 1.00 |
| mRMR | −0.43 | −0.59 | −0.83 |
| | $S_8$ {Ag, Cu} | $S_9$ {Ag, Bi} | $S_{10}$ {Cu, Bi} |
| $D(S_m,y)$ | 0.15 | 0.15 | 0.17 |
| $R(S_m)$ | 0.58 | 0.61 | 0.85 |
| mRMR | −0.43 | −0.46 | −0.68 |

再次对三特征子集的 mRMR 值进行计算. 本例原始特征集共存在 $\mathrm{C}_4^3=4$ 个三特征子集. 以子集 $S_{11}=\{\mathrm{Sn},\mathrm{Ag},\mathrm{Cu}\}$ 为例，特征子集和目标变量之间的相关性为 $D=\frac{1}{3}\times\left(I(\mathrm{Sn},y)+I(\mathrm{Ag},y)+I(\mathrm{Cu},y)\right)=0.16$，子集内部特征间的相关性为 $R=\frac{1}{3^2}\times\left(I(\mathrm{Sn},\mathrm{Sn})+I(\mathrm{Sn},\mathrm{Ag})+I(\mathrm{Sn},\mathrm{Cu})+I(\mathrm{Ag},\mathrm{Sn})+I(\mathrm{Ag},\mathrm{Ag})+I(\mathrm{Ag},\mathrm{Cu})+I(\mathrm{Cu},\mathrm{Sn})+I(\mathrm{Cu},\mathrm{Ag})+I(\mathrm{Cu},\mathrm{Cn})\right)=0.52$，由此 mRMR 值为 $D(S_{11},y)-R(S_{11})=0.16-0.52=-0.36$. 表 E11.12 中列出了四个三特征子集的 mRMR 值.

**表 E11.12　四个三特征子集的 mRMR 值**

| | $S_{11}\{\text{Sn, Ag, Cu}\}$ | $S_{12}\{\text{Sn, Ag, Bi}\}$ | $S_{13}\{\text{Sn, Cu, Bi}\}$ | $S_{14}\{\text{Ag, Cu, Bi}\}$ |
|---|---|---|---|---|
| $D(S_m, y)$ | 0.16 | 0.16 | 0.17 | 0.16 |
| $R(S_m)$ | 0.52 | 0.64 | 0.82 | 0.57 |
| mRMR | −0.36 | −0.48 | −0.65 | −0.41 |

原始特征集 $S_{15}=\{\text{Sn},\text{Ag},\text{Cu},\text{Bi}\}$ 包含四个特征，也称为满特征集．它和目标变量之间的相关性为 $D=0.16$，满特征集内部特征间的相关性为 $R=0.59$，对应的 mRMR 值为 $D(S_{15},y)-R(S_{15})=-0.43$．最后，我们比较了所有特征子集（包含原始特征集）的 mRMR 值，最大的 mRMR 值对应的特征子集为 $S_{11}\{\text{Sn},\text{Ag},\text{Cu}\}$，即 mRMR 方法筛选出了 Sn, Ag 以及 Cu 三个特征.

## 例 11.11

表 E11.13 中列举了从文献中收集的催化剂数据，其中包含催化剂载体(ST, 1 和 2 代表两种不同的载体)、制备方法（PM, 1、2 和 3 代表三种制备方法)，以及高温煅烧（HT, 0 和 1 分别代表没有和有高温煅烧）．目标函数为一氧化氮转化效率，按三个等级（高、中、低）排列，分别用 0, 1, 2 表示．与例 11.10 不同，本例中所有变量均为离散变量.

**表 E11.13　催化剂数据**

| ST | PM | HT | 转化效率 |
|---|---|---|---|
| 2 | 1 | 0 | 1 |
| 2 | 1 | 1 | 1 |
| 1 | 2 | 1 | 0 |
| 1 | 1 | 1 | 2 |
| 1 | 3 | 0 | 2 |

注: ST 栏中, 1 为二氧化钛, 2 为玻璃纤维; PM 栏中, 1 为浸渍法, 2 为溶胶法, 3 为喷射沉积法.

本例中共有三个原始特征，共包含七个特征子集，分别为 $S_1\{\text{ST}\}$，$S_2\{\text{PM}\}$，$S_3\{\text{HT}\}$，$S_4\{\text{ST},\text{PM}\}$，$S_5\{\text{ST},\text{HT}\}$，$S_6\{\text{PM},\text{HT}\}$ 和 $S_7\{\text{ST},\text{PM},\text{HT}\}$．以特征子集 $S_7\{\text{ST},\text{PM},\text{HT}\}$ 为例，我们展示了如何计算离散数据的 mRMR 值．从数据集中我们可以得到，目标变量以及特征的取值概率为

$$P(y=0)=1/5,\quad P(y=1)=2/5,\quad P(y=2)=2/5;$$

$$P(\mathrm{ST}=2)=2/5,\quad P(\mathrm{ST}=1)=3/5;$$

$$P(\mathrm{PM}=1)=3/5,\quad P(\mathrm{PM}=2)=1/5,\quad P(\mathrm{PM}=3)=1/5;$$

$$P(\mathrm{HT}=0)=2/5,\quad P(\mathrm{HT}=1)=3/5.$$

对于特征 ST，其与目标变量间的联合概率为 $\left\{P(\mathrm{ST}=1\cap y=0)=\frac{1}{5},\ P(\mathrm{ST}=1\cap y=1)=0,\ P(\mathrm{ST}=1\cap y=2)=\frac{2}{5},\ P(\mathrm{ST}=2\cap y=0)=0,\ P(\mathrm{ST}=2\cap y=1)=\frac{2}{5},\ P(\mathrm{ST}=2\cap y=2)=0\right\}$.

因此，基于公式（11.21a），我们可以得到

$$\begin{aligned}I(\mathrm{ST},y)&=\sum_{l=1}^{2}\sum_{k=1}^{3}P(\mathrm{ST}=l,y=k)\ln\frac{P(\mathrm{ST}=l,y=k)}{P(\mathrm{ST}=l)P(y=k)}\\&=P(\mathrm{ST}=1\cap y=0)\ln\frac{P(\mathrm{ST}=1\cap y=0)}{P(\mathrm{ST}=1)P(y=0)}+P(\mathrm{ST}=1\cap y=1)\ln\frac{P(\mathrm{ST}=1\cap y=1)}{P(\mathrm{ST}=1)P(y=1)}\\&\quad+P(\mathrm{ST}=1\cap y=2)\ln\frac{P(\mathrm{ST}=1\cap y=2)}{P(\mathrm{ST}=1)P(y=2)}+P(\mathrm{ST}=2\cap y=0)\ln\frac{P(\mathrm{ST}=2\cap y=0)}{P(\mathrm{ST}=2)P(y=0)}\\&\quad+P(\mathrm{ST}=2\cap y=1)\ln\frac{P(\mathrm{ST}=2\cap y=1)}{P(\mathrm{ST}=2)P(y=1)}+P(\mathrm{ST}=2\cap y=2)\ln\frac{P(\mathrm{ST}=2\cap y=2)}{P(\mathrm{ST}=2)P(y=2)}\\&=\frac{1}{5}\ln\frac{\frac{1}{5}}{\frac{3}{5}\times\frac{1}{5}}+\frac{2}{5}\ln\frac{\frac{2}{5}}{\frac{3}{5}\times\frac{2}{5}}+\frac{2}{5}\ln\frac{\frac{2}{5}}{\frac{2}{5}\times\frac{2}{5}}=0.673.\end{aligned}$$

类似地，我们可以计算得到 $I(\mathrm{PM},y)=0.673$，$I(\mathrm{HT},y)=0.118$.

然后，利用公式（11.23a）可以计算特征子集与目标变量之间的相关性

$$D(S_7,y)=\frac{1}{3}\Big(I\big(I(\mathrm{ST},y),y\big)+I(\mathrm{PM},y)+I(\mathrm{HT},y)\Big)=\frac{1}{3}\times(0.673+0.673+0.118)=0.488.$$

类似地，特征子集内特征间的相关性可通过公式（11.23c）计算

$$\begin{aligned}R(S_7)&=\frac{1}{3^2}\big((I(\mathrm{ST},\mathrm{ST})+I(\mathrm{ST},\mathrm{PM})+I(\mathrm{ST},\mathrm{HT})+I(\mathrm{PM},\mathrm{ST})+I(\mathrm{PM},\mathrm{PM})+I(\mathrm{PM},\mathrm{HT})\\&\quad+I(\mathrm{HT},\mathrm{ST})+I(\mathrm{HT},\mathrm{PM})+I(\mathrm{HT},\mathrm{HT})\big)\\&=\frac{1}{3^2}\times(1+0.291+0.014+0.291+1+0.291+0.014+0.291+1)=0.466.\end{aligned}$$

那么，特征子集 $S_7$ 的 mRMR 值为

$$D(S_7,y)-R(S_7)=0.488-0.466=-0.022.$$

表 E11.14 中列举了所有特征子集的 mRMR 值. 显然，特征子集 $S_4\{\mathrm{ST},\mathrm{PM}\}$ 的 mRMR 值最大，也意味着 $S_4$ 是最佳特征子集.

**表 E11.14　所有特征子集的 mRMR（$D-R$）值**

| 特征子集 | $D-R$ |
|---|---|
| $S_1\{\text{ST}\}$ | –0.327 |
| $S_2\{\text{PM}\}$ | –0.327 |
| $S_3\{\text{HT}\}$ | –0.882 |
| $S_4\{\text{ST, PM}\}$ | 0.0275 |
| $S_5\{\text{ST, HT}\}$ | –0.1115 |
| $S_6\{\text{PM, HT}\}$ | –0.25 |
| $S_7\{\text{ST, PM, HT}\}$ | –0.018 |

随着原始特征的数量上升，特征子集的总数会呈指数级上升，在这种情况下很难通过暴力搜索来寻找 mRMR 算法的全局最优解. 因此，一般会利用序列前向搜索和序列后向搜索来近似全局最优解.

### 11.2.1.4　序列前向搜索

序列前向搜索（sequential forward search, SFS）首先从单特征子集中，选择具有最大 mRMR 的子集. 然后，将剩余的特征分别加入该子集，获得双特征子集，并在这些双特征子集中选取 mRMR 值最大的那一个. 如果选取的双特征子集的 mRMR 值小于单特征子集，那么 SFS 过程将停止，并将单特征子集作为最佳子集；否则，继续将剩余的特征加入选择的双特征子集中，获得三特征子集，并评估其 mRMR 值. 上述过程将重复进行，直到所有的特征均被选择.

在例 11.11 中，对于单特征子集，$S_1\{\text{ST}\}$ 和 $S_2\{\text{PM}\}$ 的 mRMR 值相同，且均大于特征子集 $S_3\{\text{HT}\}$. 上述这种情况一般较少发生. 在这里，我们将上述两个特征子集均考虑到 SFS 的下一步中来. 对于 $S_1\{\text{ST}\}$，SFS 会给出 $S_4\{\text{ST, PM}\}$，$S_5\{\text{ST,HT}\}$ 两个双特征子集；对于 $S_2\{\text{PM}\}$，SFS 会给出 $S_4\{\text{ST,PM}\}$，$S_6\{\text{PM,HT}\}$ 两个双特征子集；在上述三个双特征子集中，$S_4\{\text{ST,PM}\}$ 的 mRMR 值（0.0275）最大，且大于单特征子集的最大值（–0.327），因此，SFS 过程将继续进行. 基于 $S_4\{\text{ST,PM}\}$，SFS 会给出 $S_7\{\text{ST,PM,HT}\}$ 这个三特征子集，对应的 mRMR 值为 –0.018，比双特征子集的最大 mRMR 值小. 因此，SFS 过程将会停止，并选取 $S_4\{\text{ST,PM}\}$ 作为最佳子集.

Peng 等（2005）提出了一种增量搜索方法，也是从搜索最大值的单特征子集开始. 之后将剩余特征 $\boldsymbol{x}^* \in \{S_M - \boldsymbol{x}_j\}$ 加入该单特征子集 $\{\boldsymbol{x}_j\}$. 与 SFS 方法不同的是，这一方法并不选取mRMR值最大的双特征子集，而是选取使得mRMR值增量 $I(\boldsymbol{x}^*,y)-I(\boldsymbol{x}_j,\boldsymbol{x}^*)$ 最大的双特征子集. 一般来说，如果 $\hat{S}_{m-1}$ 代表该方法选择的 $(m-1)$ 特征子集，那么对应的 $\hat{S}_m$ 为

$$\hat{S}_m = \underset{\boldsymbol{x}^* \in \left\{S_M - \hat{S}_{m-1}\right\}}{\operatorname{argmax}} \left( I\left(\boldsymbol{x}^*, \boldsymbol{y}\right) - \frac{1}{m-1} \sum_{j=1}^{m-1} I\left(\boldsymbol{x}_j, \boldsymbol{x}^*\right) \right) \left(\boldsymbol{x}_j \in \hat{S}_{m-1}\right). \qquad (11.24)$$

显然，这种增量搜索方法与前向搜索方法的计算量相同.

### 11.2.1.5 序列后向搜索

序列后向搜索（sequential backward selection, SBS）是一种典型的递减搜索方法，其首先计算原始特征集的 mRMR 值. 然后，分别将每个特征从原始特征集中移除，得到 $M$–1 特征子集，计算它们的mRMR值并选取mRMR值最大的 $M$–1 特征子集. 如果选取的 $M$–1 特征子集的mRMR值小于原始的 $M$ 特征集，那么 SBS 过程将停止，并将原始 $M$ 特征集作为最佳子集；否则，继续从选取的 $M$–1 特征子集中移除剩余的特征，获得 $M$–2 特征子集，并评估其 mRMR 值. 上述过程将重复进行，直到所有的特征均被移除.

在例 11.11 中，原始特征集 $S_7\{\mathrm{ST},\mathrm{PM},\mathrm{HT}\}$ 的 mRMR 值为–0.018. 移除一个特征后可以形成三个双特征子集 $S_4\{\mathrm{ST},\mathrm{PM}\}$，$S_5\{\mathrm{ST},\mathrm{HT}\}$，以及 $S_6\{\mathrm{PM},\mathrm{HT}\}$. 其中子集 $S_4\{\mathrm{ST},\mathrm{PM}\}$ 的 mRMR 值最大，为 0.0275，大于原始特征集的 mRMR 值，因此 SBS 继续进行. 在子集 $S_4\{\mathrm{ST},\mathrm{PM}\}$ 中移除一个特征可以得到 $S_1\{\mathrm{ST}\}$ 和 $S_2\{\mathrm{PM}\}$ 两个单特征子集，它们的 mRMR 值相同，均为–0.327. 该值小于 $S_4\{\mathrm{ST},\mathrm{PM}\}$ 的 mRMR 值. 因此, SBS 过程将会停止，并选取 $S_4\{\mathrm{ST},\mathrm{PM}\}$ 作为最佳子集.

### 11.2.1.6 Relief 算法

Relief 算法是一种基于距离的算法（Kira and Rendell, 1992），主要用于二分类问题中的特征排序. Kononenko 等（1994）将 Relief 算法从二分类拓展到多分类 Relief算法. 该方法的基本思想是：同类样本的特征值应该在特征空间内聚集在一起. 在机器学习中存在两种特征：一种是连续特征，通常也指定了连续特征的变化范围. 虽然在数据集中连续特征也是离散值，但是这些特征数据会随机变化. 例如，从连续特征的定义范围内随机抽样十次，得到十个随机特征数. 另一种特征为离散特征，如春、夏、秋、冬四个季节. 如果将春、夏、秋、冬分别编码为 1、2、3、4，那么季节特征仅包含四个离散值，对季节进行随机采样结果也只有 1、2、3 或 4. 本节中将讨论数据集 $\boldsymbol{X}=(X_1,X_2,\cdots,X_n)^{\mathrm{T}}$，其中的 $n$ 个样本分别属

于 $c_k(k=1,2,\cdots,K)$ 这 $K$ 个类别. 对于数据集中任一包含 $J$ 个特征值的样本 $X_i(i=1,2,\cdots,n)=(x_{i1},x_{i2},\cdots,x_{iJ})$，Relief 算法将评估其在同类和异类中近邻样本的距离.

对于连续特征 $x_j(j=1,2,\cdots,J)$，其在不同样本 $X_i$ 和 $X_I(i\neq I$ 且 $i,I=1,2,\cdots,n)$ 上的差异 $\operatorname{diff}(x_j,X_i,X_I)$ 通过归一化距离计算，即

$$\operatorname{diff}(x_j,X_i,X_I)=\frac{|x_{ij}-x_{Ij}|}{\max(x_j)-\min(x_j)}, \tag{11.25a}$$

其中 $\max(x_j)$ 和 $\min(x_j)$ 分别表示特征 $x_j$ 的最大值和最小值. 归一化距离确保了不同特征的数据能够被公平比较. 对于离散特征 $x_j(j=1,2,\cdots,J)$，其在不同样本 $X_i$ 和 $X_I(i\neq I$ 且 $i,I=1,2,\cdots,n)$ 上的差异 $\operatorname{diff}(x_j,X_i,X_I)$ 为

$$\operatorname{diff}(x_j,X_i,X_I)=\begin{cases}0, & x_{ij} \text{ 和 } x_{Ij} \text{为同类},\\ 1, & x_{ij} \text{ 和 } x_{Ij} \text{为异类}.\end{cases} \tag{11.25b}$$

在 Relief 算法中，与测试样本同类的最近邻样本称为猜中近邻（near hits），异类的最近邻样本称为猜错近邻（near misses）. 如果某个特征的猜中近邻值分布宽泛，那么该特征和目标类别相关联度低，需要降低该特征权重. 另一方面，如果某个特征在猜错近邻上取值分布宽泛，那么该特征和目标类别相关联度高，需提高该特征权重. 在初始特征空间中，特征的权重定义为猜错近邻平均差异值减去其猜中近邻平均差异值的几率和. Relief 算法的基本逻辑如下：首先固定一个特征方向（轴）$x_j$，在该特征轴上类别 $c_k$ 中随机选择一个样本 $X_i\ (i=1,2,\cdots,n)$；然后，在该特征轴上类别 $c_k$ 中选择 $X_i$ 的 $Q$ 个最近邻样本 $H_q(q=1,2,\cdots,Q)$ 作为猜中近邻，在 $c_k$ 外的每个类别 $c_{\hat{k}}\ (\hat{k}\neq k,\hat{k}=1,2,\cdots,K-1)$ 中选择 $Q$ 个最近邻样本 $M_q^{c_{\hat{k}}}(q=1,2,\cdots,Q)$ 作为猜错近邻. 这样，特征 $x_j$ 在样本 $X_i$ 上的权重 $W_{x_j}^i$ 计算如下

$$W_{x_j}^i=\sum_{\hat{k}}^{K-1}\frac{P(c_k)}{1-P(c_{\hat{k}})}\left(\frac{1}{Q}\sum_{q=1}^{Q}\operatorname{diff}\left(x_j,X_i,M_q^{c_{\hat{k}}}\right)\right)-\frac{1}{Q}\sum_{q=1}^{Q}\operatorname{diff}(x_j,X_i,H_q), \tag{11.26a}$$

其中 $P(c_k)$ 和 $P(c_{\hat{k}})$ 分别为样本 $X_i$ 位于类别 $c_k$ 和类别 $c_{\hat{k}}$ 的概率. 特征 $x_j$ 在 $n$ 个数据上的平均权重

$$W_{x_j}^{\text{AVE}}=\frac{1}{n}\sum_{i=1}^{n}W_{x_j}^i \tag{11.26b}$$

可体现该特征的重要性. 随后，按照每个特征的平均权重对所有特征进行排序，如果预先设置某个阈值，那么平均权重低于阈值的特征将被删除. 当原始数据很多时，可使用自举法对数据集进行有放回的 $m\ (0<m\leqslant n)$ 次随机抽样（Efron, 1979），然后基于自举样本计算每个特征的权重（Kira and Rendell, 1992）.

## 例 11.12

表 E11.15 中列举了 36 种高熵合金，其中包含 18 个体心立方和 18 个面心立方，以及每个合金的价电子浓度 VEC 和混合焓 $H_{mix}$ $(kJ\cdot mol^{-1})$.

**表 E11.15　36 种高熵合金及其相结构**

| 编号 | 合金 | VEC | $H_{mix}$ | 相结构 | 编号 | 合金 | VEC | $H_{mix}$ | 相结构 |
|---|---|---|---|---|---|---|---|---|---|
| 1 | $Al_{0.75}CoCrCu_{0.25}FeNiTi_{0.5}$ | 7.27 | −14.39 | BCC | 19 | $Al_{0.25}CoFeNi$ | 8.54 | −6.06 | FCC |
| 2 | $Al_{0.8}CrCuFeMn_{1.5}Ni$ | 7.60 | −4.23 | BCC | 20 | $Al_{0.2}CrCuFeNi_2$ | 8.77 | 0.12 | FCC |
| 3 | $AlCoCrCu_{0.25}FeNiTi_{0.5}$ | 7.09 | −15.50 | BCC | 21 | $CoCr_{0.4}Fe_8Mn_{5.4}Ni_{5.2}$ | 8.26 | −3.58 | FCC |
| 4 | $AlCoCrCu_{0.5}FeNiTi_{0.5}$ | 7.25 | −13.42 | BCC | 22 | CoCrCuFe | 8.50 | 6.25 | FCC |
| 5 | $AlCoCrFeNiSi_{0.4}$ | 6.96 | −19.84 | BCC | 23 | CoCrFeNi | 8.25 | −3.75 | FCC |
| 6 | $AlCoCrFeNiTi_{0.5}$ | 6.91 | −17.92 | BCC | 24 | CoCrMnNi | 8.00 | −5.50 | FCC |
| 7 | AlCrCuFeMnNi | 7.50 | −5.11 | BCC | 25 | CoCrNi | 8.33 | −4.89 | FCC |
| 8 | AlHfNbTaTiZr | 4.17 | −14.78 | BCC | 26 | CoCuFeNi | 9.50 | 5.00 | FCC |
| 9 | $Cr_2MoNbTaVW$ | 5.57 | −4.82 | BCC | 27 | $CoCuFeNiSn_{0.02}$ | 9.47 | 5.02 | FCC |
| 10 | $Al_{0.3}HfNbTaTiZr$ | 4.32 | −3.99 | BCC | 28 | CoFeMnNi | 8.50 | −4.00 | FCC |
| 11 | $Al_{0.5}HfNbTaTiZr$ | 4.27 | −7.67 | BCC | 29 | CoFeNi | 9.00 | −1.33 | FCC |
| 12 | $Al_{0.75}HfNbTaTiZr$ | 4.22 | −11.55 | BCC | 30 | $CoFeNiSi_{0.25}$ | 8.62 | −11.83 | FCC |
| 13 | $Al_{20}(CoCrCuFeMnNiTiV)_{80}$ | 6.60 | −15.44 | BCC | 31 | CoFeNiV | 8.00 | −10.50 | FCC |
| 14 | $Cr_{0.5}MoNbTaVW$ | 5.45 | −4.83 | BCC | 32 | CoMnNi | 8.67 | −5.78 | FCC |
| 15 | CrMoNbTaVW | 5.50 | −4.89 | BCC | 33 | $Cr_{0.66}FeMnNi$ | 7.91 | −4.17 | FCC |
| 16 | $HfMo_{0.5}NbTaTiZr$ | 4.55 | 0.60 | BCC | 34 | CrCuFeNi | 8.57 | 3.01 | FCC |
| 17 | $HfMo_{0.75}NbTaTiZr$ | 4.61 | −0.21 | BCC | 35 | FeMnNi | 8.33 | −4.44 | FCC |
| 18 | HfNbTaTiVZr | 4.50 | 0.78 | BCC | 36 | $Co_9Cr_7Cu_{36}Mn_{25}Ni_{23}$ | 9.24 | 2.05 | FCC |

本例为一个二分类问题，特征为连续变量. 在二分类问题中 $\dfrac{P(c_k)}{1-P(c_{\hat{k}})}=1$，式（11.26a）可简写为

$$W_{x_j}^i=\frac{1}{Q}\sum_{q=1}^{Q}\mathrm{diff}\left(x_j,X_i,M_q^{c_k}\right)-\frac{1}{Q}\sum_{q=1}^{Q}\mathrm{diff}\left(x_j,X_i,H_q\right).$$

特征 VEC 的最大值和最小值分别为 9.6 和 4.17；特征 $H_{mix}$ 的最大值和最小值分别为 6.25 和−19.84. 令 $Q=2$，此处以样本 1 和样本 2 为例，对各样本的特征权重进行计算.

**样本 1**（VEC = 7.27，$H_{mix}=-14.39$）：

（1）对于特征 VEC，在同类样本中的两个最近邻为 3 号样本（VEC = 7.09）和 4 号样本（VEC = 7.25），在异类样本中的两个最近邻为 24 号样本（VEC = 8）（31 号样本（VEC = 8）也

是）和 33 号样本（VEC = 7.91），因此，特征 VEC 在样本 1 上的权重为

$$W_{\text{VEC}}^{1}=\frac{|7.27-7.91|+|7.27-8|}{2\times(9.5-4.17)}-\frac{|7.27-7.09|+|7.27-7.25|}{2\times(9.5-4.17)}=0.1098 .$$

（2）对于特征 $H_{\text{mix}}$，在同类样本中的两个最近邻为 4 号样本（$H_{\text{mix}}=-13.42$）和 8 号样本（$H_{\text{mix}}=-14.78$），在异类样本中的两个最近邻为 31 号样本（$H_{\text{mix}}=-10.50$）和 30 号样本（$H_{\text{mix}}=-11.83$），因此，特征 $H_{\text{mix}}$ 在样本 1 上的权重为

$$W_{H_{\text{mix}}}^{1}=\frac{|-14.39+10.5|+|-14.39+11.83|}{2\times(6.25+19.84)}-\frac{|-14.39+13.42|+|-14.39+14.78|}{2\times(6.25+19.84)}=0.0975 .$$

**样本 2**（VEC = 7.60，$H_{\text{mix}}=-4.23$）：

（1）对于特征 VEC，在同类样本中的两个最近邻为 1 号样本（VEC = 7.27）和 7 号样本（VEC = 7.5），在异类样本中的两个最近邻为 24 号样本（VEC = 8）和 33 号样本（VEC = 7.91），因此，特征 VEC 在样本 2 上的权重为

$$W_{\text{VEC}}^{2}=\frac{|7.6-7.91|+|7.6-8|}{2\times(9.5-4.17)}-\frac{|7.6-7.27|+|7.6-7.5|}{2\times(9.5-4.17)}=0.02627$$

（2）对于特征 $H_{\text{mix}}$，在同类样本中的两个最近邻为 9 号样本（$H_{\text{mix}}=-4.82$）和 10 号样本（$H_{\text{mix}}=-3.99$），在异类样本中的两个最近邻为 33 号样本（$H_{\text{mix}}=-4.17$）和 35 号样本（$H_{\text{mix}}=-4.44$），因此，特征 $H_{\text{mix}}$ 在样本 2 上的权重为

$$W_{H_{\text{mix}}}^{2}=\frac{|-4.23+4.17|+|-4.23+4.44|}{2\times(6.25+19.84)}-\frac{|-4.23+4.82|+|-4.23+3.99|}{2\times(6.25+19.84)}=-0.01073 .$$

同样地，计算两个特征在所有 36 个样本上的权重，然后得到两个特征的平均权重

$$W_{\text{VEC}}^{\text{AVG}}=\frac{\sum_{i=1}^{36}W_{\text{VEC}}^{i}}{36}=0.288 ,\quad W_{H_{\text{mix}}}^{\text{AVG}}=\frac{\sum_{i=1}^{36}W_{H_{\text{mix}}}^{i}}{36}=0.055 .$$

如果我们将阈值设定为 0.1，那么特征 $H_{\text{mix}}$ 将被去除.

## 例 11.13

表 E11.16 中列举了 6 个高熵合金，其中包含了单相体心立方、单相面心立方，以及双相三种不同相结构. 本例中讨论价电子浓度 VEC、混合焓 $H_{\text{mix}}$ (kJ·mol$^{-1}$)，以及制造工艺（铸造 AC 及机械合金化 MA）三个特征的重要性，其中制造工艺为离散变量，价电子浓度和混合焓为连续变量.

**表 E11.16　六个高熵合金及其相结构**

| 编号 | 合金 | 制备工艺 ($x_1$) | VEC ($x_2$) | $H_{\text{mix}}$ ($x_3$, kJ·mol$^{-1}$) | 相结构（类别） |
|---|---|---|---|---|---|
| 1 | $Al_{0.7}Co_{0.3}CrFeNi$ | MA | 7.20 | −11.40 | BCC（1） |
| 2 | AlCoCuNiTiZn | MA | 8.17 | −17.89 | BCC（1） |
| 3 | CoCrFeMnNi | AC | 8.00 | −4.16 | FCC（2） |

续表

| 编号 | 合金 | 制备工艺 ($x_1$) | VEC ($x_2$) | $H_{mix}$ ($x_3$,kJ·mol$^{-1}$) | 相结构（类别） |
|---|---|---|---|---|---|
| 4 | CoCrFeNi | AC | 8.25 | −3.75 | FCC（2） |
| 5 | CoFeMnNi | AC | 8.50 | −4.00 | FCC（2） |
| 6 | CoCr$_2$FeNi | AC | 7.80 | −4.32 | FCC+BCC（3） |

由表 E11.16 可知，样本属于三类的概率分别为 $P(1)=\frac{2}{6}$，$P(2)=\frac{3}{6}$ 和 $P(3)=\frac{1}{6}$，其中特征 $x_1$ 为离散变量，特征 $x_2$ 和 $x_3$ 为连续变量. 令 $Q=2$，各特征权重计算如下：

**样本 1** $(X_1, y_1)(\mathrm{MA}, 7.20, -11.40, 1)$：

（1）对于特征 $x_1$，只有一个同类样本 2 号 $(\mathrm{MA}, 8.17, -17.89, 1)$，两个位于第 2 类的最近邻样本 3 号 $(\mathrm{AC}, 8.00, -4.16, 2)$ 和 4 号 $(\mathrm{AC}, 8.25, -3.75, 2)$，仅有一个位于第 3 类的最近邻样本 6 号 $(\mathrm{AC}, 7.80, -4.32, 3)$，因此

$$\sum_{q=1}^{Q}\mathrm{diff}\left(x_1, X_1, H_q\right)=\mathrm{diff}\left(x_1, X_1, H_1\right)=0,$$

$$\sum_{q=1}^{Q}\mathrm{diff}\left(x_1, X_1, M_q^{c_2}\right)=\mathrm{diff}\left(x_1, X_1, M_1^{c_2}\right)+\mathrm{diff}\left(x_1, X_1, M_2^{c_2}\right)=1+1=2,$$

$$\sum_{q=1}^{Q}\mathrm{diff}\left(x_1, X_1, M_q^{c_3}\right)=\mathrm{diff}\left(x_1, X_1, M_1^{c_3}\right)=1.$$

由式（11.26a）可得

$$W_{x_1}^1=\frac{1}{Q}\times\frac{P(c_2)}{1-P(c_1)}\times\sum_{q=1}^{Q}\mathrm{diff}\left(x_1, X_1, M_q^{c_2}\right)+\frac{1}{Q}\times\frac{P(c_3)}{1-P(c_1)}\times\sum_{q=1}^{Q}\mathrm{diff}\left(x_1, X_1, M_q^{c_3}\right)$$
$$-\frac{1}{Q}\sum_{q=1}^{Q}\mathrm{diff}\left(x_1, X_1, H_q\right)=\frac{1}{2}\times\frac{\frac{3}{6}}{1-\frac{2}{6}}\times 2+\frac{1}{2}\times\frac{\frac{1}{6}}{1-\frac{2}{6}}\times 1-\frac{1}{2}\times 0=0.875.$$

（2）对于特征 $x_2$，只有一个同类样本 2 号，两个位于第 2 类的最近邻样本 3 号和 4 号，仅有一个位于第 3 类的最近邻样本 6 号，因此

$$\sum_{q=1}^{Q}\mathrm{diff}\left(x_2, X_1, H_q\right)=\frac{\left|x_{2,2}-x_{1,2}\right|}{\max(x_2)-\min(x_2)}=\frac{|7.20-8.17|}{8.50-7.20}=0.746,$$

$$\sum_{q=1}^{Q}\mathrm{diff}\left(x_2, X_1, M_q^{c_2}\right)=\frac{\left|x_{3,2}-x_{1,2}\right|}{\max(x_2)-\min(x_2)}+\frac{\left|x_{4,2}-x_{1,2}\right|}{\max(x_2)-\min(x_2)}=1.423,$$

$$\sum_{q=1}^{Q}\mathrm{diff}\left(x_2, X_1, M_q^{c_3}\right)=\frac{\left|x_{6,2}-x_{1,2}\right|}{\max(x_2)-\min(x_2)}=\frac{|7.80-7.20|}{8.50-7.20}=0.462.$$

由式（11.26a）可得

$$W_{x_2}^1=\frac{1}{Q}\times\frac{P(c_2)}{1-P(c_1)}\times\sum_{q=1}^{Q}\operatorname{diff}\left(x_2,X_1,M_q^{c_2}\right)+\frac{1}{Q}\times\frac{P(c_3)}{1-P(c_1)}\times\sum_{q=1}^{Q}\operatorname{diff}\left(x_2,X_1,M_q^{c_3}\right)$$

$$-\frac{1}{Q}\sum_{q=1}^{Q}\operatorname{diff}\left(x_2,X_1,H_q\right)=\frac{1}{2}\times\frac{\frac{3}{6}}{1-\frac{2}{6}}\times1.423+\frac{1}{2}\times\frac{\frac{1}{6}}{1-\frac{2}{6}}\times0.462-\frac{1}{2}\times0.746=0.218.$$

（3）对于特征 $x_3$，只有一个同类样本 2 号，两个位于第 2 类的最近邻样本 4 号和 5 号，仅有一个位于第 3 类的最近邻样本 6 号，因此

$$\sum_{q=1}^{Q}\operatorname{diff}\left(x_3,X_1,H_q\right)=\frac{\left|x_{2,3}-x_{1,3}\right|}{\max(x_3)-\min(x_3)}=\frac{\left|-17.89+11.40\right|}{-3.75+17.89}=0.459,$$

$$\sum_{q=1}^{Q}\operatorname{diff}\left(x_3,X_1,M_q^{c_2}\right)=\frac{\left|x_{4,3}-x_{1,3}\right|}{\max(x_3)-\min(x_3)}+\frac{\left|x_{5,3}-x_{1,3}\right|}{\max(x_3)-\min(x_3)}=1.064,$$

$$\sum_{q=1}^{Q}\operatorname{diff}\left(x_3,X_1,M_q^{c_3}\right)=\frac{\left|x_{6,3}-x_{1,3}\right|}{\max(x_3)-\min(x_3)}=\frac{\left|-4.32+11.40\right|}{-3.75+17.89}=0.501.$$

由式（11.26a）可得

$$W_{x_3}^1=\frac{1}{Q}\times\frac{P(c_2)}{1-P(c_1)}\times\sum_{q=1}^{Q}\operatorname{diff}\left(x_3,X_1,M_q^{c_2}\right)+\frac{1}{Q}\times\frac{P(c_3)}{1-P(c_1)}\times\sum_{q=1}^{Q}\operatorname{diff}\left(x_3,X_1,M_q^{c_3}\right)$$

$$-\frac{1}{Q}\sum_{q=1}^{Q}\operatorname{diff}\left(x_3,X_1,H_q\right)=\frac{1}{2}\times\frac{\frac{3}{6}}{1-\frac{2}{6}}\times1.064+\frac{1}{2}\times\frac{\frac{1}{6}}{1-\frac{2}{6}}\times0.501-\frac{1}{2}\times0.459=0.232.$$

**样本 2**　$(X_2,y_2)(\mathrm{MA},8.17,-17.89,1)$：

（1）对于特征 $x_1$，只有一个同类样本 1 号，两个位于第 2 类的最近邻样本 3 号和 4 号，仅有一个位于第 3 类的最近邻样本 6 号，因此

$$\sum_{q=1}^{Q}\operatorname{diff}\left(x_1,X_2,H_q\right)=\operatorname{diff}\left(x_1,X_2,H_1\right)=0,$$

$$\sum_{q=1}^{Q}\operatorname{diff}\left(x_1,X_2,M_q^{c_2}\right)=\operatorname{diff}\left(x_1,X_2,M_1^{c_2}\right)+\operatorname{diff}\left(x_1,X_2,M_2^{c_2}\right)=1+1=2,$$

$$\sum_{q=1}^{Q}\operatorname{diff}\left(x_1,X_2,M_q^{c_3}\right)=\operatorname{diff}\left(x_1,X_2,M_1^{c_3}\right)=1.$$

由式（11.26a）可得

$$W_{x_1}^2=\frac{1}{Q}\times\frac{P(c_2)}{1-P(c_1)}\times\sum_{q=1}^{Q}\operatorname{diff}\left(x_1,X_2,M_q^{c_2}\right)+\frac{1}{Q}\times\frac{P(c_3)}{1-P(c_1)}\times\sum_{q=1}^{Q}\operatorname{diff}\left(x_1,X_2,M_q^{c_3}\right)$$

$$-\frac{1}{Q}\sum_{q=1}^{Q}\operatorname{diff}\left(x_1,X_2,H_q\right)=\frac{1}{2}\times\frac{\frac{3}{6}}{1-\frac{2}{6}}\times2+\frac{1}{2}\times\frac{\frac{1}{6}}{1-\frac{2}{6}}\times1-\frac{1}{2}\times0=0.875.$$

（2）对于特征 $x_2$，只有一个同类样本 1 号，两个位于第 2 类的最近邻样本 3 号和 4 号，仅有一个位于第 3 类的最近邻样本 6 号，因此

$$\sum_{q=1}^{Q}\text{diff}\left(x_2,X_2,H_q\right)=\frac{\left|x_{1,2}-x_{2,2}\right|}{\max(x_2)-\min(x_2)}=\frac{|7.20-8.17|}{8.50-7.20}=0.746,$$

$$\sum_{q=1}^{Q}\text{diff}\left(x_2,X_2,M_q^{c_2}\right)=\frac{\left|x_{3,2}-x_{2,2}\right|}{\max(x_2)-\min(x_2)}+\frac{\left|x_{4,2}-x_{2,2}\right|}{\max(x_2)-\min(x_2)}=0.192,$$

$$\sum_{q=1}^{Q}\text{diff}\left(x_2,X_2,M_q^{c_3}\right)=\frac{\left|x_{6,2}-x_{2,2}\right|}{\max(x_2)-\min(x_2)}=\frac{|7.80-8.17|}{8.50-7.20}=0.285.$$

由式（11.26a）可得

$$W_{x_2}^2=\frac{1}{Q}\times\frac{P(c_2)}{1-P(c_1)}\times\sum_{q=1}^{Q}\text{diff}\left(x_2,X_2,M_q^{c_2}\right)+\frac{1}{Q}\times\frac{P(c_3)}{1-P(c_1)}\times\sum_{q=1}^{Q}\text{diff}\left(x_2,X_2,M_q^{c_3}\right)$$
$$-\frac{1}{Q}\sum_{q=1}^{Q}\text{diff}\left(x_2,X_2,H_q\right)=\frac{1}{2}\times\frac{\frac{3}{6}}{1-\frac{2}{6}}\times0.192+\frac{1}{2}\times\frac{\frac{1}{6}}{1-\frac{2}{6}}\times0.285-\frac{1}{2}\times0.746=-0.265.$$

（3）对于特征 $x_3$，只有一个同类样本 1 号，两个位于第 2 类的最近邻样本 4 号和 5 号，仅有一个位于第 3 类的最近邻样本 6 号，因此

$$\sum_{q=1}^{Q}\text{diff}\left(x_3,X_2,H_q\right)=\frac{\left|x_{1,3}-x_{2,3}\right|}{\max(x_3)-\min(x_3)}=\frac{|-11.40+17.89|}{-3.75+17.89}=0.459,$$

$$\sum_{q=1}^{Q}\text{diff}\left(x_3,X_2,M_q^{c_2}\right)=\frac{\left|x_{4,3}-x_{2,3}\right|}{\max(x_3)-\min(x_3)}+\frac{\left|x_{5,3}-x_{2,3}\right|}{\max(x_3)-\min(x_3)}=1.982,$$

$$\sum_{q=1}^{Q}\text{diff}\left(x_3,X_2,M_q^{c_3}\right)=\frac{\left|x_{6,3}-x_{2,3}\right|}{\max(x_3)-\min(x_3)}=\frac{|-4.32+17.89|}{-3.75+17.89}=0.960.$$

由式（10.26a）可得

$$W_{x_3}^2=\frac{1}{Q}\times\frac{P(c_2)}{1-P(c_1)}\times\sum_{q=1}^{Q}\text{diff}\left(x_3,X_2,M_q^{c_2}\right)+\frac{1}{Q}\times\frac{P(c_3)}{1-P(c_1)}\times\sum_{q=1}^{Q}\text{diff}\left(x_3,X_2,M_q^{c_3}\right)$$
$$-\frac{1}{Q}\sum_{q=1}^{Q}\text{diff}\left(x_3,X_2,H_q\right)=\frac{1}{2}\times\frac{\frac{3}{6}}{1-\frac{2}{6}}\times1.982+\frac{1}{2}\times\frac{\frac{1}{6}}{1-\frac{2}{6}}\times0.960-\frac{1}{2}\times0.459=0.634.$$

同样地计算其余四个样本的特征权重，结果如下：

**样本 3** $(X_3,y_3)(\text{AC},8.00,-4.16,2)$：$W_{x_1}^3=0.667$，$W_{x_2}^3=-0.014$，$W_{x_3}^3=0.476$；

**样本 4** $(X_4,y_4)(\text{AC},8.25,-3.75,2)$：$W_{x_1}^4=0.667$，$W_{x_2}^4=0.155$，$W_{x_3}^4=0.497$；

**样本 5** $(X_5,y_5)(\text{AC},8.50,-4.00,2)$：$W_{x_1}^5=0.667$，$W_{x_2}^5=0.219$，$W_{x_3}^5=0.491$；

**样本 6** $(X_6,y_6)(\text{AC},7.80,-4.32,3)$：$W_{x_1}^6=0.400$，$W_{x_2}^6=0.293$，$W_{x_3}^6=0.302$.

然后计算三个样本平均特征权重，也即 Relief 值为

$$W_{x_1}^{\text{AVG}}=\frac{\sum_{i=1}^{6}W_{x_1}^i}{6}=0.692,$$

$$W_{x_2}^{\mathrm{AVG}} = \frac{\sum_{i=1}^{6} W_{x_2}^{i}}{6} = 0.101,$$

$$W_{x_3}^{\mathrm{AVG}} = \frac{\sum_{i=1}^{6} W_{x_3}^{i}}{6} = 0.409.$$

如果我们将阈值设定为 0.2，那么特征 VEC 将被去除.

## 11.2.2　包裹式选择

与过滤式选择方法不同的是，包裹式特征选择方法直接将机器学习模型的性能作为特征子集的评价标准，为给定的机器学习方法选择最有利于其性能的特征子集. 在 mRMR 方法中提到的前向搜索方法和后向搜索方法，是特征选择中最流行的两种包裹式选择方法. 因此，本节中会再次对序列前向搜索（SFS）和序列后向搜索（SBS）这两种逐步搜索方法进行介绍.

### 11.2.2.1　序列前向搜索

序列前向搜索方法首先通过评估机器学习模型在 $m$ 个单特征子集上的表现，选出最重要的一个特征. 然后，该特征和剩余的 $m-1$ 个特征分别组成 $m-1$ 个双特征子集，评估机器学习模型在这些双特征子集上的表现，并选出次重要的特征. 以此递推，直至评估机器学习模型在一个 $m$ 特征子集（全特征集）上的表现. 在前向搜索过程中，模型表现均基于交叉验证结果. 按照上述过程，前向搜索方法可以对所有特征进行重要性排序，从空集开始，按照重要性逐个添加特征，并选出表现最好的特征子集.

### 11.2.2.2　序列后向搜索

序列后向搜索方法首先评估机器学习模型在一个 $m$ 特征子集（全特征集）上的表现，再评估机器学习模型在 $m$ 个 $m-1$ 特征子集上的表现，选择并剔除最无关的特征. 然后，剩余的 $m-1$ 个特征存在 $m-1$ 个 $m-2$ 特征子集，评估机器学习模型在这些 $m-2$ 特征子集上的表现，并剔除次无关的特征. 以此递推，直至评估机器学习模型在 $m$ 个单特征子集上的表现. 在后向搜索过程中，模型表现也均基于交叉验证结果. 按照上述过程，后向搜索方法可以给所有特征的无关性进行排序，从满集（全特征集）开始，后向搜索方法按照重要性逐个剔除无关特征，并选出表现最好的特征子集.

如上所述，序列前（后）向搜索方法使用 ML 模型和交叉验证从空（满）集开始，逐个添加（减少）特征数，根据模型的表现，选出表现最好的特征子集. 这两种逐步搜索方法都属于启发式特征选择方法，得到的都是局部最优解而不是全部最优解. 例如，对于某个四特征集 $(x_1,x_2,x_3,x_4)$，前向搜索选择的特征子集为 $(x_1,x_3)$，那么机器学习模型在子集 $(x_2,x_3)$ 和 $(x_3,x_4)$ 上的表现并未评估；而后向搜索选择可能选择的特征子集为 $(x_1,x_2,x_3)$，那么模型在子集 $(x_4,x_2,x_3)$ 和 $(x_1,x_4,x_3)$ 上的表现也并未评估.

#### 11.2.2.3 穷举搜索

在启发式搜索方法没有进行评估的特征子集中有可能存在全局最优解. 而获得全局最优解的唯一方法就是穷举所有的特征子集，评估并比较机器学习模型在所有特征子集上面的表现. 如果初始特征集中包含 $m$ 个特征，那么将存在 $2^m-1$ 个特征子集.

**例 11.14**

本例的数据集共有 278 个大块金属非晶合金，其中包含 5 个初始特征以及一个目标量剪切模量. 五个初始特征分别是原子尺寸差 $\delta$、平均原子体积 $V$、平均电负性 $\chi$、电负性差 $\varDelta$，以及混合熵 $S_{\text{mix}}$. 特征计算方法如下：$\delta=\sqrt{\sum a_i\left(1-\frac{r_i}{r}\right)^2}$，$V=\sum a_i\frac{4}{3}\pi r_i^3$，$\chi=\sum a_i\chi_i$，$\varDelta=\sqrt{\sum a_i(\chi_i-\chi)^2}$，$S_{\text{mix}}=-R\sum a_i\ln a_i$，其中 $a_i$，$r_i$ 和 $\chi_i$ 为元素 $i$ 的原子百分比、原子半径和电负性、$r$ 为平均原子半径、$R$ 为摩尔气体常数. 在本例中，我们利用十折交叉验证，使用 SFS, SBS, 以及穷举搜索（EFS）方法基于随机森林算法的 $R^2$ 值进行特征选择.

**SFS** 表 E11.17 列出五个单特征子集在 SFS 的表现，其中单特征子集 $V$ 表现最好，被加粗显示，并被选中作为双特征子集中的一个特征.

**表 E11.17 五个单特征子集在 SFS 的表现**

| 子集 | CV-$R^2$ |
|---|---|
| $(\delta)$ | 0.1148 |
| **$(V)$** | **0.8874** |
| $(\chi)$ | 0.8794 |
| $(\varDelta)$ | **−0.0354** |
| $(S_{\text{mix}})$ | −0.2728 |

表 E11.18 列出四个双特征子集在 SFS 的表现，其中双特征子集（$\delta$, $V$）表现最好，被加粗显示. 因双特征子集（$\delta$, $V$）的 CV-$R^2$ 值高于单特征子集（$V$）的 CV-$R^2$ 值，朝前迭代继续. 按照上述同样的方式，计算出三个三特征子集和两个四特征子集的表现，分别在表 E11.19 和表 E11.20 中展示. 三特征子集（$\delta, V, \chi$）的表现最好，并优于双特征子集（$\delta$, $V$）的表现，四特征子集（$\delta, V, \chi, \Delta$）又优于三特征子集（$\delta, V, \chi$）的表现. SFS 的最后一步为原始特征集（$\delta, V, \chi, \Delta, S_{mix}$），其相应的 CV-$R^2$ = 0.9588. 表 E11.21 列出了 SFS 每一步选择的特征子集，可以看到，四特征子集（$\delta, V, \chi, \Delta$）的交叉验证精度最高，CV-$R^2$ 为 0.9615. 因此，特征子集（$\delta, V, \chi, \Delta$）是基于随机森林 SFS 特征筛选出的最好子集.

**表 E11.18　四个双特征子集在 SFS 的表现**

| 子集 | CV- $R^2$ |
|---|---|
| **（$\delta$, $V$）** | **0.9509** |
| （$V, \chi$） | 0.9308 |
| （$V, \Delta$） | 0.9373 |
| （$V, S_{mix}$） | 0.9055 |

**表 E11.19　三个三特征子集在 SFS 的表现**

| 子集 | CV- $R^2$ |
|---|---|
| **（$\delta, V, \chi$）** | **0.9599** |
| （$\delta, V, \Delta$） | 0.9577 |
| （$\delta, V, S_{mix}$） | 0.9543 |

**表 E11.20　两个四特征子集在 SFS 的表现**

| 子集 | CV- $R^2$ |
|---|---|
| **（$\delta, V, \chi, \Delta$）** | **0.9615** |
| （$\delta, V, \chi, S_{mix}$） | 0.9580 |

**表 E11.21　SFS 选择的特征子集**

| 选择的子集 | CV- $R^2$ |
|---|---|
| （$V$） | 0.8874 |
| （$\delta$, $V$） | 0.9509 |
| （$\delta, V, \chi$） | 0.9599 |
| **（$\delta, V, \chi, \Delta$）** | **0.9615** |
| （$\delta, V, \chi, \Delta, S_{mix}$） | 0.9588 |

**SBS** SBS 的第一步从原始特征集（$\delta$, $V$, $\chi$, $\varDelta$, $S_{mix}$）开始，基于该特征集的 RF 模型的 CV-$R^2$ = 0.9588. 然后评估五个四特征子集的表现，并将结果列在表 E11.22 中. 四特征子集($\delta$, $\chi$, $\varDelta$, $S_{mix}$）在 SBS 的第 2 步中表现最好，其 CV-$R^2$ 值 0.9709 也高于原始特征集的，所以被选中继续朝后迭代，意味着特征 $V$ 被删除. 表 E11.23 列出 SBS 中四个三特征子集的表现，其中三特征子集（$\delta,\chi,\varDelta$）表现最好，它的 CV-$R^2$ 值 0.9730 也高于四特征子集（$\delta,\chi,\varDelta,S_{mix}$）的 CV-$R^2$ 值，所以被选中继续朝后迭代，意味着特征 $S_{mix}$ 被去除. 表 E11.24 列出 SBS 中三个双特征子集的表现，其中双特征子集（$\delta$, $\chi$）的表现最好，但它的 CV-$R^2$ 值 0.9699 低于三特征子集（$\delta$, $\chi$, $\varDelta$）的 CV-$R^2$ 值. 因此 SBS 特征搜索在此处停止. SBS 选择了最优的三特征子集（$\delta$, $\chi$, $\varDelta$）. 图 E11.15 中绘制了 SFS 和 SBS 特征搜索的过程结果，可以看出 SBS 选择的三特征子集表现要优于 SFS 选择的四特征子集.

**表 E11.22　SBS 中五个四特征子集的表现**

| 子集 | CV-$R^2$ |
|---|---|
| （$V,\chi,\varDelta,S_{mix}$） | 0.9433 |
| **（$\delta,\chi,\varDelta,S_{mix}$）** | **0.9709** |
| （$\delta,V,\varDelta,S_{mix}$） | 0.9564 |
| （$\delta,V,\chi,S_{mix}$） | 0.9580 |
| （$\delta,V,\chi,\varDelta$） | 0.9615 |

**表 E11.23　SBS 中四个三特征子集的表现**

| 子集 | CV-$R^2$ |
|---|---|
| （$\chi,\varDelta,S_{mix}$） | 0.9357 |
| （$\delta,\varDelta,S_{mix}$） | 0.7012 |
| （$\delta,\chi,S_{mix}$） | 0.9684 |
| **（$\delta,\chi,\varDelta$）** | **0.9730** |

**表 E11.24　SBS 中三个双特征子集的表现**

| 子集 | CV-$R^2$ |
|---|---|
| （$\chi,\varDelta$） | 0.9540 |
| （$\delta,\varDelta$） | 0.6293 |
| **（$\delta,\chi$）** | **0.9699** |

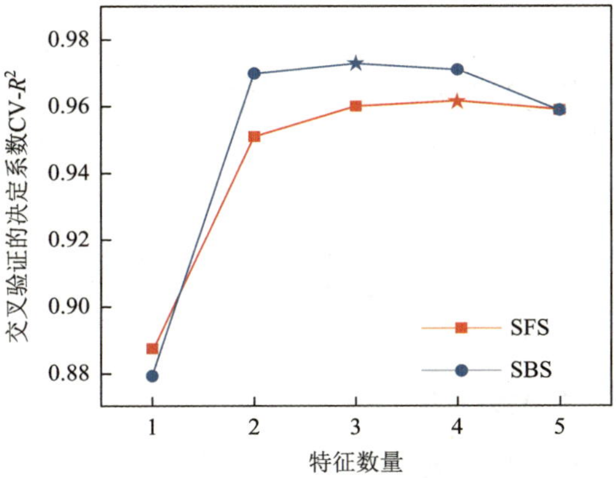


图 E11.15　序列前向（SFS）及序列后向（SBS）特征选择过程，其中红色和蓝色星分别代表 SFS 和 SBS 最终选择的特征子集

**暴力搜索**　表 E11.25 中给出了暴力搜索（EFS）的结果，即所有 31 个特征子集及其对应的随机森林模型的交叉验证精度.

**表 E11.25　暴力搜索计算出的 31 个特征子集的交叉验证精度**

| 特征子集 | CV-$R^2$ | 特征子集 | CV-$R^2$ |
|---|---|---|---|
| ($\delta$) | 0.1148 | ($\delta, V, \Delta$) | 0.9577 |
| ($V$) | 0.8874 | ($\delta, V, S_{mix}$) | 0.9543 |
| ($\chi$) | 0.8794 | **($\delta, \chi, \Delta$)** | **0.9730** |
| ($\Delta$) | −0.0354 | ($\delta, \chi, S_{mix}$) | 0.9684 |
| ($S_{mix}$) | −0.2728 | ($\delta, \Delta, S_{mix}$) | 0.7012 |
| ($\delta, V$) | 0.9509 | ($V, \chi, \Delta$) | 0.9562 |
| ($\delta, \chi$) | 0.9699 | ($V, \chi, S_{mix}$) | 0.9225 |
| ($\delta, \Delta$) | 0.6293 | ($V, \Delta, S_{mix}$) | 0.9317 |
| ($\delta, S_{mix}$) | 0.4360 | ($\chi, \Delta, S_{mix}$) | 0.9357 |
| ($V, \chi$) | 0.9308 | ($\delta, V, \chi, \Delta$) | 0.9615 |
| ($V, \Delta$) | 0.9373 | ($\delta, V, \chi, S_{mix}$) | 0.9580 |
| ($V, S_{mix}$) | 0.9055 | ($\delta, V, \Delta, S_{mix}$) | 0.9564 |
| ($\chi, \Delta$) | 0.9540 | ($\delta, \chi, \Delta, S_{mix}$) | 0.9709 |
| ($\chi, S_{mix}$) | 0.9267 | ($V, \chi, \Delta, S_{mix}$) | 0.9433 |
| ($\Delta, S_{mix}$) | 0.4589 | ($\delta, V, \chi, \Delta, S_{mix}$) | 0.9588 |
| ($\delta, V, \chi$) | 0.9599 | | |

基于 EFS 选择的最佳子集为三特征子集（$\delta, \chi, \Delta$），这和 SBS 选择的结果相同. EFS 通过穷举能够获得全局最优解，而 SBS 和 SFS 可能只能获得局部最优解. 但是穷举搜索是一个 NP 问题，对于巨大的初始特征空间将需要海量的计算资源并耗费大量的时间. 因此，在实际操作中，SBS 和 SFS 的应用更为广泛.

### 11.2.2.4 排列（置换）特征重要性

一个包含 $n$ 个样本的数据集 $(x_{i1},\cdots,x_{ij},\cdots,x_{im},y_i)(i=1,2,\cdots,n,\ j=1,2,\cdots,m)$，在机器学习中通常会被随机划分为含 $n_1$ 个样本的训练集，含 $n_2$ 个样本的验证集，以及含 $n_3$ 个样本的测试集. 训练集和验证集用于构建机器学习模型，测试集则用于模型性能的评估. 当在测试集中一个特征上的数值随机变换，而在其他特征的数值保持不变时，一个机器学习模型在测试集上表现的变化大小决定了特征的置换重要性（Breiman, 2001）. 通常也将训练集和验证集称为广义的训练数据集，那么在广义的训练数据集上能够基于交叉验证对特征的置换重要性进行评估. 而在测试集上计算的特征排列置换重要性，主要体现该特征对模型泛化能力的影响.

特征的排列置换重要性计算方法如下：在测试集中，保持其他特征上的数值不变，仅对特征 $j$ 的值 $x_{ij}$ 进行随机洗牌，构成一个新数据集 $(x_{i1},\cdots,\hat{x}_{ij},\cdots,x_{im},y_i)$；然后使用训练好的模型对新测试集进行预测，观察洗牌前后模型预测精度的变化；一般来说，洗牌后会导致模型预测精度降低，在对特征 $j$ 进行多次洗牌后，模型精度降低的均值（mean decrease accuracy）即为该特征的置换重要性.

$$P_j = s - \frac{1}{K}\sum_{k=1}^{K} S_{j,k}, \tag{11.27}$$

其中 $P_j$ 为特征 $j$ 的置换重要性，$s$ 和 $S_{j,k}$ 分别为未洗牌和第 $k$ 次洗牌后机器学习模型的预测精度，而 $K$ 为洗牌次数.

**例 11.15**

本例中使用了表 E11.26 中列出的 29 个催化剂的 7 个特征和氧化氮（$NO_x$）转化效率，并基于这些数据展示置换特征重要性的计算细节. 其中 9 个数据被随机选择作为测试集，其余的 20 个样本构成广义的训练集. 我们在广义的训练集（包含留一法交叉验证）上建立了决策树回归模型，该模型在测试集上的 $s = R^2 = 0.886$ .

**表 E11.26　29 个催化剂的一氧化氮转化效率**

| 催化剂 | Mn (at.%) | Ce (at.%) | Fe (at.%) | GHSV ($h^{-1}$) | $H_2O$ (vol%) | $SO_2$ (ppm) | $T$ (℃) | 催化效率 |
|---|---|---|---|---|---|---|---|---|
| $Mn_8Ce_1/MnO_x$ | 0.1407 | 0.075 | 0 | 24000 | 0 | 0 | 80 | 0.99 |
| $Mn_{16}Ce_1/MnO_x$ | 0.1723 | 0.0693 | 0 | 24000 | 0 | 0 | 100 | 0.99 |
| $Mn_2Ce_1/MnO_x$ | 0.0789 | 0.1155 | 0 | 24000 | 10 | 0 | 140 | 0.93 |
| $Mn_2Ce_1/MnO_x$ | 0.0789 | 0.1155 | 0 | 24000 | 0 | 200 | 140 | 0.73 |
| $Mn_2Ce_1/MnO_x$ | 0.0789 | 0.1155 | 0 | 24000 | 10 | 200 | 140 | 0.65 |
| $Mn_8Ce_1/MnO_x$ | 0.1407 | 0.075 | 0 | 24000 | 10 | 0 | 140 | 0.98 |
| $Mn_8Ce_1/MnO_x$ | 0.1407 | 0.075 | 0 | 24000 | 0 | 200 | 140 | 0.77 |
| Mn/Ce-acetic acid | 0.0391 | 0 | 0 | 60000 | 5 | 100 | 200 | 0.67 |
| Mn/Ce-ethanol | 0.0383 | 0 | 0 | 60000 | 5 | 100 | 200 | 0.65 |
| $Ce_{0.2}/MnO_x$ | 0.116 | 0.023 | 0 | 40000 | 0 | 100 | 200 | 0.70 |
| Mn/Ce- acetic acid | 0.0391 | 0 | 0 | 60000 | 0 | 0 | 200 | 0.90 |
| $Fe_{0.2}Mn_{0.8}/TiO_2$ | 0.139 | 0 | 0.023 | 60000 | 0 | 0 | 200 | 0.96 |
| $Fe_{0.3}Mn_{0.8}/TiO_2$ | 0.132 | 0 | 0.033 | 60000 | 0 | 0 | 200 | 0.97 |
| $Fe_{0.1}Mn_{0.8}/TiO_2$ | 0.153 | 0 | 0 | 60000 | 0 | 0 | 250 | 0.90 |
| $Fe_{0.2}Mn_{0.8}/TiO_2$ | 0.148 | 0 | 0.012 | 60000 | 0 | 0 | 200 | 0.92 |
| Mn/Ce-oxalic acid | 0.0496 | 0 | 0 | 60000 | 0 | 0 | 175 | 0.93 |
| $Ce_{0.2}/TiO_2$ | 0 | 0.046 | 0 | 50000 | 0 | 0 | 300 | 0.96 |
| $Ce_{0.6}/TiO_2$ | 0 | 0.053 | 0 | 50000 | 0 | 0 | 300 | 0.99 |
| Pure $CeO_2$ | 0 | 0.328 | 0 | 50000 | 0 | 0 | 400 | 0.85 |
| $Ce_{0.6}/TiO_2$ | 0 | 0.053 | 0 | 100000 | 0 | 0 | 350 | 0.98 |
| $Ce_{0.6}/TiO_2$ | 0 | 0.053 | 0 | 30000 | 0 | 0 | 250 | 0.96 |
| $Ce_{0.6}/TiO_2$ | 0 | 0.053 | 0 | 12000 | 0 | 0 | 200 | 0.99 |
| $Ce_{0.01}/TiO_2$ | 0 | 0.0001 | 0 | 50000 | 0 | 0 | 400 | 0.81 |
| $Ce_{0.5}/TiO_2$ | 0 | 0.082 | 0 | 30000 | 0 | 0 | 275 | 1 |
| $Fe_{0.02}Ce/TiO_2$ | 0 | 0.079 | 0.006 | 30000 | 0 | 0 | 250 | 1 |
| $Fe_{0.1}Ce/TiO_2$ | 0 | 0.075 | 0.011 | 30000 | 0 | 0 | 250 | 1 |
| $Fe_{0.2}Ce/TiO_2$ | 0 | 0.074 | 0.015 | 30000 | 0 | 0 | 225 | 1 |
| $Fe_{0.7}Ce/TiO_2$ | 0 | 0.068 | 0.037 | 30000 | 0 | 0 | 225 | 1 |
| $Ce_{0.6}/TiO_2$ | 0 | 0.053 | 0 | 50000 | 0 | 0 | 350 | 0.98 |

以测试集中的特征 $SO_2$ 为例，对其洗牌九次，每次洗牌后的预报精度 $R^2$ 如下:

$$S_{SO_2}=(-1.052,-0.389,-0.739,0.886,-1.186,-0.739,-1.179,-1.179,-0.739)\ .$$

可以看到，9 个 $R^2$ 值中有 8 个为负，这意味着机器学习模型对特征 $SO_2$ 的变化非常敏感，也就是说，特征 $SO_2$ 对机器学习模型十分重要. 值得注意的是，表 E11.26 中，不同样本具有相同的特征值，这也是有四次洗牌后 $R^2$ 重复了已有的值. 基于上述结果，我们可以计算得到 $SO_2$ 的置换特征重要性为

$$P_{SO_2}=s-\frac{1}{9}\sum_{k=1}^{9}S_{SO_2,k}=1.588.$$

同样地，我们可以计算其余特征的置换特征重要性，所有结果均绘制在图 E11.16 中. 可以看到，特征 $SO_2$ 具有最高的置换特征重要性.

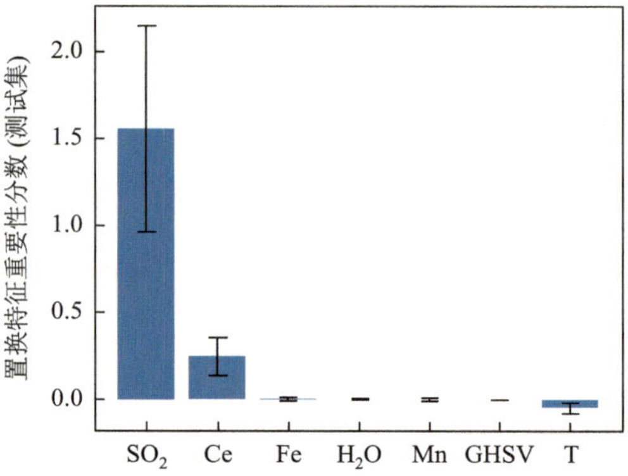


图 E11.16　测试集九次洗牌的置换特征重要性，其中蓝柱和线段分别代表均值和标准差

### 11.2.3　嵌入式特征重要性评估

嵌入式特征重要性评估方法根据特征“嵌入”在模型训练过程的表现来对其重要性进行评估．例如第 2 章中的 LASSO 模型、第 5 章中的决策树模型、第 6 章中的集成模型随机森林，都能够在训练过程中自动地进行特征选择．LASSO 模型的基本原理在第2章中已经有较为详尽的解释，本节主要介绍如何在决策树模型或基于决策树的集成模型中进行特征选择．图 11.1 展示了基于三个特征生成的一棵决策树．

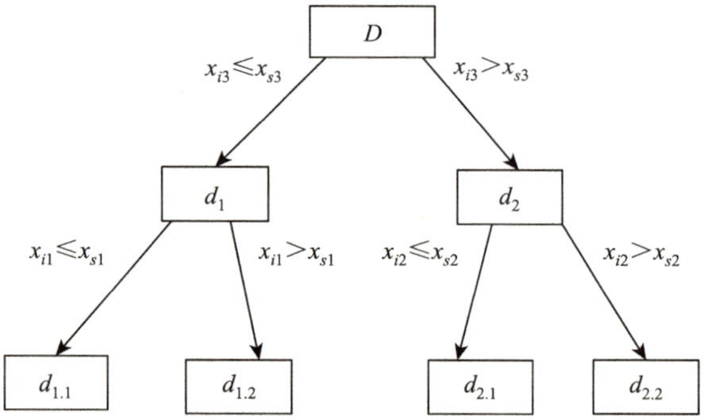


图 11.1　使用三个特征进行节点分裂的决策树

衡量特征重要性最简单的方法可能就是计算某一特征在单棵决策树中被用于分割节点的次数．对于图 11.1 所展示的决策树，每个特征被用于分割节点的次数都为 1，即这三个特征具有相同的重要性．这种方法在 XGBoost 算法中被称为权重（weight）(Chen and Guestrin, 2016)，然而，权重方法在实践中并没有被广泛使用．因此，研究人员引入“不纯度”（impurity）来描述特征在决策树模型中的重要性，不纯度通常指代分类模型中的基尼指数或回归模型中的均方误差．在最佳分割方式

$s_d$ 下，节点 $d$ 被某一特征分割为左子节点 $d_L$ 和右子节点 $d_R$，不纯度下降被定义为

$$\Delta i(s_d,d)=\mathrm{Imp}_d-\frac{n_{d_L}}{n_d}\mathrm{Imp}_{d_L}-\frac{n_{d_R}}{n_d}\mathrm{Imp}_{d_R}, \tag{11.28a}$$

这里 Imp 为不纯度，$n$ 为样本数，下标为相应的节点，$\frac{n_{d_L}}{n_d}$ 和 $\frac{n_{d_R}}{n_d}$ 分别为节点 $d$ 中为被划分到左右两个子节点的样本比例. 如第 5 章所述，不纯度下降最多的分割方式即节点的最佳分割. 也就是说，在决策树模型的训练过程中，除末端节点外所有节点的不纯度下降都已经被计算过，这也是决策树模型具有特征选择功能的基本原理. 在基于决策树的集成模型中存在多个决策树，特征 $x_j$ 在一棵决策树 $\varphi$ 中不纯度下降的均值即该特征的重要性

$$\mathrm{Imp}_{\varphi}(x_j)=\sum_{d\in\varphi}I(j_d=j)\left[p(d)\Delta i(s_d,d)\right], \tag{11.28b}$$

式（11.28b）中，如果特征 $x_j$ 被用于分割节点则 $I(j_d=j)=1$，反之 $I(j_d=j)=0$；$p(d)=\frac{n_d}{n}$，其中 $n$ 是样本总数. 如果某些特征从未被用于决策树节点的分割，那么它们的特征重要性就是 0. 这一现象在随机森林中较为罕见，主要由如下两个原因导致：一是随机森林会从整个特征集中随机选取一个子集进行节点分割，因此每个特征成为分割节点的可能性会增加；二是在随机森林的某棵决策树中没有被用于分割节点的特征，有很大的概率被用于其他决策树的节点分割.

随机森林中特征不纯度下降的均值称为随机森林的特征重要性，其计算方法如下

$$\mathrm{Imp}_{\mathrm{RF}}(x_j)=\frac{1}{K}\sum_{k=1}^{K}\sum_{d\in\varphi_k}I(j_d=j)\left[p(d)\Delta i(s_d,d)\right], \tag{11.28c}$$

其中 $\varphi_k$ 表示第 $k$ 棵决策树，$K$ 代表随机森林中的决策树总数. 如第 6 章所述，随机森林是一种集成算法，该算法会利用自举法在数据集中抽取一个子集（袋内观测值）用于单棵决策树的构建，其余样本（袋外观测值）则用于评估相应决策树的预测性能，随机森林的预测结果即所有决策树预测结果的平均值. 同理，利用公式（11.28a）—公式（11.28c）能得到随机森林中的特征重要性.

**例 11.16**

本例使用如下包含三个特征五个样本的数据集 $\boldsymbol{X}=\begin{bmatrix}X_1\\X_2\\X_3\\X_4\\X_5\end{bmatrix}=\begin{bmatrix}x_{11}&x_{12}&x_{13}\\x_{21}&x_{22}&x_{23}\\x_{31}&x_{32}&x_{33}\\x_{41}&x_{42}&x_{43}\\x_{51}&x_{52}&x_{53}\end{bmatrix}=\begin{bmatrix}3&1&2\\7&2&3\\11&3&4\\15&4&5\\19&5&9\end{bmatrix}$ 和

$$\boldsymbol{y}=\begin{bmatrix}y_1\\y_2\\y_3\\y_4\\y_5\end{bmatrix}=\begin{bmatrix}50\\170\\290\\362\\485\end{bmatrix}.$$ 首先通过自举法，生成包含三个特征两个数据子集：

$$\boldsymbol{X}^{\text{Bootstrap\_1}}=\begin{bmatrix}\boldsymbol{X}_1\\\boldsymbol{X}_2\\\boldsymbol{X}_2\\\boldsymbol{X}_3\\\boldsymbol{X}_4\end{bmatrix}=\begin{bmatrix}x_{11}&x_{12}&x_{13}\\x_{21}&x_{22}&x_{23}\\x_{21}&x_{22}&x_{23}\\x_{31}&x_{32}&x_{33}\\x_{41}&x_{42}&x_{43}\end{bmatrix}=\begin{bmatrix}3&1&2\\7&2&3\\7&2&3\\11&3&4\\15&4&5\end{bmatrix} \quad 和 \quad \boldsymbol{y}^{\text{Bootstrap\_1}}=\begin{bmatrix}y_1\\y_2\\y_2\\y_3\\y_4\end{bmatrix}=\begin{bmatrix}50\\170\\170\\290\\362\end{bmatrix},$$

$$\boldsymbol{X}^{\text{Bootstrap\_2}}=\begin{bmatrix}\boldsymbol{X}_3\\\boldsymbol{X}_4\\\boldsymbol{X}_4\\\boldsymbol{X}_5\\\boldsymbol{X}_5\end{bmatrix}=\begin{bmatrix}x_{31}&x_{32}&x_{33}\\x_{41}&x_{42}&x_{43}\\x_{41}&x_{42}&x_{43}\\x_{51}&x_{52}&x_{53}\\x_{51}&x_{52}&x_{53}\end{bmatrix}=\begin{bmatrix}11&3&4\\15&4&5\\15&4&5\\19&5&9\\19&5&9\end{bmatrix} \quad 和 \quad \boldsymbol{y}^{\text{Bootstrap\_2}}=\begin{bmatrix}y_3\\y_4\\y_4\\y_5\\y_5\end{bmatrix}=\begin{bmatrix}290\\362\\362\\485\\485\end{bmatrix}.$$

这两个数据子集将分别用于生成树 $\varphi_1$ 和 $\varphi_2$，组成有两棵树的随机森林，并在每树的生成过程中，随机选取特征进行节点分裂. 图 E11.17 显示基于自举数据子集 $\left(\boldsymbol{X}^{\text{Bootstrap\_1}},\boldsymbol{y}^{\text{Bootstrap\_1}}\right)$ 和特征 $x_2$ 及特征 $x_3$ 生成的决策树 $\varphi_1$，图E11.18是基于自举数据子集 $\left(\boldsymbol{X}^{\text{Bootstrap\_2}},\boldsymbol{y}^{\text{Bootstrap\_2}}\right)$ 和特征 $x_1$ 生成的决策树 $\varphi_2$ .

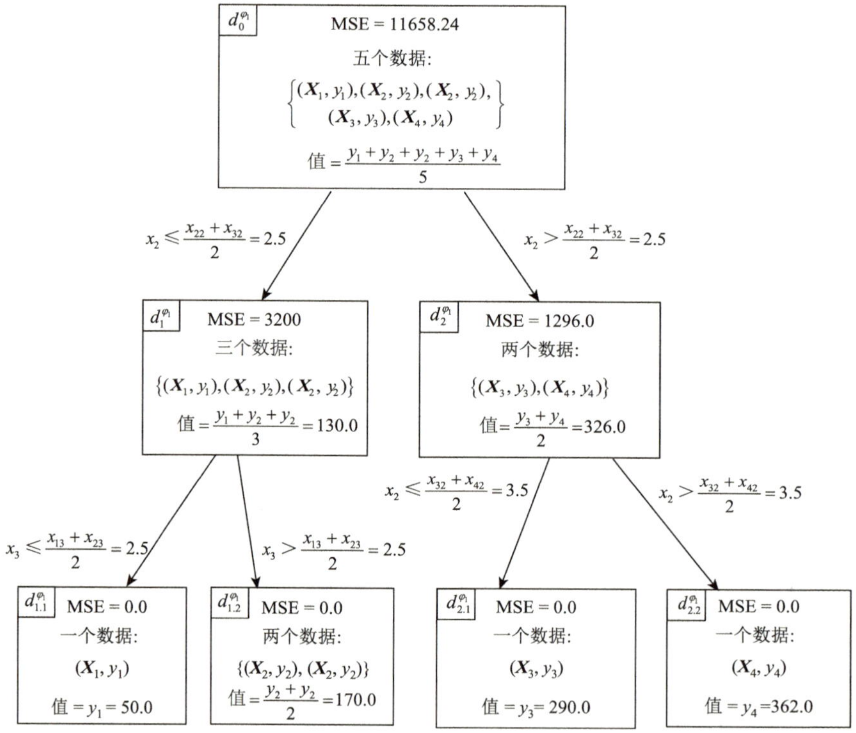


图 E11.17　基于自举数据子集 $\left(\boldsymbol{X}^{\text{Bootstrap\_1}},\boldsymbol{y}^{\text{Bootstrap\_1}}\right)$ 和特征 $x_2$ 及特征 $x_3$ 生成的决策树 $\varphi_1$

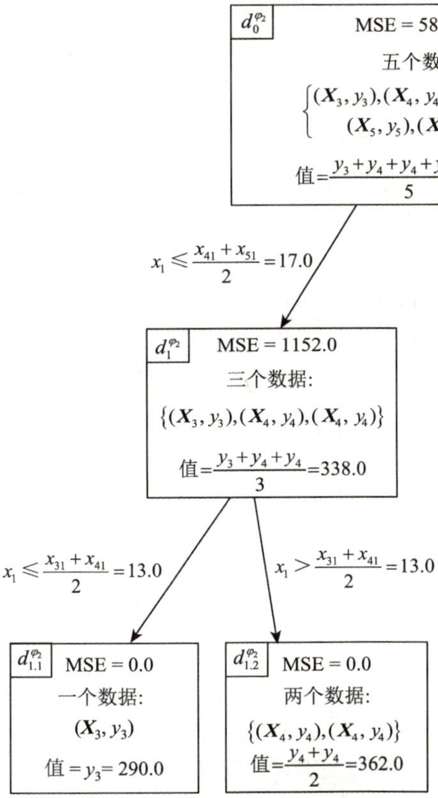


图 E11.18　基于自举数据子集$\left(\boldsymbol{X}^{\text{Bootstrap_2}}, \boldsymbol{y}^{\text{Bootstrap_2}}\right)$和特征 $x_1$ 生成的决策树 $\varphi_2$

在决策树 $\varphi_1$ 中，特征 $x_1$ 没有参与节点分裂，所以 $\text{Imp}_{\varphi_1}(x_1)=0$ . 特征 $x_2$ 用于节点 $d_0^{\varphi_1}$ 和 $d_2^{\varphi_1}$ 的分裂，$d_0^{\varphi_1}$ 和 $d_2^{\varphi_1}$ 两个节点的不纯度下降量分别为

$$\Delta i\left(s_{d_0^{\varphi_1}}, d_0^{\varphi_1}\right)=11658.24-\frac{3}{5}\times 3200.0-\frac{2}{5}\times 1296.0=9219.84,$$

$$\Delta i\left(s_{d_2^{\varphi_1}}, d_2^{\varphi_1}\right)=1296.0-\frac{1}{2}\times 0.0-\frac{1}{2}\times 0.0=1296.0 .$$

这样特征 $x_2$ 的重要性 $\text{Imp}_{\varphi_1}(x_2)$ 为

$$\begin{aligned}\text{Imp}_{\varphi_1}(x_2)&=p\left(d_0^{\varphi_1}\right)\Delta i\left(s_{d_0^{\varphi_1}}, d_0^{\varphi_1}\right)+p\left(d_2^{\varphi_1}\right)\Delta i\left(s_{d_2^{\varphi_1}}, d_2^{\varphi_1}\right)\\&=\frac{n_{d_0^{\varphi_1}}}{n}\times\Delta i\left(s_{d_0^{\varphi_1}}, d_0^{\varphi_1}\right)+\frac{n_{d_2^{\varphi_1}}}{n}\times\Delta i\left(s_{d_2^{\varphi_1}}, d_2^{\varphi_1}\right)\\&=\frac{5}{5}\times 9219.84+\frac{2}{5}\times 1296.0=9738.24.\end{aligned}$$

特征 $x_3$ 仅用于节点 $d_1^{\varphi_1}$ 的分裂，其不纯度下降为 $\Delta i\left(s_{d_1^{\varphi_1}}, d_1^{\varphi_1}\right)=3200.0-\frac{1}{3}\times 0.0-\frac{2}{3}\times 0.0=3200.0$，相应的特征重要性 $\text{Imp}_{\varphi_1}(x_3)$ 为

$$\mathrm{Imp}_{\varphi_1}(x_3)=p\left(d_1^{\varphi_1}\right)\Delta i\left(s_{d_1^{\varphi_1}},d_1^{\varphi_1}\right)=\frac{n_{d_1^{\varphi_1}}}{n}\times\Delta i\left(s_{d_1^{\varphi_1}},d_1^{\varphi_1}\right)=\frac{3}{5}\times 3200.0=1920.0\ .$$

由此给出了在决策树 $\varphi_1$ 中的各特征重要性：$\begin{bmatrix}\mathrm{Imp}_{\varphi_1}(x_1)\\ \mathrm{Imp}_{\varphi_1}(x_2)\\ \mathrm{Imp}_{\varphi_1}(x_3)\end{bmatrix}=\begin{bmatrix}0.0\\ 9738.24\\ 1920.0\end{bmatrix}$.

类似地，在决策树 $\varphi_2$ 中，各特征重要性如下：

$$\begin{bmatrix}\mathrm{Imp}_{\varphi_2}(x_1)\\ \mathrm{Imp}_{\varphi_2}(x_2)\\ \mathrm{Imp}_{\varphi_2}(x_3)\end{bmatrix}=\begin{bmatrix}5877.36\\ 0.0\\ 0.0\end{bmatrix}.$$

由此算出随机森林中各特征 $x_j\ (j=1,2,3)$ 的平均不纯度下降

$$\mathrm{Imp}_{\mathrm{RF}}\begin{bmatrix}\mathrm{Imp}_{\mathrm{RF}}(x_1)\\ \mathrm{Imp}_{\mathrm{RF}}(x_2)\\ \mathrm{Imp}_{\mathrm{RF}}(x_3)\end{bmatrix}=\begin{bmatrix}\dfrac{\mathrm{Imp}_{\varphi_1}(x_1)+\mathrm{Imp}_{\varphi_2}(x_1)}{2}\\ \dfrac{\mathrm{Imp}_{\varphi_1}(x_2)+\mathrm{Imp}_{\varphi_2}(x_2)}{2}\\ \dfrac{\mathrm{Imp}_{\varphi_1}(x_3)+\mathrm{Imp}_{\varphi_2}(x_3)}{2}\end{bmatrix}=\begin{bmatrix}\dfrac{0.0+5877.36}{2}\\ \dfrac{9738.24+0.0}{2}\\ \dfrac{1920.0+0.0}{2}\end{bmatrix}=\begin{bmatrix}2938.68\\ 4869.12\\ 960.00\end{bmatrix},$$ 这也是随机森林对特征重要性的排序，如图 E11.19 所示.

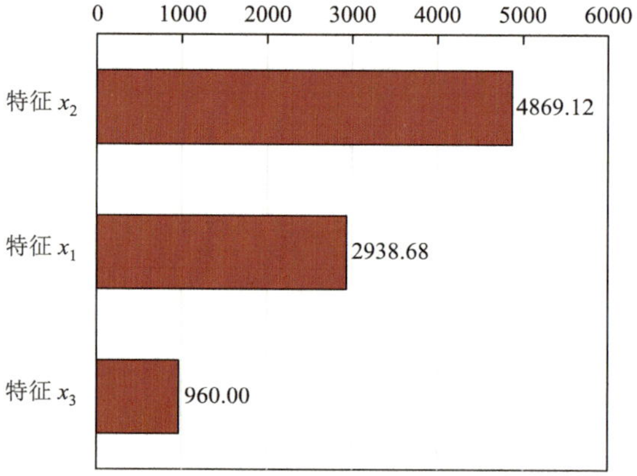


图 E11.19　三个特征的随机森林中各特征重要性排序

## 作　　业

1. 表 H11.1 展示了四个合金和相应的混合焓、混合熵. 请利用 LOF 方法寻找里面潜在的离群点（注：请用欧几里得距离 $d_{\mathrm{E}}$ 进行计算，点 $x=(x_1,x_2,\cdots,x_n)$ 和 $y=(y_1,y_2,\cdots,y_n)$ 的欧几里得距离为 $d_{\mathrm{E}}(x,y)=\sqrt{\sum_{i=1}^{n}(x_i-y_i)^2}$）.

2. 用孤立森林寻找表 H11.1 中潜在的离群点.

3. 计算例 11.9 中的各特征的皮尔逊相关系数矩阵.

4. 阐述 MIC 和 mRMR 方法之间的关系.

5. 将 $Q$ 设置为 1，重新计算例 11.12 中的 Relief.

6. 列举 SFS（序列前搜索）、SBS（序列后搜索）和 EFS（穷尽搜索）三种包装法的优缺点.

7. 根据表 E11.26 中的数据，比较随机森林算法中的两种特征重要性，即置换重要性和 MDI 重要性.

8. 使用例 11.16 中的数据集，通过 LASSO 回归进行特征排序，并将排序结果与例 11.16 中的结果进行比较.

**表 H11.1　用于 LOF 检测的合金**

| 样本 | 合金 | $S_{mix}(J\cdot K^{-1}\cdot mol^{-1})$ | $H_{mix}(kJ\cdot mol^{-1})$ |
|---|---|---|---|
| *a* | $Ag_{20}Mg_{20}Y_{60}$ | 7.90 | −18.40 |
| *b* | $Ag_{10}Mg_{50}Y_{40}$ | 7.84 | −11.44 |
| *c* | $Ag_{14}Cu_{78.5}P_{7.5}$ | 5.48 | −4.02 |
| *d* | $Cu_{34}Zr_{50}Ag_{8}Al_{8}$ | 9.29 | −25.87 |

## 参 考 文 献


Breiman L. 2001. Random Forests. Machine Learning, 45(1): 5-32.

Breunig M M, Kriegel H P, Ng R T, et al. 2000. LOF: Identifying Density-Based Local Outliers. New York: Association for Computing Machinery, 93-104.

Chang C C, Lin C J. 2011. LIBSVM: A library for support vector machines. ACM Transactions on Intelligent Systems and Technology(TIST), 2(3): 1-27.

Chen T, Guestrin C. 2016. XGBoost: AScalable Tree Boosting System. The 22nd ACM SIGKDD Intemational Conference. ACM.

Cover T, Thomas J. 2003. Elements of Information Theory. Hoboken: John Wiley & Sons.

Efron B. 1979. Booststrap methods: Another look at the jackknife. The Annals of Statistics, 7(1): 1-26.

Hu Q, Guo S, Wang J M, et al. 2017. Parametric Study of Amorphous High-Entropy Alloys formation from two New Perspectives: Atomic Radius Modification and Crystalline Structure of Alloying Elements. Scientific Reports, 7(1): 1-12.

Kinney J B, Atwal G S. 2014. Equitability, mutual information, and the maximal information coefficient. Proceedings of the National Academy of Sciences, 111(9): 3354-3359.

Kira K, Rendell L A. 1992. Feature selection problem: Traditional methods and a new algorithm. Proceedings Tenth National Conference on Artificial Intelligence, 2: 129-132.

Kononenko I. 1994. Estimation attributes: Analysis and extensions of RELIEF. Proceedings of the 1994 European Conference on Machine Learning, Catania, 171-182.

Liu F T, Ting K M, Zhou Z H. 2012. Isolation-based anomaly detection. ACM Transactions on Knowledge Discovery from Data(TKDD), 6(1): 1-39.

Peng H, Long F, Ding C. 2005. Feature selection based on mutual information criteria of max-dependency, max-relevance, and min-redundancy. IEEE Transactions on Pattern Analysis and Machine Intelligence, 27(8): 1226-1238.

Ramírez-Gallego S, Lastra I, Martínez-Rego D, et al. 2017. Fast-mRMR: Fast minimum redundancy maximum relevance algorithm for high-dimensional big data. International Journal of Intelligent Systems, 32(2): 134-152.

Reshef D N, Reshef Y A, Finucane H K, et al. 2011. Detecting Novel Associations in Large Data Sets. Science, 334: 1518-1524.

Schölkopf B, Platt J C, Shawe-Taylor J, et al. 2001. Estimating the support of a high-dimensional distribution. Neural Computation, 13(7): 1443-1471.

Severson K A, Attia P M, Jin N, et al. 2019. Data-driven prediction of battery cycle life before capacity degradation. Nature Energy, 4(5): 383-391.

Takeuchi A, Amiya K, Wada T, et al. 2014. High-Entropy Alloys with a Hexagonal Close-Packed Structure Designed by Equi-Atomic Alloy Strategy and Binary Phase Diagrams. Jom, 66(10): 1984-1992.

Tax D M, Duin R P. 1999. Support vector domain description. Pattern Recognition Letters, 20(11-13): 1191-1199.

Tax D M, Duin R P. 2004. Support vector data description. Machine Learning, 54(1): 45-66.

Tsai M H, Yeh J W. 2014. High-entropy alloys: A critical review. Materials Research Letters, 2(3): 107-123.

Xiong J, Shi S Q, Zhang T Y. 2020. A machine-learning approach to predicting and understanding the properties of amorphous metallic alloys. Materials & Design, 187: 108378.

Xiong J, Shi S Q, Zhang T Y. 2021. Machine learning of phases and mechanical properties in complex concentrated alloys. Journal of Materials Science & Technology, 87: 133-142.

Ye Y F, Wang Q, Lu J, et al. 2016. High-entropy alloy: Challenges and prospects. Materials Today, 19(6): 349-362.

Yeh J W, Chen Y L, Lin S J, et al. 2007. High-entropy alloys—A new era of exploitation. Materials Science Forum, 560: 1-9.

Zhang Y, Zhou Y J, Lin J P, et al. 2008. Solid-solution phase formation rules for multi-component alloys. Advanced Engineering Materials, 10(6): 534-538.

Zhang Y, Zuo T T, Tang Z, et al. 2014. Microstructures and properties of high-entropy alloys. Progress Materials Science, 61: 1-93.

# 第 12 章

# 可解释性的 SHAP 值和部分依赖图

## 12.1 SHAP 值

对于具有 $m$ 个特征 $(x_1, x_2, \cdots, x_m)$ 和一个响应变量 $y = f(x_1, x_2, \cdots, x_m)$ 的数据集，博弈论（von Neumann, 1928a, 1928b）计算每个特征对预测结果所有可能的贡献. SHAP（SHapley Additive exPlanation）值（Lundberg and Lee, 2017）是建立在博弈论理论基础上的. 博弈论起源于 1928 年（Neumann, 1928a; Neumann, 1928b），并在 1994 年获得诺贝尔经济学奖，主要研究公式化了的激励结构间的相互作用，是研究具有斗争或竞争性质现象的数学理论和方法. 对于具有 $m$ 个特征 $\left(x_1, x_2 \cdots, x_m\right)$ 和一个响应变量 $y = f\left(x_1, x_2, \cdots, x_m\right)$ 的数据集，每个单特征 $x_i\left(i = 1, 2, \cdots, m\right)$ 都可以独立和协同其他特征对预测结果作出贡献. SHAP 值计算每个特征对预测结果所有可能的贡献. 不论正或负，SHAP 值都量化了任何一个特征上的每个数据对机器学习模型预测结果的贡献程度. 这样，通过计算一个特征上所有数据 SHAP 绝对值的和，就提供了一种特征重要性度量标准，从而可以对特征的重要性进行排序. 为此，SHAP 值方法引进了一套特征子集，其中一个不含任何特征的数据子集被称为空子集，用 $S_0$ 表示（Lipovetsky and Conklin, 2001）. 只包含一个特征的数据子集通称为单数据子集，用 $S_1$ 表示. 有 $m$ 个特征 $(x_1, x_2, \cdots, x_m)$ 的数据集就可以形成 $m$ 个单特征子集. 以此类推，有包含两个特征的双数据子集 $S_2$，包含三个特征的三数据子集 $S_3$，等等，直到包含 $m-1$ 个特征的 $m-1$ 数据子集 $S_{m-1}$. 这样当一个数据子集包含了 $j\,(j = 0, 1, \cdots, m-1)$ 个特征时，那么该子集则被称为 $j$ 特征子集，并用 $S_j$ 表示. 使用这个特征子集，单特征 $x_i$ 的特征协同模式可表示为 $S_j \cup \{i\}$，这里 $\{i\}$ 代表单特征 $x_i\,(i = 1, 2, \cdots, m)$，而 $S_j$ 表示除特征 $\{i\}$ 外的特征子集 $S_j\ (j = 0, 1, \cdots, m-1)\ j \neq i$. 显然，$S_{m-1} \cup \{i\}$ 构成了特征全集. 因此，单特征 $x_i\ (i = 1, 2, \cdots, m)$ 对预测值的贡献，包括独立模式和协同模式，可以由 $W_j\left[f\left(S_j \cup \{i\}\right) - f(S_j)\right]\left(S_j(j = 0, 1, \cdots, m-1), j \neq i\right)$ 确定，其中 $W_j$ 是随 $S_j$ 而变的 $\left[f\left(S_j \cup \{i\}\right) - f(S_j)\right]$ 权重，$f\left(S_j \cup \{i\}\right)$ 代表协同贡献，而 $f(S_j)$ 代表特征子集 $S_j$ 的贡献，它们的差就是单特征 $x_i$ 在协同贡献的份额. 除空集外，有 $m-1$ 个特征子集

可以和单特征 $x_i$ 合作. 在这 $m-1$ 个特征子集中，共有 $C_{m-1}^j$ 个 $j$ 特征子集 $S_j$，即有 $C_{m-1}^j$ 个 $\left[f\left(S_j \cup \{i\}\right)-f(S_j)\right]$，并且每个 $\left[f\left(S_j \cup \{i\}\right)-f(S_j)\right]$ 都具有相同的权重 $W_j$. 这样单一特征 $x_i\,(i=1,2,\cdots,m)$ 通过 $C_{m-1}^j$ 个 $[f(S_j \cup \{i\})-f(S_j)]\,(j=0,1,\cdots,m-1)$ 的权重和可写为 $W_jC_{m-1}^j$. 将所有 $(m)$ 特征子集权重归一化，即使所有权重之和为 1:

$$\sum_{j=0}^{m-1} W_j C_{m-1}^j = 1. \tag{12.1a}$$

此外，对于不同特征子集 $S_j$，它们的特征子集权重要相等，

$$W_0C_{m-1}^0 = W_1C_{m-1}^1 = \cdots = W_{m-1}C_{m-1}^{m-1}. \tag{12.1b}$$

联合公式（12.1a）和公式（12.1b）可以得到

$$W_j = \frac{j!(m-j-1)!}{m!} \quad (j=0,1,\cdots,m-1). \tag{12.1c}$$

单特征 $x_i\,(i=1,2,\cdots,m)$ 对预测值的贡献被命名为 SHAP 值 $\phi_i$（Shapley, 1953），定义为

$$\phi_i = \sum_{S_j \subseteq M \setminus \{i\}} \frac{j!(m-j-1)!}{m!}\left[f\left(S_j \cup \{i\}\right)-f(S_j)\right], \tag{12.2a}$$

其中，$M$ 是所有协同模式的特征子集的总数. 根据博弈论的可加性质，预测值由下式（Lundberg and Lee, 2017）计算

$$\hat{y} = \phi_0 + \sum_{i=1}^{m} \phi_i, \tag{12.2b}$$

其中 $\phi_0$ 表示空子集的 SHAP 值，被定义为

$$\phi_0 = f(S_0). \tag{12.2c}$$

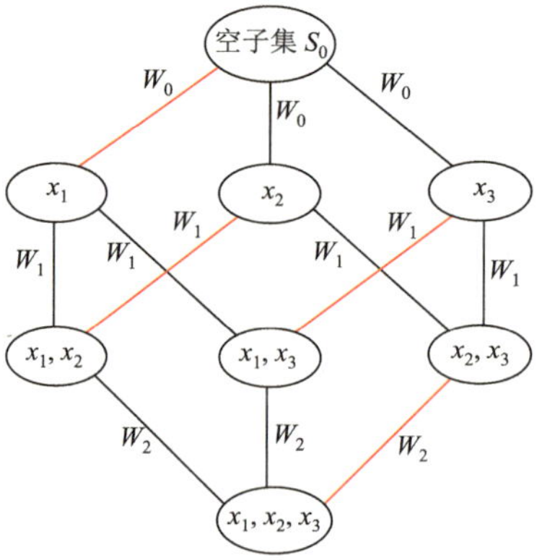


图 12.1　示意图中展示了 $\left[f\left(S_j \cup \{i\}\right)-f(S_j)\right]\,(i=1,2,3; j=0,1,2)$ 的权重，其中，$W_0$ 有三个，$W_1$ 有六个，$W_2$ 有三个. 图中的红色线表示包含单特征 $x_1$ 的四个 $\left[f\left(S_j \cup \{1\}\right)-f(S_j)\right]\,(j=0,1,2)$ 形成路径，这里空子集 $S_0$ 是源

图 12.1 以一个三特征系统 $y=f(x_1,x_2,x_3)$ 为例，说明 SHAP 值的分析过程. 这里有三个特征 $(x_1,x_2,x_3)$. 从空子集 $S_0$ 起，三个单特征 $\{i\}(i=1,2,3)$ 有相同概率和空子集合作，也就是每个 $\left[f\left(S_0\cup\{i\}\right)-f(S_0)\right]$ 的权重 $W_0=1/3$. 这三个单特征对应于三个单特征子集 $S_1$，中间两个单特征子集 $S_1$（自身除外）可以和被计算 SHAP 值的单特征 $\{i\}$ 合作，这样有 6 种双协同模式，也就是每个 $\left[f\left(S_1\cup\{i\}\right)-f(S_1)\right]$ 的权重 $W_1=1/6$. 两个特征组合在一起形成了三个双特征子集 $S_2$，其中只有一个 $S_2$ 不包含单特征 $\{i\}(i=1,2,3)$. 这样就只有 3 种双协同模式，即每个 $\left[f\left(S_2\cup\{i\}\right)-f(S_2)\right]$ 的权重 $W_2=1/3$. 因此，对于三特征系统 $y=f(x_1,x_2,x_3)$，我们有 $W_0\times C_2^0+W_1\times C_2^1+W_2\times C_2^2=1$ 和 $W_0\times C_2^0=W_1\times C_2^1=W_2\times C_2^2=1/3$，这意味着 $W_0=2W_1=W_2=1/3$.

用同样的方式，可以定义双特征 $\{i\}$ 和 $\{j\}(i\neq j,i,j=1,2,\cdots,m)$ 的交互作用 SHAP 值 $\phi_{i,j}$（Fujimoto et al., 2006）

$$\phi_{i,j}=\sum_{S_j\subseteq M\setminus\{i,j\}}W_p\nabla_{i,j}(S). \tag{12.3a}$$

类比计算单特征 SHAP 值时的 $j$ 特征子集，这里引进排除特征 $\{i\}$ 和特征 $\{j\}$ 的 $p$-特征子集($p=0, 1,\cdots, m-2$; $p\neq i,p\neq j$)，并用 $S$ 表示. 式（12.3a）中 $W_p$ 是对应一个 $p$-特征子集时交互贡献 $\nabla_{i,j}(S)$ 的权重，$\nabla_{i,j}(S)$ 由下式定义:

$$\nabla_{i,j}(S)=f\left(S\cup\{i,j\}\right)-f\left(S\cup\{i\}\right)-f\left(S\cup\{j\}\right)+f(S). \tag{12.3b}$$

例如，图 12.1 所展示的三特征系统中，为了计算特征 $i=x_1$ 和 $j=x_2$ 之间的交互作用，不包含特征 $x_1$ 和 $x_2$ 的 $p$-特征子集 $S$ 只包含 $S_0$ 和 $S_1(x_3)$. 因此，当 $S=S_0$ 时，$S\cup\{i,j\}$ 为 $S_2(x_1,x_2)$，$S\cup\{i\}$ 为 $S_1(x_1)$，$S\cup\{j\}$ 为 $S_1(x_2)$；当 $S=S_1(x_3)$ 时，$S\cup\{i,j\}$ 为 $S_3(x_1,x_2,x_3)$，$S\cup\{i\}$ 为 $S_2(x_1,x_3)$，$S\cup\{j\}$ 为 $S_2(x_2,x_3)$. 公式（12.3a），（12.3b）的定义表明 $\phi_{i,j}=\phi_{j,i}$，特征 $\{i\}$ 和特征 $\{j\}$ 之间总的交互作用是 $\phi_{i,j}$ 的两倍. 对于 $\nabla_{i,j}(S)\,(i,j=1, 2,\cdots, m)$，$C_{m-2}^p$ 个 $p$-特征子集($p=0, 1,\cdots, m-2$)所对应的权重是 $W_pC_{m-2}^p$. 将所有 $p$-特征子集的权重都进行归一化，即

$$2\times\sum_{p=0}^{m-2}W_pC_{m-2}^p=1. \tag{12.3c}$$

由于 $\phi_{i,j}=\phi_{j,i}$，所以 2 出现在式(12.3c)中. 而且，特征子集的权重都是相等的，即

$$W_0C_{m-2}^0=W_1C_{m-2}^1=\cdots=W_{m-2}C_{m-2}^{m-2}. \tag{12.3d}$$

对于图 12.1 所示的三特征系统，我们可以得到 $W_0C_1^0+W_1C_1^1=1/2$，$W_0=W_1=1/4$. 结合式（12.3c）和（12.3d）得到

$$W_p=\frac{p!(m-p-2)!}{2(m-1)!}\quad(p=0, 1,\cdots, m-2). \tag{12.3e}$$

将公式（12.3e）代入公式（12.3a）得到

$$\phi_{i,j}=z\sum_{S\subseteq M\setminus\{i,j\}}\frac{p!(m-p-2)!}{2(m-1)!}\nabla_{ij}(S).\tag{12.3f}$$

当单特征 $\{i\}$ SHAP 值及双特征 $\{i\}$ 和 $\{j\}(i\neq j,i,j=1,2,\cdots,m)$ 的交互作用 SHAP 值已知时，就可以定义单特征 $\{i\}$ 对响应（预测值）的纯 SHAP 值（纯贡献）

$$\phi_{i,i}=\phi_i-\sum_{j\neq i}\phi_{i,j}.\tag{12.3g}$$

如上所述，单特征的协同模式的总数为 $M=\mathrm{C}_{m-1}^{0}+\mathrm{C}_{m-1}^{1}+\cdots+\mathrm{C}_{m-1}^{m-1}=2^{m-1}$，因此全部特征的协同模式的总量为 $m\times2^{m-1}$．可见，协同模式的总数量随着特征数 $m$ 的增加呈指数级增长.

**例 12.1**

本例的数据集包含原始特征集 $\boldsymbol{X}$ 和目标向量 $\boldsymbol{y}$:

$$\boldsymbol{X}=\begin{bmatrix}x_{11}&x_{12}&x_{13}\\x_{21}&x_{22}&x_{23}\\x_{31}&x_{32}&x_{33}\end{bmatrix}=\begin{bmatrix}3&1&2\\7&2&3\\11&3&4\end{bmatrix}\quad 和\quad \boldsymbol{y}=\begin{pmatrix}50\\170\\290\end{pmatrix}.\tag{E12.1}$$

基于这个数据集训练出的完美机器学习模型是

$$y=\left(2x_1-x_2^2+x_3\right)^2+1.\tag{E12.2}$$

基于公式（E12.2），下面将以一种解析的方式来说明 SHAP 值的计算流程. 由式（E12.2）可知，空子集 $S_0$ 的 SHAP 值为 $f(S_0)=\phi_0=y(x_1=0,x_2=0,x_3=0)=1$．单特征 $x_1$ 的 SHAP 值由公式（12.2a）计算得到. 由 $f(S_0)=1$ 和 $f\left(S_0\cup\{x_1\}\right)=(2x_1)^2+1$ 得到 $f\left(S_0\cup\{x_1\}\right)-f(S_0)=(2x_1)^2$．有两个不包含 $x_1$ 的 $S_1$ 子集，即 $S_1(x_2)$ 和 $S_1(x_3)$．由式（E12.2）知，$f\left(S_1(x_2)\right)=\left(-x_2^2\right)^2+1$ 和 $f\left(S_1(x_2)\cup\{x_1\}\right)=\left(2x_1-x_2^2\right)^2+1$．由此，$f\left(S_1(x_2)\cup\{x_1\}\right)-f\left(S_1(x_2)\right)=(2x_1)^2-4x_1x_2^2$，同样有 $f\left(S_1(x_3)\right)=x_3^2+1$，$f\left(S_1(x_3)\cup\{x_1\}\right)=(2x_1+x_3)^2+1$ 和 $f\left(S_1(x_3)\cup\{x_1\}\right)-f\left(S_1(x_2)\right)=(2x_1)^2+4x_1x_3$．只有一个不包含特征 $x_1$ 的 $S_2$ 子集. 因此，可得 $f(S_2)=\left(-x_2^2+x_3\right)^2+1$，$f\left(S_2\cup\{x_1\}\right)=\left(2x_1-x_2^2+x_3\right)^2+1$ 和 $f\left(S_2\cup\{x_1\}\right)-f(S_2)=(2x_1)^2+4x_1\left(-x_2^2+x_3\right)$．最终，单特征 $x_1$ 的 SHAP 值为

$$\begin{aligned}\phi_{x_1}&=\frac{1}{3}(2x_1)^2+\frac{1}{6}\left[(2x_1)^2-4x_1x_2^2\right]+\frac{1}{6}\left[(2x_1)^2+4x_1x_3\right]\\&\quad+\frac{1}{3}\left[(2x_1)^2+4x_1\left(-x_2^2+x_3\right)\right]=2x_1\left(2x_1-x_2^2+x_3\right).\end{aligned}\tag{E12.3}$$

同样地，也能得到单特征 $x_2$ 和单特征 $x_3$ 的 SHAP 值:

$$\phi_{x_2}=-x_2^2\left(2x_1-x_2^2+x_3\right),\tag{E12.4}$$

$$\phi_{x_3}=x_3\left(2x_1-x_2^2+x_3\right).\tag{E12.5}$$

这三个单特征 SHAP 值加上空集 SHAP 值就是原函数，

$$y=\phi_0+\phi_{x_1}+\phi_{x_2}+\phi_{x_3}=\left(2x_1-x_2^2+x_3\right)^2+1. \tag{E12.6}$$

公式（E12.6）与预期的结果一致. 公式（E12.3）—（E12.5）表明单特征 $x_i\ (i=1,2,3)$的 SHAP 值也依赖于其他特征，即 $\phi_{x_i}(x_1,x_2,x_3)$，这是由特征之间的交互作用引起的. 交互贡献 SHAP 值由公式（12.3g）计算得出.

空子集对应于$p=0$，可得$W_0=\dfrac{0!(3-0-2)!}{2(3-1)!}=\dfrac{1}{4}$，$f\left(S_0\cup\{x_1,x_2\}\right)=\left(2x_1-x_2^2\right)^2+1$，$f\left(S_0\cup\{x_1\}\right)=(2x_1)^2+1$，$f\left(S_0\cup\{x_2\}\right)=\left(-x_2^2\right)^2+1$，以及$f(S_0)=1$. 由此交互贡献

$$\begin{aligned}\nabla_{x_1,x_2}(S_0)&=f\left(S_0\cup\{x_1,x_2\}\right)-f\left(S_0\cup\{x_1\}\right)-f\left(S_0\cup\{x_2\}\right)+f(S_0)\\&=\left(2x_1-x_2^2\right)^2-(2x_1)^2-\left(-x_2^2\right)^2=-4x_1x_2^2.\end{aligned} \tag{E12.7a}$$

对于 $p=1$，可得$W_1=\dfrac{1!(3-1-2)!}{2(3-1)!}=\dfrac{1}{4}$，只有一个 $S_1$ 子集 $S_1(x_3)$ 不包含特征 $x_1$ 和 $x_2$. 这样可得 $f\left(S_1(x_3)\cup\{x_1,x_2\}\right)=\left(2x_1-x_2^2+x_3\right)^2+1$，$f\left(S_1(x_3)\cup\{x_1\}\right)=\left(2x_1+x_3\right)^2+1$，$f\left(S_1(x_3)\cup\{x_2\}\right)=\left(-x_2^2+x_3\right)^2+1$，$f\left(S_1(x_3)\right)=x_3^2+1$. 由此交互贡献

$$\begin{aligned}\nabla_{x_1,x_2}(S_1)&=f\left(S_1(x_3)\cup\{x_1,x_2\}\right)-f\left(S_1(x_3)\cup\{x_1\}\right)-f\left(S_1(x_3)\cup\{x_2\}\right)+f\left(S_1(x_3)\right)\\&=\left(2x_1-x_2^2+x_3\right)^2-\left(2x_1+x_3\right)^2-\left(-x_2^2+x_3\right)^2+x_3^2=-4x_1x_2^2.\end{aligned} \tag{E12.7b}$$

这样交互贡献 SHAP 值 $\phi_{x_1,x_2}$ 为

$$\phi_{x_1,x_2}=W_0\nabla_{x_1,x_2}(S_0)+W_1\nabla_{x_1,x_2}(S_1)=-2x_1x_2^2. \tag{E12.8}$$

同样地，也能得到

$$\phi_{x_1,x_3}=2x_1x_3, \tag{E12.9}$$

$$\phi_{x_2,x_3}=-x_2^2x_3. \tag{E12.10}$$

每个单特征的纯贡献可以由方程（12.3f）计算得出，即

$$\phi_{x_1,x_1}=\phi_{x_1}-\phi_{x_1,x_2}-\phi_{x_1,x_3}=2x_1\left(2x_1-x_2^2+x_3\right)+2x_1x_2^2-2x_1x_3=4x_1^2. \tag{E12.11}$$

同样得到

$$\phi_{x_2,x_2}=\left(-x_2^2\right)^2, \tag{E12.12}$$

$$\phi_{x_3,x_3}=x_3^2. \tag{E12.13}$$

公式（E12.8）—（E12.10）分别展示了特征$(x_1,x_2)$，$(x_1,x_3)$和$(x_2,x_3)$之间的交互贡献，而公式（E12.11）—（E12.13）则分别说明了特征 $x_1$，$x_2$ 和 $x_3$ 的纯贡献. 所有交互贡献和纯贡献的计算结果都与预期的一致. 总之，一个单特征的 SHAP 值包含了与其他特征间的交互作用的贡献，而纯 SHAP 则排除了与其他特征的任何交互贡献.

Lundberg 等（2018）基于 SHAP 值方法来处理决策树模型的解释问题，这里 SHAP 值的计算方式在基于决策树的算法上进行了改进. 以下分析均基于广泛使

用的二叉树，即在决策树的生长过程中每个父节点只能生成两个子节点. 假设有一组由 $n$ 个 $m$ 维特征和一维目标组成的数据集 $\{(\boldsymbol{X}_1,y_1),(\boldsymbol{X}_2,y_2),\cdots,(\boldsymbol{X}_n,y_n)\}$，其中每个特征数据 $\boldsymbol{X}_i=(x_{i1},x_{i2},\cdots,x_{im})(i=1,2,\cdots,n)\in\mathbf{R}^m$ 是一个 $1\times m$ 的向量，而每个目标 $y_i\in\mathbf{R}$ 是一维的. 决策树回归器将基于最佳特征 $J$ 和最佳特征值 $x_{sJ}$ 分割父节点 $D$，从而生成两个子节点. 如第 5 章所述，在分裂得到的两个子节点中，一个子节点 $d_1$ 满足 $x_{iJ}\leqslant x_{sJ}$，另一个子节点 $d_2$ 满足 $x_{iJ}>x_{sJ}$. 通过这种方式，决策树回归器从根节点向叶节点不断生长. 假设 $P$ 表示从根节点到叶节点的所有路径的数量，$p$ $(p=1,2,\cdots,P)$ 表示从根节点到叶节点的一条路径. 显然，路径总数与叶节点总数相同.

下面将详细介绍如何将权重分配给每个父节点与子节点之间的链接. 分别用 $|D|$，$|d_1|$ 和 $|d_2|$ 表示一个父节点和其两个子节点中的样本数量. 当研究特征 $x_k(k=1,2,\cdots,m)$ 的一个样本 $i$ 的 SHAP 值时，该特征称为“研究样本”，其余 $m-1$ 个特征 $j\neq k$ $(j=1,2,\cdots,m)$ 则被称为“缺失特征”，当前被研究的样本 $i$ 称为“研究样本”. 在分配权重时，如果研究特征 $x_k$ 不是分割特征 $x_J$，则分别对父节点和每个子节点之间的链接分配权重 $w_{D\to d_1}=\dfrac{|d_1|}{|D|}$ 和 $w_{D\to d_2}=\dfrac{|d_2|}{|D|}$. 这意味着对于缺失特征，其链接权重与研究样本无关，缺失特征的链接权重是通过子节点中样本数量与父节点中样本数量的比例计算得到的，如图 12.2(a)所示. 如果特征 $x_k$ 是分割特征 $x_J$，即 $k=J$，则其链接权重将由研究样本确定. 当研究样本 $i$ 的值 $x_{ik}$ 小于或等于分裂值 $x_{sJ}$，即 $x_{ik}\leqslant x_{sJ}$（其中 $k=J$）时，链接 $D$ 和 $d_1$ 之间的权重为 1，即 $w_{D\to d_1}=1$，链接 $D$ 和 $d_2$ 之间的权重为 0，即 $w_{D\to d_2}=0$，如图 E12.2（b）所示. 反之，如果 $x_{ik}>x_{sJ}$，则链接 $D$ 和 $d_1$ 之间的权重为 0，即 $w_{D\to d_1}=0$，链接 $D$ 和 $d_2$ 之间的权重为 1，即 $w_{D\to d_2}=1$，如图 12.2（c）所示. 通过这种方式可以为所有链接分配权重. 因此，在决策树中，从根到叶子的路径 $p$ $(p=1,2,\cdots,P)$ 的权重通过以下方式计算:

$$W_p=\prod_{i\in p}w_i\,, \tag{12.4}$$

其中 $i\in p$ 表示链接 $i$ 对应着路径 $p$. 这种加权方法称为“覆盖-分裂-加权”法（Lundberg et al., 2018）. 图 12.2（d）显示了当数据集 $|D|(|D|=n)$ 包含三个特征 $x_1$，$x_2$ 和 $x_3$ 时，在决策树中如何计算每个链接和每条路径的权重. 以下详细展示了计算特征 $x_1$ 的 SHAP 值的过程，此时，特征 $x_2$ 和 $x_3$ 为缺失特征，并且研究样本 $i$ 满足 $x_{i1}\leqslant x_{s1}$.

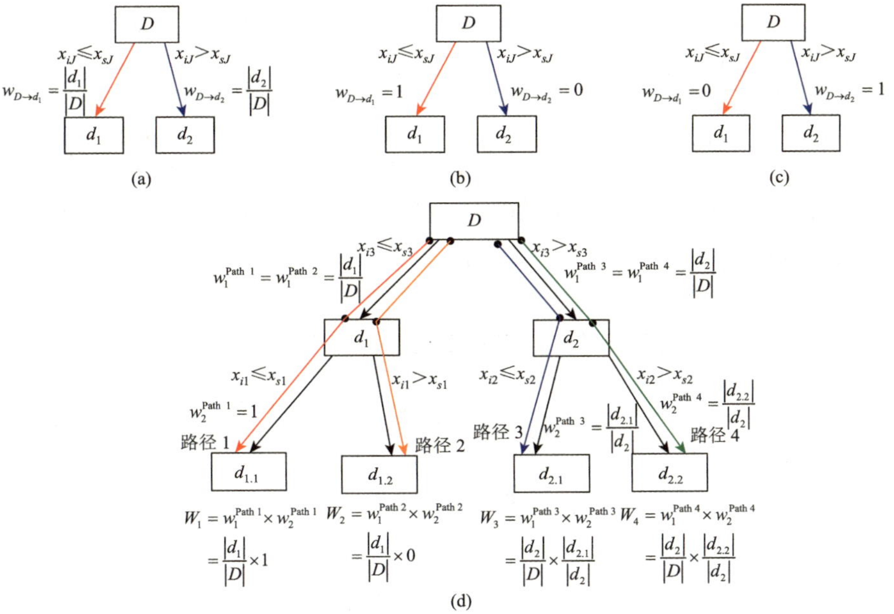

图 12.2 “覆盖-分裂-加权”法的权重分配示意图.（a）当前特征 $x_k$ 不是分割特征 $x_J$，（b）和（c）当前特征 $x_k$ 是分割特征 $x_J$，（b）“研究样本” $i$ 的 $x_{ik}$ 值小于等于分割值，（c）“研究样本” $i$ 的 $x_{ik}$ 值大于分割值.（d）当“研究样本” $i$ 的特征 $x_1$ 的值为 $x_{i1} \leqslant x_{s1}$ 时，决策树的每条路径的权重计算方法. 其中，特征 $x_2$ 和 $x_3$ 为缺失特征

在基于决策树的 SHAP 值计算中，树的根节点看成空集 $S_0$，$f(S_0)$ 是根节点所有样本目标值的均值. 通过与各特征 $x_k(k=1,2,\cdots,m)$ 的并集构建子集 $S_1(x_k)$，此时，仅保留一个目标特征，其余特征视为缺失. $f\left(S_1(x_k)\right)$ 通过以下公式计算:

$$f\left(S_1(x_k)\right)=\sum_{p=1}^{P} W_p \times \overline{y}_p , \tag{12.5}$$

其中 $\overline{y}_p$ 是叶节点 $p$ 的预测值. $S_0 \cup \{x_k, x_l\}$，$k \neq l\,(k,l=1,2,\cdots,m)$ 或 $S_1\{x_k\} \cup \{x_l\}$ 的组合形成了子集 $S_2(x_k, x_l)$，其中只有两个特征是研究特征，其余 $m-2$ 个特征为缺失特征. 决策树中所有链接的权重分配以及决策树的预测值都与上述描述的方法相同. 基于同样的方法，我们可以建立子集 $S_3,\cdots,S_m$，并计算出相应的 $f(S_3),\cdots,f(S_m)$ 的值. 最后，通过公式（12.2a）计算 SHAP 值 $\phi_i$，通过公式（12.3g）计算交互作用 SHAP 值，通过公式（12.3f）计算每个特征对目标函数预测值的纯 SHAP 值.

## 例 12.2

本例使用的数据集包含原始特征矩阵 $\boldsymbol{X}$ 和响应向量 $\boldsymbol{y}$，由数据 $(\boldsymbol{X}_1, y_1)$，$(\boldsymbol{X}_2, y_2)$ $(\boldsymbol{X}_3, y_3)$，$(\boldsymbol{X}_4, y_4)$ 和 $(\boldsymbol{X}_5, y_5)$ 组成.

$$
\boldsymbol{X}=\begin{bmatrix}\boldsymbol{X}_1\\ \boldsymbol{X}_2\\ \boldsymbol{X}_3\\ \boldsymbol{X}_4\\ \boldsymbol{X}_5\end{bmatrix}=\begin{bmatrix}x_{11} & x_{12} & x_{13}\\ x_{21} & x_{22} & x_{23}\\ x_{31} & x_{32} & x_{33}\\ x_{41} & x_{42} & x_{43}\\ x_{51} & x_{52} & x_{53}\end{bmatrix}=\begin{bmatrix}3 & 1 & 2\\ 7 & 2 & 3\\ 11 & 3 & 4\\ 15 & 4 & 5\\ 19 & 5 & 9\end{bmatrix} \quad 和 \quad \boldsymbol{y}=\begin{bmatrix}y_1\\ y_2\\ y_3\\ y_4\\ y_5\end{bmatrix}=\begin{bmatrix}50\\ 170\\ 290\\ 362\\ 485\end{bmatrix}. \tag{E12.14}
$$

图 E12.1 给出基于数据集 $(\boldsymbol{X}, \boldsymbol{y})$ 训练得到的决策树，有一个根节点和五个叶节点. 这样，从根节点到五个叶节点共有五条路径.

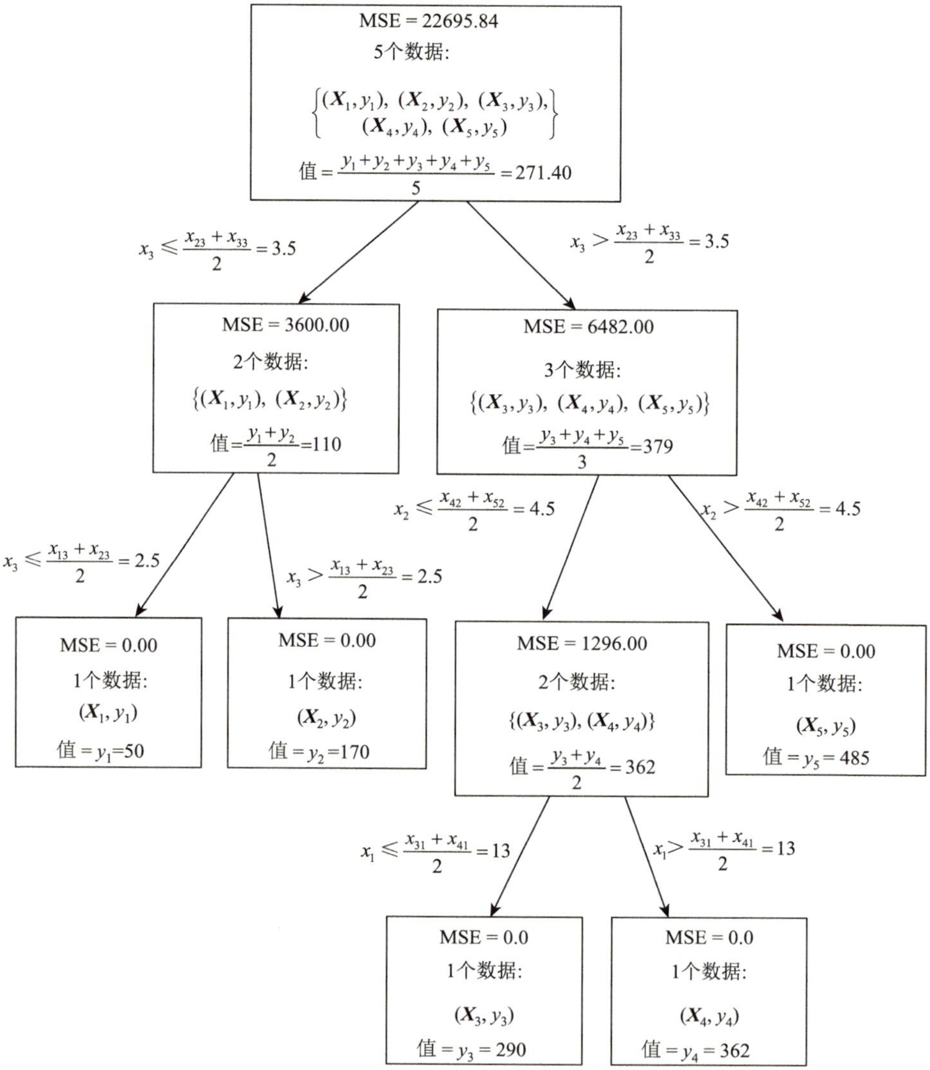


图 E12.1　在数据集 $(\boldsymbol{X}, \boldsymbol{y})$ 上训练得到的决策树有一个根节点和五个叶节点

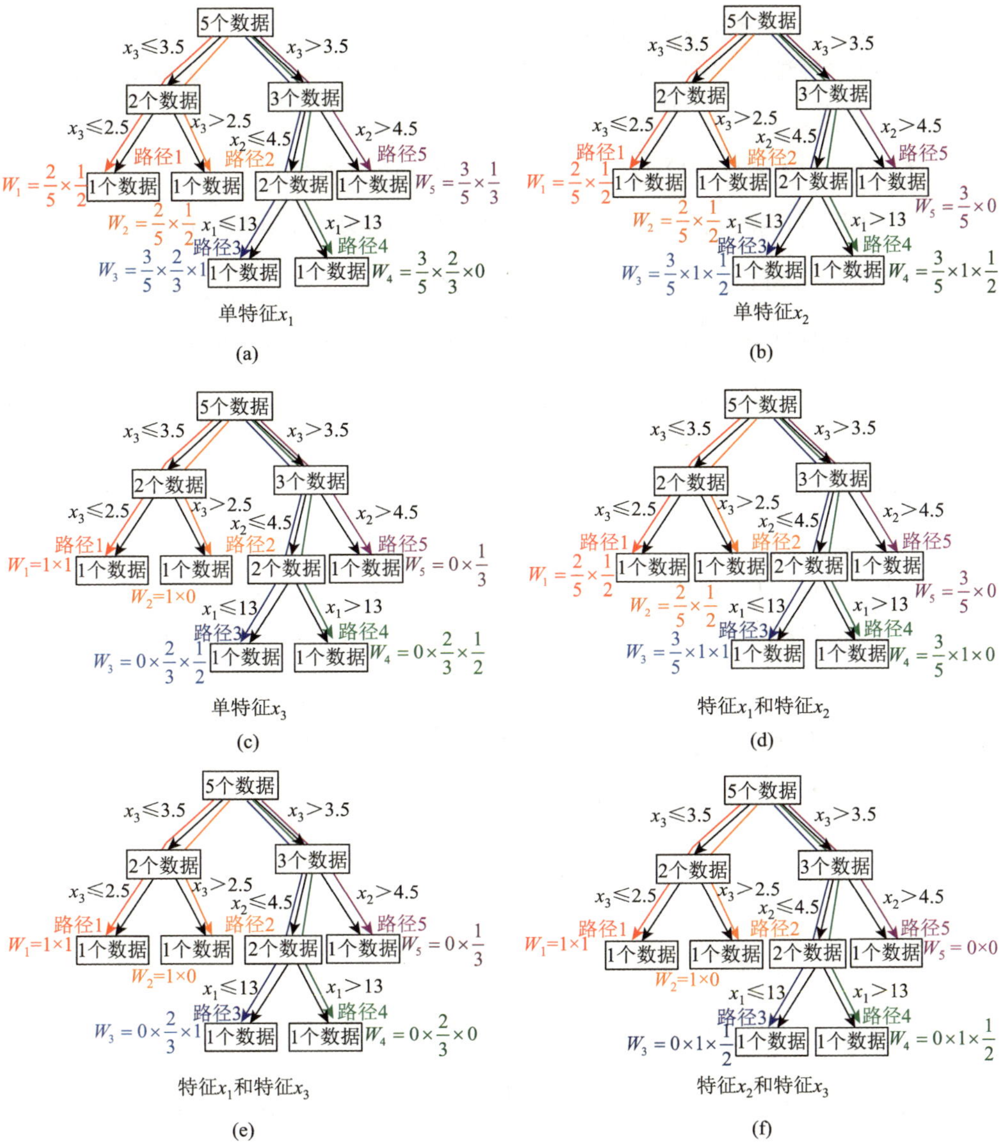


图 E12.2　计算输入特征数据 $\boldsymbol{X}_1$ 的（a）,（b）,（c）三个单特征和（d）,（e）,（f）三个双特征 SHAP 值时的 6 个特征子集的权重

在基于树的 SHAP 值计算中，树的根节点为 $S_0$，$f(S_0)$ 是根据节点所有样本的目标的均值，空集的 SHAP 值由以下公式得到

$$\phi_0 = f(S_0) = \frac{y_1 + y_2 + 2y_3 + y_5}{5}. \tag{E12.15}$$

对于每个特征和每个样本，其 $S_0$ 的 SHAP 值都相同.

计算特征数据 $\boldsymbol{X}_1$ 中特征 $x_1$ 的 SHAP 值.

如例 12.1 所述，$S_1(x_1)=S_0\cup\{x_1\}$，$S_2(x_1,x_2)=S_1(x_2)\cup\{x_1\}$，$S_2(x_1,x_3)=S_1(x_3)\cup\{x_1\}$，$S_3(x_1,x_2,x_3)=S_2(x_2,x_3)\cup\{x_1\}$. 使用公式（12.2a），能得到

$$\phi_{x_1}=W_0\left[f\left(S_1(x_1)\right)-f(S_0)\right]+W_1\left[f\left(S_2(x_1,x_2)\right)-f\left(S_1(x_2)\right)\right]$$
$$+W_1\left[f\left(S_2(x_1,x_3)\right)-f\left(S_1(x_3)\right)\right]+W_2\left[f\left(S_3(x_1,x_2,x_3)\right)-f\left(S_2(x_2,x_3)\right)\right]. \quad \text{(E12.16a)}$$

使用公式（12.5）和图 E12.2（a）给出的权重，我们有

$$f_{X_1}\left(S_1(x_1)\right)=\frac{2}{5}\times\frac{1}{2}\times y_1+\frac{2}{5}\times\frac{1}{2}\times y_2+\frac{3}{5}\times\frac{2}{3}\times 1\times y_3+\frac{3}{5}\times\frac{2}{3}\times 0\times y_4+\frac{3}{5}\times\frac{1}{3}\times y_5$$
$$=\frac{y_1+y_2+2y_3+y_5}{5}, \quad \text{(E12.16b)}$$

以及 $f_{X_1}\left(S_1(x_1)\right)-f(S_0)=\dfrac{y_1+y_2+2y_3+y_5}{5}-\dfrac{y_1+y_2+y_3+y_4+y_5}{5}=\dfrac{y_3-y_4}{5}$，这里和上式中 $f_{X_1}$ 的下标表示特征数据 $\boldsymbol{X}_1$，下面将使用类似的下标表示，不再陈述.

这里还有两个不包括 $x_1$ 的 $S_1$ 子集，分别用 $S_1(x_2)$ 和 $S_1(x_3)$ 表示. 还有两个包括 $x_1$ 的 $S_2$ 子集，分别用 $S_2(x_1,x_2)$ 和 $S_2(x_1,x_3)$ 表示. 使用公式（12.5）和图 E12.2（b）—（e）给出的权重能得到

$$f_{X_1}\left(S_1(x_2)\right)=\frac{2}{5}\times\frac{1}{2}\times y_1+\frac{2}{5}\times\frac{1}{2}\times y_2+\frac{3}{5}\times 1\times\frac{1}{2}\times y_3+\frac{3}{5}\times 1\times\frac{1}{2}\times y_4+\frac{3}{5}\times 0\times y_5$$
$$=\frac{2y_1+2y_2+3y_3+3y_4}{10}, \quad \text{(E12.16c)}$$

$$f_{X_1}\left(S_2(x_1,x_2)\right)=\frac{2}{5}\times\frac{1}{2}\times y_1+\frac{2}{5}\times\frac{1}{2}\times y_2+\frac{3}{5}\times 1\times 1\times y_3+\frac{3}{5}\times 1\times 0\times y_4+\frac{3}{5}\times 0\times y_5$$
$$=\frac{y_1+y_2+3y_3}{5}, \quad \text{(E12.16d)}$$

$$f_{X_1}\left(S_2(x_1,x_2)\right)-f_{X_1}\left(S_1(x_2)\right)=\frac{2y_1+2y_2+6y_3}{10}-\frac{2y_1+2y_2+3y_3+3y_4}{10}=\frac{3y_3-3y_4}{10}.$$

$$f_{X_1}\left(S_1(x_3)\right)=1\times 1\times y_1+1\times 0\times y_2+0\times\frac{2}{3}\times\frac{1}{2}\times y_3+0\times\frac{2}{3}\times\frac{1}{2}\times y_4+0\times\frac{1}{3}\times y_5=y_1. \quad \text{(E12.16e)}$$

$$f_{X_1}\left(S_2(x_1,x_3)\right)=1\times 1\times y_1+1\times 0\times y_2+0\times\frac{2}{3}\times 1\times y_3+0\times\frac{2}{3}\times 0\times y_4+0\times\frac{1}{3}\times y_5=y_1.$$

(E12.16f)

由此可以算出

$$f_{X_1}\left(S_2(x_1,x_3)\right)-f_{X_1}\left(S_1(x_3)\right)=0,$$

这里只有一个不包含特征 $x_1$ 的 $S_2\left(x_2,x_3\right)$ 子集. 使用公式（12.5）和图 E12.2（a）给出的权重，我们有

$$f_{X_1}\left(S_2\left(x_2,x_3\right)\right)=1\times1\times y_1+1\times0\times y_2+0\times1\times\frac{1}{2}\times y_3+0\times1\times\frac{1}{2}\times y_4+0\times0\times y_5=y_1 . \quad \text{(E12.16g)}$$

在该算例中，对应样本 $\boldsymbol{X}_1$，$S_3(x_1,x_2,x_3)$ 的路径权重与 $S_2(x_2,x_3)$ 的相同，为

$$f_{X_1}\left(S_3(x_1,x_2,x_3)\right)=y_1 . \quad \text{(E12.16h)}$$

然后，可以得到 $f_{X_1}\left(S_3(x_1,x_2,x_3)\right)-f_{X_1}\left(S_2(x_2,x_3)\right)=0$.

最终，我们能得到数据 $\boldsymbol{X}_1$ 上特征 $x_1$ 的 SHAP 值

$$\phi_{x_1}\left(\boldsymbol{X}_1\right)=\frac{1}{3}\times\frac{y_3-y_4}{5}+\frac{1}{6}\times\frac{3y_3-3y_4}{10}+\frac{1}{6}\times0+\frac{1}{3}\times0=\frac{7y_3-7y_4}{60} . \quad \text{(E12.17a)}$$

同样地，也可以得到

$$\phi_{x_2}\left(\boldsymbol{X}_1\right)=\frac{2y_3+y_4-3y_5}{30}, \quad \text{(E12.17b)}$$

$$\phi_{x_3}\left(\boldsymbol{X}_1\right)=\frac{48y_1-12y_2-35y_3+5y_4-6y_5}{60} . \quad \text{(E12.17c)}$$

然后，使用公式（12.2b）可得

$$\begin{aligned}\hat{y}_1&=\phi_0\left(\boldsymbol{X}_1\right)+\phi_{x_1}\left(\boldsymbol{X}_1\right)+\phi_{x_2}\left(\boldsymbol{X}_1\right)+\phi_{x_3}\left(\boldsymbol{X}_1\right)\\&=\frac{y_1+y_2+2y_3+y_5}{5}+\frac{7y_3-7y_4}{60}+\frac{2y_3+y_4-3y_5}{30}+\frac{48y_1-12y_2-35y_3+5y_4-6y_5}{60}=y_1 .\end{aligned} \quad \text{(E12.17d)}$$

公式(E12.17d)得到的结果与预期的相同. 类似地，对样本 $\boldsymbol{X}_2$，$\boldsymbol{X}_3$，$\boldsymbol{X}_4$ 和 $\boldsymbol{X}_5$ 的特征 $x_1$，$x_2$ 和 $x_3$ 的 SHAP 值进行计算，并以矩阵形式表示为

$$\begin{bmatrix}\hat{y}_1\\\hat{y}_2\\\hat{y}_3\\\hat{y}_4\\\hat{y}_5\end{bmatrix}=\begin{bmatrix}\phi_0(\boldsymbol{X}_1)\\\phi_0(\boldsymbol{X}_2)\\\phi_0(\boldsymbol{X}_3)\\\phi_0(\boldsymbol{X}_4)\\\phi_0(\boldsymbol{X}_5)\end{bmatrix}+\begin{bmatrix}\phi_{x_1}(\boldsymbol{X}_1)\\\phi_{x_1}(\boldsymbol{X}_2)\\\phi_{x_1}(\boldsymbol{X}_3)\\\phi_{x_1}(\boldsymbol{X}_4)\\\phi_{x_1}(\boldsymbol{X}_5)\end{bmatrix}+\begin{bmatrix}\phi_{x_2}(\boldsymbol{X}_1)\\\phi_{x_2}(\boldsymbol{X}_2)\\\phi_{x_2}(\boldsymbol{X}_3)\\\phi_{x_2}(\boldsymbol{X}_4)\\\phi_{x_2}(\boldsymbol{X}_5)\end{bmatrix}+\begin{bmatrix}\phi_{x_3}(\boldsymbol{X}_1)\\\phi_{x_3}(\boldsymbol{X}_2)\\\phi_{x_3}(\boldsymbol{X}_3)\\\phi_{x_3}(\boldsymbol{X}_4)\\\phi_{x_3}(\boldsymbol{X}_5)\end{bmatrix}$$

$$=\begin{bmatrix}271.40\\271.40\\271.40\\271.40\\271.40\end{bmatrix}+\begin{bmatrix}-8.40\\-8.40\\-24.40\\24.40\\8.80\end{bmatrix}+\begin{bmatrix}-17.10\\-17.10\\-47.60\\-37.20\\74.40\end{bmatrix}+\begin{bmatrix}-195.90\\-75.90\\90.60\\103.40\\130.40\end{bmatrix}=\begin{bmatrix}50.00\\170.00\\290.00\\362.00\\485.00\end{bmatrix} .$$

在通常情况下，特征 SHAP 值的绝对值之和被用于评估该特征的重要程度（Lundberg et al., 2018）. 图 E12.3 展示了每个样本的 SHAP 值及特征 SHAP 值的绝对值之和的排序. 特征 $x_3$ SHAP 值的绝对值之和为 596.20，特征 $x_2$ SHAP 值的绝对值之和为 193.40，特征 $x_1$ SHAP 值的绝对值之和为 74.40，这表明特征 $x_3$ 是最重要的特征.

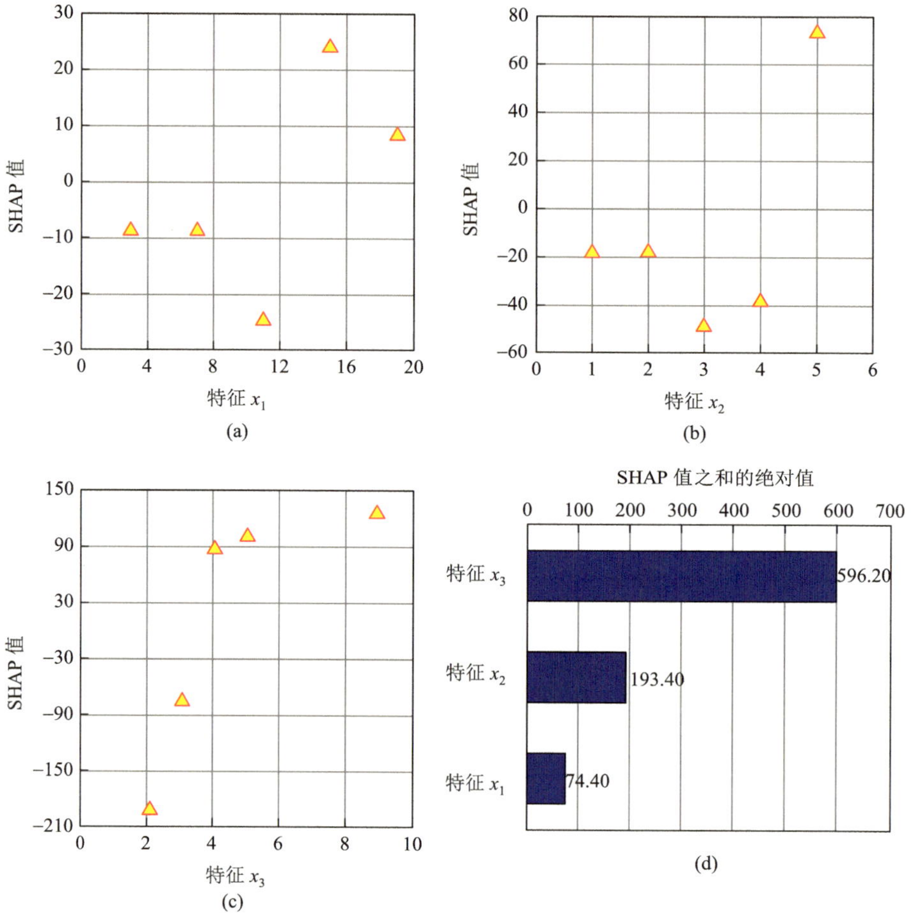


图 E12.3 （a）特征 $x_1$ 的每个样本的 SHAP 值，（b）特征 $x_2$ 的每个样本的 SHAP 值，（c）特征 $x_3$ 的每个样本的 SHAP 值，（d）三个特征 SHAP 值的绝对值之和的排序

基于图 E12.1 中的训练后的决策树，使用公式（12.3g）可以计算数据 $\boldsymbol{X}_i$ $(i=1,2,3,4,5)$ 的特征 $x_j$ 和特征 $x_k$ $(j \neq k, j,k=1,2,3)$ 之间的交互作用 SHAP 值，并表示为 $\phi_{x_j,x_k}(X_i)$．以下展示了如何计算样本 $X_1$ 中的 $\{x_1,x_2\}$ 交互作用 SHAP 值．如上所述，我们有 $f_{X_1}\left(S_0 \cup \{x_1,x_2\}\right)=\dfrac{2y_1+2y_2+6y_3}{10}$，$f_{X_1}\left(S_0 \cup \{x_1\}\right)=\dfrac{y_1+y_2+2y_3+y_5}{5}$，$f_{X_1}\left(S_0 \cup \{x_2\}\right)=\dfrac{2y_1+2y_2+3y_3+3y_4}{10}$，$f(S_0)=\dfrac{y_1+y_2+y_3+y_4+y_5}{5}$．然后，使用公式（12.3b）计算得到

$$
\begin{aligned}
\nabla_{x_1,x_2}^{X_1}(S_0) &= f_{X_1}\left(S_0 \cup \{x_1,x_2\}\right)-f_{X_1}\left(S_0 \cup \{x_1\}\right)-f_{X_1}\left(S_0 \cup \{x_2\}\right)+f(S_0) \\
&= \frac{2y_1+2y_2+6y_3}{10}-\frac{y_1+y_2+2y_3+y_5}{5}-\frac{2y_1+2y_2+3y_3+3y_4}{10} \\
&\quad +\frac{y_1+y_2+y_3+y_4+y_5}{5}=\frac{y_3-y_4}{10}.
\end{aligned}
\tag{E12.18a}
$$

类似地，可以得到

$$\nabla_{x_1,x_2}^{X_1}(S_1)=f_{X_1}\left(S_1(x_3)\cup\{x_1,x_2\}\right)-f_{X_1}\left(S_1(x_3)\cup\{x_1\}\right)-f_{X_1}\left(S_1(x_3)\cup\{x_2\}\right)+f_{X_1}\left(S_1(x_3)\right)$$
$$=y_1-y_1-y_1+y_1=0\,. \tag{E12.18b}$$

最后，通过公式（12.3g）得到交互作用 SHAP 值 $\phi_{x_1,x_2}(X_1)$，如下

$$\phi_{x_1,x_2}(X_1)=W_0\nabla_{x_1,x_2}^{X_1}(S_0)+W_1\nabla_{x_1,x_2}^{X_1}(S_1)=\frac{1}{4}\times\frac{y_3-y_4}{10}+\frac{1}{4}\times 0=\frac{y_3-y_4}{40}=-1.80\,. \tag{E12.18c}$$

以相同的方式，可以计算出

$$\phi_{x_1,x_3}(\boldsymbol{X}_1)=9.00\,, \tag{E12.18d}$$

$$\phi_{x_2,x_3}(\boldsymbol{X}_1)=17.70\,. \tag{E12.18e}$$

$\phi_{x_1,x_2}(\boldsymbol{X}_1)$，$\phi_{x_1,x_3}(\boldsymbol{X}_1)$ 和 $\phi_{x_2,x_3}(\boldsymbol{X}_1)$ 的非零交互作用 SHAP 值表明 $x_1, x_2, x_3$ 这三个特征之间确实存在交互作用.

单特征的纯 SHAP 值（纯贡献）通过公式（12.3f）计算，结果如下:

$$\phi_{x_1,x_1}(\boldsymbol{X}_1)=\phi_{x_1}(\boldsymbol{X}_1)-\phi_{x_1,x_2}(\boldsymbol{X}_1)-\phi_{x_1,x_3}(\boldsymbol{X}_1)=-8.40-(-1.80)-9.00=-15.60\,, \tag{E12.19a}$$

$$\phi_{x_2,x_2}(\boldsymbol{X}_1)=-33.00\,, \tag{E12.19b}$$

$$\phi_{x_3,x_3}(\boldsymbol{X}_1)=-222.60\,. \tag{E12.19c}$$

所有交互作用和纯贡献的 SHAP 值可以通过一个贡献矩阵的形式表达，即

$$\begin{bmatrix}\phi_{x_1,x_1}(\boldsymbol{X}_1) & \phi_{x_1,x_2}(\boldsymbol{X}_1) & \phi_{x_1,x_3}(\boldsymbol{X}_1)\\ \phi_{x_2,x_1}(\boldsymbol{X}_1) & \phi_{x_2,x_2}(\boldsymbol{X}_1) & \phi_{x_2,x_3}(\boldsymbol{X}_1)\\ \phi_{x_3,x_1}(\boldsymbol{X}_1) & \phi_{x_3,x_2}(\boldsymbol{X}_1) & \phi_{x_3,x_3}(\boldsymbol{X}_1)\end{bmatrix}=\begin{bmatrix}-15.60 & -1.80 & 9.00\\ -1.80 & -33.00 & 17.70\\ 9.00 & 17.70 & -222.60\end{bmatrix}. \tag{E12.20}$$

如果不存在交互作用，则该矩阵将是一个对角矩阵. 可以以相同的方式计算三个特征对样本 $\boldsymbol{X}_2$，$\boldsymbol{X}_3$，$\boldsymbol{X}_4$ 和 $\boldsymbol{X}_5$ 的贡献矩阵. 为了简洁起见，下面仅以矩阵形式表示纯贡献 SHAP 值，即

$$\begin{bmatrix}\phi_{x_1,x_1}(\boldsymbol{X}_1) & \phi_{x_2,x_2}(\boldsymbol{X}_1) & \phi_{x_3,x_3}(\boldsymbol{X}_1)\\ \phi_{x_1,x_1}(\boldsymbol{X}_2) & \phi_{x_2,x_2}(\boldsymbol{X}_2) & \phi_{x_3,x_3}(\boldsymbol{X}_2)\\ \phi_{x_1,x_1}(\boldsymbol{X}_3) & \phi_{x_2,x_2}(\boldsymbol{X}_3) & \phi_{x_3,x_3}(\boldsymbol{X}_3)\\ \phi_{x_1,x_1}(\boldsymbol{X}_4) & \phi_{x_2,x_2}(\boldsymbol{X}_4) & \phi_{x_3,x_3}(\boldsymbol{X}_4)\\ \phi_{x_1,x_1}(\boldsymbol{X}_5) & \phi_{x_2,x_2}(\boldsymbol{X}_5) & \phi_{x_3,x_3}(\boldsymbol{X}_5)\end{bmatrix}=\begin{bmatrix}-15.60 & -33.00 & -222.60\\ -15.60 & -33.00 & -102.60\\ -13.60 & -31.00 & 108.40\\ 13.60 & -32.60 & 106.80\\ 16.00 & 65.20 & 109.20\end{bmatrix}. \tag{E12.21}$$

通常，为了避免过拟合并增强模型的鲁棒性，需要对决策树进行剪枝操作（详见第 5 章）. 基于剪枝后的决策树计算出的 SHAP 值，与未剪枝的决策树相比是否会有所不同呢？下面将通过算例进行详细的比较. 图 E12.4 展示了对图 E12.1 中的决策树进行剪枝后得到的决策树. 在决策树的生长过程中，使用了特征 $x_3$ 和 $x_2$ 进行节点分割，而特征 $x_1$ 没有用于节点分割. 剪枝后的决策树中共有三个叶节点，其中有两个叶节点包含两个样本，另一个叶节点只包含一个样本，如图 E12.4 所示.

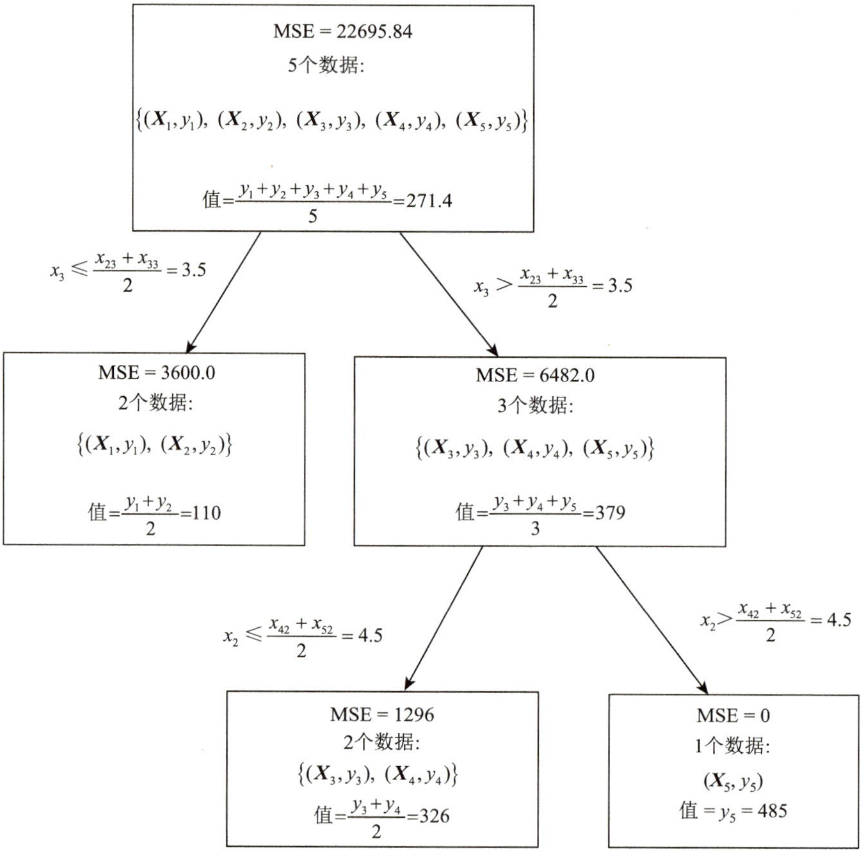


图 E12.4　通过修剪图 E12.1 中的决策树得到的决策树

使用相同的方法，基于修剪后的决策树，在样本 $\boldsymbol{X}_1$，$\boldsymbol{X}_2$，$\boldsymbol{X}_3$，$\boldsymbol{X}_4$ 和 $\boldsymbol{X}_5$ 上计算特征 $x_1$，$x_2$ 和 $x_3$ 的 SHAP 值，可以得到以向量形式表示的 SHAP 值：

$$\begin{bmatrix}\hat{y}_1\\\hat{y}_2\\\hat{y}_3\\\hat{y}_4\\\hat{y}_5\end{bmatrix}=\begin{bmatrix}\phi_0(\boldsymbol{X}_1)\\\phi_0(\boldsymbol{X}_2)\\\phi_0(\boldsymbol{X}_3)\\\phi_0(\boldsymbol{X}_4)\\\phi_0(\boldsymbol{X}_5)\end{bmatrix}+\begin{bmatrix}\phi_{x_1}(\boldsymbol{X}_1)\\\phi_{x_1}(\boldsymbol{X}_2)\\\phi_{x_1}(\boldsymbol{X}_3)\\\phi_{x_1}(\boldsymbol{X}_4)\\\phi_{x_1}(\boldsymbol{X}_5)\end{bmatrix}+\begin{bmatrix}\phi_{x_2}(\boldsymbol{X}_1)\\\phi_{x_2}(\boldsymbol{X}_2)\\\phi_{x_2}(\boldsymbol{X}_3)\\\phi_{x_2}(\boldsymbol{X}_4)\\\phi_{x_2}(\boldsymbol{X}_5)\end{bmatrix}+\begin{bmatrix}\phi_{x_3}(\boldsymbol{X}_1)\\\phi_{x_3}(\boldsymbol{X}_2)\\\phi_{x_3}(\boldsymbol{X}_3)\\\phi_{x_3}(\boldsymbol{X}_4)\\\phi_{x_3}(\boldsymbol{X}_5)\end{bmatrix}$$

$$=\begin{bmatrix}271.4\\271.4\\271.4\\271.4\\271.4\end{bmatrix}+\begin{bmatrix}0\\0\\0\\0\\0\end{bmatrix}+\begin{bmatrix}-15.9\\-15.9\\-42.4\\-42.4\\84.8\end{bmatrix}+\begin{bmatrix}-145.5\\-145.5\\97.0\\97.0\\128.8\end{bmatrix}=\begin{bmatrix}110\\110\\326\\326\\485\end{bmatrix}.$$

例如，特征 $x_1$ 在五个样本中的所有 SHAP 值都为零，表明如果某个特征在决策树的分割中没有被使用，则该特征的 SHAP 值为零. 算例的结果还显示，目标函数的预测值 $\hat{y}_i (i=1,2,3,4)$

可能会偏离相应的真实值 $y_i(i=1,2,3,4)$ . 这也与预期结果相同, 这两个重要的结果表明, SHAP 值实际上是从训练好的机器学习模型中计算得到的, 因此在同一组数据上可以从不同的机器学习模型中获得不同的 SHAP 值.

同样地, 基于修剪后的决策树, 在样本 $\boldsymbol{X}_1$, $\boldsymbol{X}_2$, $\boldsymbol{X}_3$, $\boldsymbol{X}_4$ 和 $\boldsymbol{X}_5$ 上计算交互作用 SHAP 值和纯贡献 SHAP 值, 我们可以获得每个样本的贡献矩阵. 为简洁起见, 以下仅展示样本 $\boldsymbol{X}_1$ 的贡献矩阵, 即

$$\begin{bmatrix} \phi_{x_1,x_1}(\boldsymbol{X}_1) & \phi_{x_1,x_2}(\boldsymbol{X}_1) & \phi_{x_1,x_3}(\boldsymbol{X}_1) \\ \phi_{x_2,x_1}(\boldsymbol{X}_1) & \phi_{x_2,x_2}(\boldsymbol{X}_1) & \phi_{x_2,x_3}(\boldsymbol{X}_1) \\ \phi_{x_3,x_1}(\boldsymbol{X}_1) & \phi_{x_3,x_2}(\boldsymbol{X}_1) & \phi_{x_3,x_3}(\boldsymbol{X}_1) \end{bmatrix} = \begin{bmatrix} 0 & 0 & 0 \\ 0 & -31.8 & 15.9 \\ 0 & 15.9 & 161.4 \end{bmatrix},$$

其中, 与特征 $x_1$ 相关的相互作用和贡献均为零, 因为在决策树的生长过程中没有使用特征 $x_1$ 进行节点划分. 相应地, 纯贡献矩阵被表示为

$$\begin{bmatrix} \phi_{x_1,x_1}(\boldsymbol{X}_1) & \phi_{x_2,x_2}(\boldsymbol{X}_1) & \phi_{x_3,x_3}(\boldsymbol{X}_1) \\ \phi_{x_1,x_1}(\boldsymbol{X}_2) & \phi_{x_2,x_2}(\boldsymbol{X}_2) & \phi_{x_3,x_3}(\boldsymbol{X}_2) \\ \phi_{x_1,x_1}(\boldsymbol{X}_3) & \phi_{x_2,x_2}(\boldsymbol{X}_3) & \phi_{x_3,x_3}(\boldsymbol{X}_3) \\ \phi_{x_1,x_1}(\boldsymbol{X}_4) & \phi_{x_2,x_2}(\boldsymbol{X}_4) & \phi_{x_3,x_3}(\boldsymbol{X}_4) \\ \phi_{x_1,x_1}(\boldsymbol{X}_5) & \phi_{x_2,x_2}(\boldsymbol{X}_5) & \phi_{x_3,x_3}(\boldsymbol{X}_5) \end{bmatrix}^{\mathrm{T}} = \begin{bmatrix} 0 & -31.8 & 161.4 \\ 0 & -31.8 & 161.4 \\ 0 & -31.8 & 107.6 \\ 0 & -31.8 & 107.6 \\ 0 & 63.6 & 107.6 \end{bmatrix}.$$

## 12.2 两个特征的联合 SHAP 值

如公式（12.3f）所述, 特征的 SHAP 值可以被分解成纯 SHAP 值和与其他特征的交互作用 SHAP 值. 基于此, Cao 等（2022）将两个特征的联合 SHAP 值定义为

$$\phi_{jk} = \phi_{j,j} + 2\phi_{j,k} + \phi_{k,k} \quad (j,k=1,2,\cdots,m), \tag{12.6a}$$

其中, $\phi_{j,j}$ 和 $\phi_{k,k}$ 分别是特征 $j$ 和 $k$ 的纯 SHAP 值, 而 $\phi_{j,k}$ 则是它们之间的交互作用 SHAP 值. 一般来说, $\phi_{jk}$ 是特征 $x_j$ 和 $x_k$ 的函数.

Cao 等（2022）提出了一种基于领域知识的可解释机器学习策略, 使得机器学习模型具有可解释性. 他们系统地分析了 11 种合金元素对超临界水中铁素体-马氏体钢（铁马钢）的氧化行为的影响, 其中 V、Si、Ni、Cr 和 Mn 这五种元素起到了主要的作用. 他们提出了一个线性函数来近似估计相互作用函数, 即 $\phi_{jk}(x_j,x_k) \approx \phi_{jk0} + a_j^0 x_j + a_k^0 x_k$, 其中, $a_j^0$ 和 $a_k^0$ 这两个系数分别表示特征 $x_j$ 和 $x_k$ 对它们的相互作用函数的贡献权重. 然后, 令 $a_j^0 \equiv 1$, Cao 等（2022）为特征 $x_k$ 引入了一个等效系数 $a_k = a_k^0 / a_j^0$, 并将其命名为特征 $x_k$ 的 $x_j$ 等效系数. 把 Cr 元素记为 $x_j$, 他们计算了每个元素 V、Si、Ni 和 Mn 的 Cr 等效系数, 将这四个 Cr 等效系数的和定义为铬当量 $[\widetilde{\mathrm{Cr}}]$,

$$\widetilde{[\mathrm{Cr}]}=[\mathrm{Cr}]+a_{\mathrm{V}}[\mathrm{V}]+a_{\mathrm{Si}}[\mathrm{Si}]+a_{\mathrm{Ni}}[\mathrm{Ni}]+a_{\mathrm{Mn}}[\mathrm{Mn}], \tag{12.6b}$$

其中，[·] 表示元素质量分数. 图 12.3（a）—（d）分别显示了 $\phi_{\mathrm{CrSi}}$，$\phi_{\mathrm{CrMn}}$，$\phi_{\mathrm{CrNi}}$ 和 $\phi_{\mathrm{CrV}}$ 的联合 SHAP 值和相应的线性拟合结果. 最终，得到了超临界水氧化过程的铬当量，即

$$\widetilde{[\mathrm{Cr}]}=[\mathrm{Cr}]+40.3[\mathrm{V}]+2.3[\mathrm{Si}]+10.7[\mathrm{Ni}]-1.5[\mathrm{Mn}]. \tag{12.6c}$$

然后对铬当量的纯 SHAP 值进行分析，图 12.3（e）展示了相应的结果. 结果显示，纯 SHAP 值 $\phi_{\widetilde{[\mathrm{Cr}]},\widetilde{[\mathrm{Cr}]}}$ 与 $\widetilde{[\mathrm{Cr}]}$ 几乎呈线性比例关系，其皮尔逊（Pearson）相关系数为 $\rho=-0.97$.

使用铬当量的优点在于，可以用一个特征取代五个特征，其大幅度减少了机器学习模型的复杂性. 而且，使用铬当量特征后，得到的机器学习模型具有更好的预测准确性和可解释性. 如图 12.3（e）所示，当 $\widetilde{[\mathrm{Cr}]}>19.29$ wt. %时，纯 SHAP 值 $\phi_{\widetilde{[\mathrm{Cr}]},\widetilde{[\mathrm{Cr}]}}$ 都为负值，这意味着在这种成分组合下（$\widetilde{[\mathrm{Cr}]}>19.29$ wt. %），铁马钢在超临界水中具有高抗氧化性能. 铁马钢在超临界水中的氧化行为不仅取决于其成分，还取决于其微观结构. 铬当量仅基于化学成分，因此 $\widetilde{[\mathrm{Cr}]}$ 是一种纯粹的成分变量. 但是，铬当量仍然可以为铁马钢在超临界水中的抗氧化设计提供快速且有效的指导. SHAP 值、纯 SHAP 值、相互作用 SHAP 值和联合 SHAP 值的应用将进一步推动材料信息学的发展.

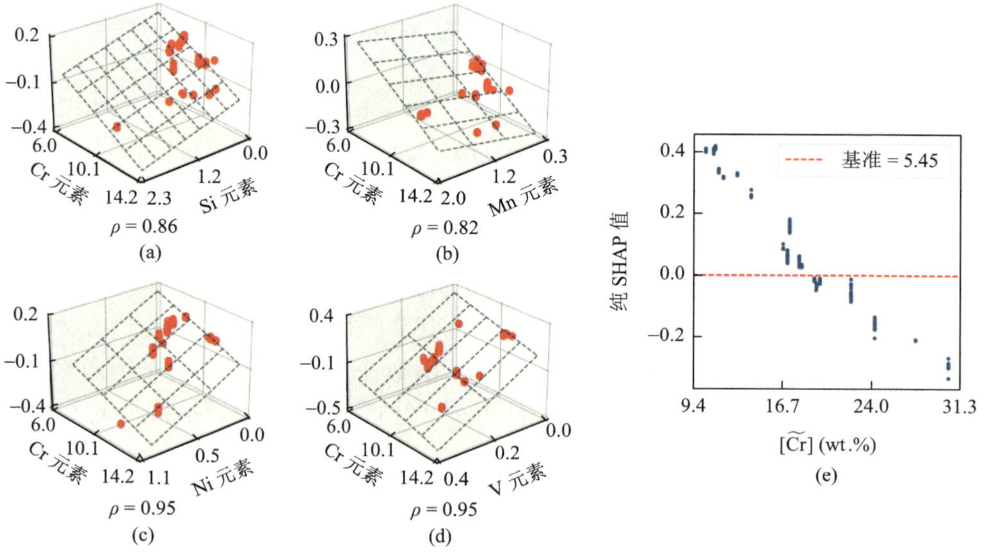


图 12.3　两个特征的联合 SHAP 值和氧化 Cr 等效浓度.（a）—（d）Cr 元素分别与 Si、Mn、Ni 和 V 元素的联合 SHAP 值.（e）氧化 Cr 等效浓度特征的纯 SHAP 分析

## 12.3 部分依赖图（PDP）

部分依赖图（partial dependence plot, PDP）类似于联合概率分布的边缘概率分布（Becker et al., 1996; Friedman, 2001）. 首先考虑一个离散的双变量联合概率分布，其联合概率分布函数记为 $P(x_1,x_2)=P(x_{i1},x_{j2})\,(i,j=1,2,\cdots,n)$，其中 $n$ 是样本数量. 变量 $x_1$ 的边缘概率分布定义为

$$P(x_1)=\sum_{j=1}^{n}P(x_{i1},x_{j2}). \tag{12.7a}$$

同样，变量 $x_2$ 的边缘概率分布为

$$P(x_2)=\sum_{i=1}^{n}P(x_{i1},x_{j2}). \tag{12.7b}$$

对于连续的双变量概率密度 $p(x_1,x_2)$，变量 $x_1$ 和 $x_2$ 的边缘概率密度分布分别定义为

$$p(x_1)=\int_{-\infty}^{+\infty}p(x_1,x_2)\mathrm{d}x_2\,, \tag{12.7c}$$

$$p(x_2)=\int_{-\infty}^{+\infty}p(x_1,x_2)\,\mathrm{d}x_1\,. \tag{12.7d}$$

同样，单变量的边缘概率分布可以从多个变量的联合概率分布中得到. 以三元变量为例，离散的三元联合概率分布函数 $P(x_1,x_2,x_3)=P(x_{i1},x_{j2},x_{k3})\,(i,j,k=1,2,\cdots,n)$ 以及连续的三元概率密度分布 $p(x_1,x_2,x_3)$. 变量 $x_1$ 的离散边缘概率分布和连续边缘概率密度分布分别为

$$P(x_1)=\sum_{j=1}^{n}\sum_{k=1}^{n}P(x_{i1},x_{j2},x_{k3}), \tag{12.7e}$$

$$p(x_1)=\int_{-\infty}^{+\infty}p(x_1,x_2,x_3)\mathrm{d}x_2\mathrm{d}x_3\,. \tag{12.7f}$$

变量 $x_2$ 和 $x_3$ 的离散边缘概率分布和连续边缘概率密度分布也可以通过类似的方法得出.

### 12.3.1 单特征部分依赖图

数据集 $(x_{i1},\cdots,x_{im},y_i)\ (i=1,2,\cdots,n)$ 由 $n$ 个具有 $m$ 维特征和单一目标的样本构成. 通过数据集拟合出的机器学习模型可以给出预测值 $\hat{y}(\boldsymbol{X})$，其中 $\boldsymbol{X}=\{x_1,x_2,\cdots,x_m\}$. 在研究 $m$ 个特征中的某个特征（例如 $x_j\ (j=1,2,\cdots,m)$）的部分依赖值时，首先将这 $m$ 个特征分成两组：一组是要研究的特征 $x_j$；另一组是其他特征 $\boldsymbol{X}_{\backslash x_j}$. 与计算偏概率分布（partial probability distribution）类似，使用训练好的机器学习模型 $\hat{y}(\boldsymbol{X})$ 计算其他特征 $\boldsymbol{X}_{\backslash x_j}$ 对目标预测值的贡献，从而得到预测值 $\hat{y}_{ij}$，

$$\hat{y}_{ij}(x_{kj}) = \hat{y}(x_{i1}, \cdots, x_{kj}, \cdots, x_{im}) \quad (i=1,2,\cdots,n). \tag{12.8a}$$

计算式（12.8a）时，$x_{kj}$ 仅是 $x_{ij}(i=1,2,\cdots,n)$ 中的一个值，比如是 $x_{1j}$，维持 $x_{kj}$ 不变，而让其他特征 $X_{\backslash x_j}$ 的值随 $i$ 变化．对于特征 $x_{kj}$，其部分依赖值 $P(x_{kj})$ 被定义为 $\hat{y}_{ij}(x_{kj})$ 的平均值，即

$$P(x_{kj}) = \frac{1}{n}\sum_{i=1}^{n}\hat{y}_{ij}(x_{kj}) = \frac{1}{n}\sum_{i=1}^{n}\hat{y}(x_{i1}, \cdots, x_{kj}, \cdots, x_{im}). \tag{12.8b}$$

样本个数 $n$ 表示有 $n$ 个 $x_{kj}$ $(k=1,2,\cdots,n)$ 和 $n$ 个 $P(x_{kj})$，即 $P(x_j)$ 是关于 $x_j$ 的函数．值得注意的是，特征 $x_j$ 的部分依赖值是特征 $x_j$ 的边缘概率分布的 $\frac{1}{n}$．公式(12.8b)表明，在固定 $x_{kj}$ 值后，可以得到一个新数据集 $\hat{X}_k(x_{i1}, \cdots, x_{kj}, \cdots, x_{im})$ $(i=1,2,\cdots,n)$．由于有 $n$ 个 $x_{kj}$ $(k=1,2,\cdots,n)$ 值，因此会产生 $n$ 个与之相对应的新数据集 $\hat{X}_k$．在计算部分依赖值时，机器学习模型的预测值可以表示为 $\hat{y}_{ij}\left(\hat{X}_k\right)$．对于给定的 $x_{kj}$，将 $n$ 个 $\hat{y}_{ij}$ $(i=1,2,\cdots,n)$ 值取平均，可以得到 $P(x_{kj})$．最终，对于特征 $x_j$ $(j=1,2,\cdots,m)$，其部分依赖图为 $P(x_{kj})$ 的值与 $x_{kj}$ $(k=1,2,\cdots,n)$ 的值所描绘成的曲线.

**例 12.3**

本例使用的数据集包含原始特征集 $\boldsymbol{X}$ 和目标向量 $\boldsymbol{y}$ 如下:

$$\boldsymbol{X} = \begin{bmatrix} x_{11} & x_{12} & x_{13} \\ x_{21} & x_{22} & x_{23} \\ x_{31} & x_{32} & x_{33} \end{bmatrix} = \begin{bmatrix} 3 & 1 & 2 \\ 7 & 2 & 3 \\ 11 & 3 & 4 \end{bmatrix}, \quad \boldsymbol{y} = \begin{bmatrix} 50 \\ 170 \\ 290 \end{bmatrix}. \tag{E12.22}$$

使用数据集（E12.22）拟合得到的机器学习模型为

$$y = \left(2x_1 - x_2^2 + x_3\right)^2 + 1. \tag{E12.23}$$

分别固定特征 $x_1$ 的三个值 $x_{k1}$ 产生的对应新数据集 $\hat{\boldsymbol{X}}_k$ $(k=1,2,3)$ 为

$$\hat{\boldsymbol{X}}_{x_{11}} = \begin{bmatrix} 3 & 1 & 2 \\ 3 & 2 & 3 \\ 3 & 3 & 4 \end{bmatrix}, \quad \hat{\boldsymbol{X}}_{x_{21}} = \begin{bmatrix} 7 & 1 & 2 \\ 7 & 2 & 3 \\ 7 & 3 & 4 \end{bmatrix} \quad 和 \quad \hat{\boldsymbol{X}}_{x_{31}} = \begin{bmatrix} 11 & 1 & 2 \\ 11 & 2 & 3 \\ 11 & 3 & 4 \end{bmatrix}. \tag{E12.24}$$

将公式（E12.24）代入公式（E12.23）可以得到以下预测值:

$$\hat{\boldsymbol{y}}\left(\hat{\boldsymbol{X}}_{x_{11}}\right) = \begin{bmatrix} 50 \\ 26 \\ 2 \end{bmatrix}, \quad \hat{\boldsymbol{y}}\left(\hat{\boldsymbol{X}}_{x_{21}}\right) = \begin{bmatrix} 226 \\ 170 \\ 82 \end{bmatrix} \quad 和 \quad \hat{\boldsymbol{y}}\left(\hat{\boldsymbol{X}}_{x_{31}}\right) = \begin{bmatrix} 530 \\ 442 \\ 290 \end{bmatrix}. \tag{E12.25}$$

那么，特征 $x_1$ 的部分依赖值为

$$P(\boldsymbol{x}_{k1})=\frac{1}{3}\begin{bmatrix}50+26+2\\226+170+82\\530+442+290\end{bmatrix}=\begin{bmatrix}26\\159.3\\420.7\end{bmatrix},\tag{E12.26}$$

其对应 $\boldsymbol{x}_{k1}=(3,7,11)^{\mathrm{T}}$，后续采用相同的表述方式. 特征 $x_2$ 和特征 $x_3$ 的部分依赖值计算方法与特征 $x_1$ 相同，其结果分别为

$$P(\boldsymbol{x}_{k2})=\begin{bmatrix}311\\224\\119\end{bmatrix}\quad 和\quad P(\boldsymbol{x}_{k3})=\begin{bmatrix}140.3\\164\\189.6\end{bmatrix}.\tag{E12.27}$$

## 例 12.4

本例基于图 E12.1 中训练好的决策树和数据集（E12.13），计算特征 $x_j\,(j=1,2,3)$ 的部分依赖值. 对于特征 $x_1$，其对应的新数据集 $\hat{\boldsymbol{X}}_k(k=1,2,3,4,5)$ 为

$$\hat{\boldsymbol{X}}_{x_{11}}=\begin{bmatrix}\hat{\boldsymbol{X}}_{x_{11}}^1\\\hat{\boldsymbol{X}}_{x_{11}}^2\\\hat{\boldsymbol{X}}_{x_{11}}^3\\\hat{\boldsymbol{X}}_{x_{11}}^4\\\hat{\boldsymbol{X}}_{x_{11}}^5\end{bmatrix}=\begin{bmatrix}3&1&2\\3&2&3\\3&3&4\\3&4&5\\3&5&9\end{bmatrix},\quad \hat{\boldsymbol{X}}_{x_{21}}=\begin{bmatrix}\hat{\boldsymbol{X}}_{x_{21}}^1\\\hat{\boldsymbol{X}}_{x_{21}}^2\\\hat{\boldsymbol{X}}_{x_{21}}^3\\\hat{\boldsymbol{X}}_{x_{21}}^4\\\hat{\boldsymbol{X}}_{x_{21}}^5\end{bmatrix}=\begin{bmatrix}7&1&2\\7&2&3\\7&3&4\\7&4&5\\7&5&9\end{bmatrix},\quad \hat{\boldsymbol{X}}_{x_{31}}=\begin{bmatrix}\hat{\boldsymbol{X}}_{x_{31}}^1\\\hat{\boldsymbol{X}}_{x_{31}}^2\\\hat{\boldsymbol{X}}_{x_{31}}^3\\\hat{\boldsymbol{X}}_{x_{31}}^4\\\hat{\boldsymbol{X}}_{x_{31}}^5\end{bmatrix}=\begin{bmatrix}11&1&2\\11&2&3\\11&3&4\\11&4&5\\11&5&9\end{bmatrix},$$

$$\hat{\boldsymbol{X}}_{x_{41}}=\begin{bmatrix}\hat{\boldsymbol{X}}_{x_{41}}^1\\\hat{\boldsymbol{X}}_{x_{41}}^2\\\hat{\boldsymbol{X}}_{x_{41}}^3\\\hat{\boldsymbol{X}}_{x_{41}}^4\\\hat{\boldsymbol{X}}_{x_{41}}^5\end{bmatrix}=\begin{bmatrix}15&1&2\\15&2&3\\15&3&4\\15&4&5\\15&5&9\end{bmatrix}\quad 和\quad \hat{\boldsymbol{X}}_{x_{51}}=\begin{bmatrix}\hat{\boldsymbol{X}}_{x_{51}}^1\\\hat{\boldsymbol{X}}_{x_{51}}^2\\\hat{\boldsymbol{X}}_{x_{51}}^3\\\hat{\boldsymbol{X}}_{x_{51}}^4\\\hat{\boldsymbol{X}}_{x_{51}}^5\end{bmatrix}=\begin{bmatrix}19&1&2\\19&2&3\\19&3&4\\19&4&5\\19&5&9\end{bmatrix}.\tag{E12.28}$$

使用图 E12.1 中的训练好的决策树来对数据集（E12.28）中的样本进行预测，其预测结果为

$$\hat{\boldsymbol{y}}\left(\hat{\boldsymbol{X}}_{x_{11}}\right)=\begin{bmatrix}50\\170\\290\\290\\485\end{bmatrix},\quad \hat{\boldsymbol{y}}\left(\hat{\boldsymbol{X}}_{x_{21}}\right)=\begin{bmatrix}50\\170\\290\\290\\485\end{bmatrix},\quad \hat{\boldsymbol{y}}\left(\hat{\boldsymbol{X}}_{x_{31}}\right)=\begin{bmatrix}50\\170\\290\\290\\485\end{bmatrix},\quad \hat{\boldsymbol{y}}\left(\hat{\boldsymbol{X}}_{x_{21}}\right)=\begin{bmatrix}50\\170\\362\\362\\485\end{bmatrix},$$

$$\hat{\boldsymbol{y}}\left(\hat{\boldsymbol{X}}_{x_{31}}\right)=\begin{bmatrix}50\\170\\362\\362\\485\end{bmatrix}.\tag{E12.29}$$

特征 $x_1$ 的部分依赖值为

$$
\boldsymbol{P}\left(\boldsymbol{x}_{k1}\right)=\frac{1}{5}\begin{bmatrix}50+170+290+290+485\\50+170+290+290+485\\50+170+290+290+485\\50+170+362+362+485\\50+170+362+362+485\end{bmatrix}=\begin{bmatrix}257.00\\257.00\\257.00\\285.80\\285.80\end{bmatrix}, \tag{E12.30}
$$

公式（E12.30）的结果对应 $\boldsymbol{x}_{k1}=(3,\ 7,\ 11,\ 15,\ 19)^{\mathrm{T}}$，后续的计算中将采用相同的表达规则. 特征 $x_2$ 和特征 $x_3$ 的部分依赖值通过同样的方法计算得到，其结果分别为

$$
\hat{\boldsymbol{y}}\left(\boldsymbol{x}_{k2}\right)=\begin{bmatrix}239.60\\239.60\\239.60\\239.60\\335.00\end{bmatrix},\quad \hat{\boldsymbol{y}}\left(\boldsymbol{x}_{k3}\right)=\begin{bmatrix}50.00\\170.00\\379.00\\379.00\\379.00\end{bmatrix}. \tag{E12.31}
$$

最终，特征 $x_1$，$x_2$ 和 $x_3$ 的部分依赖图分别为图 E12.5（a）、（b）和（c）.

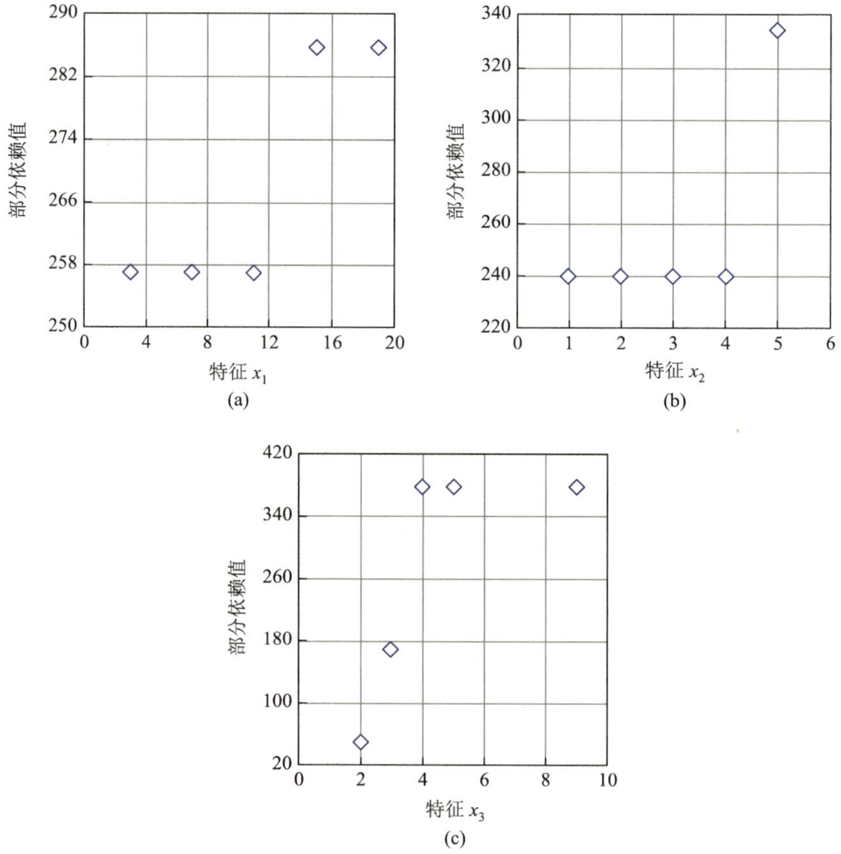


图 E12.5 （a）特征 $x_1$ 的部分依赖图，（b）特征 $x_2$ 的部分依赖图，以及（c）特征 $x_3$ 的部分依赖图

基于图 E12.4 中的剪枝后的决策树和数据集（E12.13），使用相同的方法计算特征 $x_1$，$x_2$ 和 $x_3$ 的部分依赖值，其结果为

$$P(x_{k1})=\begin{bmatrix}271.4\\271.4\\271.4\\271.4\\271.4\end{bmatrix},\quad P(x_{k2})=\begin{bmatrix}239.6\\239.6\\239.6\\239.6\\335.0\end{bmatrix},\quad P(x_{k3})=\begin{bmatrix}110\\110\\379\\379\\379\end{bmatrix}. \tag{E12.32}$$

可以发现，特征 $x_1$ 中 $x_{i1}$ $(i=1,2,\cdots,n)$ 所对应的部分依赖值是相同的，且都等于数据集（E12.13）中目标值的平均值 $\bar{y}$，这表明改变特征 $x_1$ 值不会对部分依赖值产生影响，这是因为在决策树的分割过程中没有使用到特征 $x_1$.

### 12.3.2　双特征及多特征部分依赖图

同样地，在计算两个特征 $(x_j,x_w)$ $(j\neq w, j=1,2,\cdots,m; w=1,2,\cdots,m)$ 的部分依赖值时，首先将 $m$ 个特征分为两组，所研究的两个特征 $(x_j,x_w)$ 构成一组，其余的特征 $X\setminus x_j,x_w$ 构成另一组. 在给定特征值 $x_{kj}$ $(k=1,2,\cdots,n)$ 和 $x_{sw}$ $(s=1,2,\cdots,n)$ 时，可得到新数据集 $\hat{X}_{k,s}$ $(k,s=1,2,\cdots,n)$，即

$$(x_{i1},\cdots,x_{kj},\cdots,x_{sw},\cdots,x_{im})\ (i=1,2,\cdots,n,\quad k,s=1,2,\cdots,n). \tag{12.9a}$$

使用训练好的机器学习模型来预测新数据集的目标值 $\hat{y}_{iks}(x_{kj},x_{sw})$，即

$$\hat{y}_{iks}(x_{kj},x_{sw})=\hat{y}(x_{i1},\cdots,x_{kj},\cdots,x_{sw},\cdots,x_{im}). \tag{12.9b}$$

在给定特征值 $(x_{kj},x_{sw})$ 时，特征 $(x_j,x_w)$ 的部分依赖值 $P(x_{kj},x_{sw})$ 为 $\hat{y}_{iks}(x_{kj},x_{sw})$ 的均值，即

$$P(x_{kj},x_{sw})=\frac{1}{n}\sum_{i=1}^{n}\hat{y}_{iks}(x_{kj},x_{sw})=\frac{1}{n}\sum_{i=1}^{n}\hat{y}(x_{i1},\cdots,x_{kj},\cdots,x_{sw},\cdots,x_{im}). \tag{12.9c}$$

在由 $n$ 个样本构成的数据集中，$(x_{kj},x_{sw})$ $(k,s=1,2,\cdots,n)$ 的个数为 $n^2$，$P(x_j,x_w)$ 是 $(x_j,x_w)$ 的函数. 公式（12.9c）表明，在固定 $(x_{kj},x_{sw})$ 的值时，可以得到新数据集 $\hat{X}_{k,s}(x_{i1},\cdots,x_{kj},\cdots,x_{sw},\cdots,x_{im})$ $(i=1,2,\cdots,n)$. 而且，因为有 $n^2$ 个 $(x_{kj},x_{sw})$ $(k,s=1,2,\cdots,n)$ 的值，所以会有与之对应的 $n^2$ 个新数据集 $\hat{X}_{k,s}$. 在遍历 $j$ 和 $w$ 的值时 $(j,w=1,2,\cdots,m)$，$P(x_j,x_w)$ 值与 $x_j$ 值和 $x_w$ 值所构成的曲面图即为双变量的部分依赖图.

同样地，把 $m$ 个特征分为两组，其中一组特征从 $m$ 个特征中选出，用

$Z_l=\{z_1,z_2,\cdots,z_l\}\subset\{x_1,x_2,\cdots,x_m\}$ 表示，另一组特征为 $Z_{|l}$，$Z_{|l}\cup Z_l=\{x_1,x_2,\cdots,x_m\}$. 在给定特征值 $Z_{k_l l}=\{z_{k_1 1},z_{k_2 2},\cdots,z_{k_l l}\}$ $(k_1,k_2,\cdots,k_l=1,2,\cdots,n)$ 时，可得到新数据集 $\hat{X}_{k_l}$ $(k_1,k_2,\cdots,k_l=1,2,\cdots,n)$，即

$$\left(x_{i1},\cdots,z_{k_1 1},\cdots,z_{k_l l},\cdots,x_{im}\right)\ (i=1,2,\cdots,n;k_1,k_2,\cdots,k_l=1,2,\cdots,n). \tag{12.10a}$$

通过训练好的机器学习模型给出新数据集的目标预测值，即

$$\hat{y}_{iZ_{k_l l}}=\hat{y}\left(x_{i1},\cdots,z_{k_1 1},\cdots,z_{k_l l},\cdots,x_{im}\right). \tag{12.10b}$$

在给定特征值 $\left(z_{k_1 1},z_{k_2 2},\cdots,z_{k_l l}\right)$ 时，特征 $Z_l=\{z_1,z_2,\cdots,z_l\}$ 的部分依赖值 $P\left(z_{k_1 1},z_{k_2 2},\cdots,z_{k_l l}\right)$ 被定义为 $\hat{y}_i\left(x_{i1},\cdots,z_{k_1 1},\cdots,z_{k_l l},\cdots,x_{im}\right)$ 的平均值，即

$$P\left(z_{k_1 1},z_{k_2 2},\cdots,z_{k_l l}\right)=\frac{1}{n}\sum_{i=1}^{n}\hat{y}_i\left(x_{i1},\cdots,z_{k_1 1},\cdots,z_{k_l l},\cdots,x_{im}\right). \tag{12.10c}$$

在由 $n$ 样本构成的数据集中，共有 $n^l$ 个 $\left(z_{k_1 1},z_{k_2 2},\cdots,z_{k_l l}\right)$ $(0<l<m;k_1,k_2,\cdots,k_l=1,2,\cdots,n)$，这表明 $P(z_1,z_2,\cdots,z_l)$ 是关于 $(z_1,z_2,\cdots,z_l)$ 的函数.

通过解析公式可以更清楚地说明部分依赖值的计算方法. 以一个简单的公式为例，如

$$y=\left(2x_1-x_2^2+x_3\right)^2+c, \tag{12.11a}$$

其中，特征的取值范围从 $\boldsymbol{X}_{\min}=(x_{\min,1},x_{\min,2},x_{\min,3})=(a_1,\ a_2,\ a_3)$ 到 $\boldsymbol{X}_{\max}=(x_{\max,1},x_{\max,2},x_{\max,3})=(b_1,\ b_2,\ b_3)$，$c$ 为常数. 此外，假设 $(a_i,\ b_i)$ $(i=1,2,3)$ 是常数，这意味着特征空间的形状是一个长方体，这简化了下面的积分计算过程. 在给定特征 $x_1$ 的值后，我们通过积分计算得出特征 $x_1$ 的部分依赖值. 在积分计算过程中，$x_1$ 被视为常数，即

$$\begin{aligned}P(x_1)&=\frac{1}{(b_2-a_2)(b_3-a_3)}\iint_{a_2,a_3}^{b_2,b_3}\left[(2x_1-x_2^2+x_3)^2+c\right]\mathrm{d}x_2\mathrm{d}x_3\\&=4x_1^2+2x_1(b_3+a_3-b_2-a_2)+C_1,\end{aligned} \tag{12.11b}$$

其中，$C_1=\dfrac{b_2^{\ 2}+a_2^{\ 2}+b_2a_2}{3}+\dfrac{b_3^{\ 2}+a_3^{\ 2}+b_3a_3}{3}-\dfrac{1}{2}(b_2+a_2)(b_3+a_3)+c$.

类似地，部分依赖值 $P(x_2)$ 和 $P(x_3)$ 也可以按同样的方式计算得到

$$\begin{aligned}P(x_2)&=\frac{1}{(b_1-a_1)(b_3-a_3)}\iint_{a_1,a_3}^{b_1,b_3}\left[\left(2x_1-x_2^2+x_3\right)^2+c\right]\mathrm{d}x_1\mathrm{d}x_3\\&=x_2^4-2x_2^2(b_3+a_3-b_2-a_2)+C_2,\end{aligned} \tag{12.11c}$$

其中，$C_2=\dfrac{b_2^2+a_2^2+b_2a_2}{3}+\dfrac{b_3^{\ 2}+a_3^{\ 2}+b_3a_3}{3}-\dfrac{1}{2}(b_2+a_2)(b_3+a_3)+c$.

$$P(x_3)=\frac{1}{(b_2-a_2)(b_1-a_1)}\iint_{a_2,a_1}^{b_2,b_1}\left[\left(2x_1-x_2^2+x_3\right)^2+c\right]\mathrm{d}x_2\mathrm{d}x_1$$
$$=x_3^2+2x_3(b_3+a_3-b_2-a_2)+C_3, \tag{12.11d}$$

其中，$C_3=\dfrac{b_2^{\ 2}+a_2^{\ 2}+b_2a_2}{3}+\dfrac{b_3^{\ 2}+a_3^{\ 2}+b_3a_3}{3}-\dfrac{1}{2}(b_2+a_2)(b_3+a_3)+c$.

在计算特征 $(x_j,x_w)$ $(j\neq w,j,w=1,2,\cdots,m)$ 的部分依赖值时，特征 $(x_j,x_w)$ 将被视为常数. 因此，若采用上述解析公式计算 $(x_j,x_w)$ $(j\neq w,j,w=1,2,3)$ 的部分依赖值，则可通过以下公式计算得到

$$P(x_1,x_2)=\frac{1}{(b_3-a_3)}\int_{a_3}^{b_3}\left[(2x_1-x_2^2+x_3)^2+c\right]\mathrm{d}x_3$$
$$=4x_1^{\ 2}+x_2^{\ 2}-4x_1x_2+2x_1(b_3+a_3)-x_2(b_3+a_3)+C_{12}, \tag{12.12a}$$

其中，$C_{12}=c+\dfrac{b_3^{\ 2}+a_3^{\ 2}+b_3a_3}{3}$;

$$P(x_2,x_3)=\frac{1}{(b_1-a_1)}\int_{a_1}^{b_1}\left[(2x_1-x_2^2+x_3)^2+c\right]\mathrm{d}x_1$$
$$=x_2^{\ 2}+x_3^{\ 2}-2x_2(b_1+a_1)+2x_3(b_1+a_1)-x_2x_3+C_{23}, \tag{12.12b}$$

其中，$C_{23}=c+\dfrac{4\left(b_1^2+a_1^2+b_1a_1\right)}{3}$;

$$P(x_3,x_1)=\frac{1}{(b_2-a_2)}\int_{a_2}^{b_2}\left[\left(2x_1-x_2^2+x_3\right)^2+c\right]\mathrm{d}x_2$$
$$=4x_1^{\ 2}+x_3^2-2x_1(b_2+a_2)+4x_1x_3-x_3(b_2+a_2)+C_{13}, \tag{12.12c}$$

其中，$C_{13}=c+\dfrac{b_2^2+a_2^2+b_2a_2}{3}$.

### 例 12.5

使用数据集（E12.21）中的数据和公式（E12.22）所对应的机器学习模型，计算两个特征 $(x_j,x_w)$ $(j\neq w,j=1,2,3;w=1,2,3)$ 的部分依赖值. 特征 $(x_1,x_2)$ 所对应的新数据集 $\hat{X}_{x_{k1},x_{s2}}$ $(k,s=1,2,3)$ 为

$$\hat{\boldsymbol{X}}_{x_{11},x_{12}}=\begin{bmatrix}3&1&2\\3&1&3\\3&1&4\end{bmatrix},\ \hat{\boldsymbol{X}}_{x_{21},x_{12}}=\begin{bmatrix}7&1&2\\7&1&3\\7&1&4\end{bmatrix},\ \hat{\boldsymbol{X}}_{x_{31},x_{12}}=\begin{bmatrix}11&1&2\\11&1&3\\11&1&4\end{bmatrix},$$

$$\hat{\boldsymbol{X}}_{x_{11},x_{22}}=\begin{bmatrix}3&2&2\\3&2&3\\3&2&4\end{bmatrix},\ \hat{\boldsymbol{X}}_{x_{21},x_{22}}=\begin{bmatrix}7&2&2\\7&2&3\\7&2&4\end{bmatrix},\ \hat{\boldsymbol{X}}_{x_{31},x_{22}}=\begin{bmatrix}11&2&2\\11&2&3\\11&2&4\end{bmatrix},\tag{E12.33}$$

$$\hat{\boldsymbol{X}}_{x_{11},x_{32}}=\begin{bmatrix}3&3&2\\3&3&3\\3&3&4\end{bmatrix},\ \hat{\boldsymbol{X}}_{x_{21},x_{32}}=\begin{bmatrix}7&3&2\\7&3&3\\7&3&4\end{bmatrix},\ \hat{\boldsymbol{X}}_{x_{31},x_{32}}=\begin{bmatrix}11&3&2\\11&3&3\\11&3&4\end{bmatrix}.$$

将式（E12.33）代入公式（E12.22）中，可得到新数据集的预测值

$$\hat{\boldsymbol{y}}\left(\hat{\boldsymbol{X}}_{x_{11},x_{12}}\right)=\begin{bmatrix}50\\65\\82\end{bmatrix},\quad \hat{\boldsymbol{y}}\left(\hat{\boldsymbol{X}}_{x_{21},x_{12}}\right)=\begin{bmatrix}226\\257\\290\end{bmatrix},\quad \hat{\boldsymbol{y}}\left(\hat{\boldsymbol{X}}_{x_{31},x_{12}}\right)=\begin{bmatrix}530\\577\\626\end{bmatrix},$$

$$\hat{\boldsymbol{y}}\left(\hat{\boldsymbol{X}}_{x_{11},x_{22}}\right)=\begin{bmatrix}17\\26\\37\end{bmatrix},\quad \hat{\boldsymbol{y}}\left(\hat{\boldsymbol{X}}_{x_{21},x_{22}}\right)=\begin{bmatrix}145\\170\\197\end{bmatrix},\quad \hat{\boldsymbol{y}}\left(\hat{\boldsymbol{X}}_{x_{31},x_{22}}\right)=\begin{bmatrix}401\\442\\485\end{bmatrix},\tag{E12.34}$$

$$\hat{\boldsymbol{y}}\left(\hat{\boldsymbol{X}}_{x_{11},x_{32}}\right)=\begin{bmatrix}2\\1\\2\end{bmatrix},\quad \hat{\boldsymbol{y}}\left(\hat{\boldsymbol{X}}_{x_{21},x_{32}}\right)=\begin{bmatrix}50\\65\\82\end{bmatrix},\quad \hat{\boldsymbol{y}}\left(\hat{\boldsymbol{X}}_{x_{31},x_{32}}\right)=\begin{bmatrix}226\\257\\290\end{bmatrix}.$$

最终，特征 $(x_1,x_2)$ 的部分依赖值为

$$\boldsymbol{P}(x_{k1},x_{s2})=\begin{bmatrix}65.7&257.7&577.7\\26.7&170.7&442.7\\1.7&65.7&257.7\end{bmatrix},\tag{E12.35}$$

其中，$k$ 和 $s$ 分别为部分依赖值矩阵的行和列的序号. 特征 $(x_2,x_3)$ 和 $(x_1,x_3)$ 的部分依赖值的计算方法与特征 $(x_1,x_2)$ 相同，其分别为

$$\boldsymbol{P}(x_{k2},x_{s3})=\begin{bmatrix}268.7&187.7&92.7\\299.7&212.7&107.7\\332.7&239.7&124.7\end{bmatrix},\quad \boldsymbol{P}(x_{k1},x_{s3})=\begin{bmatrix}23&140.3&385.7\\30.7&164&425.3\\40.3&189.7&467\end{bmatrix}.\tag{E12.36}$$

**例 12.6**

使用数据集（E12.13）中的数据和图 E11.2.1 中训练好的决策树，计算两个特征

$(x_j, x_w)$ $(j \neq w, j = 1,2,3; w = 1,2,3)$ 的部分依赖值. 特征 $(x_1, x_2)$ 所对应的新数据集 $\hat{\boldsymbol{X}}_{x_{k1}, x_{s2}}$ $(k, s = 1,2,3,4,5)$ 为

$$\hat{\boldsymbol{X}}_{x_{11},x_{12}} = \begin{bmatrix} 3 & 1 & 2 \\ 3 & 1 & 3 \\ 3 & 1 & 4 \\ 3 & 1 & 5 \\ 3 & 1 & 9 \end{bmatrix}, \quad \hat{\boldsymbol{X}}_{x_{21},x_{12}} = \begin{bmatrix} 7 & 1 & 2 \\ 7 & 1 & 3 \\ 7 & 1 & 4 \\ 7 & 1 & 5 \\ 7 & 1 & 9 \end{bmatrix}, \quad \hat{\boldsymbol{X}}_{x_{31},x_{12}} = \begin{bmatrix} 11 & 1 & 2 \\ 11 & 1 & 3 \\ 11 & 1 & 4 \\ 11 & 1 & 5 \\ 11 & 1 & 9 \end{bmatrix}, \quad \hat{\boldsymbol{X}}_{x_{41},x_{12}} = \begin{bmatrix} 15 & 1 & 2 \\ 15 & 1 & 3 \\ 15 & 1 & 4 \\ 15 & 1 & 5 \\ 15 & 1 & 9 \end{bmatrix},$$

$$\hat{\boldsymbol{X}}_{x_{51},x_{12}} = \begin{bmatrix} 19 & 1 & 2 \\ 19 & 1 & 3 \\ 19 & 1 & 4 \\ 19 & 1 & 5 \\ 19 & 1 & 9 \end{bmatrix}, \quad \hat{\boldsymbol{X}}_{x_{11},x_{22}} = \begin{bmatrix} 3 & 2 & 2 \\ 3 & 2 & 3 \\ 3 & 2 & 4 \\ 3 & 2 & 5 \\ 3 & 2 & 9 \end{bmatrix}, \quad \hat{\boldsymbol{X}}_{x_{21},x_{22}} = \begin{bmatrix} 7 & 2 & 2 \\ 7 & 2 & 3 \\ 7 & 2 & 4 \\ 7 & 2 & 5 \\ 7 & 2 & 9 \end{bmatrix}, \quad \hat{\boldsymbol{X}}_{x_{31},x_{22}} = \begin{bmatrix} 11 & 2 & 2 \\ 11 & 2 & 3 \\ 11 & 2 & 4 \\ 11 & 2 & 5 \\ 11 & 2 & 9 \end{bmatrix},$$

$$\hat{\boldsymbol{X}}_{x_{41},x_{22}} = \begin{bmatrix} 15 & 2 & 2 \\ 15 & 2 & 3 \\ 15 & 2 & 4 \\ 15 & 2 & 5 \\ 15 & 2 & 9 \end{bmatrix}, \quad \hat{\boldsymbol{X}}_{x_{51},x_{22}} = \begin{bmatrix} 19 & 2 & 2 \\ 19 & 2 & 3 \\ 19 & 2 & 4 \\ 19 & 2 & 5 \\ 19 & 2 & 9 \end{bmatrix}, \quad \hat{\boldsymbol{X}}_{x_{11},x_{32}} = \begin{bmatrix} 3 & 3 & 2 \\ 3 & 3 & 3 \\ 3 & 3 & 4 \\ 3 & 3 & 5 \\ 3 & 3 & 9 \end{bmatrix}, \quad \hat{\boldsymbol{X}}_{x_{21},x_{32}} = \begin{bmatrix} 7 & 3 & 2 \\ 7 & 3 & 3 \\ 7 & 3 & 4 \\ 7 & 3 & 5 \\ 7 & 3 & 9 \end{bmatrix},$$

$$\hat{\boldsymbol{X}}_{x_{31},x_{32}} = \begin{bmatrix} 11 & 3 & 2 \\ 11 & 3 & 3 \\ 11 & 3 & 4 \\ 11 & 3 & 5 \\ 11 & 3 & 9 \end{bmatrix}, \quad \hat{\boldsymbol{X}}_{x_{41},x_{32}} = \begin{bmatrix} 15 & 3 & 2 \\ 15 & 3 & 3 \\ 15 & 3 & 4 \\ 15 & 3 & 5 \\ 15 & 3 & 9 \end{bmatrix}, \quad \hat{\boldsymbol{X}}_{x_{51},x_{32}} = \begin{bmatrix} 19 & 3 & 2 \\ 19 & 3 & 3 \\ 19 & 3 & 4 \\ 19 & 3 & 5 \\ 19 & 3 & 9 \end{bmatrix}, \quad \hat{\boldsymbol{X}}_{x_{11},x_{42}} = \begin{bmatrix} 3 & 4 & 2 \\ 3 & 4 & 3 \\ 3 & 4 & 4 \\ 3 & 4 & 5 \\ 3 & 4 & 9 \end{bmatrix},$$

$$\hat{\boldsymbol{X}}_{x_{21},x_{42}} = \begin{bmatrix} 7 & 4 & 2 \\ 7 & 4 & 3 \\ 7 & 4 & 4 \\ 7 & 4 & 5 \\ 7 & 4 & 9 \end{bmatrix}, \quad \hat{\boldsymbol{X}}_{x_{31},x_{42}} = \begin{bmatrix} 11 & 4 & 2 \\ 11 & 4 & 3 \\ 11 & 4 & 4 \\ 11 & 4 & 5 \\ 11 & 4 & 9 \end{bmatrix}, \quad \hat{\boldsymbol{X}}_{x_{41},x_{42}} = \begin{bmatrix} 15 & 4 & 2 \\ 15 & 4 & 3 \\ 15 & 4 & 4 \\ 15 & 4 & 5 \\ 15 & 4 & 9 \end{bmatrix}, \quad \hat{\boldsymbol{X}}_{x_{51},x_{42}} = \begin{bmatrix} 19 & 4 & 2 \\ 19 & 4 & 3 \\ 19 & 4 & 4 \\ 19 & 4 & 5 \\ 19 & 4 & 9 \end{bmatrix},$$

$$\hat{\boldsymbol{X}}_{x_{11},x_{52}} = \begin{bmatrix} 3 & 5 & 2 \\ 3 & 5 & 3 \\ 3 & 5 & 4 \\ 3 & 5 & 5 \\ 3 & 5 & 9 \end{bmatrix}, \quad \hat{\boldsymbol{X}}_{x_{21},x_{52}} = \begin{bmatrix} 7 & 5 & 2 \\ 7 & 5 & 3 \\ 7 & 5 & 4 \\ 7 & 5 & 5 \\ 7 & 5 & 9 \end{bmatrix}, \quad \hat{\boldsymbol{X}}_{x_{31},x_{52}} = \begin{bmatrix} 11 & 5 & 2 \\ 11 & 5 & 3 \\ 11 & 5 & 4 \\ 11 & 5 & 5 \\ 11 & 5 & 9 \end{bmatrix},$$

$$\hat{\boldsymbol{X}}_{x_{41},x_{52}} = \begin{bmatrix} 15 & 5 & 2 \\ 15 & 5 & 3 \\ 15 & 5 & 4 \\ 15 & 5 & 5 \\ 15 & 5 & 9 \end{bmatrix}, \quad \hat{\boldsymbol{X}}_{x_{51},x_{52}} = \begin{bmatrix} 19 & 5 & 2 \\ 19 & 5 & 3 \\ 19 & 5 & 4 \\ 19 & 5 & 5 \\ 19 & 5 & 9 \end{bmatrix}. \tag{E12.37}$$

使用图 E12.1 中训练好的决策树可得到以下预测值:

$$\hat{y}\left(\hat{X}_{x_{11},x_{12}}\right)=\begin{bmatrix}50\\170\\290\\290\\290\end{bmatrix},\quad \hat{y}\left(\hat{X}_{x_{21},x_{12}}\right)=\begin{bmatrix}50\\170\\290\\290\\290\end{bmatrix},\quad \hat{y}\left(\hat{X}_{x_{31},x_{12}}\right)=\begin{bmatrix}50\\170\\290\\290\\290\end{bmatrix},\quad \hat{y}\left(\hat{X}_{x_{41},x_{12}}\right)=\begin{bmatrix}50\\170\\362\\362\\362\end{bmatrix},$$

$$\hat{y}\left(\hat{X}_{x_{51},x_{12}}\right)=\begin{bmatrix}50\\170\\362\\362\\362\end{bmatrix},\quad \hat{y}\left(\hat{X}_{x_{11},x_{22}}\right)=\begin{bmatrix}50\\170\\290\\290\\290\end{bmatrix},\quad \hat{y}\left(\hat{X}_{x_{21},x_{22}}\right)=\begin{bmatrix}50\\170\\290\\290\\290\end{bmatrix},\quad \hat{y}\left(\hat{X}_{x_{31},x_{22}}\right)=\begin{bmatrix}50\\170\\290\\290\\290\end{bmatrix},$$

$$\hat{y}\left(\hat{X}_{x_{41},x_{22}}\right)=\begin{bmatrix}50\\170\\362\\362\\362\end{bmatrix},\quad \hat{y}\left(\hat{X}_{x_{51},x_{22}}\right)=\begin{bmatrix}50\\170\\362\\362\\362\end{bmatrix},\quad \hat{y}\left(\hat{X}_{x_{11},x_{32}}\right)=\begin{bmatrix}50\\170\\290\\290\\290\end{bmatrix},\quad \hat{y}\left(\hat{X}_{x_{21},x_{32}}\right)=\begin{bmatrix}50\\170\\290\\290\\290\end{bmatrix},$$

$$\hat{y}\left(\hat{X}_{x_{31},x_{32}}\right)=\begin{bmatrix}50\\170\\290\\290\\290\end{bmatrix},\quad \hat{y}\left(\hat{X}_{x_{41},x_{32}}\right)=\begin{bmatrix}50\\170\\362\\362\\362\end{bmatrix},\quad \hat{y}\left(\hat{X}_{x_{51},x_{32}}\right)=\begin{bmatrix}50\\170\\362\\362\\362\end{bmatrix},\quad \hat{y}\left(\hat{X}_{x_{11},x_{42}}\right)=\begin{bmatrix}50\\170\\290\\290\\290\end{bmatrix},$$

$$\hat{y}\left(\hat{X}_{x_{21},x_{42}}\right)=\begin{bmatrix}50\\170\\290\\290\\290\end{bmatrix},\quad \hat{y}\left(\hat{X}_{x_{31},x_{42}}\right)=\begin{bmatrix}50\\170\\290\\290\\290\end{bmatrix},\quad \hat{y}\left(\hat{X}_{x_{41},x_{42}}\right)=\begin{bmatrix}50\\170\\362\\362\\362\end{bmatrix},\quad \hat{y}\left(\hat{X}_{x_{51},x_{42}}\right)=\begin{bmatrix}50\\170\\362\\362\\362\end{bmatrix},$$

$$\hat{y}\left(\hat{X}_{x_{11},x_{52}}\right)=\begin{bmatrix}50\\170\\485\\485\\485\end{bmatrix},\quad \hat{y}\left(\hat{X}_{x_{21},x_{52}}\right)=\begin{bmatrix}50\\170\\485\\485\\485\end{bmatrix},\quad \hat{y}\left(\hat{X}_{x_{31},x_{52}}\right)=\begin{bmatrix}50\\170\\485\\485\\485\end{bmatrix},$$

$$\hat{y}\left(\hat{X}_{x_{41},x_{52}}\right)=\begin{bmatrix}50\\170\\485\\485\\485\end{bmatrix},\quad \hat{y}\left(\hat{X}_{x_{51},x_{52}}\right)=\begin{bmatrix}50\\170\\485\\485\\485\end{bmatrix}. \tag{E12.38}$$

最终，特征 $(x_1,x_2)$ 的部分依赖值为

$$
\begin{aligned}
&\boldsymbol{P}(x_{k1},x_{s2})\\
&=\frac{1}{5}\begin{bmatrix}
50+170+290+290+290 & 50+170+290+290+290 & 50+170+290+290+290 & 50+170+362+362+362 & 50+170+362+362+362\\
50+170+290+290+290 & 50+170+290+290+290 & 50+170+290+290+290 & 50+170+290+290+290 & 50+170+362+362+362\\
50+170+290+290+290 & 50+170+290+290+290 & 50+170+290+290+290 & 50+170+290+290+290 & 50+170+362+362+362\\
50+170+290+290+290 & 50+170+290+290+290 & 50+170+290+290+290 & 50+170+290+290+290 & 50+170+362+362+362\\
50+170+485+485+485 & 50+170+485+485+485 & 50+170+485+485+485 & 50+170+485+485+485 & 50+170+485+485+485
\end{bmatrix}\\
&=\begin{bmatrix}
218 & 218 & 218 & 261.2 & 261.2\\
218 & 218 & 218 & 261.2 & 261.2\\
218 & 218 & 218 & 261.2 & 261.2\\
218 & 218 & 218 & 261.2 & 261.2\\
335 & 335 & 335 & 335 & 335
\end{bmatrix},
\end{aligned}
\tag{E12.39}
$$

其中，$k$ 和 $s$ 分别为部分依赖值矩阵的行和列的序号. 特征 $(x_2,x_3)$ 和 $(x_1,x_3)$ 的部分依赖值的计算方法与特征 $(x_1,x_2)$ 相同，其分别为

$$
\boldsymbol{P}(x_{k2},x_{s3})=\begin{bmatrix}
50.00 & 50.00 & 50.00 & 50.00 & 50.00\\
170.00 & 170.00 & 170.00 & 170.00 & 170.00\\
326.00 & 326.00 & 326.00 & 326.00 & 485.00\\
326.00 & 326.00 & 326.00 & 326.00 & 485.00\\
326.00 & 326.00 & 326.00 & 326.00 & 485.00
\end{bmatrix},
$$

$$
\boldsymbol{P}(x_{k1},x_{s3})=\begin{bmatrix}
50.00 & 50.00 & 50.00 & 50.00 & 50.00\\
170.00 & 170.00 & 170.00 & 170.00 & 170.00\\
335.00 & 335.00 & 335.00 & 403.00 & 403.00\\
335.00 & 335.00 & 335.00 & 403.00 & 403.00\\
335.00 & 335.00 & 335.00 & 403.00 & 403.00
\end{bmatrix}.
\tag{E12.40}
$$

得到上述结果后，特征 $(x_1,x_2)$，$(x_2,x_3)$ 和 $(x_1,x_3)$ 的部分依赖值分别绘制在图 E12.6（a），（b）和（c）中.

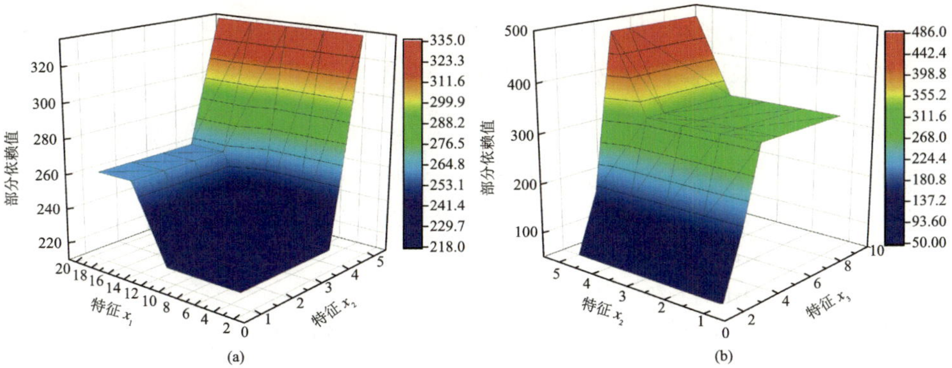

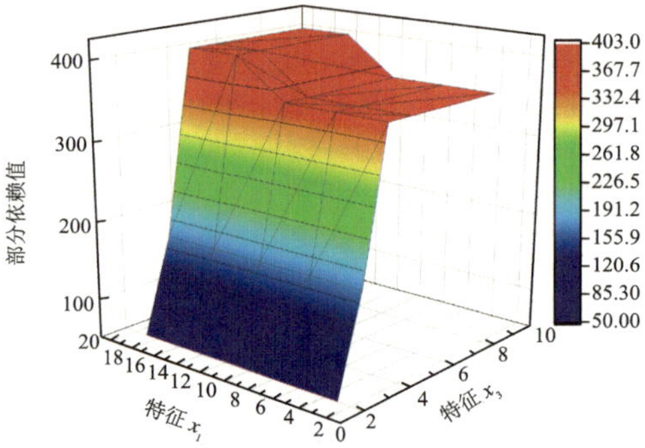


(c)

图 E12.6　双特征（a）$(x_1,x_2)$，（b）$(x_2,x_3)$ 和（c）$(x_1,x_3)$ 的部分依赖图

基于数据集（E12.13）和图 E12.4 中的剪枝后的决策树，使用相同的方法计算特征 $(x_1,x_2)$，$(x_2,x_3)$ 和 $(x_1,x_3)$，的部分依赖值，并得到以下结果

$$\hat{y}(x_{k1},x_{s2})=\begin{bmatrix}239.60 & 239.60 & 239.60 & 239.60 & 239.60\\ 239.60 & 239.60 & 239.60 & 239.60 & 239.60\\ 239.60 & 239.60 & 239.60 & 239.60 & 239.60\\ 239.60 & 239.60 & 239.60 & 239.60 & 239.60\\ 335.00 & 335.00 & 335.00 & 335.00 & 335.00\end{bmatrix},$$

$$\hat{y}(x_{k2},x_{s3})=\begin{bmatrix}110.00 & 110.00 & 110.00 & 110.00 & 110.00\\ 110.00 & 110.00 & 110.00 & 110.00 & 110.00\\ 326.00 & 326.00 & 326.00 & 326.00 & 485.00\\ 326.00 & 326.00 & 326.00 & 326.00 & 485.00\\ 326.00 & 326.00 & 326.00 & 326.00 & 485.00\end{bmatrix},$$

$$\hat{y}(x_{k1},x_{s3})=\begin{bmatrix}110.00 & 110.00 & 110.00 & 110.00 & 110.00\\ 110.00 & 110.00 & 110.00 & 110.00 & 110.00\\ 379.00 & 379.00 & 379.00 & 379.00 & 379.00\\ 379.00 & 379.00 & 379.00 & 379.00 & 379.00\\ 379.00 & 379.00 & 379.00 & 379.00 & 379.00\end{bmatrix}. \qquad (E12.41)$$

在特征 $(x_1,x_2)$ 和 $(x_1,x_3)$ 所对应的部分依赖值矩阵中，同一行中的每个元素的值相同，这是因为特征 $x_1$ 在决策树的生长过程中没有被用作分割特征.

## 作　业

1. 推导公式（12.1c）和（12.3f）.
2. 推导出公式（E12.4）和（E12.5）的结果.
3. 类似于图 E12.2 中的 $X_1$ 路径权重表示，画出样品 $X_2$ 路径权重.

4. 使用 shap 软件包（https://pypi.org/project/shap/）计算例 12.2 中的纯 SHAP 值矩阵（E12.20）.

5. 基于数据集（E12.14），计算特征 $x_1$ 的部分依赖图.

6. 使用 partial_dependence 软件包（https://scikit-learn.org/stable/modules/generated/ sklearn.inspection.partial_dependence.html），重新计算例 12.6.

7. 推导出部分依赖值中的公式（12.11b）和（12.12a），并分析它们之间的联系.

## 参 考 文 献


Becker R A, Cleveland W S, Shyu M J. 1996. The visual design and control of trellis display. Journal of Computational and Graphical Statistics, 5(2): 123-155.

Cao B, Yang S, Sun A, et al. 2022. Domain knowledge-guided interpretive machine learning: Formula discovery for the oxidation behaviour of ferritic-martensitic steels in supercritical water. Journal of Materials Informatics, 2: 4.

Friedman J H. 2001. Greedy function approximation: A gradient boosting machine. Annals of Statistics, 29: 1189-1232.

Fujimoto K, Kojadinovic I, Marichal J L. 2006. Axiomatic characterizations of probabilistic and cardinal-probabilistic interaction indices. Games and Economic Behavior, 55(1): 72-99.

Lipovetsky S, Conklin M. 2001. Analysis of regression in game theory approach. Applied Stochastic Models in Business and Industry, 17(4): 319-330.

Lundberg S M, Erion G G, Lee S I. 2018. Consistent individualized feature attribution for tree ensembles. arXiv: 1802.03888v1.

Lundberg S M, Lee S I. 2017. A Unified Approach to Interpreting Model Predictions. New York: Curran Associates: 4768-4777.

Shapley L S. 1953. A value for *n*-person games. Contributions to the Theory of Games, 2: 307-317.

von Neumann J. 1928a. Sur la théorie des jeux (On game theory). Comptes Rendus de l'Académie des Sciences, 186 (25): 1689-1691.

von Neumann J. 1928b. Zur theorie der gesellschaftsspiele (The theory of games). Mathematische Annalen, 100: 295-320.

# 附录 1

# 向量和矩阵

## A1.1 定　　义

### A1.1.1　向量

在一个 $m$ 维的空间中，一个向量 $\boldsymbol{x}$ 可表示为行向量 $\boldsymbol{x}=(x_1,x_2,\cdots,x_m)$，也可以表示为列向量 $\boldsymbol{x}=(x_1,x_2,\cdots,x_m)^{\mathrm{T}}$，其中 $x_1,x_2,\cdots,x_m$ 是基于 $\boldsymbol{u}_1=(1,0,\cdots,0)$，$\boldsymbol{u}_2=(0,1,\cdots,0),\cdots,\boldsymbol{u}_m=(0,0,\cdots,1)$ 的坐标轴的分量. 如果两个向量的内积等于零，$\boldsymbol{x}\cdot\boldsymbol{x}^*=\boldsymbol{x}(\boldsymbol{x}^*)^{\mathrm{T}}=(x_1x_1^*+x_2x_2^*+\cdots+x_mx_m^*)=0$，则这两个向量是线性无关的，否则是线性相关的.

### A1.1.2　矩阵

一个 $n\times m$ 的矩阵 $\boldsymbol{X}$ 拥有 $n$ 行和 $m$ 列，表示为

$$\boldsymbol{X}_{n\times m}=\begin{pmatrix} x_{11} & \cdots & x_{1m} \\ \vdots & & \vdots \\ x_{n1} & \cdots & x_{nm} \end{pmatrix},\qquad \boldsymbol{X}=\{x_{ij}\}\quad (i=1,2,\cdots,n;j=1,2,\cdots,m),$$

其中 $x_{ij}$ 是矩阵 $\boldsymbol{X}$ 的一个元素.

## A1.2 矩 阵 代 数

矩阵代数的具体内容可参考 Axler（1997）与 Boyd 和 Vandenberghe（2004）的教科书，下面将介绍部分内容.

### A1.2.1　逆和转置

对于可逆矩阵 $\boldsymbol{A}$，其逆矩阵 $\boldsymbol{A}^{-1}$ 以及转置矩阵 $\boldsymbol{A}^{\mathrm{T}}$，定义如下:

$$A = \{a_{ij}\}, \quad A^{\mathrm{T}} = \{a_{ji}\},$$
$$A^{-1}A = AA^{-1} = I,$$

其中 $I = \begin{bmatrix} 1 & \cdots & 0 \\ \vdots & & \vdots \\ 0 & \cdots & 1 \end{bmatrix}$ 表示单位矩阵. 方阵 $A$ 只有当它的行列式不为零时, 才可逆（见 A1.2.3）. 矩阵的逆和转置运算遵循如下运算法则:

$$(A^{\mathrm{T}})^{\mathrm{T}} = A,$$
$$(AB)^{-1} = B^{-1}A^{-1},$$
$$(ABC\cdots)^{-1} = \cdots C^{-1}B^{-1}A^{-1},$$
$$(A^{\mathrm{T}})^{-1} = (A^{-1})^{\mathrm{T}},$$
$$(A+B)^{\mathrm{T}} = A^{\mathrm{T}} + B^{\mathrm{T}}.$$

### A1.2.2　迹

方阵 $A$ 的迹被定义为

$$\mathrm{tr}(A) = \sum_i a_{ii},$$
$$\mathrm{tr}(A) = \sum_i \lambda_i, \quad \lambda_i = \mathrm{eig}(A),$$

其中 $\mathrm{tr}(\cdot)$ 表示迹, $a_{ii}$ 是方阵 $A$ 的对角线元素, $\lambda_i$ 是矩阵 $A$ 的特征值（见 A1.2.4）.

方阵 $A, B, C$ 的迹运算遵循以下规则:

$$\mathrm{tr}(AB) = \mathrm{tr}(BA),$$
$$\mathrm{tr}(A+B) = \mathrm{tr}(A) + \mathrm{tr}(B),$$
$$\mathrm{tr}(ABC) = \mathrm{tr}(BCA).$$

### A1.2.3　行列式

一个 $n\times n$ 矩阵 $A$ 的行列式可被定义为

$$\det(A) = \sum_{\text{所有排列}\,\pi_j} \sigma(\pi_j) a_{1j_1} a_{2j_2} \cdots a_{nj_n},$$

其中 $\pi_j = (j_1, j_2, \cdots, j_n)$ 是整数 1 到 $n$ 的 $n!$ 排列, 以及

$$\sigma(\pi_j) = \begin{cases} 1, & \text{如果 } \pi_j \text{ 是一个偶排列}, \\ -1, & \text{其他情况}. \end{cases}$$

假设 $A$ 和 $B$ 都是 $n\times n$ 的矩阵, 行列式有如下运算规则:

$$\det(\boldsymbol{A}) = \prod_i \lambda_i,$$

$$\det(c\boldsymbol{A}) = c^n \det(\boldsymbol{A}), \quad 当\ c\ 是常数时,$$

$$\det(\boldsymbol{A}^{\mathrm{T}}) = \det(\boldsymbol{A}),$$

$$\det(\boldsymbol{AB}) = \det(\boldsymbol{A})\det(\boldsymbol{B}),$$

$$\det(\boldsymbol{A}^{-1}) = \frac{1}{\det(\boldsymbol{A})},$$

$$\det(\boldsymbol{A}^n) = \det(\boldsymbol{A})^n,$$

$$\det(\boldsymbol{I} + \boldsymbol{A}) = 1 + \det(\boldsymbol{A}) + \mathrm{tr}(\boldsymbol{A}).$$

### A1.2.4 特征值和特征向量

特征值问题为

$$\boldsymbol{A}\boldsymbol{v} = \lambda \boldsymbol{v},$$

其中 $\boldsymbol{A}$ 是一个 $n \times n$ 的矩阵，$\lambda$ 是一个标量常数，称为特征值．$\boldsymbol{v}$ 是一个 $n \times 1$ 的向量，通常归一化后称为特征向量．求解方程 $\det(\boldsymbol{A} - \lambda \boldsymbol{I}) = 0$ 可得到 $n$ 个特征值 $\lambda_i (i = 1, 2, \cdots, n)$ 以及 $n$ 个正交归一特征向量．$n$ 个特征值可构成对角特征值矩阵 $\boldsymbol{B}$，$n$ 个特征向量可构成特征向量矩阵 $\boldsymbol{V}$，使得 $\boldsymbol{AV} = \boldsymbol{BV}$．非零特征值的个数等于矩阵 $\boldsymbol{A}$ 的秩．

### A1.2.5 奇异值分解

奇异值分解（SVD）是一种对角化技术，将 $n \times m$ 矩阵 $\boldsymbol{T}$ 分解为

$$\boldsymbol{T} = \boldsymbol{U\Sigma V}^{\mathrm{T}},$$

其中 $\boldsymbol{\Sigma}$ 为 $m \times m$ 对角矩阵，$\boldsymbol{\Sigma}^2$ 和 $\boldsymbol{V}$ 分别为 $\boldsymbol{T}^{\mathrm{T}}\boldsymbol{T}$ 的特征值和特征向量矩阵，$\boldsymbol{U}$ 为满足 $\boldsymbol{U}^{\mathrm{T}}\boldsymbol{U} = \boldsymbol{I}$ 的 $m \times m$ 半正交矩阵．

### A1.2.6 伪逆

矩阵 $\boldsymbol{A}$ 的伪逆矩阵 $\boldsymbol{A}^+$ 应满足如下条件：

（1）$\boldsymbol{AA}^+\boldsymbol{A} = \boldsymbol{A}$；

（2）$\boldsymbol{A}^+\boldsymbol{AA}^+ = \boldsymbol{A}^+$；

（3） $A^+A$ 和 $AA^+$ 是对称的.

若存在 $A$ 使得 $A=UDV^{\mathrm{T}}$，则有

$$A^+=VD^{-1}U^{\mathrm{T}}.$$

### A1.2.7　一些常用的恒等式

（1）伍德伯里恒等式（**Woodbury identity**）.

对于一个可逆的 $m\times m$ 矩阵 $A$ 和另一个可逆的 $n\times n$ 矩阵 $C$，伍德伯里等式表示为

$$(A+BCD)^{-1}=A^{-1}-A^{-1}B(C^{-1}-DA^{-1}B)^{-1}DA^{-1},$$

其中 $B$ 和 $D$ 分别是 $m\times n$ 和 $n\times m$ 的矩阵.

（2）凯拉特变体（Kailath variant）.

对于一个可逆的 $m\times m$ 矩阵 $A$，凯拉特变体可表示为

$$(A+BC)^{-1}=A^{-1}-A^{-1}B(I+CA^{-1}B)^{-1}CA^{-1},$$

其中 $B$ 和 $C$ 分别是 $m\times n$ 和 $n\times m$ 的矩阵.

（3）谢尔曼-莫里森公式（Sherman-Morrison formula）.

对于可逆的 $n\times n$ 矩阵 $A$，以及 $n\times 1$ 向量 $b$ 和 $c$，我们有

$$(A+bc^{\mathrm{T}})^{-1}=A^{-1}-\frac{A^{-1}bc^{\mathrm{T}}A^{-1}}{1+c^{\mathrm{T}}A^{-1}b}.$$

（4）塞尔恩恒等式集（Searle set of identities）

可逆矩阵 $A$ 和 $B$ 有以下性质:

$$(I+A^{-1})^{-1}=A(A+I)^{-1},$$

$$(A+BB^{\mathrm{T}})^{-1}B=A^{-1}B(I+B^{\mathrm{T}}A^{-1}B)^{-1},$$

$$(A^{-1}+B^{-1})^{-1}=A(A+B)^{-1}B,$$

$$A^{-1}+B^{-1}=A^{-1}(A+B)B^{-1},$$

$$(I+AB)^{-1}=I-A(I+BA)^{-1}B.$$

## A1.3　矩 阵 分 析

### A1.3.1　矩阵的导数

矩阵导数的详细内容可参考 Horn 和 Johnson（2012）的教材，以下是一些结论.

$$\frac{\partial \boldsymbol{A}^{\mathrm{T}}\boldsymbol{X}}{\partial \boldsymbol{X}}=\boldsymbol{A},$$

$$\frac{\partial \boldsymbol{X}^{\mathrm{T}}\boldsymbol{X}}{\partial \boldsymbol{X}}=2\boldsymbol{X},$$

$$\frac{\partial \boldsymbol{X}^{\mathrm{T}}\boldsymbol{A}\boldsymbol{X}}{\partial \boldsymbol{X}}=(\boldsymbol{A}+\boldsymbol{A}^{\mathrm{T}})\boldsymbol{X},$$

$$\frac{\partial \mathrm{tr}(\boldsymbol{X}\boldsymbol{A})}{\partial \boldsymbol{X}}=\boldsymbol{A}^{\mathrm{T}},$$

其中 $\boldsymbol{X}$ 是一个 $m\times m$ 矩阵，而 $\boldsymbol{A}$ 是一个 $m\times m$ 常数矩阵.

### A1.3.2 行列式的导数

矩阵 $\boldsymbol{Y}$ 是向量 $\boldsymbol{x}$ 的函数，而 $\boldsymbol{A}$ 和 $\boldsymbol{B}$ 是常数矩阵. 以下方程给出了矩阵 $\boldsymbol{Y}$ 的行列式关于向量 $\boldsymbol{x}$ 和 $\boldsymbol{Y}$ 的导数.

$$\frac{\partial \det(\boldsymbol{Y})}{\partial \boldsymbol{x}}=\det(\boldsymbol{Y})\mathrm{tr}\left[\boldsymbol{Y}^{-1}\frac{\partial \boldsymbol{Y}}{\partial \boldsymbol{x}}\right],$$

$$\frac{\partial^2 \det(\boldsymbol{Y})}{\partial \boldsymbol{x}^2}=\det(\boldsymbol{Y})\left\{\mathrm{tr}\left[\boldsymbol{Y}^{-1}\frac{\partial^2 \boldsymbol{Y}}{\partial \boldsymbol{x}^2}\right]+\left(\mathrm{tr}\left[\boldsymbol{Y}^{-1}\frac{\partial \boldsymbol{Y}}{\partial \boldsymbol{x}}\right]\right)^2-\mathrm{tr}\left[\left(\boldsymbol{Y}^{-1}\frac{\partial \boldsymbol{Y}}{\partial \boldsymbol{x}}\right)^2\right]\right\},$$

$$\frac{\partial \det(\boldsymbol{Y})}{\partial \boldsymbol{Y}}=\det(\boldsymbol{Y})(\boldsymbol{Y}^{-1})^{\mathrm{T}},$$

$$\frac{\partial \det(\boldsymbol{A}\boldsymbol{Y}\boldsymbol{B})}{\partial \boldsymbol{Y}}=\det(\boldsymbol{A}\boldsymbol{Y}\boldsymbol{B})(\boldsymbol{Y}^{-1})^{\mathrm{T}}.$$

### A1.3.3 逆矩阵的导数

对于矩阵 $\boldsymbol{Y}$ 和向量 $\boldsymbol{x}$，逆矩阵的导数为

$$\frac{\partial \boldsymbol{Y}^{-1}}{\partial \boldsymbol{x}}=-\boldsymbol{Y}^{-1}\frac{\partial \boldsymbol{Y}}{\partial \boldsymbol{x}}\boldsymbol{Y}^{-1}.$$

### A1.3.4 雅可比矩阵和黑塞矩阵

对于一个矩阵的标量值函数 $f=\boldsymbol{X}^{\mathrm{T}}\boldsymbol{A}\boldsymbol{X}+\boldsymbol{b}^{\mathrm{T}}\boldsymbol{X}$，其雅可比矩阵（Jacobian matrix）和黑塞矩阵（Hessian matrix）分别为

$$\nabla f=\frac{\partial f}{\partial \boldsymbol{X}}=(\boldsymbol{A}+\boldsymbol{A}^{\mathrm{T}})\boldsymbol{X}+\boldsymbol{b} \quad 和 \quad \nabla^2 f(x)=\frac{\partial^2 f}{\partial \boldsymbol{X}\partial \boldsymbol{X}^{\mathrm{T}}}=\boldsymbol{A}+\boldsymbol{A}^{\mathrm{T}}.$$

### A1.3.5　链式法则

考虑一个函数矩阵

$$U=\{u_{k,l}\} \quad (k=1,2,\cdots,K;l=1,2,\cdots,L),$$

以及一个变量矩阵

$$\boldsymbol{X}=\{x_{i,j}\} \quad (i=1,2,\cdots,n;j=1,2,\cdots,m).$$

并且函数矩阵 $\boldsymbol{U}$ 是变量矩阵的函数，$\boldsymbol{U}=f(\boldsymbol{X})$. 标量函数 $g(\boldsymbol{U})$ 也是函数矩阵的函数.

链式法则给出了标量函数 $g(\boldsymbol{U})$ 关于 $\boldsymbol{X}$ 的导数:

$$\left(\frac{\partial g(\boldsymbol{U})}{\partial \boldsymbol{X}}\right)_{ij}=\frac{\partial g(\boldsymbol{U})}{\partial x_{ij}}=\sum_{k=1}^{K}\sum_{l=1}^{L}\frac{\partial g(\boldsymbol{U})}{\partial u_{kl}}\frac{\partial u_{kl}}{\partial x_{ij}} \quad (i=1,2,\cdots,n;j=1,2,\cdots,m).$$

## 参考文献

Axler S. 1997. Linear Algebra Done Right. San Francisco: Springer Science & Business Media.

Boyd S, Vandenberghe L. 2004. Convex Optimization. Cambridge: Cambridge University Press.

Horn R A, Johnson C R. 2012. Matrix Analysis. Cambridge: Cambridge University Press.

# 附录 2

# 统计学基础

## A2.1　概　率

### A2.1.1　联合概率

事件集 $A$ 和事件集 $B$ 的并集用 $A\cup B$ 表示. 并集 $A\cup B$ 包括所有事件集 $A$ 中的事件和所有事件集 $B$ 中的事件. 事件集 $A$ 和事件集 $B$ 的交集 $A\cap B$, 只包括事件集 $A$ 和事件集 $B$ 中同时发生的联合事件. 联合概率 $P(A\cap B)$ 表示为 $P(A, B)$ 或 $P(AB)$, 是事件 $A$ 和事件 $B$ 同时发生的概率. 并集 $A\cup B$ 的概率 $P(A\cup B)$由以下公式给出: $P(A\cup B)=P(A)+P(B)-P(A, B)$.

### A2.1.2　贝叶斯定理

联合分布概率 $P(A, B)$ 可以用概率的链式法则表示, 即 $P(A, B)=P(A|B)P(B)$ 或 $P(A, B)=P(B|A)P(A)$, 其中 $P(A|B)$和 $P(B|A)$分别是在事件 $B$ 和 $A$ 发生的条件下, 事件 $A$ 和 $B$ 发生的条件概率, $P(A)$和 $P(B)$分别是事件 $A$ 和 $B$ 的边际概率. 贝叶斯定理表述如下

$$P\left(B_k|A\right)=\frac{P\left(A|B_k\right)P\left(B_k\right)}{\sum_k P\left(A|B_k\right)P\left(B_k\right)}=\frac{P\left(A|B_k\right)P\left(B_k\right)}{P\left(A\right)},$$

这里, $B_k$ 表示事件集 $B$ 中的一个事件.

### A2.1.3　连续变量的概率密度

对于连续变量分布, 其在无穷小区间 $\mathrm{d}x$ 内的概率由 $p(x)\mathrm{d}x$ 给出, 其中 $p(x)$ 称为点 $x$ 处的概率密度. 其累积分布函数由 $F(x)=\int_{-\infty}^{x}p(x)\mathrm{d}x$ 定义, 因此 $p(x)=\dfrac{\mathrm{d}F(x)}{\mathrm{d}x}$.

### A2.1.4　分位数函数

累积分布概率的反函数称为分位数函数，定义为 $F^{-1}(q)=\inf\{x:F(x)\leqslant q\}$，$q\in[0,1]$. 分位数函数是采样中的有效工具.

### A2.1.5　随机变量的期望、方差和协方差

离散随机变量的期望值被定义为 $E[x]=\sum_i x_i p(x_i)$.

连续随机变量的期望值被定义为 $E[x]=\int_{-\infty}^{\infty} xp(x)\mathrm{d}x$.

随机变量的方差被定义为

$$\mathrm{var}[x]=E\left[\left(x-E(x)\right)^2\right]=E(x^2)-E^2(x).$$

两个随机变量的协方差被定义为：两个独立的随机变量的协方差为零，即 $\mathrm{cov}(X,Y)=0$. 如果 $\mathrm{cov}(X,Y)\approx\pm1$，则这两个随机变量具有强正相关性（+1）或强负相关性（−1）.

## A2.2　分　　布

分布的详细内容可参考 Rice（2006）和 van der Vaart（2000）的教材，以下是一些介绍.

### A2.2.1　伯努利分布

伯努利事件集中只有两种可能发生的事件，比如成功和失败，分别用 1 或 0 来表示. 这时随机变量 $x$ 称为伯努利事件 $x$，$x$ 只可以取 1 或 0. 若成功的概率为 $P(x=1)=p$，失败的概率则为 $P(x=0)=1-p$，其中 $p\in[0,1]$. 伯努利事件 $x$ 服从伯努利分布 $f(x)=p^x(1-p)^{1-x}$，其中 $x$ 可取为 0 或 1.

### A2.2.2　二项分布

如果有 $n$ 个独立的伯努利试验，成功的序列可以形成二项分布：

$$P(x)=\begin{cases}\dfrac{n!}{x!(n-x)!}p^x(1-p)^{n-x}, & x=0,1,\cdots,n,\\ 0, & \text{其他},\end{cases}$$

其中 $x$ 被称为二项随机变量. 二项分布具有两个内在参数 $n$ 和 $p$，随机变量 $x=\{x_1,x_2,\cdots\}$ 从二项分布 $x\sim \text{Binomial}(n,p)$ 中抽取.

### A2.2.3 泊松分布

参数为 $\lambda$ 的泊松分布可表示为 $P(x)=\dfrac{\lambda^x e^{-\lambda}}{x!}$，其中 $\lambda>0$.

### A2.2.4 高斯分布

连续变量 $x$ 的正态（或高斯）分布具有两个内在参数，即均值 $\mu$ 和方差 $\sigma^2$，表示为 $N(\mu,\sigma^2)$，其概率密度为 $p(x)=\dfrac{1}{\sqrt{2\pi}\sigma}\exp\left(\dfrac{-1}{2\sigma^2}(x-\mu)^2\right)$，$x\in\mathbf{R}$. 当 $\mu=0$ 且 $\sigma^2=1$ 时，称为标准正态分布 $N(0,1)$.

正态分布具有三个性质：

（1）当 $X\sim N(\mu,\sigma^2)$，且 $Z=(X-\mu)/\sigma$，那么 $Z\sim N(0,1)$；

（2）当 $Z\sim N(0,1)$，且 $X=(\sigma Z+\mu)$，那么 $X\sim N(\mu,\sigma^2)$；

（3）当 $X_i\sim N(\mu_i,\sigma_i^2)$，且 $X_i(i=1,2,\cdots,n)$ 是独立的，那么 $\sum_{i=1}^n X_i\sim N\left(\sum_{i=1}^n \mu_i,\sum_{i=1}^n \sigma_i^2\right)$.

### A2.2.5 韦布尔分布

假设韦布尔分布具有两个内在参数 $\alpha$ 和 $\beta$ 及一个随机变量 $x$，其累积分布函数为 $F(x)=1-e^{-\left(\frac{x}{\alpha}\right)^\beta}$. 相同体积的光滑样本均匀载荷下失效概率 $F_{\sigma_N}$ 由下式给出

$$F_{\sigma_N}(\sigma_N)=1-\exp\left[-\left(\frac{\sigma_N}{\sigma_0}\right)^{\hat{m}}\right],$$

其中 $\hat{m}$ 是韦布尔模数，$\sigma_N$ 和 $\sigma_0$ 分别是测量强度和参考强度. 不同体积的光滑样本均匀载荷下失效概率 $F_{\sigma_N}$ 由下式给出

$$F_{\sigma_N}(V_n,\sigma_N)=1-\exp\left[-\frac{V_n}{V_0}\left(\frac{\sigma_N}{\sigma_0}\right)^{\hat{m}}\right],$$

这里$V_n$和$V_0$分别是样本体积和参考体积.

韦布尔分布的均值和方差值可以分别通过以下公式计算得到

$$\mu^{\mathrm{WB}}=\frac{\sigma_0}{\sqrt[\hat{m}]{\frac{V_n}{V_0}}}\Gamma\left(1+\frac{1}{\hat{m}}\right),\quad \sigma^{\mathrm{WB}}=\left(\frac{\sigma_0}{\sqrt[\hat{m}]{\frac{V_n}{V_0}}}\right)^2\left[\Gamma\left(1+\frac{2}{\hat{m}}\right)-\left(\Gamma\left(1+\frac{1}{\hat{m}}\right)\right)^2\right],$$

其中$\Gamma$是伽马函数.

### A2.2.6　卡方（$\chi^2$）分布和卡方（$\chi^2$）检验

如果$x$是标准正态随机变量，即$x\sim N(0,1)$，那么$Z=x^2$的分布称为自由度为 1 的卡方分布（$\chi^2$）. 如果$Z_1,Z_2,\cdots,Z_n$是独立的自由度为 1 的卡方分布，那么它们的和$U=\sum_{i=1}^n Z_i$构成了自由度为$n$的卡方分布，记作$\chi^2(n)$. 对于一个正态变量$x\sim N(\mu,\sigma^2)$，$n$次随机抽样的样本标准差$s$的平方$s^2=\frac{1}{n-1}\sum_{i=1}^n(x_i-\overline{x})^2$与$\sigma^2$的分布是自由度为$n-1$的卡方分布，即$\frac{(n-1)s^2}{\sigma^2}\sim\chi^2(n-1)$. 当给定显著性水平$\alpha$，可以根据给定的$\alpha$得到$\chi^2_{1-\alpha/2}(n-1)$. 卡方（$\chi^2$）分布检验评估了样本方差$s^2$是否可以在某个显著性水平下被接受.

### A2.2.7　学生 *t* 分布和 *t* 检验

对于一个正态变量$x\sim N(\mu,\sigma^2)$，$n$次随机抽样的样本平均值$\overline{x}=\frac{\sum_{i=1}^n x_i}{n}$与$\mu$的差异服从自由度为$n-1$的学生$t$分布，即$\frac{\overline{x}-\mu}{s/\sqrt{n}}\sim T(n-1)$. 给定显著性水平$\alpha$，可以根据给定的$\alpha$得到$\frac{\sigma_0}{\sqrt{n}}T_{\frac{\alpha}{2}}(n-1)$. $t$检验评估了样本均值$\overline{x}$是否可以在某个显著性水平下被接受.

## 参考文献

Rice J A. 2006. Mathematical Statistics and Data Analysis. Belmont: Cengage Learning.

van der Vaart A W. 2000. Asymptotic Statistics. Cambridge: Cambridge University.

# 索　引